Bemessungstafeln für Eisenbetonkonstruktionen

Tafeln zur Bemessung von Eisenbetonquerschnitten auf reine Biegung, auf mittigen Druck und auf Biegung mit Längskraft

von

Baurat **Paul Göldel**

Beratender Bauingenieur in Leipzig

Zweite, wesentlich erweiterte Auflage

Mit 95 Zahlenbeispielen

Berlin

Verlag von Julius Springer

1932

Softcover reprint of the hardcover 1st edition 1932
ISBN-13: 978-3-642-89757-3 e-ISBN-13: 978-3-642-91614-4
DOI: 10.1007/978-3-642-91614-4

Vorwort.

Die erste Auflage meiner Bemessungstafeln ist schon seit längerer Zeit vergriffen und die Vorbereitung der Neuauflage war schon weit vorgeschritten, als der Entwurf der neuen Bestimmungen erschien. So mußte das Erscheinen der Bestimmungen 1932 abgewartet werden, um sie in der Neuauflage zu berücksichtigen, was nun auch in vollem Umfange durchgeführt ist. Darüber hinaus erhielten die Tafeln eine Fülle von Erweiterungen und Neuerungen, wodurch sie, hoffe ich, zu einem unentbehrlichen Behelf eines jeden Eisenbetonkonstrukteurs geworden sind.

Die wichtigste Erweiterung ist der neue Teil III, der die einwandfreie und bequeme Bemessung von auf Biegung mit Längskraft beanspruchten Querschnitten im Zustand I und II bei jeder Bewehrung und jeder Spannung ermöglicht.

Die weiteren Neuerungen und Ergänzungen sollen nur kurz aufgezählt werden:

die Tafeln für Rechteckquerschnitte (Tafeln 3 bis 10), sowie die für quadratische Stützen (Tafel 93 bis 100) wurden durch neue Zwischenwerte bereichert und die letzteren mit der Querschnittsdicke $s = 20$ cm begonnen,

die Tafeln für Plattenbalken (Tafel 17 bis 82) wurden durch die Aufnahme der auf die $\sigma_b = 1$ kg/cm² entfallenden Differenzen der Momente und Bewehrungen vervollständigt,

auch die Tafel für doppelte Bewehrung (Tafel 90) und die allgemeinen Bemessungstafeln (Tafel 83 bis 86) wurden wesentlich erweitert; letztere enthalten 8 verschiedene Eisenspannungen und die Betonspannungen bis 90 kg/cm²; auch alle anderen Tafeln erhielten die Betonspannungen bis 75 kg/cm² ergänzt.

Ganz neu hinzugekommen sind außer den bereits erwähnten Tafeln 109 bis 124 des Teiles III folgende Tafeln:

die Tafeln 1 und 2 zur Bemessung von Platten ohne vorherige Schätzung des Eigengewichtes;

die Tafeln 11 bis 16 zur Bemessung von Eisenbetonrippendecken;

die Tafeln 87 bis 89, ganz allgemein gehaltene Bemessungstafeln für reine Biegung, vorzugsweise für Steineisendecken und für sehr hohe Plattenbalken gedacht;

die Tafeln 91 und 92 für symmetrische Bewehrung und

die Tafeln 101 bis 108 für mittig belastete achteckige Stützen bei Berücksichtigung der Knicksicherheit.

Die einzelnen Abschnitte wurden mit kurzen Erläuterungen versehen und die Benutzungsvorschriften verbessert. In einem besonderen Heft wurden 95 sorgfältig ausgewählte Zahlenbeispiele hinzugefügt, welche für jene Benutzer gedacht sind, die praktische Beispiele abstrakten Gebrauchsanweisungen vorziehen, die aber auch jedem anderen die vielseitige Anwendungsmöglichkeit der Tafeln bekunden werden.

Es sind nun alle Behelfe zur schnellsten, bequemsten und wirtschaftlichsten Bemessung von Eisenbetonkonstruktionen in einem handlichen Bande vereinigt, zugleich in bester Ausstattung und zum mäßigsten Preise, wofür der Verlagsbuchhandlung besonderer Dank gebührt.

Möge auch ein schneller Absatz der zweiten Auflage mir die Gewißheit bringen, daß die Tafeln ein unentbehrlicher Behelf des Eisenbetonkonstrukteurs geworden sind.

Auch bei Ausarbeitung der zweiten Auflage hat mich Herr Ingenieur Heinrich Bauer liebenswürdig unterstützt, wofür ich ihm an dieser Stelle nochmals herzlich danke.

Leipzig, im Oktober 1932.

Paul Göldel.

Inhaltsübersicht.

Allen Tafelgruppen gehen Erläuterungen voraus.

Allgemeines.

Die Grundlage für die Berechnung sämtlicher Zahlenwerte bilden die Rechnungsannahmen in § 17, Absatz 1 und 2 der „Bestimmungen des Deutschen Ausschusses für Eisenbeton 1932“, im folgenden kurz „Bestimmungen“ genannt.

Zur Orientierung dient die ausführliche Inhaltsübersicht auf S. V. Alles Wissenswerte enthalten die den einzelnen Abschnitten vorangesetzten Erläuterungen. Auf einige Zeilen allgemeinen Inhaltes folgt jeweilig unter dem Titel „Gang der Bemessung“ eine kurze Anleitung zum Gebrauch der Tafeln des betreffenden Abschnittes. Am Schlusse der Anleitung ist auf die diesbezüglichen Zahlenbeispiele hingewiesen.

Im allgemeinen wurden die Intervalle so klein gewählt, daß praktisch eine Interpolation kaum nötig ist. Die Tafelwerte sind jedoch so genau berechnet und die Intervalle so klein gewählt, daß auch Interpolationen noch sehr genaue Werte ergeben.

1. Tafeln zur Bemessung von Platten ohne vorherige Schätzung des Eigengewichtes.

Diese Tafeln sind ein Auszug aus der zweiten Auflage der Ramisch-Göldel-Zahlentafeln (Berlin 1926, Verlag Tonindustrie-Zeitung, Berlin NW 21). Sie ermöglichen die Bemessung von Eisenbetonplatten ohne vorherige Schätzung des Eigengewichtes und ohne Berechnung des Biegemomentes.

Mit Hilfe dieser Tafeln können bemessen werden: statisch bestimmt gelagerte Platten mit gleichmäßig verteilter Last oder durchlaufende Platten, die man nach § 22, Ziffer 3, Absatz e der Bestimmungen berechnen will. Die Tafeln gelten für Belastungen von 250 bis 1200 kg/m². Als Belastung sind Nutzlast und Auflast (Belag, Putz usw.) ohne das Eigengewicht der Platte einzusetzen. Es sei noch erwähnt, daß mit Hilfe der vollständigen Ramisch-Göldel-Zahlentafeln (siehe oben) Platten und Balken mit beliebiger Belastung ohne vorherige Schätzung des Eigengewichtes bemessen werden können.

Gang der Bemessung.

Gegeben:

p = die gleichmäßig verteilte Belastung (Nutzlast und Auflast, ohne Eigengewicht) in kg/m²,

l = die Stützweite in m,

σ_e und σ_b = die zulässigen Spannungen und

c = der von der Art der Plattenlagerung abhängige Nenner in der Momentenformel $M = \frac{p \cdot l^2}{c}$ *.

Gesucht:

d = die Plattendicke und

f_e = die Zugbewehrung.

Lösung: Entnimm der Tafel 1 die Werte α und f_e. Rechne $\alpha \cdot l$ aus und lies in der Tafel 2 die Werte d und h ab. Setze h in die Formel von f_e ein. (Siehe Zahlenbeispiele 1 bis 3.)

---

* Dieser ist für Kragbalken 2, für freigelagerte Platten auf zwei Stützen 8, bei vollkommen eingespannten Platten 24, bei durchlaufenden Platten ist er nach § 22, Ziffer 3 der Bestimmungen zu wählen.

Tafel 1

Tafel zur Bemessung von Platten ohne

α = Multiplikator der Stützweite l.

c = Nenner in der Momentenformel für gleichmäßig verteilte Belastung: $M = \frac{p \cdot l^2}{c}$; vgl. Anleitung und Beispiele.

$\sigma_e = 1500$ kg/cm²											
c =	24	18	15	12	11	10	9	8	2	f_e	z
σ_b kg/cm²	α										
75	0,780	0,901	0,987	1,103	1,152	1,208	1,274	1,351	2,702	1,071 h	0,857 h
72	0,804	0,928	1,017	1,137	1,188	1,246	1,313	1,393	2,785	1,005	0,860
70	0,821	0,948	1,039	1,161	1,213	1,272	1,341	1,422	2,844	0,961	0,863
68	0,839	0,969	1,061	1,187	1,239	1,300	1,370	1,453	2,907	0,917	0,865
65	0,868	1,002	1,098	1,228	1,282	1,345	1,418	1,504	3,007	0,854	0,869
62	0,900	1,039	1,138	1,273	1,329	1,394	1,470	1,559	3,117	0,791	0,872
60	0,923	1,066	1,167	1,305	1,363	1,430	1,507	1,598	3,197	0,750	0,875
58	0,947	1,094	1,198	1,340	1,399	1,467	1,547	1,641	3,281	0,710	0,878
55	0,987	1,140	1,249	1,396	1,458	1,529	1,612	1,710	3,419	0,651	0,882
52	1,031	1,191	1,305	1,459	1,523	1,598	1,684	1,786	3,573	0,593	0,886
50	1,064	1,228	1,346	1,504	1,571	1,648	1,737	1,843	3,685	0,556	0,889
48	1,099	1,269	1,390	1,554	1,623	1,702	1,794	1,903	3,807	0,519	0,892
45	1,157	1,336	1,464	1,636	1,709	1,793	1,890	2,004	4,008	0,466	0,897
42	1,224	1,413	1,548	1,730	1,807	1,896	1,998	2,119	4,239	0,414	0,901
40	1,273	1,470	1,611	1,801	1,881	1,973	2,079	2,205	4,411	0,381	0,905
38	1,328	1,534	1,680	1,878	1,962	2,058	2,169	2,301	4,601	0,349	0,908
35	1,422	1,642	1,799	2,011	2,101	2,203	2,322	2,463	4,926	0,302	0,914
32	1,533	1,771	1,940	2,168	2,265	2,375	2,504	2,656	5,312	0,259	0,920
30	1,620	1,870	2,049	2,291	2,392	2,509	2,645	2,805	5,611	0,231	0,923
28	1,718	1,984	2,173	2,430	2,538	2,662	2,806	2,976	5,952	0,204	0,927
25	1,895	2,189	2,398	2,681	2,800	2,936	3,095	3,283	6,566	0,167	0,933
22	2,120	2,448	2,682	2,999	3,132	3,285	3,463	3,673	7,345	0,132	0,940
20	2,308	2,665	2,919	3,264	3,409	3,575	3,768	3,997	7,994	0,111	0,944

vorherige Schätzung des Eigengewichtes

Tafel 1

f = Zugeisenquerschnitt in cm² auf 1 m Plattenbreite.

z = Abstand des Druckmittelpunktes vom Zugmittelpunkt in cm.

h = Nutzhöhe in cm.

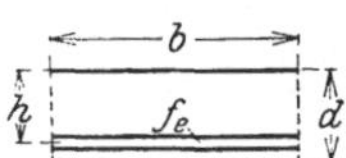

σ_e = 1200 kg/cm²											
c =	*24*	*18*	*15*	*12*	*11*	*10*	*9*	*8*	*2*	f_e	z
σ_b kg/cm²	α										
75	0,742	0,857	0,939	1,050	1,096	1,150	1,212	1,285	2,571	1,512 h	*0,839 h*
72	0,764	0,882	0,966	1,081	1,129	1,185	1,248	1,323	2,647	1,421	*0,842*
70	0,780	0,900	0,986	1,103	1,152	1,208	1,273	1,350	2,700	1,361	*0,844*
68	0,796	0,919	1,007	1,126	1,176	1,233	1,300	1,379	2,757	1,302	*0,847*
65	0,822	0,950	1,040	1,163	1,215	1,274	1,343	1,425	2,849	1,214	*0,851*
62	0,851	0,983	1,077	1,204	1,258	1,319	1,390	1,475	2,949	1,128	*0,854*
60	0,872	1,007	1,103	1,233	1,288	1,351	1,424	1,511	3,021	1,071	*0,857*
58	0,894	1,033	1,131	1,265	1,321	1,385	1,460	1,549	3,098	1,016	*0,860*
55	0,930	1,074	1,177	1,316	1,374	1,441	1,519	1,612	3,223	0,934	*0,864*
52	0,971	1,121	1,228	1,373	1,434	1,504	1,585	1,681	3,362	0,854	*0,869*
50	1,000	1,155	1,265	1,414	1,477	1,549	1,633	1,732	3,464	0,801	*0,872*
48	1,032	1,191	1,305	1,459	1,524	1,598	1,685	1,787	3,574	0,750	*0,875*
45	1,084	1,252	1,372	1,534	1,602	1,680	1,771	1,878	3,757	0,675	*0,880*
42	1,144	1,322	1,448	1,619	1,690	1,773	1,869	1,982	3,965	0,602	*0,885*
40	1,189	1,373	1,504	1,682	1,757	1,843	1,942	2,060	4,120	0,556	*0,889*
38	1,239	1,431	1,657	1,752	1,830	1,919	2,023	2,146	4,292	0,510	*0,893*
35	1,323	1,528	1,674	1,872	1,955	2,050	2,161	2,292	4,585	0,444	*0,899*
32	1,424	1,644	1,801	2,013	2,103	2,205	2,325	2,466	4,932	0,381	*0,905*
30	1,501	1,734	1,899	2,123	2,218	2,326	2,452	2,600	5,201	0,341	*0,909*
28	1,590	1,836	2,011	2,249	2,349	2,463	2,596	2,754	5,508	0,302	*0,914*
25	1,749	2,020	2,212	2,474	2,584	2,710	2,856	3,030	6,059	0,248	*0,921*
22	1,951	2,253	2,468	2,759	2,882	3,023	3,186	3,379	6,759	0,198	*0,928*
20	2,119	2,447	2,681	2,997	3,130	3,283	3,461	3,670	7,341	0,167	*0,933*

Tafel 2

Tafel zur Bemessung von Platten ohne

α = Multiplikator der Stützweite l, siehe Tafel 1;
l = Stützweite in m;
d = Plattenstärke in cm;

$p = 250 - 550$ kg/m²

$p \frac{kg}{m^2}$	250		300		350		400		450		500		550		Zuhöhe
$\alpha \cdot l$	d	h	d	h	d	h	d	h	d	h	d	h	d	h	
m	cm														cm
3,00			**6,0**	4,45	**6,2**	4,73	**6,5**	4,99	**6,7**	5,23	**7,0**	5,46	**7,2**	5,68	
3,25	**6,1**	4,56	**6,4**	4,88	**6,7**	5,18	**7,0**	5,46	**7,2**	5,72	**7,5**	5,97	**7,7**	6,21	
3,50	**6,5**	4,97	**6,8**	5,31	**7,1**	5,64	**7,4**	5,94	**7,7**	6,22	**8,0**	6,49	**8,2**	6,75	
3,75	**6,9**	5,39	**7,3**	5,76	**7,6**	6,10	**7,9**	6,42	**8,2**	6,73	**8,5**	7,02	**8,8**	7,29	
4,00	**7,3**	5,82	**7,7**	6,21	**8,1**	6,57	**8,4**	6,92	**8,7**	7,24	**9,1**	7,55	**9,3**	7,85	
4,25	**7,8**	6,26	**8,2**	6,67	**8,6**	7,06	**8,9**	7,42	**9,3**	7,77	**9,6**	8,10	**9,9**	8,41	
4,50	**8,2**	6,71	**8,6**	7,15	**9,1**	7,56	**9,4**	7,94	**9,8**	8,31	**10,2**	8,65	**10,5**	8,98	
4,75	**8,7**	7,17	**9,1**	7,63	**9,6**	8,06	**10,0**	8,47	**10,4**	8,85	**10,7**	9,21	**11,1**	9,56	1,5
5,00	**9,1**	7,63	**9,6**	8,12	**10,1**	8,58	**10,5**	9,00	**10,9**	9,40	**11,3**	9,79	**11,7**	10,15	
5,25	**9,6**	8,10	**10,1**	8,63	**10,6**	9,10	**11,1**	9,55	**11,5**	9,97	**11,9**	10,37	**12,3**	10,75	
5,50	**10,1**	8,61	**10,6**	9,14	**11,1**	9,63	**11,6**	10,10	**12,0**	10,54	**12,5**	10,96	**12,9**	11,36	
5,75	**10,6**	9,11	**11,2**	9,66	**11,7**	10,18	**12,2**	10,66	**12,6**	11,12	**13,1**	11,56	**13,5**	11,98	
6,00	**11,1**	9,62	**11,7**	10,19	**12,2**	10,73	**12,7**	11,24	**13,2**	11,72	**13,7**	12,17	**14,1**	12,61	
6,25	**11,6**	10,14	**12,2**	10,74	**12,8**	11,30	**13,3**	11,82	**13,8**	12,32	**14,3**	12,79	**15,4**	13,35	
6,50	**12,2**	10,67	**12,8**	11,29	**13,4**	11,87	**13,9**	12,42	**15,1**	13,05	**15,5**	13,54	**16,0**	14,01	
6,75	**12,7**	11,21	**13,4**	11,85	**14,0**	12,45	**15,2**	13,15	**15,7**	13,68	**16,2**	14,18	**16,7**	14,67	
7,00	**13,3**	11,77	**13,9**	12,43	**15,2**	13,19	**15,8**	13,77	**16,3**	14,32	**16,8**	14,84	**17,3**	15,34	2,0
7,25	**13,8**	12,33	**15,2**	13,17	**15,8**	13,80	**16,4**	14,40	**17,0**	14,96	**17,5**	15,50	**18,0**	16,02	
7,50	**15,1**	13,08	**15,8**	13,77	**16,4**	14,42	**17,0**	15,04	**17,6**	15,62	**18,2**	16,18	**18,7**	16,71	
7,75	**15,7**	13,67	**16,4**	14,39	**17,1**	15,06	**17,7**	15,69	**18,3**	16,29	**18,9**	16,87	**19,4**	17,42	
8,00	**16,3**	14,28	**17,0**	15,01	**17,7**	15,70	**18,4**	16,35	**19,0**	16,97	**20,8**	17,84	**21,4**	18,39	
8,25	**16,9**	14,89	**17,6**	15,64	**18,4**	16,35	**19,0**	17,02	**20,9**	17,95	**21,6**	18,55	**22,1**	19,12	
8,50	**17,5**	15,52	**18,3**	16,29	**19,0**	17,02	**21,0**	18,02	**21,7**	18,66	**22,3**	19,28	**22,9**	19,86	
8,75	**18,2**	16,15	**19,0**	16,95	**21,0**	18,04	**21,7**	18,72	**22,4**	19,38	**23,0**	20,01	**23,6**	20,62	
9,00	**18,8**	16,80	**21,0**	17,99	**21,7**	18,73	**22,4**	19,44	**23,1**	20,11	**23,8**	20,76	**24,4**	21,38	3,0
9,25	**20,9**	17,87	**21,7**	18,68	**22,4**	19,44	**23,2**	20,16	**23,9**	20,85	**24,5**	21,51	**25,1**	22,15	
9,50	**21,6**	18,55	**22,4**	19,38	**23,2**	20,16	**23,9**	20,90	**24,6**	21,60	**25,3**	22,28	**25,9**	22,93	
9,75	**22,2**	19,24	**23,1**	20,09	**23,9**	20,89	**24,6**	21,64	**25,4**	22,37	**26,1**	23,06	**26,7**	23,73	
10,00	**23,0**	19,95	**23,8**	20,81	**24,6**	21,63	**25,4**	22,40	**26,1**	23,14	**26,9**	23,85	**27,5**	24,53	

vorherige Schätzung des Eigengewichtes

Tafel 2

p = gleichmäßig verteilte Belastung (Verkehrslast + Auflast, ohne Eigengewicht) in kg/m²;
h = Nutzhöhe in cm.

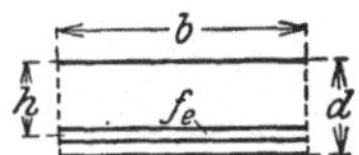

$p = 600 - 1200$ kg/m²

$p \frac{kg}{m^2}$	600		700		800		900		1000		1100		1200		Zuhöhe
$\alpha \cdot l$	d	h	d	h	d	h	d	h	d	h	d	h	d	h	
m	cm														cm
3,00	**7,4**	5,90	**7,8**	6,30	**8,2**	6,68	**8,5**	7,03	**8,9**	7,36	**9,2**	7,69	**9,5**	7,99	
3,25	**7,9**	6,44	**8,4**	6,88	**8,8**	7,28	**9,2**	7,67	**9,5**	8,03	**9,9**	8,39	**10,2**	8,71	
3,50	**8,5**	7,00	**9,0**	7,47	**9,4**	7,90	**9,8**	8,32	**10,2**	8,71	**10,6**	9,08	**10,9**	9,44	
3,75	**9,1**	7,56	**9,6**	8,06	**10,0**	8,53	**10,5**	8,97	**10,9**	9,39	**11,3**	9,79	**11,7**	10,17	1,5
4,00	**9,6**	8,13	**10,2**	8,66	**10,7**	9,16	**11,1**	9,63	**11,6**	10,08	**12,0**	10,51	**12,4**	10,91	
4,25	**10,2**	8,71	**10,8**	9,28	**11,3**	9,81	**11,8**	10,31	**12,2**	10,68	**12,7**	11,23	**13,2**	11,67	
4,50	**10,8**	9,30	**11,4**	9,90	**12,0**	10,46	**12,5**	10,99	**13,0**	11,49	**13,5**	11,97	**13,9**	12,43	
4,75	**11,4**	9,90	**12,0**	10,51	**12,6**	11,12	**13,2**	11,68	**13,7**	12,21	**14,2**	12,71	**15,3**	13,25	
5,00	**12,0**	10,51	**12,7**	11,17	**13,3**	11,79	**13,9**	12,38	**14,4**	12,93	**15,5**	13,53	**16,0**	14,03	
5,25	**12,6**	11,12	**13,3**	11,82	**14,0**	12,47	**15,2**	13,16	**15,7**	13,74	**16,3**	14,29	**16,8**	14,82	2,0
5,50	**13,3**	11,75	**14,0**	12,46	**15,2**	13,24	**15,9**	13,88	**16,5**	14,48	**17,1**	15,07	**17,6**	15,62	
5,75	**13,9**	12,38	**15,2**	13,23	**15,9**	13,94	**16,6**	14,61	**17,2**	15,24	**17,9**	15,85	**18,4**	16,43	
6,00	**14,5**	13,03	**15,9**	13,91	**16,7**	14,65	**17,4**	15,35	**18,1**	16,01	**18,6**	16,64	**19,2**	17,24	
6,25	**15,8**	13,79	**16,6**	14,60	**17,4**	15,37	**18,1**	16,10	**18,8**	16,78	**19,4**	17,44	**21,2**	18,22	
6,50	**16,5**	14,45	**17,3**	15,30	**18,1**	16,10	**18,9**	16,85	**20,7**	17,73	**21,4**	18,41	**22,1**	19,06	
6,75	**17,1**	15,13	**18,0**	16,01	**18,8**	16,84	**20,8**	17,80	**21,5**	18,53	**22,2**	19,23	**22,9**	19,91	
7,00	**17,8**	15,82	**18,7**	16,73	**20,8**	17,79	**21,6**	18,58	**22,3**	19,34	**23,1**	20,07	**23,8**	20,76	
7,25	**18,5**	16,52	**20,7**	17,67	**21,6**	18,55	**22,4**	19,38	**23,2**	20,16	**23,9**	20,91	**24,6**	21,63	
7,50	**19,2**	17,23	**21,4**	18,42	**22,3**	19,33	**23,2**	20,18	**24,0**	20,99	**24,8**	21,77	**25,5**	22,51	3,0
7,75	**21,2**	18,19	**22,2**	19,18	**23,1**	20,11	**24,0**	20,99	**24,8**	21,82	**25,6**	22,63	**26,4**	23,40	
8,00	**21,9**	18,93	**22,9**	19,94	**23,9**	20,90	**24,8**	21,81	**25,7**	22,67	**26,5**	23,50	**27,3**	24,29	
8,25	**22,7**	19,67	**23,7**	20,72	**24,7**	21,71	**25,6**	22,64	**26,5**	23,53	**27,4**	24,38	**28,2**	25,20	
8,50	**23,4**	20,43	**24,5**	21,51	**25,5**	22,52	**26,5**	23,48	**27,4**	24,40	**28,3**	25,27	**29,1**	26,11	
8,75	**24,2**	21,20	**25,3**	22,31	**26,3**	23,35	**27,3**	24,33	**28,3**	25,27	**29,2**	26,17	**30,0**	27,04	
9,00	**25,0**	21,97	**26,1**	23,11	**27,2**	24,18	**28,2**	25,20	**29,2**	26,16	**30,7**	27,19	**31,6**	28,08	
9,25	**25,8**	22,76	**26,9**	23,93	**28,0**	25,03	**29,1**	26,07	**30,7**	27,17	**31,6**	28,12	**32,5**	29,02	
9,50	**26,6**	23,56	**27,8**	24,76	**28,9**	25,88	**29,9**	26,95	**31,6**	28,08	**32,5**	29,05	**33,5**	29,98	3,5
9,75	**27,4**	24,37	**28,6**	25,59	**29,7**	26,75	**31,5**	27,97	**32,5**	29,00	**33,5**	29,99	**34,4**	30,95	
10,00	**28,2**	25,19	**29,4**	26,44	**31,3**	27,76	**32,4**	28,87	**33,4**	29,93	**34,4**	30,95	**35,4**	31,92	

2. Tafeln für Rechteckquerschnitte.

In diesen Tafeln findet man die Momente, die von Rechteckquerschnitten bei den verschiedensten Spannungen aufgenommen werden können, außerdem die zugehörigen Bewehrungen und die Entfernung des Zug- und Druckmittelpunktes (z), welcher Wert bei der Berechnung der Schub- und Haftspannungen benötigt wird. Die Werte des Nullinienabstandes (x), die nur selten gebraucht werden, sind als Funktion von h im Kopfe der Tafeln angeführt.

Die berücksichtigten Eisenspannungen sind $\sigma_e = 1500$ und 1200 kg/cm². Die Betondruckspannungen sind von 75 bis zu 12 kg/cm² in Intervallen von 5 bzw. 4 kg/cm² angegeben. Wo es nötig war, wurden noch weitere Zwischenwerte eingeschaltet. Die zulässigen Höchstspannungen sind durch fetten Druck hervorgehoben.

Die Nutzhöhen sind von 4 bis zu 150 cm aufgenommen.

Eine Interpolation ist für gewöhnlich überflüssig. Will man aber doch interpolieren, so benutzt man vorteilhaft den Zusammenhang $F_e = \frac{M}{\sigma_e \cdot z}$, weil der Wert z sich nur langsam ändert. Wird M, wie auch in den Tafeln, in kgm angegeben, σ_e dagegen in kg/cm² und z in cm, so lautet die Formel $F_e = \frac{M}{\frac{\sigma_e}{100} \cdot z}$ und ergibt F_e in cm².

Die Tafeln 3 bis 10 sind auch für Rippendecken und Plattenbalken mit $x \leqq d$ gültig. Für Rippendecken und Plattenbalken mit $x > d$ bediene man sich der Tafeln 11 bis 16 bzw. 17 bis 82.

Hinsichtlich doppelter Bewehrung siehe Tafel 89.

Gang der Bemessung.

a) Gegeben:

M = das Biegemoment in kgm,
b = die Querschnittsbreite in m und
σ_e und σ_b = die zulässigen Spannungen.

Gesucht:

h = die Nutzhöhe und
F_e = die Zugbewehrung.

Lösung: Rechne $\frac{M}{b}$ aus und suche in der Spalte von σ_b unter den zum entsprechenden σ_e gehörigen M-Werten den $\frac{M}{b}$ nächststehenden Wert. Lies am Ende der Zeile die Nutzhöhe h und unterhalb M die Werte f_e und z ab und rechne $F_e = b \cdot f_e$. (Siehe Zahlenbeispiele 4 bis 6.)

b) Gegeben:

M = das Biegemoment in kgm,
b = die Querschnittsbreite in m,
h = die Nutzhöhe in cm und
σ_e = die Eisenzugspannung.

Gesucht:

F_e = die Zugbewehrung,
σ_b = die Betondruckspannung (und wenn nötig
F'_e = die Druckbewehrung).

Lösung: Rechne $\frac{M}{b}$ aus und suche in der Zeile von h unter den zum entsprechenden σ_e gehörigen M-Werten den $\frac{M}{b}$ nächststehenden Wert. Lies am Kopfe dieser Spalte den Wert für σ_b (in der Zeile von σ_e) und unterhalb M die Werte f_e und z ab und rechne $F_e = b \cdot f_e$. Ist der gefundene Wert von σ_b größer als zulässig, so ordne doppelte Bewehrung an. Bestimme mit Hilfe der Tafel 89 die Zusatzzugbewehrung ΔF_e und die Druckbewehrung F'_e. (Siehe Zahlenbeispiele 7 und 8, sowie 29 bis 32.)

Tafel 3

Tafel für

$h = 4$—$9{,}5$ cm

M_{1500} = Moment in kgm für 1 m Breite bei $\sigma_e = 1500$ kg/cm²;
M_{1200} = Moment in kgm für 1 m Breite bei $\sigma_e = 1200$ kg/cm²;
f_e = Zugeisenquerschnitt in cm² für 1 m Breite;

h	σ_e	σ_b								
	1500	—	—	—	70	—	**65**	—	**60**	55
	1200	70	**65**	**60**	56	55	52	**50**	48	44
cm	x	0,467 h	0,448 h	0,429 h	0,412 h	0,407 h	0,394 h	0,385 h	0,375 h	0,355 h
4	M_{1500}	—	—	—	**199**	—	**178**	—	**158**	**138**
	M_{1200}	**221**	**198**	**176**	**159**	**155**	**142**	**134**	**126**	**110**
	f_e	5,44	4,86	4,29	3,84	3,73	3,41	3,21	3,00	2,60
	z	*3,38*	*3,40*	*3,43*	*3,45*	*3,46*	*3,47*	*3,49*	*3,50*	*3,53*
4,5	M_{1500}	—	—	—	**252**	—	**225**	—	**199**	**174**
	M_{1200}	**279**	**251**	**223**	**201**	**196**	**180**	**170**	**159**	**139**
	f_e	6,12	5,46	4,82	4,32	4,20	3,84	3,61	3,38	2,93
	z	*3,80*	*3,83*	*3,86*	*3,88*	*3,89*	*3,91*	*3,92*	*3,94*	*3,97*
5	M_{1500}	—	—	—	**311**	—	**278**	—	**246**	**215**
	M_{1200}	**345**	**310**	**276**	**249**	**242**	**222**	**210**	**197**	**172**
	f_e	6,81	6,07	5,36	4,80	4,67	4,27	4,01	3,75	3,25
	z	*4,22*	*4,25*	*4,29*	*4,31*	*4,32*	*4,34*	*4,36*	*4,38*	*4,41*
5,5	M_{1500}	—	—	—	**376**	—	**336**	—	**298**	**260**
	M_{1200}	**417**	**375**	**333**	**301**	**293**	**269**	**254**	**238**	**208**
	f_e	7,49	6,68	5,89	5,28	5,14	4,69	4,41	4,12	3,58
	z	*4,64*	*4,68*	*4,71*	*4,75*	*4,75*	*4,78*	*4,79*	*4,81*	*4,85*
6	M_{1500}	—	—	—	**448**	—	**400**	—	**354**	**310**
	M_{1200}	**497**	**446**	**397**	**358**	**349**	**320**	**302**	**284**	**248**
	f_e	8,17	7,28	6,43	5,76	5,60	5,12	4,81	4,50	3,90
	z	*5,07*	*5,10*	*5,14*	*5,18*	*5,19*	*5,21*	*5,23*	*5,25*	*5,29*
6,5	M_{1500}	—	—	—	**525**	—	**470**	—	**416**	**364**
	M_{1200}	**583**	**524**	**466**	**420**	**409**	**376**	**354**	**333**	**291**
	f_e	8,85	7,89	6,96	6,25	6,07	5,55	5,21	4,88	4,23
	z	*5,49*	*5,53*	*5,57*	*5,61*	*5,62*	*5,65*	*5,67*	*5,69*	*5,73*
7	M_{1500}	—	—	—	**609**	—	**545**	—	**482**	**422**
	M_{1200}	**676**	**607**	**540**	**487**	**474**	**436**	**411**	**386**	**337**
	f_e	9,53	8,50	7,50	6,73	6,54	5,97	5,61	5,25	4,55
	z	*5,91*	*5,95*	*6,00*	*6,04*	*6,05*	*6,08*	*6,10*	*6,12*	*6,17*
7,5	M_{1500}	—	—	—	**699**	—	**626**	—	**554**	**484**
	M_{1200}	**776**	**697**	**620**	**560**	**545**	**500**	**472**	**443**	**387**
	f_e	10,21	9,11	8,04	7,21	7,00	6,40	6,01	5,62	4,88
	z	*6,33*	*6,38*	*6,43*	*6,47*	*6,48*	*6,52*	*6,54*	*6,56*	*6,61*
8	M_{1500}	—	—	—	**796**	—	**712**	—	**630**	**551**
	M_{1200}	**883**	**793**	**705**	**637**	**620**	**569**	**536**	**504**	**441**
	f_e	10,89	9,71	8,57	7,69	7,47	6,83	6,41	6,00	5,20
	z	*6,76*	*6,80*	*6,87*	*6,90*	*6,91*	*6,95*	*6,97*	*7,00*	*7,05*
8,5	M_{1500}	—	—	—	**898**	—	**804**	—	**711**	**622**
	M_{1200}	**997**	**895**	**796**	**719**	**700**	**643**	**606**	**569**	**497**
	f_e	11,57	10,32	9,11	8,17	7,94	7,26	6,81	6,38	5,53
	z	*7,18*	*7,23*	*7,29*	*7,33*	*7,35*	*7,38*	*7,41*	*7,44*	*7,49*
9	M_{1500}	—	—	—	**1007**	—	**901**	—	**797**	**697**
	M_{1200}	**1117**	**1004**	**893**	**806**	**784**	**721**	**679**	**638**	**558**
	f_e	12,25	10.93	9,64	8,65	8,40	7,68	7,21	6,75	5,85
	z	*7,60*	*7,66*	*7,71*	*7,76*	*7,78*	*7,82*	*7,85*	*7,88*	*7,94*
9,5	M_{1500}	—	—	—	**1122**	—	**1004**	—	**888**	**777**
	M_{1200}	**1245**	**1118**	**995**	**898**	**874**	**803**	**757**	**711**	**621**
	f_e	12,93	11,53	10,18	9,13	8,87	8,11	7,61	7,12	6,18
	z	*8,02*	*8,08*	*8,14*	*8,20*	*8,21*	*8,25*	*8,28*	*8,31*	*8,38*

Rechteckquerschnitte

Tafel 3

h = Nutzhöhe in cm;
x = Nullinienabstand;
z = Abstand des Druckmittelpunktes vom Zugmittelpunkt in cm.

$h = 4$—$9{,}5$ cm

σ_b									σ_e	
50 40	45 36	40 32	— 30	35 28	30 24	25 20	20 16	15 12	1500 1200	h
0,333 h	0,310 h	0,286 h	0,273 h	0,259 h	0,231 h	0,200 h	0,167 h	0,130 h	x	cm
119	**100**	**82,7**	—	**66,3**	**51,1**	**37,3**	**25,2**	**15,0**	M_{1500}	4
94,8	**80,1**	**66,2**	**59,5**	**53,1**	**40,9**	**29,9**	**20,1**	**12,0**	M_{1200}	
2,22	1,86	1,52	1,36	1,21	0,92	0,67	0,44	0,26	f_e	
3,56	*3,59*	*3,62*	*3,64*	*3,65*	*3,69*	*3,73*	*3,78*	*3,83*	z	
150	**127**	**105**	—	**83,9**	**64,7**	**47,2**	**31,9**	**18,9**	M_{1500}	4,5
120	**101**	**83,8**	**75,3**	**67,1**	**51,8**	**37,8**	**25,5**	**15,2**	M_{1200}	
2,50	2,09	1,71	1,53	1,36	1,04	0,75	0,50	0,29	f_e	
4,00	*4,03*	*4,07*	*4,09*	*4,11*	*4,15*	*4,20*	*4,25*	*4,30*	z	
185	**157**	**129**	—	**104**	**79,9**	**58,3**	**39,4**	**23,4**	M_{1500}	5
148	**125**	**103**	**93,0**	**82,9**	**63,9**	**46,7**	**31,5**	**18,7**	M_{1200}	
2,78	2,33	1,90	1,70	1,51	1,15	0,83	0,56	0,33	f_e	
4,44	*4,48*	*4,52*	*4,55*	*4,57*	*4,62*	*4,67*	*4,72*	*4,78*	z	
224	**189**	**156**	—	**125**	**96,7**	**70,6**	**47,6**	**28,3**	M_{1500}	5,5
179	**152**	**125**	**112**	**100**	**77,3**	**56,5**	**38,1**	**22,6**	M_{1200}	
3,06	2,56	2,10	1,88	1,66	1,27	0,92	0,61	0,36	f_e	
4,89	*4,93*	*4,98*	*5,00*	*5,02*	*5,08*	*5,13*	*5,19*	*5,26*	z	
267	**225**	**186**	—	**149**	**115**	**84,0**	**56,7**	**33,7**	M_{1500}	6
213	**180**	**149**	**134**	**119**	**92,0**	**67,2**	**45,3**	**26,9**	M_{1200}	
3,33	2,79	2,29	2,05	1,81	1,38	1,00	0,67	0,39	f_e	
5,33	*5,38*	*5,43*	*5,45*	*5,48*	*5,54*	*5,60*	*5,67*	*5,74*	z	
313	**265**	**218**	—	**175**	**135**	**98,6**	**66,5**	**39,5**	M_{1500}	6,5
250	**212**	**175**	**157**	**140**	**108**	**78,9**	**53,2**	**31,6**	M_{1200}	
3,61	3,03	2,48	2,22	1,97	1,50	1,08	0,72	0,42	f_e	
5,78	*5,83*	*5,88*	*5,91*	*5,94*	*6,00*	*6,07*	*6,14*	*6,22*	z	
363	**307**	**253**	—	**203**	**157**	**114**	**77,1**	**45,8**	M_{1500}	7
290	**245**	**203**	**182**	**162**	**125**	**91,5**	**61,7**	**36,7**	M_{1200}	
3,89	3,26	2,67	2,39	2,12	1,62	1,17	0,78	0,46	f_e	
6,22	*6,28*	*6,33*	*6,36*	*6,40*	*6,46*	*6,53*	*6,61*	*6,70*	z	
417	**352**	**291**	—	**233**	**180**	**131**	**88,5**	**52,6**	M_{1500}	7,5
333	**282**	**233**	**209**	**187**	**144**	**105**	**70,8**	**42,1**	M_{1200}	
4,17	3,49	2,86	2,56	2,27	1,73	1,25	0,83	0,49	f_e	
6,67	*6,72*	*6,79*	*6,82*	*6,85*	*6,92*	*7,00*	*7,08*	*7,17*	z	
474	**401**	**331**	—	**265**	**204**	**149**	**101**	**59,9**	M_{1500}	8
379	**321**	**265**	**238**	**212**	**164**	**119**	**80,60**	**47,9**	M_{1200}	
4,44	3,72	3,05	2,73	2,42	1,85	1,33	0,89	0,52	f_e	
7,11	*7,17*	*7,24*	*7,27*	*7,31*	*7,38*	*7,47*	*7,56*	*7,65*	z	
535	**452**	**374**	—	**299**	**231**	**169**	**114**	**67,6**	M_{1500}	8,5
428	**362**	**299**	**269**	**240**	**185**	**135**	**91,0**	**54,1**	M_{1200}	
4,72	3,96	3,24	2,90	2,57	1,96	1,42	0,94	0,55	f_e	
7,56	*7,62*	*7,69*	*7,73*	*7,77*	*7,85*	*7,93*	*8,03*	*8,13*	z	
600	**507**	**419**	—	**336**	**259**	**189**	**127**	**75,8**	M_{1500}	9
480	**406**	**335**	**301**	**269**	**207**	**151**	**102**	**60,6**	M_{1200}	
5,00	4,19	3,43	3,07	2,72	2,08	1,50	1,00	0,59	f_e	
8,00	*8,07*	*8,14*	*8,18*	*8,22*	*8,31*	*8,40*	*8,50*	*8,61*	z	
669	**565**	**467**	—	**374**	**288**	**211**	**142**	**84,4**	M_{1500}	9,5
535	**452**	**373**	**336**	**299**	**231**	**168**	**114**	**67,6**	M_{1200}	
5,28	4,42	3,62	3,24	2,87	2,19	1,58	1,06	0,62	f_e	
8,44	*8,52*	*8,60*	*8,64*	*8,68*	*8,77*	*8,87*	*8,97*	*9,09*	z	

Tafel für

$h = 10$—16 cm

M_{1500} = Moment in kgm für 1 m Breite bei $\sigma_e = 1500$ kg/cm²;
M_{1200} = Moment in kgm für 1 m Breite bei $\sigma_e = 1200$ kg/cm²;
f_e = Zugeisenquerschnitt in cm² für 1 m Breite;

h	σ_e	σ_b									
	1500	—	—	—	75	70	—	65	—	60	—
	1200	75	70	65	60	56	55	52	50	48	45
cm	x	0,484 h	0,467 h	0,448 h	0,429 h	0,412 h	0,407 h	0,394 h	0,385 h	0,375 h	0,360 h
10	M_{1500}	—	—	—	1378	1243	—	1112	—	984	—
	M_{1200}	1522	1379	1239	1102	995	968	890	838	788	713
	f_e	15,12	13,61	12,14	10,71	9,61	9,34	8,54	8,01	7,50	6,75
	z	8,39	8,44	8,51	8,57	8,63	8,64	8,69	8,72	8,75	8,80
10,5	M_{1500}	—	—	—	1519	1371	—	1226	—	1085	—
	M_{1200}	1678	1521	1366	1215	1097	1067	981	924	868	786
	f_e	15,88	14,29	12,75	11,25	10,09	9,80	8,96	8,41	7,88	7,09
	z	8,81	8,87	8,93	9,00	9,06	9,07	9,12	9,15	9,19	9,24
11	M_{1500}	—	—	—	1667	1504	—	1346	—	1191	—
	M_{1200}	1841	1669	1499	1333	1204	1172	1077	1014	953	862
	f_e	16,63	14,97	13,35	11,79	10,57	10,27	9,39	8,81	8,25	7,43
	z	9,23	9,29	9,36	9,43	9,49	9,51	9,56	9,59	9,62	9,68
11,5	M_{1500}	—	—	—	1822	1644	—	1471	—	1302	—
	M_{1200}	2013	1824	1639	1457	1315	1280	1177	1109	1041	943
	f_e	17,39	15,65	13,96	12,32	11,05	10,74	9,82	9,21	8,62	7,76
	z	9,65	9,71	9,78	9,86	9,92	9,94	9,99	10,03	10,06	10,12
12	M_{1500}	—	—	—	1984	1790	—	1602	—	1418	—
	M_{1200}	2191	1986	1784	1587	1432	1394	1281	1207	1134	1026
	f_e	18,15	16,33	14,57	12,86	11,53	11,20	10,24	9,62	9,00	8,10
	z	10,06	10,13	10,21	10,29	10,35	10,37	10,42	10,46	10,50	10,56
12,5	M_{1500}	—	—	—	2152	1943	—	1738	—	1538	—
	M_{1200}	2378	2155	1936	1722	1554	1513	1390	1310	1230	1114
	f_e	18,90	17,01	15,18	13,39	12,01	11,67	10,67	10,02	9,37	8,44
	z	10,48	10,56	10,63	10,71	10,78	10,80	10,86	10,90	10,94	11,00
13	M_{1500}	—	—	—	2328	2101	—	1880	—	1664	—
	M_{1200}	2572	2331	2094	1862	1681	1636	1504	1417	1331	1205
	f_e	19,66	17,69	15,78	13,93	12,49	12,14	11,10	10,42	9,75	8,78
	z	10,90	10,98	11,06	11,14	11,22	11,23	11,29	11,33	11,38	11,44
13,5	M_{1500}	—	—	—	2511	2266	—	2027	—	1794	—
	M_{1200}	2774	2514	2258	2008	1813	1765	1622	1528	1435	1299
	f_e	20,41	18,37	16,39	14,46	12,97	12,60	11,52	10,82	10,12	9,11
	z	11,32	11,40	11,48	11,57	11,65	11,67	11,73	11,77	11,81	11,88
14	M_{1500}	—	—	—	2700	2437	—	2180	—	1929	—
	M_{1200}	3083	2703	2429	2160	1950	1898	1744	1643	1544	1397
	f_e	21,17	19,06	17,00	15,00	13,45	13,07	11,95	11,22	10,50	9,45
	z	11,74	11,82	11,91	12,00	12,08	12,10	12,16	12,21	12,25	12,32
14,5	M_{1500}	—	—	—	2896	2614	—	2338	—	2070	—
	M_{1200}	3200	2900	2605	2317	2091	2036	1871	1762	1656	1499
	f_e	21,93	19,74	17,60	15,54	13,93	13,54	12,38	11,62	10,87	9,79
	z	12,16	12,24	12,33	12,43	12,51	12,53	12,60	12,64	12,69	12,76
15	M_{1500}	—	—	—	3099	2798	—	2502	—	2215	—
	M_{1200}	3424	3103	2788	2480	2238	2178	2002	1886	1772	1604
	f_e	22,68	20,42	18,21	16,07	14,41	14,00	12,80	12,02	11,25	10,13
	z	12,58	12,67	12,76	12,86	12,94	12,96	13,03	13,08	13,12	13,20
16	M_{1500}	—	—	—	3527	3183	—	2847	—	2520	—
	M_{1200}	3896	3531	3172	2821	2546	2479	2278	2146	2016	1825
	f_e	24,19	21,78	19,43	17,14	15,37	14,94	13,66	12,82	12,00	10,80
	z	13,42	13,51	13,61	13,71	13,80	13,83	13,90	13,95	14,00	14,08

Rechteckquerschnitte

Tafel 4

h = Nutzhöhe in cm;
x = Nullinienabstand;
z = Abstand des Druckmittelpunktes vom Zugmittelpunkt in cm.

h = 10—16 cm

σ_b									σ_e	h
55 44	50 40	45 36	40 32	35 28	30 24	25 20	20 16	15 12	1500 1200	
0,355h	0,333h	0,310h	0,286h	0,259h	0,231h	0,200h	0,167h	0,130h	x	cm
860	**741**	**626**	**517**	**414**	**320**	**233**	**157**	**93,6**	M_{1500}	10
688	**593**	**501**	**414**	**332**	**256**	**187**	**126**	**74,9**	M_{1200}	
6,51	5,56	4,66	3,81	3,02	2,31	1,67	1,11	0,65	f_e	
8,82	*8,89*	*8,97*	*9,05*	*9,14*	*9,23*	*9,33*	*9,44*	*9,57*	z	
949	**817**	**690**	**570**	**457**	**352**	**257**	**174**	**103**	M_{1500}	10,5
759	**653**	**552**	**456**	**366**	**282**	**206**	**139**	**82,5**	M_{1200}	
6,83	5,83	4,89	4,00	3,18	2,42	1,75	1,17	0,68	f_e	
9,26	*9,33*	*9,41*	*9,50*	*9,59*	*9,69*	*9,80*	*9,92*	*10,04*	z	
1041	**896**	**758**	**626**	**502**	**387**	**282**	**190**	**113**	M_{1500}	11
833	**717**	**606**	**500**	**401**	**309**	**226**	**152**	**90,6**	M_{1200}	
7,16	6,11	5,12	4,19	3,33	2,54	1,83	1,22	0,72	f_e	
9,70	*9,78*	*9,86*	*9,95*	*10,05*	*10,15*	*10,27*	*10,39*	*10,52*	z	
1138	**980**	**828**	**684**	**548**	**423**	**309**	**208**	**124**	M_{1500}	11,5
910	**784**	**662**	**547**	**438**	**338**	**247**	**167**	**99,0**	M_{1200}	
7,48	6,39	5,35	4,38	3,48	2,65	1,92	1,28	0,75	f_e	
10,14	*10,22*	*10,31*	*10,40*	*10,51*	*10,61*	*10,73*	*10,86*	*11,00*	z	
1239	**1067**	**901**	**744**	**597**	**460**	**336**	**227**	**135**	M_{1500}	12
991	**853**	**721**	**596**	**477**	**368**	**269**	**181**	**108**	M_{1200}	
7,81	6,67	5,59	4,57	3,63	2,77	2,00	1,33	0,78	f_e	
10,58	*10,67*	*10,76*	*10,86*	*10,96*	*11,08*	*11,20*	*11,33*	*11,48*	z	
1344	**1157**	**978**	**808**	**648**	**499**	**365**	**246**	**146**	M_{1500}	12,5
1075	**926**	**783**	**646**	**518**	**399**	**292**	**197**	**117**	M_{1200}	
8,13	6,94	5,82	4,76	3,78	2,88	2,08	1,39	0,82	f_e	
11,02	*11,11*	*11,21*	*11,31*	*11,42*	*11,54*	*11,67*	*11,81*	*11,96*	z	
1454	**1252**	**1058**	**874**	**700**	**540**	**394**	**266**	**158**	M_{1500}	13
1163	**1001**	**846**	**699**	**560**	**432**	**315**	**213**	**127**	M_{1200}	
8,46	7,22	6,05	4,95	3,93	3,00	2,17	1,44	0,85	f_e	
11,46	*11,56*	*11,66*	*11,76*	*11,88*	*12,00*	*12,13*	*12,28*	*12,43*	z	
1568	**1350**	**1141**	**942**	**755**	**582**	**425**	**287**	**171**	M_{1500}	13,5
1254	**1080**	**913**	**754**	**604**	**466**	**340**	**230**	**136**	M_{1200}	
8,78	7,50	6,28	5,14	4,08	3,11	2,25	1,50	0,88	f_e	
11,90	*12,00*	*12,10*	*12,21*	*12,33*	*12,46*	*12,60*	*12,75*	*12,91*	z	
1686	**1452**	**1227**	**1013**	**812**	**626**	**457**	**309**	**183**	M_{1500}	14
1349	**1161**	**982**	**811**	**650**	**501**	**366**	**247**	**147**	M_{1200}	
9,11	7,78	6,52	5,33	4,23	3,23	2,33	1,56	0,91	f_e	
12,34	*12,44*	*12,55*	*12,67*	*12,79*	*12,92*	*13,07*	*13,22*	*13,39*	z	
1809	**1557**	**1316**	**1087**	**871**	**672**	**491**	**331**	**197**	M_{1500}	14,5
1447	**1246**	**1053**	**870**	**697**	**537**	**392**	**265**	**157**	M_{1200}	
9,43	8,06	6,75	5,52	4,39	3,35	2,42	1,61	0,95	f_e	
12,78	*12,89*	*13,00*	*13,12*	*13,25*	*13,38*	*13,53*	*13,69*	*13,87*	z	
1936	**1667**	**1409**	**1163**	**933**	**719**	**525**	**354**	**211**	M_{1500}	15
1549	**1333**	**1127**	**931**	**746**	**575**	**420**	**283**	**168**	M_{1200}	
9,76	8,33	6,98	5,71	4,54	3,46	2,50	1,67	0,98	f_e	
13,23	*13,33*	*13,45*	*13,57*	*13,70*	*13,85*	*14,00*	*14,17*	*14,35*	z	
2203	**1896**	**1603**	**1324**	**1061**	**818**	**597**	**403**	**240**	M_{1500}	16
1762	**1517**	**1282**	**1059**	**849**	**654**	**478**	**322**	**192**	M_{1200}	
10,41	8,89	7,45	6,10	4,84	3,69	2,67	1,78	1,04	f_e	
14,11	*14,22*	*14,34*	*14,48*	*14,62*	*14,77*	*14,93*	*15,11*	*15,30*	z	

Tafel 5

Tafel für

$h = 17$—28 cm

M_{1500} = Moment in kgm für 1 m Breite bei $\sigma_e = 1500$ kg/cm²;
M_{1200} = Moment in kgm für 1 m Breite bei $\sigma_e = 1200$ kg/cm²;
f_e = Zugeisenquerschnitt in cm² für 1 m Breite;

h	σ_e	σ_b									
	1500 1200	— 75	— 70	— 65	75 60	70 56	— 55	65 52	— 50	60 48	— 45
cm	x	0,484h	0,467h	0,448h	0,429h	0,412h	0,407h	0,394h	0,385h	0,375h	0,360h
17	M_{1500}	—	—	—	**3981**	**3593**	—	**3214**	—	**2845**	—
	M_{1200}	**4398**	**3986**	**3581**	**3185**	**2875**	**2798**	**2571**	**2423**	**2276**	**2060**
	f_e	25,71	23,14	20,64	18,21	16,33	15,87	14,51	13,62	12,75	11,48
	z	*14,26*	*14,36*	*14,46*	*14,57*	*14,67*	*14,69*	*14,77*	*14,82*	*14,88*	*14,96*
18	M_{1500}	—	—	—	**4463**	**4029**	—	**3603**	—	**3189**	—
	M_{1200}	**4931**	**4469**	**4015**	**3571**	**3223**	**3137**	**2883**	**2716**	**2552**	**2309**
	f_e	17,22	24,50	21,85	19,29	17,29	16,81	15,36	14,42	13,50	12,15
	z	*15,10*	*15,20*	*15,31*	*15,43*	*15,53*	*15,56*	*15,64*	*15,69*	*15,75*	*15,84*
19	M_{1500}	—	—	—	**4973**	**4489**	—	**4015**	—	**3554**	—
	M_{1200}	**5494**	**4979**	**4474**	**3978**	**3591**	**3495**	**3212**	**3026**	**2843**	**2573**
	f_e	28,73	25,86	23,07	20,36	18,25	17,74	16,22	15,22	14,25	12,83
	z	*15,94*	*16,04*	*16,16*	*16,29*	*16,39*	*16,42*	*16,51*	*16,56*	*16,62*	*16,72*
20	M_{1500}	—	—	—	**5510**	**4973**	—	**4449**	—	**3938**	—
	M_{1200}	**6087**	**5517**	**4957**	**4408**	**3979**	**3873**	**3559**	**3353**	**3150**	**2851**
	f_e	30,24	27,22	24,28	21,43	19,22	18,67	17,07	16,03	15,00	13,50
	z	*16,77*	*16,89*	*17,01*	*17,14*	*17,25*	*17,28*	*17,37*	*17,44*	*17,50*	*17,60*
21	M_{1500}	—	—	—	**6075**	**5483**	—	**4905**	—	**4341**	—
	M_{1200}	**6711**	**6083**	**5465**	**4860**	**4387**	**4270**	**3924**	**3697**	**3473**	**3143**
	f_e	31,75	28,58	25,50	22,50	20,18	19,61	17,92	16,83	15,75	14,18
	z	*17,61*	*17,73*	*17,86*	*18,00*	*18,12*	*18,15*	*18,24*	*18,31*	*18,38*	*18,48*
22	M_{1500}	—	—	—	**6667**	**6018**	—	**5383**	—	**4764**	—
	M_{1200}	**7366**	**6676**	**5998**	**5334**	**4814**	**4686**	**4306**	**4057**	**3812**	**3450**
	f_e	33,27	29,94	26,71	23,57	21,14	20,54	18,78	17,63	16,50	14,85
	z	*18,45*	*18,58*	*18,71*	*18,86*	*18,98*	*19,01*	*19,11*	*19,18*	*19,25*	*19,36*
23	M_{1500}	—	—	—	**7287**	**6577**	—	**5883**	—	**5207**	—
	M_{1200}	**8051**	**7296**	**6555**	**5830**	**5262**	**5122**	**4707**	**4434**	**4166**	**3778**
	f_e	34,78	31,31	27,92	24,64	22,10	21,47	19,63	18,43	17,25	15,53
	z	*19,29*	*19,42*	*19,56*	*19,71*	*19,84*	*19,88*	*19,98*	*20,05*	*20,12*	*20,24*
24	M_{1500}	—	—	—	**7935**	**7162**	—	**6406**	—	**5670**	—
	M_{1200}	**8766**	**7945**	**7138**	**6348**	**5729**	**5577**	**5125**	**4828**	**4536**	**4106**
	f_e	36,29	32,67	29,14	25,71	23,06	22,41	20,48	19,23	18,00	16,20
	z	*20,13*	*20,27*	*20,41*	*20,57*	*20,71*	*20,74*	*20,85*	*20,92*	*21,00*	*21,12*
25	M_{1500}	—	—	—	**8610**	**7771**	—	**6951**	—	**6152**	—
	M_{1200}	**9512**	**8620**	**7745**	**6888**	**6217**	**6051**	**5561**	**5239**	**4922**	**4455**
	f_e	37,80	34,03	30,35	26,79	24,02	23,34	21,34	20,03	18,75	16,88
	z	*20,98*	*21,11*	*21,26*	*21,43*	*21,57*	*21,60*	*21,72*	*21,79*	*21,88*	*22,00*
26	M_{1500}	—	—	—	**9312**	**8405**	—	**7518**	—	**6654**	—
	M_{1200}	**10288**	**9324**	**8377**	**7450**	**6724**	**6545**	**6015**	**5667**	**5324**	**4819**
	f_e	39,31	35,39	31,57	27,86	24,98	24,27	22,19	20,83	19,50	17,55
	z	*21,81*	*21,96*	*22,11*	*22,29*	*22,43*	*22,47*	*22,59*	*22,67*	*22,75*	*22,88*
27	M_{1500}	—	—	—	**10042**	**9064**	—	**8108**	—	**7176**	—
	M_{1200}	**11094**	**10055**	**9034**	**8034**	**7251**	**7058**	**6486**	**6111**	**5741**	**5196**
	f_e	40,83	36,75	32,78	28,93	25,94	25,21	23,05	21,63	20,25	18,23
	z	*22,65*	*22,80*	*22,97*	*23,14*	*23,29*	*23,33*	*23,45*	*23,54*	*23,62*	*23,76*
28	M_{1500}	—	—	—	**10800**	**9748**	—	**8720**	—	**7718**	—
	M_{1200}	**11931**	**10813**	**9715**	**8640**	**7798**	**7591**	**6976**	**6572**	**6174**	**5588**
	f_e	42,34	38,11	33,99	30,00	26,90	26,14	23,90	22,40	21,00	18,90
	z	*23,48*	*23,64*	*23,82*	*24,00*	*24,16*	*24,20*	*24,32*	*24,41*	*24,50*	*24,64*

Rechteckquerschnitte

Tafel 5

h = Nutzhöhe in cm;
x = Nullinienabstand;
z = Abstand des Druckmittelpunktes vom Zugmittelpunkt in cm.

h = 17—28 cm

σ_b									σ_e	
55	50	45	40	35	30	25	20	15	1500	h
44	40	36	32	28	24	20	16	12	1200	
0,355h	0,333h	0,310h	0,286h	0,259h	0,231h	0,200h	0,167h	0,130h	x	cm
2487	**2141**	**1809**	**1494**	**1198**	**923**	**674**	**455**	**270**	M_{1500}	17
1989	**1713**	**1447**	**1195**	**958**	**739**	**539**	**364**	**216**	M_{1200}	
11,06	9,44	7,91	6,48	5,14	3,92	2,83	1,89	1,11	f_e	
14,99	*15,11*	*15,24*	*15,38*	*15,53*	*15,69*	*15,87*	*16,06*	*16,26*	z	
2788	**2400**	**2028**	**1675**	**1343**	**1035**	**756**	**510**	**303**	M_{1500}	18
2230	**1920**	**1623**	**1340**	**1074**	**828**	**605**	**408**	**243**	M_{1200}	
11,71	10,00	8,38	6,86	5,44	4,15	3,00	2,00	1,17	f_e	
15,87	*16,00*	*16,14*	*16,29*	*16,44*	*16,62*	*16,80*	*17,00*	*17,22*	z	
3106	**2674**	**2260**	**1866**	**1496**	**1153**	**842**	**568**	**338**	M_{1500}	19
2485	**2139**	**1808**	**1493**	**1197**	**923**	**674**	**455**	**270**	M_{1200}	
12,36	10,56	8,84	7,24	5,75	4,38	3,17	2,11	1,24	f_e	
16,75	*16,89*	*17,03*	*17,19*	*17,36*	*17,54*	*17,73*	*17,94*	*18,17*	z	
3442	**2963**	**2504**	**2068**	**1658**	**1278**	**933**	**630**	**374**	M_{1500}	20
2753	**2370**	**2003**	**1654**	**1326**	**1022**	**747**	**504**	**299**	M_{1200}	
13,01	11,11	9,31	7,62	6,05	4,62	3,33	2,22	1,30	f_e	
17,63	*17,78*	*17,93*	*18,10*	*18,27*	*18,46*	*18,67*	*18,89*	*19,13*	z	
3794	**3267**	**2761**	**2280**	**1828**	**1409**	**1029**	**694**	**413**	M_{1500}	21
3035	**2613**	**2209**	**1824**	**1462**	**1127**	**823**	**555**	**330**	M_{1200}	
13,66	11,67	9,78	8,00	6,35	4,85	3,50	2,33	1,37	f_e	
18,52	*18,67*	*18,83*	*19,00*	*19,19*	*19,38*	*19,60*	*19,83*	*20,09*	z	
4164	**3585**	**3030**	**2502**	**2006**	**1547**	**1129**	**762**	**453**	M_{1500}	22
3331	**2868**	**2424**	**2002**	**1605**	**1237**	**903**	**609**	**362**	M_{1200}	
14,31	12,22	10,24	8,38	6,65	5,08	3,67	2,44	1,43	f_e	
19,40	*19,56*	*19,72*	*19,90*	*20,10*	*20,31*	*20,53*	*20,78*	*21,04*	z	
4551	**3919**	**3312**	**2735**	**2193**	**1690**	**1234**	**833**	**495**	M_{1500}	23
3641	**3135**	**2649**	**2188**	**1754**	**1352**	**987**	**666**	**396**	M_{1200}	
14,96	12,78	10,71	8,76	6,96	5,31	3,83	2,56	1,50	f_e	
20,28	*20,44*	*20,62*	*20,81*	*21,01*	*21,23*	*21,47*	*21,72*	*22,00*	z	
4956	**4267**	**3606**	**2978**	**2387**	**1840**	**1344**	**907**	**539**	M_{1500}	24
3965	**3413**	**2885**	**2382**	**1910**	**1472**	**1075**	**725**	**431**	M_{1200}	
15,61	13,33	11,17	9,14	7,26	5,54	4,00	2,67	1,57	f_e	
21,16	*21,33*	*21,52*	*21,71*	*21,93*	*22,15*	*22,40*	*22,67*	*22,96*	z	
5377	**4630**	**3913**	**3231**	**2591**	**1997**	**1458**	**984**	**585**	M_{1500}	25
4302	**3704**	**3130**	**2585**	**2072**	**1598**	**1167**	**787**	**468**	M_{1200}	
16,26	13,89	11,64	9,52	7,56	5,77	4,17	2,78	1,63	f_e	
22,04	*22,22*	*22,41*	*22,62*	*22,84*	*23,08*	*23,33*	*23,61*	*23,91*	z	
5816	**5007**	**4232**	**3495**	**2802**	**2160**	**1577**	**1064**	**633**	M_{1500}	26
4653	**4006**	**3386**	**2796**	**2242**	**1728**	**1262**	**851**	**506**	M_{1200}	
16,91	14,44	12,10	9,90	7,86	6,00	4,33	2,89	1,70	f_e	
22,92	*23,11*	*23,31*	*23,52*	*23,75*	*24,00*	*24,27*	*24,56*	*24,87*	z	
6272	**5400**	**4564**	**3769**	**3022**	**2329**	**1701**	**1148**	**682**	M_{1500}	27
5018	**4320**	**3651**	**3015**	**2417**	**1863**	**1361**	**918**	**546**	M_{1200}	
17,56	15,00	12,57	10,29	8,17	6,23	4,50	3,00	1,76	f_e	
23,81	*24,00*	*24,21*	*24,43*	*24,67*	*24,92*	*25,20*	*25,50*	*25,83*	z	
6745	**5807**	**4908**	**4053**	**3250**	**2505**	**1829**	**1234**	**734**	M_{1500}	28
5396	**4646**	**3927**	**3243**	**2600**	**2004**	**1463**	**987**	**587**	M_{1200}	
18,22	15,56	13,03	10,67	8,47	6,46	4,67	3,11	1,83	f_e	
24,69	*24,89*	*25,10*	*25,33*	*25,58*	*25,85*	*26,13*	*26,44*	*26,78*	z	

Tafel für

$h = 29$—40 cm

M_{1500} = Moment in kgm für 1 m Breite bei $\sigma_e = 1500$ kg/cm²;
M_{1200} = Moment in kgm für 1 m Breite bei $\sigma_e = 1200$ kg/cm²;
f_e = Zugeisenquerschnitt in cm² für 1 m Breite;

h	σ_e	σ_b									
	1500	—	—	—	75	70	—	65	—	60	—
	1200	75	70	65	60	56	55	52	50	48	45
cm	x	0,484h	0,467h	0,448h	0,429h	0,412h	0,407h	0,394h	0,385h	0,375h	0,360h
29	M_{1500}	—	—	—	11585	10457	—	9353	—	8279	—
	M_{1200}	12799	11600	10422	9268	8365	8143	7483	7050	6623	5995
	f_e	43,85	39,47	35,21	31,07	27,86	27,08	24,75	23,24	21,75	19,58
	z	24,32	24,49	24,67	24,86	25,02	25,06	25,19	25,28	25,38	25,52
30	M_{1500}	—	—	—	12398	11190	—	10010	—	8859	—
	M_{1200}	13697	12413	11153	9918	8952	8714	8008	7544	7088	6415
	f_e	45,36	40,83	36,42	32,14	28,82	28,01	25,61	24,04	22,50	20,25
	z	25,16	25,33	25,52	25,71	25,88	25,93	26,06	26,15	26,25	26,40
31	M_{1500}	—	—	—	13238	11949	—	10688	—	9460	—
	M_{1200}	14625	13255	11909	10591	9559	9305	8550	8056	7568	6850
	f_e	46,88	42,19	37,64	33,21	29,78	28,94	26,46	24,84	23,25	20,93
	z	26,00	26,18	26,37	26,57	62,74	26,79	26,93	27,03	27,12	27,28
32	M_{1500}	—	—	—	14106	12732	—	11389	—	10080	—
	M_{1200}	15584	14124	12689	11285	10186	9915	9111	8584	8064	7299
	f_e	48,39	43,56	38,85	34,29	30,75	29,88	27,31	25,64	24,00	21,60
	z	26,84	27,02	27,22	27,43	27,61	27,65	27,80	27,90	28,00	28,16
33	M_{1500}	—	—	—	15002	13540	—	12112	—	10720	—
	M_{1200}	16573	15020	13495	12001	10832	10544	9689	9129	8576	7762
	f_e	49,90	44,92	40,06	35,36	31,71	30,81	28,17	26,44	24,75	22,28
	z	27,68	27,87	28,07	28,29	28,47	28,52	28,67	28,77	28,87	29,04
34	M_{1500}	—	—	—	15924	14373	—	12857	—	11379	—
	M_{1200}	17593	15944	14325	12740	11499	11193	10285	9690	9104	8240
	f_e	51,41	46,28	41,28	36,43	32,67	31,74	29,02	27,24	25,50	22,95
	z	28,52	28,71	28,92	29,14	29,33	29,38	29,54	29,64	29,75	29,92
35	M_{1500}	—	—	—	16875	15231	—	13624	—	12059	—
	M_{1200}	18643	16896	15180	13500	12185	11861	10899	10269	9647	8732
	f_e	52,92	47,64	42,49	37,50	33,63	32,68	29,87	28,04	26,25	23,63
	z	29,35	29,56	29,77	30,00	30,20	30,25	30,40	30,51	30,62	30,80
36	M_{1500}	—	—	—	17853	16114	—	14414	—	12758	—
	M_{1200}	19723	17875	16060	14282	12891	12548	11531	10864	10206	9238
	f_e	54,44	49,00	43,71	38,57	34,59	33,61	30,73	28,85	27,00	24,30
	z	30,19	30,40	30,62	30,86	31,06	31,11	31,27	31,28	31,50	31,68
37	M_{1500}	—	—	—	18859	17022	—	15226	—	13476	—
	M_{1200}	20834	18882	16965	15087	13617	13255	12181	11476	10781	9758
	f_e	55,95	50,36	44,92	39,64	35,55	34,54	31,58	29,65	27,75	24,98
	z	31,03	31,24	31,47	31,71	31,92	31,98	32,14	32,26	32,37	32,56
38	M_{1500}	—	—	—	19892	17954	—	16060	—	14214	—
	M_{1200}	21976	19917	17894	15913	14363	13981	12848	12105	11372	10293
	f_e	57,46	51,72	46,14	40,71	36,51	35,48	32,43	30,45	28,50	25,65
	z	31,87	32,09	32,32	32,57	32,78	32,84	33,01	33,13	33,25	33,44
39	M_{1500}	—	—	—	20953	18912	—	16916	—	14972	—
	M_{1200}	23147	20979	18848	16762	15129	14727	13533	12750	11978	10842
	f_e	58,97	53,08	47,35	41,79	37,47	36,41	33,29	31,25	29,25	26,33
	z	32,71	32,93	33,17	33,43	33,65	33,70	33,88	34,00	34,12	34,32
40	M_{1500}	—	—	—	22041	19894	—	17795	—	15750	—
	M_{1200}	24350	22068	19827	17633	15915	15492	14236	13412	12600	11405
	f_e	60,48	54,44	48,56	42,86	38,43	37,35	34,14	32,05	30,00	27,00
	z	33,55	33,78	34,02	34,29	34,51	34,57	34,75	34,87	35,00	35,20

Rechteckquerschnitte Tafel 6

h = Nutzhöhe in cm;
x = Nullinienabstand;
z = Abstand des Druckmittelpunktes vom Zugmittelpunkt in cm. h = 29—40 cm

σ_b									σ_e	h
55 44	50 40	45 36	40 32	35 28	30 24	25 20	20 16	15 12	1500 1200	
0,355h	0,333h	0,310h	0,286h	0,259h	0,231h	0,200h	0,167h	0,130h	x	cm
7236	6230	5265	4348	3486	2687	1962	1324	787	M_{1500}	29
5789	4984	4212	3437	2789	2150	1570	1059	630	M_{1200}	
18,87	16,11	13,50	11,05	8,77	6,69	4,83	3,22	1,89	f_e	
25,57	25,78	26,00	26,24	26,49	26,77	27,07	27,39	27,74	z	
7743	6667	5634	4653	3730	2876	2100	1417	842	M_{1500}	30
6195	5333	4507	3722	2984	2301	1680	1133	674	M_{1200}	
19,52	16,67	13,97	11,43	9,07	6,92	5,00	3,33	1,96	f_e	
26,45	26,67	26,90	27,14	27,41	27,69	28,00	28,33	28,70	z	
8268	7119	6016	4968	3983	3071	2242	1513	899	M_{1500}	31
6615	5695	4813	3975	3187	2457	1794	1210	719	M_{1200}	
20,17	17,22	14,43	11,81	9,38	7,15	5,17	3,44	2,02	f_e	
27,33	27,56	27,79	28,05	28,32	28,61	28,93	29,28	29,65	z	
8810	7585	6411	5194	4244	3272	2389	1612	958	M_{1500}	32
7048	6068	5129	4235	3396	2618	1911	1289	767	M_{1200}	
20,82	17,78	14,90	12,19	9,68	7,38	5,33	3,56	2,09	f_e	
28,22	28,44	28,69	28,95	29,23	29,54	29,87	30,22	30,61	z	
9370	8067	6818	5630	4514	3480	2541	1714	1019	M_{1500}	33
7496	6453	5454	4504	3611	2784	2033	1371	815	M_{1200}	
21,47	18,33	15,36	12,57	9,98	7,61	5,50	3,67	2,15	f_e	
29,10	29,33	29,59	29,86	30,15	30,46	30,80	31,17	31,57	z	
9946	8563	7237	5977	4792	3694	2697	1820	1082	M_{1500}	34
7957	6850	5790	4781	3833	2955	2158	1456	865	M_{1200}	
22,12	18,89	15,83	12,95	10,28	7,85	5,67	3,78	2,22	f_e	
29,98	30,22	30,48	30,76	31,06	31,38	31,73	32,11	32,52	z	
10540	9074	7669	6333	5078	3914	2858	1928	1146	M_{1500}	35
8431	7259	6135	5067	4062	3131	2287	1543	917	M_{1200}	
22,77	19,44	16,29	13,33	10,59	8,08	5,83	3,89	2,28	f_e	
30,86	31,11	31,38	31,67	31,97	32,31	32,67	33,06	33,48	z	
11151	9600	8113	6700	5372	4141	3024	2040	1213	M_{1500}	36
8921	7680	6491	5360	4297	3313	2419	1632	970	M_{1200}	
23,42	20,00	16,76	13,71	10,89	8,31	6,00	4,00	2,35	f_e	
31,74	32,00	32,28	32,57	32,89	33,23	33,60	34,00	34,43	z	
11779	10141	8570	7078	5674	4374	3194	2155	1281	M_{1500}	37
9423	8113	6856	5662	4540	3499	2555	1724	1025	M_{1200}	
24,07	20,56	17,22	14,09	11,19	8,54	6,17	4,11	2,41	f_e	
32,62	32,89	33,17	33,48	33,80	34,15	34,53	34,94	35,39	z	
12424	10696	9040	7466	5985	4614	3369	2273	1351	M_{1500}	38
9939	8557	7232	5972	4788	3691	2695	1818	1081	M_{1200}	
24,72	21,11	17,69	14,48	11,49	8,77	6,33	4,22	2,48	f_e	
33,51	33,78	34,07	34,38	34,72	35,08	35,47	35,89	36,35	z	
13087	11267	9522	7864	6304	4860	3549	2394	1423	M_{1500}	39
10469	9013	7618	6291	5044	3888	2839	1915	1139	M_{1200}	
25,37	21,67	18,16	14,86	11,80	9,00	6,50	4,33	2,54	f_e	
34,39	34,67	34,97	35,29	35,63	36,00	36,40	36,83	37,30	z	
13766	11852	10017	8272	6632	5112	3733	2516	1497	M_{1500}	40
11013	9481	8013	6618	5306	4090	2987	2015	1198	M_{1200}	
26,02	22,22	18,62	15,24	12,10	9,23	6,67	4,44	2,61	f_e	
35,27	35,56	35,86	36,19	36,54	36,92	37,33	37,78	38,26	z	

Tafel 7

Tafel für

$h = 42$—60 cm

M_{1500} = Moment in kgm für 1 m Breite bei $\sigma_e = 1500$ kg/cm²;
M_{1200} = Moment in kgm für 1 m Breite bei $\sigma_e = 1200$ kg/cm²;
f_e = Zugeisenquerschnitt in cm² für 1 m Breite;

h	σ_e	σ_b									
	1500 1200	— 75	— 70	— 65	75 60	70 56	— 55	65 52	— 50	60 48	— 45
cm	x	0,484 h	0,467 h	0,448 h	0,429 h	0,412 h	0,407 h	0,394 h	0,385 h	0,375 h	0,360 h
42	M_{1500}	—	—	—	**24300**	**21933**	—	**19619**	—	**17364**	—
	M_{1200}	**26845**	**24330**	**21859**	**19440**	**17546**	**17079**	**15695**	**14787**	**13892**	**12574**
	f_e	63,51	57,17	50,99	45,00	40,35	39,21	35,85	33,65	31,50	28,35
	z	*35,23*	*35,47*	*35,72*	*36,00*	*36,24*	*36,30*	*36,48*	*36,62*	*36,75*	*36,96*
44	M_{1500}	—	—	—	**26669**	**24072**	—	**21532**	—	**19058**	—
	M_{1200}	**29463**	**26702**	**23991**	**21336**	**19257**	**18745**	**17225**	**16229**	**15246**	**13800**
	f_e	66,53	59,89	53,42	47,14	42,27	41,08	37,56	35,26	33,00	29,70
	z	*36,90*	*37,16*	*37,43*	*37,71*	*37,96*	*38,02*	*38,22*	*38,36*	*38,50*	*38,72*
46	M_{1500}	—	—	—	**29149**	**26310**	—	**23534**	—	**20829**	—
	M_{1200}	**32202**	**29185**	**26221**	**23319**	**21048**	**20488**	**18827**	**17738**	**16664**	**15083**
	f_e	69,56	62,61	55,85	49,29	44,20	42,95	39,26	36,86	34,50	31,05
	z	*38,58*	*38,84*	*39,13*	*39,43*	*39,69*	*39,75*	*39,96*	*40,10*	*40,25*	*40,48*
48	M_{1500}	—	—	—	**31739**	**28647**	—	**25625**	—	**22680**	—
	M_{1200}	**35063**	**31778**	**28551**	**25391**	**22918**	**22308**	**20500**	**19314**	**18144**	**16423**
	f_e	72,58	65,33	58,28	51,43	46,12	44,81	40,97	38,46	36,00	32,40
	z	*40,26*	*40,53*	*40,83*	*41,14*	*41,41*	*41,48*	*41,70*	*41,85*	*42,00*	*42,24*
50	M_{1500}	—	—	—	**34439**	**31084**	—	**27805**	—	**24609**	—
	M_{1200}	**38046**	**34481**	**30980**	**27551**	**24867**	**24206**	**22244**	**20957**	**19688**	**17820**
	f_e	75,60	68,06	60,70	53,57	48,04	46,68	42,68	40,06	37,50	33,75
	z	*41,94*	*42,22*	*42,53*	*42,86*	*43,14*	*43,21*	*43,43*	*43,59*	*43,75*	*44,00*
52	M_{1500}	—	—	—	**37249**	**33621**	—	**30073**	—	**26618**	—
	M_{1200}	**41151**	**37295**	**33508**	**29799**	**26897**	**26181**	**24059**	**22667**	**21294**	**19274**
	f_e	78,63	70,78	63,13	55,71	49,96	48,55	44,38	41,67	39,00	35,10
	z	*43,61*	*43,91*	*44,23*	*44,57*	*44,86*	*44,94*	*45,17*	*45,33*	*45,50*	*45,76*
54	M_{1500}	—	—	—	**40169**	**36257**	—	**32431**	—	**28704**	—
	M_{1200}	**44377**	**40219**	**36135**	**32136**	**29005**	**28233**	**25945**	**24444**	**22964**	**20785**
	f_e	81,65	73,50	65,56	57,86	51,88	50,42	46,09	43,27	40,50	36,45
	z	*45,29*	*45,60*	*45,93*	*46,29*	*46,59*	*46,67*	*46,91*	*47,08*	*47,25*	*47,52*
56	M_{1500}	—	—	—	**43200**	**38992**	—	**34878**	—	**30870**	—
	M_{1200}	**47725**	**43254**	**38861**	**34560**	**31194**	**30353**	**27902**	**26288**	**24696**	**22353**
	f_e	84,68	76,22	67,99	60,00	53,80	52,28	47,80	44,87	42,00	37,80
	z	*46,97*	*47,29*	*47,63*	*48,00*	*48,31*	*48,40*	*48,65*	*48,82*	*49,00*	*49,28*
58	M_{1500}	—	—	—	**46341**	**41827**	—	**37414**	—	**33114**	—
	M_{1200}	**51195**	**46398**	**41687**	**37073**	**33462**	**32571**	**29931**	**28199**	**26492**	**23979**
	f_e	87,70	78,94	70,42	62,14	55,73	54,15	49,51	46,47	43,50	39,15
	z	*48,65*	*48,98*	*49,33*	*49,71*	*50,04*	*50,12*	*50,38*	*50,56*	*50,75*	*51,04*
60	M_{1500}	—	—	—	**49592**	**44761**	—	**40039**	—	**35438**	—
	M_{1200}	**54787**	**49653**	**44611**	**39673**	**35809**	**34856**	**32031**	**30178**	**28350**	**25661**
	f_e	90,73	81,67	72,84	64,29	57,65	56,02	51,21	48,08	45,00	40,50
	z	*50,32*	*50,67*	*51,03*	*51,43*	*51,76*	*51,85*	*52,12*	*52,31*	*52,50*	*52,80*

Rechteckquerschnitte

Tafel 7

h = Nutzhöhe in cm;
x = Nullinienabstand;
z = Abstand des Druckmittelpunktes vom Zugmittelpunkt in cm.

$h = 42$—60 cm

σ_b									σ_e	
55 44	50 40	45 36	40 32	35 28	30 24	25 20	20 16	15 12	1500 1200	h
0,355h	0,333h	0,310h	0,286h	0,259h	0,231h	0,200h	0,167h	0,130h	x	cm
15177	13067	11043	9120	7312	5636	4116	2777	1651	M_{1500}	42
12142	10453	8835	7296	5849	4509	3293	2221	1320	M_{1200}	
27,32	23,33	19,55	16,00	12,70	9,69	7,00	4,67	2,74	f_e	
37,03	*37,33*	*37,66*	*38,00*	*38,37*	*38,77*	*39,20*	*39,67*	*40,17*	z	
16657	14341	12120	10009	8025	6186	4517	3047	1812	M_{1500}	44
13326	11473	9696	8007	6420	4949	3614	2438	1449	M_{1200}	
28,62	24,44	20,48	16,76	13,31	10,15	7,33	4,89	2,87	f_e	
38,80	*39,11*	*39,45*	*39,81*	*40,20*	*40,62*	*41,07*	*41,56*	*42,09*	z	
18206	15674	13247	10940	8771	6761	4937	3331	1980	M_{1500}	46
14565	12539	10598	8752	7017	5409	3950	2665	1584	M_{1200}	
29,92	25,56	21,41	17,52	13,91	10,62	7,67	5,11	3,00	f_e	
40,56	*40,89*	*41,24*	*41,62*	*42,02*	*42,46*	*42,93*	*43,44*	*44,00*	z	
19823	17067	14424	11912	9550	7362	5376	3627	2156	M_{1500}	48
15859	13653	11539	9529	7640	5890	4301	2901	1725	M_{1200}	
31,23	26,67	22,34	18,29	14,52	11,08	8,00	5,33	3,13	f_e	
42,32	*42,67*	*43,03*	*43,43*	*43,85*	*44,31*	*44,80*	*45,33*	*45,91*	z	
21510	18519	15651	12925	10362	7988	5833	3935	2339	M_{1500}	50
17208	14815	12521	10340	8290	6391	4667	3148	1871	M_{1200}	
32,53	27,78	23,28	19,05	15,12	11,54	8,33	5,56	3,26	f_e	
44,09	*44,44*	*44,83*	*45,24*	*45,68*	*46,15*	*46,67*	*47,22*	*47,83*	z	
23265	20030	16928	13980	11208	8640	6309	4256	2530	M_{1500}	52
18612	16024	13543	11184	8966	6912	5047	3405	2024	M_{1200}	
33,83	28,89	24,21	19,81	15,73	12,00	8,67	5,78	3,39	f_e	
45,85	*46,22*	*46,62*	*47,05*	*47,51*	*48,00*	*48,53*	*49,11*	*49,74*	z	
25089	21600	18255	15076	12087	9317	6804	4590	2729	M_{1500}	54
20071	17280	14604	12061	9669	7454	5443	3672	2183	M_{1200}	
35,13	30,00	25,14	20,57	16,33	12,46	9,00	6,00	3,52	f_e	
47,61	*48,00*	*48,41*	*48,86*	*49,33*	*49,85*	*50,40*	*51,00*	*51,65*	z	
26982	23230	19633	16213	12999	10020	7317	4936	2934	M_{1500}	56
21585	18584	15706	12971	10399	8016	5854	3949	2348	M_{1200}	
36,43	31,11	26,07	21,33	16,94	12,92	9,33	6,22	3,65	f_e	
49,38	*49,78*	*50,21*	*50,67*	*51,16*	*51,69*	*52,27*	*52,89*	*53,57*	z	
28943	24919	21060	17392	13944	10749	7849	5295	3148	M_{1500}	58
23155	19935	16848	13914	11155	8599	6279	4236	2518	M_{1200}	
37,73	32,22	27,00	22,10	17,54	13,38	9,67	6,44	3,78	f_e	
51,14	*51,56*	*52,00*	*52,48*	*52,99*	*53,54*	*54,13*	*54,78*	*55,48*	z	
30974	26667	22537	18612	14922	11503	8400	5667	3369	M_{1500}	60
24779	21333	18030	14890	11937	9202	6720	4533	2695	M_{1200}	
39,03	33,33	27,93	22,86	18,15	13,85	10,00	6,67	3,91	f_e	
52,90	*53,33*	*53,79*	*54,29*	*54,81*	*55,38*	*56,00*	*56,67*	*57,39*	z	

Tafel für

$h = 62$—80 cm

M_{1500} = Moment in kgm für 1 m Breite bei $\sigma_e = 1500$ kg/cm²;
M_{1200} = Moment in kgm für 1 m Breite bei $\sigma_e = 1200$ kg/cm²;
f_e = Zugeisenquerschnitt in cm² für 1 m Breite;

h	σ_e	σ_b									
	1500	—	—	—	75	70	—	65	—	60	—
	1200	75	70	65	60	56	55	52	50	48	45
cm	x	0,484h	0,467h	0,448h	0,429h	0,412h	0,407h	0,394h	0,385h	0,375h	0,360h
62	M_{1500}	—	—	—	52953	47795	—	42752	—	37839	—
	M_{1200}	58500	53019	47635	42362	38236	37218	34202	32223	30272	27400
	f_e	93,75	84,39	75,27	66,43	59,57	57,89	52,92	49,68	46,50	41,85
	z	52,00	52,36	52,74	53,14	53,49	53,58	53,86	54,05	54,25	54,56
64	M_{1500}	—	—	—	56424	50928	—	45555	—	40320	—
	M_{1200}	62335	56494	50758	45140	40743	39658	36444	34335	32256	29196
	f_e	96,77	87,11	77,70	68,57	61,49	59,75	54,63	51,28	48,00	43,20
	z	53,68	54,04	54,44	54,86	55,22	55,31	55,60	55,79	56,00	56,32
66	M_{1500}	—	—	—	60006	54161	—	48447	—	42879	—
	M_{1200}	66292	60081	53980	48005	43329	42176	38757	36515	34304	31050
	f_e	99,80	89,83	80,13	70,71	63,41	61,62	56,33	52,88	49,50	44,55
	z	55,35	55,73	56,14	56,57	56,94	57,04	57,33	57,54	57,75	58,08
68	M_{1500}	—	—	—	63698	57493	—	51427	—	45518	—
	M_{1200}	70370	63777	57301	50958	45995	44771	41142	38761	36414	32960
	f_e	102,82	92,56	82,56	72,86	65,33	63,49	58,04	54,49	51,00	45,90
	z	57,03	57,42	57,84	58,29	58,67	58,77	59,07	59,28	59,50	59,84
70	M_{1500}	—	—	—	67500	60925	—	54497	—	48234	—
	M_{1200}	74571	67584	60721	54000	48740	47443	43598	41075	38588	34927
	f_e	105,85	95,28	84,99	75,00	67,25	65,36	59,75	56,09	52,50	47,25
	z	58,71	59,11	59,54	60,00	60,39	60,49	60,81	61,03	61,25	61,60
72	M_{1500}	—	—	—	71412	64456	—	57656	—	51030	—
	M_{1200}	78893	71501	64240	57130	51565	50193	46124	43456	40824	36952
	f_e	108,87	98,00	87,41	77,14	69,18	67,22	61,45	57,69	54,00	48,60
	z	60,39	60,80	61,24	61,71	62,12	62,22	62,55	62,77	63,00	63,36
74	M_{1500}	—	—	—	75435	68087	—	60903	—	53904	—
	M_{1200}	83337	75528	67859	60348	54469	53020	48722	45903	43124	39033
	f_e	111,90	100,72	89,84	79,29	71,10	69,09	63,16	59,29	55,50	49,95
	z	62,06	62,49	62,94	63,43	63,84	63,95	64,28	64,51	64,75	65,12
76	M_{1500}	—	—	—	79567	71817	—	64240	—	56858	—
	M_{1200}	87902	79666	71576	63654	57454	55924	51392	48418	45486	41171
	f_e	114,92	103,44	92,27	81,43	73,02	70,96	64,87	60,90	57,00	51,30
	z	63,74	64,18	64,64	65,14	65,57	65,68	66,02	66,26	66,50	66,88
78	M_{1500}	—	—	—	83810	75647	—	67665	—	59889	—
	M_{1200}	92589	83914	75393	67048	60517	58907	54132	51000	47912	43367
	f_e	117,94	106,17	94,70	83,57	74,94	72,82	66,58	62,50	58,50	52,65
	z	65,42	65,87	66,34	66,86	67,29	67,41	67,76	68,00	68,25	68,64
80	M_{1500}	—	—	—	88163	79576	—	71180	—	63000	—
	M_{1200}	97399	88273	79309	70531	63660	61966	56944	53649	50400	45619
	f_e	120,97	108,89	97,13	85,71	76,86	74,69	68,28	64,10	60,00	54,00
	z	67,10	67,56	68,05	68,57	69,02	69,14	69,49	69,74	70,00	70,40

Rechteckquerschnitte

Tafel 8

h = Nutzhöhe in cm;
x = Nullinienabstand;
z = Abstand des Druckmittelpunktes vom Zugmittelpunkt in cm.

$h = 62$—80 cm

σ_b									σ_e	h
55 44	**50** **40**	**45** 36	**40** 32	35 28	30 24	25 20	20 16	15 12	**1500** **1200**	
0,355h	0,333h	0,310h	0,286h	0,259h	0,231h	0,200h	0,167h	0,130h	x	cm
33073 **26459** 40,33 *54,67*	**28474** **22779** 34,44 *55,11*	**24065** **19252** 28,86 *55,59*	**19874** **15899** 23,62 *56,10*	**15933** **12747** 18,75 *56,64*	**12283** **9826** 14,31 *57,23*	**8969** **7175** 10,33 *57,87*	**6051** **4841** 6,89 *58,56*	**3597** **2878** 4,04 *59,30*	M_{1500} M_{1200} f_e z	**62**
35242 **28193** 41,63 *56,43*	**30341** **24273** 35,56 *56,89*	**25643** **20514** 29,79 *57,38*	**21177** **16941** 24,38 *57,90*	**16978** **13582** 19,36 *58,47*	**13088** **10470** 14,77 *59,08*	**9557** **7646** 10,67 *59,73*	**6447** **5158** 7,11 *60,44*	**3833** **3066** 4,17 *61,22*	M_{1500} M_{1200} f_e z	**64**
37479 **29983** 42,94 *58,19*	**32267** **25813** 36,67 *58,67*	**27270** **21816** 30,72 *59,17*	**22521** **18017** 25,14 *59,71*	**18055** **14444** 19,96 *60,30*	**13919** **11135** 15,23 *60,92*	**10164** **8131** 11,00 *61,60*	**6857** **5485** 7,33 *62,33*	**4076** **3261** 4,30 *63,13*	M_{1500} M_{1200} f_e z	**66**
39784 **31827** 44,24 *59,96*	**34252** **27401** 37,78 *60,44*	**28948** **23158** 31,66 *60,97*	**23906** **19125** 25,90 *61,52*	**19166** **15333** 20,57 *62,12*	**14775** **11820** 15,69 *62,77*	**10789** **8631** 11,33 *63,47*	**7279** **5823** 7,56 *64,22*	**4327** **3461** 4,43 *65,04*	M_{1500} M_{1200} f_e z	**68**
42159 **33727** 45,54 *61,72*	**36296** **29037** 38,89 *62,22*	**30676** **24541** 32,59 *62,76*	**25333** **20267** 26,67 *63,33*	**20310** **16248** 21,17 *63,95*	**15657** **12525** 16,15 *64,62*	**11433** **9147** 11,67 *65,33*	**7713** **6170** 7,78 *66,11*	**4585** **3668** 4,57 *66,96*	M_{1500} M_{1200} f_e z	**70**
44603 **35682** 46,84 *63,48*	**38400** **30720** 40,00 *64,00*	**32454** **25963** 33,52 *64,55*	**26802** **21441** 27,43 *65,14*	**21487** **17190** 21,78 *65,78*	**16564** **13251** 16,62 *66,46*	**12096** **9677** 12,00 *67,20*	**8160** **6528** 8,00 *68,00*	**4851** **3881** 4,70 *68,87*	M_{1500} M_{1200} f_e z	**72**
47115 **37692** 48,14 *65,25*	**40563** **32450** 41,11 *65,78*	**34282** **27426** 34,45 *66,34*	**28311** **22649** 28,19 *66,95*	**22698** **18158** 22,38 *67,60*	**17497** **13998** 17,08 *68,31*	**12777** **10222** 12,33 *69,07*	**8620** **6896** 8,22 *69,89*	**5124** **4099** 4,83 *70,78*	M_{1500} M_{1200} f_e z	**74**
49696 **39757** 49,44 *67,01*	**42785** **34228** 42,22 *67,56*	**36160** **28928** 35,38 *68,14*	**29862** **23890** 28,95 *68,76*	**23941** **19153** 22,99 *69,43*	**18456** **14765** 17,54 *70,15*	**13477** **10782** 12,67 *70,93*	**9092** **7273** 8,44 *71,78*	**5405** **4324** 4,96 *72,70*	M_{1500} M_{1200} f_e z	**76**
52346 **41877** 50,74 *68,77*	**45067** **36053** 43,33 *69,33*	**38088** **30471** 36,31 *69,93*	**31455** **25164** 29,71 *70,57*	**25218** **20174** 23,59 *71,26*	**19440** **15552** 18,00 *72,00*	**14196** **11357** 13,00 *72,80*	**9577** **7661** 8,67 *73,67*	**5693** **4554** 5,09 *74,61*	M_{1500} M_{1200} f_e z	**78**
55065 **44052** 52,04 *70,54*	**47407** **37926** 44,44 *71,11*	**40067** **32053** 37,24 *71,72*	**33088** **26471** 30,48 *72,38*	**26528** **21222** 24,20 *73,09*	**20450** **16360** 18,46 *73,85*	**14933** **11947** 13,33 *74,67*	**10074** **8059** 8,89 *75,56*	**5989** **4791** 5,22 *76,52*	M_{1500} M_{1200} f_e z	**80**

Tafel für

$h = 82$—100 cm

M_{1500} = Moment in kgm für 1 m Breite bei $\sigma_e = 1500$ kg/cm²;
M_{1200} = Moment in kgm für 1 m Breite bei $\sigma_e = 1200$ kg/cm²;
f_e = Zugeisenquerschnitt in cm² für 1 m Breite;

h	σ_e	σ_b									
	1500	—	—	—	75	70	—	65	—	60	—
	1200	75	70	65	60	56	55	52	50	48	45
cm	x	0,484h	0,467h	0,448h	0,429h	0,412h	0,407h	0,394h	0,385h	0,375h	0,360h
82	M_{1500}	—	—	—	**92627**	**83604**	—	**74783**	—	**66189**	—
	M_{1200}	**102329**	**92741**	**83324**	**74101**	**66883**	**65103**	**59827**	**56365**	**52952**	**47929**
	f_e	123,99	111,61	99,55	87,86	78,78	76,56	69,99	65,71	61,50	55,35
	z	*68,77*	*69,24*	*69,75*	*70,29*	*70,75*	*70,86*	*71,23*	*71,49*	*71,75*	*72,16*
84	M_{1500}	—	—	—	**97200**	**87732**	—	**78476**	—	**69458**	—
	M_{1200}	**107382**	**97321**	**87438**	**77760**	**70186**	**68318**	**62780**	**59148**	**55566**	**50295**
	f_e	127,02	114,33	101,98	90,00	80,71	78,43	71,70	67,31	63,00	56,70
	z	*70,45*	*70,93*	*71,45*	*72,00*	*72,47*	*72,59*	*72,97*	*73,23*	*73,50*	*73,92*
86	M_{1500}	—	—	—	**101884**	**91959**	—	**82257**	—	**72804**	—
	M_{1200}	**112556**	**102010**	**91651**	**81507**	**73568**	**71610**	**65806**	**61998**	**58244**	**52719**
	f_e	130,04	117,06	104,41	92,14	82,63	80,29	73,40	68,91	64,50	58,05
	z	*72,13*	*72,62*	*73,15*	*73,71*	*74,20*	*74,32*	*74,71*	*74,97*	*75,25*	*75,68*
88	M_{1500}	—	—	—	**106678**	**96286**	—	**86127**	—	**76230**	—
	M_{1200}	**117852**	**106810**	**95964**	**85342**	**77029**	**74979**	**68902**	**64915**	**60984**	**55199**
	f_e	133,06	119,78	106,84	94,29	84,55	82,16	75,11	70,51	66,00	59,40
	z	*73,81*	*74,31*	*74,85*	*75,43*	*75,92*	*76,05*	*76,44*	*76,72*	*77,00*	*77,44*
90	M_{1500}	—	—	—	**111582**	**100710**	—	**90087**	—	**79734**	—
	M_{1200}	**123270**	**111720**	**100380**	**89265**	**80570**	**78426**	**72069**	**67899**	**63788**	**57737**
	f_e	136,09	122,50	109,27	96,43	86,47	84,03	76,82	72,12	67,50	60,75
	z	*75,48*	*76,00*	*76,55*	*77,14*	*77,65*	*77,78*	*78,18*	*78,46*	*78,75*	*79,20*
92	M_{1500}	—	—	—	**116596**	**105240**	—	**94135**	—	**83318**	—
	M_{1200}	**128810**	**116740**	**104890**	**93277**	**84191**	**81950**	**75308**	**70951**	**66654**	**60331**
	f_e	139,11	125,22	111,70	98,57	88,40	85,90	78,53	73,72	69,00	62,10
	z	*77,16*	*77,69*	*78,25*	*78,86*	*79,37*	*79,51*	*79,92*	*80,21*	*80,50*	*80,96*
94	M_{1500}	—	—	—	**121720**	**109860**	—	**98272**	—	**86979**	—
	M_{1200}	**134571**	**121870**	**109500**	**97376**	**87891**	**85552**	**78618**	**74069**	**69584**	**62983**
	f_e	142,14	127,94	114,12	100,71	90,31	87,76	80,23	75,32	70,50	63,45
	z	*78,84*	*79,38*	*79,95*	*80,57*	*81,10*	*81,23*	*81,66*	*81,95*	*82,25*	*82,72*
96	M_{1500}	—	—	—	**126955**	**114590**	—	**102500**	—	**90720**	—
	M_{1200}	**140254**	**127110**	**114200**	**101560**	**91671**	**89231**	**81999**	**77254**	**72576**	**65692**
	f_e	145,16	130,67	116,55	102,86	92,24	89,63	81,94	76,92	72,00	64,80
	z	*80,52*	*81,07*	*81,66*	*82,29*	*82,82*	*82,96*	*83,39*	*83,69*	*84,00*	*84,48*
98	M_{1500}	—	—	—	**132300**	**119410**	—	**106810**	—	**94539**	—
	M_{1200}	**146159**	**132460**	**119010**	**105840**	**95530**	**92988**	**85451**	**80507**	**75632**	**68457**
	f_e	148,19	133,39	118,98	105,00	94,16	91,50	83,65	78,53	73,50	66,15
	z	*82,19*	*82,76*	*83,36*	*84,00*	*84,55*	*84,69*	*85,13*	*85,44*	*85,75*	*86,24*
100	M_{1500}	—	—	—	**137755**	**124340**	—	**111220**	—	**98438**	—
	M_{1200}	**152185**	**137930**	**123920**	**110200**	**99469**	**96822**	**88975**	**83826**	**78750**	**71280**
	f_e	151,21	136,11	121,41	107,14	96,08	93,36	85,35	80,13	75,00	67,50
	z	*83,87*	*84,44*	*85,06*	*85,71*	*86,27*	*86,42*	*86,87*	*87,18*	*87,50*	*88,00*

Rechteckquerschnitte

Tafel 9

h = Nutzhöhe in cm;
x = Nullinienabstand;
z = Abstand des Druckmittelpunktes vom Zugmittelpunkt in cm.

h = 82—100 cm

σ_b									σ_e	h
55 44	**50** **40**	**45** 36	**40** 32	35 28	30 24	25 20	20 16	15 12	**1500** **1200**	h
0,355h	0,333h	0,310h	0,286h	0,259h	0,231h	0,200h	0,167h	0,130h	x	cm
57853	**49807**	**42095**	**34764**	**27871**	**21485**	**15689**	**10584**	**6292**	M_{1500}	**82**
46282	**39846**	**33676**	**27811**	**22297**	**17188**	**12551**	**8467**	**5033**	M_{1200}	
53,34	45,56	38,17	31,24	24,80	18,92	13,67	9,11	5,35	f_e	
72,30	*72,89*	*73,52*	*74,19*	*74,91*	*75,69*	*76,53*	*77,44*	*78,43*	z	
60709	**52267**	**44173**	**36480**	**29247**	**22546**	**16464**	**11107**	**6602**	M_{1500}	**84**
48567	**41813**	**35339**	**29184**	**23397**	**18037**	**13171**	**8885**	**5282**	M_{1200}	
54,65	46,67	39,10	32,00	25,41	19,38	14,00	9,33	5,48	f_e	
74,06	*74,67*	*75,31*	*76,00*	*76,74*	*77,54*	*78,40*	*79,33*	*80,35*	z	
63634	**54785**	**46302**	**38238**	**30656**	**23632**	**17257**	**11642**	**6921**	M_{1500}	**86**
50907	**43828**	**37042**	**30590**	**24525**	**18906**	**13806**	**9313**	**5537**	M_{1200}	
55,95	47,78	40,03	32,76	26,01	19,85	14,33	9,56	5,61	f_e	
75,83	*76,44*	*77,10*	*77,81*	*78,57*	*79,38*	*80,27*	*81,22*	*82,26*	z	
66628	**57363**	**48481**	**40037**	**32098**	**24744**	**18069**	**12190**	**7246**	M_{1500}	**88**
53308	**45890**	**38784**	**32030**	**25679**	**19795**	**14455**	**9752**	**5797**	M_{1200}	
57,25	48,89	40,97	33,52	26,62	20,31	14,67	9,78	5,74	f_e	
77,59	*78,22*	*78,90*	*79,62*	*80,40*	*81,23*	*82,13*	*83,11*	*84,17*	z	
69691	**60000**	**50709**	**41878**	**33574**	**25882**	**18900**	**12750**	**7579**	M_{1500}	**90**
55753	**48000**	**40567**	**33502**	**26859**	**20705**	**15120**	**10200**	**6064**	M_{1200}	
58,55	50,00	41,90	34,29	27,22	20,77	15,00	10,00	5,87	f_e	
79,35	*80,00*	*80,69*	*81,43*	*82,22*	*83,08*	*84,00*	*85,00*	*86,09*	z	
72823	**62696**	**52988**	**43759**	**35083**	**27045**	**19749**	**13323**	**7920**	M_{1500}	**92**
58259	**50157**	**42390**	**35008**	**28066**	**21636**	**15799**	**10658**	**6336**	M_{1200}	
59,85	51,11	42,83	35,05	27,83	21,23	15,33	10,22	6,00	f_e	
81,12	*81,78*	*82,48*	*83,24*	*84,05*	*84,92*	*85,87*	*86,89*	*88,00*	z	
76024	**65452**	**55317**	**45683**	**36625**	**28233**	**20617**	**13909**	**8268**	M_{1500}	**94**
60819	**52361**	**44254**	**36546**	**29300**	**22587**	**16494**	**11127**	**6614**	M_{1200}	
61,15	52,22	43,76	35,81	28,43	21,69	15,67	10,44	6,13	f_e	
82,88	*83,56*	*84,28*	*85,05*	*85,88*	*86,77*	*87,73*	*88,78*	*89,91*	z	
79293	**68267**	**57696**	**47647**	**38200**	**29448**	**21504**	**14507**	**8624**	M_{1500}	**96**
63435	**54613**	**46157**	**38118**	**30560**	**23558**	**17203**	**11605**	**6899**	M_{1200}	
62,45	53,33	44,69	36,57	29,04	22,15	16,00	10,67	6,26	f_e	
84,65	*85,33*	*86,07*	*86,86*	*87,70*	*88,62*	*89,60*	*90,67*	*91,83*	z	
82632	**71141**	**60125**	**49653**	**39808**	**30687**	**22409**	**15117**	**8987**	M_{1500}	**98**
66105	**56913**	**48100**	**39723**	**31846**	**24550**	**17927**	**12094**	**7189**	M_{1200}	
63,75	54,44	45,62	37,33	29,64	22,62	16,33	10,89	6,39	f_e	
86,41	*87,11*	*87,86*	*88,67*	*89,53*	*90,46*	*91,47*	*92,56*	*93,74*	z	
86039	**74074**	**62604**	**51701**	**41449**	**31953**	**23333**	**15741**	**9357**	M_{1500}	**100**
68831	**59259**	**50083**	**41361**	**33160**	**25562**	**18667**	**12593**	**7486**	M_{1200}	
65,05	55,56	46,55	38,10	30,25	23,08	16,67	11,11	6,52	f_e	
88,17	*88,89*	*89,66*	*90,48*	*91,36*	*92,31*	*93,33*	*94,44*	*95,65*	z	

Tafel 10

Tafel für

$h = 105$—150 cm

M_{1500} = Moment in kgm für 1 m Breite bei $\sigma_e = 1500$ kg/cm²;
M_{1200} = Moment in kgm für 1 m Breite bei $\sigma_e = 1200$ kg/cm²;
f_e = Zugeisenquerschnitt in cm² für 1 m Breite;

h	σ_e	σ_b									
	1500	—	—	—	75	70	—	65	—	60	—
	1200	75	70	65	60	56	55	52	50	48	45
cm	x	0,484h	0,467h	0,448h	0,429h	0,412h	0,407h	0,394h	0,385h	0,375h	0,360h
105	M_{1500}	—	—	—	151875	137080	—	122620	—	108530	—
	M_{1200}	167784	152060	136620	121500	109670	106746	98094	92419	86822	78586
	f_e	158,77	142,92	127,48	112,50	100,88	98,03	89,62	84,13	78,75	70,88
	z	88,06	88,67	89,31	90,00	90,59	90,74	91,21	91,54	91,88	92,40
110	M_{1500}	—	—	—	166684	150450	—	134570	—	119110	—
	M_{1200}	184144	166890	149940	133350	120360	117155	107660	101430	95288	86249
	f_e	166,33	149,72	133,55	117,86	105,69	102,70	93,89	88,14	82,50	74,25
	z	92,26	92,89	93,56	94,29	94,90	95,06	95,56	95,90	96,25	96,80
115	M_{1500}	—	—	—	182181	164440	—	147090	—	130180	—
	M_{1200}	201265	182410	163880	145745	131550	128670	117047	110860	104147	94268
	f_e	173,89	156,53	139,62	123,21	110,49	107,37	98,16	92,15	86,25	77,63
	z	96,45	97,11	97,82	98,57	99,22	99,38	99,90	100,26	100,62	101,20
120	M_{1500}	—	—	—	198367	179040	—	160150	—	141750	—
	M_{1200}	219147	198610	178440	158690	143240	139424	128120	120710	113400	102643
	f_e	181,45	163,33	145,69	128,57	115,29	112,04	102,42	96,15	90,00	81,00
	z	100,65	101,33	102,07	102,86	103,53	103,70	104,24	104,62	105,00	105,60
125	M_{1500}	—	—	—	215242	194280	—	173780	—	153810	—
	M_{1200}	237789	215510	193620	172190	155420	151285	139020	130980	123047	111375
	f_e	189,01	170,14	151,76	133,93	120,10	116,71	106,69	100,16	93,75	84,38
	z	104,84	105,56	106,32	107,14	107,84	108,02	108,59	108,97	109,38	110,00
130	M_{1500}	—	—	—	232806	210130	—	187960	—	166360	—
	M_{1200}	257193	233090	209420	186240	168100	163629	150370	141670	133088	120463
	f_e	196,57	176,94	157,83	139,29	124,90	121,37	110,96	104,17	97,50	87,75
	z	109,03	109,78	110,57	111,43	112,16	112,35	112,93	113,33	113,75	114,40
135	M_{1500}	—	—	—	251059	226600	—	202700	—	179400	—
	M_{1200}	277358	251370	225840	200850	181280	176458	162160	152770	143520	129908
	f_e	204,13	183,75	163,90	144,64	129,71	126,04	115,23	108,17	101,25	91,13
	z	113,23	114,00	114,83	115,71	116,47	116,67	117,27	117,69	118,12	118,80
140	M_{1500}	—	—	—	270000	243700	—	217990	—	192940	—
	M_{1200}	298283	270330	242880	216000	194960	189771	174390	164300	154350	139709
	f_e	211,69	190,56	169,97	150,00	134,51	130,71	119,49	112,18	105,00	94,50
	z	117,42	118,22	119,08	120,00	120,78	120,99	121,62	122,05	122,50	123,20
145	M_{1500}	—	—	—	289630	261420	—	233840	—	206960	—
	M_{1200}	319969	289990	260540	231700	209130	203568	187070	176250	165570	149866
	f_e	219,25	197,36	176,04	155,36	139,31	135,38	123,76	116,19	108,75	97,88
	z	121,61	122,44	123,33	124,29	125,10	125,31	125,96	126,41	126,88	127,60
150	M_{1500}	—	—	—	309949	279760	—	250240	—	221480	—
	M_{1200}	342417	310330	278820	247960	223810	217850	200190	188610	177190	160380
	f_e	226,81	204,17	182,11	160,71	144,12	140,05	128,03	120,19	112,50	101,25
	z	125,81	126,67	127,59	128,57	129,41	129,63	130,30	130,77	131,25	132,00

Rechteckquerschnitte

Tafel 10

h = Nutzhöhe in cm;
x = Nullinienabstand;
z = Abstand des Druckmittelpunktes vom Zugmittelpunkt in cm.

h = 105—150 cm

σ_b									σ_e	h
55 44	50 40	45 36	40 32	35 28	30 24	25 20	20 16	15 12	1500 1200	
0,355h	0,333h	0,310h	0,286h	0,259h	0,231h	0,200h	0,167h	0,130h	x	cm
94858	81667	69021	57000	45698	35228	25725	17354	10316	M_{1500}	105
75886	65333	55217	45600	36558	28182	20580	13883	8253	M_{1200}	
68,31	58,33	48,88	40,00	31,76	24,23	17,50	11,67	6,85	f_e	
92,58	93,33	94,14	95,00	95,93	96,92	98,00	99,17	100,43	z	
104110	89630	75751	62558	50154	38663	28233	19046	11322	M_{1500}	110
83286	71704	60601	50046	40123	30930	22587	15237	9058	M_{1200}	
71,56	61,11	51,21	41,90	33,27	25,38	18,33	12,22	7,17	f_e	
96,99	97,78	98,62	99,52	100,49	101,54	102,67	103,89	105,22	z	
113790	97963	82794	68374	54817	42257	30858	20817	12375	M_{1500}	115
91029	78370	66235	54699	43854	33806	24687	16654	9900	M_{1200}	
74,81	63,89	53,53	43,81	34,78	26,54	19,17	12,78	7,50	f_e	
101,40	102,22	103,10	104,05	105,06	106,15	107,33	108,61	110,00	z	
123900	106670	90150	74449	59687	46012	33600	22667	13474	M_{1500}	120
99117	85333	72120	59559	47750	36809	26880	18133	10780	M_{1200}	
78,06	66,67	55,86	45,71	36,30	27,69	20,00	13,33	7,83	f_e	
105,81	106,67	107,59	108,57	109,63	110,77	112,00	113,33	114,78	z	
134440	115740	97819	80782	64765	49926	36458	24595	14621	M_{1500}	125
107550	92593	78255	64626	51812	39941	29167	19676	11697	M_{1200}	
81,32	69,44	58,19	47,62	37,81	28,85	20,83	13,89	8,15	f_e	
110,22	111,11	112,07	113,10	114,20	115,38	116,67	118,06	119,57	z	
145410	125190	105800	87374	70050	54000	39433	26602	15814	M_{1500}	130
116320	100150	84641	69899	56040	43200	31547	21281	12651	M_{1200}	
84,67	72,22	60,52	49,52	39,32	30,00	21,67	14,44	8,48	f_e	
114,62	115,56	116,55	117,62	118,77	120,00	121,33	122,78	124,35	z	
156810	135000	114100	94224	75542	58234	42525	28688	17054	M_{1500}	135
125440	108000	91277	75380	60433	46587	34020	22950	13643	M_{1200}	
87,82	75,00	62,84	51,43	40,83	31,15	22,50	15,00	8,80	f_e	
119,03	120,00	121,03	122,14	123,33	124,62	126,00	127,50	129,13	z	
168640	145190	122700	101330	81241	62627	45733	30852	18340	M_{1500}	140
134910	116150	98163	81067	64993	50102	36587	24681	14672	M_{1200}	
91,08	77,78	65,17	53,33	42,35	32,31	23,33	15,56	9,13	f_e	
123,44	124,44	125,52	126,67	127,90	129,23	130,67	132,22	133,91	z	
180900	155740	131620	108700	87148	67180	49058	33095	19674	M_{1500}	145
144720	124590	105300	86961	69718	53744	39247	26476	15739	M_{1200}	
94,33	80,56	67,50	55,24	43,86	33,46	24,17	16,11	9,46	f_e	
127,85	128,89	130,00	131,19	132,47	133,85	135,33	136,94	138,70	z	
193590	166670	140860	116330	93261	71893	52500	35417	21054	M_{1500}	150
154870	133330	112690	93061	74609	57515	42000	28333	16843	M_{1200}	
97,58	83,33	69,83	57,14	45,37	34,62	25,00	16,66	9,78	f_e	
132,26	133,33	134,48	135,71	137,04	138,46	140,00	141,67	143,48	z	

3. Tafeln für Rippendecken.

(Vgl. § 24 der Bestimmungen.)

Diese Tafeln enthalten die Momente, die von Rippendecken aufgenommen werden können, ferner die zugehörigen Bewehrungen und die Entfernung des Zug- und Druckmittelpunktes (z). Die Werte des Nullinienabstandes (x), die nur selten gebraucht werden, sind als Funktion von h im Kopfe der Tafeln angeführt. Die berücksichtigten Eisenzugspannungen sind $\sigma_e = 1500$ und 1200 kg/cm². Die Betondruckspannungen sind von 75 kg/cm² bis zu 12 kg/cm² in Intervallen von 5 bzw. 4 kg/cm² angegeben und wo es nötig war, wurden noch weitere Zwischenwerte eingeschaltet. Die zulässigen Höchstspannungen sind durch fetten Druck hervorgehoben. Die Druckplattenstärke ist den Bestimmungen gemäß mit 5, 6 und 7 cm berücksichtigt. Die Nutzhöhen sind vom Fall $x = d$ an bis 34 bzw. 38 cm mit Intervallen von 1 cm aufgenommen. Mit größerer Nutzhöhe kommen Rippendecken praktisch nicht in Frage. Ist $x \leqq d$, d. h. fällt die Nullinie in die Platte, so ist die Rippendecke wie ein Rechteckquerschnitt mit Hilfe der Tafeln 3 bis 10 zu bemessen.

Eine Interpolation ist für gewöhnlich überflüssig. Will man aber doch interpolieren, so benutzt man vorteilhaft den Zusammenhang $F_e = \frac{M}{\sigma_e \cdot z}$ weil der Wert z sich nur langsam ändert. Wird M, wie in den Tafeln, in kgm angegeben, σ_e dagegen in kg/cm² und z in cm, so lautet dann die Formel $F_e = \frac{M}{\frac{\sigma_e}{100} \cdot z}$ und ergibt F_e in cm².

Gang der Bemessung.

a) Gegeben:

M = das Biegemoment für 1 m Breite in kgm,
d = die Druckplattenstärke in cm
σ_e und σ_b = die zulässigen Spannungen.

Gesucht:

h = die Nutzhöhe und
f_e = die Zugbewehrung.

Lösung: Suche in der Tafel der entsprechenden Druckplattenstärke, in der Spalte von σ_b unter den zum entsprechenden σ_e gehörigen M-Werten den M nächststehenden Wert. Lies am Ende der Zeile die Nutzhöhe h und unterhalb M den Wert f_e (und wenn nötig auch den Wert z) ab. (Siehe Zahlenbeispiele 9 bis 11.)

b) Gegeben:

M = das Biegemoment für 1 m Breite in kgm,
d = die Druckplattenstärke in cm,
h = Nutzhöhe in cm und
σ_e = die Eisenzugspannung.

Gesucht:

f_e = die Zugbewehrung und
σ_b = die Betondruckspannung.

Lösung: Suche in der Tafel der entsprechenden Druckplattenstärke in der Zeile von h unter den zum entsprechenden σ_e gehörigen M-Werten den M nächststehenden Wert und lies im Kopfe der Spalte den Wert für σ_b (in der Zeile von σ_e) und unterhalb M den Wert f_e (und wenn nötig auch z) ab.

Ist der gefundene Wert von σ_b größer als zulässig, so kann man doppelte Bewehrung anordnen, oder hochwertigen Zement verwenden, oder die Eisenzugspannung herabsetzen, oder wenn möglich, die Deckenstärke vergrößern. Doppelte Bewehrung wird mit Hilfe der Tafel 89 bemessen. (Siehe Zahlenbeispiele 12 und 13.)

Tafel 11

$d = 5$ cm

Tafel für

M_{1500} = Moment in kgm auf 1 m Druckplattenbreite bei $\sigma_e = 1500$ kg/cm²;
M_{1200} = Moment in kgm auf 1 m Druckplattenbreite bei $\sigma_e = 1200$ kg/cm²;
f_e = Zugeisenquerschnitt in cm² auf 1 m Druckplattenbreite;
ΔM = Momentendifferenz bei Änderung von σ_b um 1 kg/cm² (gültig nur wenn $x > d$);

$h = 15$—24 cm

h	ΔM / Δf_{e1500} / Δf_{e1200}	σ_e	σ_b								
		1500	—	—	—	75	70	—	65	—	60
		1200	75	70	65	60	56	55	52	50	48
cm		x	$0{,}484h$	$0{,}467h$	$0{,}448h$	$0{,}429h$	$0{,}412h$	$0{,}407h$	$0{,}394h$	$0{,}385h$	$0{,}375h$
			← $x > d$								
15	52,8	M_{1500}	—	—	—	2986	2722	—	2458	—	2194
	0,278	M_{1200}	3181	2917	2653	2389	2178	2125	1967	1861	1756
	0,347	f_e	20,49	18,75	17,01	15,28	13,89	13,54	12,50	11,81	11,11
		z	12,94	12,96	12,99	13,03	13,07	13,08	13,11	13,14	13,17
16	57,6	M_{1500}	—	—	—	3331	3043	—	2755	—	2467
	0,281	M_{1200}	3529	3241	2953	2665	2434	2377	2204	2089	1973
	0,352	f_e	21,16	19,40	17,64	15,89	14,48	14,13	13,07	12,37	11,67
		z	13,90	13,92	13,95	13,98	14,01	14,02	14,05	14,07	14,10
17	62,4	M_{1500}	—	—	—	3679	3367	—	3054	—	2742
	0,284	M_{1200}	3880	3568	3255	2943	2693	2631	2444	2319	2194
	0,355	f_e	21,75	19,98	18,20	16,42	15,00	14,64	13,58	12,87	12,16
		z	14,86	14,88	14,91	14,94	14,96	14,97	15,00	15,02	15,04
18	67,3	M_{1500}	—	—	—	4030	3693	—	3357	—	3020
	0,287	M_{1200}	4234	3897	3561	3224	2955	2888	2686	2551	2416
	0,359	f_e	22,28	20,49	18,69	16,90	15,46	15,10	14,03	13,31	12,59
		z	15,84	15,85	15,87	15,90	15,92	15,93	15,95	15,97	15,99
19	72,2	M_{1500}	—	—	—	4384	4023	—	3662	—	3301
	0,289	M_{1200}	4590	4229	3868	3507	3218	3146	2929	2785	2641
	0,362	f_e	22,75	20,94	19,13	17,32	15,88	15,52	14,43	13,71	12,98
		z	16,81	16,83	16,85	16,87	16,89	16,90	16,92	16,93	16,95
20	77,1	M_{1500}	—	—	—	4740	4354	—	3969	—	3583
	0,292	M_{1200}	4948	4562	4177	3792	3483	3406	3175	3021	2867
	0,365	f_e	23,18	21,35	19,53	17,71	16,25	15,89	14,79	14,06	13,33
		z	17,79	17,80	17,82	17,84	17,86	17,87	17,89	17,90	17,92
21	82,0	M_{1500}	—	—	—	5097	4687	—	4277	—	3867
	0,294	M_{1200}	5308	4898	4488	4078	3750	3668	3422	3258	3094
	0,367	f_e	23,56	21,73	19,89	18,06	16,59	16,22	15,12	14,38	13,65
		z	18,77	18,79	18,80	18,82	18,84	18,84	18,86	18,87	18,89
22	86,9	M_{1500}	—	—	—	5456	5022	—	4587	—	4153
	0,295	M_{1200}	5669	5234	4800	4365	4018	3931	3670	3496	3322
	0,369	f_e	23,91	22,06	20,22	18,37	16,89	16,52	15,42	14,68	12,94
		z	19,76	19,77	19,78	19,80	19,82	19,82	19,84	19,85	19,86
23	91,8	M_{1500}	—	—	—	5817	5358	—	4899	—	4440
	0,297	M_{1200}	6031	5572	5113	4654	4286	4195	3919	3736	3552
	0,371	f_e	24,23	22,37	20,52	18,66	17,17	16,80	15,69	14,95	14,20
		z	20,74	20,75	20,77	20,78	20,80	20,80	20,82	20,83	20,84
24	96,7	M_{1500}	—	—	—	6179	5695	—	5211	—	4728
	0,299	M_{1200}	6394	5910	5427	4943	4556	4459	4169	3976	3782
	0,373	f_e	24,52	22,66	20,79	18,92	17,43	17,06	15,94	15,19	14,44
		z	21,73	21,74	21,75	21,77	21,78	21,79	21,80	21,81	21,82
			← $x > d$								

$d = 5$ cm

$\Delta f_{e\,1500}$ bzw. $\Delta f_{e\,1200}$ = Differenz der Zugbewehrung bei Änderung von σ_b um 1 kg/cm² für $\sigma_e = 1500$ bzw. $\sigma_e = 1200$ kg/cm² (gültig nur wenn $x > d$);
d = Druckplattendicke in cm;
h = Nutzhöhe in cm; x = Nullinienabstand;
z = Abstand des Druckmittelpunktes vom Zugmittelpunkt in cm.

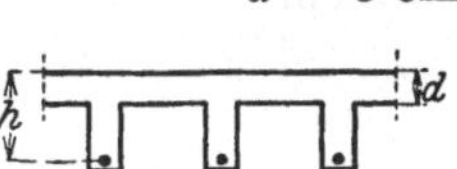

$h = 15$—24 cm

σ_b									σ_e	h
55 44	50 40	45 36	40 32	35 28	30 24	25 20	20 16	15 12	1500 1200	
0,355h	0,333h	0,310h	0,286h	0,259h	0,231h	0,200h	0,167h	0,130h	x	cm
→	←			$x \leqq d$				→		
1930	1667	1409	1163	933	719	525	354	211	M_{1500}	15
1544	1333	1127	931	746	775	420	283	168	M_{1200}	
9,72	8,33	6,98	5,71	4,54	3,46	2,50	1,67	0,98	f_e	
13,24	*13,33*	*13,45*	*13,57*	*13,70*	*13,85*	*14,00*	*14,17*	*14,35*	z	
2179	1891	1603	1324	1061	818	597	403	240	M_{1500}	16
1743	1512	1282	1059	849	654	478	322	192	M_{1200}	
10,26	8,85	7,45	6,10	4,84	3,69	2,67	1,78	1,04	f_e	
14,16	*14,24*	*14,34*	*14,48*	*14,62*	*14,77*	*14,93*	*15,11*	*15,30*	z	
2430	2118	1805	1494	1198	923	674	455	270	M_{1500}	17
1944	1694	1444	1195	958	739	539	364	216	M_{1200}	
10,74	9,31	7,89	6,48	5,14	3,92	2,83	1,89	1,11	f_e	
15,09	*15,16*	*15,25*	*15,38*	*15,53*	*15,69*	*15,87*	*16,06*	*16,26*	z	
2684	2347	2011	1674	1343	1035	756	510	303	M_{1500}	18
2147	1878	1608	1339	1074	828	605	408	243	M_{1200}	
11,16	9,72	8,29	6,85	5,44	4,15	3,00	2,00	1,17	f_e	
16,04	*16,10*	*16,17*	*16,29*	*16,44*	*16,62*	*16,80*	*17,00*	*17,22*	z	
2940	2579	2218	1857	1496	1153	842	568	338	M_{1500}	19
2352	2063	1774	1486	1197	923	674	455	270	M_{1200}	
11,53	10,09	8,64	7,19	5,75	4,38	3,17	2,11	1,24	f_e	
16,99	*17,04*	*17,11*	*17,21*	*17,36*	*17,54*	*17,73*	*17,94*	*18,17*	z	
3198	2812	2427	2042	1656	1278	933	630	374	M_{1500}	20
2558	2250	1942	1633	1325	1022	747	504	299	M_{1200}	
11,87	10,42	8,96	7,50	6,04	4,62	3,33	2,22	1,30	f_e	
17,95	*18,00*	*18,06*	*18,15*	*18,28*	*18,46*	*18,67*	*18,89*	*19,13*	z	
3457	3048	2638	2228	1818	1409	1029	694	413	M_{1500}	21
2766	2438	2110	1782	1454	1127	823	555	330	M_{1200}	
12,18	10,71	9,25	7,78	6,31	4,85	3,50	2,33	1,37	f_e	
18,92	*18,96*	*19,02*	*19,09*	*19,21*	*19,38*	*19,60*	*19,83*	*20,09*	z	
3719	3284	2850	2415	1981	1546	1129	762	553	M_{1500}	22
2975	2627	2280	1932	1585	1237	903	609	362	M_{1200}	
12,46	10,98	9,51	8,03	6,55	5,08	3,67	2,44	1,43	f_e	
19,89	*19,93*	*19,98*	*20,05*	*20,15*	*20,31*	*20,53*	*20,78*	*21,04*	z	
3981	3522	3063	2604	2145	1685	1234	833	495	M_{1500}	23
3185	2817	2450	2083	1716	1348	987	666	396	M_{1200}	
12,72	11,23	9,75	8,26	6,78	5,29	3,83	2,56	1,50	f_e	
20,87	*20,90*	*20,95*	*21,01*	*21,10*	*21,24*	*21,47*	*21,72*	*22,00*	z	
4244	3760	3277	2793	2309	1826	1344	907	539	M_{1500}	24
3395	3008	2621	2234	1848	1461	1075	725	431	M_{1200}	
12,95	11,46	9,97	8,47	6,98	5,49	4,00	2,67	1,57	f_e	
21,85	*21,88*	*21,92*	*21,98*	*22,06*	*22,19*	*22,40*	*22,67*	*22,96*	z	
					→	←	$x \leqq d$	→		

$d = 5$ cm

$h = 25$—34 cm

M_{1500} = Moment in kgm auf 1 m Druckplattenbreite bei $\sigma_e = 1500$ kg/cm²;
M_{1200} = Moment in kgm auf 1 m Druckplattenbreite bei $\sigma_e = 1200$ kg/cm²;
f_e = Zugeisenquerschnitt in cm² auf 1 m Druckplattenbreite;
ΔM = Momentendifferenz bei Änderung von σ_b um 1 kg/cm² (gültig nur wenn $x > d$);

h	ΔM Δf_{e1500} Δf_{e1200}	σ_e	σ_b								
		1500 1200	— 75	— 70	— 65	75 60	70 56	— 55	65 52	— 50	60 48
cm		x	0,484h	0,467h	0,448h	0,429h	0,412h	0,407h	0,394h	0,385h	0,375h
			← $x > d$								
25	**101,7** 0,300 0,375	M_{1500} M_{1200} f_e z	— **6758** 24,79 *22,72*	— **6250** 22,92 *22,73*	— **5742** 21,04 *22,74*	**6542** **5233** 19,17 *22,75*	**6033** **4827** 17,67 *22,77*	— **4725** 17,29 *22,77*	**5525** **4420** 16,17 *22,78*	— **4217** 15,42 *22,79*	**5017** **4013** 14,67 *22,80*
26	**106,6** 0,301 0,377	M_{1500} M_{1200} f_e z	— **7124** 25,04 *23,71*	— **6590** 23,16 *23,72*	— **6057** 21,27 *23,73*	**6906** **5525** 19,39 *23,74*	**6372** **5098** 17,88 *23,75*	— **4992** 17,51 *23,76*	**5839** **4672** 16,38 *23,77*	— **4458** 15,62 *23,78*	**5306** **4245** 14,87 *23,79*
27	**111,5** 0,302 0,378	M_{1500} M_{1200} f_e z	— **7489** 25,27 *24,70*	— **6932** 23,38 *27,71*	— **6374** 21,49 *24,72*	**7270** **5816** 19,60 *24,73*	**6712** **5370** 18,09 *24,74*	— **5258** 17,71 *24,75*	**6155** **4924** 16,57 *24,76*	— **4701** 15,82 *24,76*	**5597** **4478** 15,06 *24,77*
28	**116,5** 0,304 0,379	M_{1500} M_{1200} f_e z	— **7856** 25,48 *25,69*	— **7273** 23,59 *25,70*	— **6691** 21,69 *25,71*	**7635** **6108** 19,79 *25,72*	**7053** **5642** 18,27 *25,73*	— **5526** 17,89 *25,73*	**6470** **5176** 16,76 *25,74*	— **4943** 16,00 *25,75*	**5888** **4710** 15,24 *25,76*
29	**121,4** 0,305 0,381	M_{1500} M_{1200} f_e z	— **8223** 25,68 *26,68*	— **7616** 23,78 *26,69*	— **7008** 21,88 *26,70*	**8001** **6401** 19,97 *26,71*	**7394** **5915** 18,45 *26,72*	— **5794** 18,07 *26,72*	**6787** **5430** 16,93 *26,73*	— **5187** 16,16 *26,74*	**6180** **4944** 15,40 *26,75*
30	**126,4** 0,306 0,382	M_{1500} M_{1200} f_e z	— **8590** 25,87 *27,67*	— **7958** 23,96 *27,68*	— **7326** 22,05 *27,69*	**8368** **6694** 20,14 *27,70*	**7736** **6189** 18,61 *27,71*	— **6062** 18,23 *27,71*	**7104** **5683** 17,08 *27,72*	— **5431** 16,32 *27,73*	**6472** **5178** 15,56 *27,74*
31	**131,3** 0,306 0,383	M_{1500} M_{1200} f_e z	— **8958** 26,04 *28,67*	— **8302** 24,13 *28,67*	— **7645** 22,21 *28,68*	**8735** **6988** 20,30 *28,69*	**8078** **6463** 18,76 *28,70*	— **6331** 18,38 *28,71*	**7422** **5937** 17,23 *28,71*	— **5675** 16,46 *28,72*	**6765** **5412** 15,70 *28,73*
32	**136,3** 0,307 0,384	M_{1500} M_{1200} f_e z	— **9327** 26,20 *29,66*	— **8645** 24,28 *29,67*	— **7964** 22,36 *29,68*	**9103** **7282** 20,44 *29,69*	**8421** **6737** 18,91 *29,70*	— **6601** 18,52 *29,70*	**7740** **6192** 17,37 *29,71*	— **5919** 16,60 *29,71*	**7058** **5647** 15,83 *29,72*
33	**141,3** 0,308 0,385	M_{1500} M_{1200} f_e z	— **9696** 26,36 *30,65*	— **8989** 24,43 *30,66*	— **8283** 22,51 *30,67*	**9471** **7577** 20,58 *30,68*	**8765** **7012** 19,04 *30,69*	— **6870** 18,66 *30,70*	**8058** **6447** 17,50 *30,70*	— **6164** 16,73 *30,70*	**7352** **5882** 15,96 *30,71*
34	**146,2** 0,309 0,386	M_{1500} M_{1200} f_e z	— **10065** 26,50 *31,65*	— **9334** 24,57 *31,66*	— **8603** 22,64 *31,66*	**9839** **7872** 20,71 *31,67*	**9108** **7287** 19,17 *31,68*	— **7140** 18,78 *31,68*	**8377** **6702** 17,62 *31,69*	— **6409** 16,85 *31,70*	**7646** **6117** 16,08 *31,70*
			← $x > d$								

$d = 5$ cm

$\Delta f_{e\,1500}$ bzw. $\Delta f_{e\,1200}$ = Differenz der Zugbewehrung bei Änderung von σ_b um 1 kg/cm² für $\sigma_e = 1500$ bzw. $\sigma_e = 1200$ kg/cm² (gültig nur wenn $x > d$);
d = Druckplattendicke in cm;
h = Nutzhöhe in cm; x = Nullinienabstand;
z = Abstand des Druckmittelpunktes vom Zugmittelpunkt in cm.

$h = 25$—34 cm

σ_b									σ_e	h
55 44	**50** **40**	45 36	**40** 32	35 28	30 24	25 20	20 16	15 12	**1500** **1200**	
0,355h	0,333h	0,310h	0,286h	0,259h	0,231h	0,200h	0,167h	0,130h	x	cm
→						← $x \leq d$		→		
4508	**4000**	**3492**	**2983**	**2475**	**1967**	**1458**	**984**	**585**	M_{1500}	**25**
3607	**3200**	**2793**	**2387**	**1980**	**1573**	**1167**	**787**	**468**	M_{1200}	
13,17	11,67	10,17	8,67	7,17	5,67	4,17	2,78	1,63	f_e	
22,83	*22,86*	*22,90*	*22,95*	*23,02*	*23,14*	*23,33*	*23,61*	*23,91*	z	
4773	**4240**	**3707**	**3174**	**2641**	**2108**	**1575**	**1064**	**633**	M_{1500}	**26**
3819	**3392**	**2966**	**2540**	**2113**	**1687**	**1260**	**851**	**506**	M_{1200}	
13,36	11,86	10,35	8,85	7,34	5,83	4,33	2,89	1,70	f_e	
23,81	*23,84*	*23,87*	*23,92*	*23,99*	*24,09*	*24,27*	*24,56*	*24,87*	z	
5039	**4481**	**3924**	**33,66**	**2808**	**2251**	**1693**	**1148**	**682**	M_{1500}	**27**
4031	**3585**	**3139**	**2693**	**2247**	**1800**	**1354**	**918**	**546**	M_{1200}	
13,55	12,04	10,52	9,01	7,50	5,99	4,48	3,00	1,76	f_e	
24,79	*24,82*	*24,85*	*24,90*	*24,96*	*25,06*	*25,22*	*25,50*	*25,83*	z	
5306	**4723**	**4141**	**3558**	**2976**	**2393**	**1811**	**1234**	**734**	M_{1500}	**28**
4245	**3779**	**3313**	**2847**	**2381**	**1915**	**1449**	**987**	**587**	M_{1200}	
13,72	12,20	10,68	9,17	7,65	6,13	4,61	3,11	1,83	f_e	
25,78	*25,80*	*25,84*	*25,88*	*25,94*	*26,03*	*26,17*	*26,44*	*26,78*	z	
5573	**4965**	**4358**	**3751**	**3144**	**2537**	**1930**	**1324**	**787**	M_{1500}	**29**
4458	**3972**	**3487**	**3001**	**2515**	**2029**	**1544**	**1059**	**630**	M_{1200}	
13,88	12,36	10,83	9,31	7,79	6,26	4,74	3,22	1,89	f_e	
26,77	*26,79*	*26,82*	*26,86*	*26,91*	*27,00*	*27,13*	*27,39*	*27,74*	z	
5840	**5208**	**4576**	**3944**	**3312**	**2681**	**2049**	**1417**	**842**	M_{1500}	**30**
4672	**4167**	**3661**	**3156**	**2650**	**2144**	**1639**	**1123**	**674**	M_{1200}	
14,03	12,50	10,97	9,44	7,92	6,39	4,86	3,33	1,96	f_e	
27,76	*27,78*	*27,81*	*27,84*	*27,89*	*27,97*	*28,09*	*28,33*	*28,70*	z	
6108	**5452**	**4795**	**4138**	**3481**	**2825**	**2168**	**1511**	**899**	M_{1500}	**31**
4887	**4361**	**3836**	**3311**	**2785**	**2260**	**1734**	**1209**	**719**	M_{1200}	
14,17	12,63	11,10	9,57	8,04	6,51	4,97	3,44	2,02	f_e	
28,75	*28,77*	*28,79*	*28,83*	*28,88*	*28,95*	*29,06*	*29,28*	*29,65*	z	
6377	**5695**	**5014**	**4332**	**3651**	**2969**	**2288**	**1606**	**958**	M_{1500}	**32**
5101	**4556**	**4011**	**3466**	**2921**	**2375**	**1830**	**1285**	**767**	M_{1200}	
14,30	12,76	11,22	9,69	8,15	6,61	5,08	3,54	2,09	f_e	
29,74	*29,75*	*29,78*	*29,81*	*29,86*	*29,93*	*30,03*	*30,23*	*30,61*	z	
6646	**5939**	**5233**	**4527**	**3820**	**3114**	**2408**	**1701**	**1019**	M_{1500}	**33**
5317	**4752**	**4186**	**3621**	**3056**	**2491**	**1926**	**1361**	**815**	M_{1200}	
14,42	12,88	11,34	9,80	8,26	6,72	5,18	3,64	2,15	f_e	
30,73	*30,74*	*30,77*	*30,80*	*30,84*	*30,91*	*31,01*	*31,19*	*31,57*	z	
6915	**8184**	**5453**	**4722**	**3990**	**3259**	**2528**	**1797**	**1082**	M_{1500}	**34**
5532	**4947**	**4362**	**3777**	**3192**	**2607**	**2023**	**1438**	**865**	M_{1200}	
14,53	12,99	11,45	9,90	8,36	6,81	5,17	3,73	2,22	f_e	
31,72	*31,74*	*31,76*	*31,79*	*31,83*	*31,89*	*31,98*	*32,16*	*32,52*	z	
→								← $x \leq d$ →		

$d = 6$ cm

$h = 16$—25 cm

M_{1500} = Moment in kgm auf 1 m Druckplattenbreite bei $\sigma_e = 1500$ kg/cm²;
M_{1200} = Moment in kgm auf 1 m Druckplattenbreite bei $\sigma_e = 1200$ kg/cm²;
f_e = Zugeisenquerschnitt in cm² auf 1 m Druckplattenbreite;
ΔM = Momentendifferenz bei Änderung von σ_b um 1 kg/cm² (gültig nur wenn $x > d$);

h cm	ΔM / $\Delta f_{e\,1500}$ / $\Delta f_{e\,1200}$	σ_e: 1500 / 1200	σ_b: — / 75	— / 70	— / 65	75 / 60	70 / 56	— / 55	65 / 52	— / 50	60 / 48
		x	0,484h	0,467h	0,448h	0,429h	0,412h	0,407h	0,394h	0,385h	0,375h
			← $x > d$ →								
16	64,5	M_{1500}	—	—	—	3488	3165	—	2842	—	2520
	0,325	M_{1200}	3757	3435	3312	2790	2532	2468	2274	2145	2016
	0,406	f_e	22,97	20,94	18,91	16,88	15,25	14,84	13,62	12,81	12,00
		z	*13,63*	*13,67*	*13,72*	*13,78*	*13,84*	*13,85*	*13,91*	*13,95*	*14,00*
17	70,2	M_{1500}	—	—	—	3891	3540	—	3189	—	2838
	0,329	M_{1200}	4166	3815	3464	3113	2832	2762	2551	2411	2270
	0,412	f_e	23,82	21,76	19,71	17,65	16,00	15,58	14,35	13,53	12,71
		z	*14,57*	*14,61*	*14,65*	*14,70*	*14,75*	*14,76*	*14,81*	*14,85*	*14,89*
18	76,0	M_{1500}	—	—	—	4300	3920	—	3540	—	3160
	0,333	M_{1200}	4580	4200	3820	3440	3136	3060	2832	2680	2528
	0,417	f_e	24,58	22,50	20,42	18,33	16,67	16,25	15,00	14,17	13,33
		z	*15,53*	*15,56*	*15,59*	*15,64*	*15,68*	*15,69*	*15,73*	*15,76*	*15,80*
19	81,8	M_{1500}	—	—	—	4713	4304	—	3895	—	3486
	0,337	M_{1200}	4997	4588	4179	3771	3443	3362	3116	2953	2789
	0,421	f_e	25,26	23,16	21,05	18,95	17,26	16,84	15,58	14,74	13,89
		z	*16,48*	*16,51*	*16,54*	*16,58*	*16,62*	*16,63*	*16,67*	*16,70*	*16,73*
20	87,6	M_{1500}	—	—	—	5130	4692	—	4254	—	3816
	0,340	M_{1200}	5418	4980	4542	4104	3754	3666	3403	3228	3053
	0,425	f_e	25,88	23,75	21,62	19,50	17,80	17,37	16,10	15,25	14,40
		z	*17,45*	*17,47*	*17,50*	*17,54*	*17,57*	*17,58*	*17,61*	*17,64*	*17,67*
21	93,4	M_{1500}	—	—	—	5550	5083	—	4616	—	4149
	0,343	M_{1200}	5841	5374	4907	4440	4066	3673	3693	3506	3319
	0,429	f_e	26,43	24,29	22,14	20,00	18,29	17,86	16,57	15,71	14,86
		z	*18,42*	*18,44*	*18,47*	*18,50*	*18,53*	*18,54*	*18,57*	*18,59*	*18,61*
22	99,3	M_{1500}	—	—	—	5973	5476	—	4980	—	4484
	0,345	M_{1200}	6267	5771	5275	4778	4381	4282	3984	3785	3587
	0,432	f_e	26,93	24,77	22,61	20,45	18,73	18,30	17,00	16,14	15,27
		z	*19,39*	*19,41*	*19,44*	*19,47*	*19,49*	*19,50*	*19,53*	*19,55*	*19,57*
23	105,1	M_{1500}	—	—	—	6398	5872	—	5347	—	4820
	0,348	M_{1200}	6695	6170	5644	5118	4698	4593	4277	4067	3857
	0,435	f_e	27,39	25,22	23,04	20,87	19,13	18,70	17,39	16,52	16,65
		z	*20,37*	*20,39*	*20,41*	*20,44*	*20,46*	*20,47*	*20,49*	*20,51*	*20,53*
24	111,0	M_{1500}	—	—	—	6825	6270	—	5715	—	5160
	0,350	M_{1200}	7125	6570	6015	5460	5016	4905	4572	4350	4128
	0,437	f_e	27,81	25,62	23,44	21,25	19,50	19,06	17,75	16,88	16,00
		z	*21,35*	*21,37*	*21,39*	*21,41*	*21,44*	*21,44*	*21,46*	*21,48*	*21,50*
25	116,9	M_{1500}	—	—	—	7254	6670	—	6085	—	5501
	0,352	M_{1200}	7556	6972	6388	5803	5336	5219	4868	4634	4401
	0,440	f_e	28,20	26,00	23,80	21,60	19,84	19,40	18,08	17,20	16,32
		z	*22,33*	*22,35*	*22,37*	*22,39*	*22,41*	*22,42*	*22,44*	*22,45*	*22,47*
			← $x > d$ →								

Rippendecken

$d = 6$ cm

Δf_{e1500} bzw. Δf_{e1200} = Differenz der Zugbewehrung bei Änderung von σ_b um 1 kg/cm² für $\sigma_e = 1500$ bzw. $\sigma_e = 1200$ kg/cm² (gültig nur wenn $x > d$);
d = Druckplattendicke in cm;
h = Nutzhöhe in cm; x = Nullinienabstand;
z = Abstand des Druckmittelpunktes vom Zugmittelpunkt in cm.

$h = 16$—25 cm

σ_b									σ_e	h
55 44	**50** **40**	45 36	**40** 32	35 28	30 24	25 20	20 16	15 12	**1500** **1200**	
0,355h	0,333h	0,310h	0,286h	0,259h	0,231h	0,200h	0,167h	0,130h	x	cm
$x \leq d$ →										
2203	**1896**	**1603**	**1324**	**1061**	**818**	**597**	**403**	**240**	M_{1500}	**16**
1762	**1517**	**1282**	**1059**	**849**	**654**	**478**	**322**	**192**	M_{1200}	
10,41	8,89	7,45	6,10	4,84	3,69	2,67	1,78	1,04	f_e	
14,11	*14,22*	*14,34*	*14,48*	*14,62*	*14,77*	*14,93*	*15,11*	*15,30*	z	
2486	**2141**	**1809**	**1494**	**1198**	**923**	**674**	**455**	**270**	M_{1500}	**17**
1989	**1713**	**1447**	**1195**	**958**	**739**	**539**	**364**	**216**	M_{1200}	
11,06	9,44	7,91	6,48	5,15	3,92	2,83	1,89	1,11	f_e	
14,99	*15,11*	*15,24*	*15,38*	*15,53*	*15,69*	*15,87*	*16,06*	*16,26*	z	
2780	**2400**	**2028**	**1675**	**1343**	**1035**	**756**	**510**	**303**	M_{1500}	**18**
2224	**1920**	**1623**	**1340**	**1074**	**828**	**605**	**408**	**243**	M_{1200}	
11,67	10,00	8,38	6,86	5,44	4,15	3,00	2,00	1,17	f_e	
15,89	*16,00*	*16,14*	*16,29*	*16,44*	*16,62*	*16,80*	*17,00*	*17,22*	z	
3077	**2668**	**2260**	**1866**	**1496**	**1153**	**842**	**568**	**338**	M_{1500}	**19**
2462	**2119**	**1808**	**1493**	**1197**	**923**	**674**	**455**	**270**	M_{1200}	
12,21	10,53	8,84	7,24	5,75	4,38	3,17	2,11	1,24	f_e	
16,80	*16,90*	*17,03*	*17,19*	*17,36*	*17,54*	*17,73*	*17,94*	*18,17*	z	
3378	**2940**	**2504**	**2068**	**1658**	**1278**	**933**	**630**	**374**	M_{1500}	**20**
2702	**2352**	**2003**	**1654**	**1326**	**1022**	**747**	**504**	**299**	M_{1200}	
12,70	11,00	9,30	7,62	6,05	4,62	3,33	2,22	1,30	f_e	
17,73	*17,82*	*17,94*	*18,10*	*18,27*	*18,46*	*18,67*	*18,89*	*19,13*	z	
3681	**3214**	**2747**	**2280**	**1828**	**1409**	**1029**	**694**	**413**	M_{1500}	**21**
2945	**2571**	**2198**	**1824**	**1462**	**1127**	**823**	**555**	**330**	M_{1200}	
13,14	11,43	9,71	8,00	6,35	4,85	3,50	2,33	1,37	f_e	
18,67	*18,75*	*18,85*	*19,00*	*19,19*	*19,38*	*19,60*	*19,83*	*20,09*	z	
3987	**3491**	**2994**	**2498**	**2006**	**1547**	**1129**	**762**	**453**	M_{1500}	**22**
3190	**2793**	**2396**	**1999**	**1605**	**1237**	**903**	**609**	**362**	M_{1200}	
13,55	11,82	10,09	8,36	6,65	5,08	3,67	2,44	1,43	f_e	
19,62	*19,69*	*19,78*	*19,91*	*20,10*	*20,31*	*20,53*	*20,78*	*21,04*	z	
4295	**3770**	**3244**	**2718**	**2193**	**1690**	**1234**	**833**	**495**	M_{1500}	**23**
3436	**3016**	**2595**	**2175**	**1754**	**1352**	**987**	**666**	**396**	M_{1200}	
13,91	12,17	10,43	8,70	6,96	5,31	3,83	2,56	1,50	f_e	
20,58	*20,64*	*20,72*	*20,84*	*21,01*	*21,23*	*21,47*	*21,72*	*22,00*	z	
4605	**4050**	**3495**	**2940**	**2385**	**1840**	**1344**	**907**	**539**	M_{1500}	**24**
3684	**3240**	**2796**	**2352**	**1908**	**1472**	**1075**	**725**	**431**	M_{1200}	
14,25	12,50	10,75	9,00	7,25	5,54	4,00	2,67	1,57	f_e	
21,54	*21,60*	*21,67*	*21,78*	*21,93*	*22,15*	*22,40*	*22,67*	*22,96*	z	
4916	**4332**	**3748**	**3163**	**2579**	**1997**	**1458**	**984**	**585**	M_{1500}	**25**
3933	**3466**	**2998**	**2531**	**2063**	**1598**	**1167**	**787**	**468**	M_{1200}	
14,56	12,80	11,04	9,28	7,52	5,77	4,17	2,78	1,63	f_e	
22,51	*22,56*	*22,63*	*22,72*	*22,86*	*23,08*	*23,33*	*23,61*	*23,91*	z	
→					←	$x \leq d$		→		

Tafel 14

$d = 6$ cm

Tafel für

M_{1500} = Moment in kgm auf 1 m Druckplattenbreite bei $\sigma_e = 1500$ kg/cm²;
M_{1200} = Moment in kgm auf 1 m Druckplattenbreite bei $\sigma_e = 1200$ kg/cm²;
f_e = Zugeisenquerschnitt in cm² auf 1 m Druckplattenbreite;
ΔM = Momentendifferenz bei Änderung von σ_b um 1 kg/cm² (gültig nur wenn $x > d$);

$h = 26$—35 cm

h	ΔM	σ_e	σ_b								
	$\Delta f_{e\,1500}$	1500	—	—	—	75	70	—	65	—	60
	$\Delta f_{e\,1200}$	1200	75	70	65	60	56	55	52	50	48
cm		x	0,484h	0,467h	0,448h	0,429h	0,412h	0,407h	0,394h	0,385h	0,375h
			←						$x > d$		
26	122,8	M_{1500}	—	—	—	7685	7071	—	6457	—	5843
	0,354	M_{1200}	7989	7375	6762	6148	5657	5534	5166	4920	4674
	0,442	f_e	28,56	26,35	24,13	21,92	20,15	19,71	18,38	17,50	16,62
		z	23,31	23,33	23,35	23,37	23,39	23,40	23,41	23,43	23,44
27	128,7	M_{1500}	—	—	—	8117	7473	—	6830	—	6187
	0,356	M_{1200}	8423	7780	7137	6493	5979	5850	5464	5207	4949
	0,444	f_e	28,89	26,67	24,44	22,22	20,44	20,00	18,67	17,78	16,89
		z	24,30	24,31	24,33	24,35	24,37	24,38	24,39	24,41	24,42
28	134,6	M_{1500}	—	—	—	8550	7877	—	7204	—	6531
	0,357	M_{1200}	8858	8186	7513	6840	6302	6167	5763	5494	5225
	0,446	f_e	29,20	26,96	24,73	22,50	20,71	20,27	18,93	18,04	17,14
		z	25,28	25,30	25,31	25,33	25,35	25,36	25,37	25,39	25,40
29	140,5	M_{1500}	—	—	—	8984	8282	—	7580	—	6877
	0,359	M_{1200}	9295	8592	7890	7188	6626	6485	6064	5783	5502
	0,448	f_e	29,48	27,24	25,00	22,76	20,97	20,52	19,17	18,28	17,38
		z	26,27	26,28	26,30	26,32	26,34	26,34	26,36	26,37	26,38
30	146,4	M_{1500}	—	—	—	9420	8688	—	7956	—	7224
	0,360	M_{1200}	9732	9000	8268	7536	6950	6804	6365	6072	5779
	0,450	f_e	29,75	27,50	25,25	23,00	21,20	20,75	19,40	18,50	17,60
		z	27,26	27,27	27,29	27,30	27,32	27,33	27,34	27,35	27,36
31	152,3	M_{1500}	—	—	—	9856	9095	—	8333	—	7572
	0,361	M_{1200}	10170	9409	8647	7885	7276	7124	6667	6362	6057
	0,452	f_e	30,00	27,74	25,48	23,23	21,42	20,97	19,61	18,71	17,81
		z	28,25	28,26	28,27	28,29	28,31	28,31	28,33	28,34	28,35
32	158,2	M_{1500}	—	—	—	10294	9502	—	8711	—	7920
	0,362	M_{1200}	10609	9818	9026	8235	7602	7444	6969	6652	6336
	0,453	f_e	30,23	27,97	25,70	23,44	21,62	21,17	19,81	18,91	18,00
		z	29,24	29,25	29,26	29,28	29,29	29,30	29,31	29,32	29,33
33	164,2	M_{1500}	—	—	—	10732	9911	—	9090	—	8269
	0,364	M_{1200}	11048	10227	9406	8585	7929	7765	7272	6944	6615
	0,455	f_e	30,45	28,18	25,91	23,64	21,82	21,36	20,00	19,09	18,18
		z	30,23	30,24	30,25	30,27	30,28	30,29	30,30	30,31	30,52
34	170,1	M_{1500}	—	—	—	11171	10320	—	9469	—	8619
	0,365	M_{1200}	11488	10638	9787	8936	8256	8086	7576	7235	6895
	0,456	f_e	30,66	28,38	26,10	23,82	22,00	21,54	20,18	19,26	18,35
		z	31,22	31,23	31,24	31,26	31,27	31,28	31,29	31,30	31,31
35	176,1	M_{1500}	—	—	—	11610	10730	—	9849	—	8969
	0,366	M_{1200}	11929	11049	10168	9288	8584	8408	7880	7527	7175
	0,457	f_e	30,86	28,57	26,29	24,90	22,17	21,71	20,34	19,43	18,51
		z	32,22	32,22	32,24	32,25	32,26	32,27	32,28	32,29	32,30
			←								$x > d$

Rippendecken

Tafel 14

$d = 6$ cm

Δf_{e1500} bzw. Δf_{e1200} = Differenz der Zugbewehrung bei Änderung von σ_b um 1 kg/cm² für $\sigma_e = 1500$ bzw. $\sigma_e = 1200$ kg/cm² (gültig nur wenn $x > d$);
d = Druckplattendicke in cm;
h = Nutzhöhe in cm; x = Nullinienabstand;
z = Abstand des Druckmittelpunktes vom Zugmittelpunkt in cm.

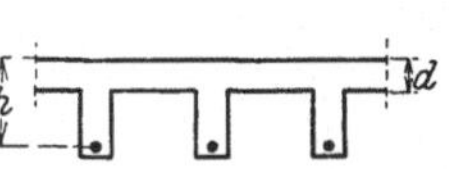

$h = 26$—35 cm

σ_b									σ_e	h
55 44	50 40	45 36	40 32	35 28	30 24	25 20	20 16	15 12	**1500** **1200**	
0,355h	0,333h	0,310h	0,286h	0,259h	0,231h	0,200h	0,167h	0,130h	x	cm
→					← $x \leqq d$ →					
5229 **4183** 14,85 *23,48*	**4615** **3692** 13,08 *23,53*	**4002** **3201** 11,31 *23,59*	**3388** **2710** 9,54 *23,68*	**2774** **2219** 7,77 *23,80*	**2160** **1728** 6,00 *24,00*	**1577** **1262** 4,33 *24,27*	**1064** **851** 2,89 *24,56*	**633** **506** 1,70 *24,87*	M_{1500} M_{1200} f_e z	**26**
5543 **4435** 15,11 *24,46*	**4900** **3920** 13,33 *24,50*	**4257** **3405** 11,56 *24,56*	**3613** **2891** 9,78 *24,64*	**2970** **2376** 8,00 *24,75*	**2327** **1861** 6,22 *24,93*	**1701** **1361** 4,50 *25,20*	**1148** **918** 3,00 *25,50*	**682** **546** 1,76 *25,83*	M_{1500} M_{1200} f_e z	**27**
5859 **4687** 15,36 *25,43*	**5186** **4149** 13,57 *25,47*	**4513** **3610** 11,79 *25,53*	**3840** **3072** 10,00 *25,60*	**3167** **2534** 8,21 *25,70*	**2494** **1995** 6,43 *25,87*	**1829** **1463** 4,67 *26,13*	**1234** **987** 3,11 *26,44*	**734** **587** 1,83 *26,78*	M_{1500} M_{1200} f_e z	**28**
6175 **4940** 15,59 *26,41*	**5472** **4378** 13,79 *26,46*	**4770** **3816** 12,00 *26,50*	**4068** **3254** 10,21 *26,57*	**3365** **2692** 8,41 *26,66*	**2663** **2130** 6,62 *26,81*	**1962** **1570** 4,83 *27,07*	**1324** **1059** 3,22 *27,39*	**787** **630** 1,89 *27,74*	M_{1500} M_{1200} f_e z	**29**
6492 **5194** 15,80 *27,39*	**5760** **4608** 14,00 *27,43*	**5028** **4022** 12,20 *27,47*	**4296** **3437** 10,40 *27,54*	**3564** **2851** 8,60 *27,63*	**2832** **2266** 6,80 *27,76*	**2100** **1680** 5,00 *28,00*	**1417** **1133** 3,33 *28,33*	**842** **674** 1,96 *28,70*	M_{1500} M_{1200} f_e z	**30**
6810 **5448** 16,00 *28,37*	**6048** **4839** 14,19 *28,41*	**5287** **4229** 12,39 *28,45*	**4525** **3620** 10,58 *28,51*	**3764** **3011** 8,77 *28,60*	**3002** **2402** 6,97 *28,72*	**2240** **1792** 5,16 *28,94*	**1513** **1210** 3,44 *29,28*	**899** **719** 2,02 *29,65*	M_{1500} M_{1200} f_e z	**31**
7129 **5703** 16,19 *29,36*	**6338** **5070** 14,37 *29,39*	**5546** **4437** 12,56 *29,43*	**4755** **3804** 10,75 *29,49*	**3964** **3171** 8,94 *29,57*	**3172** **2538** 7,12 *29,68*	**2381** **1905** 5,31 *29,88*	**1612** **1289** 3,56 *30,22*	**958** **767** 2,09 *30,61*	M_{1500} M_{1200} f_e z	**32**
7448 **5959** 13,36 *30,34*	**6627** **5302** 14,55 *30,37*	**5806** **4645** 12,73 *30,41*	**4985** **3988** 10,91 *30,47*	**4165** **3332** 9,09 *30,54*	**3344** **2675** 7,27 *30,65*	**2523** **2018** 5,45 *30,83*	**1714** **1371** 3,67 *31,17*	**1019** **815** 2,15 *31,57*	M_{1500} M_{1200} f_e z	**33**
7768 **6215** 16,53 *31,33*	**6918** **5534** 14,71 *31,36*	**6067** **4854** 12,88 *31,40*	**5216** **4173** 11,06 *31,45*	**4366** **3493** 9,24 *31,52*	**3515** **2812** 7,41 *31,62*	**2665** **2132** 5,59 *31,79*	**1820** **1456** 3,78 *32,11*	**1082** **865** 2,22 *32,52*	M_{1500} M_{1200} f_e z	**34**
8089 **6471** 16,69 *32,32*	**7209** **5767** 14,86 *32,35*	**6329** **5063** 13,03 *32,38*	**5448** **4358** 11,20 *32,43*	**4568** **3654** 9,37 *32,49*	**3687** **2950** 7,54 *32,59*	**2807** **2246** 5,71 *32,75*	**1928** **1543** 3,89 *33,06*	**1146** **917** 2,28 *33,48*	M_{1500} M_{1200} f_e z	**35**
→							← $x \leqq d$ →			

Tafel 15 **Tafel für**

$d = 7$ cm

$h = 19$—28 cm

M_{1500} = Moment in kgm auf 1 m Druckplattenbreite bei $\sigma_e = 1500$ kg/cm²;
M_{1200} = Moment in kgm auf 1 m Druckplattenbreite bei $\sigma_e = 1200$ kg/cm²;
f_e = Zugeisenquerschnitt in cm² auf 1 m Druckplattenbreite;
ΔM = Momentendifferenz bei Änderung von σ_b um 1 kg/cm² (gültig nur wenn $x > d$);

h	ΔM / Δf_{e1500} / Δf_{e1200}	σ_e	σ_b								
		1500	—	—	—	75	70	—	65	—	60
		1200	75	70	65	60	56	55	52	50	48
cm		x	0,484h	0,467h	0,448h	0,429h	0,412h	0,407h	0,394h	0,385h	0,375h
			← $x > d$ →								
19	**90,02**	M_{1500}	—	—	—	**4903**	**4453**	—	**4003**	—	**3553**
	0,381	M_{1200}	**5273**	**4823**	**4373**	**3922**	**3562**	**3472**	**3202**	**3022**	**2842**
	0,476	f_e	27,09	24,72	22,34	19,96	18,05	17,58	16,15	15,20	14,25
		z	*16,22*	*16,26*	*16,31*	*16,38*	*16,44*	*16,46*	*16,52*	*16,57*	*16,63*
20	**96,72**	M_{1500}	—	—	—	**5375**	**4892**	—	**4408**	—	**3925**
	0,385	M_{1200}	**5751**	**5268**	**4784**	**4300**	**3913**	**3817**	**3527**	**3333**	**3140**
	0,481	f_e	27,93	25,52	23,11	20,71	18,78	18,30	16,86	15,90	14,93
		z	*17,16*	*17,20*	*17,25*	*17,30*	*17,36*	*17,38*	*17,43*	*17,47*	*17,52*
21	**103,44**	M_{1500}	—	—	—	**5853**	**5336**	—	**4818**	—	**4301**
	0,389	M_{1200}	**6234**	**5717**	**5199**	**4682**	**4268**	**4165**	**3855**	**3648**	**3441**
	0,486	f_e	28,68	26,25	23,82	21,39	19,44	18,96	17,50	16,53	15,56
		z	*18,11*	*18,15*	*18,19*	*18,24*	*18,29*	*18,31*	*18,36*	*18,39*	*18,43*
22	**110,20**	M_{1500}	—	—	—	**6334**	**5783**	—	**5232**	—	**4682**
	0,392	M_{1200}	**6721**	**6170**	**5619**	**5068**	**4627**	**4516**	**4186**	**3966**	**3745**
	0,490	f_e	29,36	26,91	24,46	22,01	20,05	19,55	18,08	17,10	16,12
		z	*19,07*	*19,10*	*19,14*	*19,19*	*19,23*	*19,25*	*19,29*	*19,32*	*19,36*
23	**116,97**	M_{1500}	—	—	—	**6820**	**6235**	—	**5650**	—	**5065**
	0,396	M_{1200}	**7211**	**6626**	**6041**	**5456**	**4988**	**4871**	**4520**	**4286**	**4052**
	0,495	f_e	29,99	27,52	25,05	22,57	20,59	20,10	18,62	17,63	16,64
		z	*20,04*	*20,06*	*20,10*	*20,14*	*20,18*	*20,20*	*20,23*	*20,26*	*20,30*
24	**123,76**	M_{1500}	—	—	—	**7309**	**6690**	—	**6071**	—	**5452**
	0,399	M_{1200}	**7703**	**7085**	**6466**	**5847**	**5352**	**5228**	**4857**	**4609**	**4362**
	0,498	f_e	30,56	28,07	25,58	23,09	21,10	20,60	19,10	18,11	17,11
		z	*21,00*	*21,03*	*21,06*	*21,10*	*21,14*	*21,15*	*21,19*	*21,21*	*21,24*
25	**130,57**	M_{1500}	—	—	—	**7800**	**7147**	—	**6495**	—	**5842**
	0,401	M_{1200}	**8199**	**7546**	**6893**	**6240**	**5718**	**5587**	**5196**	**4935**	**4673**
	0,502	f_e	31,09	28,58	26,08	23,57	21,56	21,06	19,55	18,55	17,55
		z	*21,97*	*22,00*	*22,03*	*22,07*	*22,10*	*22,11*	*22,14*	*22,17*	*22,19*
26	**137,40**	M_{1500}	—	—	—	**8295**	**7608**	—	**6921**	—	**6234**
	0,404	M_{1200}	**8697**	**8010**	**7323**	**6636**	**6086**	**5949**	**5536**	**5262**	**4987**
	0,505	f_e	31,58	29,05	26,53	24,01	21,99	21,48	19,97	18,96	17,95
		z	*22,95*	*22,97*	*23,00*	*23,03*	*23,07*	*23,08*	*23,11*	*23,13*	*23,15*
27	**144,23**	M_{1500}	—	—	—	**8791**	**8070**	—	**7349**	—	**6628**
	0,406	M_{1200}	**9196**	**8475**	**7754**	**7033**	**6456**	**6312**	**5879**	**5590**	**5302**
	0,508	f_e	32,03	29,49	26,95	24,41	22,38	21,88	20,35	19,34	18,32
		z	*23,93*	*23,95*	*23,97*	*24,01*	*24,04*	*24,04*	*24,07*	*24,09*	*24,12*
28	**151,08**	M_{1500}	—	—	—	**9290**	**8534**	—	**7779**	—	**7023**
	0,408	M_{1200}	**9698**	**8942**	**8187**	**7432**	**6827**	**6676**	**6223**	**5921**	**5619**
	0,510	f_e	32,45	29,90	27,34	24,79	22,75	22,24	20,71	19,69	18,67
		z	*24,91*	*24,93*	*24,95*	*24,98*	*25,01*	*25,02*	*25,04*	*25,06*	*25,08*
			← $x > d$ →								

Rippendecken

Tafel 15

$d = 7$ cm

Δf_{e1500} bzw. Δf_{e1200} = Differenz der Zugbewehrung bei Änderung von σ_b um 1 kg/cm² für $\sigma_e = 1500$ bzw. $\sigma_e = 1200$ kg/cm² (gültig nur wenn $x > d$);
d = Druckplattendicke in cm;
h = Nutzhöhe in cm; x = Nullinienabstand;
z = Abstand des Druckmittelpunktes vom Zugmittelpunkt in cm.

h = 19—28 cm

σ_b									σ_e	h
55 44	50 40	45 36	40 32	35 28	30 24	25 20	20 16	15 12	1500 1200	
0,355 h	0,333 h	0,310 h	0,286 h	0,259 h	0,231 h	0,200 h	0,167 h	0,130 h	x	cm
←				$x \leqq d$				→		
3106 **2485** 12,36 *16,75*	**2674** **2139** 10,56 *16,89*	**2260** **1808** 8,84 *17,03*	**1866** **1493** 7,24 *17,19*	**1496** **1197** 5,75 *17,36*	**1153** **923** 4,38 *17,54*	**842** **674** 3,17 *17,73*	**568** **455** 2,11 *17,94*	**338** **270** 1,24 *18,17*	M_{1500} M_{1200} f_e z	19
3441 **2753** 13,01 *17,63*	**2963** **2370** 11,11 *17,78*	**2504** **2003** 9,31 *17,93*	**2068** **1654** 7,62 *18,10*	**1658** **1326** 6,05 *18,27*	**1278** **1022** 4,62 *18,46*	**933** **747** 3,33 *18,67*	**630** **504** 2,22 *18,89*	**374** **299** 1,30 *19,13*	M_{1500} M_{1200} f_e z	20
3784 **3027** 13,61 *18,53*	**3267** **2613** 11,67 *18,67*	**2761** **2209** 9,78 *18,83*	**2280** **1824** 8,00 *19,00*	**1828** **1462** 6,35 *19,19*	**1409** **1127** 4,85 *19,38*	**1029** **823** 3,50 *19,60*	**694** **555** 2,33 *19,83*	**413** **330** 1,37 *20,09*	M_{1500} M_{1200} f_e z	21
4131 **3304** 14,16 *19,45*	**3580** **2864** 12,20 *19,56*	**3030** **2424** 10,24 *19,72*	**2502** **2002** 8,38 *19,90*	**2006** **1605** 6,65 *20,10*	**1547** **1237** 5,08 *20,31*	**1129** **903** 3,67 *20,53*	**762** **609** 2,44 *20,78*	**453** **362** 1,43 *21,04*	M_{1500} M_{1200} f_e z	22
4481 **3584** 14,66 *20,38*	**3896** **3117** 12,68 *20,48*	**3311** **2649** 10,70 *20,62*	**2735** **2188** 8,76 *20,81*	**2193** **1754** 6,96 *21,01*	**1690** **1352** 5,31 *21,23*	**1234** **987** 3,83 *21,47*	**833** **666** 2,56 *21,72*	**495** **396** 1,50 *22,00*	M_{1500} M_{1200} f_e z	23
4833 **3867** 15,12 *21,31*	**4215** **3372** 13,12 *21,41*	**3596** **2877** 11,13 *21,53*	**2978** **2382** 9,14 *21,71*	**2387** **1910** 7,26 *21,93*	**1840** **1472** 5,54 *21,15*	**1344** **1075** 4,00 *22,40*	**907** **725** 2,67 *22,67*	**539** **431** 1,57 *22,96*	M_{1500} M_{1200} f_e z	24
5189 **4151** 15,54 *22,26*	**4536** **3629** 13,53 *22,34*	**3883** **3107** 11,53 *22,46*	**3230** **2584** 9,52 *22,62*	**2591** **2072** 7,56 *22,84*	**1997** **1598** 5,77 *23,08*	**1458** **1167** 4,17 *23,33*	**984** **787** 2,78 *23,61*	**585** **468** 1,63 *23,91*	M_{1500} M_{1200} f_e z	25
5547 **4437** 15,93 *23,21*	**4860** **3888** 13,91 *23,29*	**4173** **3338** 11,89 *23,39*	**3486** **2789** 9,87 *23,54*	**2802** **2242** 7,86 *23,75*	**2160** **1728** 6,00 *24,00*	**1577** **1262** 4,33 *24,27*	**1064** **851** 2,89 *24,56*	**633** **506** 1,70 *24,87*	M_{1500} M_{1200} f_e z	26
5906 **4725** 16,29 *24,17*	**5185** **4148** 14,26 *24,24*	**4464** **3571** 12,23 *24,34*	**3743** **2994** 10,20 *24,47*	**3022** **2417** 8,17 *24,67*	**2329** **1863** 6,23 *24,92*	**1701** **1361** 4,50 *25,20*	**1148** **918** 3,00 *25,50*	**682** **546** 1,76 *25,83*	M_{1500} M_{1200} f_e z	27
6268 **5014** 16,63 *25,13*	**5512** **4410** 14,58 *25,20*	**4757** **3806** 12,54 *25,29*	**4002** **3201** 10,50 *25,41*	**3246** **2597** 8,46 *25,59*	**2505** **2004** 6,46 *25,85*	**1829** **1463** 4,67 *26,13*	**1234** **987** 3,11 *26,44*	**734** **587** 1,83 *26,78*	M_{1500} M_{1200} f_e z	28
				→	←	$x \leqq d$		→		

$d = 7$ cm

Tafel für

M_{1500} = Moment in kgm auf 1 m Druckplattenbreite bei $\sigma_e = 1500$ kg/cm²;
M_{1200} = Moment in kgm auf 1 m Druckplattenbreite bei $\sigma_e = 1200$ kg/cm²;
f_e = Zugeisenquerschnitt in cm² auf 1 m Druckplattenbreite;
ΔM = Momentendifferenz bei Änderung von σ_b um 1 kg/cm² (gültig nur wenn $x > d$);

$h = 29$—38 cm

h cm	ΔM / Δf_{e1500} / Δf_{e1200}	σ_e: 1500 / 1200	σ_b: — / 75	— / 70	— / 65	75 / 60	70 / 56	— / 55	65 / 52	— / 50	60 / 48
		x	0,484h	0,467h	0,448h	0,429h	0,412h	0,407h	0,394h	0,385h	0,375h
			←						$x > d$		
29	157,94	M_{1500}	—	—	—	9790	9000	—	8211	—	7421
	0,410	M_{1200}	10201	9411	8622	7832	7200	7042	6568	6253	5937
	0,513	f_e	32,84	30,27	27,71	25,14	23,09	22,58	21,04	20,01	18,99
		z	25,89	25,91	25,93	25,96	25,98	25,99	26,01	26,03	26,05
30	164,81	M_{1500}	—	—	—	10292	9468	—	8644	—	7820
	0,412	M_{1200}	10706	9882	9058	8234	7574	7410	6915	6585	6256
	0,515	f_e	33,20	30,63	28,05	25,47	23,41	22,90	21,35	20,32	19,29
		z	26,87	26,89	26,91	26,94	26,96	26,97	26,99	27,01	27,03
31	171,69	M_{1500}	—	—	—	10795	9937	—	9079	—	8220
	0,414	M_{1200}	11212	10353	9495	8636	7950	7778	7263	6919	6576
	0,517	f_e	33,54	30,95	28,37	25,78	23,71	23,19	21,64	20,60	19,57
		z	27,86	27,87	27,89	27,92	27,94	27,95	27,97	27,98	28,00
32	178,57	M_{1500}	—	—	—	11300	10407	—	9515	—	8622
	0,416	M_{1200}	11719	10826	9933	9040	8326	8147	7612	7254	6897
	0,519	f_e	33,86	31,26	28,67	26,07	23,99	23,47	21,91	20,87	19,83
		z	28,84	28,86	28,88	28,90	28,92	28,93	28,95	28,96	28,98
33	185,46	M_{1500}	—	—	—	11806	10879	—	9952	—	9024
	0,417	M_{1200}	12227	11300	10372	9445	8703	8518	7961	7590	7219
	0,521	f_e	34,16	31,55	28,95	26,34	24,25	23,73	22,17	21,12	20,08
		z	29,83	29,84	29,86	29,88	29,90	29,91	29,93	29,94	29,96
34	192,36	M_{1500}	—	—	—	12313	11352	—	10390	—	9428
	0,419	M_{1200}	12736	11774	10813	9851	9081	8889	8312	7927	7542
	0,523	f_e	34,44	31,83	29,91	26,59	24,50	23,98	22,41	21,36	20,31
		z	30,82	30,83	30,85	30,87	30,89	30,89	30,91	30,93	30,94
35	199,27	M_{1500}	—	—	—	12822	11825	—	10829	—	9833
	0,420	M_{1200}	13246	12250	11254	10257	9460	9261	8663	8265	7866
	0,525	f_e	34,71	32,08	29,46	26,83	24,73	24,21	22,63	21,58	20,53
		z	31,80	31,82	31,83	31,86	31,87	31,88	31,90	31,91	31,92
36	206,18	M_{1500}	—	—	—	13330	12300	—	11269	—	10238
	0,421	M_{1200}	13757	12726	11696	10665	9840	9634	9015	8603	8191
	0,527	f_e	34,96	32,33	29,69	27,06	24,95	24,43	22,85	21,79	20,74
		z	32,79	32,81	32,82	32,84	32,86	32,87	32,88	32,89	32,91
37	213,09	M_{1500}	—	—	—	13841	12775	—	11710	—	10644
	0,422	M_{1200}	14269	13204	12138	11073	10220	10007	9368	8942	8516
	0,528	f_e	35,20	32,56	29,92	27,27	25,16	24,63	23,05	21,99	20,94
		z	33,78	33,80	33,81	33,83	33,85	33,85	33,87	33,88	33,89
38	220,01	M_{1500}	—	—	—	14352	13251	—	12151	—	11051
	0,424	M_{1200}	14781	13681	12581	11481	10601	10381	9721	9281	8841
	0,530	f_e	35,42	32,77	30,13	27,48	25,36	24,83	23,24	22,18	21,12
		z	34,77	34,79	34,80	34,82	34,84	34,84	34,86	34,87	34,88
			←								$x > d$

Rippendecken

Tafel 16

$d = 7$ cm

Δf_{e1500} bzw. Δf_{e1200} = Differenz der Zugbewehrung bei Änderung von σ_b um 1 kg/cm² für $\sigma_e = 1500$ bzw. $\sigma_e = 1200$ kg/cm² (gültig nur wenn $x > d$);
d = Druckplattendicke in cm;
h = Nutzhöhe in cm; x = Nullinienabstand;
z = Abstand des Druckmittelpunktes vom Zugmittelpunkt in cm.

$h = 29$—38 cm

σ_b									σ_e	h
55 44	50 40	45 36	40 32	35 28	30 24	25 20	20 16	12 15	1500 1200	
0,355h	0,333h	0,310h	0,286h	0,259h	0,231h	0,200h	0,167h	0,130h	x	cm
					$x \gtreqless d$					
6631	**5841**	**5052**	**4262**	**3472**	**2687**	**1962**	**1324**	**787**	M_{1500}	**29**
5305	**4673**	**4041**	**3410**	**2778**	**2150**	**1570**	**1059**	**630**	M_{1200}	
16,94	14,88	12,83	10,78	8,73	6,69	4,83	3,22	1,89	f_e	
26,10	*26,16*	*26,24*	*26,35*	*26,52*	*26,77*	*27,07*	*27,39*	*27,74*	z	
6996	**6172**	**5348**	**4524**	**3700**	**2876**	**2100**	**1417**	**842**	M_{1500}	**30**
5596	**4937**	**4278**	**3619**	**2960**	**2301**	**1680**	**1133**	**674**	M_{1200}	
17,23	15,17	13,11	11,04	8,98	6,92	5,00	3,33	1,96	f_e	
27,07	*27,13*	*27,20*	*27,30*	*27,45*	*27,69*	*28,00*	*28,33*	*28,70*	z	
7362	**6503**	**5645**	**4786**	**3928**	**3069**	**2242**	**1513**	**899**	M_{1500}	**31**
5889	**5203**	**4516**	**3829**	**3142**	**2456**	**1794**	**1210**	**719**	M_{1200}	
17,50	15,43	13,36	11,29	9,22	7,15	5,17	3,44	2,02	f_e	
28,04	*28,10*	*28,17*	*28,26*	*28,40*	*28,62*	*28,93*	*29,28*	*29,65*	z	
7729	**6836**	**5943**	**5050**	**4157**	**3264**	**2389**	**1612**	**958**	M_{1500}	**32**
6183	**5469**	**4754**	**4040**	**3326**	**2612**	**1911**	**1289**	**767**	M_{1200}	
17,76	15,68	13,60	11,52	9,44	7,36	5,33	3,56	2,09	f_e	
29,02	*29,07*	*29,13*	*29,22*	*29,35*	*29,55*	*29,87*	*30,22*	*30,61*	z	
8097	**7170**	**6242**	**5315**	**4388**	**3460**	**2541**	**1714**	**1019**	M_{1500}	**33**
6478	**5736**	**4994**	**4252**	**3510**	**2768**	**2033**	**1371**	**815**	M_{1200}	
17,99	15,91	13,82	11,74	9,65	7,57	5,50	3,67	2,15	f_e	
30,00	*30,04*	*30,11*	*30,19*	*30,31*	*30,49*	*30,80*	*31,17*	*31,57*	z	
8466	**7504**	**6543**	**5581**	**4619**	**3657**	**2697**	**1820**	**1082**	M_{1500}	**34**
6773	**6004**	**5234**	**4465**	**3695**	**2926**	**2158**	**1456**	**865**	M_{1200}	
18,22	16,13	14,03	11,94	9,85	7,75	5,67	3,78	2,22	f_e	
30,98	*31,02*	*31,08*	*31,16*	*31,27*	*31,44*	*31,73*	*32,11*	*32,52*	z	
8836	**7840**	**6844**	**5847**	**4851**	**3855**	**2858**	**1928**	**1146**	M_{1500}	**35**
7069	**6272**	**5475**	**4678**	**3881**	**3084**	**2287**	**1543**	**917**	M_{1200}	
18,43	16,33	14,23	12,13	10,03	7,93	5,83	3,89	2,28	f_e	
31,96	*32,00*	*32,05*	*32,13*	*32,23*	*32,39*	*32,67*	*33,06*	*33,48*	z	
9207	**8176**	**7146**	**6115**	**5084**	**4053**	**3022**	**2040**	**1213**	M_{1500}	**36**
7366	**6541**	**5716**	**4892**	**4067**	**3242**	**2418**	**1632**	**970**	M_{1200}	
18,63	16,53	14,42	12,31	10,21	8,10	6,00	4,00	2,35	f_e	
32,94	*32,98*	*33,03*	*33,10*	*33,20*	*33,35*	*33,60*	*34,00*	*34,43*	z	
9579	**8514**	**7448**	**6383**	**5317**	**4252**	**3186**	**2155**	**1281**	M_{1500}	**37**
7663	**6811**	**5958**	**5106**	**4254**	**3401**	**2549**	**1724**	**1025**	M_{1200}	
18,82	16,71	14,60	12,49	10,37	8,26	6,15	4,11	2,41	f_e	
33,92	*33,96*	*34,01*	*34,08*	*34,17*	*34,31*	*34,55*	*34,94*	*35,39*	z	
9951	**8851**	**7751**	**6651**	**5551**	**4451**	**3351**	**2273**	**1351**	M_{1500}	**38**
7961	**7081**	**6201**	**5321**	**4441**	**3561**	**2681**	**1818**	**1081**	M_{1200}	
19,00	16,89	14,77	12,65	10,53	8,41	6,29	4,22	2,48	f_e	
34,91	*34,95*	*34,99*	*35,06*	*35,14*	*35,27*	*35,50*	*35,89*	*36,35*	z	
							$x \gtreqless d$			

4. Tafeln für Plattenbalken.

Diese Tafeln enthalten die Biegemomente, die von Plattenbalkenquerschnitten bei verschiedenen Spannungen aufgenommen werden können, ferner die zugehörigen Bewehrungen und die Entfernung des Zug- und Druckmittelpunktes (z). Der letztere Wert wird bei der Berechnung der Schub- und Haftspannungen benötigt. Die Werte des Nullinienabstandes (x), die nur selten gebraucht werden, sind als Funktion von h im Kopfe der Tafeln angeführt. Die berücksichtigten Eisenzugspannungen sind $\sigma_e = 1500$ und 1200 kg/cm². Die Betondruckspannungen sind von 75 bis zu 12 kg/cm² in Intervallen von 5 bzw. 4 kg/cm² angegeben. Wo es nötig war, wurden noch weitere Zwischenwerte eingeschaltet. Die zulässigen Höchstspannungen sind durch fetten Druck hervorgehoben. Berücksichtigt sind die Druckplattenstärken 8 bis 20 cm. Die Nutzhöhen sind vom Fall $x = d$ an bis zu den folgenden oberen Grenzen berücksichtigt:

bei $d = 8$ bis 10 cm ...... bis 100 cm,
„ $d = 11$ „ 14 „ ...... „ $10 \cdot d$ und
„ $d = 15$ „ 20 „ ...... „ 150 cm.

Ist $x \leqq d$, d. h. fällt die Nullinie in die Platte, so ist der Plattenbalkenquerschnitt wie ein Rechteckquerschnitt mit Hilfe der Tafeln 3 bis 10 zu bemessen. Auch die in den Tafeln 17 bis 82 rechts von den gebrochenen Linien stehenden Werte sind solche, für die $x \leqq d$ ist, und sind mit den entsprechenden Werten der Tafeln 3 bis 10 identisch. Bei hohen und breiten Stegen und bei hohen Betondruckspannungen kann durch Berücksichtigung der Spannungen im Stege die Ausnutzung des Querschnittes wesentlich gesteigert werden. Deshalb wurden die Spannungen im Steg berücksichtigt, wenn die Nutzhöhe $\geqq$ 6-fache Plattendicke ist. Eingeschrieben sind die Momente auf 1 m Stegbreite und ebenfalls die zugehörigen Bewehrungen.

Eine Interpolation ist für gewöhnlich überflüssig. Will man aber doch interpolieren, so benutzt man vorteilhaft den Zusammenhang $F_e = \frac{M}{\sigma_e \cdot z}$, weil der Wert z sich nur langsam ändert. Wird M wie auch in den Tafeln in kgm angegeben, σ_e jedoch in kg/cm² und z in cm, so lautet die Formel: $F_e = \frac{M}{\frac{\sigma_e}{100} \cdot z}$ und ergibt F_e in cm².

Bei Plattenbalken ist die volle Ausnutzung des Querschnittes mit der größten zulässigen Betondruckspannung meistens unwirtschaftlich. Man wähle daher niedrigere Betondruckspannungen. Am schnellsten wird das Kostenminimum durch Vergleichsrechnung ermittelt. Vgl. die wirtschaftliche Bemessung von Plattenbalken in meinem Aufsatz in der Zeitschrift „Zement", Jahrgang 1926, Nr. 46.

Gang der Bemessung.

a) Gegeben:

M = das Biegemoment in kgm,
d = die Druckplattendicke in cm,
b = die Druckplattenbreite in m,
σ_e und σ_b = die zulässigen Spannungen.

Gesucht:

h = die Nutzhöhe und
F_e = die Zugbewehrung.

Lösung: Rechne $\frac{M}{b}$ aus und wähle in den Tafeln für die entsprechende Druckplattenstärke von den möglichen h- und σ_b-Werten diejenigen aus, die den Wirtschaftlichkeitsrücksichten am meisten Genüge leisten. Lies dann die entsprechenden Werte für f_e und z ab und rechne $F_e = b \cdot f_e$. (Siehe Zahlenbeispiele 14 bis 19.)

b) Gegeben:

M = das Biegemoment in kgm,
d = Druckplattendicke in cm,
h = die Nutzhöhe in cm,
b = die Druckplattenbreite in m,
b_0 = die Stegbreite in m,
σ_e = die Eisenzugspannung.

Gesucht:

F_e = Zugbewehrung,
σ_b = die Betondruckspannung (und wenn nötig)
F'_e = die Druckbewehrung.

Lösung: Rechne $\frac{M}{b}$ aus und suche in den Tafeln von d und in der Zeile von h unter den zum entsprechenden σ_e gehörigen M-Werten den $\frac{M}{b}$ nächststehenden Wert. Lies am Kopfe der betreffenden Spalte den Wert von σ_b (in der Zeile von σ_e) ab. Ist $\sigma_b < \sigma_{b\,zul}$, so lies unterhalb M die Werte f_e und z ab und rechne $F_e = b \cdot f_e$. Ist aber $\sigma_b > \sigma_{b\,zul}$, dann lies die Werte in der Spalte von $\sigma_{b\,zul}$ und in der Zeile von h ab und rechne $b \cdot M_{Platte} + b_0 \cdot M_{Steg}$ aus. Ist dieser Wert größer als das gegebene Biegemoment M, dann rechne nur noch $F_e = b \cdot f_{e\,Platte} + b_0 \cdot f_{e\,Steg}$ aus. Ist dagegen $b \cdot M_{Platte} + b_0 \cdot M_{Steg}$ kleiner als das gegebene Biegemoment, so ordne mit Hilfe der Tafel 89 doppelte Bewehrung an, wobei $\Delta M = M - (b \cdot M_{Platte} + b_0 \cdot M_{Steg})$ zu setzen ist. Bestimme mit Hilfe der genannten Tafel die Zusatzzugbewehrung ΔF_e und die Druckbewehrung F'_e und berechne die Gesamtzugbewehrung

$$F_e = \Delta F_e + b \cdot f_{e\,Platte} + b_0 \cdot f_{e\,Steg}.$$

(Siehe Zahlenbeispiele 20 bis 21, sowie 34 bis 36.)

Tafel 17

$d = 8$ cm

Tafel für

bei $\sigma_e = 1500$

M_{1500} = Moment in kgm auf 1 m Druckplattenbreite bei $\sigma_e = 1500$ kg/cm² ⎫ ohne Berücksichtigung der Spannungen im Steg;
M_{1200} = Moment in kgm auf 1 m Druckplattenbreite bei $\sigma_e = 1200$ kg/cm² ⎬
f_e = Zugeisenquerschnitt in cm² auf 1 m Druckplattenbreite ⎭
ΔM = Momentendifferenz bei Änderung von σ_b um 1 kg/cm² (gültig nur wenn $x > d$);

h = 19—28 cm

h cm	ΔM / $\Delta f_{e\,1500}$ / $\Delta f_{e\,1200}$	σ_e	σ_b								
		1500	—	—	—	75	70	—	65	—	60
		1200	75	70	65	60	56	55	52	50	48
		x	0,484h	0,467h	0,448h	0,429h	0,412h	0,407h	0,394h	0,385h	0,375h
			← $x > d$ →				←				
19	96,98	M_{1500}	—	—	—	4972	4489	—	4015	—	3554
	0,421	M_{1200}	5432	4947	4462	3978	3591	3495	3212	3026	2843
	0,526	f_e	28,25	25,61	22,98	20,35	18,25	17,74	16,22	15,22	14,25
		z	16,03	16,10	16,18	16,29	16,39	16,42	16,51	16,56	16,62
20	104,53	M_{1500}	—	—	—	5493	4971	—	4449	—	3938
	0,427	M_{1200}	5963	5440	4917	4395	3977	3872	3559	3353	3150
	0,533	f_e	29,13	26,67	24,00	21,33	19,20	18,47	17,07	16,03	15,00
		z	16,94	17,00	17,07	17,17	17,26	17,29	17,37	17,44	17,50
21	112,13	M_{1500}	—	—	—	6022	5462	—	4901	—	4341
	0,432	M_{1200}	6500	5939	5378	4818	4369	4257	3921	3697	3473
	0,540	f_e	30,32	27,62	24,92	22,22	20,06	19,52	17,90	16,83	15,75
		z	17,87	17,92	17,99	18,07	18,15	18,17	18,25	18,31	18,38
22	119,76	M_{1500}	—	—	—	6558	5959	—	5360	—	4761
	0,436	M_{1200}	7042	6444	5845	5246	4767	4647	4288	4048	3809
	0,545	f_e	31,21	28,48	25,76	23,03	20,85	20,30	18,67	17,58	16,48
		z	18,80	18,85	18,91	18,98	19,05	19,07	19,14	19,20	19,26
23	127,41	M_{1500}	—	—	—	7098	6461	—	5824	—	5187
	0,441	M_{1200}	7590	6953	6316	5679	5169	5042	4659	4405	4150
	0,551	f_e	32,03	29,28	26,52	23,77	21,57	21,01	19,36	18,26	17,16
		z	19,75	19,79	19,85	19,91	19,97	19,99	20,05	20,10	20,15
24	135,11	M_{1500}	—	—	—	7644	6969	—	6293	—	5618
	0,444	M_{1200}	8142	7467	6191	6116	5575	5440	5035	4764	4494
	0,555	f_e	32,78	30,00	27,22	24,44	22,22	21,67	20,00	18,89	17,78
		z	20,70	20,74	20,79	20,85	20,91	20,92	20,98	21,02	21,07
25	142,43	M_{1500}	—	—	—	8190	7478	—	6765	—	6053
	0,448	M_{1200}	8688	7976	7264	6552	5982	5840	5412	5127	4843
	0,560	f_e	34,47	30,67	27,87	25,07	22,83	22,27	20,59	19,47	18,35
		z	21,66	21,70	21,74	21,79	21,85	21,86	21,91	21,95	21,99
26	150,56	M_{1500}	—	—	—	8749	7996	—	7243	—	6490
	0,451	M_{1200}	9257	8505	7752	6999	6397	6246	5794	5493	5192
	0,564	f_e	34,10	31,28	28,46	25,64	23,38	22,82	21,13	20,00	18,78
		z	22,62	22,66	22,70	22,75	22,80	22,81	22,85	22,89	22,93
27	158,32	M_{1500}	—	—	—	9306	8515	—	7723	—	6931
	0,454	M_{1200}	9820	9028	8237	7445	6812	6653	6178	5862	5545
	0,568	f_e	34,69	31,85	29,01	26,17	23,90	23,33	21,63	20,49	19,36
		z	23,59	23,62	23,66	23,70	23,75	23,76	23,80	23,84	23,87
28	166,10	M_{1500}	—	—	—	9867	9036	—	8206	—	7375
	0,457	M_{1200}	10385	9554	8724	7893	7229	7063	6565	6232	5900
	0,571	f_e	35,24	32,38	29,52	26,67	24,38	23,81	22,10	20,95	19,81
		z	24,56	24,59	24,62	24,67	24,71	24,72	24,76	24,79	24,82
			←					$x > d$			

Plattenbalken

Tafel 17

und 1200 kg/cm² $d = 8$ cm

$\Delta f_{e\,1500}$ bzw. $\Delta f_{e\,1200}$ = Differenz der Zugbewehrung bei Änderung von σ_b um 1 kg/cm² für $\sigma_e = 1500$ bzw. $\sigma_e = 1200$ kg/cm² (gültig nur wenn $x > d$);
d = Druckplattendicke in cm;
h = Nutzhöhe in cm; x = Nullinienabstand;
z = Abstand des Druckmittelpunktes vom Zugmittelpunkt in cm.

$h = 19$—28 cm

σ_b									σ_e	h
55 44	50 40	45 36	40 32	35 28	30 24	25 20	20 16	15 12	1500 1200	
0,355h	0,333h	0,310h	0,286h	0,259h	0,231h	0,200h	0,167h	0,130h	x	cm
$x \leqq d$ →										
3106	**2674**	**2260**	**1866**	**1496**	**1153**	**842**	**568**	**338**	M_{1500}	**19**
2485	**2139**	**1808**	**1493**	**1197**	**923**	**674**	**455**	**270**	M_{1200}	
12,36	10,56	8,84	7,24	5,75	4,38	3,17	2,11	1,24	f_e	
16,75	*16,89*	*17,03*	*17,19*	*17,36*	*17,54*	*17,73*	*17,94*	*18,17*	z	
3442	**2963**	**2504**	**2068**	**1658**	**1278**	**933**	**630**	**374**	M_{1500}	**20**
2753	**2370**	**2003**	**1654**	**1326**	**1022**	**747**	**504**	**299**	M_{1200}	
13,01	11,11	9,31	7,62	6,05	4,62	3,33	2,22	1,30	f_e	
17,63	*17,78*	*17,93*	*18,10*	*18,27*	*18,46*	*18,67*	*18,89*	*19,13*	z	
3794	**3267**	**2761**	**2280**	**1828**	**1409**	**1029**	**694**	**413**	M_{1500}	**21**
3035	**2613**	**2209**	**1824**	**1462**	**1127**	**823**	**555**	**330**	M_{1200}	
13,66	11,67	9,78	8,00	6,35	4,85	3,50	2,33	1,37	f_e	
18,52	*18,67*	*18,83*	*19,00*	*19,19*	*19,38*	*19,60*	*19,83*	*20,09*	z	
4164	**3585**	**3030**	**2502**	**2006**	**1547**	**1129**	**762**	**453**	M_{1500}	**22**
3331	**2868**	**2424**	**2002**	**1605**	**1237**	**903**	**609**	**362**	M_{1200}	
14,31	12,22	10,24	8,38	6,65	5,08	3,67	2,44	1,43	f_e	
19,40	*19,56*	*19,72*	*19,90*	*20,10*	*20,31*	*20,53*	*20,78*	*21,04*	z	
4550	**3919**	**3312**	**2735**	**2193**	**1690**	**1234**	**833**	**495**	M_{1500}	**23**
3640	**3135**	**2649**	**2188**	**1754**	**1352**	**987**	**666**	**396**	M_{1200}	
14,96	12,78	10,71	8,76	6,96	5,31	3,83	2,56	1,50	f_e	
20,28	*20,44*	*20,62*	*20,81*	*21,01*	*21,23*	*21,47*	*21,72*	*22,00*	z	
4942	**4267**	**3606**	**2978**	**2387**	**1840**	**1344**	**907**	**539**	M_{1500}	**24**
3954	**3413**	**2885**	**2382**	**1910**	**1472**	**1075**	**725**	**431**	M_{1200}	
15,56	13,33	11,17	9,14	7,26	5,54	4,00	2,67	1,57	f_e	
21,18	*21,33*	*21,52*	*21,71*	*21,93*	*22,15*	*22,40*	*22,67*	*22,96*	z	
5341	**4629**	**3913**	**3231**	**2591**	**1997**	**1458**	**984**	**585**	M_{1500}	**25**
4273	**3703**	**3130**	**2585**	**2072**	**1598**	**1167**	**787**	**468**	M_{1200}	
16,11	13,87	11,64	9,52	7,56	5,77	4,17	2,78	1,63	f_e	
22,09	*22,23*	*22,41*	*22,62*	*22,84*	*23,08*	*23,33*	*23,61*	*23,91*	z	
5737	**4985**	**4232**	**3495**	**2802**	**2160**	**1577**	**1064**	**633**	M_{1500}	**26**
4590	**3988**	**3385**	**2796**	**2242**	**1728**	**1262**	**851**	**506**	M_{1200}	
16,62	14,36	12,10	9,90	7,86	6,00	4,33	2,89	1,70	f_e	
23,02	*23,14*	*23,31*	*23,52*	*23,75*	*24,00*	*24,27*	*24,56*	*24,87*	z	
6140	**5348**	**4557**	**3769**	**3022**	**2329**	**1701**	**1148**	**682**	M_{1500}	**27**
4912	**4279**	**3645**	**3015**	**2417**	**1863**	**1361**	**918**	**546**	M_{1200}	
17,09	14,81	12,54	10,29	8,17	6,23	4,50	3,00	1,76	f_e	
23,96	*24,07*	*24,22*	*24,43*	*24,67*	*24,92*	*25,20*	*25,50*	*25,83*	z	
6545	**5714**	**4884**	**4053**	**3250**	**2505**	**1829**	**1234**	**734**	M_{1500}	**28**
5236	**4571**	**3907**	**3243**	**2600**	**2004**	**1463**	**987**	**587**	M_{1200}	
17,52	15,24	12,95	10,67	8,47	6,46	4,67	3,11	1,83	f_e	
24,90	*25,00*	*25,14*	*25,33*	*25,58*	*25,85*	*26,13*	*26,44*	*26,78*	z	
→			← $x \leqq d$ →							

Tafel für

$d = 8$ cm

bei $\sigma_e = 1500$

M_{1500} = Moment in kgm auf 1 m Druckplattenbreite bei $\sigma_e = 1500$ kg/cm² ⎫ ohne Berücksichtigung der Spannungen im Steg;
M_{1200} = Moment in kgm auf 1 m Druckplattenbreite bei $\sigma_e = 1200$ kg/cm² ⎬
f_e = Zugeisenquerschnitt in cm² auf 1 m Druckplattenbreite ⎭
ΔM = Momentendifferenz bei Änderung von σ_b um 1 kg/cm² (gültig nur wenn $x > d$);

$h = 29$—46 cm

h cm	ΔM / $\Delta f_{e\,1500}$ / $\Delta f_{e\,1200}$	σ_e	σ_b								
		1500	—	—	—	75	70	—	65	—	60
		1200	75	70	65	60	56	55	52	50	48
		x	0,484h	0,467h	0,448h	0,429h	0,412h	0,407h	0,394h	0,385h	0,375h
			←						$x > d$		
29	173,89	M_{1500}	—	—	—	**10430**	**9560**	—	**8691**	—	**7822**
	0,460	M_{1200}	**10952**	**10083**	**9213**	**8344**	**7648**	**7474**	**6953**	**6605**	**6257**
	0,575	f_e	35,75	32,87	30,00	27,13	24,83	24,25	22,53	21,38	20,23
		z	*25,53*	*25,56*	*25,59*	*25,63*	*25,67*	*25,68*	*25,72*	*25,75*	*25,78*
30	181,69	M_{1500}	—	—	—	**10996**	**10087**	—	**9179**	—	**8270**
	0,462	M_{1200}	**11522**	**10613**	**9705**	**8796**	**8070**	**7888**	**7343**	**6980**	**6616**
	0,578	f_e	36,22	33,33	30,44	27,56	25,24	24,67	22,93	21,78	20,62
		z	*26,51*	*26,53*	*26,56*	*26,60*	*26,64*	*26,65*	*26,68*	*26,71*	*26,74*
32	197,33	M_{1500}	—	—	—	**12133**	**11147**	—	**10160**	—	**9173**
	0,467	M_{1200}	**12667**	**11680**	**10693**	**9707**	**8917**	**8720**	**8128**	**7733**	**7339**
	0,583	f_e	37,08	34,17	31,25	28,33	26,00	25,42	23,67	22,50	21,33
		z	*28,46*	*28,49*	*28,52*	*28,55*	*28,58*	*28,59*	*28,62*	*28,64*	*28,67*
34	213,02	M_{1500}	—	—	—	**13278**	**12213**	—	**11148**	—	**10083**
	0,471	M_{1200}	**13818**	**12753**	**11688**	**10623**	**9771**	**9558**	**8919**	**8493**	**8067**
	0,588	f_e	37,84	34,90	31,96	29,02	26,67	26,08	24,31	23,14	21,96
		z	*30,43*	*30,45*	*30,47*	*30,50*	*30,53*	*30,54*	*30,57*	*30,59*	*30,61*
36	228,74	M_{1500}	—	—	—	**14430**	**13286**	—	**12142**	—	**10999**
	0,474	M_{1200}	**14975**	**13831**	**12687**	**11544**	**10629**	**10400**	**9714**	**9256**	**8799**
	0,593	f_e	38,52	35,56	32,59	29,63	27,26	26,67	24,89	23,70	22,52
		z	*32,40*	*32,42*	*32,44*	*32,47*	*32,49*	*32,50*	*32,52*	*32,54*	*32,56*
38	244,49	M_{1500}	—	—	—	**15586**	**14364**	—	**13141**	—	**11919**
	0,477	M_{1200}	**16136**	**14914**	**13691**	**12469**	**11491**	**11246**	**10513**	**10024**	**9535**
	0,596	f_e	39,12	36,14	33,16	30,18	27,79	27,19	25,40	24,21	23,02
		z	*34,37*	*34,39*	*34,41*	*34,43*	*34,46*	*34,46*	*34,49*	*34,50*	*34,52*
40	260,27	M_{1500}	—	—	—	**16747**	**15445**	—	**14144**	—	**12843**
	0,480	M_{1200}	**17301**	**16000**	**14699**	**13397**	**12356**	**12096**	**11315**	**10795**	**10274**
	0,600	f_e	39,67	36,67	33,67	30,67	28,27	27,67	25,87	24,67	23,47
		z	*36,35*	*36,36*	*36,38*	*36,41*	*36,43*	*36,43*	*36,45*	*36,47*	*36,48*
42	276,06	M_{1500}	—	—	—	**17911**	**16531**	—	**15150**	—	**13770**
	0,483	M_{1200}	**18470**	**17090**	**15709**	**14329**	**13225**	**12949**	**12120**	**11568**	**11016**
	0,603	f_e	40,16	37,14	34,13	31,11	28,70	28,10	26,29	25,08	23,87
		z	*38,33*	*38,34*	*38,36*	*38,38*	*38,40*	*38,41*	*38,43*	*38,44*	*38,45*
44	291,88	M_{1500}	—	—	—	**19079**	**17619**	—	**16160**	—	**14701**
	0,485	M_{1200}	**19641**	**18182**	**16722**	**15263**	**14096**	**13804**	**12928**	**12344**	**11761**
	0,606	f_e	40,61	37,58	34,55	31,52	29,09	28,48	26,67	25,45	24,24
		z	*40,31*	*40,32*	*40,34*	*40,36*	*40,38*	*40,38*	*40,40*	*40,41*	*40,43*
46	307,71	M_{1500}	—	—	—	**20249**	**18711**	—	**17172**	—	**15634**
	0,487	M_{1200}	**20815**	**19277**	**17738**	**16199**	**14969**	**14661**	**13738**	**13122**	**12507**
	0,609	f_e	41,01	37,97	34,93	31,88	29,45	28,84	27,01	25,80	24,58
		z	*42,29*	*42,31*	*42,32*	*42,34*	*42,36*	*42,36*	*42,38*	*42,39*	*42,40*
			←								$x > d$

Plattenbalken

und 1200 kg/cm²

Tafel 18

$d = 8$ cm

Δf_{e1500} bzw. Δf_{e1200} = Differenz der Zugbewehrung bei Änderung von σ_b um 1 kg/cm² für $\sigma_e = 1500$ bzw. $\sigma_e = 1200$ kg/cm² (gültig nur wenn $x > d$);
d = Druckplattendicke in cm;
h = Nutzhöhe in cm; x = Nullinienabstand;
z = Abstand des Druckmittelpunktes vom Zugmittelpunkt in cm.

$h = 29$—46 cm

σ_b									σ_e	h
55 44	**50** **40**	45 36	**40** 32	35 28	30 24	25 20	20 16	15 12	**1500** **1200**	
0,355h	0,333h	0,310h	0,286h	0,259h	0,231h	0,200h	0,167h	0,130h	x	cm
			→	←		$x \leq d$		→		
6952 **5562** 17,93 *25,85*	**6083** **4866** 15,63 *25,94*	**5213** **4171** 13,33 *26,07*	**4344** **3475** 11,03 *26,24*	**3486** **2789** 8,77 *26,49*	**2687** **2150** 6,69 *26,77*	**1962** **1570** 4,83 *27,07*	**1324** **1059** 3,22 *27,39*	**787** **630** 1,89 *27,74*	M_{1500} M_{1200} f_e z	**29**
7362 **5889** 18,31 *26,80*	**6453** **5163** 16,00 *26,89*	**5545** **4436** 13,69 *27,00*	**4636** **3709** 11,38 *27,13*	**3728** **2982** 9,07 *27,41*	**2876** **2301** 6,92 *22,69*	**2100** **1680** 5,00 *28,00*	**1417** **1133** 3,33 *28,33*	**842** **674** 1,96 *28,70*	M_{1500} M_{1200} f_e z	**30**
8187 **6549** 19,00 *28,73*	**7200** **5760** 16,67 *28,80*	**6213** **4971** 14,33 *28,90*	**5227** **4181** 12,00 *29,04*	**4240** **3392** 9,67 *29,24*	**3272** **2618** 7,38 *29,54*	**2389** **1911** 5,33 *29,87*	**1612** **1289** 3,56 *30,22*	**958** **767** 2,09 *30,61*	M_{1500} M_{1200} f_e z	**32**
9018 **7214** 19,61 *30,66*	**7953** **6362** 17,25 *30,73*	**6888** **5510** 14,90 *30,81*	**5823** **4658** 12,55 *30,93*	**4758** **3806** 10,20 *31,11*	**3694** **2955** 7,85 *31,38*	**2697** **2158** 5,67 *31,73*	**1820** **1456** 3,78 *32,11*	**1082** **865** 2,22 *32,52*	M_{1500} M_{1200} f_e z	**34**
9855 **7884** 20,15 *32,61*	**8711** **6969** 17,78 *32,67*	**7567** **6054** 15,41 *32,74*	**6424** **5139** 13,04 *32,85*	**5280** **4224** 10,67 *33,00*	**4136** **3309** 8,30 *33,24*	**3024** **2419** 6,00 *33,60*	**2040** **1632** 4,00 *34,00*	**1213** **970** 2,35 *34,43*	M_{1500} M_{1200} f_e z	**36**
10696 **8557** 20,63 *34,56*	**9474** **7579** 18,25 *34,62*	**8251** **6601** 15,86 *34,68*	**7029** **5623** 13,47 *34,78*	**5806** **4645** 11,09 *34,91*	**4584** **3667** 8,70 *35,12*	**3369** **2695** 6,33 *35,47*	**2273** **1818** 4,22 *35,89*	**1351** **1081** 2,48 *36,35*	M_{1500} M_{1200} f_e z	**38**
11541 **9233** 21,07 *36,52*	**10240** **8192** 18,67 *36,57*	**8939** **7151** 16,27 *36,63*	**7637** **6110** 13,87 *36,72*	**6336** **5069** 11,47 *36,84*	**5035** **4028** 9,07 *37,02*	**3733** **2987** 6,67 *37,33*	**2516** **2015** 4,44 *37,78*	**1497** **1198** 2,61 *38,26*	M_{1500} M_{1200} f_e z	**40**
12390 **9912** 21,46 *38,49*	**11010** **8808** 19,05 *38,53*	**9629** **7703** 16,63 *38,59*	**8249** **6599** 14,22 *38,67*	**6869** **5495** 11,81 *38,77*	**5488** **4391** 9,40 *38,94*	**4108** **3286** 6,98 *39,21*	**2777** **2221** 4,67 *39,67*	**1651** **1320** 2,74 *40,17*	M_{1500} M_{1200} f_e z	**42**
13241 **10593** 21,82 *40,46*	**11782** **9425** 19,39 *40,50*	**10322** **8258** 16,97 *40,55*	**8863** **7090** 14,55 *40,62*	**7404** **5923** 12,12 *40,72*	**5944** **4755** 9,70 *40,87*	**4485** **3588** 7,27 *41,11*	**3047** **2438** 4,89 *41,56*	**1812** **1449** 2,87 *42,09*	M_{1500} M_{1200} f_e z	**44**
14095 **11276** 22,14 *42,43*	**12557** **10045** 19,71 *42,47*	**11018** **8814** 17,28 *42,52*	**9479** **7584** 14,84 *42,58*	**7941** **6353** 12,41 *42,67*	**6402** **5122** 9,97 *42,81*	**4864** **3891** 7,54 *43,03*	**3331** **2665** 5,11 *43,44*	**1980** **1584** 3,00 *44,00*	M_{1500} M_{1200} f_e z	**46**
						→	← $x \leq d$	→		

Tafel für

$d = 8$ cm

bei $\sigma_e = 1500$

M_{1500} = Moment in kgm auf 1 m Druckplattenbreite bei $\sigma_e = 1500$ kg/cm² } ohne Berück-
M_{1200} = Moment in kgm auf 1 m Druckplattenbreite bei $\sigma_e = 1200$ kg/cm² } sichtigung der
f_e = Zugeisenquerschnitt in cm² auf 1 m Druckplattenbreite } Spannungen
z = Abstand des Druckmittelpunktes vom Zugmittelpunkt in cm } im Steg;
ΔM = Momentendifferenz bei Änderung von σ_b um 1 kg/cm² (gültig nur wenn $x > d$);
Δf_{e1500} bzw. Δf_{e1200} = Differenz der Zugbewehrung bei Änderung von σ_b um 1 kg/cm² für $\sigma_e = 1500$ bzw. $\sigma_e = 1200$ kg/cm² (gültig nur wenn $x > d$);
Gesamtmoment bei Berücksichtigung der Spannungen im Steg: $M = b \cdot M_{\text{Platte}} + b_0 \cdot M_{\text{Steg}}$,

$h = 48$—58 cm

Zugeisenquerschnitt bei Berücksichtigung der

h cm	ΔM Δf_{e1500} Δf_{e1200}	σ_e 1500 1200	σ_b — 75	 — 70	 — 65	 75 60	 70 56	 — 55	 65 52	 — 50	 60 48
		x	0,484h	0,467h	0,448h	0,429h	0,412h	0,407h	0,394h	0,385h	0,375h
			←							$x > d$	
	323,56	M_{1500}	—	—	—	21422	19805	—	18187	—	16569
	0,489	M_{1200}	21991	20373	18756	17138	15844	15520	14549	13902	13255
48	0,611	f_e	41,39	38,33	35,28	32,22	29,78	29,17	27,33	26,11	24,89
		z	44,28	44,29	44,30	44,32	44,34	44,34	44,36	44,37	44,38
		Steg M_{1500}	—	—	—	10317	8843	—	7438	—	6111
		Steg M_{1200}	13072	11405	9796	8253	7074	6788	5950	5412	4889
		Steg f_e	31,19	27,00	23,00	19,21	16,34	15,65	13,64	12,35	11,11
	339,41	M_{1500}	—	—	—	22597	20900	—	19203	—	17506
	0,491	M_{1200}	23169	21472	19775	18078	16720	16381	15363	14684	14005
50	0,613	f_e	41,73	38,67	35,60	32,53	30,08	29,47	27,63	26,40	25,17
		z	46,26	46,28	46,29	46,31	46,32	46,33	46,34	46,35	46,36
		Steg M_{1500}	—	—	—	11842	10184	—	8601	—	7103
		Steg M_{1200}	14877	13009	11205	9473	8147	7825	6881	6273	5683
		Steg f_e	33,87	29,39	25,10	21,04	17,96	17,22	15,05	13,66	12,33
	355,28	M_{1500}	—	—	—	23774	21998	—	20222	—	18445
	0,492	M_{1200}	24349	22572	20796	19019	17598	17243	16177	15467	14756
52	0,615	f_e	42,05	38,97	35,90	32,82	30,36	29,74	27,90	26,67	25,44
		z	48,25	48,26	48,28	48,29	48,31	48,31	48,32	48,33	48,34
		Steg M_{1500}	—	—	—	13475	11623	—	9852	—	8173
		Steg M_{1200}	16802	14723	12712	10780	9299	8938	7882	7200	6538
		Steg f_e	36,58	31,80	27,23	22,89	19,60	18,81	16,49	15,00	13,56
	371,16	M_{1500}	—	—	—	24953	23097	—	21241	—	19386
	0,494	M_{1200}	25530	23674	21818	19962	18478	18107	16993	16251	15509
54	0,617	f_e	42,35	39,26	36,17	33,09	30,62	30,00	28,15	26,91	25,68
		z	50,24	50,25	50,26	50,28	50,29	50,30	50,31	50,32	50,33
		Steg M_{1500}	—	—	—	15216	13160	—	11190	—	9318
		Steg M_{1200}	18847	16545	14317	12174	10527	10127	8952	8193	7455
		Steg f_e	39,31	34,24	29,39	24,77	21,27	20,42	17,94	16,36	14,82
	387,05	M_{1500}	—	—	—	26133	24198	—	22263	—	20328
	0,495	M_{1200}	26712	24777	22842	20907	19358	18971	17810	17036	16262
56	0,619	f_e	42,62	39,52	36,43	33,33	30,86	30,24	28,38	27,14	25,90
		z	52,23	52,24	52,25	52,27	52,28	52,28	52,30	52,30	52,31
		Steg M_{1500}	—	—	—	17067	14794	—	12615	—	10542
		Steg M_{1200}	21013	18477	16019	13653	11836	11392	10092	9252	8434
		Steg f_e	42,06	36,70	31,56	26,67	22,95	22,05	19,42	17,73	1610,
	402,94	M_{1500}	—	—	—	27315	25300	—	23286	—	21271
	0,497	M_{1200}	27896	25881	23867	21852	20240	19837	18628	17823	17017
58	0,621	f_e	42,87	39,77	36,67	33,56	31,08	30,46	28,60	27,36	26,11
		z	54,22	54,23	54,24	54,26	54,27	54,27	54,28	54,29	54,30
		Steg M_{1500}	—	—	—	19026	16527	—	14128	—	11843
		Steg M_{1200}	23399	20517	17820	15221	13222	12734	11303	10377	9475
		Steg f_e	44,83	39,17	33,75	28,58	24,65	23,69	20,91	19,12	17,39
			←								$x > d$

und 1200 kg/cm² $d = 8$ cm

Steg $\begin{cases} M_{1500} = \text{durch je 1 m Breite des Steges aufnehmb. Moment in kgm bei } \sigma_e = 1500 \text{ kg/cm}^2; \\ M_{1200} = \text{durch je 1 m Breite des Steges aufnehmb. Moment in kgm bei } \sigma_e = 1200 \text{ kg/cm}^2; \\ f_e = \text{Zugeisenquerschnitt in cm}^2 \text{ entspr. den Druckspannungen im Steg je 1 m Breite;} \end{cases}$

d = Druckplattendicke in cm;
h = Nutzhöhe in cm;
x = Nullinienabstand.

worin b = Druckplattenbreite in m und b_0 = Stegbreite in m bedeuten.
Spannungen im Steg: $F_e = b \cdot f_{e\,\text{Platte}} + b_0 \cdot f_{e\,\text{Steg}}$. h = 48—58 cm

σ_b									σ_e	h
55 44	50 40	45 36	40 32	35 28	30 24	25 20	20 16	15 12	1500 1200	h
0,355h	0,333h	0,310h	0,286h	0,259h	0,231h	0,200h	0,167h	0,130h	x	cm
→							← $x \leqq d$	→		
14951	**13333**	**11716**	**10098**	**8480**	**6862**	**5244**	**3627**	**2156**	M_{1500}	
11961	**10667**	**9372**	**8078**	**6784**	**5490**	**4196**	**2901**	**1725**	M_{1200}	
22,44	20,00	17,56	15,11	12,67	10,22	7,78	5,33	3,13	f_e	
44,41	*44,44*	*44,49*	*44,55*	*44,63*	*44,75*	*44,95*	*45,33*	*45,91*	z	**48**
4872	**3734**	**2708**	**1814**	**1070**	—	—	—	—	Steg M_{1500}	
3898	**2986**	**2167**	**1451**	**856**	—	—	—	—	Steg M_{1200}	
8,78	6,67	4,79	3,17	1,85	—	—	—	—	Steg f_e	
15809	**14112**	**12415**	**10718**	**9021**	**7324**	**5627**	**3930**	**2339**	M_{1500}	
12647	**11290**	**9932**	**8574**	**7217**	**5859**	**4501**	**3144**	**1871**	M_{1200}	
22,72	20,27	17,81	15,36	12,91	10,45	8,00	5,55	3,26	f_e	
46,39	*46,42*	*46,47*	*46,52*	*46,60*	*46,71*	*46,89*	*47,23*	*47,83*	z	**50**
5701	**4407**	**3236**	**2207**	**1341**	—	—	—	—	Steg M_{1500}	
4561	**3525**	**2589**	**1766**	**1073**	—	—	—	—	Steg M_{1200}	
9,81	7,51	5,46	3,69	2,22	—	—	—	—	Steg f_e	
16669	**14892**	**13116**	**11340**	**9563**	**7787**	**6010**	**4234**	**2530**	M_{1500}	
13335	**11914**	**10493**	**9072**	**7650**	**6229**	**4808**	**3387**	**2024**	M_{1200}	
22,97	20,51	18,05	15,59	13,13	10,67	8,21	5,74	3,39	f_e	
48,37	*48,40*	*48,44*	*48,49*	*48,56*	*48,67*	*48,83*	*49,14*	*49,74*	z	**52**
6596	**5138**	**3812**	**2641**	**1645**	**853**	—	—	—	Steg M_{1500}	
5277	**4110**	**3050**	**2112**	**1316**	**683**	—	—	—	Steg M_{1200}	
10,85	8,38	6,16	4,22	2,60	1,33	—	—	—	Steg f_e	
17530	**15674**	**13818**	**11963**	**10107**	**8251**	**6395**	**4539**	**2729**	M_{1500}	
14024	**12539**	**11055**	**9570**	**8085**	**6601**	**5116**	**3631**	**2183**	M_{1200}	
23,21	20,74	18,27	15,80	13,33	10,86	8,40	5,93	3,52	f_e	
50,35	*50,38*	*50,42*	*50,47*	*50,53*	*50,63*	*50,78*	*51,07*	*51,65*	z	**54**
7559	**5926**	**4437**	**3114**	**1980**	**1066**	—	—	—	Steg M_{1500}	
6047	**4741**	**3549**	**2491**	**1584**	**853**	—	—	—	Steg M_{1200}	
11,92	9,26	6,87	4,77	3,00	1,60	—	—	—	Steg f_e	
18392	**16457**	**14522**	**12587**	**10651**	**8716**	**6781**	**4846**	**2934**	M_{1500}	
14714	**13166**	**11618**	**10069**	**8521**	**6973**	**5425**	**3877**	**2348**	M_{1200}	
23,43	20,95	18,48	16,00	13,52	11,05	8,57	6,10	3,65	f_e	
52,34	*52,36*	*52,40*	*52,44*	*52,51*	*52,60*	*52,74*	*53,00*	*53,57*	z	**56**
8590	**6773**	**5111**	**3626**	**2348**	**1304**	—	—	—	Steg M_{1500}	
6871	**5418**	**4089**	**2902**	**1878**	**1043**	—	—	—	Steg M_{1200}	
13,00	10,16	7,59	5,33	3,41	1,88	—	—	—	Steg f_e	
19256	**17241**	**15227**	**13212**	**11197**	**9183**	**7168**	**5153**	**3148**	M_{1500}	
15405	**13793**	**12181**	**10570**	**8958**	**7346**	**5734**	**4122**	**2518**	M_{1200}	
23,63	21,15	18,67	16,18	13,70	11,22	8,74	6,25	3,78	f_e	
54,32	*54,35*	*54,38*	*54,42*	*54,48*	*54,57*	*54,70*	*54,94*	*55,48*	z	**58**
9687	**7678**	**5833**	**4180**	**2747**	**1566**	—	—	—	Steg M_{1500}	
7750	**6142**	**4667**	**3345**	**2197**	**1253**	—	—	—	Steg M_{1200}	
14,10	11,07	8,33	5,91	3,84	2,17	—	—	—	Steg f_e	
→								← $x \leqq d$ →		

Tafel 20

Tafel für

$d = 8$ cm

bei $\sigma_e = 1500$

M_{1500} = Moment in kgm auf 1 m Druckplattenbreite bei $\sigma_e = 1500$ kg/cm² ⎫ ohne Berück-
M_{1200} = Moment in kgm auf 1 m Druckplattenbreite bei $\sigma_e = 1200$ kg/cm² ⎬ sichtigung der
f_e = Zugeisenquerschnitt in cm² auf 1 m Druckplattenbreite ⎪ Spannungen
z = Abstand des Druckmittelpunktes vom Zugmittelpunkt in cm ⎭ im Steg;
ΔM = Momentendifferenz bei Änderung von σ_b um 1 kg/cm² (gültig nur wenn $x > d$);
Δf_{e1500} bzw. Δf_{e1200} = Differenz der Zugbewehrung bei Änderung von σ_b um 1 kg/cm² für $\sigma_e = 1500$ bzw. $\sigma_e = 1200$ kg/cm² (gültig nur wenn $x > d$);
Gesamtmoment bei Berücksichtigung der Spannungen im Steg: $M = b \cdot M_{\text{Platte}} + b_0 \cdot M_{\text{Steg}}$,
Zugeisenquerschnitt bei Berücksichtigung der

$h = 60$—70 cm

h cm	ΔM / Δf_{e1500} / Δf_{e1200}	σ_e: 1500 / 1200	σ_b: — / 75	— / 70	— / 65	75 / 60	70 / 56	— / 55	65 / 52	— / 50	60 / 48
		x	0,484h	0,467h	0,448h	0,429h	0,412h	0,407h	0,394h	0,385h	0,375h
			←								$x > d$ –
60	**418,84**	M_{1500}	—	—	—	**28498**	**26404**	—	**24309**	—	**22215**
	0,498	M_{1200}	**29081**	**26987**	**24892**	**22798**	**21123**	**20704**	**19447**	**18610**	**17772**
	0,622	f_e	43,11	40,00	36,89	33,78	31,29	30,67	28,80	27,56	26,31
		z	*56,21*	*56,22*	*56,23*	*56,25*	*56,26*	*56,26*	*56,27*	*56,28*	*56,29*
		Steg M_{1500}	—	—	—	**21094**	**18357**	—	**15729**	—	**13223**
		Steg M_{1200}	**25706**	**22666**	**19719**	**16875**	**14686**	**14152**	**12583**	**11568**	**10578**
		Steg f_e	47,61	41,67	35,96	30,51	26,36	25,35	22,41	20,52	18,69
62	**434,75**	M_{1500}	—	—	—	**29682**	**27508**	—	**25334**	—	**23160**
	0,499	M_{1200}	**30267**	**28093**	**25919**	**23745**	**22006**	**21572**	**20267**	**19398**	**18528**
	0,624	f_e	43,33	40,22	37,10	33,98	31,48	30,86	28,99	27,74	26,49
		z	*58,21*	*58,21*	*58,22*	*58,24*	*58,25*	*58,25*	*58,26*	*58,27*	*58,28*
		Steg M_{1500}	—	—	—	**23271**	**20287**	—	**17418**	—	**14679**
		Steg M_{1200}	**28233**	**24926**	**21716**	**18617**	**16230**	**15647**	**13934**	**12825**	**11744**
		Steg f_e	50,42	44,17	38,18	32,45	28,08	27,03	23,93	21,94	20,01
64	**450,67**	M_{1500}	—	—	—	**30867**	**28613**	—	**26360**	—	**24107**
	0,500	M_{1200}	**31453**	**29200**	**26947**	**24693**	**22891**	**22440**	**21088**	**20187**	**19285**
	0,625	f_e	43,54	40,42	37,29	34,17	31,67	31,04	29.17	27,92	26,67
		z	*60,20*	*60,21*	*60,22*	*60,23*	*60,24*	*60,24*	*60,25*	*60,26*	*60,27*
		Steg M_{1500}	—	—	—	**25558**	**22315**	—	**19195**	—	**16213**
		Steg M_{1200}	**30882**	**27294**	**23811**	**20447**	**17852**	**17218**	**15356**	**14148**	**12971**
		Steg f_e	53,23	46,69	40,41	34,40	29,82	28,71	25,46	23,37	21,33
66	**466,59**	M_{1500}	—	—	—	**32053**	**29720**	—	**27387**	—	**25054**
	0,501	M_{1200}	**32641**	**30308**	**27975**	**25642**	**23776**	**23309**	**21909**	**20976**	**20043**
	0,626	f_e	43,74	40,61	37,47	34,34	31,84	31,21	29,33	28,08	26,83
		z	*62,19*	*62,20*	*62,21*	*62,22*	*62,23*	*62,23*	*62,24*	*62,25*	*62,26*
		Steg M_{1500}	—	—	—	**27954**	**24441**	—	**21060**	—	**17825**
		Steg M_{1200}	**33651**	**29773**	**26005**	**22363**	**19553**	**18867**	**16848**	**15539**	**14261**
		Steg f_e	56,06	49,23	42,65	36,37	31,57	30,41	27,00	24,80	22,67
68	**482,51**	M_{1500}	—	—	—	**33239**	**30827**	—	**28414**	—	**26002**
	0,502	M_{1200}	**33829**	**31417**	**29004**	**26591**	**24661**	**24179**	**22731**	**21766**	**20801**
	0,627	f_e	43,92	40,78	37,65	34,51	32,00	31,27	29,49	28,24	26,98
		z	*64,18*	*64,19*	*64,20*	*64,21*	*64,22*	*64,23*	*64,23*	*64,24*	*64,25*
		Steg M_{1500}	—	—	—	**30459**	**26666**	—	**23013**	—	**19516**
		Steg M_{1200}	**36541**	**32361**	**28297**	**24367**	**21334**	**20592**	**18411**	**16995**	**15613**
		Steg f_e	58,90	51,77	44,91	38,35	33,33	32,12	28,55	26,25	24,02
70	**498,44**	M_{1500}	—	—	—	**34427**	**31934**	—	**29442**	—	**26950**
	0,503	M_{1200}	**35018**	**32526**	**30034**	**27541**	**25548**	**25049**	**23554**	**22557**	**21560**
	0,629	f_e	44,10	40,95	37,81	34,67	32,15	31,52	29,64	28,38	27,12
		z	*66.18*	*66,19*	*66,19*	*66,21*	*66,21*	*66,22*	*66,23*	*66,23*	*66,24*
		Steg M_{1500}	—	—	—	**33073**	**28991**	—	**25055**	—	**21284**
		Steg M_{1200}	**39553**	**35058**	**30687**	**26459**	**23192**	**22394**	**20044**	**18518**	**17028**
		Steg f_e	61,75	54,33	47,18	40,33	35,10	33,83	30,11	27,71	25,38
			←								$x > d$ –

Plattenbalken

Tafel 20

und 1200 kg/cm²

$d = 8$ cm

Steg $\begin{cases} M_{1500} = \text{durch je 1 m Breite des Steges aufnehmb. Moment in kgm bei } \sigma_e = 1500 \text{ kg/cm}^2; \\ M_{1200} = \text{durch je 1 m Breite des Steges aufnehmb. Moment in kgm bei } \sigma_e = 1200 \text{ kg/cm}^2; \\ f_e = \text{Zugeisenquerschnitt in cm}^2 \text{ entspr. den Druckspannungen im Steg je 1 m Breite;} \end{cases}$

d = Druckplattendicke in cm;
h = Nutzhöhe in cm;
x = Nullinienabstand.

worin b = Druckplattenbreite in m und b_0 = Stegbreite in m bedeuten.
Spannungen im Steg: $F_e = b \cdot f_{e\,\text{Platte}} + b_0 \cdot f_{e\,\text{Steg}}$.

$h = 60$—70 cm

σ_b									σ_e	h
55 44	50 40	45 36	40 32	35 28	30 24	25 20	20 16	15 12	1500 1200	
0,355h	0,333h	0,310h	0,286h	0,259h	0,231h	0,200h	0,167h	0,130h	x	cm
								$\leftarrow x \leqq d \rightarrow$		
20121	**18027**	**15932**	**13838**	**11744**	**9650**	**7556**	**5461**	**3369**	M_{1500}	
16097	**14421**	**12746**	**11071**	**9395**	**7720**	**6044**	**4369**	**2695**	M_{1200}	
23,82	21,33	18,84	16,36	13,87	11,38	8,89	6,40	3,91	f_e	60
56,31	*56,33*	*56,36*	*56,41*	*56,46*	*56,54*	*56,67*	*56,89*	*57,39*	z	
10853	**8640**	**6605**	**4774**	**3178**	**1853**	**844**	—	—	Steg M_{1500}	
8682	**6912**	**5284**	**3819**	**2542**	**1482**	**676**	—	—	Steg M_{1200}	
15,21	12,00	9,09	6,50	4,28	2,47	1,11	—	—	Steg f_e	
20987	**18813**	**16639**	**14465**	**12292**	**10118**	**7944**	**5770**	**3597**	M_{1500}	
16789	**15050**	**13311**	**11572**	**9833**	**8094**	**6355**	**4616**	**2877**	M_{1200}	
24,00	21,51	19,01	16,52	14,02	11,53	9,03	6,54	4,04	f_e	62
58,30	*58,32*	*58,35*	*58,39*	*58,44*	*58,52*	*58,63*	*58,84*	*59,31*	z	
12086	**9661**	**7426**	**5409**	**3641**	**2165**	**1025**	—	—	Steg M_{1500}	
9670	**7729**	**5941**	**4327**	**2914**	**1732**	**820**	—	—	Steg M_{1200}	
16,33	12,94	9,85	7,10	4,73	2,78	1,30	—	—	Steg f_e	
21853	**19600**	**17347**	**15093**	**12840**	**10587**	**8333**	**6080**	**3827**	M_{1500}	
17483	**15680**	**13877**	**12075**	**10272**	**8469**	**6667**	**4864**	**3061**	M_{1200}	
24,17	21,67	19,17	16,67	14,17	11,67	9,17	6,67	4,17	f_e	64
60,29	*60,31*	*60,34*	*60,37*	*60,42*	*60,50*	*60,61*	*60,80*	*61,23*	z	
13389	**10741**	**8296**	**6084**	**4138**	**2501**	**1224**	—	—	Steg M_{1500}	
10710	**8593**	**6637**	**4866**	**3310**	**2001**	**879**	—	—	Steg M_{1200}	
17,47	13,89	10,63	7,71	5,19	3,10	1,50	—	—	Steg f_e	
22721	**20388**	**18055**	**15722**	**13389**	**11056**	**8723**	**6390**	**4057**	M_{1500}	
18177	**16310**	**14444**	**12578**	**10711**	**8845**	**6979**	**5112**	**3246**	M_{1200}	
24,32	21,82	19,31	16,81	14,30	11,80	9,29	6,79	4,28	f_e	66
62,27	*62,30*	*62,32*	*62,36*	*62,41*	*62,47*	*62,58*	*62,76*	*63,16*	z	
14758	**11879**	**9215**	**6799**	**4666**	**2863**	**1441**	—	—	Steg M_{1500}	
11806	**9503**	**7372**	**5439**	**3733**	**2290**	**1152**	—	—	Steg M_{1200}	
18,61	14,85	11,41	8,33	5,66	3,43	1,71	—	—	Steg f_e	
23589	**21176**	**18764**	**16351**	**13939**	**11526**	**9114**	**6701**	**4289**	M_{1500}	
18871	**16941**	**15011**	**13081**	**11151**	**9221**	**7291**	**5361**	**3431**	M_{1200}	
24,47	21,96	19,45	16,94	14,43	11,92	9,41	6,90	4,39	f_e	68
64,26	*64,29*	*64,31*	*64,35*	*64,39*	*64,46*	*64,56*	*64,73*	*65,10*	z	
16195	**13076**	**10184**	**7555**	**5227**	**3249**	**1675**	—	—	Steg M_{1500}	
12956	**10460**	**8147**	**6044**	**4182**	**2599**	**1340**	—	—	Steg M_{1200}	
19,77	15,82	12,20	8,96	6,14	3,77	1,92	—	—	Steg f_e	
24458	**21966**	**19474**	**16981**	**14489**	**11997**	**9505**	**7013**	**4520**	M_{1500}	
19566	**17573**	**15579**	**13585**	**11591**	**9598**	**7604**	**5610**	**3616**	M_{1200}	
24,61	22,10	19,58	17,07	14,55	12,04	9,52	7,01	4,50	f_e	70
66,26	*66,28*	*66,30*	*66,33*	*66,38*	*66,44*	*66,53*	*66,70*	*67,04*	z	
17701	**14330**	**11203**	**8352**	**5821**	**3660**	**1928**	**700**	—	Steg M_{1500}	
14161	**11464**	**8962**	**6682**	**4657**	**2927**	**1543**	**560**	—	Steg M_{1200}	
20,93	16,79	13,01	9,60	6,62	4,12	2,14	0,77	—	Steg f_e	

Tafel 21

Tafel für

$d = 8$ cm

bei $\sigma_e = 1500$

M_{1500} = Moment in kgm auf 1 m Druckplattenbreite bei $\sigma_e = 1500$ kg/cm² }
M_{1200} = Moment in kgm auf 1 m Druckplattenbreite bei $\sigma_e = 1200$ kg/cm² }
f_e = Zugeisenquerschnitt in cm² auf 1 m Druckplattenbreite }
z = Abstand des Druckmittelpunktes vom Zugmittelpunkt in cm }
ohne Berücksichtigung der Spannungen im Steg;
ΔM = Momentendifferenz bei Änderung von σ_b um 1 kg/cm² (gültig nur wenn $x > d$);
Δf_{e1500} bzw. Δf_{e1200} = Differenz der Zugbewehrung bei Änderung von σ_b um 1 kg/cm² für $\sigma_e = 1500$ bzw. $\sigma_e = 1200$ kg/cm² (gültig nur wenn $x > d$);
Gesamtmoment bei Berücksichtigung der Spannungen im Steg: $M = b \cdot M_{\text{Platte}} + b_0 \cdot M_{\text{Steg}}$,
Zugeisenquerschnitt bei Berücksichtigung der

$h = 72$—82 cm

h	ΔM / Δf_{e1500} / Δf_{e1200}	σ_e	σ_b								
		1500	—	—	—	75	70	—	65	—	60
		1200	75	70	65	60	56	55	52	50	48
cm		x	0,484h	0,467h	0,448h	0,429h	0,412h	0,407h	0,394h	0,385h	0,375h
			←								$x > d$
72	514,37	M_{1500}	—	—	—	35615	33043	—	30471	—	27899
	0,504	M_{1200}	36207	33636	31064	28492	26434	25920	24377	23348	22319
	0,630	f_e	44,26	41,11	37,96	34,81	32,30	31,67	29,78	28,52	27,26
		z	68,17	68,18	68,19	68,20	68,21	68,21	68,22	68,23	68,23
		Steg M_{1500}	—	—	—	35797	31413	—	27184	—	23131
		Steg M_{1200}	42685	37866	33176	28638	25131	24273	21748	20108	18505
		Steg f_e	64,61	56,89	49,45	42,33	36,88	35,56	31,68	29,17	26,74
74	530,31	M_{1500}	—	—	—	36804	34152	—	31501	—	28849
	0,505	M_{1200}	37397	34746	32094	29443	27322	26791	25200	24140	23079
	0,631	f_e	44,41	41,26	38,11	34,96	32,43	31,80	29,91	28,65	27,39
		z	70,17	70,17	70,18	70,19	70,20	70,20	70,21	70,22	70,22
		Steg M_{1500}	—	—	—	38631	33935	—	29403	—	25055
		Steg M_{1200}	45939	40782	35764	30905	27147	26228	23522	21763	20045
		Steg f_e	67,48	59,46	51,73	44,33	38,67	37,29	33,25	30,65	28,11
76	546,25	M_{1500}	—	—	—	37993	35262	—	32531	—	29799
	0,505	M_{1200}	38588	35857	33126	30394	28209	27663	26024	24932	23839
	0,632	f_e	44,56	41,40	38,25	35,09	32,56	31,93	30,04	28,77	27,51
		z	72,16	72,17	72,18	72,19	72,20	72,20	72,21	72,21	72,22
		Steg M_{1500}	—	—	—	41574	36555	—	31709	—	27059
		Steg M_{1200}	49314	43809	38451	33260	29245	28261	25367	23486	21647
		Steg f_e	70,36	62,04	54,02	46,34	40,46	39,03	34,83	32,13	29,49
78	562,19	M_{1500}	—	—	—	39183	36372	—	33561	—	30750
	0,506	M_{1200}	39779	36968	34157	31346	29098	28535	26849	25724	24600
	0,632	f_e	44,70	41,54	38,38	35,21	32,68	32,05	30,15	28,89	27,62
		z	74,16	74,16	74,17	74,18	74,19	74,19	74,20	74,21	74,21
		Steg M_{1500}	—	—	—	44627	39275	—	34104	—	29139
		Steg M_{1200}	52810	46946	41236	35702	31419	30371	27283	25276	23312
		Steg f_e	73,24	64,63	56,32	48,36	42,26	40,77	36,42	33,61	30,88
80	578,13	M_{1500}	—	—	—	40373	37483	—	34592	—	31701
	0,507	M_{1200}	40971	38080	35189	32299	29986	29408	27674	26517	25361
	0,633	f_e	44,83	41,67	38,50	35,33	32,80	32,17	30,27	29,00	27,73
		z	76,15	76,16	76,17	76,18	76,18	76,19	76,19	76,20	76,21
		Steg M_{1500}	—	—	—	47790	42093	—	36588	—	31299
		Steg M_{1200}	56428	50193	44119	38232	33674	32558	29270	27132	25039
		Steg f_e	76,13	67,22	58,63	50,38	44,06	42,52	38,02	35,10	32,27
82	594,08	M_{1500}	—	—	—	41564	38594	—	35623	—	32653
	0,507	M_{1200}	42163	39192	36222	33251	30875	30281	28499	27311	26122
	0,634	f_e	44,96	41,79	38,62	35,45	32,91	32,28	30,37	29,11	27,84
		z	78,15	78,16	78,16	78,17	78,18	78,18	78,19	78,19	78,20
		Steg M_{1500}	—	—	—	51062	45010	—	39160	—	33536
		Steg M_{1200}	60167	53549	47102	40850	36008	34822	31328	29054	36830
		Steg f_e	79,03	69,82	60,94	52,41	45,87	44,28	39,62	36,60	33,66
			←								$x > d$

Steg $\begin{cases} M_{1500} = \text{durch je 1 m Breite des Steges aufnehmb. Moment in kgm bei } \sigma_e = 1500 \text{ kg/cm}^2; \\ M_{1200} = \text{durch je 1 m Breite des Steges aufnehmb. Moment in kgm bei } \sigma_e = 1200 \text{ kg/cm}^2; \\ f_e = \text{Zugeisenquerschnitt in cm}^2 \text{ entspr. den Druckspannungen im Steg je 1 m Breite;} \end{cases}$

d = Druckplattendicke in cm;
h = Nutzhöhe in cm;
x = Nullinienabstand;

worin b = Druckplattenbreite in m und b_0 = Stegbreite in m bedeuten.
Spannungen im Steg: $F_e = b \cdot f_{e\,\text{Platte}} + b_0 \cdot f_{e\,\text{Steg}}$.

$h = 72$—82 cm

σ_b									σ_e	h
55 44	**50** **40**	45 36	**40** 32	35 28	30 24	25 20	20 16	15 12	**1500** **1200**	
0,355 h	0,333 h	0,310 h	0,286 h	0,259 h	0,231 h	0,200 h	0,167 h	0,130 h	x	cm
25327	**22756**	**20184**	**17612**	**15040**	**12468**	**9896**	**7324**	**4753**	M_{1500}	**72**
20261	**18204**	**16147**	**14089**	**12032**	**9975**	**7917**	**5860**	**3802**	M_{1200}	
24,74	22,22	19,70	17,19	14,67	12,15	9,63	7,11	4,59	f_e	
68,25	*68,27*	*68,29*	*68,32*	*68,36*	*68,42*	*68,51*	*68,67*	*68,99*	z	
19276	**15644**	**12270**	**9180**	**6447**	**4096**	**2200**	**836**	—	Steg M_{1500}	
15420	**12516**	**9816**	**7352**	**5158**	**3276**	**1760**	**668**	—	Steg M_{1200}	
22,10	17,78	13,81	10,24	7,11	4,47	2,37	0,89	—	Steg f_e	
26197	**23546**	**20894**	**18243**	**15591**	**12940**	**10288**	**7637**	**4985**	M_{1500}	**74**
20958	**18837**	**16716**	**14594**	**12473**	**10352**	**8231**	**6109**	**3988**	M_{1200}	
24,86	22,34	19,82	17,30	14,77	12,25	9,73	7,21	4,68	f_e	
70,24	*70,26*	*70,28*	*70,31*	*70,35*	*70,41*	*70,49*	*70,64*	*70,94*	z	
20918	**17017**	**13388**	**10068**	**7107**	**4558**	**2489**	**983**	—	Steg M_{1500}	
16734	**13613**	**10711**	**8055**	**5685**	**3646**	**1991**	**787**	—	Steg M_{1200}	
23,27	18,77	14,63	10,89	7,61	4,82	2,60	1,01	—	Steg f_e	
27068	**24337**	**21606**	**18874**	**16143**	**13412**	**10681**	**7949**	**5218**	M_{1500}	**76**
21654	**19469**	**17284**	**15100**	**12915**	**10730**	**8545**	**6360**	**4175**	M_{1200}	
24,98	22,46	19,93	17,40	14,88	12,35	9,82	7,30	4,77	f_e	
72,23	*72,25*	*72,27*	*72,30*	*72,34*	*72,39*	*72,48*	*72,62*	*72,90*	z	
22628	**18448**	**14554**	**10988**	**7798**	**5044**	**2796**	**1143**	—	Steg M_{1500}	
18103	**14759**	**11644**	**8791**	**6238**	**4036**	**2237**	**913**	—	Steg M_{1200}	
24,46	19,77	15,45	11,55	8,11	5,19	2,84	1,15	—	Steg f_e	
27939	**25128**	**22317**	**19506**	**16695**	**13884**	**11074**	**8263**	**5452**	M_{1500}	**78**
22351	**20103**	**17854**	**15605**	**13356**	**11108**	**8859**	**6610**	**4361**	M_{1200}	
25,09	22,56	20,03	17,50	14,97	12,44	9,91	7,38	4,85	f_e	
74,23	*74,24*	*74,26*	*74,29*	*74,33*	*74,38*	*74,46*	*74,59*	*74,86*	z	
24407	**19939**	**15771**	**11949**	**8523**	**5556**	**3123**	**1314**	—	Steg M_{1500}	
19526	**15950**	**12617**	**9559**	**6818**	**4444**	**2498**	**1051**	—	Steg M_{1200}	
25,65	20,77	16,28	12,21	8,62	5,56	3,09	1,28	—	Steg f_e	
28811	**25920**	**23029**	**20139**	**17248**	**14357**	**11467**	**8576**	**5685**	M_{1500}	**80**
23049	**20736**	**18423**	**16111**	**13798**	**11486**	**9173**	**6861**	**4548**	M_{1200}	
25,20	22,67	20,13	17,60	15,07	12,53	10,00	7,47	4,93	f_e	
76,22	*76,24*	*76,26*	*76,28*	*76,32*	*76,37*	*76,44*	*76,57*	*76,83*	z	
26254	**21487**	**17038**	**12949**	**9280**	**6093**	**3466**	**1498**	—	Steg M_{1500}	
21004	**17190**	**13630**	**10360**	**7424**	**4874**	**2774**	**1198**	—	Steg M_{1200}	
26,84	21,78	17,11	12,88	9,13	5,93	3,33	1,42	—	Steg f_e	
29683	**26712**	**23742**	**20771**	**17801**	**14831**	**11860**	**8890**	**5919**	M_{1500}	**82**
23746	**21370**	**18993**	**16617**	**14241**	**11864**	**9488**	**7112**	**4735**	M_{1200}	
25,30	22,76	20,23	17,69	15,15	12,62	10,08	7,54	5,01	f_e	
78,21	*78,23*	*78,25*	*78,27*	*78,31*	*78,36*	*78,43*	*78,55*	*78,80*	z	
28169	**23095**	**18353**	**13993**	**10070**	**6654**	**3829**	**1694**	—	Steg M_{1500}	
22536	**18476**	**14683**	**11194**	**8056**	**5324**	**3063**	**1355**	—	Steg M_{1200}	
28,04	22,79	17,94	13,55	9,65	6,31	3,59	1,57	—	Steg f_e	

Tafel 22 **Tafel für**

$d = 8$ cm bei $\sigma_e = 1500$

M_{1500} = Moment in kgm auf 1 m Druckplattenbreite bei $\sigma_e = 1500$ kg/cm²
M_{1200} = Moment in kgm auf 1 m Druckplattenbreite bei $\sigma_e = 1200$ kg/cm²
f_e = Zugeisenquerschnitt in cm² auf 1 m Druckplattenbreite
z = Abstand des Druckmittelpunktes vom Zugmittelpunkt in cm
} ohne Berücksichtigung der Spannungen im Steg;

ΔM = Momentendifferenz bei Änderung von σ_b um 1 kg/cm² (gültig nur wenn $x > d$);
$\Delta f_{e\,1500}$ bzw. $\Delta f_{e\,1200}$ = Differenz der Zugbewehrung bei Änderung von σ_b um 1 kg/cm² für $\sigma_e = 1500$ bzw. $\sigma_e = 1200$ kg/cm² (gültig nur wenn $x > d$);
Gesamtmoment bei Berücksichtigung der Spannungen im Steg: $M = b \cdot M_{\text{Platte}} + b_0 \cdot M_{\text{Steg}}$,

$h = 84$—94 cm Zugeisenquerschnitt bei Berücksichtigung der

h	ΔM / $\Delta f_{e\,1500}$ / $\Delta f_{e\,1200}$	σ_e	σ_b								
		1500	—	—	—	75	70	—	65	—	60
		1200	75	70	65	60	56	55	52	50	48
cm		x	0,484h	0,467h	0,448h	0,429h	0,412h	0,407h	0,394h	0,385h	0,375h
			←								$x > d$
84	**610,03**	M_{1500}	—	—	—	**42756**	**39705**	—	**36655**	—	**33605**
	0,508	M_{1200}	**43355**	**40305**	**37255**	**34204**	**31764**	**31154**	**29324**	**28104**	**26884**
	0,635	f_e	45,08	41,90	38,73	35,56	33,02	32,38	30,48	29,21	27,94
		z	*80,15*	*80,15*	*80,16*	*80,17*	*80,17*	*80,18*	*80,18*	*80,19*	*80,19*
		Steg M_{1500}	—	—	—	**54444**	**48027**	—	**41820**	—	**35853**
		Steg M_{1200}	**64027**	**57016**	**50183**	**43556**	**38422**	**37163**	**33456**	**31044**	**28682**
		Steg f_e	81,94	72,43	63,25	54,44	47,69	46,05	41,22	38,10	35,06
86	**625,98**	M_{1500}	—	—	—	**43947**	**40817**	—	**37687**	—	**34558**
	0,509	M_{1200}	**44548**	**41418**	**38288**	**35158**	**32654**	**32028**	**30150**	**28898**	**27646**
	0,636	f_e	45,19	42,02	38,84	35,66	33,12	32,48	30,57	29,30	28,03
		z	*82,14*	*82,15*	*82,15*	*82,16*	*82,17*	*82,17*	*82,18*	*82,18*	*82,19*
		Steg M_{1500}	—	—	—	**57936**	**51142**	—	**44570**	—	**38247**
		Steg M_{1200}	**68009**	**60592**	**53363**	**46349**	**40914**	**39582**	**35656**	**33100**	**30598**
		Steg f_e	84,85	75,04	65,57	56,48	49,51	47,81	42,83	39,61	36,47
88	**641,94**	M_{1500}	—	—	—	**45139**	**41930**	—	**38720**	—	**35510**
	0,509	M_{1200}	**45741**	**42531**	**39321**	**36111**	**33544**	**32902**	**30976**	**29692**	**28408**
	0,636	f_e	45,30	42,12	38,94	35,76	33,21	32,58	30,67	29,39	28,12
		z	*84,14*	*84,14*	*84,15*	*84,16*	*84,17*	*84,17*	*84,17*	*84,18*	*84,18*
		Steg M_{1500}	—	—	—	**61538**	**54356**	—	**47408**	—	**40720**
		Steg M_{1200}	**72112**	**64279**	**56642**	**49231**	**43485**	**42077**	**37926**	**35223**	**32576**
		Steg f_e	87,76	77,66	67,90	58,43	51,34	49,58	44,44	41,12	37,88
90	**657,90**	M_{1500}	—	—	—	**46332**	**43042**	—	**39753**	—	**36463**
	0,510	M_{1200}	**46934**	**43644**	**40355**	**37066**	**34434**	**33776**	**31802**	**30487**	**29171**
	0,637	f_e	45,41	42,22	39,04	35,85	33,30	32,67	30,76	29,48	28,21
		z	*86,13*	*86,14*	*86,15*	*86,15*	*86,16*	*86,16*	*86,17*	*86,17*	*86,18*
		Steg M_{1500}	—	—	—	**65250**	**57671**	—	**50334**	—	**43271**
		Steg M_{1200}	**76336**	**68076**	**60020**	**52200**	**46136**	**44650**	**40267**	**37412**	**34617**
		Steg f_e	90,68	80,28	70,23	60,58	53,17	51,36	46,06	42,63	39,29
92	**673,85**	M_{1500}	—	—	—	**47625**	**44255**	—	**40786**	—	**37417**
	0,510	M_{1200}	**48127**	**44758**	**41389**	**38020**	**35324**	**34650**	**32629**	**31281**	**29933**
	0,638	f_e	45,51	42,32	39,13	35,94	33,39	32,75	30,84	29,57	28,29
		z	*88,13*	*88,14*	*88,14*	*88,15*	*88,16*	*88,16*	*88,17*	*88,17*	*88,17*
		Steg M_{1500}	—	—	—	**68971**	**60984**	—	**53349**	—	**45901**
		Steg M_{1200}	**80682**	**71983**	**63497**	**55257**	**48867**	**47300**	**42679**	**39670**	**36721**
		Steg f_e	93,61	82,90	72,57	62,63	55,00	53,14	47,68	44,15	40,71
94	**689,81**	M_{1500}	—	—	—	**48718**	**45269**	—	**41820**	—	**38371**
	0,511	M_{1200}	**49321**	**45872**	**42423**	**38974**	**36215**	**35525**	**33456**	**32076**	**30696**
	0,638	f_e	45,60	42,41	39,22	36,03	33,48	32,84	30,92	29,65	28,37
		z	*90,13*	*90,13*	*90,14*	*90,15*	*90,15*	*90,16*	*90,16*	*90,17*	*90,17*
		Steg M_{1500}	—	—	—	**73003**	**64595**	—	**56453**	—	**48609**
		Steg M_{1200}	**85149**	**75999**	**67072**	**58402**	**51676**	**50027**	**45162**	**41993**	**38888**
		Steg f_e	96,53	85,53	74,90	64,69	56,84	54,93	49,31	45,68	42,13
			←								$x > d$

und 1200 kg/cm² — $d = 8$ cm

Steg $\begin{cases} M_{1500} \\ M_{1200} \\ f_e \end{cases}$ M_{1500} = durch je 1 m Breite des Steges aufnehmb. Moment in kgm bei $\sigma_e = 1500$ kg/cm²;
M_{1200} = durch je 1 m Breite des Steges aufnehmb. Moment in kgm bei $\sigma_e = 1200$ kg/cm²;
f_e = Zugeisenquerschnitt in cm² entspr. den Druckspannungen im Steg je 1 m Breite;
d = Druckplattendicke in cm;
h = Nutzhöhe in cm;
x = Nullinienabstand.

worin b = Druckplattenbreite in m und b_0 = Stegbreite in m bedeuten.
Spannungen im Steg: $F_e = b \cdot f_{e\,\text{Platte}} + b_0 \cdot f_{e\,\text{Steg}}$.

h = 84—94 cm

σ_b									σ_e	h
55 44	**50** **40**	45 36	**40** 32	35 28	30 24	25 20	20 16	15 12	**1500** **1200**	
0,355 h	0,333 h	0,310 h	0,286 h	0,259 h	0,231 h	0,200 h	0,167 h	0,130 h	x	cm
30555	**27505**	**24455**	**21404**	**18354**	**15304**	**12254**	**9204**	**6154**	M_{1500}	**84**
24444	**22004**	**19564**	**17124**	**14683**	**12243**	**9803**	**7363**	**4923**	M_{1200}	
25,40	22,86	20,32	17,78	15,24	12,70	10,16	7,62	5,08	f_e	
80,21	*80,22*	*80,24*	*80,27*	*80,30*	*80,35*	*80,42*	*80,53*	*80,77*	z	
30154	**24762**	**19718**	**15076**	**10893**	**7242**	**4210**	**1903**	—	Steg M_{1500}	
24123	**19809**	**15766**	**12060**	**8714**	**5794**	**3368**	**1522**	—	Steg M_{1200}	
29,25	23,81	18,79	14,22	10,17	6,69	3,84	1,71	—	Steg f_e	
31428	**28298**	**25168**	**22038**	**18908**	**15778**	**12648**	**9518**	**6388**	M_{1500}	**86**
25142	**22638**	**20134**	**17630**	**15126**	**12622**	**10118**	**7615**	**5111**	M_{1200}	
25,49	22,95	20,40	17,86	15,32	12,78	10,23	7,69	5,15	f_e	
82,20	*82,22*	*82,24*	*82,26*	*82,29*	*82,34*	*82,40*	*82,52*	*82,74*	z	
32206	**26487**	**21134**	**16200**	**11748**	**7854**	**4609**	**2124**	—	Steg M_{1500}	
25765	**21190**	**16908**	**12960**	**9399**	**6184**	**3688**	**1698**	—	Steg M_{1200}	
30,46	24,83	19,63	14,90	10,69	7,07	4,10	1,87	—	Steg f_e	
32301	**29091**	**25881**	**22671**	**19462**	**16252**	**13042**	**9833**	**6623**	M_{1500}	**88**
25840	**23273**	**20705**	**18137**	**15569**	**13002**	**10434**	**7866**	**5298**	M_{1200}	
25,58	23,03	20,48	17,94	15,39	12,85	10,30	7,76	5,21	f_e	
84,20	*84,21*	*84,23*	*84,25*	*84,28*	*84,33*	*84,39*	*84,50*	*84,71*	z	
34327	**28272**	**22600**	**17366**	**12636**	**8492**	**5027**	**2357**	—	Steg M_{1500}	
27463	**22617**	**10079**	**13893**	**10110**	**6793**	**4021**	**1886**	—	Steg M_{1200}	
31,67	25,86	20,48	15,58	11,22	7,46	4,36	2,02	—	Steg f_e	
33174	**29884**	**26595**	**23306**	**20016**	**16726**	**13437**	**10148**	**6858**	M_{1500}	**90**
26539	**23908**	**21276**	**18644**	**16013**	**13381**	**10750**	**8118**	**5486**	M_{1200}	
25,66	23,11	20,56	18,01	15,47	12,92	10,37	7,82	5,27	f_e	
86,19	*86,21*	*86,22*	*86,25*	*86,28*	*86,32*	*86,38*	*86,48*	*86,69*	z	
36517	**30116**	**24114**	**18573**	**13558**	**9156**	**5463**	**2602**	**721**	Steg M_{1500}	
29214	**24092**	**19291**	**14858**	**10846**	**7324**	**4370**	**2082**	**577**	Steg M_{1200}	
32,89	26,89	21,33	16,27	11,76	7,85	4,63	2,18	0,60	Steg f_e	
34048	**30678**	**27309**	**23940**	**20570**	**17201**	**13832**	**10463**	**7093**	M_{1500}	**92**
27238	**24543**	**21847**	**19152**	**16456**	**13761**	**11066**	**8370**	**5675**	M_{1200}	
25,74	23,19	20,64	18,09	15,54	12,99	10,43	7,88	5,33	f_e	
88,19	*88,20*	*88,22*	*88,24*	*88,27*	*88,31*	*88,37*	*88,47*	*88,67*	z	
38776	**32018**	**25679**	**19819**	**14513**	**9844**	**5917**	**2860**	**827**	Steg M_{1500}	
31021	**25614**	**20543**	**15856**	**11610**	**7875**	**4734**	**2288**	**661**	Steg M_{1200}	
34,11	27,92	22,19	16,96	12,29	8,25	4,90	2,34	0,67	Steg f_e	
34921	**31472**	**28023**	**24574**	**21125**	**17676**	**14227**	**10778**	**7329**	M_{1500}	**94**
27937	**25178**	**22419**	**19659**	**16900**	**14141**	**11382**	**8622**	**5863**	M_{1200}	
25,82	23,26	20,71	18,16	15,60	13,05	10,50	7,94	5,39	f_e	
90,18	*90,20*	*90,21*	*90,23*	*90,26*	*90,30*	*90,36*	*90,46*	*90,65*	z	
41103	**33980**	**27294**	**21109**	**15500**	**10557**	**6390**	**3131**	**939**	Steg M_{1500}	
32882	**27183**	**21835**	**16887**	**12400**	**8446**	**5112**	**2505**	**751**	Steg M_{1200}	
35,33	28,96	23,05	17,65	12,83	8,64	5,17	2,50	0,74	Steg f_e	

Tafel 23

Tafel für

$d = 8$ cm

bei $\sigma_e = 1500$

M_{1500} = Moment in kgm auf 1 m Druckplattenbreite bei $\sigma_e = 1500$ kg/cm² ⎫ ohne Berück-
M_{1200} = Moment in kgm auf 1 m Druckplattenbreite bei $\sigma_e = 1200$ kg/cm² ⎬ sichtigung der
f_e = Zugeisenquerschnitt in cm² auf 1 m Druckplattenbreite ⎪ Spannungen
z = Abstand des Druckmittelpunktes vom Zugmittelpunkt in cm ⎭ im Steg;
ΔM = Momentendifferenz bei Änderung von σ_b um 1 kg/cm² (gültig nur wenn $x > d$);
Δf_{e1500} bzw. Δf_{e1200} = Differenz der Zugbewehrung bei Änderung von σ_b um 1 kg/cm² für $\sigma_e = 1500$ bzw. $\sigma_e = 1200$ kg/cm² (gültig nur wenn $x > d$);
Gesamtmoment bei Berücksichtigung der Spannungen im Steg: $M = b \cdot M_{\text{Platte}} + b_0 \cdot M_{\text{Steg}}$,
Zugeisenquerschnitt bei Berücksichtigung der

$h = 96$—100 cm

h cm	ΔM Δf_{e1500} Δf_{e1200}	σ_e 1500 1200	σ_b — 75	— 70	— 65	75 60	70 56	— 55	65 52	— 50	60 48
		x	0,484 h	0,467 h	0,448 h	0,429 h	0,412 h	0,407 h	0,394 h	0,385 h	0,375 h
			←								$x > d$
96	705,78	M_{1500}	—	—	—	49911	46382	—	42853	—	39324
	0,511	M_{1200}	50516	46987	43458	39929	37106	36400	34283	32871	31460
	0,639	f_e	45,69	42,50	39,31	36,11	33,56	32,92	31,00	29,72	28,44
		z	92,13	92,13	92,14	92,14	92,15	92,15	92,16	92,16	92,17
		Steg M_{1500}	—	—	—	77044	68207	—	59645	—	51396
		Steg M_{1200}	89738	80127	70747	61635	54565	52831	47716	44383	41116
		Steg f_e	99,47	88,17	77,25	66,75	58,68	56,71	50,94	47,20	43,56
98	721,74	M_{1500}	—	—	—	51105	47496	—	43887	—	40279
	0,512	M_{1200}	51710	48101	44492	40884	37997	37275	35110	33666	32223
	0,639	f_e	45,78	42,59	39,39	36,19	33,63	32,99	31,07	29,80	28,52
		z	94,12	94,13	94,13	94,14	94,15	94,15	94,15	94,16	94,16
		Steg M_{1500}	—	—	—	81195	71917	—	62927	—	54260
		Steg M_{1200}	94449	84363	74520	64956	57533	55713	50341	46841	43409
		Steg f_e	102,40	90,80	79,59	68,81	60,52	58,50	52,57	48,73	44,98
100	737,71	M_{1500}	—	—	—	52299	48610	—	44922	—	41233
	0,512	M_{1200}	52905	49216	45527	41839	38888	38150	35937	34462	32986
	0,640	f_e	45,87	42,67	39,47	36,27	33,71	33,07	31,15	29,87	28,59
		z	96,12	96,13	96,13	96,14	96,14	96,15	96,15	96,15	96,16
		Steg M_{1500}	—	—	—	85457	75727	—	66297	—	57205
		Steg M_{1200}	99281	88710	78393	68365	60581	58672	53037	49364	45764
		Steg f_e	105,34	93,44	81,94	70,88	62,37	60,30	54,21	50,26	46.41
			←								$x > d$

Plattenbalken

und 1200 kg/cm²

$d = 8$ cm

Steg $\begin{cases} M_{1500} = \text{durch je 1 m Breite des Steges aufnehmb. Moment in kgm bei } \sigma_e = 1500 \text{ kg/cm}^2; \\ M_{1200} = \text{durch je 1 m Breite des Steges aufnehmb. Moment in kgm bei } \sigma_e = 1200 \text{ kg/cm}^2; \\ f_e = \text{Zugeisenquerschnitt in cm}^2 \text{ entspr. den Druckspannungen im Steg je 1 m Breite;} \end{cases}$

d = Druckplattendicke in cm;
h = Nutzhöhe in cm;
x = Nullinienabstand.

worin b = Druckplattenbreite in m und b_0 = Stegbreite in m bedeuten.
Spannungen im Steg: $F_e = b \cdot f_{e\,\text{Platte}} + b_0 \cdot f_{e\,\text{Steg}}$.

$h = 96$—100 cm

σ_b									σ_e	h
55 44	50 40	45 36	40 32	35 28	30 24	25 20	20 16	15 12	1500 1200	
0,355 h	0,333 h	0,310 h	0,286 h	0,259 h	0,231 h	0,200 h	0,167 h	0,130 h	x	cm
35796	32267	28738	25209	21680	18151	14622	11093	7564	M_{1500}	96
28636	25813	22990	20167	17344	14521	11698	8875	6052	M_{1200}	
25,89	23,33	20,78	18,22	15,67	13,11	10,56	8,00	5,44	f_e	
92,18	*92,19*	*92,21*	*92,23*	*92,26*	*92,29*	*92,35*	*92,44*	*92,63*	z	
43498	36000	28958	22438	16520	11297	6882	3414	1059	Steg M_{1500}	
34799	28800	23167	17951	13216	9037	5505	2730	847	Steg M_{1200}	
36,56	30,00	23,91	18,35	13,37	9,04	5,44	2,67	0,82	Steg f_e	
36670	33061	29453	25844	22235	18626	15018	11409	7800	M_{1500}	98
29336	26449	23562	20675	17788	14901	12014	9127	6240	M_{1200}	
25,96	23,40	20,84	18,29	15,73	13,17	10,61	8,05	5,50	f_e	
94,17	*94,19*	*94,20*	*94,22*	*94,25*	*94,29*	*94,34*	*94,43*	*94,61*	z	
45962	38080	30673	23809	17573	12061	7391	3708	1186	Steg M_{1500}	
36769	30464	24538	19048	14058	9649	5913	2967	949	Steg M_{1200}	
37,79	31,04	24,78	19,05	13,91	9,45	5,72	2,83	0,89	Steg f_e	
37545	33856	30167	26479	22790	19102	15413	11725	8036	M_{1500}	100
30036	27085	24134	21183	18232	15281	12331	9380	6429	M_{1200}	
26,03	23,47	20,91	18,35	15,79	13,23	10,67	8,11	5,55	f_e	
96,17	*96,18*	*96,20*	*96,22*	*96,24*	*96,28*	*96,33*	*96,42*	*96,59*	z	
48495	40218	32437	25222	18659	12851	7920	4016	1321	Steg M_{1500}	
38795	32174	25949	20178	14928	10281	6336	3213	1057	Steg M_{1200}	
39,02	32,09	25,65	19,75	14,46	9,85	6,00	3,00	0,98	Steg f_e	

Tafel 24

Tafel für

bei $\sigma_e = 1500$

$d = 9$ cm

M_{1500} = Moment in kgm auf 1 m Druckplattenbreite bei $\sigma_e = 1500$ kg/cm² }
M_{1200} = Moment in kgm auf 1 m Druckplattenbreite bei $\sigma_e = 1200$ kg/cm² } ohne Berücksichtigung der Spannungen im Steg;
f_e = Zugeisenquerschnitt in cm² auf 1 m Druckplattenbreite }
ΔM = Momentendifferenz bei Änderung von σ_b um 1 kg/cm² (gültig nur wenn $x > d$);

$h = 20$—29 cm

h cm	ΔM / $\Delta f_{e\,1500}$ / $\Delta f_{e\,1200}$	σ_e: 1500 / 1200	σ_b: — / 75	— / 70	— / 65	75 / 60	70 / 56	— / 55	65 / 52	— / 50	60 / 48
		x	0,484h	0,467h	0,448h	0,429h	0,412h	0,407h	0,394h	0,385h	0,375h
20		M_{1500}	—	—	—	5510	4973	—	4449	—	3938
	0,465	M_{1200}	6068	5513	4957	4408	3979	3873	3559	3353	3150
	0,581	f_e	30,09	27,19	24,28	21,43	19,22	18,67	17,07	16,03	15,00
		z	*16,80*	*16,90*	*17,01*	*17,14*	*17,25*	*17,28*	*17,37*	*17,44*	*17,50*
21	119,57	M_{1500}	—	—	—	6075	5483	—	4905	—	4341
	0,471	M_{1200}	6654	6056	5458	4860	4387	4270	3924	3697	3473
	0,589	f_e	31,34	28,39	25,45	22,50	20,18	19,61	17,92	16,83	15,75
		z	*17,69*	*17,77*	*17,87*	*18,00*	*18,12*	*18,15*	*18,24*	*18,31*	*18,38*
22	128,04	M_{1500}	—	—	—	6658	6018	—	5383	—	4764
	0,477	M_{1200}	7247	6607	5967	5326	4814	4686	4306	4057	3812
	0,597	f_e	32,47	29,49	26,51	23,52	21,14	20,54	18,78	17,63	16,50
		z	*18,60*	*18,67*	*18,76*	*18,97*	*18,98*	*19,01*	*19,11*	*19,18*	*19,25*
23	136,57	M_{1500}	—	—	—	7249	6566	—	5883	—	5207
	0,483	M_{1200}	7848	7165	6482	5799	5253	5116	4707	4434	4166
	0,603	f_e	33,51	30,49	27,47	24,46	22,04	21,44	19,63	18,43	17,25
		z	*19,52*	*19,58*	*19,66*	*19,76*	*19,86*	*19,89*	*19,98*	*20,05*	*20,12*
24	145,13	M_{1500}	—	—	—	7847	7121	—	6396	—	5670
	0,488	M_{1200}	8454	7729	7003	6278	5697	5552	5117	4826	4536
	0,609	f_e	34,45	31,41	28,36	25,31	22,88	22,27	20,44	19,22	18,00
		z	*20,45*	*20,51*	*20,58*	*20,67*	*20,75*	*20,78*	*20,86*	*20,93*	*21,00*
25	153,72	M_{1500}	—	—	—	8451	7682	—	6914	—	6145
	0,492	M_{1200}	9067	8298	7529	6761	6146	5992	5531	5224	4916
	0,615	f_e	35,33	32,25	29,18	26,10	23,64	23,03	21,18	19,95	18,72
		z	*21,39*	*21,44*	*21,51*	*21,59*	*21,67*	*21,69*	*21,76*	*21,82*	*21,88*
26	162,35	M_{1500}	—	—	—	9061	8249	—	7437	—	6625
	0,496	M_{1200}	9684	8872	8060	7248	6599	6437	5950	5625	5300
	0,620	f_e	36,13	33,03	29,93	26,83	24,35	23,73	21,87	20,63	19,38
		z	*22,34*	*22,38*	*22,44*	*22,52*	*22,59*	*22,61*	*22,68*	*22,73*	*22,79*
27	171,00	M_{1500}	—	—	—	9675	8820	—	7965	—	7110
	0,500	M_{1200}	10305	9450	8595	7740	7056	6885	6372	6030	5688
	0,625	f_e	36,88	33,75	30,63	27,50	25,00	24,38	22,50	21,25	20,00
		z	*23,29*	*23,33*	*23,39*	*23,45*	*23,52*	*23,54*	*23,60*	*23,65*	*23,70*
28	179,68	M_{1500}	—	—	—	10294	9395	—	8497	—	7599
	0,504	M_{1200}	10930	10032	9133	8235	7516	7337	6798	6438	6079
	0,629	f_e	37,57	34,42	31,27	28,13	25,61	24,98	23,09	21,83	20,57
		z	*24,25*	*24,29*	*24,34*	*24,40*	*24,46*	*24,48*	*24,53*	*24,58*	*54,63*
29	188,38	M_{1500}	—	—	—	10916	9974	—	9033	—	8091
	0,507	M_{1200}	11559	10617	9675	8733	7980	7791	7226	6849	6473
	0,634	f_e	38,21	35,04	31,88	28,71	26,17	25,54	23,64	22,37	21,10
		z	*25,21*	*25,25*	*25,29*	*25,35*	*25,41*	*25,42*	*25,47*	*25,51*	*25,56*

← $x > d$ →

Plattenbalken

Tafel 24

und 1200 kg/cm²

$d = 9$ cm

Δf_{e1500} bzw. Δf_{e1200} = Differenz der Zugbewehrung bei Änderung von σ_b um 1 kg/cm² für $\sigma_e = 1500$ bzw. $\sigma_e = 1200$ kg/cm² (gültig nur wenn $x > d$);
d = Druckplattendicke in cm;
h = Nutzhöhe in cm; x = Nullinienabstand;
z = Abstand des Druckmittelpunktes vom Zugmittelpunkt in cm.

$h = 20$—29 cm

σ_b									σ_e	
55 44	50 40	45 36	40 32	35 28	30 24	25 20	20 16	15 12	1500 1200	h
0,355h	0,333h	0,310h	0,286h	0,259h	0,231h	0,200h	0,167h	0,130h	x	cm
—— $x \leqq d$ ——								→		
3442	**2963**	**2504**	**2068**	**1658**	**1278**	**933**	**630**	**374**	M_{1500}	**20**
2753	**2370**	**2003**	**1654**	**1326**	**1022**	**747**	**504**	**299**	M_{1200}	
13,01	11,11	9,31	7,62	6,05	4,62	3,33	2,22	1,30	f_e	
17,63	*17,78*	*17,93*	*18,10*	*18,27*	*18,46*	*18,67*	*18,89*	*19,13*	z	
3794	**3267**	**2761**	**2280**	**1828**	**1409**	**1029**	**694**	**413**	M_{1500}	**21**
3035	**2613**	**2209**	**1824**	**1462**	**1127**	**823**	**555**	**330**	M_{1200}	
13,66	11,67	9,78	8,00	6,35	4,85	3,50	2,33	1,37	f_e	
18,52	*18,67*	*18,83*	*19,00*	*19,19*	*19,38*	*19,60*	*19,83*	*20,09*	z	
4164	**3585**	**3030**	**2502**	**2006**	**1547**	**1129**	**762**	**453**	M_{1500}	**22**
3331	**2868**	**2424**	**2002**	**1605**	**1237**	**903**	**609**	**362**	M_{1200}	
14,31	12,22	10,24	8,38	6,65	5,08	3,67	2,44	1,43	f_e	
19,40	*19,56*	*19,72*	*19,90*	*20,10*	*20,31*	*20,53*	*20,78*	*21,04*	z	
4551	**3919**	**3312**	**2735**	**2193**	**1690**	**1234**	**833**	**495**	M_{1500}	**23**
3641	**3135**	**2649**	**2188**	**1754**	**1352**	**987**	**666**	**396**	M_{1200}	
14,96	12,78	10,71	8,76	6,96	5,31	3,83	2,56	1,50	f_e	
20,28	*20,44*	*20,62*	*20,81*	*21,01*	*21,23*	*21,47*	*21,72*	*22,00*	z	
4956	**4267**	**3606**	**2978**	**2387**	**1840**	**1344**	**907**	**539**	M_{1500}	**24**
3965	**3413**	**2885**	**2382**	**1910**	**1472**	**1075**	**725**	**431**	M_{1200}	
15,61	13,33	11,17	9,14	7,26	5,54	4,00	2,67	1,57	f_e	
21,16	*21,33*	*21,52*	*21,71*	*21,93*	*22,15*	*22,40*	*22,67*	*22,96*	z	
5377	**4630**	**3913**	**3231**	**2591**	**1997**	**1458**	**984**	**585**	M_{1500}	**25**
4302	**3704**	**3130**	**2585**	**2072**	**1598**	**1167**	**787**	**468**	M_{1200}	
16,26	13,89	11,64	9,52	7,56	5,77	4,17	2,78	1,63	f_e	
22,04	*22,22*	*22,41*	*22,62*	*22,84*	*23,08*	*23,33*	*23,61*	*23,91*	z	
5814	**5007**	**4232**	**3495**	**2802**	**2160**	**1577**	**1064**	**633**	M_{1500}	**26**
4651	**4006**	**3386**	**2796**	**2242**	**1728**	**1262**	**851**	**506**	M_{1200}	
16,90	14,44	12,10	9,90	7,86	6,00	4,33	2,89	1,70	f_e	
22,93	*23,11*	*23,31*	*23,52*	*23,75*	*24,00*	*24,27*	*24,56*	*24,87*	z	
6255	**5400**	**4564**	**3769**	**3022**	**2329**	**1701**	**1148**	**682**	M_{1500}	**27**
5004	**4320**	**3651**	**3015**	**2417**	**1863**	**1361**	**918**	**546**	M_{1200}	
17,50	15,00	12,57	10,29	8,17	6,23	4,50	3,00	1,76	f_e	
23,83	*24,00*	*24,21*	*24,43*	*24,67*	*24,92*	*25,20*	*25,50*	*25,83*	z	
6700	**5802**	**4908**	**4053**	**3250**	**2505**	**1829**	**1234**	**734**	M_{1500}	**28**
5360	**4641**	**3927**	**3243**	**2600**	**2004**	**1463**	**987**	**587**	M_{1200}	
18,05	15,54	13,03	10,67	8,47	6,46	4,67	3,11	1,83	f_e	
24,74	*24,90*	*25,10*	*25,33*	*25,58*	*25,85*	*26,13*	*26,44*	*26,78*	z	
7149	**6207**	**5265**	**4348**	**3486**	**2687**	**1962**	**1324**	**787**	M_{1500}	**29**
5719	**4966**	**4212**	**3478**	**2789**	**2150**	**1570**	**1059**	**630**	M_{1200}	
18,57	16,03	13,50	11,05	8,77	6,69	4,83	3,22	1,89	f_e	
25,67	*25,81*	*26,00*	*26,24*	*26,49*	*26,77*	*27,07*	*27,39*	*27,74*	z	
——→		←			$x \leqq d$			→		

Tafel für

$d = 9$ cm

bei $\sigma_e = 1500$

M_{1500} = Moment in kgm auf 1 m Druckplattenbreite bei $\sigma_e = 1500$ kg/cm² }
M_{1200} = Moment in kgm auf 1 m Druckplattenbreite bei $\sigma_e = 1200$ kg/cm² } ohne Berücksichtigung der Spannungen im Steg;
f_e = Zugeisenquerschnitt in cm² auf 1 m Druckplattenbreite }
ΔM = Momentendifferenz bei Änderung von σ_b um 1 kg/cm² (gültig nur wenn $x > d$);

$h = 30$—48 cm

h	ΔM / $\Delta f_{e\,1500}$ / $\Delta f_{e\,1200}$	σ_e	σ_b								
		1500 / 1200	— / 75	— / 70	— / 65	75 / 60	70 / 56	— / 55	65 / 52	— / 50	60 / 48
cm		x	0,484h	0,467h	0,448h	0,429h	0,412h	0,407h	0,394h	0,385h	0,375h
			←					$x > d$			
30	197,10	M_{1500}	—	—	—	11542	10557	—	9572	—	8586
	0,510	M_{1200}	12190	11205	10219	9234	8446	8248	7657	7263	6869
	0,638	f_e	38,81	35,63	32,44	29,25	26,70	26,06	24,15	22,88	21,60
		z	26,17	26,21	26,25	26,31	26,36	26,37	26,42	26,46	26,50
32	214,59	M_{1500}	—	—	—	12804	11731	—	10658	—	9585
	0,516	M_{1200}	13462	12389	11316	10243	9385	9170	8526	8097	7668
	0,645	f_e	39,90	36,68	33,46	30,23	27,66	27,01	25,08	23,79	22,50
		z	28,11	28,15	28,19	28,23	28,28	28,29	28,33	28,36	28,40
34	232,15	M_{1500}	—	—	—	14076	12915	—	11754	—	10594
	0,521	M_{1200}	14743	13582	12421	11261	10332	10100	9403	8939	8475
	0,651	f_e	40,86	37,61	34,36	31,10	28,50	27,85	25,90	24,60	23,29
		z	30,06	30,09	30,13	30,17	30,21	30,22	30,26	30,29	30,32
36	249,75	M_{1500}	—	—	—	15356	14107	—	12859	—	11610
	0,525	M_{1200}	16031	14782	13534	12285	11286	11036	10287	9788	9288
	0,656	f_e	41,72	38,44	35,16	31,88	29,25	28,59	26,63	25,31	24,00
		z	32,02	32,05	32,08	32,12	32,15	32,16	32,20	32,22	32,25
38	267,40	M_{1500}	—	—	—	16644	15307	—	13970	—	12633
	0,529	M_{1200}	17326	15989	14652	13315	12246	11978	11176	10641	10107
	0,661	f_e	42,48	39,18	35,87	32,57	29,92	29,26	27,28	25,95	24,63
		z	33,99	34,01	34,04	34,07	34,11	34,11	34,14	34,17	34,19
40	285,08	M_{1500}	—	—	—	17938	16513	—	15087	—	13662
	0,533	M_{1200}	18627	17201	15776	14351	13210	12925	12070	11500	10930
	0,666	f_e	43,17	39,84	36,52	33,19	30,53	29,86	27,86	26,53	25,20
		z	35,95	35,98	36,00	36,03	36,06	36,07	36,10	36,12	36,14
42	302,78	M_{1500}	—	—	—	19238	17724	—	16210	—	14696
	0,536	M_{1200}	19932	18418	16904	15390	14179	13876	12968	12362	11757
	0,670	f_e	43,79	40,45	37,10	33,75	31,07	30,40	28,39	27,05	25,71
		z	37,93	37,95	37,97	38,00	38,03	38,04	38,06	38,08	38,10
44	320,52	M_{1500}	—	—	—	20542	18939	—	17336	—	15734
	0,539	M_{1200}	21241	19638	18036	16433	15151	14831	13869	13228	12587
	0,673	f_e	44,36	40,99	37,63	34,26	31,57	30,89	28,88	27,53	26,18
		z	39,90	39,92	39,94	39,97	40,00	40,00	40,03	40,04	40,06
46	338,28	M_{1500}	—	—	—	21849	20158	—	18467	—	16775
	0,541	M_{1200}	22554	20862	19171	17480	16126	15788	14773	14097	13420
	0,677	f_e	44,88	41,49	38,11	34,73	32,02	31,35	29,32	27,96	26,61
		z	41,88	41,90	41,92	41,94	41,97	41,97	42,00	42,01	42,03
48	356,06	M_{1500}	—	—	—	23161	21381	—	19600	—	17820
	0,544	M_{1200}	23870	22089	20309	18529	17104	16749	15680	14968	14256
	0,680	f_e	45,35	41,95	38,55	35,16	32,44	31,76	29,72	28,36	27,00
		z	43,86	43,88	43,90	43,92	43,94	43,95	43,97	43,98	44,00
			←								$x > d$

Plattenbalken

Tafel 25

und 1200 kg/cm²

$d = 9$ cm

Δf_{e1500} bzw. Δf_{e1200} = Differenz der Zugbewehrung bei Änderung von σ_b um 1 kg/cm² für $\sigma_e = 1500$ bzw. $\sigma_e = 1200$ kg/cm² (gültig nur wenn $x > d$);
d = Druckplattendicke in cm;
h = Nutzhöhe in cm; x = Nullinienabstand;
z = Abstand des Druckmittelpunktes vom Zugmittelpunkt in cm.

h = 30—48 cm

σ_b									σ_e	
55 44	50 40	45 36	40 32	35 28	30 24	25 20	20 16	15 12	1500 1200	h
0,355h	0,333h	0,310h	0,286h	0,259h	0,231h	0,200h	0,167h	0,130h	x	cm
→	→	←			$x \leq d$			→		
7600	6615	5629	4653	3730	2876	2100	1417	842	M_{1500}	30
6080	5292	4504	3722	2984	2301	1680	1133	674	M_{1200}	
19,05	16,50	13,95	11,43	9,07	6,92	5,00	3,33	1,96	f_e	
26,60	26,73	26,90	27,14	27,41	27,69	28,00	28,33	28,70	z	
8512	7439	6366	5293	4244	3272	2389	1612	958	M_{1500}	32
6810	5951	5093	4235	3396	2618	1911	1289	767	M_{1200}	
19,92	17,34	14,77	12,19	9,68	7,38	5,33	3,56	2,09	f_e	
28,48	28,59	28,74	28,95	29,23	29,54	29,87	30,22	30,61	z	
9433	8272	7111	5951	4792	3694	2697	1820	1082	M_{1500}	34
7546	6618	5689	4760	3833	2955	2158	1456	865	M_{1200}	
20,69	18,09	15,49	12,88	10,28	7,85	5,67	3,78	2,22	f_e	
30,39	30,49	30,62	30,79	31,06	31,38	31,73	32,11	32,52	z	
10361	9113	7864	6615	5366	4141	3024	2040	1213	M_{1500}	36
8289	7290	6291	5292	4293	3313	2419	1632	970	M_{1200}	
21,38	18,75	16,13	13,50	10,88	8,31	6,00	4,00	2,35	f_e	
32,32	32,40	32,51	32,67	32,90	33,23	33,60	34,00	34,43	z	
11296	9959	8622	7285	5948	4614	3369	2273	1351	M_{1500}	38
9037	7967	6898	5828	4759	3691	2695	1818	1081	M_{1200}	
21,99	19,34	16,70	14,05	11,41	8,77	6,33	4,22	2,48	f_e	
34,25	34,33	34,43	34,56	34,76	35,08	35,47	35,89	36,35	z	
12237	10811	9386	7960	6535	5110	3733	2516	1497	M_{1500}	40
9789	8649	7509	6368	5228	4088	2987	2015	1198	M_{1200}	
22,54	19,88	17,21	14,55	11,89	9,23	6,67	4,44	2,61	f_e	
36,20	36,26	36,35	36,47	36,65	36,93	37,33	37,78	38,26	z	
13182	11668	10154	8640	7126	5612	4116	2777	1651	M_{1500}	42
10545	9334	8123	6912	5701	4490	3293	2221	1320	M_{1200}	
23,04	20,36	17,68	15,00	12,32	9,64	7,00	4,67	2,74	f_e	
38,15	38,21	38,29	38,40	38,56	38,80	39,20	39,67	40,17	z	
14131	12528	10926	9323	7721	6118	4517	3047	1812	M_{1500}	44
11305	10023	8741	7459	6176	4894	3614	2438	1449	M_{1200}	
23,49	20,80	18,10	15,41	12,72	10,02	7,33	4,89	2,87	f_e	
40,11	40,16	40,24	40,34	40,48	40,69	41,07	41,56	42,09	z	
15084	13392	11701	10010	8318	6627	4935	3331	1980	M_{1500}	46
12067	10714	9361	8008	6655	5301	3948	2665	1584	M_{1200}	
23,90	21,20	18,49	15,78	13,08	10,37	7,66	5,11	3,00	f_e	
42,07	42,12	42,19	42,28	42,41	42,60	42,94	43,44	44,00	z	
16040	14259	12479	10699	8918	7138	5358	3627	2156	M_{1500}	48
12832	11407	9983	8559	7135	5710	4286	2901	1725	M_{1200}	
24,28	21,56	18,84	16,13	13,41	10,69	7,97	5,33	3,13	f_e	
44,04	44,09	44,15	44,23	44,35	44,53	44,82	45,33	45,91	z	
→	→	→	→	→	→	→	←	$x \leq d$ →		

Tafel 26

Tafel für

$d = 9$ cm

bei $\sigma_e = 1500$

M_{1500} = Moment in kgm auf 1 m Druckplattenbreite bei $\sigma_e = 1500$ kg/cm² } ohne Berück-
M_{1200} = Moment in kgm auf 1 m Druckplattenbreite bei $\sigma_e = 1200$ kg/cm² } sichtigung der
f_e = Zugeisenquerschnitt in cm² auf 1 m Druckplattenbreite } Spannungen
z = Abstand des Druckmittelpunktes vom Zugmittelpunkt in cm } im Steg;
ΔM = Momentendifferenz bei Änderung von σ_b um 1 kg/cm² (gültig nur wenn $x > d$);
Δf_{e1500} bzw. Δf_{e1200} = Differenz der Zugbewehrung bei Änderung von σ_b um 1 kg/cm² für $\sigma_e = 1500$ bzw. $\sigma_e = 1200$ kg/cm² (gültig nur wenn $x > d$);
Gesamtmoment bei Berücksichtigung der Spannungen im Steg: $M = b \cdot M_{\text{Platte}} + b_0 \cdot M_{\text{Steg}}$,
Zugeisenquerschnitt bei Berücksichtigung der

$h = 50$—62 cm

h cm	ΔM / Δf_{e1500} / Δf_{e1200}	σ_e 1500 / 1200	σ_b — / 75	— / 70	— / 65	75 / 60	70 / 56	— / 55	65 / 52	— / 50	60 / 48
		x	0,484h	0,467h	0,448h	0,429h	0,412h	0,407h	0,394h	0,385h	0,375h
			←								$x > d$
50	373,86	M_{1500}	—	—	—	24476	22606	—	20737	—	18868
		M_{1200}	25188	23319	21450	19580	18085	17711	16590	15842	15094
	0,546	f_e	45,79	42,38	38,96	35,55	32,82	32,14	30,09	28,73	27,36
	0,683	z	45,84	45,86	45,88	45,90	45,92	45,93	45,94	45,96	45,97
52	391,67	M_{1500}	—	—	—	25793	23834	—	21876	—	19918
		M_{1200}	26509	24551	22593	20634	19068	18676	17501	16717	15934
	0,548	f_e	46,19	42,76	39,34	35,91	33,17	32,49	30,43	29,06	27,69
	0,685	z	47,83	47,84	47,86	47,88	47,90	47,90	47,92	47,94	47,95
54	409,50	M_{1500}	—	—	—	27113	25065	—	23017	—	20970
		M_{1200}	27833	25785	23738	21690	20052	19643	18414	17595	16776
	0,550	f_e	46,56	43,13	39,69	36,25	33,50	32,81	30,75	29,38	28,00
	0,688	z	49,81	49,83	49,84	49,86	49,88	49,89	49,90	49,91	49,93
		Steg M_{1500}	—	—	—	13057	11192	—	9414	—	7734
		Steg M_{1200}	16545	14434	12398	10446	8953	8591	7531	6849	6188
		Steg f_e	35,09	30,38	25,87	21,61	18,38	17,60	15,34	13,89	12,50
56	427,34	M_{1500}	—	—	—	28434	26298	—	24161	—	22024
		M_{1200}	29158	27021	24884	22748	21038	20611	19329	18474	17619
	0,552	f_e	46,91	43,46	40,01	36,56	33,80	33,11	31,04	29,67	28,29
	0,690	z	51,80	51,81	51,83	51,85	51,86	51,87	51,88	51,90	51,91
		Steg M_{1500}	—	—	—	14766	12694	—	10717	—	8846
		Steg M_{1200}	18568	16233	13977	11813	10156	9753	8574	7814	7077
		Steg f_e	37,77	32,76	27,98	23,44	20,00	19,17	16,75	15,21	13,71
58	445,19	M_{1500}	—	—	—	29758	27532	—	25306	—	23080
		M_{1200}	30484	28258	26033	23807	22026	21581	20245	19355	18464
	0,553	f_e	47,23	43,77	40,31	36,85	34,09	33,39	31,32	29,94	28,55
	0,692	z	53,79	53,80	53,81	53,83	53,85	53,85	53,87	53,88	53,89
		Steg M_{1500}	—	—	—	16583	14295	—	12108	—	10034
		Steg M_{1200}	20711	18140	15654	13266	11436	10990	9686	8844	8028
		Steg f_e	40,47	35,17	30,10	25,29	21,64	20,76	18,19	16,54	14,95
60	463,05	M_{1500}	—	—	—	31084	28769	—	26453	—	24138
		M_{1200}	31813	29498	27182	24867	23015	22552	21163	20237	19310
	0,555	f_e	47,53	44,06	40,59	37,13	34,35	33,66	31,58	30,19	28,80
	0,694	z	55,78	55,79	55,80	55,82	55,83	55,84	55,85	55,86	55,88
		Steg M_{1500}	—	—	—	18508	15992	—	13585	—	11300
		Steg M_{1200}	22974	20156	17429	14806	12794	12304	10868	9942	9040
		Steg f_e	43,19	37,60	32,25	27,16	23,30	22,36	19,64	17,89	16,20
62	480,92	M_{1500}	—	—	—	32411	30006	—	27602	—	25197
		M_{1200}	33143	30738	28333	25929	24005	23524	22081	21120	20158
	0,556	f_e	47,81	44,33	40,86	37,38	34,60	33,90	31,81	30,42	29,03
	0,696	z	57,76	57,78	57,79	57,81	57,82	57,83	57,84	57,85	57,86
		Steg M_{1500}	—	—	—	20542	17789	—	15151	—	12642
		Steg M_{1200}	25357	22281	19302	16433	14231	13694	12120	11104	10114
		Steg f_e	45,94	40,05	34,42	29,05	24,97	23,98	21,10	19,26	17,47
			←								$x > d$

Plattenbalken

und 1200 kg/cm²

Tafel 26

$d = 9\,\text{cm}$

Steg $\begin{cases} M_{1500} = \text{durch je 1 m Breite des Steges aufnehmb. Moment in kgm bei } \sigma_e = 1500\,\text{kg/cm}^2; \\ M_{1200} = \text{durch je 1 m Breite des Steges aufnehmb. Moment in kgm bei } \sigma_e = 1200\,\text{kg/cm}^2; \\ f_e = \text{Zugeisenquerschnitt in cm}^2 \text{ entspr. den Druckspannungen im Steg je 1 m Breite;} \end{cases}$

d = Druckplattendicke in cm;
h = Nutzhöhe in cm;
x = Nullinienabstand.

worin b = Druckplattenbreite in m und b_0 = Stegbreite in m bedeuten.
Spannungen im Steg: $F_e = b \cdot f_{e\,\text{Platte}} + b_0 \cdot f_{e\,\text{Steg}}$.

$h = 50$—62 cm

σ_b									σ_e	h
55 44	50 40	45 36	40 32	35 28	30 24	25 20	20 16	15 12	1500 1200	
0,355 h	0,333 h	0,310 h	0,286 h	0,259 h	0,231 h	0,200 h	0,167 h	0,130 h	x	cm
							← $x \leqq d$ →			
16998	**15129**	**13260**	**11390**	**9521**	**7652**	**5783**	**3935**	**2339**	M_{1500}	**50**
13599	**12103**	**10608**	**9112**	**7617**	**6121**	**4626**	**3148**	**1871**	M_{1200}	
24,63	21,90	19,17	16,44	13,71	10,98	8,25	5,56	3,26	f_e	
46,01	*46,05*	*46,11*	*46,19*	*46,30*	*46,46*	*46,73*	*47,22*	*47,83*	z	
17959	**16001**	**14043**	**12084**	**10126**	**8168**	**6209**	**4256**	**2530**	M_{1500}	**52**
14367	**12801**	**11234**	**9667**	**8101**	**6534**	**4967**	**3405**	**2024**	M_{1200}	
24,95	22,21	19,47	16,73	13,99	11,25	8,51	5,78	3,39	f_e	
47,98	*48,03*	*48,08*	*48,15*	*48,25*	*48,40*	*48,64*	*49,11*	*49,74*	z	
18923	**16875**	**14828**	**12780**	**10733**	**8685**	**6638**	**4590**	**2729**	M_{1500}	**54**
15138	**13500**	**11862**	**10224**	**8586**	**6948**	**5310**	**3672**	**2183**	M_{1200}	
25,25	22,50	19,75	17,00	14,25	11,50	8,75	6,00	3,52	f_e	
49,96	*50,00*	*50,05*	*50,12*	*50,21*	*50,35*	*50,57*	*51,00*	*51,65*	z	
6167	**4725**	**3428**	**2296**	**1355**	—	—	—	—	Steg M_{1500}	
4933	**3780**	**2742**	**1837**	**1083**	—	—	—	—	Steg M_{1200}	
9,88	7,50	5,39	3,57	2,08	—	—	—	—	Steg f_e	
19888	**17751**	**15614**	**13478**	**11341**	**9204**	**7067**	**4931**	**2934**	M_{1500}	**56**
15910	**14201**	**12491**	**10782**	**9073**	**7363**	**5654**	**3945**	**2348**	M_{1200}	
25,53	22,77	20,01	17,25	14,49	11,73	8,97	6,21	3,65	f_e	
51,94	*51,98*	*52,02*	*52,09*	*52,17*	*52,30*	*52,51*	*52,90*	*53,57*	z	
7094	**5479**	**4019**	**2736**	**1658**	—	—	—	—	Steg M_{1500}	
5675	**4383**	**3215**	**2189**	**1326**	—	—	—	—	Steg M_{1200}	
10,90	8,34	6,06	4,08	2,45	—	—	—	—	Steg f_e	
20854	**18628**	**16403**	**14177**	**11951**	**9725**	**7499**	**5273**	**3148**	M_{1500}	**58**
16684	**14903**	**13122**	**11341**	**9560**	**7780**	**5999**	**4218**	**2518**	M_{1200}	
25,78	23,02	20,25	17,48	14,72	11,95	9,18	6,41	3,78	f_e	
53,92	*53,96*	*54,00*	*54,06*	*54,14*	*54,26*	*54,45*	*54,81*	*55,48*	z	
8089	**6291**	**4658**	**3215**	**1993**	**1025**	—	—	—	Steg M_{1500}	
6472	**5032**	**3726**	**2573**	**1595**	**819**	—	—	—	Steg M_{1200}	
11,95	9,21	6,75	4,61	2,83	1,44	—	—	—	Steg f_e	
21823	**19507**	**17192**	**14877**	**12562**	**10247**	**7931**	**5616**	**3369**	M_{1500}	**60**
17458	**15606**	**13754**	**11902**	**10049**	**8197**	**6345**	**4493**	**2695**	M_{1200}	
26,03	23,25	20,48	17,70	14,93	12,15	9,38	6,60	3,91	f_e	
55,90	*55,94*	*55,98*	*56,03*	*56,11*	*56,22*	*56,40*	*56,73*	*57,39*	z	
9151	**7160**	**5345**	**3745**	**2360**	**1257**	—	—	—	Steg M_{1500}	
7321	**5727**	**4276**	**2988**	**1888**	**1005**	—	—	—	Steg M_{1200}	
13,01	10,08	7,46	5,16	3,22	1,70	—	—	—	Steg f_e	
22793	**20388**	**17983**	**15579**	**13174**	**10770**	**8365**	**5960**	**3597**	M_{1500}	**62**
18234	**16310**	**14387**	**12463**	**10539**	**8616**	**6692**	**4768**	**2878**	M_{1200}	
26,25	23,47	20,69	17,90	15,12	12,34	9,56	6,77	4,04	f_e	
57,89	*57,92*	*57,96*	*58,01*	*58,08*	*58,19*	*58,35*	*58,66*	*59,30*	z	
10281	**8086**	**6082**	**4295**	**2759**	**1513**	—	—	—	Steg M_{1500}	
8225	**6469**	**4865**	**3436**	**2208**	**1210**	—	—	—	Steg M_{1200}	
14,08	10,98	8,18	5,72	3,63	1,97	—	—	—	Steg f_e	
→								← $x \leqq d$ →		

Tafel für

$d = 9$ cm

bei $\sigma_e = 1500$

M_{1500} = Moment in kgm auf 1 m Druckplattenbreite bei $\sigma_e = 1500$ kg/cm² ⎫ ohne Berück-
M_{1200} = Moment in kgm auf 1 m Druckplattenbreite bei $\sigma_e = 1200$ kg/cm² ⎬ sichtigung der
f_e = Zugeisenquerschnitt in cm² auf 1 m Druckplattenbreite ⎪ Spannungen
z = Abstand des Druckmittelpunktes vom Zugmittelpunkt in cm ⎭ im Steg;
ΔM = Momentendifferenz bei Änderung von σ_b um 1 kg/cm² (gültig nur wenn $x > d$);
Δf_{e1500} bzw. Δf_{e1200} = Differenz der Zugbewehrung bei Änderung von σ_b um 1 kg/cm² für $\sigma_e = 1500$ bzw. $\sigma_e = 1200$ kg/cm² (gültig nur wenn $x > d$);

Gesamtmoment bei Berücksichtigung der Spannungen im Steg: $M = b \cdot M_{\text{Platte}} + b_0 \cdot M_{\text{Steg}}$,

$h = 64$—74 cm

Zugeisenquerschnitt bei Berücksichtigung der

h cm	ΔM / $\Delta f_{e\,1500}$ / $\Delta f_{e\,1200}$	σ_e 1500 / 1200 / x	σ_b — / 75	— / 70	— / 65	75 / 60	70 / 56	— / 55	65 / 52	— / 50	60 / 48
		x	0,484 h	0,467 h	0,448 h	0,429 h	0,412 h	0,407 h	0,394 h	0,385 h	0,375 h
			← $x > d$								
64	498,80	M_{1500}	—	—	—	**33739**	**31245**	—	**28751**	—	**26258**
	0,558	M_{1200}	**34474**	**31980**	**29486**	**26992**	**24996**	**24498**	**23001**	**22004**	**21006**
	0,697	f_e	48,08	44,59	41,10	37,62	34,83	34,13	32,04	30,64	29,25
		z	*59,76*	*59,77*	*59,78*	*59,79*	*59,81*	*59,81*	*59,83*	*59,84*	*59,85*
		Steg M_{1500}	—	—	—	**22685**	**19683**	—	**16804**	—	**14063**
		Steg M_{1200}	**27862**	**24515**	**21272**	**18148**	**15747**	**15161**	**13443**	**12331**	**11250**
		Steg f_e	48,70	42,52	36,60	30,95	26,66	25,62	22,59	20,64	18,75
66	516,68	M_{1500}	—	—	—	**35069**	**32486**	—	**29903**	—	**27319**
	0,559	M_{1200}	**35806**	**33222**	**30639**	**28055**	**25989**	**25472**	**23922**	**22889**	**21855**
	0,699	f_e	48,32	44,83	41,34	37,84	35,05	34,35	32,25	30,85	29,45
		z	*61,75*	*61,76*	*61,77*	*61,78*	*61,80*	*61,80*	*61,81*	*61,82*	*61,83*
		Steg M_{1500}	—	—	—	**24937**	**21675**	—	**18544**	—	**15560**
		Steg M_{1200}	**30486**	**26859**	**23341**	**19950**	**17340**	**16704**	**14835**	**13626**	**12449**
		Steg f_e	51,47	45,00	38,79	32,87	28,37	27,27	24,08	22,03	20,05
68	534,57	M_{1500}	—	—	—	**36400**	**33728**	—	**31055**	—	**28382**
	0,560	M_{1200}	**37139**	**34466**	**31793**	**29120**	**26982**	**26447**	**24844**	**23775**	**22705**
	0,700	f_e	48,56	45,06	41,55	38,05	35,25	34,55	32,45	31,05	29,65
		z	*63,74*	*63,75*	*63,76*	*63,77*	*63,79*	*63,79*	*63,80*	*63,81*	*63,82*
		Steg M_{1500}	—	—	—	**27298**	**23766**	—	**20373**	—	**17136**
		Steg M_{1200}	**33231**	**29311**	**25507**	**21838**	**19013**	**18323**	**16298**	**14986**	**13709**
		Steg f_e	54,27	47,50	41,00	34,81	30,08	28,94	25,59	23,44	21,35
70	552,47	M_{1500}	—	—	—	**37732**	**34970**	—	**32208**	—	**29445**
	0,561	M_{1200}	**38473**	**35711**	**32948**	**30186**	**27976**	**27424**	**25776**	**24661**	**23556**
	0,702	f_e	48,78	45,27	41,76	38,25	35,44	34,74	32,64	31,23	29,83
		z	*65,73*	*65,74*	*65,75*	*65,76*	*65,78*	*65,78*	*65,79*	*65,80*	*65,81*
		Steg M_{1500}	—	—	—	**29768**	**25955**	—	**22289**	—	**18789**
		Steg M_{1200}	**36098**	**31873**	**27772**	**23814**	**20764**	**20019**	**17831**	**16414**	**15032**
		Steg f_e	57,07	50,01	43,23	36,75	31,81	30,61	27,11	24,86	22,67
72	570,37	M_{1500}	—	—	—	**39066**	**36214**	—	**33362**	—	**30510**
	0,563	M_{1200}	**39808**	**36956**	**34104**	**31253**	**28971**	**28401**	**26690**	**25549**	**24408**
	0,703	f_e	48,98	45,47	41,95	38,44	35,63	34,92	32,81	31,41	30,00
		z	*67,72*	*67,73*	*67,74*	*67,76*	*67,77*	*67,77*	*67,78*	*67,79*	*67,80*
		Steg M_{1500}	—	—	—	**32347**	**28242**	—	**24294**	—	**20520**
		Steg M_{1200}	**39085**	**34545**	**30136**	**25878**	**22594**	**21792**	**19435**	**17907**	**16416**
		Steg f_e	59,89	52,53	45,46	38,71	33,55	32,30	28,64	26,29	24,00
74	588,28	M_{1500}	—	—	—	**40400**	**37458**	—	**34517**	—	**31575**
	0,564	M_{1200}	**41144**	**38203**	**35261**	**32320**	**29967**	**29378**	**27613**	**26437**	**25260**
	0,704	f_e	49,18	45,66	42,14	38,61	35,80	35,09	32,98	31,57	30,16
		z	*69,72*	*69,72*	*69,74*	*69,75*	*69,76*	*69,76*	*69,77*	*69,78*	*69,79*
		Steg M_{1500}	—	—	—	**35035**	**30629**	—	**26386**	—	**22329**
		Steg M_{1200}	**42193**	**37325**	**32597**	**28028**	**24502**	**23641**	**21109**	**19466**	**17864**
		Steg f_e	62,71	5,06	47,71	40,67	35,30	34,00	30,18	27,72	25,34
			← $x > d$								

Plattenbalken

Tafel 27

und 1200 kg/cm²

$d = 9$ cm

Steg $\begin{cases} M_{1500} = \text{durch je 1 m Breite des Steges aufnehmb. Moment in kgm bei } \sigma_e = 1500 \text{ kg/cm}^2; \\ M_{1200} = \text{durch je 1 m Breite des Steges aufnehmb. Moment in kgm bei } \sigma_e = 1200 \text{ kg/cm}^2; \\ f_e = \text{Zugeisenquerschnitt in cm}^2 \text{ entspr. den Druckspannungen im Steg je 1 m Breite;} \end{cases}$

d = Druckplattendicke in cm;

h = Nutzhöhe in cm;

x = Nullinienabstand.

worin b = Druckplattenbreite in m und b_0 = Stegbreite in m bedeuten.
Spannungen im Steg: $F_e = b \cdot f_{e\,\text{Platte}} + b_0 \cdot f_{e\,\text{Steg}}$.

$h = 64$—74 cm

σ_b									σ_e	h
55 44	50 40	45 36	40 32	35 28	30 24	25 20	20 16	15 12	1500 1200	
0,355h	0,333h	0,310h	0,286h	0,259h	0,231h	0,200h	0,167h	0,130h	x	cm
								$x \leqq d$		
23764	**21270**	**18776**	**16282**	**13788**	**11294**	**8800**	**6306**	**3833**	M_{1500}	**64**
19011	**17016**	**15020**	**13025**	**11030**	**9035**	**7040**	**5044**	**3066**	M_{1200}	
26,46	23,67	20,88	18,09	15,30	12,52	9,73	6,74	4,17	f_e	
59,87	*59,90*	*59,94*	*59,99*	*60,06*	*60,16*	*60,31*	*60,59*	*61,22*	z	
11479	**9071**	**6867**	**4895**	**3190**	**1794**	—	—	—	Steg M_{1500}	
9182	**7257**	**5494**	**3916**	**2552**	**1435**	—	—	—	Steg M_{1200}	
15,17	11,88	8,91	6,29	4,05	2,25	—	—	—	Steg f_e	
24736	**22152**	**19569**	**16985**	**14402**	**11819**	**9235**	**6652**	**4076**	M_{1500}	**66**
19789	**17722**	**15655**	**13588**	**11522**	**9455**	**7388**	**5321**	**3261**	M_{1200}	
26,66	23,86	21,07	18,27	15,48	12,68	9,89	7,09	4,30	f_e	
61,86	*61,89*	*61,92*	*61,97*	*62,04*	*62,13*	*62,28*	*62,54*	*63,13*	z	
12743	**10115**	**7701**	**5536**	**3653**	**2100**	**929**	—	—	Steg M_{1500}	
10194	**8091**	**6161**	**4429**	**2922**	**1680**	**743**	—	—	Steg M_{1200}	
16,28	12,80	9,66	6,87	4,49	2,55	1,11	—	—	Steg f_e	
25709	**23036**	**20363**	**17690**	**15017**	**12345**	**9672**	**6999**	**4327**	M_{1500}	**68**
20567	**18429**	**16291**	**14152**	**12014**	**9876**	**7737**	**5599**	**3461**	M_{1200}	
26,85	24,04	21,24	18,44	15,64	12,84	10,04	7,24	4,43	f_e	
63,84	*63,87*	*63,91*	*63,95*	*64,01*	*64,10*	*64,24*	*64,49*	*65,04*	z	
14075	**11216**	**8585**	**6216**	**4149**	**2430**	**1117**	—	—	Steg M_{1500}	
11260	**8972**	**6868**	**4973**	**3319**	**1944**	**894**	—	—	Steg M_{1200}	
17,39	13,73	10,41	7,46	4,93	2,85	1,30	—	—	Steg f_e	
26683	**23921**	**21158**	**18396**	**15634**	**12871**	**10109**	**7347**	**4584**	M_{1500}	**70**
21347	**19137**	**16927**	**14717**	**12507**	**10297**	**8087**	**5877**	**3667**	M_{1200}	
27,02	24,21	21,41	18,60	15,79	12,99	10,18	7,37	4,56	f_e	
65,83	*65,86*	*65,89*	*65,94*	*65,99*	*66,08*	*66,21*	*66,44*	*66,96*	z	
15476	**12375**	**9518**	**6937**	**4676**	**2786**	**1324**	—	—	Steg M_{1500}	
12381	**9900**	**7614**	**5550**	**3741**	**2228**	**1060**	—	—	Steg M_{1200}	
18,52	14,67	11,18	8,07	5,38	3,17	1,49	—	—	Steg f_e	
27658	**24806**	**21954**	**19103**	**16251**	**13399**	**10547**	**7695**	**4843**	M_{1500}	**72**
22127	**19845**	**17564**	**15282**	**13000**	**10719**	**8438**	**6156**	**3875**	M_{1200}	
27,19	24,38	21,56	18,75	15,94	13,13	10,31	7,50	4,69	f_e	
67,82	*67,85*	*67,88*	*67,92*	*67,98*	*68,06*	*68,18*	*68,40*	*68,88*	z	
16945	**13594**	**10500**	**7700**	**5236**	**3165**	**1549**	—	—	Steg M_{1500}	
13556	**10875**	**8400**	**6159**	**4190**	**2532**	**1240**	—	—	Steg M_{1200}	
19,65	15,63	11,95	8,68	5,84	3,49	1,69	—	—	Steg f_e	
28634	**25693**	**22751**	**19810**	**16868**	**13927**	**10985**	**8044**	**5103**	M_{1500}	**74**
22907	**20554**	**18201**	**15848**	**13495**	**11142**	**8788**	**6435**	**4082**	M_{1200}	
27,34	24,53	21,71	18,89	16,07	13,26	10,44	7,62	4,80	f_e	
69,81	*69,83*	*69,87*	*69,91*	*69,96*	*70,04*	*70,16*	*70,36*	*70,81*	z	
18481	**14870**	**11531**	**8501**	**5830**	**3570**	**1792**	—	—	Steg M_{1500}	
14785	**11896**	**9225**	**6801**	**4663**	**2857**	**1434**	—	—	Steg M_{1200}	
20,80	16,58	12,74	9,30	6,31	3,82	1,89	—	—	Steg f_e	

Tafel für

$d = 9$ cm

bei $\sigma_e = 1500$

M_{1500} = Moment in kgm auf 1 m Druckplattenbreite bei $\sigma_e = 1500$ kg/cm² ⎫ ohne Berück-
M_{1200} = Moment in kgm auf 1 m Druckplattenbreite bei $\sigma_e = 1200$ kg/cm² ⎬ sichtigung der
f_e = Zugeisenquerschnitt in cm² auf 1 m Druckplattenbreite ⎪ Spannungen
z = Abstand des Druckmittelpunktes vom Zugmittelpunkt in cm ⎭ im Steg;
ΔM = Momentendifferenz bei Änderung von σ_b um 1 kg/cm² (gültig nur wenn $x > d$);
Δf_{e1500} bzw. Δf_{e1200} = Differenz der Zugbewehrung bei Änderung von σ_b um 1 kg/cm² für $\sigma_e = 1500$ bzw. $\sigma_e = 1200$ kg/cm² (gültig nur wenn $x > d$);
Gesamtmoment bei Berücksichtigung der Spannungen im Steg: $M = b \cdot M_{\text{Platte}} + b_0 \cdot M_{\text{Steg}}$,
Zugeisenquerschnitt bei Berücksichtigung der

$h = 76$—86 cm

h cm	ΔM / Δf_{e1500} / Δf_{e1200}	σ_e 1500 / 1200 / x	σ_b — / 75	— / 70	— / 65	75 / 60	70 / 56	— / 55	65 / 52	— / 50	60 / 48
		x	0.484 h	0,467 h	0,448 h	0,429 h	0,412 h	0,407 h	0,394 h	0,385 h	0,375 h
			←								$x > d$ —
76	**606,20**	M_{1500}	—	—	—	**41735**	**38704**	—	**35673**	—	**32642**
	0,564	M_{1200}	**42481**	**39449**	**36419**	**33388**	**30963**	**30357**	**28538**	**27326**	**26113**
	0,706	f_e	49,37	45,84	42,31	38,78	35,96	35,26	33,14	31,73	30,32
		z	*71,71*	*71,72*	*71,73*	*71,74*	*71,75*	*71,76*	*71,77*	*71,77*	*71,78*
		Steg M_{1500}	—	—	—	**37833**	**33113**	—	**28567**	—	**24216**
		Steg M_{1200}	**45422**	**40216**	**35158**	**30266**	**26491**	**25568**	**22854**	**21092**	**19373**
		Steg f_e	65,55	57,61	49,96	42,68	37,06	35,70	31,73	29,17	26,68
78	**624,12**	M_{1500}	—	—	—	**43070**	**39950**	—	**36829**	—	**33708**
	0,565	M_{1200}	**43818**	**40697**	**37577**	**34456**	**31960**	**31336**	**29463**	**28215**	**26967**
	0,707	f_e	49,54	46,01	42,48	38,94	36,12	35,41	33,29	31,88	30,46
		z	*73,70*	*73,71*	*73,72*	*73,73*	*73,74*	*73,75*	*73,76*	*73,76*	*73,77*
		Steg M_{1500}	—	—	—	**40740**	**35697**	—	**30836**	—	**26181**
		Steg M_{1200}	**48772**	**43217**	**37816**	**32592**	**28557**	**27571**	**24669**	**22785**	**20945**
		Steg f_e	68,40	60,16	52,22	44,63	38,83	37,42	33,29	30,63	28,04
80	**642,04**	M_{1500}	—	—	—	**44407**	**41196**	—	**37986**	—	**34776**
	0,566	M_{1200}	**45156**	**41946**	**38735**	**35525**	**32957**	**32315**	**30389**	**29105**	**27821**
	0,708	f_e	49,71	46,17	42,63	39,09	36,26	35,55	33,43	32,02	30,60
		z	*75,70*	*75,71*	*75,72*	*75,73*	*75,74*	*75,74*	*75,75*	*75,76*	*75,76*
		Steg M_{1500}	—	—	—	**43757**	**38380**	—	**33193**	—	**28224**
		Steg M_{1200}	**52243**	**46327**	**40573**	**35006**	**30703**	**29651**	**26555**	**24544**	**22579**
		Steg f_e	71,26	62,72	54,49	46,62	40,60	39,14	34,85	32,09	29,40
82	**659,96**	M_{1500}	—	—	—	**45744**	**42444**	—	**39144**	—	**35844**
	0,567	M_{1200}	**46494**	**43194**	**39895**	**36595**	**33955**	**33295**	**31315**	**29995**	**28675**
	0,709	f_e	49,87	46,33	42,78	39,24	36,40	35,69	33,57	32,15	30,73
		z	*77,69*	*77,70*	*77,71*	*77,72*	*77,73*	*77,73*	*77,74*	*77,75*	*77,76*
		Steg M_{1500}	—	—	—	**46883**	**41160**	—	**35639**	—	**30345**
		Steg M_{1200}	**55835**	**49547**	**43429**	**37506**	**32928**	**31808**	**28511**	**26370**	**24277**
		Steg f_e	74,12	65,28	56,77	48,62	42,38	40,87	36,42	33,56	30,77
84	**677,89**	M_{1500}	—	—	—	**47081**	**43692**	—	**40302**	—	**36913**
	0,568	M_{1200}	**47833**	**44444**	**41054**	**37665**	**34953**	**34276**	**32242**	**30886**	**29530**
	0,710	f_e	50,02	46,47	42,92	39,38	36,54	35,83	33,70	32,28	30,86
		z	*79,69*	*79,69*	*79,70*	*79,71*	*79,72*	*79,73*	*79,74*	*79,74*	*79,75*
		Steg M_{1500}	—	—	—	**50119**	**44040**	—	**38173**	—	**32545**
		Steg M_{1200}	**59548**	**52877**	**46383**	**40095**	**35233**	**34042**	**30539**	**28262**	**26036**
		Steg f_e	76,99	67,86	59,06	50,63	44,17	42,60	38,00	35,03	32,14
86	**695,83**	M_{1500}	—	—	—	**48420**	**44940**	—	**41461**	—	**37982**
	0,569	M_{1200}	**49173**	**45694**	**42215**	**38736**	**35952**	**35257**	**33169**	**31777**	**30386**
	0,711	f_e	50,17	46,61	43,06	39,51	36,66	35,95	33,82	32,40	30,98
		z	*81,68*	*81,69*	*81,70*	*81,71*	*81,72*	*81,72*	*81,73*	*81,74*	*81,74*
		Steg M_{1500}	—	—	—	**53464**	**47019**	—	**40796**	—	**34822**
		Steg M_{1200}	**63383**	**56316**	**49436**	**42771**	**37616**	**36353**	**32637**	**30221**	**27858**
		Steg f_e	79,87	70,44	61,35	52,64	45,96	44,34	39,58	36,51	33,52
			←								$x > d$ —

Plattenbalken

Tafel 28

und 1200 kg/cm²

$d = 9$ cm

Steg $\begin{cases} M_{1500} \\ M_{1200} \\ f_e \end{cases}$ = durch je 1 m Breite des Steges aufnehmb. Moment in kgm bei $\sigma_e = 1500$ kg/cm²;
= durch je 1 m Breite des Steges aufnehmb. Moment in kgm bei $\sigma_e = 1200$ kg/cm²;
= Zugeisenquerschnitt in cm² entspr. den Druckspannungen im Steg je 1 m Breite;

d = Druckplattendicke in cm;
h = Nutzhöhe in cm;
x = Nullinienabstand.

worin b = Druckplattenbreite in m und b_0 = Stegbreite in m bedeuten.
Spannungen im Steg: $F_e = b \cdot f_{e\,\text{Platte}} + b_0 \cdot f_{e\,\text{Steg}}$.

$h = 76$—86 cm

σ_b									σ_e	h
55 44	50 40	45 36	40 32	35 28	30 24	25 20	20 16	15 12	1500 1200	
0,355 h	0,333 h	0,310 h	0,286 h	0,259 h	0,231 h	0,200 h	0,167 h	0,130 h	x	cm
29611	**26580**	**23549**	**20518**	**17487**	**14456**	**11425**	**8394**	**5363**	M_{1500}	76
23688	**21264**	**18839**	**16414**	**13989**	**11565**	**9140**	**6715**	**4290**	M_{1200}	
27,49	24,67	21,85	19,03	16,20	13,38	10,56	7,74	4,91	f_e	
71,80	*71,82*	*71,85*	*71,89*	*71,94*	*72,02*	*72,13*	*72,33*	*72,75*	z	
20085	**16205**	**12611**	**9344**	**6454**	**4000**	**2052**	—	—	Steg M_{1500}	
16069	**12964**	**10089**	**7476**	**5164**	**3200**	**1642**	—	—	Steg M_{1200}	
21,95	17,55	13,53	9,93	6,78	4,16	2,11	—	—	Steg f_e	
30588	**27467**	**24347**	**21226**	**18106**	**14985**	**11684**	**8744**	**5623**	M_{1500}	78
24470	**21974**	**19477**	**16981**	**14484**	**11988**	**9492**	**6995**	**4499**	M_{1200}	
27,63	24,81	21,98	19,15	16,33	13,50	10,67	7,85	5,02	f_e	
73,79	*73,81*	*73,84*	*73,88*	*73,93*	*74,00*	*74,11*	*74,29*	*74,69*	z	
21758	**17600**	**13741**	**10228**	**7112**	**4455**	**2332**	—	—	Steg M_{1500}	
17407	**14079**	**10994**	**8183**	**5690**	**3564**	**1866**	—	—	Steg M_{1200}	
23,11	18,53	14,33	10,56	7,27	4,50	2,33	—	—	Steg f_e	
31566	**28356**	**25145**	**21935**	**18725**	**15515**	**12305**	**9095**	**5884**	M_{1500}	80
25253	**22685**	**20116**	**17548**	**14980**	**12412**	**9844**	**7276**	**4707**	M_{1200}	
27,77	24,94	22,11	19,28	16,44	13,61	10,78	7,95	5,12	f_e	
75,78	*75,80*	*75,83*	*75,87*	*75,92*	*75,98*	*76,09*	*76,26*	*76,64*	z	
23499	**19051**	**14922**	**11153**	**7803**	**4935**	**2628**	**979**	—	Steg M_{1500}	
18799	**15242**	**11937**	**8923**	**6242**	**3948**	**2103**	**783**	—	Steg M_{1200}	
24,27	19,51	15,14	11,20	7,75	4,85	2,55	0,94	—	Steg f_e	
32544	**29244**	**25945**	**22645**	**19345**	**16045**	**12745**	**9446**	**6146**	M_{1500}	82
26035	**23396**	**20756**	**18116**	**15476**	**12836**	**10196**	**7556**	**4917**	M_{1200}	
27,90	25,06	22,23	19,39	16,55	13,72	10,88	8,05	5,21	f_e	
77,77	*77,80*	*77,82*	*77,86*	*77,90*	*77,97*	*78,07*	*78,24*	*78,59*	z	
25309	**20563**	**16150**	**12119**	**8526**	**5440**	**2944**	**1138**	—	Steg M_{1500}	
20247	**16450**	**12920**	**9695**	**6821**	**4352**	**2355**	**911**	—	Steg M_{1200}	
25,45	20,49	15,95	11,85	8,25	5,20	2,78	1,06	—	Steg f_e	
33523	**30134**	**26744**	**23355**	**19966**	**16576**	**13187**	**9797**	**6408**	M_{1500}	84
26819	**24107**	**21396**	**18684**	**15972**	**13261**	**10549**	**7838**	**5126**	M_{1200}	
28,02	25,18	22,34	19,50	16,66	13,82	10,98	8,14	5,30	f_e	
79,77	*79,79*	*79,81*	*79,85*	*79,89*	*79,95*	*80,05*	*80,21*	*80,55*	z	
27186	**22133**	**17429**	**13125**	**9281**	**5970**	**3277**	**1310**	—	Steg M_{1500}	
21748	**17706**	**13944**	**10500**	**7425**	**4776**	**2622**	**1047**	—	Steg M_{1200}	
26,63	21,49	16,76	12,50	8,75	5,56	3,02	1,19	—	Steg f_e	
34503	**31024**	**27545**	**24066**	**20586**	**17107**	**13628**	**10149**	**6670**	M_{1500}	86
27602	**24819**	**22036**	**19252**	**16469**	**13686**	**10903**	**8119**	**5336**	M_{1200}	
28,13	25,29	22,45	19,60	16,76	13,92	11,08	8,23	5,39	f_e	
81,76	*81,78*	*81,80*	*81,84*	*81,88*	*81,94*	*82,03*	*82,19*	*82,50*	z	
29131	**23761**	**18757**	**14172**	**10070**	**6525**	**3629**	**1493**	—	Steg M_{1500}	
23305	**19009**	**15006**	**11338**	**8056**	**5220**	**2903**	**1194**	—	Steg M_{1200}	
27,81	22,49	17,59	13,16	9,25	5,93	3,26	1,32	—	Steg f_e	

$d = 9$ cm bei $\sigma_e = 1500$

M_{1500} = Moment in kgm auf 1 m Druckplattenbreite bei $\sigma_e = 1500$ kg/cm² ⎫ ohne Berück-
M_{1200} = Moment in kgm auf 1 m Druckplattenbreite bei $\sigma_e = 1200$ kg/cm² ⎬ sichtigung der
f_e = Zugeisenquerschnitt in cm² auf 1 m Druckplattenbreite ⎪ Spannungen
z = Abstand des Druckmittelpunktes vom Zugmittelpunkt in cm ⎭ im Steg;
ΔM = Momentendifferenz bei Änderung von σ_b um 1 kg/cm² (gültig nur wenn $x > d$);
Δf_{e1500} bzw. Δf_{e1200} = Differenz der Zugbewehrung bei Änderung von σ_b um 1 kg/cm² für $\sigma_e = 1500$ bzw. $\sigma_e = 1200$ kg/cm² (gültig nur wenn $x > d$);
Gesamtmoment bei Berücksichtigung der Spannungen im Steg: $M = b \cdot M_{\text{Platte}} + b_0 \cdot M_{\text{Steg}}$,
Zugeisenquerschnitt bei Berücksichtigung der

$h = 88$—98 cm

h cm	ΔM / Δf_{e1500} / Δf_{e1200}	σ_e: 1500 / 1200; x	σ_b: — / 75	— / 70	— / 65	75 / 60	70 / 56	— / 55	65 / 52	— / 50	60 / 48
		x	0,484 h	0,467 h	0,448 h	0,429 h	0,412 h	0,407 h	0,394 h	0,385 h	0,375 h
			←								$x > d$ –
88	713,76	M_{1500}	—	—	—	**49758**	**46189**	—	**42621**	—	**39052**
	0,569	M_{1200}	**50513**	**46944**	**43375**	**39807**	**36952**	**36238**	**34097**	**32669**	**31241**
	0,712	f_e	50,31	46,75	43,19	39,63	36,78	36,07	33,94	32,51	31,09
		z	*83,68*	*83,68*	*83,69*	*83,70*	*83,71*	*83,72*	*83,72*	*83,73*	*83,74*
		Steg M_{1500}	—	—	—	**56919**	**50097**	—	**43506**	—	**37178**
		Steg M_{1200}	**67339**	**59866**	**52588**	**45535**	**40077**	**38741**	**34805**	**32246**	**29743**
		Steg f_e	82,76	73,03	63,65	54,66	47,76	46,09	41,17	38,00	34,91
90	731,70	M_{1500}	—	—	—	**51098**	**47439**	—	**43781**	—	**40122**
	0,570	M_{1200}	**51854**	**48195**	**44537**	**40878**	**37951**	**37220**	**35024**	**33561**	**32098**
	0,713	f_e	50,44	46,88	43,31	39,75	36,90	36,19	34,05	32,63	31,20
		z	*85,67*	*85,68*	*85,69*	*85,70*	*85,71*	*85,71*	*85,72*	*85,72*	*85,73*
		Steg M_{1500}	—	—	—	**60484**	**53274**	—	**46306**	—	**39612**
		Steg M_{1200}	**71417**	**63525**	**55839**	**48387**	**42619**	**41206**	**37045**	**34338**	**31690**
		Steg f_e	85,65	75,63	65,95	56,68	49,57	47,84	42,77	39,49	36,30
92	749,64	M_{1500}	—	—	—	**52437**	**48689**	—	**44941**	—	**41193**
	0,571	M_{1200}	**53194**	**49446**	**45698**	**41950**	**38951**	**38202**	**35953**	**34453**	**32954**
	0,713	f_e	50,56	47,00	43,43	39,86	37,01	36,30	34,16	32,73	31,30
		z	*87,67*	*87,68*	*87,68*	*87,69*	*87,70*	*87,70*	*87,71*	*87,72*	*87,73*
		Steg M_{1500}	—	—	—	**64159**	**56550**	—	**49194**	—	**42125**
		Steg M_{1200}	**75615**	**67295**	**59188**	**51327**	**45240**	**43749**	**39356**	**36498**	**33700**
		Steg f_e	88,55	78,22	68,26	58,71	51,38	49,60	44,37	40,99	37,70
94	767,59	M_{1500}	—	—	—	**53777**	**49939**	—	**46102**	—	**42264**
	0,571	M_{1200}	**54536**	**50698**	**46860**	**43022**	**39952**	**39184**	**36881**	**35346**	**33811**
	0,714	f_e	50,68	47,11	43,54	39,97	37,12	36,40	34,26	32,83	31,40
		z	*89,66*	*89,67*	*89,68*	*89,69*	*89,70*	*89,70*	*89,71*	*89,71*	*89,72*
		Steg M_{1500}	—	—	—	**67943**	**59925**	—	**52171**	—	**44715**
		Steg M_{1200}	**79935**	**71173**	**62636**	**54354**	**47939**	**46368**	**41737**	**38723**	**35773**
		Steg f_e	91,45	80,83	70,58	60,74	53,20	51,36	45,97	42,49	39,10
96	785,53	M_{1500}	—	—	—	**55118**	**51190**	—	**47263**	—	**43335**
	0,572	M_{1200}	**55877**	**51950**	**48022**	**44094**	**40952**	**40167**	**37810**	**36239**	**34668**
	0,715	f_e	50,80	47,23	43,65	40,08	37,22	36,50	34,36	32,93	31,50
		z	*91,66*	*91,67*	*91,68*	*91,68*	*91,69*	*91,70*	*91,70*	*91,71*	*91,71*
		Steg M_{1500}	—	—	—	**71837**	**63399**	—	**55236**	—	**47385**
		Steg M_{1200}	**84377**	**75163**	**66183**	**57470**	**50719**	**49065**	**44189**	**41015**	**37908**
		Steg f_e	94,36	83,44	72,90	62,78	55,02	53,13	47,58	43,99	40,50
98	803,48	M_{1500}	—	—	—	**56459**	**52442**	—	**48424**	—	**44407**
	0,572	M_{1200}	**57219**	**53202**	**49185**	**45167**	**41953**	**41150**	**38739**	**37132**	**35525**
	0,716	f_e	50,91	47,33	43,76	40,18	37,32	36,60	34,45	33,02	31,59
		z	*93,66*	*93,66*	*93,67*	*93,68*	*93,69*	*93,69*	*93,70*	*93,70*	*93,71*
		Steg M_{1500}	—	—	—	**75841**	**66971**	—	**58390**	—	**50132**
		Steg M_{1200}	**88939**	**78262**	**69828**	**60673**	**53577**	**51838**	**46712**	**43375**	**40107**
		Steg f_e	97,27	86,05	75,22	64,82	56,84	54,90	49,19	45,50	41,91
			←								$x > d$ –

Steg $\begin{cases} M_{1500} = \text{durch je 1 m Breite des Steges aufnehmb. Moment in kgm bei } \sigma_e = 1500 \text{ kg/cm}^2; \\ M_{1200} = \text{durch je 1 m Breite des Steges aufnehmb. Moment in kgm bei } \sigma_e = 1200 \text{ kg/cm}^2; \\ f_e = \text{Zugeisenquerschnitt in cm}^2 \text{ entspr. den Druckspannungen im Steg je 1 m Breite;} \end{cases}$

d = Druckplattendicke in cm;
h = Nutzhöhe in cm;
x = Nullinienabstand.

worin b = Druckplattenbreite in m und b_0 = Stegbreite in m bedeuten.
Spannungen im Steg: $F_e = b \cdot f_{e\,\text{Platte}} + b_0 \cdot f_{e\,\text{Steg}}$.

$h = 88$—98 cm

σ_b									σ_e	h
55 44	50 40	45 36	40 32	35 28	30 24	25 20	20 16	15 12	1500 1200	
0,355 h	0,333 h	0,310 h	0,286 h	0,259 h	0,231 h	0,200 h	0,167 h	0,130 h	x	cm
35483	**31914**	**28345**	**24777**	**21208**	**17639**	**14070**	**10501**	**6933**	M_{1500}	
28386	**25531**	**22676**	**19821**	**16966**	**14111**	**11256**	**8401**	**5546**	M_{1200}	
28,24	25,40	22,55	19,70	16,86	14,01	11,16	8,32	5,47	f_e	**88**
83,75	*83,77*	*83,80*	*83,83*	*83,87*	*83,93*	*84,02*	*84,16*	*84,47*	z	
31145	**25449**	**20136**	**15260**	**10890**	**7105**	**3999**	**1689**	—	Steg M_{1500}	
24917	**20359**	**16108**	**12209**	**8713**	**5684**	**3199**	**1351**	—	Steg M_{1200}	
29,00	23,49	18,41	13,82	9,76	6,30	3,50	1,46	—	Steg f_e	
36464	**32805**	**29147**	**25488**	**21830**	**18171**	**14513**	**10854**	**7196**	M_{1500}	
29171	**26244**	**23317**	**20390**	**17464**	**14537**	**11610**	**8683**	**5756**	M_{1200}	
28,35	25,50	22,65	19,80	16,95	14,10	11,25	8,40	5,55	f_e	**90**
85,75	*85,76*	*85,79*	*85,82*	*85,86*	*85,91*	*86,00*	*86,14*	*86,43*	z	
33228	**27195**	**21563**	**16390**	**11745**	**7711**	**4388**	**1896**	—	Steg M_{1500}	
26582	**21756**	**17250**	**13112**	**9395**	**6168**	**3510**	**1517**	—	Steg M_{1200}	
30,20	24,50	19,25	14,49	10,27	6,67	3,75	1,60	—	Steg f_e	
37444	**33696**	**29948**	**26200**	**22452**	**18703**	**14955**	**11207**	**7459**	M_{1500}	
29956	**26957**	**23958**	**20960**	**17961**	**14963**	**11964**	**8966**	**5967**	M_{1200}	
28,45	25,60	22,74	19,89	17,04	14,18	11,33	8,48	5,63	f_e	**92**
87,74	*87,76*	*87,78*	*87,81*	*87,85*	*87,90*	*87,99*	*88,12*	*88,40*	z	
35379	**29000**	**23040**	**17559**	**12631**	**8342**	**4794**	**2116**	—	Steg M_{1500}	
28304	**23200**	**18432**	**14048**	**10105**	**6673**	**3835**	**1692**	—	Steg M_{1200}	
31,40	25,51	20,08	15,16	10,79	7,05	4,00	1,74	—	Steg f_e	
38426	**34588**	**30750**	**26912**	**23074**	**19236**	**15398**	**11560**	**7722**	M_{1500}	
30741	**27670**	**24600**	**21529**	**18459**	**15389**	**12318**	**9248**	**6178**	M_{1200}	
28,55	25,69	22,84	19,98	17,12	14,27	11,41	8,55	5,70	f_e	**94**
89,73	*89,75*	*89,77*	*89,80*	*89,84*	*89,89*	*89,97*	*90,10*	*90,37*	z	
37598	**30864**	**24567**	**18771**	**13551**	**8997**	**5219**	**2349**	—	Steg M_{1500}	
30078	**24691**	**19654**	**15017**	**10841**	**7198**	**4176**	**1879**	—	Steg M_{1200}	
32,60	26,53	20,92	15,83	11,31	7,43	4,16	1,89	—	Steg f_e	
39407	**35480**	**31552**	**27624**	**23697**	**19769**	**15841**	**11914**	**7986**	M_{1500}	
31526	**28384**	**25242**	**22099**	**18957**	**15815**	**12673**	**9531**	**6389**	M_{1200}	
28,64	25,78	22,92	20,06	17,20	14,34	11,48	8,63	5,77	f_e	**96**
91,73	*91,75*	*91,77*	*91,79*	*91,83*	*91,88*	*91,96*	*92,09*	*92,34*	z	
39886	**32787**	**26144**	**20023**	**14503**	**9679**	**5663**	**2593**	—	Steg M_{1500}	
31909	**26229**	**20915**	**16019**	**11602**	**7743**	**4530**	**2074**	—	Steg M_{1200}	
33,81	27,55	21,77	16,51	11,83	7,81	4,52	2,04	—	Steg f_e	
40389	**36372**	**32355**	**28337**	**24320**	**20302**	**16285**	**12268**	**8250**	M_{1500}	
32311	**29098**	**25884**	**22670**	**19456**	**16242**	**13028**	**9814**	**6600**	M_{1200}	
28,73	25,87	23,01	20,14	17,28	14,42	11,56	8,69	5,83	f_e	**98**
93,72	*93,74*	*93,76*	*93,79*	*93,82*	*93,87*	*93,95*	*94,07*	*94,32*	z	
42243	**34769**	**27771**	**21316**	**15488**	**10385**	**6124**	**2849**	—	Steg M_{1500}	
33794	**27816**	**22216**	**17053**	**12390**	**8308**	**4899**	**2280**	—	Steg M_{1200}	
35,02	28,58	22,62	17,19	12,36	8,20	4,78	2,20	—	Steg f_e	

Tafel 30

Tafel für

$d = 9$ cm

bei $\sigma_e = 1500$

M_{1500} = Moment in kgm auf 1 m Druckplattenbreite bei $\sigma_e = 1500$ kg/cm² ⎫ ohne Berück-
M_{1200} = Moment in kgm auf 1 m Druckplattenbreite bei $\sigma_e = 1200$ kg/cm² ⎬ sichtigung der
f_e = Zugeisenquerschnitt in cm² auf 1 m Druckplattenbreite ⎪ Spannungen
z = Abstand des Druckmittelpunktes vom Zugmittelpunkt in cm ⎭ im Steg;
ΔM = Momentendifferenz bei Änderung von σ_b um 1 kg/cm² (gültig nur wenn $x > d$);
Δf_{e1500} bzw. Δf_{e1200} = Differenz der Zugbewehrung bei Änderung von σ_b um 1 kg/cm² für $\sigma_e = 1500$ bzw. $\sigma_e = 1200$ kg/cm² (gültig nur wenn $x > d$);
Gesamtmoment bei Berücksichtigung der Spannungen im Steg: $M = b \cdot M_{\text{Platte}} + b_0 \cdot M_{\text{Steg}}$,
Zugeisenquerschnitt bei Berücksichtigung der

$h = 100$ cm

h	ΔM	σ_e	σ_b								
	$\Delta f_{e\,1500}$	1500	—	—	—	75	70	—	65	—	60
	$\Delta f_{e\,1200}$	1200	75	70	65	60	56	55	52	50	48
cm		x	0,484h	0,467h	0,448h	0,429h	0,412h	0,407h	0,394h	0,385h	0,375h
			←								$x > d$ -
	821,43	M_{1500}	—	—	—	**57800**	**53693**	—	**49586**	—	**45479**
		M_{1200}	**58562**	**54454**	**50347**	**46240**	**42955**	**42133**	**39669**	**38026**	**36383**
100	0,573	f_e	51,02	47,44	43,86	40,28	37,41	36,69	34,55	33,11	31,68
	0,716	z	95,65	95,66	95,67	95,68	95,68	95,69	95,69	95,70	95,70
		Steg M_{1500}	—	—	—	**79955**	**70644**	—	**61632**	—	**52959**
		Steg M_{1200}	**93624**	**83472**	**73573**	**63964**	**56515**	**54689**	**49306**	**45800**	**42367**
		Steg f_e	100,19	88,67	77,55	66,87	58,67	56,67	50,81	47,02	43,32
			←								$x > d$ -

und 1200 kg/cm² $d = 9$ cm

Steg: M_{1500} = durch je 1 m Breite des Steges aufnehmb. Moment in kgm bei $\sigma_e = 1500$ kg/cm²;
Steg: M_{1200} = durch je 1 m Breite des Steges aufnehmb. Moment in kgm bei $\sigma_e = 1200$ kg/cm²;
Steg: f_e = Zugeisenquerschnitt in cm² entspr. den Druckspannungen im Steg je 1 m Breite;
d = Druckplattendicke in cm;
h = Nutzhöhe in cm;
x = Nullinienabstand.

worin b = Druckplattenbreite in m und b_0 = Stegbreite in m bedeuten.
Spannungen im Steg: $F_e = b \cdot f_{e\,\text{Platte}} + b_0 \cdot f_{e\,\text{Steg}}$.

$h = 100$ cm

σ_b									σ_e	
55 44	**50** **40**	45 36	**40** **32**	35 28	30 24	25 20	20 16	15 12	**1500** **1200**	h
0,355 h	0,333 h	0,310 h	0,286 h	0,259 h	0,231 h	0,200 h	0,167 h	0,130 h	x	cm
41372 **33097** 28,82 *95,72* **44667** **35734** 36,24	**37265** **29812** 25,95 *95,73* **36810** **29447** 29,61	**33157** **26526** 23,09 *95,75* **29447** **23557** 23,47	**29050** **23240** 20,22 *95,78* **22651** **18121** 17,88	**24943** **19954** 17,36 *95,82* **16506** **13206** 12,89	**20836** **16669** 14,49 *95,86* **11117** **8893** 8,59	**16729** **13383** 11,63 *95,94* **6604** **5284** 5,04	**12622** **10097** 8,76 *96,05* **3119** **2496** 2,35	**8514** **6812** 5,90 *96,29* — — —	M_{1500} M_{1200} f_e z Steg M_{1500} Steg M_{1200} Steg f_e	**100**

Tafel 31

Tafel für

$d = 10$ cm

bei $\sigma_e = 1500$

M_{1500} = Moment in kgm auf 1 m Druckplattenbreite bei $\sigma_e = 1500$ kg/cm²
M_{1200} = Moment in kgm auf 1 m Druckplattenbreite bei $\sigma_e = 1200$ kg/cm²
f_e = Zugeisenquerschnitt in cm² auf 1 m Druckplattenbreite
} ohne Berücksichtigung der Spannungen im Steg;
ΔM = Momentendifferenz bei Änderung von σ_b um 1 kg/cm² (gültig nur wenn $x > d$);

$h = 22$—32 cm

h	ΔM / $\Delta f_{e\,1500}$ / $\Delta f_{e\,1200}$	σ_e: 1500 / 1200	σ_b: — / 75	— / 70	— / 65	75 / 60	70 / 56	— / 55	65 / 52	— / 50	60 / 48
cm		x	0,484 h	0,467 h	0,448 h	0,429 h	0,412 h	0,407 h	0,394 h	0,385 h	0,375 h
			← $x > d$ →		←						
22	135,00	M_{1500}	—	—	—	6667	6018	—	5383	—	4764
	0,515	M_{1200}	7348	6673	5998	5334	4814	4686	4306	4057	3812
	0,644	f_e	33,14	29,92	26,71	23,57	21,14	20,54	18,78	17,63	16,50
		z	18,48	18,58	18,71	18,86	18,98	19,01	19,11	19,18	19,25
23	144,49	M_{1500}	—	—	—	7287	6577	—	5883	—	5207
	0,522	M_{1200}	7996	7274	6551	5830	5262	5122	4707	4434	4166
	0,652	f_e	34,42	31,16	27,90	24,64	22,10	21,47	19,63	18,43	17,25
		z	19,36	19,45	19,57	19,71	19,84	19,88	19,98	20,05	20,12
24	153,89	M_{1500}	—	—	—	7931	7162	—	6406	—	5670
	0,528	M_{1200}	8653	7883	7114	6344	5729	5577	5125	4828	4536
	0,660	f_e	35,59	32,29	28,99	25,69	23,06	22,41	20,48	19,23	18,00
		z	20,26	20,34	20,45	20,58	20,71	20,74	20,85	20,92	21,00
25	163,33	M_{1500}	—	—	—	8583	7767	—	6951	—	6152
	0,533	M_{1200}	9317	8500	7683	6867	6213	6050	5561	5239	4922
	0,667	f_e	36,67	33,33	30,00	26,67	24,00	23,33	21,34	20,03	18,75
		z	21,17	21,25	21,34	21,46	21,57	21,61	21,72	21,79	21,88
26	172,82	M_{1500}	—	—	—	9244	8379	—	7515	—	6654
	0,538	M_{1200}	9987	9123	8259	7395	6704	6531	6012	5667	5324
	0,673	f_e	37,66	34,29	30,93	27,56	24,87	24,20	22,18	20,83	19,50
		z	22,10	22,17	22,25	22,36	22,46	22,49	22,59	22,67	22,75
27	182,35	M_{1500}	—	—	—	9911	8999	—	8087	—	7175
	0,543	M_{1200}	10664	9752	8840	7928	7199	7017	6470	6105	5740
	0,679	f_e	38,58	35,19	31,79	28,40	25,68	25,00	22,96	21,60	20,25
		z	23,03	23,10	23,17	23,27	23,36	33,39	23,48	23,55	23,63
28	191,91	M_{1500}	—	—	—	10583	9624	—	8664	—	7705
	0,548	M_{1200}	11345	10386	9426	8467	7699	7507	6931	6548	6164
	0,685	f_e	39,43	36,01	32,59	29,17	26,43	25,74	23,69	22,32	20,95
		z	23,97	24,03	24,10	24,19	24,28	24,30	24,38	24,44	24,52
29	201,49	M_{1500}	—	—	—	11261	10254	—	9247	—	8239
	0,552	M_{1200}	12032	11024	10017	9009	8203	8002	7397	6994	6591
	0,690	f_e	40,23	36,78	33,33	29,89	27,13	26,44	24,37	22,99	21,61
		z	24,92	24,98	25,04	25,12	25,20	25,22	25,30	25,35	25,42
30	211,11	M_{1500}	—	—	—	11944	10889	—	9833	—	8778
	0,556	M_{1200}	12722	11667	10611	9556	8711	8500	7867	7444	7022
	0,694	f_e	40,97	37,50	34,03	30,56	27,78	27,08	25,00	23,61	22,22
		z	25,88	25,93	25,99	26,06	26,13	26,15	26,22	26,27	26,33
32	230,42	M_{1500}	—	—	—	13323	12171	—	11019	—	9867
	0,563	M_{1200}	14115	12963	11810	10658	9737	9506	8815	8354	7893
	0,703	f_e	42,32	38,80	35,29	31,77	28,96	28,26	26,15	24,74	23,33
		z	27,79	27,84	27,89	27,96	28,02	28,04	28,10	28,14	28,19
			←					$x > d$ →			

und 1200 kg/cm²

$d = 10$ cm

Δf_{e1500} bzw. Δf_{e1200} = Differenz der Zugbewehrung bei Änderung von σ_b um 1 kg/cm² für $\sigma_e = 1500$ bzw. $\sigma_e = 1200$ kg/cm² (gültig nur wenn $x > d$);
d = Druckplattendicke in cm;
h = Nutzhöhe in cm; x = Nullinienabstand;
z = Abstand des Druckmittelpunktes vom Zugmittelpunkt in cm.

$h = 22$—32 cm

σ_b									σ_e	h
55 44	50 40	45 36	40 32	35 28	30 24	25 20	20 16	15 12	1500 1200	
0,355 h	0,333 h	0,310 h	0,286 h	0,259 h	0,231 h	0,200 h	0,167 h	0,130 h	x	cm
$x \leqq d$ →								→		
4164	**3585**	**3030**	**2502**	**2006**	**1547**	**1129**	**762**	**453**	M_{1500}	**22**
3331	**2868**	**2424**	**2002**	**1605**	**1237**	**903**	**609**	**362**	M_{1200}	
14,31	12,22	10,24	8,38	6,65	5,08	3,67	2,44	1,43	f_e	
19,40	*19,56*	*19,72*	*19,90*	*20,10*	*20,31*	*20,53*	*20,78*	*21,04*	z	
4551	**3919**	**3312**	**2735**	**2193**	**1690**	**1234**	**833**	**495**	M_{1500}	**23**
3641	**3135**	**2649**	**2188**	**1754**	**1352**	**987**	**666**	**396**	M_{1200}	
14,96	12,78	10,71	8,76	6,96	5,31	3,83	2,56	1,50	f_e	
20,28	*20,44*	*20,62*	*20,81*	*21,01*	*21,23*	*21,47*	*21,72*	*22,00*	z	
4956	**4267**	**3606**	**2978**	**2387**	**1840**	**1344**	**907**	**539**	M_{1500}	**24**
3965	**3413**	**2885**	**2382**	**1910**	**1472**	**1075**	**725**	**431**	M_{1200}	
15,61	13,33	11,17	9,14	7,26	5,54	4,00	2,67	1,57	f_e	
21,16	*21,33*	*21,52*	*21,71*	*21,93*	*22,15*	*22,40*	*22,67*	*22,96*	z	
5377	**4630**	**3913**	**3231**	**2591**	**1997**	**1458**	**984**	**585**	M_{1500}	**25**
4302	**3704**	**3130**	**2585**	**2072**	**1598**	**1167**	**787**	**468**	M_{1200}	
16,26	13,89	11,64	9,52	7,56	5,77	4,17	2,78	1,63	f_e	
22,04	*22,22*	*22,41*	*22,62*	*22,84*	*23,08*	*23,33*	*23,61*	*23,91*	z	
5816	**5007**	**4232**	**3495**	**2802**	**2160**	**1577**	**1064**	**633**	M_{1500}	**26**
4653	**4006**	**3386**	**2796**	**2242**	**1728**	**1262**	**851**	**506**	M_{1200}	
16,91	14,44	12,10	9,90	7,86	6,00	4,33	2,89	1,70	f_e	
22,92	*23,11*	*23,31*	*23,52*	*23,75*	*24,00*	*24,27*	*24,56*	*24,87*	z	
6272	**5400**	**4564**	**3769**	**3022**	**2329**	**1701**	**1148**	**682**	M_{1500}	**27**
5018	**4320**	**3651**	**3015**	**2417**	**1863**	**1361**	**918**	**546**	M_{1200}	
17,56	15,00	12,57	10,29	8,17	6,23	4,50	3,00	1,76	f_e	
23,81	*24,00*	*24,21*	*24,43*	*24,67*	*24,92*	*25,20*	*25,50*	*25,83*	z	
6745	**5807**	**4908**	**4053**	**3250**	**2505**	**1829**	**1234**	**734**	M_{1500}	**28**
5396	**4646**	**3927**	**3243**	**2600**	**2004**	**1463**	**987**	**587**	M_{1200}	
18,22	15,56	13,03	10,67	8,47	6,46	4,67	3,11	1,83	f_e	
24,69	*24,89*	*25,10*	*25,33*	*25,58*	*25,85*	*26,13*	*26,44*	*26,78*	z	
7232	**6230**	**5265**	**4348**	**3486**	**2687**	**1962**	**1324**	**787**	M_{1500}	**29**
5785	**4984**	**4212**	**3478**	**2789**	**2150**	**1570**	**1059**	**630**	M_{1200}	
18,85	16,11	13,50	11,05	8,77	6,69	4,83	3,22	1,89	f_e	
25,58	*25,78*	*26,00*	*26,24*	*26,49*	*26,77*	*27,07*	*27,39*	*27,74*	z	
7722	**6667**	**5634**	**4653**	**3730**	**2876**	**2100**	**1417**	**842**	M_{1500}	**30**
6178	**5333**	**4507**	**3722**	**2984**	**2301**	**1680**	**1133**	**674**	M_{1200}	
19,44	16,67	13,97	11,43	9,07	6,92	5,00	3,33	1,96	f_e	
26,48	*26,67*	*26,90*	*27,14*	*27,41*	*27,69*	*28,00*	*28,33*	*28,70*	z	
8715	**7563**	**6411**	**5294**	**4244**	**3272**	**2389**	**1612**	**958**	M_{1500}	**32**
6972	**6050**	**5129**	**4235**	**3396**	**2618**	**1911**	**1289**	**767**	M_{1200}	
20,52	17,71	14,90	12,19	9,68	7,38	5,33	3,56	2,09	f_e	
28,31	*28,47*	*28,69*	*28,95*	*29,23*	*29,54*	*29,87*	*30,22*	*30,61*	z	
→	→	←			$x \leqq d$			→		

Tafel 32

Tafel für

$d = 10$ cm

bei $\sigma_e = 1500$

M_{1500} = Moment in kgm auf 1 m Druckplattenbreite bei $\sigma_e = 1500$ kg/cm² ⎫ ohne Berücksichtigung der Spannungen im Steg;
M_{1200} = Moment in kgm auf 1 m Druckplattenbreite bei $\sigma_e = 1200$ kg/cm² ⎬
f_e = Zugeisenquerschnitt in cm² auf 1 m Druckplattenbreite ⎭
ΔM = Momentendifferenz bei Änderung von σ_b um 1 kg/cm² (gültig nur wenn $x > d$);

$h = 34$—52 cm

h	ΔM / $\Delta f_{e\,1500}$ / $\Delta f_{e\,1200}$	σ_e	σ_b								
		1500	—	—	—	75	70	—	65	—	60
		1200	75	70	65	60	56	55	52	50	48
cm		x	0,484 h	0,467 h	0,448 h	0,429 h	0,412 h	0,407 h	0,394 h	0,385 h	0,375 h
			←					$x > d$			
34		M_{1500}	—	—	—	**14716**	**13467**	—	**12218**	—	**10969**
	249,80	M_{1200}	**15520**	**14271**	**13022**	**11773**	**10773**	**10524**	**9774**	**9275**	**8775**
	0,569	f_e	43,50	39,95	36,40	32,84	30,00	29,29	27,16	25,74	24,31
	0,711	z	*29,73*	*29,77*	*29,81*	*29,87*	*29,93*	*29,94*	*29,99*	*30,03*	*30,08*
36		M_{1500}	—	—	—	**16120**	**14774**	—	**13428**	—	**12081**
	269,26	M_{1200}	**16935**	**15589**	**14243**	**12896**	**11819**	**11550**	**10742**	**10204**	**9665**
	0,574	f_e	44,56	40,97	37,38	33,80	30,93	30,21	28,06	26,62	25,19
	0,718	z	*31,67*	*31,71*	*31,75*	*31,80*	*31,85*	*31,86*	*31,91*	*31,94*	*31,98*
38		M_{1500}	—	—	—	**17535**	**16091**	—	**14647**	—	**13204**
	288,77	M_{1200}	**18360**	**16916**	**15472**	**14028**	**12873**	**12584**	**11718**	**11140**	**10563**
	0,579	f_e	45,50	41,89	38,27	34,65	31,75	31,03	28,86	27,41	25,96
	0,724	z	*33,62*	*33,65*	*33,69*	*33,74*	*33,78*	*33,80*	*33,84*	*33,87*	*33,90*
40		M_{1500}	—	—	—	**18958**	**17417**	—	**15875**	—	**14333**
	308,33	M_{1200}	**19792**	**18250**	**16708**	**15167**	**13933**	**13625**	**12700**	**12083**	**11467**
	0,583	f_e	46,35	42,71	39,06	35,42	32,50	31,77	29,58	28,13	26,67
	0,729	z	*35,58*	*35,61*	*35,64*	*35,69*	*35,73*	*35,74*	*35,77*	*35,80*	*35,83*
42		M_{1500}	—	—	—	**20389**	**18749**	—	**17110**	—	**15470**
	327,94	M_{1200}	**21230**	**19590**	**17951**	**16311**	**14999**	**14671**	**13688**	**13032**	**12376**
	0,587	f_e	47,12	43,45	38,78	36,11	33,17	32,44	30,24	28,77	27,30
	0,734	z	*37,54*	*37,57*	*37,60*	*37,64*	*37,68*	*37,69*	*37,72*	*37,75*	*37,78*
44		M_{1500}	—	—	—	**21826**	**20088**	—	**18350**	—	**16612**
	347,58	M_{1200}	**22674**	**20936**	**19199**	**17461**	**16070**	**15723**	**14680**	**13985**	**13290**
	0,591	f_e	47,82	44,13	40,44	36,74	33,79	33,05	30,83	29,36	27,88
	0,739	z	*39,51*	*39,54*	*39,57*	*39,60*	*39,64*	*39,64*	*39,68*	*39,70*	*39,72*
46		M_{1500}	—	—	—	**23268**	**21432**	—	**19596**	—	**17759**
	367,25	M_{1200}	**24123**	**22287**	**20451**	**18615**	**17146**	**16778**	**15677**	**14942**	**14208**
	0,594	f_e	48,46	44,75	41,03	37,32	34,35	33,61	31,38	29,89	28,41
	0,743	z	*41,48*	*41,51*	*41,53*	*41,57*	*41,60*	*41,61*	*41,64*	*41,66*	*41,68*
48		M_{1500}	—	—	—	**24715**	**22781**	—	**20846**	—	**18911**
	386,94	M_{1200}	**25576**	**23642**	**21707**	**19772**	**18224**	**17838**	**16677**	**15903**	**15129**
	0,597	f_e	49,05	45,31	41,58	37,85	34,86	34,11	31,88	30,38	28,89
	0,747	z	*43,46*	*43,48*	*43,50*	*43,54*	*43,56*	*43,57*	*43,60*	*43,62*	*43,64*
50		M_{1500}	—	—	—	**26167**	**24133**	—	**22100**	—	**20067**
	406,67	M_{1200}	**27033**	**25000**	**22967**	**20933**	**19307**	**18900**	**17680**	**16867**	**16053**
	0,600	f_e	49,58	45,83	42,08	38,33	35,33	34,58	32,33	30,83	29,33
	0,750	z	*45,43*	*45,45*	*45,48*	*45,51*	*45,53*	*45,54*	*45,57*	*45,59*	*45,61*
52		M_{1500}	—	—	—	**27622**	**25490**	—	**23358**	—	**21226**
	426,41	M_{1200}	**28494**	**26362**	**24229**	**22097**	**20392**	**19965**	**18686**	**17833**	**16981**
	0,603	f_e	50,08	46,31	42,55	38,78	35,77	35,02	32,76	31,25	29,74
	0,753	z	*47,41*	*47,43*	*47,46*	*47,48*	*47,51*	*47,51*	*47,54*	*47,56*	*47,57*
			←								$x > d$

Plattenbalken

Tafel 32

und 1200 kg/cm²

$d = 10$ cm

Δf_{e1500} bzw. Δf_{e1200} = Differenz der Zugbewehrung bei Änderung von σ_b um 1 kg/cm² für $\sigma_e = 1500$ bzw. $\sigma_e = 1200$ kg/cm² (gültig nur wenn $x > d$);
d = Druckplattendicke in cm;
h = Nutzhöhe in cm· x = Nullinienabstand;
z = Abstand des Druckmittelpunktes vom Zugmittelpunkt in cm.

$h = 34$—52 cm

σ_b									σ_e	h
55 44	**50** **40**	45 36	**40** 32	35 28	30 24	25 20	20 16	15 12	**1500** **1200**	
0,355 h	0,333 h	0,310 h	0,286 h	0,259 h	0,231 h	0,200 h	0,167 h	0,130 h	x	cm
→	→	→	← $x \leqq d$					→		
9720	**8471**	**7222**	**5977**	**4792**	**3694**	**2697**	**1820**	**1082**	M_{1500}	**34**
7776	**6776**	**5777**	**4781**	**3833**	**2955**	**2158**	**1456**	**865**	M_{1200}	
21,47	18,63	15,78	12,95	10,28	7,85	5,67	3,78	2,22	f_e	
30,18	*30,32*	*30,50*	*30,76*	*31,06*	*31,38*	*31,73*	*32,11*	*32,52*	z	
10735	**9389**	**8043**	**6696**	**5372**	**4141**	**3024**	**2040**	**1213**	M_{1500}	**36**
8588	**7511**	**6434**	**5357**	**4297**	**3313**	**2419**	**1632**	**970**	M_{1200}	
22,31	19,44	16,57	13,70	10,89	8,31	6,00	4,00	2,35	f_e	
32,07	*32,19*	*32,35*	*32,58*	*32,89*	*33,23*	*33,60*	*34,00*	*34,43*	z	
11760	**10316**	**8872**	**7428**	**5985**	**4614**	**3369**	**2273**	**1351**	M_{1500}	**38**
9408	**8253**	**7098**	**5942**	**4788**	**3691**	**2695**	**1818**	**1081**	M_{1200}	
23,07	20,18	17,28	14,39	11,49	8,77	6,33	4,22	2,48	f_e	
33,98	*34,09*	*34,23*	*34,42*	*34,72*	*35,08*	*35,47*	*35,89*	*36,35*	z	
12792	**11250**	**9708**	**8167**	**6625**	**5112**	**3733**	**2516**	**1497**	M_{1500}	**40**
10233	**9000**	**7767**	**6533**	**5300**	**4090**	**2987**	**2015**	**1198**	M_{1200}	
23,75	20,83	17,92	15,00	12,08	9,23	6,67	4,44	2,61	f_e	
35,91	*36,00*	*36,12*	*36,30*	*36,55*	*36,92*	*37,33*	*37,78*	*38,26*	z	
13830	**12190**	**10551**	**8911**	**7271**	**5636**	**4116**	**2777**	**1651**	M_{1500}	**42**
11064	**9752**	**8441**	**7129**	**5817**	**4509**	**3293**	**2221**	**1320**	M_{1200}	
24,37	21,43	18,49	15,56	12,62	9,69	7,00	4,67	2,74	f_e	
37,84	*37,93*	*38,04*	*38,19*	*38,42*	*38,77*	*39,20*	*39,67*	*40,17*	z	
14874	**13136**	**11398**	**9661**	**7923**	**6185**	**4517**	**3047**	**1812**	M_{1500}	**44**
11899	**10509**	**9119**	**7728**	**6338**	**4948**	**3614**	**2428**	**1449**	M_{1200}	
24,92	21,97	19,02	16,06	13,11	10,15	7,33	4,89	2,87	f_e	
39,79	*39,86*	*39,96*	*40,10*	*40,30*	*40,62*	*41,07*	*41,56*	*42,09*	z	
15923	**14087**	**12251**	**10414**	**8578**	**6742**	**4937**	**3331**	**1980**	M_{1500}	**46**
12739	**11270**	**9801**	**8332**	**6863**	**5394**	**3950**	**2665**	**1584**	M_{1200}	
25,43	22,46	19,49	16,52	13,55	10,58	7,67	5,11	3,00	f_e	
41,74	*41,81*	*41,90*	*42,02*	*42,20*	*42,48*	*42,93*	*43,44*	*44,00*	z	
16976	**15042**	**13107**	**11172**	**9238**	**7303**	**5376**	**3627**	**2156**	M_{1500}	**48**
13581	**12033**	**10486**	**8938**	**7390**	**5842**	**4301**	**2901**	**1725**	M_{1200}	
25,90	22,92	19,93	16,94	13,96	10,97	8,00	5,33	3,13	f_e	
43,69	*43,76*	*43,84*	*43,96*	*44,12*	*44,37*	*44,80*	*45,33*	*45,91*	z	
18033	**16000**	**13967**	**11933**	**9900**	**7867**	**5833**	**3935**	**2339**	M_{1500}	**50**
14427	**12800**	**11173**	**9547**	**7920**	**6293**	**4667**	**3148**	**1871**	M_{1200}	
26,33	23,33	20,33	17,33	14,33	11,33	8,33	5,56	3,26	f_e	
45,65	*45,71*	*45,79*	*45,90*	*46,05*	*46,27*	*46,67*	*47,22*	*47,83*	z	
19094	**16962**	**14829**	**12697**	**10565**	**8433**	**6301**	**4256**	**2530**	M_{1500}	**52**
15275	**13569**	**11864**	**10158**	**8452**	**6747**	**5041**	**3405**	**2024**	M_{1200}	
26,73	23,72	20,71	17,69	14,68	11,67	8,65	5,78	3,39	f_e	
47,62	*47,68*	*47,75*	*47,85*	*47,98*	*48,19*	*48,54*	*49,11*	*49,74*	z	
→	→	→	→	→	→	→	← $x \leqq d$	→		

Tafel für

$d = 10$ cm

bei $\sigma_e = 1500$

M_{1500} = Moment in kgm auf 1 m Druckplattenbreite bei $\sigma_e = 1500$ kg/cm² } ohne Berück-
M_{1200} = Moment in kgm auf 1 m Druckplattenbreite bei $\sigma_e = 1200$ kg/cm² } sichtigung der
f_e = Zugeisenquerschnitt in cm² auf 1 m Druckplattenbreite } Spannungen
z = Abstand des Druckmittelpunktes vom Zugmittelpunkt in cm } im Steg;
ΔM = Momentendifferenz bei Änderung von σ_b um 1 kg/cm² (gültig nur wenn $x > d$);
Δf_{e1500} bzw. Δf_{e1200} = Differenz der Zugbewehrung bei Änderung von σ_b um 1 kg/cm² für $\sigma_e = 1500$ bzw. $\sigma_e = 1200$ kg/cm² (gültig nur wenn $x > d$);
Gesamtmoment bei Berücksichtigung der Spannungen im Steg: $M = b \cdot M_{\text{Platte}} + b_0 \cdot M_{\text{Steg}}$,

$h = 54$—66 cm

Zugeisenquerschnitt bei Berücksichtigung der

h	ΔM / $\Delta f_{e\,1500}$ / $\Delta f_{e\,1200}$	σ_e 1500 / 1200	σ_b — / 75	— / 70	— / 65	75 / 60	70 / 56	— / 55	65 / 52	— / 50	60 / 48
cm		x	0,484 h	0,467 h	0,448 h	0,429 h	0,412 h	0,407 h	0,394 h	0,385 h	0,375 h
			←							$x > d$	
54	**446,17**	M_{1500}	—	—	—	**29080**	**26849**	—	**24619**	—	**22388**
	0,605	M_{1200}	**29957**	**27726**	**25495**	**23264**	**21480**	**21033**	**19695**	**18802**	**17910**
	0,756	f_e	50,54	46,76	42,98	39,20	36,17	35,42	33,15	31,64	30,12
		z	*49,39*	*49,41*	*49,43*	*49,46*	*49,48*	*49,49*	*49,51*	*49,53*	*49,55*
56	**465,95**	M_{1500}	—	—	—	**30542**	**28212**	—	**25882**	—	**23552**
	0,607	M_{1200}	**31423**	**29093**	**26763**	**24433**	**22570**	**22104**	**20706**	**19774**	**18842**
	0,759	f_e	50,97	47,17	43,38	39,58	36,55	35,79	33,51	31,99	30,48
		z	*51,38*	*51,39*	*51,41*	*51,44*	*51,46*	*51,47*	*51,49*	*51,50*	*51,52*
58	**485,75**	M_{1500}	—	—	—	**32006**	**29577**	—	**27148**	—	**24720**
	0,609	M_{1200}	**32891**	**30462**	**28033**	**25605**	**23662**	**23176**	**21719**	**20747**	**19776**
	0,761	f_e	51,37	47,56	43,75	39,94	36,90	36,14	33,85	32,33	30,80
		z	*53,36*	*53,38*	*53,40*	*53,42*	*53,44*	*53,45*	*53,47*	*53,48*	*53,50*
60	**505,56**	M_{1500}	—	—	—	**33472**	**30944**	—	**28417**	—	**25889**
	0,611	M_{1200}	**34361**	**31833**	**29309**	**26778**	**24756**	**24250**	**22733**	**21722**	**20711**
	0,764	f_e	51,74	47,92	44,10	40,28	37,22	36,46	34,17	32,64	31,11
		z	*55,35*	*55,36*	*55,38*	*55,40*	*55,42*	*55,43*	*55,45*	*55,46*	*55,48*
		Steg M_{1500}	—	—	—	**16120**	**13817**	—	**11622**	—	**9549**
		Steg M_{1200}	**20426**	**17820**	**15306**	**12895**	**11053**	**10606**	**9298**	**8456**	**7639**
		Steg f_e	38,99	33,75	28,75	24,01	20,42	19,56	17,05	15,44	13,89
62	**525,38**	M_{1500}	—	—	—	**34941**	**32314**	—	**29687**	—	**27060**
	0,613	M_{1200}	**35833**	**33206**	**30580**	**27953**	**25851**	**25326**	**23750**	**22699**	**21648**
	0,766	f_e	52,08	48,25	44,42	40,59	37,53	36,76	34,46	32,93	31,40
		z	*57,33*	*57,35*	*57,37*	*57,39*	*57,41*	*57,41*	*57,43*	*57,44*	*57,46*
		Steg M_{1500}	—	—	—	**18012**	**15481**	—	**13065**	—	**10779**
		Steg M_{1200}	**22667**	**19813**	**17055**	**14409**	**12385**	**11893**	**10452**	**9524**	**8624**
		Steg f_e	41,67	36,14	30,85	25,84	22,04	21,13	18,46	16,75	15,10
64	**545,21**	M_{1500}	—	—	—	**36411**	**33685**	—	**30959**	—	**28233**
	0,615	M_{1200}	**37307**	**34581**	**31855**	**29129**	**26948**	**26403**	**24767**	**23677**	**22587**
	0,768	f_e	52,41	48,57	44,73	40,89	37,81	37,04	34,74	33,20	31,67
		z	*59,32*	*59,34*	*59,35*	*59,37*	*59,39*	*59,40*	*59,41*	*59,42*	*59,44*
		Steg M_{1500}	—	—	—	**20013**	**17243**	—	**14596**	—	**12087**
		Steg M_{1200}	**25028**	**21913**	**18902**	**16011**	**13795**	**13255**	**11677**	**10658**	**9669**
		Steg f_e	44,37	38,54	32,97	27,69	23,68	22,71	19,89	18,08	16,33
66	**565,05**	M_{1500}	—	—	—	**37884**	**35059**	—	**32233**	—	**29408**
	0,616	M_{1200}	**38783**	**35958**	**33132**	**30307**	**28047**	**27482**	**25787**	**24657**	**23526**
	0,770	f_e	52,71	48,86	45,01	41,16	38,08	37,31	35,00	33,46	31,92
		z	*61,31*	*61,32*	*61,34*	*61,36*	*61,38*	*61,38*	*61,40*	*61,41*	*61,42*
		Steg M_{1500}	—	—	—	**22122**	**19102**	—	**16213**	—	**13471**
		Steg M_{1200}	**27509**	**24123**	**20847**	**17698**	**15282**	**14694**	**12971**	**11858**	**10778**
		Steg f_e	47,08	40,97	35,12	29,55	25,33	24,31	21,33	19,43	17,58
			←								$x > d$

und 1200 kg/cm² $d = 10$ cm

Steg { M_{1500} = durch je 1 m Breite des Steges aufnehmb. Moment in kgm bei $\sigma_e = 1500$ kg/cm²;
Steg { M_{1200} = durch je 1 m Breite des Steges aufnehmb. Moment in kgm bei $\sigma_e = 1200$ kg/cm²;
Steg { f_e = Zugeisenquerschnitt in cm² entspr. den Druckspannungen im Steg je 1 m Breite;
d = Druckplattendicke in cm;
h = Nutzhöhe in cm;
x = Nullinienabstand.

worin b = Druckplattenbreite in m und b_0 = Stegbreite in m bedeuten.
Spannungen im Steg: $F_e = b \cdot f_{e\,\text{Platte}} + b_0 \cdot f_{e\,\text{Steg}}$.

$h = 54$—66 cm

σ_b									σ_e	h
55 44	50 40	45 36	40 32	35 28	30 24	25 20	20 16	15 12	1500 1200	
0,355 h	0,333 h	0,310 h	0,286 h	0,259 h	0,231 h	0,200 h	0,167 h	0,130 h	x	cm
						→	← $x \leq d$ →			
20157	17926	15695	13464	11233	9002	6772	4590	2729	M_{1500}	54
16125	14341	12556	10771	8987	7202	5417	3672	2183	M_{1200}	
27,10	24,07	21,05	18,02	15,00	11,98	8,95	6,00	3,52	f_e	
49,59	*49,64*	*49,71*	*49,80*	*49,93*	*50,12*	*50,44*	*51,00*	*51,65*	z	
21223	18893	16563	14233	11904	9574	7244	4936	2934	M_{1500}	56
16978	15114	13250	11387	9523	7659	5795	3949	2348	M_{1200}	
27,44	24,40	21,37	18,33	15,30	12,26	9,23	6,22	3,65	f_e	
51,56	*51,61*	*51,67*	*51,76*	*51,87*	*52,05*	*52,34*	*52,89*	*53,57*	z	
22291	19862	17433	15005	12576	10147	7718	5295	3148	M_{1500}	58
17833	15890	13947	12004	10061	8118	6175	4236	2518	M_{1200}	
27,76	24,71	21,67	18,62	15,57	12,53	9,48	6,44	3,78	f_e	
53,53	*53,58*	*53,64*	*53,72*	*53,83*	*53,99*	*54,26*	*54,78*	*55,48*	z	
23361	20833	18306	15778	13250	10722	8194	5667	3369	M_{1500}	60
18689	16667	14644	12622	10600	8578	6556	4533	2695	M_{1200}	
28,06	25,00	21,94	18,89	15,83	12,78	9,72	6,67	3,91	f_e	
55,51	*55,56*	*55,61*	*55,69*	*55,79*	*55,94*	*56,19*	*56,67*	*57,39*	z	
7613	5834	4231	2834	1672	—	—	—	—	Steg M_{1500}	
6090	4666	3386	2268	1337	—	—	—	—	Steg M_{1200}	
10,98	8,33	5,99	3,97	2,31	—	—	—	—	Steg f_e	
24433	21806	19180	16553	13926	11299	8672	6045	3597	M_{1500}	62
19547	17445	15344	13242	11141	9039	6938	4836	2878	M_{1200}	
28,33	25,27	22,20	19,14	16,08	13,01	9,95	6,88	4,04	f_e	
57,49	*57,53*	*57,59*	*57,66*	*57,75*	*57,90*	*58,13*	*58,56*	*59,30*	z	
8640	6668	4885	3321	2007	—	—	—	—	Steg M_{1500}	
6912	5334	3908	2657	1606	—	—	—	—	Steg M_{1200}	
12,00	9,18	6,66	4,48	2,68	—	—	—	—	Steg f_e	
25507	22781	20055	17329	14603	11877	9151	6425	3833	M_{1500}	64
20406	18225	16044	13863	11682	9502	7321	5140	3066	M_{1200}	
28,59	25,52	22,45	19,38	16,30	13,23	10,16	7,08	4,17	f_e	
59,47	*59,51*	*59,56*	*59,63*	*59,72*	*59,85*	*60,07*	*60,47*	*61,22*	z	
9735	7560	5588	3848	2375	1211	—	—	—	Steg M_{1500}	
7787	6048	4470	3078	1900	968	—	—	—	Steg M_{1200}	
13,04	10,03	7,35	5,01	3,06	1,54	—	—	—	Steg f_e	
26583	23758	20932	18107	15282	12457	9631	6806	4076	M_{1500}	66
21266	19006	16746	14486	12225	9965	7705	5445	3261	M_{1200}	
28,84	25,76	22,68	19,60	15,52	13,43	10,35	7,27	4,30	f_e	
61,45	*61,49*	*61,54*	*61,60*	*61,69*	*61,81*	*62,02*	*62,39*	*63,13*	z	
10896	8509	6338	4414	2773	1462	—	—	—	Steg M_{1500}	
8717	6807	5070	3531	2219	1170	—	—	—	Steg M_{1200}	
14,10	10,91	8,05	5,55	3,45	1,80	—	—	—	Steg f_e	
							→	← $x \leq d$ →		

Tafel 34

Tafel für

$d = 10$ cm

bei $\sigma_e = 1500$

M_{1500} = Moment in kgm auf 1 m Druckplattenbreite bei $\sigma_e = 1500$ kg/cm² ⎫ ohne Berück-
M_{1200} = Moment in kgm auf 1 m Druckplattenbreite bei $\sigma_e = 1200$ kg/cm² ⎬ sichtigung der
f_e = Zugeisenquerschnitt in cm² auf 1 m Druckplattenbreite ⎪ Spannungen
z = Abstand des Druckmittelpunktes vom Zugmittelpunkt in cm ⎭ im Steg;
ΔM = Momentendifferenz bei Änderung von σ_b um 1 kg/cm² (gültig nur wenn $x > d$);
$\Delta f_{e\,1500}$ bzw. $\Delta f_{e\,1200}$ = Differenz der Zugbewehrung bei Änderung von σ_b um 1 kg/cm² für $\sigma_e = 1500$ bzw. $\sigma_e = 1200$ kg/cm² (gültig nur wenn $x > d$);
Gesamtmoment bei Berücksichtigung der Spannungen im Steg: $M = b \cdot M_{\text{Platte}} + b_0 \cdot M_{\text{Steg}}$,
Zugeisenquerschnitt bei Berücksichtigung der

$h = 68$—78 cm

h	ΔM / $\Delta f_{e\,1500}$ / $\Delta f_{e\,1200}$	σ_e	σ_b								
		1500	—	—	—	75	70	—	65	—	60
		1200	75	70	65	60	56	55	52	50	48
cm		x	0,484 h	0,467 h	0,448 h	0,429 h	0,412 h	0,407 h	0,394 h	0,385 h	0,375 h
			←								$x > d$
	584,90	M_{1500}	—	—	—	39358	36433	—	33509	—	30584
	0,618	M_{1200}	40260	37335	34411	31486	29147	28562	26807	25637	24467
68	0,772	f_e	53,00	49,14	45,28	41,42	38,33	37,56	35,25	33,70	32,16
		z	63,30	63,31	63,33	63,35	63,36	63,37	63,38	63,39	63,41
		Steg M_{1500}	—	—	—	24340	21060	—	17919	—	14934
		Steg M_{1200}	30111	26442	22890	19472	16848	16209	14335	13124	11947
		Steg f_e	49,82	43,41	37,28	31,44	27,00	25,93	22,80	20,79	18,84
	604,76	M_{1500}	—	—	—	40833	37810	—	34786	—	31762
	0,619	M_{1200}	41738	38714	35691	32667	30248	29643	27829	26619	25410
70	0,774	f_e	53,27	49,40	45,54	41,67	38,57	37,80	35,48	33,93	32,38
		z	65,29	65,30	65,32	65,33	65,35	65,35	65,37	65,38	65,39
		Steg M_{1500}	—	—	—	26667	23116	—	19711	—	16472
		Steg M_{1200}	32833	28870	25030	21333	18493	17800	15769	14456	13179
		Steg f_e	52,57	45,87	39,45	33,33	28,68	27,56	24,27	22,16	20,12
	624,63	M_{1500}	—	—	—	42310	39187	—	36064	—	32941
	0,620	M_{1200}	43218	40094	36971	33848	31350	30725	28851	27602	26353
72	0,775	f_e	53,53	49,65	45,78	41,90	38,80	38,02	35,69	34,14	32,59
		z	67,28	67,29	67,31	67,32	67,34	67,34	67,36	67,37	67,38
		Steg M_{1500}	—	—	—	29102	25269	—	21592	—	18089
		Steg M_{1200}	35675	31407	27269	23282	20215	19468	17273	15854	14471
		Steg f_e	55,34	48,35	41,64	35,24	30,38	29,20	25,76	23,55	21,41
	644,50	M_{1500}	—	—	—	43788	40566	—	37343	—	34121
	0,622	M_{1200}	44698	41476	38253	35031	32453	31808	29875	28586	27297
74	0,777	f_e	53,77	49,89	46,00	42,12	39,01	38,23	35,90	34,35	32,79
		z	69,27	69,28	69,30	69,31	69,33	69,33	69,35	69,36	69,37
		Steg M_{1500}	—	—	—	31646	27521	—	23560	—	19783
		Steg M_{1200}	38638	34052	29605	25317	22016	21212	18848	17317	15827
		Steg f_e	58,12	50,83	43,84	37,17	32,09	30,86	27,26	24,95	22,71
	664,39	M_{1500}	—	—	—	45268	41946	—	38624	—	35302
	0,623	M_{1200}	46180	42858	39536	36214	33557	32892	30899	29570	28241
76	0,779	f_e	54,00	50,11	46,22	42,32	39,21	38,43	36,10	34,54	32,98
		z	71,26	71,27	71,29	71,30	71,32	71,32	71,33	71,34	71,35
		Steg M_{1500}	—	—	—	34300	29871	—	25616	—	21556
		Steg M_{1200}	41722	36808	32046	27440	23898	23032	20493	18848	17245
		Steg f_e	60,92	53,33	46,05	39,10	33,81	32,52	28,77	26,36	24,02
	684,27	M_{1500}	—	—	—	46748	43326	—	39905	—	36484
	0,624	M_{1200}	47662	44241	40820	37398	34661	33977	31924	30556	29187
78	0,780	f_e	54,22	50,32	46,42	42,52	39,40	38,62	36,28	34,72	33,16
		z	73,25	73,27	73,28	73,29	73,31	73,31	73,32	73,33	73,34
		Steg M_{1500}	—	—	—	37062	32321	—	27760	—	23405
		Steg M_{1200}	44927	39673	34573	29650	25856	24930	22208	20444	18725
		Steg f_e	63,72	55,85	48,28	41,05	35,54	34,20	30,29	27,78	25,34
			←								$x > d$

und 1200 kg/cm² $d = 10$ cm

Steg $\begin{cases} M_{1500} = \text{durch je 1 m Breite des Steges aufnehmb. Moment in kgm bei } \sigma_e = 1500 \text{ kg/cm}^2; \\ M_{1200} = \text{durch je 1 m Breite des Steges aufnehmb. Moment in kgm bei } \sigma_e = 1200 \text{ kg/cm}^2; \\ f_e = \text{Zugeisenquerschnitt in cm}^2 \text{ entspr. den Druckspannungen im Steg je 1 m Breite;} \end{cases}$

d = Druckplattendicke in cm;
h = Nutzhöhe in cm;
x = Nullinienabstand.

worin b = Druckplattenbreite in m und b_0 = Stegbreite in m bedeuten.
Spannungen im Steg: $F_e = b \cdot f_{e\,\text{Platte}} + b_0 \cdot f_{e\,\text{Steg}}$. $h = 68 \div 78$ cm

σ_b									σ_e	h
55 44	**50** **40**	45 36	40 32	35 28	30 24	25 20	20 16	15 12	**1500** **1200**	
0,355 h	0,333 h	0,310 h	0,286 h	0,259 h	0,231 h	0,200 h	0,167 h	0,130 h	x	cm
→								$x \leqq d$		
27660	**24735**	**21811**	**18886**	**15962**	**13037**	**10113**	**7188**	**4327**	M_{1500}	**68**
22128	**19788**	**17449**	**15109**	**12769**	**10430**	**8090**	**5751**	**3461**	M_{1200}	
29,07	25,98	22,89	19,80	16,72	13,63	10,54	7,45	4,43	f_e	
63,44	*63,47*	*63,52*	*63,58*	*63,66*	*63,78*	*63,96*	*64,32*	*65,04*	z	
12124	**9517**	**7137**	**5020**	**3204**	**1738**	—	—	—	Steg M_{1500}	
9699	**7613**	**5709**	**4016**	**2564**	**1390**	—	—	—	Steg M_{1200}	
15,17	11,80	8,76	6,10	3,85	2,06	—	—	—	Steg f_e	
28738	**25714**	**22690**	**19667**	**16643**	**13619**	**10595**	**7571**	**4585**	M_{1500}	**70**
22990	**20571**	**18152**	**15733**	**13314**	**10895**	**8476**	**6057**	**3668**	M_{1200}	
29,29	26,19	23,10	20,00	16,90	13,81	10,71	7,62	4,57	f_e	
65,42	*65,45*	*65,50*	*65,56*	*65,63*	*65,75*	*65,92*	*66,25*	*66,96*	z	
13421	**10582**	**7986**	**5666**	**3667**	**2038**	—	—	—	Steg M_{1500}	
10737	**8466**	**6389**	**4534**	**2936**	**1630**	—	—	—	Steg M_{1200}	
16,25	12,70	9,49	6,67	4,27	2,34	—	—	—	Steg f_e	
29818	**26694**	**23571**	**20448**	**17325**	**14202**	**11079**	**7956**	**4851**	M_{1500}	**72**
23854	**21356**	**18857**	**16359**	**13860**	**11361**	**8863**	**6364**	**3881**	M_{1200}	
29,49	26,39	23,29	20,19	17,08	13,98	10,88	7,78	4,70	f_e	
67,41	*67,44*	*67,48*	*67,54*	*67,61*	*67,72*	*67,89*	*68,19*	*68,87*	z	
14785	**11706**	**8883**	**6354**	**4162**	**2362**	—	—	—	Steg M_{1500}	
11828	**9364**	**7106**	**5083**	**3330**	**1890**	—	—	—	Steg M_{1200}	
17,35	13,61	10,23	7,24	4,69	2,63	—	—	—	Steg f_e	
30898	**27676**	**24453**	**21231**	**18008**	**14786**	**11563**	**8341**	**5124**	M_{1500}	**74**
24719	**22141**	**16563**	**16984**	**14406**	**11828**	**9250**	**6672**	**4099**	M_{1200}	
29,68	26,58	23,47	20,36	17,25	14,14	11,04	7,93	4,83	f_e	
69,39	*69,42*	*69,46*	*69,52*	*69,59*	*69,69*	*69,85*	*70,14*	*70,78*	z	
16217	**12887**	**9829**	**7080**	**4690**	**2711**	**1214**	—	—	Steg M_{1500}	
12973	**10309**	**7864**	**5665**	**3752**	**2170**	**972**	—	—	Steg M_{1200}	
18,46	14,53	10,98	7,83	5,13	2,93	1,30	—	—	Steg f_e	
31980	**28658**	**25336**	**22014**	**18692**	**15370**	**12048**	**8726**	**5405**	M_{1500}	**76**
25584	**22926**	**20269**	**17611**	**14954**	**12296**	**9639**	**6981**	**4324**	M_{1200}	
29,87	26,75	23,64	20,53	17,41	14,30	11,18	8,07	4,96	f_e	
71,38	*71,41*	*71,45*	*71,50*	*71,57*	*71,66*	*71,81*	*72,09*	*72,70*	z	
17716	**14127**	**10824**	**7848**	**5249**	**3086**	**1429**	—	—	Steg M_{1500}	
14173	**11302**	**8659**	**6279**	**4199**	**2469**	**1143**	—	—	Steg M_{1200}	
19,57	15,47	11,74	8,43	5,58	3,24	1,48	—	—	Steg f_e	
33062	**29641**	**26220**	**22798**	**19377**	**15956**	**12534**	**9113**	**5691**	M_{1500}	**78**
26450	**23713**	**20976**	**18239**	**15502**	**12764**	**10027**	**7290**	**4553**	M_{1200}	
30,04	26,92	23,80	20,68	17,56	14,44	11,32	8,21	5,09	f_e	
73,37	*73,40*	*73,43*	*73,48*	*73,55*	*73,64*	*73,79*	*74,04*	*74,61*	z	
19284	**15426**	**11868**	**8657**	**5841**	**3484**	**1662**	—	—	Steg M_{1500}	
15427	**12340**	**9495**	**6925**	**4673**	**2788**	**1330**	—	—	Steg M_{1200}	
20,61	16,41	12,51	9,03	6,03	3,56	1,68	—	—	Steg f_e	

Tafel 35

Tafel für

$d = 10$ cm

bei $\sigma_e = 1500$

M_{1500} = Moment in kgm auf 1 m Druckplattenbreite bei $\sigma_e = 1500$ kg/cm² } ohne Berück-
M_{1200} = Moment in kgm auf 1 m Druckplattenbreite bei $\sigma_e = 1200$ kg/cm² } sichtigung der
f_e = Zugeisenquerschnitt in cm² auf 1 m Druckplattenbreite } Spannungen
z = Abstand des Druckmittelpunktes vom Zugmittelpunkt in cm } im Steg;
ΔM = Momentendifferenz bei Änderung von σ_b um 1 kg/cm² (gültig nur wenn $x > d$);
Δf_{e1500} bzw. Δf_{e1200} = Differenz der Zugbewehrung bei Änderung von σ_b um 1 kg/cm² für $\sigma_e = 1500$ bzw. $\sigma_e = 1200$ kg/cm² (gültig nur wenn $x > d$);

Gesamtmoment bei Berücksichtigung der Spannungen im Steg: $M = b \cdot M_{\text{Platte}} + b_0 \cdot M_{\text{Steg}}$,
Zugeisenquerschnitt bei Berücksichtigung der

$h = 80$—90 cm

h	ΔM / $\Delta f_{e\,1500}$ / $\Delta f_{e\,1200}$	σ_c	σ_b								
		1500	—	—	—	75	70	—	65	—	60
		1200	75	70	65	60	56	55	52	50	48
cm		x	0,484 h	0,467 h	0,448 h	0,429 h	0,412 h	0,407 h	0,394 h	0,385 h	0,375 h
			←								
80	**704,17**	M_{1500}	—	—	—	**48229**	**44708**	—	**41188**	—	**37667**
	0,625	M_{1200}	**49146**	**45625**	**42104**	**38583**	**35767**	**35063**	**32950**	**31542**	**30133**
	0,781	f_e	54,43	50,52	46,61	42,71	39,58	38,80	36,46	34,90	33,33
		z	*75,25*	*75,26*	*75,27*	*75,28*	*75,30*	*75,30*	*75,31*	*75,32*	*75,33*
		Steg M_{1500}	—	—	—	**39934**	**34868**	—	**29992**	—	**26333**
		Steg M_{1200}	**48253**	**42648**	**37205**	**31948**	**27894**	**26904**	**23994**	**22107**	**20267**
		Steg f_e	66,54	58,37	50,51	43,01	37,28	35,89	31,82	29,21	26,67
82	**724,07**	M_{1500}	—	—	—	**49711**	**46091**	—	**42471**	—	**38850**
	0,626	M_{1200}	**50630**	**47010**	**43389**	**39769**	**36873**	**36149**	**33977**	**32528**	**31080**
	0,783	f_e	54,62	50,71	46,80	42,89	39,76	38,97	36,63	35,06	33,50
		z	*77,24*	*77,25*	*77,26*	*77,28*	*77,29*	*77,29*	*77,31*	*77,31*	*77,32*
		Steg M_{1500}	—	—	—	**42915**	**37513**	—	**32312**	—	**27339**
		Steg M_{1200}	**51699**	**45731**	**39934**	**34332**	**30010**	**28954**	**25850**	**23837**	**21872**
		Steg f_e	69,37	60,90	52,76	44,97	39,03	37,59	33,36	30,64	28,00
84	**743,97**	M_{1500}	—	—	—	**51194**	**47475**	—	**43755**	—	**40035**
	0,627	M_{1200}	**52115**	**48395**	**44675**	**40956**	**37980**	**37236**	**35004**	**33516**	**32028**
	0,784	f_e	54,81	50,89	46,97	43,06	39,92	39,14	36,79	35,22	33,65
		z	*79,23*	*79,24*	*79,26*	*79,27*	*79,28*	*79,29*	*79,30*	*79,31*	*79,31*
		Steg M_{1500}	—	—	—	**46005**	**40257**	—	**34721**	—	**29423**
		Steg M_{1200}	**55267**	**48926**	**42763**	**36804**	**32206**	**31082**	**27777**	**25632**	**23538**
		Steg f_e	72,20	63,44	55,01	46,94	40,79	39,29	34,91	32,09	29,35
86	**763,88**	M_{1500}	—	—	—	**52678**	**48859**	—	**45040**	—	**41220**
	0,628	M_{1200}	**53561**	**49781**	**45962**	**42143**	**39087**	**38323**	**36032**	**34504**	**32976**
	0,785	f_e	54,99	51,07	47,14	43,22	40,08	39,29	36,94	35,37	33,80
		z	*81,23*	*81,24*	*81,25*	*81,26*	*81,27*	*81,28*	*81,29*	*81,30*	*81,31*
		Steg M_{1500}	—	—	—	**49205**	**43100**	—	**37217**	—	**31584**
		Steg M_{1200}	**58995**	**52229**	**45689**	**39364**	**34481**	**33286**	**29774**	**27494**	**25268**
		Steg f_e	75,05	65,99	57,27	48,93	42,55	41,00	36,47	33,54	30,70
88	**783,79**	M_{1500}	—	—	—	**54163**	**50244**	—	**46325**	—	**42406**
	0,629	M_{1200}	**55087**	**51168**	**47249**	**43330**	**40195**	**39411**	**37060**	**35492**	**33925**
	0,786	f_e	55,16	51,23	47,30	43,37	40,23	39,44	37,08	35,51	33,94
		z	*83,22*	*83,23*	*83,24*	*83,25*	*83,27*	*83,27*	*83,28*	*83,29*	*83,30*
		Steg M_{1500}	—	—	—	**52515**	**46042**	—	**39802**	—	**33824**
		Steg M_{1200}	**62765**	**55642**	**48714**	**42012**	**36834**	**35568**	**31842**	**29423**	**27059**
		Steg f_e	77,90	68,55	59,54	50,91	44,32	42,72	38,03	35,00	32,06
90	**803,70**	M_{1500}	—	—	—	**55648**	**51630**	—	**47611**	—	**43593**
	0,630	M_{1200}	**56574**	**52556**	**48537**	**44519**	**41304**	**40500**	**38089**	**36481**	**34874**
	0,787	f_e	55,32	51,39	47,45	43,52	40,37	39,58	37,22	35,65	34,07
		z	*85,22*	*85,23*	*85,24*	*85,25*	*85,26*	*85,26*	*85,27*	*85,28*	*85,29*
		Steg M_{1500}	—	—	—	**55934**	**49083**	—	**42476**	—	**36141**
		Steg M_{1200}	**66696**	**59164**	**51838**	**44747**	**39266**	**37926**	**33981**	**31418**	**28914**
		Steg f_e	80,76	71,11	61,81	52,91	46,10	44,44	39,60	36,47	33,43
			←								$x > d$

Plattenbalken

Tafel 35

und 1200 kg/cm²

$d = 10$ cm

Steg $\begin{cases} M_{1500} = \text{durch je 1 m Breite des Steges aufnehmb. Moment in kgm bei } \sigma_e = 1500 \text{ kg/cm}^2; \\ M_{1200} = \text{durch je 1 m Breite des Steges aufnehmb. Moment in kgm bei } \sigma_e = 1200 \text{ kg/cm}^2; \\ f_e = \text{Zugeisenquerschnitt in cm}^2 \text{ entspr. den Druckspannungen im Steg je 1 m Breite;} \end{cases}$

d = Druckplattendicke in cm;
h = Nutzhöhe in cm;
x = Nullinienabstand.

worin b = Druckplattenbreite in m und b_0 = Stegbreite in m bedeuten.
Spannungen im Steg: $F_e = b \cdot f_{e\,\text{Platte}} + b_0 \cdot f_{e\,\text{Steg}}$.

$h = 80$—90 cm

σ_b									σ_e	
55 44	**50** **40**	45 36	**40** 32	35 28	30 24	25 20	20 16	15 12	**1500** **1200**	h
0,355 h	0,333 h	0,310 h	0,286 h	0,259 h	0,231 h	0,200 h	0,167 h	0,130 h	x	cm
$x > d$ →										
34146	**30625**	**27104**	**23583**	**20063**	**16542**	**13021**	**9500**	**5979**	M_{1500}	
27317	**24500**	**21683**	**18867**	**16050**	**13233**	**10417**	**7600**	**4783**	M_{1200}	
30,21	27,08	23,96	20,83	17,71	14,58	11,46	8,33	5,21	f_e	**80**
75,36	*75,38*	*75,42*	*75,47*	*75,53*	*75,62*	*75,76*	*76,00*	*76,53*	z	
20919	**16782**	**12963**	**9505**	**6466**	**3908**	**1912**	—	—	Steg M_{1500}	
16735	**13426**	**10370**	**7604**	**5172**	**3127**	**1530**	—	—	Steg M_{1200}	
21,83	17,36	13,28	9,64	6,49	3,88	1,88	—	—	Steg f_e	
35230	**31610**	**27989**	**24369**	**20749**	**17128**	**13508**	**9888**	**6267**	M_{1500}	
28184	**25288**	**22392**	**19495**	**16599**	**13703**	**10807**	**7910**	**5014**	M_{1200}	
30,37	27,24	24,11	20,98	17,85	14,72	11,59	8,46	5,33	f_e	**82**
77,35	*77,37*	*77,41*	*77,45*	*77,51*	*77,60*	*77,73*	*77,96*	*78,46*	z	
22623	**19197**	**14106**	**10395**	**7122**	**4357**	**2181**	—	—	Steg M_{1500}	
18098	**14558**	**11285**	**8316**	**5698**	**3485**	**1745**	—	—	Steg M_{1200}	
22,98	18,32	14,07	10,26	6,96	4,21	2,08	—	—	Steg f_e	
36315	**32592**	**28875**	**25156**	**21436**	**17716**	**13996**	**10276**	**6556**	M_{1500}	
29052	**26076**	**23100**	**20124**	**17149**	**14173**	**11197**	**8221**	**5245**	M_{1200}	
30,52	27,38	24,25	21,11	17,98	14,84	11,71	8,57	5,44	f_e	**84**
79,34	*79,36*	*79,40*	*79,44*	*79,50*	*79,58*	*79,71*	*79,93*	*80,40*	z	
24394	**19672**	**15298**	**11324**	**7811**	**4830**	**2468**	—	—	Steg M_{1500}	
19515	**15737**	**12239**	**9060**	**6248**	**3864**	**1974**	—	—	Steg M_{1200}	
24,13	19,29	14,86	10,89	7,43	4,54	2,29	—	—	Steg f_e	
37401	**33581**	**29762**	**25943**	**22123**	**18304**	**14485**	**10665**	**6846**	M_{1500}	
29921	**26865**	**23810**	**20754**	**17699**	**14643**	**11588**	**8532**	**5477**	M_{1200}	
30,66	27,52	24,38	21,24	18,10	14,96	11,82	8,68	5,54	f_e	**86**
81,33	*81,35*	*81,38*	*81,43*	*81,48*	*81,56*	*81,68*	*81,89*	*82,34*	z	
26233	**21204**	**16540**	**12295**	**8533**	**5328**	**2773**	—	—	Steg M_{1500}	
20986	**16963**	**13232**	**9836**	**6826**	**4263**	**2218**	—	—	Steg M_{1200}	
25,29	20,26	15,65	11,52	7,91	4,89	2,51	—	—	Steg f_e	
38487	**34568**	**30649**	**26730**	**22811**	**18892**	**14973**	**11055**	**7136**	M_{1500}	
30790	**27655**	**24519**	**21384**	**18249**	**15114**	**11979**	**8844**	**5708**	M_{1200}	
30,80	27,65	24,51	21,36	18,22	15,08	11,93	8,79	5,64	f_e	**88**
83,32	*83,34*	*83,37*	*83,41*	*83,48*	*83,54*	*83,66*	*83,86*	*84,29*	z	
28141	**22795**	**17832**	**13307**	**9287**	**5852**	**3094**	**1136**	—	Steg M_{1500}	
22513	**18236**	**14265**	**10646**	**7430**	**4681**	**2476**	**908**	—	Steg M_{1200}	
26,45	21,24	16,46	12,16	8,40	5,23	2,73	0,99	—	Steg f_e	
39574	**35556**	**31537**	**27519**	**23500**	**19481**	**15463**	**11444**	**7426**	M_{1500}	
31659	**28444**	**25230**	**22015**	**18800**	**15585**	**12370**	**9156**	**5941**	M_{1200}	
30,93	27,78	24,63	21,48	18,33	15,19	12,04	8,89	5,74	f_e	**90**
85,31	*85,33*	*85,36*	*85,40*	*85,45*	*85,53*	*85,64*	*85,83*	*86,24*	z	
30117	**24444**	**19172**	**14360**	**10074**	**6401**	**3437**	**1306**	—	Steg M_{1500}	
24094	**19556**	**15337**	**11487**	**8059**	**5120**	**2750**	**1044**	—	Steg M_{1200}	
27,62	22,22	17,27	12,80	8,89	5,58	2,96	1,11	—	Steg f_e	

Tafel 36

Tafel für

$d = 10$ cm

bei $\sigma_e = 1500$

M_{1500} = Moment in kgm auf 1 m Druckplattenbreite bei $\sigma_e = 1500$ kg/cm² } ohne Berück-
M_{1200} = Moment in kgm auf 1 m Druckplattenbreite bei $\sigma_e = 1200$ kg/cm² } sichtigung der
f_e = Zugeisenquerschnitt in cm² auf 1 m Druckplattenbreite } Spannungen
z = Abstand des Druckmittelpunktes vom Zugmittelpunkt in cm } im Steg;
ΔM = Momentendifferenz bei Änderung von σ_b um 1 kg/cm² (gültig nur wenn $x > d$);
$\Delta f_{e\,1500}$ bzw. $\Delta f_{e\,1200}$ = Differenz der Zugbewehrung bei Änderung von σ_b um 1 kg/cm² für $\sigma_e = 1500$ bzw. $\sigma_e = 1200$ kg/cm² (gültig nur wenn $x > d$);
Gesamtmoment bei Berücksichtigung der Spannungen im Steg: $M = b \cdot M_{\text{Platte}} + b_0 \cdot M_{\text{Steg}}$,
Zugeisenquerschnitt bei Berücksichtigung der

$h = 92$—100 cm

h	ΔM / $\Delta f_{e\,1500}$ / $\Delta f_{e\,1200}$	σ_e: 1500 / 1200	σ_b								
		1500	—	—	—	75	70	—	65	—	60
		1200	75	70	65	60	56	55	52	50	48
cm		x	0,484 h	0,467 h	0,448 h	0,429 h	0,412 h	0,407 h	0,394 h	0,385 h	0,375 h
			←								$x > d$
92	**823,62**	M_{1500}	—	—	—	**57134**	**53016**	—	**48898**	—	**44780**
		M_{1200}	**58062**	**53943**	**49825**	**45707**	**42413**	**41589**	**39118**	**37471**	**35824**
	0,630	f_e	55,48	51,54	47,60	43,66	40,51	39,72	37,36	35,78	34,20
	0,788	z	*87,21*	*87,22*	*87,23*	*87,24*	*87,25*	*87,26*	*87,27*	*87,27*	*87,28*
		Steg M_{1500}	—	—	—	**59462**	**52223**	—	**45237**	—	**38538**
		Steg M_{1200}	**70748**	**62798**	**55060**	**45570**	**41778**	**40361**	**36190**	**33480**	**30830**
		Steg f_e	83,63	73,68	64,10	54,91	47,79	46,18	41,17	37,94	34,80
94	**843,55**	M_{1500}	—	—	—	**58621**	**54403**	—	**50185**	—	**45967**
		M_{1200}	**59550**	**55332**	**51114**	**46896**	**43522**	**42679**	**40148**	**38461**	**36774**
	0,631	f_e	55,63	51,68	47,74	43,79	40,64	39,85	37,48	35,90	34,33
	0,789	z	*89,21*	*89,21*	*89,22*	*89,24*	*89,25*	*89,25*	*89,26*	*89,27*	*89,28*
		Steg M_{1500}	—	—	—	**63100**	**55461**	—	**48087**	—	**41012**
		Steg M_{1200}	**74921**	**66539**	**58381**	**50480**	**44369**	**42873**	**38470**	**35608**	**32810**
		Steg f_e	86,51	76,26	66,38	56,92	49,68	47,91	42,75	39,42	36,17
96	**863,47**	M_{1500}	—	—	—	**60108**	**55790**	—	**51473**	—	**47156**
		M_{1200}	**61038**	**56721**	**52403**	**48086**	**44632**	**43769**	**41178**	**39451**	**37724**
	0,632	f_e	55,77	51,82	47,87	43,92	40,76	39,97	37,60	36,02	34,44
	0,790	z	*91,20*	*91,21*	*91,22*	*91,23*	*91,24*	*91,24*	*91,25*	*91,26*	*91,27*
		Steg M_{1500}	—	—	—	**66847**	**58799**	—	**51026**	—	**43564**
		Steg M_{1200}	**79216**	**70392**	**61801**	**53478**	**47039**	**45462**	**40821**	**37803**	**34852**
		Steg f_e	89,39	78,84	68,68	58,93	51,47	49,66	44,34	40,90	37,56
98	**883,40**	M_{1500}	—	—	—	**61595**	**57178**	—	**52761**	—	**48344**
		M_{1200}	**62527**	**58110**	**53693**	**49276**	**45743**	**44859**	**42209**	**40442**	**38675**
	0,633	f_e	55,91	51,96	48,00	44,05	40,88	40,09	37,72	36,14	34,56
	0,791	z	*93,20*	*93,20*	*93,21*	*93,23*	*93,24*	*93,24*	*93,25*	*93,25*	*93,26*
		Steg M_{1500}	—	—	—	**70705**	**62235**	—	**54053**	—	**46195**
		Steg M_{1200}	**83631**	**74354**	**65320**	**56564**	**49787**	**48129**	**43242**	**40065**	**36957**
		Steg f_e	92,28	81,43	70,98	60,95	53,27	51,40	45,93	42,39	38,94
100	**903,33**	M_{1500}	—	—	—	**63083**	**58567**	—	**54050**	—	**49533**
		M_{1200}	**64017**	**59500**	**54983**	**50467**	**46853**	**45950**	**43240**	**41433**	**39627**
	0,633	f_e	56,04	52,08	48,13	44,17	41,00	40,21	37,83	36,25	34,67
	0,792	z	*95,19*	*95,20*	*95,21*	*95,22*	*95,23*	*95,23*	*95,24*	*95,25*	*95,26*
		Steg M_{1500}	—	—	—	**74672**	**65770**	—	**57168**	—	**48905**
		Steg M_{1200}	**88169**	**78426**	**68937**	**59737**	**52616**	**50872**	**45735**	**42393**	**39123**
		Steg f_e	95,17	84,03	73,28	62,98	55,08	53,16	47,52	43,88	40,33
			←								$x > d$

und 1200 kg/cm² $d = 10$ cm

Steg $\begin{cases} M_{1500} \\ M_{1200} \\ f_e \end{cases}$ M_{1500} = durch je 1 m Breite des Steges aufnehmb. Moment in kgm bei $\sigma_e = 1500$ kg/cm²;
M_{1200} = durch je 1 m Breite des Steges aufnehmb. Moment in kgm bei $\sigma_e = 1200$ kg/cm²;
f_e = Zugeisenquerschnitt in cm² entspr. den Druckspannungen im Steg je 1 m Breite;
d = Druckplattendicke in cm;
h = Nutzhöhe in cm;
x = Nullinienabstand.

worin b = Druckplattenbreite in m und b_0 = Stegbreite in m bedeuten.
Spannungen im Steg: $F_e = b \cdot f_{e\,\text{Platte}} + b_0 \cdot f_{e\,\text{Steg}}$. $h = 92$—100 cm

σ_b									σ_e	
55 44	50 40	45 36	40 32	35 28	30 24	25 20	20 16	15 12	1500 1200	h
0,355 h	0,333 h	0,310 h	0,286 h	0,259 h	0,231 h	0,200 h	0,167 h	0,130 h	x	cm
40662	**36543**	**32425**	**28307**	**24189**	**20071**	**15953**	**11835**	**7717**	M_{1500}	
32529	**29235**	**25940**	**22646**	**19351**	**16057**	**12762**	**9468**	**6173**	M_{1200}	
31,05	27,90	24,75	21,59	18,44	15,29	12,14	8,99	5,83	f_e	
87,30	*87,32*	*87,35*	*87,39*	*87,44*	*87,51*	*87,62*	*87,81*	*88,19*	z	92
32161	**26153**	**20563**	**15452**	**10894**	**6974**	**3796**	**1488**	—	Steg M_{1500}	
24730	**20922**	**16450**	**12362**	**8715**	**5579**	**3037**	**1190**	—	Steg M_{1200}	
28,80	23,21	18,08	13,45	9,39	5,94	3,20	1,24	—	Steg f_e	
41750	**37532**	**33314**	**29096**	**24879**	**20661**	**16443**	**12226**	**8008**	M_{1500}	
33400	**30026**	**26651**	**23277**	**19903**	**16529**	**13155**	**9780**	**6406**	M_{1200}	
31,17	28,01	24,86	21,70	18,55	15,39	12,23	9,08	5,92	f_e	
89,29	*89,32*	*89,34*	*89,38*	*89,43*	*89,50*	*89,60*	*89,78*	*90,15*	z	94
34274	**27920**	**22003**	**16587**	**11746**	**7572**	**4174**	**1684**	—	Steg M_{1500}	
27419	**22336**	**17603**	**13269**	**9397**	**6058**	**3334**	**1347**	—	Steg M_{1200}	
29,98	24,21	18,90	14,11	9,89	6,30	3,43	1,37	—	Steg f_e	
42838	**38521**	**34203**	**29886**	**25569**	**21251**	**16934**	**12617**	**8299**	M_{1500}	
34271	**30817**	**27363**	**23909**	**20455**	**17001**	**13547**	**10093**	**6639**	M_{1200}	
31,28	28,13	24,97	21,81	18,65	15,49	12,33	9,17	6,01	f_e	
91,29	*91,31*	*91,34*	*91,37*	*91,42*	*91,49*	*91,59*	*91,76*	*92,11*	z	96
36455	**29746**	**23493**	**17761**	**12631**	**8197**	**4570**	**1890**	—	Steg M_{1500}	
29165	**23796**	**18794**	**14209**	**10105**	**6557**	**3656**	**1512**	—	Steg M_{1200}	
31,17	25,21	19,72	14,77	10,39	6,67	3,67	1,50	—	Steg f_e	
43927	**39510**	**35093**	**30676**	**26259**	**21842**	**17425**	**13008**	**8591**	M_{1500}	
35142	**31608**	**28075**	**24541**	**21007**	**17474**	**13940**	**10407**	**6873**	M_{1200}	
31,39	28,23	25,07	21,90	18,74	15,58	12,42	9,25	6,09	f_e	
93,28	*93,30*	*93,33*	*93,36*	*93,41*	*93,47*	*93,57*	*93,74*	*94,07*	z	98
38705	**31631**	**25032**	**18977**	**13549**	**8845**	**4984**	**2109**	—	Steg M_{1500}	
30963	**25305**	**20025**	**15182**	**10839**	**7076**	**3987**	**1687**	—	Steg M_{1200}	
32,36	26,21	20,55	15,43	10,90	7,04	3,92	1,64	—	Steg f_e	
45017	**40500**	**35983**	**31467**	**26950**	**22433**	**17917**	**13400**	**8883**	M_{1500}	
36013	**32400**	**28787**	**25173**	**21560**	**17947**	**14333**	**10720**	**7107**	M_{1200}	
31,50	28,33	25,17	22,00	18,83	15,67	12,50	9,33	6,17	f_e	
95,27	*95,29*	*95,32*	*95,35*	*95,40*	*95,46*	*95,56*	*95,71*	*96,04*	z	100
41022	**33574**	**26621**	**20234**	**14499**	**9520**	**5416**	**2341**	—	Steg M_{1500}	
32818	**26859**	**21296**	**16188**	**11600**	**7615**	**4334**	**1873**	—	Steg M_{1200}	
33,55	27,22	21,39	16,10	11,41	7,41	4,17	1,78	—	Steg f_e	

$d = 11$ cm bei $\sigma_e = 1500$

M_{1500} = Moment in kgm auf 1 m Druckplattenbreite bei $\sigma_e = 1500$ kg/cm² } ohne Berücksichtigung der Spannungen im Steg;
M_{1200} = Moment in kgm auf 1 m Druckplattenbreite bei $\sigma_e = 1200$ kg/cm²
f_e = Zugeisenquerschnitt in cm² auf 1 m Druckplattenbreite
ΔM = Momentendifferenz bei Änderung von σ_b um 1 kg/cm² (gültig nur wenn $x > d$);

$h = 24$—36 cm

h	ΔM / $\Delta f_{e\,1500}$ / $\Delta f_{e\,1200}$	σ_e	σ_b								
		1500	—	—	—	75	70	—	65	—	60
		1200	75	70	65	60	56	55	52	50	48
cm		x	0,484 h	0,467 h	0,448 h	0,429 h	0,412 h	0,407 h	0,394 h	0,385 h	0,375 h
24	161,49	M_{1500}	—	—	—	7935	7162	—	6406	—	5670
	0,565	M_{1200}	8750	7943	7138	6348	5729	5577	5125	4828	4536
	0,707	f_e	36,19	32,66	29,14	25,71	23,06	22,41	20,48	19,23	18,00
		z	20,15	20,27	20,41	20,57	20,71	20,74	20,85	20,92	21,00
25	171,74	M_{1500}	—	—	—	8610	7771	—	6951	—	6152
	0,572	M_{1200}	9461	8602	7743	6888	6217	6051	5561	5239	4922
	0,715	f_e	37,49	33,92	30,34	26,79	24,02	23,34	21,34	20,03	18,75
		z	21,03	21,14	21,27	21,43	21,57	21,61	21,72	21,79	21,88
26	182,06	M_{1500}	—	—	—	9311	8405	—	7518	—	6654
	0,578	M_{1200}	10180	9270	8359	7449	6724	6545	6015	5667	5324
	0,723	f_e	38,69	35,08	31,47	27,85	24,98	24,27	22,19	20,83	19,50
		z	21,92	22,02	22,14	22,29	22,43	22,47	22,59	22,67	22,75
27	192,43	M_{1500}	—	—	—	10026	9063	—	8108	—	7176
	0,584	M_{1200}	10907	9945	8983	8020	7251	7058	6486	6111	5741
	0,730	f_e	39,81	36,16	32,51	28,86	25,94	25,21	23,05	21,63	20,25
		z	22,83	22,92	23,03	23,16	23,29	23,33	23,45	23,54	23,62
28	202,85	M_{1500}	—	—	—	10748	9734	—	8719	—	7718
	0,589	M_{1200}	11641	10627	9613	8598	7787	7584	6976	6572	6174
	0,737	f_e	40,84	37,16	33,47	29,79	26,85	26,11	23,90	22,44	21,00
		z	23,75	23,83	23,93	24,05	24,17	24,21	24,32	24,41	24,50
29	213,30	M_{1500}	—	—	—	11477	10411	—	9344	—	8279
	0,594	M_{1200}	12381	11315	10248	9182	8329	8115	7475	7049	6623
	0,743	f_e	41,80	38,09	34,38	30,66	27,69	26,95	24,72	23,23	21,75
		z	24,68	24,76	24,84	24,96	25,07	25,10	25,20	25,28	25,38
30	223,79	M_{1500}	—	—	—	12213	11094	—	9975	—	8856
	0,599	M_{1200}	13127	12008	10889	9770	8875	8652	7980	7533	7085
	0,749	f_e	42,70	38,96	35,22	31,47	28,48	27,73	25,48	23,99	22,49
		z	25,62	25,69	25,77	25,87	25,97	26,00	26,10	26,17	26,25
32	244,87	M_{1500}	—	—	—	13701	12477	—	11253	—	10028
	0,607	M_{1200}	14634	13410	12185	10961	9982	9737	9002	8512	8023
	0,759	f_e	44,33	40,53	36,74	32,94	29,91	29,15	26,87	25,35	23,83
		z	27,51	27,57	27,64	27,73	27,81	27,84	27,92	27,98	28,05
34	266,05	M_{1500}	—	—	—	15209	13878	—	12548	—	11218
	0,615	M_{1200}	16158	14827	13497	12167	11103	10837	10038	9506	8974
	0,768	f_e	45,77	41,92	38,08	34,24	31,17	30,40	28,09	26,56	25,02
		z	29,42	29,47	29,54	29,61	29,69	29,71	29,78	29,83	29,89
36	287,32	M_{1500}	—	—	—	16732	15295	—	13858	—	12422
	0,621	M_{1200}	17695	16259	14822	13385	12236	11949	11087	10512	9937
	0,777	f_e	47,04	43,16	39,28	35,39	32,29	31,51	29,18	27,63	26,07
		z	31,35	31,39	31,45	31,52	31,58	31,60	31,66	31,71	31,76

← $x > d$ →

Plattenbalken

Tafel 37

und 1200 kg/cm²

$d = 11$ cm

Δf_{e1500} bzw. Δf_{e1200} = Differenz der Zugbewehrung bei Änderung von σ_b um 1 kg/cm² für $\sigma_e = 1500$ bzw. $\sigma_e = 1200$ kg/cm² (gültig nur wenn $x > d$);
d = Druckplattenbreite in cm;
h = Nutzhöhe in cm; x = Nullinienabstand;
z = Abstand des Druckmittelpunktes vom Zugmittelpunkt in cm.

$h = 24$—36 cm

σ_b									σ_e	h
55 44	50 40	45 36	40 32	35 28	30 24	25 20	20 16	15 12	1500 1200	
0,355 h	0,333 h	0,310 h	0,286 h	0,259 h	0,231 h	0,200 h	0,167 h	0,130 h	x	cm
← $x \leq d$ →										
4956	**4267**	**3606**	**2978**	**2387**	**1840**	**1344**	**907**	**539**	M_{1500}	24
3965	**3413**	**2885**	**2382**	**1910**	**1472**	**1075**	**725**	**431**	M_{1200}	
15,61	13,33	11,17	9,14	7,26	5,54	4,00	2,67	1,57	f_e	
21,16	*21,33*	*21,52*	*21,71*	*21,93*	*22,15*	*22,40*	*22,67*	*22,96*	z	
5377	**4630**	**3913**	**3231**	**2591**	**1997**	**1458**	**984**	**585**	M_{1500}	25
4302	**3704**	**3130**	**2585**	**2072**	**1598**	**1167**	**787**	**468**	M_{1200}	
16,26	13,89	11,64	9,52	7,56	5,77	4,17	2,78	1,63	f_e	
22,04	*22,22*	*22,41*	*22,62*	*22,84*	*23,08*	*23,33*	*23,61*	*23,91*	z	
5816	**5007**	**4232**	**3495**	**2802**	**2160**	**1577**	**1064**	**633**	M_{1500}	26
4653	**4006**	**3386**	**2796**	**2242**	**1728**	**1262**	**851**	**506**	M_{1200}	
16,91	14,44	12,10	9,90	7,86	6,00	4,33	2,89	1,70	f_e	
22,92	*23,11*	*23,31*	*23,52*	*23,75*	*24,00*	*24,27*	*24,56*	*24,87*	z	
6272	**5400**	**4564**	**3769**	**3022**	**2329**	**1701**	**1148**	**682**	M_{1500}	27
5018	**4320**	**3651**	**3015**	**2417**	**1863**	**1361**	**918**	**546**	M_{1200}	
17,56	15,00	12,57	10,29	8,17	6,23	4,50	3,00	1,76	f_e	
23,81	*24,00*	*24,21*	*24,43*	*24,67*	*24,92*	*25,20*	*25,50*	*25,83*	z	
6745	**5807**	**4908**	**4053**	**3250**	**2505**	**1829**	**1234**	**734**	M_{1500}	28
5396	**4646**	**3927**	**3243**	**2600**	**2004**	**1463**	**987**	**587**	M_{1200}	
18,22	15,56	13,03	10,67	8,47	6,46	4,67	3,11	1,83	f_e	
24,69	*24,89*	*25,10*	*25,33*	*25,58*	*25,85*	*26,13*	*26,44*	*26,78*	z	
7236	**6230**	**5265**	**4348**	**3486**	**2687**	**1962**	**1324**	**787**	M_{1500}	29
5789	**4984**	**4212**	**3478**	**2789**	**2150**	**1570**	**1059**	**630**	M_{1200}	
18,87	16,11	13,50	11,05	8,77	6,69	4,83	3,22	1,89	f_e	
25,57	*25,78*	*26,00*	*26,24*	*26,49*	*26,77*	*27,07*	*27,39*	*27,74*	z	
7743	**6667**	**5634**	**4653**	**3730**	**2876**	**2100**	**1417**	**842**	M_{1500}	30
6195	**5333**	**4507**	**3722**	**2984**	**2301**	**1680**	**1133**	**674**	M_{1200}	
19,52	16,67	13,97	11,43	9,07	6,92	5,00	3,33	1,96	f_e	
26,45	*26,67*	*26,90*	*27,14*	*27,41*	*27,69*	*28,00*	*28,33*	*28,70*	z	
8804	**7585**	**6411**	**5294**	**4244**	**3272**	**2389**	**1612**	**958**	M_{1500}	32
7043	**6068**	**5129**	**4235**	**3396**	**2618**	**1911**	**1289**	**767**	M_{1200}	
20,80	17,78	14,90	12,19	9,68	7,38	5,33	3,56	2,09	f_e	
28,22	*28,44*	*28,69*	*28,95*	*29,23*	*29,54*	*29,87*	*30,22*	*30,61*	z	
9888	**8557**	**7237**	**5977**	**4792**	**3694**	**2697**	**1820**	**1082**	M_{1500}	34
7910	**6846**	**5790**	**4781**	**3833**	**2955**	**2158**	**1456**	**865**	M_{1200}	
21,95	18,87	15,83	12,95	10,28	7,85	5,67	3,78	2,22	f_e	
30,04	*30,23*	*30,48*	*30,76*	*31,06*	*31,38*	*31,73*	*32,11*	*32,52*	z	
10985	**9549**	**8112**	**6700**	**5372**	**4141**	**3024**	**2040**	**1213**	M_{1500}	36
8788	**7639**	**6490**	**5360**	**4297**	**3313**	**2419**	**1632**	**970**	M_{1200}	
22,97	19,86	16,75	13,71	10,89	8,31	6,00	4,00	2,35	f_e	
31,89	*32,05*	*32,28*	*32,57*	*32,89*	*33,23*	*33,60*	*34,00*	*34,43*	z	
→			← $x \leq d$ →							

Tafel für

$d = 11$ cm

bei $\sigma_e = 1500$

M_{1500} = Moment in kgm auf 1 m Druckplattenbreite bei $\sigma_e = 1500$ kg/cm² } ohne Berücksichtigung der Spannungen im Steg;
M_{1200} = Moment in kgm auf 1 m Druckplattenbreite bei $\sigma_e = 1200$ kg/cm²
f_e = Zugeisenquerschnitt in cm² auf 1 m Druckplattenbreite
ΔM = Momentendifferenz bei Änderung von σ_b um 1 kg/cm² (gültig nur wenn $x > d$);

$h = 38$—56 cm

h cm	ΔM / $\Delta f_{e\,1500}$ / $\Delta f_{e\,1200}$	σ_e	σ_b								
		1500	—	—	—	75	70	—	65	—	60
		1200	75	70	65	60	56	55	52	50	48
		x	0,484 h	0,467 h	0,448 h	0,429 h	0,412 h	0,407 h	0,394 h	0,385 h	0,375 h
			← $x > d$								
38	308,68	M_{1500}	—	—	—	18268	16725	—	15181	—	13638
	0,627	M_{1200}	19245	17701	16158	14615	13380	13071	12145	11528	10911
	0,784	f_e	48,19	44,27	40,35	36,43	33,29	32,51	30,15	28,59	27,02
		z	33,28	33,32	33,37	33,43	33,49	33,51	33,56	33,61	33,65
40	330,09	M_{1500}	—	—	—	19816	18166	—	16515	—	14865
	0,633	M_{1200}	20804	19154	17503	15853	14532	14202	13212	12552	11892
	0,791	f_e	49,21	45,26	41,31	37,35	34,19	33,40	31,03	29,45	27,87
		z	35,23	35,27	35,31	35,37	35,42	35,43	35,48	35,52	35,56
42	351,56	M_{1500}	—	—	—	21374	19616	—	17858	—	16100
	0,637	M_{1200}	22372	20615	18857	17099	15693	15341	14286	13583	12880
	0,797	f_e	50,14	46,16	42,18	38,19	35,01	34,21	31,82	30,23	28,63
		z	37,18	37,22	37,26	37,31	37,35	37,37	37,41	37,45	37,48
44	373,08	M_{1500}	—	—	—	22939	21074	—	19209	—	17343
	0,642	M_{1200}	23948	22083	20217	18352	16859	16486	15367	14621	13875
	0,802	f_e	50,99	46,98	42,97	38,96	35,75	34,95	32,54	30,94	29,33
		z	39,14	39,17	39,21	39,25	39,30	39,31	39,35	39,38	39,42
46	394,65	M_{1500}	—	—	—	24513	22540	—	20566	—	18593
	0,646	M_{1200}	25530	23557	21584	19610	18032	17637	16453	15664	14875
	0,807	f_e	51,76	47,73	43,69	39,66	36,43	35,62	33,20	31,59	29,97
		z	41,10	41,13	41,17	41,21	41,25	41,26	41,30	41,33	41,36
48	416,24	M_{1500}	—	—	—	26093	24011	—	21930	—	19849
	0,649	M_{1200}	27118	25036	22955	20874	19209	18793	17544	16712	15879
	0,812	f_e	52,47	48,41	44,35	40,30	37,05	36,24	33,80	32,18	30,56
		z	43,07	43,10	43,13	43,17	43,21	43,22	43,25	43,28	43,31
50	437,87	M_{1500}	—	—	—	27678	25488	—	23299	—	21110
	0,653	M_{1200}	28710	26521	24332	22142	20391	19953	18639	17764	16888
	0,816	f_e	53,12	49,04	44,96	40,88	37,62	36,80	34,36	32,73	31,09
		z	45,04	45,07	45,10	45,13	45,17	45,18	45,21	45,23	45,26
52	459,53	M_{1500}	—	—	—	29268	26970	—	24673	—	22375
	0,656	M_{1200}	30307	28010	25712	23414	21576	21117	19738	18819	17900
	0,820	f_e	53,72	49,62	45,52	41,43	38,15	37,33	34,87	33,23	31,59
		z	47,01	47,04	47,07	47,10	47,13	47,14	47,17	47,20	47,22
54	481,22	M_{1500}	—	—	—	30863	28457	—	26051	—	23645
	0,659	M_{1200}	31908	29502	27096	24690	22765	22284	20840	19878	18916
	0,823	f_e	54,28	50,16	46,05	41,93	38,64	37,81	35,34	33,70	32,05
		z	48,99	49,01	49,04	49,07	49,10	49,11	49,14	49,16	49,18
56	502,92	M_{1500}	—	—	—	32462	29947	—	27432	—	24918
	0,661	M_{1200}	33513	30998	28484	25969	23957	23455	21946	20940	19934
	0,827	f_e	54,80	50,66	46,53	42,40	39,09	38,26	35,78	34,13	32,48
		z	50,97	50,99	51,01	51,04	51,07	51,08	51,11	51,13	51,15
			← $x > d$								

Plattenbalken

und 1200 kg/cm²

Tafel 38

$d = 11$ cm

Δf_{e1500} bzw. Δf_{e1200} = Differenz der Zugbewehrung bei Änderung von σ_b um 1 kg/cm² für $\sigma_e = 1500$ bzw. $\sigma_e = 1200$ kg/cm² (gültig nur wenn $x > d$);
d = Druckplattendicke in cm;
h = Nutzhöhe in cm; x = Nullinienabstand;
z = Abstand des Druckmittelpunktes vom Zugmittelpunkt in cm.

$h = 38$—56 cm

σ_b									σ_e	h
55 44	50 40	45 36	40 32	35 28	30 24	25 20	20 16	15 12	1500 1200	h
0,355 h	0,333 h	0,310 h	0,286 h	0,259 h	0,231 h	0,200 h	0,167 h	0,130 h	x	cm
→	→	→	← $x \leq d$ →							
12095	**10551**	**9008**	**7466**	**5985**	**4614**	**3369**	**2273**	**1351**	M_{1500}	**38**
9676	**8441**	**7206**	**5972**	**4788**	**3691**	**2695**	**1818**	**1081**	M_{1200}	
23,88	20,75	17,61	14,48	11,49	8,77	6,33	4,22	2,48	f_e	
33,76	*33,91*	*34,10*	*34,38*	*34,72*	*35,08*	*35,47*	*35,89*	*36,35*	z	
13214	**11564**	**9913**	**8263**	**6632**	**5112**	**3733**	**2516**	**1497**	M_{1500}	**40**
10571	**9251**	**7931**	**6610**	**5306**	**4090**	**2987**	**2015**	**1198**	M_{1200}	
24,70	21,54	18,38	15,22	12,10	9,23	6,67	4,44	2,61	f_e	
35,66	*35,79*	*35,96*	*36,20*	*36,54*	*36,92*	*37,33*	*37,78*	*38,26*	z	
14342	**12585**	**10827**	**9069**	**7312**	**5636**	**4116**	**2777**	**1651**	M_{1500}	**42**
11474	**10068**	**8661**	**7255**	**5849**	**4509**	**3293**	**2221**	**1320**	M_{1200}	
25,45	22,26	19,08	15,89	12,70	9,69	7,00	4,67	2,74	f_e	
37,57	*37,69*	*37,84*	*38,05*	*38,37*	*38,77*	*39,20*	*39,67*	*40,17*	z	
15478	**13613**	**11747**	**9882**	**8016**	**6186**	**4517**	**3047**	**1812**	M_{1500}	**44**
12382	**10890**	**9398**	**7905**	**6413**	**4949**	**3614**	**2438**	**1449**	M_{1200}	
26,13	22,92	19,71	16,50	13,29	10,15	7,33	4,89	2,87	f_e	
39,50	*39,60*	*39,74*	*39,93*	*40,21*	*40,62*	*41,07*	*41,56*	*42,09*	z	
16620	**14647**	**12673**	**10700**	**8727**	**6761**	**4937**	**3331**	**1980**	M_{1500}	**46**
13296	**11717**	**10139**	**8560**	**6982**	**5409**	**3950**	**2665**	**1584**	M_{1200}	
26,74	23,51	20,29	17,06	13,83	10,62	7,67	5,11	3,00	f_e	
41,43	*41,53*	*41,65*	*41,82*	*42,07*	*42,46*	*42,93*	*43,44*	*44,00*	z	
17768	**15686**	**13605**	**11524**	**9443**	**7362**	**5376**	**3627**	**2156**	M_{1500}	**48**
14214	**12549**	**10884**	**9219**	**7554**	**5889**	**4301**	**2901**	**1725**	M_{1200}	
27,31	24,06	20,82	17,57	14,32	11,08	8,00	5,33	3,13	f_e	
43,37	*43,46*	*43,57*	*43,73*	*43,95*	*44,31*	*44,80*	*45,33*	*45,91*	z	
18920	**16731**	**14542**	**12352**	**10163**	**7974**	**5833**	**3935**	**2339**	M_{1500}	**50**
15136	**13385**	**11633**	**9882**	**8130**	**6379**	**4667**	**3148**	**1871**	M_{1200}	
27,83	24,57	21,30	18,04	14,78	11,51	8,33	5,56	3,26	f_e	
45,32	*45,40*	*45,51*	*45,65*	*45,85*	*46,17*	*46,67*	*47,22*	*47,83*	z	
20077	**17780**	**15482**	**13184**	**10887**	**8589**	**6309**	**4256**	**2530**	M_{1500}	**52**
16062	**14224**	**12386**	**10548**	**8709**	**6871**	**5047**	**3405**	**2024**	M_{1200}	
28,31	25,03	21,75	18,47	15,20	11,92	8,67	5,78	3,39	f_e	
47,28	*47,35*	*47,45*	*47,58*	*47,76*	*48,05*	*48,53*	*49,11*	*49,74*	z	
21238	**18832**	**16426**	**14020**	**11614**	**9208**	**6804**	**4590**	**2729**	M_{1500}	**54**
16991	**15066**	**13141**	**11216**	**9291**	**7366**	**5443**	**3672**	**2183**	M_{1200}	
28,76	25,46	22,17	18,88	15,58	12,29	9,00	6,00	3,52	f_e	
49,24	*49,31*	*49,40*	*49,52*	*49,69*	*49,95*	*50,40*	*51,00*	*51,65*	z	
22403	**19888**	**17374**	**14859**	**12345**	**9830**	**7315**	**4936**	**2934**	M_{1500}	**56**
17922	**15911**	**13899**	**11887**	**9876**	**7864**	**5852**	**3949**	**2348**	M_{1200}	
29,17	25,86	22,56	19,25	15,94	12,64	9,33	6,22	3,65	f_e	
51,20	*51,27*	*51,35*	*51,46*	*51,62*	*51,86*	*52,27*	*52,89*	*53,57*	z	
→	→	→	→	→	→	→	← $x \leq d$ →			

Tafel für

$d = 11$ cm

bei $\sigma_e = 1500$

M_{1500} = Moment in kgm auf 1 m Druckplattenbreite bei $\sigma_e = 1500$ kg/cm² ⎫ ohne Berück-
M_{1200} = Moment in kgm auf 1 m Druckplattenbreite bei $\sigma_e = 1200$ kg/cm² ⎬ sichtigung der
f_e = Zugeisenquerschnitt in cm² auf 1 m Druckplattenbreite ⎪ Spannungen
z = Abstand des Druckmittelpunktes vom Zugmittelpunkt in cm ⎭ im Steg;
ΔM = Momentendifferenz bei Änderung von σ_b um 1 kg/cm² (gültig nur wenn $x > d$);
Δf_{e1500} bzw. Δf_{e1200} = Differenz der Zugbewehrung bei Änderung von σ_b um 1 kg/cm² für $\sigma_e = 1500$ bzw. $\sigma_e = 1200$ kg/cm² (gültig nur wenn $x > d$);

Gesamtmoment bei Berücksichtigung der Spannungen im Steg: $M = b \cdot M_{\text{Platte}} + b_0 \cdot M_{\text{Steg}}$,

$h = 58$—70 cm

Zugeisenquerschnitt bei Berücksichtigung der

h	ΔM / $\Delta f_{e\,1500}$ / $\Delta f_{e\,1200}$	σ_e	σ_b								
		1500	—	—	—	75	70	—	65	—	60
		1200	75	70	65	60	56	55	52	50	48
cm		x	0,484 h	0,467 h	0,448 h	0,429 h	0,412 h	0,407 h	0,394 h	0,385 h	0,375 h
			←								$x > d$ —
58	**524,65**	M_{1500}	—	—	—	**34064**	**31440**	—	**28817**	—	**26194**
	0,664	M_{1200}	**35121**	**32497**	**29874**	**27251**	**25152**	**24628**	**23054**	**22004**	**20955**
	0,830	f_e	55,28	51,13	46,98	42,83	39,51	38,68	36,19	34,53	32,87
		z	*52,95*	*52,97*	*52,99*	*53,02*	*53,05*	*53,06*	*53,08*	*53,10*	*53,12*
60	**546,39**	M_{1500}	—	—	—	**35669**	**32937**	—	**30205**	—	**27473**
	0,666	M_{1200}	**36731**	**33999**	**31267**	**28535**	**26350**	**25803**	**24164**	**23071**	**21978**
	0,833	f_e	55,73	51,56	47,40	43,24	39,91	39,07	36,58	34,91	33,24
		z	*54,93*	*54,95*	*54,97*	*55,00*	*55,03*	*55,03*	*55,06*	*55,07*	*55,10*
62	**568,16**	M_{1500}	—	—	—	**37277**	**34436**	—	**31596**	—	**28755**
	0,668	M_{1200}	**38344**	**35503**	**32663**	**29822**	**27549**	**26981**	**25277**	**24140**	**23004**
	0,835	f_e	56,15	51,97	47,79	43,62	40,27	39,44	36,93	35,26	33,59
		z	*56,91*	*56,93*	*56,95*	*56,98*	*57,00*	*57,01*	*57,03*	*57,05*	*57,07*
64	**589,93**	M_{1500}	—	—	—	**38888**	**35938**	—	**32989**	—	**30039**
	0,670	M_{1200}	**39960**	**37010**	**34060**	**31111**	**28751**	**28161**	**26391**	**25211**	**24031**
	0,838	f_e	56,54	52,35	48,16	43,97	40,62	39,78	37,27	35,59	33,92
		z	*58,90*	*58,91*	*58,93*	*58,96*	*58,98*	*58,99*	*59,01*	*59,03*	*59,05*
66	**611,72**	M_{1500}	—	—	—	**40501**	**37443**	—	**34384**	—	**31326**
	0,672	M_{1200}	**41577**	**38518**	**35460**	**32401**	**29954**	**29343**	**27507**	**26284**	**25060**
	0,840	f_e	56,91	52,71	48,51	44,31	40,94	40,10	37,58	35,90	34,22
		z	*60,88*	*60,90*	*60,92*	*60,94*	*60,97*	*60,97*	*60,99*	*61,01*	*61,02*
		Steg M_{1500}	—	—	—	**19505**	**16718**	—	**14062**	—	**11554**
		Steg M_{1200}	**24715**	**21563**	**18520**	**15604**	**13375**	**12833**	**11250**	**10231**	**9244**
		Steg f_e	42,89	37,13	31,62	26,41	22,47	21,52	18,75	16,98	15,28
68	**633,52**	M_{1500}	—	—	—	**42117**	**38949**	—	**35782**	—	**32614**
	0,674	M_{1200}	**43196**	**40029**	**36861**	**33693**	**31159**	**30526**	**28625**	**27358**	**26091**
	0,843	f_e	57,26	53,05	48,83	44,62	41,25	40,41	37,88	36,19	34,51
		z	*62,87*	*62,88*	*62,90*	*62,93*	*62,95*	*62,95*	*62,97*	*62,99*	*63,00*
		Steg M_{1500}	—	—	—	**21581**	**18544**	—	**15646**	—	**12904**
		Steg M_{1200}	**27174**	**23748**	**20440**	**17265**	**14836**	**14245**	**12517**	**11403**	**10323**
		Steg f_e	45,56	39,51	33,72	28,24	24,03	23,08	20,16	18,29	16,49
70	**655,34**	M_{1500}	—	—	—	**43734**	**40457**	—	**37181**	—	**33904**
	0,676	M_{1200}	**44817**	**41541**	**38264**	**34987**	**32366**	**31711**	**29745**	**28434**	**27123**
	0,845	f_e	57,59	53,36	49,14	44,92	41,54	40,69	38,16	36,47	34,78
		z	*64,86*	*64,87*	*64,89*	*64,91*	*64,93*	*64,94*	*64,96*	*64,97*	*64,99*
		Steg M_{1500}	—	—	—	**23766**	**20468**	—	**17316**	—	**14330**
		Steg M_{1200}	**29753**	**26043**	**22457**	**19013**	**16374**	**15732**	**13853**	**12641**	**11465**
		Steg f_e	48,26	41,91	35,85	30,08	25,72	24,66	21,59	19,62	17,72
			←								$x > d$ —

Plattenbalken

und 1200 kg/cm²

Tafel 39

$d = 11$ cm

Steg $\begin{cases} M_{1500} \\ M_{1200} \\ f_e \end{cases}$ M_{1500} = durch je 1 m Breite des Steges aufnehmb. Moment in kgm bei $\sigma_e = 1500$ kg/cm²;
M_{1200} = durch je 1 m Breite des Steges aufnehmb. Moment in kgm bei $\sigma_e = 1200$ kg/cm²;
f_e = Zugeisenquerschnitt in cm² entspr. den Druckspannungen im Steg je 1 m Breite;
d = Druckplattendicke in cm;
h = Nutzhöhe in cm;
x = Nullinienabstand.

worin b = Druckplattenbreite in m und b_0 = Stegbreite in m bedeuten.
Spannungen im Steg: $F_e = b \cdot f_{e\,\text{Platte}} + b_0 \cdot f_{e\,\text{Steg}}$.

$h = 58$—70 cm

σ_b									σ_e	h
55 44	50 40	45 36	40 32	35 28	30 24	25 20	20 16	15 12	1500 1200	
0,355 h	0,333 h	0,310 h	0,286 h	0,259 h	0,231 h	0,200 h	0,167 h	0,130 h	x	cm
→							← $x \leqq d$ →			
23571 **18857** 29,55 *53,17*	**20947** **16758** 26,24 *53,23*	**18324** **14659** 22,92 *53,31*	**15701** **12561** 19,60 *53,41*	**13078** **10462** 16,28 *53,56*	**10454** **8364** 12,96 *53,78*	**7831** **6265** 9,64 *54,15*	**5295** **4236** 6,44 *54,78*	**3148** **2518** 3,78 *55,48*	M_{1500} M_{1200} f_e z	**58**
24741 **19793** 29,91 *55,14*	**22009** **17607** 26,58 *55,20*	**19277** **15422** 23,25 *55,27*	**16545** **13236** 19,92 *55,37*	**13813** **11051** 16,59 *55,50*	**11081** **8865** 13,26 *55,71*	**8349** **6679** 9,93 *56,05*	**5667** **4533** 6,67 *56,67*	**3369** **2695** 3,91 *57,39*	M_{1500} M_{1200} f_e z	**60**
25914 **20731** 30,25 *57,11*	**23073** **18459** 26,91 *57,16*	**20233** **16186** 23,57 *57,23*	**17392** **13913** 20,23 *57,33*	**14551** **11641** 16,88 *57,45*	**11710** **9368** 13,54 *57,64*	**8870** **7096** 10,20 *57,96*	**6051** **4841** 6,89 *58,56*	**3597** **2878** 4,04 *59,30*	M_{1500} M_{1200} f_e z	**62**
27090 **21672** 30,57 *59,09*	**24140** **19312** 27,21 *59,14*	**21190** **16952** 23,86 *59,20*	**18241** **14592** 20,51 *59,29*	**15291** **12233** 17,16 *59,41*	**12341** **9873** 13,81 *59,59*	**9392** **7513** 10,46 *59,88*	**6447** **5158** 7,11 *60,44*	**3833** **3066** 4,17 *61,22*	M_{1500} M_{1200} f_e z	**64**
28267 **22614** 30,86 *61,06* **9212** **7369** 12,07	**25208** **20167** 27,50 *61,11* **7059** **5646** 9,17	**22150** **17720** 24,14 *61,17* **5120** **4096** 6,59	**19091** **15273** 20,78 *61,25* **3430** **2744** 4,37	**16033** **12826** 17,42 *61,37* **2023** **1618** 2,55	**12974** **10379** 14,06 *61,54* — — —	**9915** **7932** 10,69 *61,81* — — —	**6857** **5485** 7,33 *62,33* — — —	**4076** **3261** 4,30 *63,13* — — —	M_{1500} M_{1200} f_e z Steg M_{1500} Steg M_{1200} Steg f_e	**66**
29446 **23557** 31,14 *63,04* **10338** **8270** 13,10	**26279** **21023** 27,77 *63,09* **7973** **6378** 10,01	**23111** **18489** 24,40 *63,15* **5837** **4669** 7,26	**19943** **15955** 21,03 *63,22* **3963** **3170** 4,88	**16776** **13421** 17,66 *63,33* **2390** **1912** 2,91	**13608** **10887** 14,29 *63,49* — — —	**10441** **8352** 10,92 *63,74* — — —	**7273** **5818** 7,55 *64,23* — — —	**4327** **3461** 4,43 *65,04* — — —	M_{1500} M_{1200} f_e z Steg M_{1500} Steg M_{1200} Steg f_e	**68**
30627 **24502** 31,40 *65,02* **11532** **9225** 14,14	**27351** **21881** 28,02 *65,07* **8945** **7156** 10,87	**24074** **19259** 24,65 *65,12* **6602** **5282** 7,94	**20797** **16638** 21,27 *65,20* **4536** **3629** 5,40	**17521** **14017** 17,89 *65,30* **2789** **2232** 3,28	**14244** **11395** 14,51 *65,45* — — —	**10967** **8774** 11,13 *65,69* — — —	**7691** **6152** 7,75 *66,14* — — —	**4585** **3668** 4,57 *66,96* — — —	M_{1500} M_{1200} f_e z Steg M_{1500} Steg M_{1200} Steg f_e	**70**
→								← $x \leqq d$ →		

$d = 11$ cm bei $\sigma_e = 1500$

M_{1500} = Moment in kgm auf 1 m Druckplattenbreite bei $\sigma_e = 1500$ kg/cm² } ohne Berück-
M_{1200} = Moment in kgm auf 1 m Druckplattenbreite bei $\sigma_e = 1200$ kg/cm² } sichtigung der
f_e = Zugeisenquerschnitt in cm² auf 1 m Druckplattenbreite } Spannungen
z = Abstand des Druckmittelpunktes vom Zugmittelpunkt in cm } im Steg;
ΔM = Momentendifferenz bei Änderung von σ_b um 1 kg/cm² (gültig nur wenn $x > d$);
$\Delta f_{e\,1500}$ bzw. $\Delta f_{e\,1200}$ = Differenz der Zugbewehrung bei Änderung von σ_b um 1 kg/cm² für $\sigma_e = 1500$ bzw. $\sigma_e = 1200$ kg/cm² (gültig nur wenn $x > d$);
Gesamtmoment bei Berücksichtigung der Spannungen im Steg: $M = b \cdot M_{\text{Platte}} + b_0 \cdot M_{\text{Steg}}$,
Zugeisenquerschnitt bei Berücksichtigung der

$h = 72$—82 cm

h	ΔM / $\Delta f_{e\,1500}$ / $\Delta f_{e\,1200}$	σ_e	σ_b								
		1500	—	—	—	75	70	—	65	—	60
		1200	75	70	65	60	56	55	52	50	48
cm		x	0,484 h	0,467 h	0,448 h	0,429 h	0,412 h	0,407 h	0,394 h	0,385 h	0,375 h
			←								$x > d$
72	677,16	M_{1500}	—	—	—	45353	41968	—	38582	—	35196
	0,677	M_{1200}	46440	43054	39669	36283	33574	32897	30865	29511	28157
	0,847	f_e	57,90	53,66	49,43	45,20	41,81	40,96	38,42	36,73	35,04
		z	66,84	66,86	66,88	66,90	66,92	66,92	66,94	66,95	66,96
		Steg M_{1500}	—	—	—	26059	22488	—	19074	—	15834
		Steg M_{1200}	32453	28447	24572	20847	17991	17296	15259	13945	12667
		Steg f_e	50,97	44,34	37,98	31,95	27,37	26,26	23,03	20,96	18,96
74	699,00	M_{1500}	—	—	—	46974	43479	—	39984	—	36489
	0,679	M_{1200}	48064	44569	41074	37579	34783	34084	31987	30589	29191
	0,849	f_e	58,19	53,95	49,70	45,46	42,07	41,22	38,67	36,98	35,28
		z	68,83	68,85	68,86	68,88	68,90	68,91	68,93	68,94	68,95
		Steg M_{1500}	—	—	—	28461	24608	—	20919	—	17415
		Steg M_{1200}	35272	30959	26784	22769	19686	18935	16735	15314	13933
		Steg f_e	53,71	46,78	40,14	33,82	29,03	27,87	24,49	22,32	20,22
76	720,84	M_{1500}	—	—	—	48597	44992	—	41388	—	37784
	0,680	M_{1200}	49690	46086	42481	38877	35994	35273	33111	31669	30227
	0,850	f_e	58,47	54,22	49,96	45,71	42,31	41,46	38,91	37,21	35,51
		z	70,82	70,84	70,85	70,87	70,89	70,90	70,91	70,92	70,94
		Steg M_{1500}	—	—	—	30971	26825	—	22851	—	19074
		Steg M_{1200}	38212	33580	29095	24777	21460	20651	18281	16749	15259
		Steg f_e	56,45	49,23	42,31	35,72	30,71	29,50	25,96	23,69	21,49
78	742,69	M_{1500}	—	—	—	50220	46507	—	42794	—	39080
	0,682	M_{1200}	51517	47603	43890	40176	37206	36463	34235	32749	31264
	0,852	f_e	58,73	54,47	50,21	45,95	42,54	41,69	39,13	37,43	35,73
		z	72,81	72,83	72,84	72,86	72,88	72,88	72,90	72,91	72,92
		Steg M_{1500}	—	—	—	33590	29140	—	24872	—	20809
		Steg M_{1200}	41073	36311	31403	26872	23311	22444	19897	18251	16648
		Steg f_e	59,21	51,70	44,49	37,62	32,40	31,13	27,44	25,07	22,77
80	764,55	M_{1500}	—	—	—	51846	48023	—	44200	—	40377
	0,683	M_{1200}	52945	49122	45299	41476	38418	37654	35360	33831	32302
	0,854	f_e	58,98	54,71	50,45	46,18	42,76	41,91	39,35	37,64	35,93
		z	74,80	74,82	74,83	74,85	74,87	74,87	74,89	74,90	74,91
		Steg M_{1500}	—	—	—	36318	31553	—	26980	—	22623
		Steg M_{1200}	44454	39151	34010	29055	25242	24312	21584	19818	18098
		Steg f_e	61,99	54,18	46,68	39,54	34,10	32,78	28,93	26,46	24,07
82	786,41	M_{1500}	—	—	—	53472	49540	—	45608	—	41676
	0,684	M_{1200}	54574	50642	46710	42777	39632	38845	36486	34913	33341
	0,855	f_e	59,22	54,94	50,67	46,39	42,97	42,12	39,55	37,84	36,13
		z	76,80	76,81	76,82	76,84	76,86	76,86	76,88	76,89	76,90
		Steg M_{1500}	—	—	—	39155	34064	—	29175	—	24513
		Steg M_{1200}	47756	42099	36614	31324	27251	25258	23340	21452	19611
		Steg f_e	64,77	56,67	48,89	41,46	35,81	34,44	30,44	27,86	25,37
			←								$x > d$

und 1200 kg/cm² $d = 11$ cm

Steg $\begin{cases} M_{1500} \\ M_{1200} \\ f_e \end{cases}$ M_{1500} = durch je 1 m Breite des Steges aufnehmb. Moment in kgm bei $\sigma_e = 1500$ kg/cm²;
M_{1200} = durch je 1 m Breite des Steges aufnehmb. Moment in kgm bei $\sigma_e = 1200$ kg/cm²;
f_e = Zugeisenquerschnitt in cm² entspr. den Druckspannungen im Steg je 1 m Breite;
d = Druckplattendicke in cm;
h = Nutzhöhe in cm;
x = Nullinienabstand.

worin b = Druckplattenbreite in m und b_0 = Stegbreite in m bedeuten.
Spannungen im Steg: $F_e = b \cdot f_{e\,\text{Platte}} + b_0 \cdot f_{e\,\text{Steg}}$.

$h = 72$—82 cm

σ_b									σ_e	h
55 44	50 40	45 36	40 32	35 28	30 24	25 20	20 16	15 12	1500 1200	
0,355 h	0,333 h	0,310 h	0,286 h	0,259 h	0,231 h	0,200 h	0,167 h	0,130 h	x	cm
→								‹ $x \leqq d$ ›		
31810	**28424**	**25038**	**21653**	**18267**	**14881**	**11495**	**8109**	**4851**	M_{1500}	72
25448	**22739**	**20031**	**17322**	**14614**	**11905**	**9196**	**6488**	**3881**	M_{1200}	
31,65	28,26	24,88	21,49	18,10	14,72	11,33	7,94	4,70	f_e	
67,00	*67,05*	*67,10*	*67,17*	*67,27*	*67,41*	*67,63*	*68,05*	*68,87*	z	
12793	**9976**	**7416**	**5149**	**3220**	**1683**	—	—	—	Steg M_{1500}	
10234	**7981**	**5932**	**4119**	**2577**	**1346**	—	—	—	Steg M_{1200}	
15,19	11,74	8,64	5,94	3,67	1,90	—	—	—	Steg f_e	
32994	**29499**	**26004**	**22509**	**19014**	**15519**	**12024**	**8529**	**5124**	M_{1500}	74
26395	**23599**	**20803**	**18007**	**15212**	**12416**	**9620**	**6824**	**4099**	M_{1200}	
31,89	28,49	25,10	21,70	18,31	14,91	11,52	8,13	4,83	f_e	
68,99	*69,03*	*69,08*	*69,14*	*69,24*	*69,37*	*69,58*	*69,98*	*70,78*	z	
14121	**11064**	**8278**	**5802**	**3684**	**1978**	—	—	—	Steg M_{1500}	
11297	**8851**	**6623**	**4642**	**2947**	**1583**	—	—	—	Steg M_{1200}	
14,25	12,62	9,35	6,49	4,07	2,16	—	—	—	Steg f_e	
34180	**30576**	**26971**	**23367**	**19763**	**16159**	**12555**	**8951**	**5405**	M_{1500}	76
27344	**24461**	**21577**	**18694**	**15810**	**12927**	**10044**	**7160**	**4324**	M_{1200}	
32,11	28,71	25,30	21,90	18,50	15,10	11,70	8,30	4,96	f_e	
70,97	*71,01*	*71,06*	*71,12*	*71,21*	*71,34*	*71,54*	*71,91*	*72,70*	z	
15516	**12209**	**9189**	**6495**	**4178**	**2297**	—	—	—	Steg M_{1500}	
12413	**9768**	**7351**	**5196**	**3343**	**1838**	—	—	—	Steg M_{1200}	
17,33	13,52	10,07	7,05	4,49	2,44	—	—	—	Steg f_e	
35367	**31653**	**27940**	**24226**	**20513**	**16799**	**13086**	**9373**	**5693**	M_{1500}	78
28293	**25323**	**22352**	**19381**	**16410**	**13440**	**10469**	**7498**	**4554**	M_{1200}	
32,32	28,91	25,50	22,09	18,69	15,28	11,87	8,46	5,09	f_e	
72,95	*72,99*	*73,04*	*73,10*	*73,18*	*73,31*	*73,50*	*73,84*	*74,61*	z	
16979	**13414**	**10148**	**7229**	**4705**	**2641**	—	—	—	Steg M_{1500}	
13584	**10730**	**8119**	**5783**	**3764**	**2112**	—	—	—	Steg M_{1200}	
18,42	14,42	10,81	7,62	4,91	2,72	—	—	—	Steg f_e	
36555	**32732**	**28909**	**25086**	**21264**	**17441**	**13618**	**9796**	**5989**	M_{1500}	80
29244	**26185**	**23127**	**20069**	**17011**	**13953**	**10895**	**7836**	**4791**	M_{1200}	
32,52	29,10	25,69	22,28	18,86	15,45	12,03	8,62	5,22	f_e	
74,94	*74,98*	*75,02*	*75,08*	*75,16*	*75,28*	*75,46*	*75,79*	*76,52*	z	
18510	**14675**	**11158**	**8002**	**5264**	**3009**	—	—	—	Steg M_{1500}	
14808	**11741**	**8926**	**6402**	**4211**	**2407**	—	—	—	Steg M_{1200}	
19,52	15,34	11,55	8,20	5,34	3,02	—	—	—	Steg f_e	
37744	**33812**	**29880**	**25947**	**22015**	**18083**	**14151**	**10219**	**6292**	M_{1500}	82
30195	**27049**	**23904**	**20758**	**17612**	**14467**	**11321**	**8175**	**5033**	M_{1200}	
32,71	29,29	25,87	22,45	19,03	15,61	12,19	8,76	5,35	f_e	
76,93	*76,96*	*77,01*	*77,06*	*77,14*	*77,25*	*77,43*	*77,73*	*78,43*	z	
20109	**15995**	**12216**	**8817**	**5856**	**3402**	**1538**	—	—	Steg M_{1500}	
16087	**12797**	**9772**	**7053**	**4685**	**2721**	**1230**	—	—	Steg M_{1200}	
20,63	16,27	12,30	8,79	5,78	3,32	1,48	—	—	Steg f_e	
→								‹ $x \leqq d$ ›		

$d = 11$ cm

bei $\sigma_e = 1500$

M_{1500} = Moment in kgm auf 1 m Druckplattenbreite bei $\sigma_e = 1500$ kg/cm² ⎫ ohne Berück-
M_{1200} = Moment in kgm auf 1 m Druckplattenbreite bei $\sigma_e = 1200$ kg/cm² ⎬ sichtigung der
f_e = Zugeisenquerschnitt in cm² auf 1 m Druckplattenbreite ⎪ Spannungen
z = Abstand des Druckmittelpunktes vom Zugmittelpunkt in cm ⎭ im Steg;
$\varDelta M$ = Momentendifferenz bei Änderung von σ_b um 1 kg/cm² (gültig nur wenn $x > d$);
$\varDelta f_{e1500}$ bzw. $\varDelta f_{e1200}$ = Differenz der Zugbewehrung bei Änderung von σ_b um 1 kg/cm² für $\sigma_e = 1500$ bzw. $\sigma_e = 1200$ kg/cm² (gültig nur wenn $x > d$);
Gesamtmoment bei Berücksichtigung der Spannungen im Steg: $M = b \cdot M_{\text{Platte}} + b_0 \cdot M_{\text{Steg}}$,
Zugeisenquerschnitt bei Berücksichtigung der

$h = 84$—94 cm

h cm	$\varDelta M$ / $\varDelta f_{e\,1500}$ / $\varDelta f_{e\,1200}$	σ_e: 1500 / 1200	σ_b								
		1500	—	—	—	75	70	—	65	—	60
		1200	75	70	65	60	56	55	52	50	48
		x	0,484 h	0,467 h	0,448 h	0,429 h	0,412 h	0,407 h	0,394 h	0,385 h	0,375 h
			←								$x > d$
84	**808,28**	M_{1500}	—	—	—	**55099**	**51058**	—	**47017**	—	**42975**
	0,685	M_{1200}	**56204**	**52162**	**48121**	**44079**	**40846**	**40038**	**37613**	**35997**	**34380**
	0,857	f_e	59,45	55,16	50,88	46,60	43,17	42,31	39,74	38,03	36,32
		z	*78,79*	*78,80*	*78,81*	*78,83*	*78,85*	*78,85*	*78,87*	*78,88*	*78,89*
		Steg M_{1500}	—	—	—	**42101**	**36674**	—	**31459**	—	**26483**
		Steg M_{1200}	**51178**	**45159**	**39317**	**33681**	**29340**	**28280**	**25167**	**23151**	**21186**
		Steg f_e	67,57	59,17	51,10	43,40	37,53	36,11	31,95	29,28	26,68
86	**830,16**	M_{1500}	—	—	—	**56728**	**52577**	—	**48426**	—	**44275**
	0,686	M_{1200}	**57835**	**53684**	**49533**	**45382**	**42062**	**41231**	**38741**	**37081**	**35420**
	0,858	f_e	59,66	55,37	51,08	46,79	43,36	42,50	39,83	38,21	36,50
		z	*80,78*	*80,79*	*80,81*	*80,82*	*80,84*	*80,84*	*80,86*	*80,87*	*80,88*
		Steg M_{1500}	—	—	—	**45156**	**39382**	—	**33831**	—	**28529**
		Steg M_{1200}	**54722**	**48326**	**42118**	**36125**	**31506**	**30378**	**27065**	**24917**	**22824**
		Steg f_e	70,38	61,68	53,33	45,35	39,27	37,79	33,48	30,70	28,00
88	**852,04**	M_{1500}	—	—	—	**58357**	**54097**	—	**49837**	—	**45577**
	0,688	M_{1200}	**59466**	**55206**	**50946**	**46686**	**43278**	**42426**	**39870**	**38165**	**36461**
	0,859	f_e	59,87	55,57	51,28	46,98	43,54	42,68	40,10	38,39	36,67
		z	*82,77*	*82,78*	*82,80*	*82,81*	*82,83*	*82,83*	*82,85*	*82,86*	*82,87*
		Steg M_{1500}	—	—	—	**48320**	**42189**	—	**36291**	—	**30653**
		Steg M_{1200}	**58386**	**51604**	**45018**	**38656**	**33751**	**32553**	**29032**	**26750**	**24523**
		Steg f_e	73,19	64,20	55,56	47,31	41,01	39,48	35,01	32,13	29,33
90	**873,93**	M_{1500}	—	—	—	**59988**	**55618**	—	**51248**	—	**49879**
	0,689	M_{1200}	**61099**	**56729**	**52360**	**47990**	**44494**	**43621**	**40999**	**39251**	**37503**
	0,861	f_e	60,07	55,76	51,46	47,16	43,71	42,85	40,27	38,55	36,83
		z	*84,77*	*84,78*	*84,79*	*84,80*	*84,82*	*84,82*	*84,84*	*84,85*	*84,86*
		Steg M_{1500}	—	—	—	**51594**	**45095**	—	**38838**	—	**32855**
		Steg M_{1200}	**62171**	**54991**	**48015**	**41275**	**36076**	**34805**	**31071**	**28648**	**26285**
		Steg f_e	76,02	66,74	57,81	49,27	42,76	41,17	36,55	33,56	30,67
92	**895,82**	M_{1500}	—	—	—	**61619**	**57140**	—	**52661**	—	**48182**
	0,690	M_{1200}	**62732**	**58253**	**53774**	**49295**	**45712**	**44816**	**42129**	**40337**	**38545**
	0,862	f_e	60,26	55,95	51,64	47,33	43,88	43,02	40,43	38,71	36,99
		z	*86,76*	*86,77*	*86,78*	*86,80*	*86,81*	*86,82*	*86,83*	*86,84*	*86,85*
		Steg M_{1500}	—	—	—	**54977**	**48099**	—	**41474**	—	**35136**
		Steg M_{1200}	**66077**	**58488**	**51112**	**43982**	**38479**	**37134**	**33180**	**30614**	**28109**
		Steg f_e	78,86	69,28	60,06	51,24	44,51	42,88	38,09	35,01	32,01
94	**917,72**	M_{1500}	—	—	—	**63251**	**58662**	—	**54074**	—	**49485**
	0,690	M_{1200}	**64367**	**59778**	**55189**	**50601**	**46930**	**46012**	**43259**	**41424**	**39588**
	0,863	f_e	60,44	56,12	51,81	47,49	44,04	43,18	40,59	38,86	37,13
		z	*88,75*	*88,76*	*88,78*	*88,79*	*88,80*	*88,81*	*88,82*	*88,83*	*88,84*
		Steg M_{1500}	—	—	—	**58469**	**51202**	—	**44199**	—	**37494**
		Steg M_{1200}	**70104**	**62091**	**54306**	**46775**	**40961**	**39540**	**35359**	**32645**	**29996**
		Steg f_e	81,70	71,82	62,32	53,22	46,27	44,59	39,65	36,46	33,37
			←								$x > d$

Plattenbalken

Tafel 41

und 1200 kg/cm²

$d = 11$ cm

Steg $\begin{cases} M_{1500} & = \text{durch je 1 m Breite des Steges aufnehmb. Moment in kgm bei } \sigma_e = 1500 \text{ kg/cm}^2; \\ M_{1200} & = \text{durch je 1 m Breite des Steges aufnehmb. Moment in kgm bei } \sigma_e = 1200 \text{ kg/cm}^2; \\ f_e & = \text{Zugeisenquerschnitt in cm}^2 \text{ entspr. den Druckspannungen im Steg je 1 m Breite;} \end{cases}$

d = Druckplattendicke in cm;
h = Nutzhöhe in cm;
x = Nullinienabstand.

worin b = Druckplattenbreite in m und b_0 = Stegbreite in m bedeuten.
Spannungen im Steg: $F_e = b \cdot f_{e\,\text{Platte}} + b_0 \cdot f_{e\,\text{Steg}}$.

$h = 84$—94 cm

σ_b									σ_e	h
55 44	50 40	45 36	40 32	35 28	30 24	25 20	20 16	15 12	1500 1200	
0,355 h	0,333 h	0,310 h	0,286 h	0,259 h	0,231 h	0,200 h	0,167 h	0,130 h	x	cm
							→	← $x < d$ →		
38934	**34892**	**30851**	**26809**	**22768**	**18727**	**14685**	**10644**	**6602**	M_{1500}	
31147	**27914**	**24681**	**21448**	**18214**	**14981**	**11748**	**8515**	**5282**	M_{1200}	
32,89	29,46	26,04	22,61	19,18	15,76	12,33	8,90	5,48	f_e	
78,91	*78,95*	*78,99*	*79,05*	*79,12*	*79,23*	*79,39*	*79,69*	*80,35*	z	**84**
21775	**17375**	**13322**	**9671**	**6479**	**3819**	**1779**	—	—	Steg M_{1500}	
17420	**13899**	**10658**	**7737**	**5183**	**3056**	**1423**	—	—	Steg M_{1200}	
21,75	17,20	13,07	9,39	6,22	3,63	1,67	—	—	Steg f_e	
40125	**35974**	**31823**	**27672**	**23521**	**19371**	**15220**	**11069**	**6918**	M_{1500}	
32100	**28779**	**25458**	**22138**	**18817**	**15497**	**12176**	**8855**	**5535**	M_{1200}	
33,06	29,63	26,20	22,77	19,34	15,90	12,47	9,04	5,61	f_e	
80,90	*80,94*	*80,98*	*81,03*	*81,10*	*81,20*	*81,36*	*81,64*	*82,26*	z	**86**
23509	**18811**	**14479**	**10566**	**7135**	**4261**	**2037**	—	—	Steg M_{1500}	
18807	**15049**	**11584**	**8452**	**5708**	**3410**	**1630**	—	—	Steg M_{1200}	
22,88	18,15	13,83	9,99	6,68	3,94	1,86	—	—	Steg f_e	
41316	**37056**	**32796**	**28536**	**24276**	**20015**	**15755**	**11495**	**7235**	M_{1500}	
33053	**29645**	**26237**	**22829**	**19421**	**16012**	**12604**	**9196**	**5788**	M_{1200}	
33,23	29,79	26,35	22,92	19,48	16,04	12,60	9,17	5,73	f_e	
82,89	*82,92*	*82,96*	*83,01*	*83,08*	*83,18*	*83,33*	*83,60*	*84,19*	z	**88**
25312	**20307**	**15685**	**11501**	**7822**	**4729**	**2314**	—	—	Steg M_{1500}	
20250	**16245**	**12547**	**9201**	**6259**	**3783**	**1851**	—	—	Steg M_{1200}	
24,02	19,10	14,61	10,61	7,14	4,27	2,06	—	—	Steg f_e	
42509	**38139**	**33770**	**29400**	**25031**	**20661**	**16291**	**11922**	**7552**	M_{1500}	
34007	**30512**	**27016**	**23520**	**20024**	**15529**	**13033**	**9537**	**6042**	M_{1200}	
33,39	29,94	26,50	23,06	19,62	16,17	12,73	9,29	5,85	f_e	
84,88	*84,91*	*84,95*	*85,00*	*85,07*	*85,16*	*85,31*	*85,56*	*86,12*	z	**90**
27182	**21861**	**16939**	**12478**	**8544**	**5221**	**2609**	—	—	Steg M_{1500}	
21746	**17488**	**13551**	**9982**	**6835**	**4176**	**2087**	K	—	Steg M_{1200}	
25,16	20,06	15,39	11,23	7,61	4,60	2,27	—	—	Steg f_e	
43702	**39223**	**34744**	**30265**	**25786**	**21307**	**16828**	**12349**	**7870**	M_{1500}	
34962	**31379**	**27795**	**24212**	**20629**	**17046**	**13462**	**9879**	**6296**	M_{1200}	
33,54	30,09	26,64	23,20	19,75	16,30	12,85	9,41	5,96	f_e	
86,87	*86,90*	*86,94*	*86,99*	*87,05*	*87,14*	*87,28*	*87,53*	*88,05*	z	**92**
29121	**23473**	**18244**	**13494**	**9297**	**5738**	**2921**	—	—	Steg M_{1500}	
23297	**18778**	**14595**	**10796**	**7437**	**4591**	**2337**	—	—	Steg M_{1200}	
26,31	21,02	16,18	11,85	8,08	4,93	2,48	—	—	Steg f_e	
44897	**40308**	**35719**	**31131**	**26542**	**21954**	**17365**	**12776**	**8188**	M_{1500}	
35917	**32246**	**28576**	**24905**	**21234**	**17563**	**13892**	**10221**	**6550**	M_{1200}	
33,68	30,23	26,78	23,33	19,87	16,42	12,97	9,52	6,07	f_e	
88,86	*88,89*	*88,93*	*88,97*	*89,03*	*89,12*	*89,26*	*89,49*	*89,99*	z	**94**
31127	**25144**	**19598**	**14552**	**10083**	**6279**	**3252**	—	—	Steg M_{1500}	
24902	**20115**	**15679**	**11641**	**8066**	**5024**	**2602**	—	—	Steg M_{1200}	
27,47	21,99	16,98	12,48	8,56	5,27	2,70	—	—	Steg f_e	

Tafel 42

Tafel für

$h = 11$ cm

bei $\sigma_e = 1500$

M_{1500} = Moment in kgm auf 1 m Druckplattenbreite bei $\sigma_e = 1500$ kg/cm² } ohne Berück-
M_{1200} = Moment in kgm auf 1 m Druckplattenbreite bei $\sigma_e = 1200$ kg/cm² } sichtigung der
f_e = Zugeisenquerschnitt in cm² auf 1 m Druckplattenbreite } Spannungen
z = Abstand des Druckmittelpunktes vom Zugmittelpunkt in cm } im Steg;
ΔM = Momentendifferenz bei Änderung von σ_b um 1 kg/cm² (gültig nur wenn $x > d$);
Δf_{e1500} bzw. Δf_{e1200} = Differenz der Zugbewehrung bei Änderung von σ_b um 1 kg/cm² für $\sigma_e = 1500$ bzw. $\sigma_e = 1200$ kg/cm² (gültig nur wenn $x > d$);
Gesamtmoment bei Berücksichtigung der Spannungen im Steg: $M = b \cdot M_{\text{Platte}} + b_0 \cdot M_{\text{Steg}}$,
Zugeisenquerschnitt bei Berücksichtigung der

$d = 96$—110 cm

h cm	ΔM / Δf_{e1500} / Δf_{e1200}	σ_e 1500 / 1200	σ_b — / 75	— / 70	— / 65	75 / 60	70 / 56	— / 55	65 / 52	— / 50	60 / 48
		x	0,484 h	0,467 h	0,448 h	0,429 h	0,412 h	0,407 h	0,394 h	0,385 h	0,375 h
			←								$x > d$
96	**939,62**	M_{1500}	—	—	—	**64884**	**60186**	—	**55488**	—	**50789**
	0,691	M_{1200}	**66001**	**61303**	**56605**	**51907**	**48149**	**47209**	**44390**	**42511**	**40632**
	0,864	f_e	60,61	56,29	51,97	47,65	44,19	43,33	40,73	39,01	37,28
		z	*90,75*	*90,76*	*90,77*	*90,78*	*90,80*	*90,80*	*90,81*	*90,82*	*90,83*
		Steg M_{1500}	—	—	—	**62071**	**54403**	—	**47011**	—	**39931**
		Steg M_{1200}	**74253**	**65810**	**67600**	**49657**	**43522**	**42022**	**37609**	**34743**	**31944**
		Steg f_e	84,55	74,38	64,58	55,21	48,04	46,30	41,21	37,92	34,72
98	**961,53**	M_{1500}	—	—	—	**66517**	**61710**	—	**56902**	—	**52094**
	0,692	M_{1200}	**67637**	**62829**	**58021**	**53214**	**49368**	**48406**	**45522**	**43599**	**41676**
	0,865	f_e	60,78	56,45	52,12	47,80	44,34	43,47	40,88	39,15	37,42
		z	*92,74*	*92,75*	*92,76*	*92,78*	*92,79*	*92,79*	*92,80*	*92,81*	*92,82*
		Steg M_{1500}	—	—	—	**65783**	**57703**	—	**49912**	—	**42445**
		Steg M_{1200}	**78522**	**69635**	**60991**	**52626**	**46162**	**44582**	**39930**	**36908**	**33957**
		Steg f_e	87,41	76,94	66,86	57,20	49,82	48,03	42,77	39,38	36,09
100	**983,44**	M_{1500}	—	—	—	**68151**	**63234**	—	**58317**	—	**53400**
	0,693	M_{1200}	**69273**	**64355**	**59438**	**54521**	**50587**	**49604**	**46654**	**44687**	**42720**
	0,866	f_e	60,94	56,60	52,27	47,94	44,48	43,61	41,01	39,28	37,55
		z	*94,74*	*94,74*	*94,76*	*94,77*	*94,78*	*94,79*	*94,80*	*94,81*	*94,82*
		Steg M_{1500}	—	—	—	**69604**	**61103**	—	**52901**	—	**45038**
		Steg M_{1200}	**82912**	**73571**	**64482**	**55683**	**48882**	**47218**	**42321**	**39139**	**36030**
		Steg f_e	90,27	79,51	69,14	59,20	51,60	49,75	44,34	40,85	37,45
105	**1038,23**	M_{1500}	—	—	—	**72239**	**67048**	—	**61857**	—	**56666**
	0,695	M_{1200}	**73365**	**68174**	**62983**	**57792**	**53639**	**52600**	**49486**	**47409**	**45333**
	0,869	f_e	61,31	56,96	52,62	48,28	44,80	43,93	41,33	39,59	37,85
		z	*99,72*	*99,73*	*99,74*	*99,76*	*99,77*	*99,77*	*99,78*	*99,79*	*99,80*
		Steg M_{1500}	—	—	—	**79636**	**70033**	—	**60761**	—	**51861**
		Steg M_{1200}	**94419**	**83889**	**73639**	**63708**	**56026**	**54146**	**48609**	**45010**	**41489**
		Steg f_e	97,46	85,95	74,86	64,22	56,08	54,10	48,29	44,54	40,90
110	**1093,03**	M_{1500}	—	—	—	**76331**	**70866**	—	**65400**	—	**59935**
	0,697	M_{1200}	**77460**	**71995**	**66530**	**61065**	**56693**	**55599**	**52320**	**50134**	**47948**
	0,871	f_e	61,65	57,29	52,94	48,58	45,10	44,23	41,62	39,88	38,13
		z	*104,71*	*104,72*	*104,73*	*104,74*	*104,75*	*104,76*	*104,77*	*104,77*	*104,78*
		Steg M_{1500}	—	—	—	**90353**	**79582**	—	**69174**	—	**59174**
		Steg M_{1200}	**106684**	**94895**	**83413**	**72282**	**63666**	**61555**	**55339**	**51296**	**47340**
		Steg f_e	104,69	92,43	80,61	69,27	60,59	58,47	52,27	48,27	44,37
			←								$x > d$

Plattenbalken

und 1200 kg/cm²

Tafel 42

$d = 11$ cm

Steg $\begin{cases} M_{1500} \\ M_{1200} \\ f_e \end{cases}$ M_{1500} = durch je 1 m Breite des Steges aufnehmb. Moment in kgm bei $\sigma_e = 1500$ kg/cm²;
M_{1200} = durch je 1 m Breite des Steges aufnehmb. Moment in kgm bei $\sigma_e = 1200$ kg/cm²;
f_e = Zugeisenquerschnitt in cm² entspr. den Druckspannungen im Steg je 1 m Breite;
d = Druckplattendicke in cm;
h = Nutzhöhe in cm;
x = Nullinienabstand.

worin b = Druckplattenbreite in m und b_0 = Stegbreite in m bedeuten.
Spannungen im Steg: $F_e = b \cdot f_{e\,\text{Platte}} + b_0 \cdot f_{e\,\text{Steg}}$.

$h = 96$—110 cm

σ_b									σ_e	
55 44	**50** **40**	45 36	**40** 32	35 28	30 24	25 20	20 16	15 12	**1500** **1200**	h
0,355 h	0,333 h	0,310 h	0,286 h	0,259 h	0,231 h	0,200 h	0,167 h	0,130 h	x	cm
46091	**41393**	**36695**	**31997**	**27299**	**22601**	**17903**	**13205**	**8506**	M_{1500}	
36873	**33115**	**29356**	**25598**	**21839**	**18081**	**14322**	**10564**	**6805**	M_{1200}	
33,82	30,36	26,91	23,45	19,99	16,54	13,08	9,63	6,17	f_e	
90,85	*90,88*	*90,92*	*90,96*	*91,02*	*91,11*	*91,24*	*91,46*	*91,94*	z	**96**
33302	**26874**	**21001**	**15650**	**10901**	**6847**	**3601**	—	—	Steg M_{1500}	
26562	**21498**	**16801**	**12520**	**8721**	**5477**	**2881**	—	—	Steg M_{1200}	
28,63	22,97	17,78	13,12	9,04	5,62	2,92	—	—	Steg f_e	
47287	**42479**	**37671**	**32864**	**28056**	**23249**	**18441**	**13633**	**8826**	M_{1500}	
37829	**33983**	**30137**	**26291**	**22445**	**18599**	**14753**	**10907**	**7061**	M_{1200}	
33,95	30,49	27,03	23,57	20,11	16,65	13,19	9,73	6,27	f_e	
92,84	*92,87*	*92,90*	*92,95*	*93,01*	*93,09*	*93,22*	*93,43*	*93,88*	z	**98**
35345	**28662**	**22454**	**16789**	**11752**	**7439**	**3968**	**1484**	—	Steg M_{1500}	
28276	**22930**	**17963**	**13432**	**9401**	**5951**	**3174**	**1187**	—	Steg M_{1200}	
29,80	23,95	18,59	13,76	9,53	5,97	3,14	1,16	—	Steg f_e	
48483	**43566**	**38648**	**33731**	**28814**	**23897**	**18980**	**14062**	**9145**	M_{1500}	
38786	**34852**	**30919**	**26985**	**23051**	**19117**	**15184**	**11250**	**7316**	M_{1200}	
34,08	30,62	27,15	23,69	20,22	16,76	13,29	9,83	6,36	f_e	
94,84	*94,86*	*94,89*	*94,94*	*94,99*	*95,07*	*95,20*	*95,40*	*95,84*	z	**100**
37556	**30509**	**23956**	**17970**	**12635**	**8056**	**4353**	**1679**	—	Steg M_{1500}	
30045	**24407**	**19164**	**14376**	**10109**	**6445**	**3483**	**1343**	—	Steg M_{1200}	
30,97	24,94	19,40	14,41	10,03	6,32	3,38	1,28	—	Steg f_e	
51475	**46284**	**41093**	**35902**	**30710**	**25519**	**20328**	**15137**	**9946**	M_{1500}	
41180	**37027**	**32874**	**28721**	**24568**	**20415**	**16262**	**12110**	**7957**	M_{1200}	
34,38	30,90	27,43	23,96	20,48	17,01	13,53	10,06	6,58	f_e	
99,82	*99,84*	*99,87*	*99,91*	*99,96*	*100,04*	*100,15*	*100,34*	*100,73*	z	**105**
43383	**35383**	**27928**	**21098**	**14988**	**9709**	**5397**	**2217**	—	Steg M_{1500}	
34706	**28306**	**22343**	**16879**	**11990**	**7767**	**4318**	**1773**	—	Steg M_{1200}	
33,93	27,43	21,45	16,04	11,28	7,22	3,97	1,61	—	Steg f_e	
54470	**49005**	**43540**	**38075**	**32609**	**27144**	**21679**	**16214**	**10749**	M_{1500}	
43576	**39204**	**34832**	**30460**	**26088**	**21715**	**17343**	**12971**	**8599**	M_{1200}	
34,65	31,17	27,68	24,20	20,72	17,23	13,75	10,27	6,78	f_e	
104,80	*104,82*	*104,85*	*104,89*	*104,94*	*105,01*	*105,11*	*105,29*	*105,64*	z	**110**
49637	**40625**	**32211**	**24483**	**17545**	**11519**	**6554**	**2832**	—	Steg M_{1500}	
39710	**32500**	**25769**	**19586**	**14035**	**9215**	**5243**	**2266**	—	Steg M_{1200}	
36,91	29,94	23,52	17,70	12,55	8,15	4,58	1,96	—	Steg f_e	

Tafel für

$d = 12$ cm

bei $\sigma_e = 1500$

M_{1500} = Moment in kgm auf 1 m Druckplattenbreite bei $\sigma_e = 1500$ kg/cm² } ohne Berücksichtigung der Spannungen im Steg;
M_{1200} = Moment in kgm auf 1 m Druckplattenbreite bei $\sigma_e = 1200$ kg/cm²
f_e = Zugeisenquerschnitt in cm² auf 1 m Druckplattenbreite
ΔM = Momentendifferenz bei Änderung von σ_b um 1 kg/cm² (gültig nur wenn $x > d$);

$h = 26$—40 cm

h cm	ΔM / $\Delta f_{e\,1500}$ / $\Delta f_{e\,1200}$	σ_e: 1500 / 1200 / x	σ_b								
		1500	—	—	—	75	70	—	65	—	60
		1200	75	70	65	60	56	55	52	50	48
		x	0,484 h	0,467 h	0,448 h	0,429 h	0,412 h	0,407 h	0,394 h	0,385 h	0,375 h
			← $x > d$ →		←						
26	190,15	M_{1500}	—	—	—	9312	8405	—	7518	—	6654
	0,615	M_{1200}	10274	9223	8377	7450	6724	6545	6015	5667	5324
	0,769	f_e	39,23	35,38	31,57	27,86	24,98	24,27	22,19	20,83	19,50
		z	21,82	21,96	22,11	22,29	22,43	22,47	22,59	22,67	22,75
27	201,33	M_{1500}	—	—	—	10042	9064	—	8108	—	7176
	0,622	M_{1200}	11047	10044	9035	8034	7251	7058	6486	6111	5741
	0,778	f_e	40,56	36,67	32,78	28,93	25,94	25,21	23,05	21,63	20,25
		z	22,70	22,82	22,97	23,14	23,29	23,33	23,45	23,54	23,62
28	212,57	M_{1500}	—	—	—	10800	9748	—	8720	—	7718
	0,629	M_{1200}	11829	10766	9703	8640	7798	7591	6976	6572	6174
	0,786	f_e	41,79	37,86	33,93	30,00	26,90	26,14	23,90	22,44	21,00
		z	23,59	23,70	23,83	24,00	24,16	24,20	24,32	24,41	24,50
29	223,86	M_{1500}	—	—	—	11576	10457	—	9353	—	8279
	0,634	M_{1200}	12619	11499	10380	9261	8365	8143	7483	7050	6623
	0,793	f_e	42,93	38,97	35,00	31,03	27,86	27,08	24,75	23,24	21,75
		z	24,49	24,59	24,71	24,87	25,02	25,06	25,19	25,28	25,38
30	235,20	M_{1500}	—	—	—	12360	11184	—	10010	—	8859
	0,640	M_{1200}	13416	12240	11064	9888	8947	8712	8008	7544	7088
	0,800	f_e	44,00	40,00	36,00	32,00	28,80	28,00	25,61	24,04	22,50
		z	25,41	25,50	25,61	25,75	25,89	25,93	26,06	26,15	26,25
32	258,00	M_{1500}	—	—	—	13950	12660	—	11370	—	10080
	0,650	M_{1200}	15030	13740	12450	11160	10128	9870	9096	8580	8064
	0,813	f_e	45,94	41,88	37,81	33,75	30,50	29,69	27,25	25,63	24,00
		z	27,27	27,34	27,44	27,56	27,67	27,71	27,82	27,90	28,00
34	280,94	M_{1500}	—	—	—	15565	14160	—	12755	—	11351
	0,659	M_{1200}	16666	15261	13856	12452	11328	11047	10204	9642	9080
	0,824	f_e	47,65	43,53	39,41	35,29	32,00	31,18	28,71	27,06	25,41
		z	29,15	29,22	29,30	29,40	29,50	29,53	29,62	29,70	29,78
36	304,00	M_{1500}	—	—	—	17200	15680	—	14160	—	12640
	0,667	M_{1200}	18320	16800	15280	13760	12544	12240	11328	10720	10112
	0,833	f_e	49,17	45,00	40,83	36,67	33,33	32,50	30,00	28,33	26,67
		z	31,05	31,11	31,18	31,27	31,36	31,38	31,47	31,53	31,60
38	327,16	M_{1500}	—	—	—	18853	17217	—	15581	—	13945
	0,674	M_{1200}	19989	18354	16718	15082	13773	13446	12465	11811	11156
	0,842	f_e	50,53	46,32	42,11	37,89	34,53	33,68	31,16	29,47	27,79
		z	32,97	33,02	33,09	33,17	33,24	33,27	33,34	33,39	33,45
40	350,40	M_{1500}	—	—	—	20520	18768	—	17016	—	15264
	0,680	M_{1200}	21672	19920	18168	16416	15014	14664	13613	12912	12211
	0,850	f_e	51,75	47,50	43,25	39,00	35,60	34,75	32,20	30,50	28,80
		z	34,90	34,95	35,01	35,08	35,15	35,17	35,23	35,28	35,33
			←					$x > d$ —			

Plattenbalken

Tafel 43

und 1200 kg/cm²

$d = 12$ cm

Δf_{e1500} bzw. Δf_{e1200} = Differenz der Zugbewehrung bei Änderung von σ_b um 1 kg/cm² für $\sigma_e = 1500$ bzw. $\sigma_e = 1200$ kg/cm² (gültig nur wenn $x > d$);
d = Druckplattendicke in cm;
h = Nutzhöhe in cm; x = Nullinienabstand;
z = Abstand des Druckmittelpunktes vom Zugmittelpunkt in cm.

$h = 26$—40 cm

σ_b									σ_e	h
55 44	50 40	45 36	40 32	35 28	30 24	25 20	20 16	15 12	1500 1200	
0,355 h	0,333 h	0,310 h	0,286 h	0,259 h	0,231 h	0,200 h	0,167 h	0,130 h	x	cm
$x \leq d$ →										
5816	**5007**	**4232**	**3495**	**2802**	**2160**	**1577**	**1064**	**633**	M_{1500}	**26**
4653	**4006**	**3386**	**2796**	**2242**	**1728**	**1262**	**851**	**506**	M_{1200}	
16,91	14,44	12,10	9,90	7,86	6,00	4,33	2,89	1,70	f_e	
22,92	*23,11*	*23,31*	*23,52*	*23,75*	*24,00*	*24,27*	*24,56*	*24,87*	z	
6272	**5400**	**4564**	**3769**	**3022**	**2329**	**1701**	**1148**	**682**	M_{1500}	**27**
5018	**4320**	**3651**	**3015**	**2417**	**1863**	**1361**	**918**	**546**	M_{1200}	
17,56	15,00	12,57	10,29	8,17	6,23	4,50	3,00	1,76	f_e	
23,81	*24,00*	*24,21*	*24,43*	*24,67*	*24,92*	*25,20*	*25,50*	*25,83*	z	
6745	**5807**	**4908**	**4053**	**3250**	**2505**	**1829**	**1234**	**734**	M_{1500}	**28**
5396	**4646**	**3927**	**3243**	**2600**	**2004**	**1463**	**987**	**587**	M_{1200}	
18,22	15,56	13,03	10,67	8,47	6,46	4,67	3,11	1,83	f_e	
24,69	*24,89*	*25,10*	*25,33*	*25,58*	*25,85*	*26,13*	*26,44*	*26,78*	z	
7236	**6230**	**5265**	**4348**	**3486**	**2687**	**1962**	**1324**	**787**	M_{1500}	**29**
5789	**4984**	**4212**	**3478**	**2789**	**2150**	**1570**	**1059**	**630**	M_{1200}	
18,87	16,11	13,50	11,05	8,77	6,69	4,83	3,22	1,89	f_e	
25,57	*25,78*	*26,00*	*26,24*	*26,49*	*26,77*	*27,07*	*27,39*	*27,74*	z	
7743	**6667**	**5634**	**4653**	**3730**	**2876**	**2100**	**1417**	**842**	M_{1500}	**30**
6195	**5333**	**4507**	**3722**	**2984**	**2301**	**1680**	**1133**	**674**	M_{1200}	
19,52	16,67	13,97	11,43	9,07	6,92	5,00	3,33	1,96	f_e	
26,45	*26,67*	*26,90*	*27,14*	*27,41*	*27,69*	*28,00*	*28,33*	*28,70*	z	
8810	**7585**	**6411**	**5294**	**4244**	**3272**	**2389**	**1612**	**958**	M_{1500}	**32**
7048	**6068**	**5129**	**4235**	**3396**	**2618**	**1911**	**1289**	**767**	M_{1200}	
20,82	17,78	14,90	12,19	9,68	7,38	5,33	3,56	2,09	f_e	
28,22	*28,44*	*28,69*	*28,95*	*29,23*	*29,54*	*29,87*	*30,22*	*30,61*	z	
9946	**8563**	**7237**	**5977**	**4792**	**3694**	**2697**	**1820**	**1082**	M_{1500}	**34**
7957	**6850**	**5790**	**4781**	**3833**	**2955**	**2158**	**1456**	**865**	M_{1200}	
22,12	18,89	15,83	12,95	10,28	7,85	5,67	3,78	2,22	f_e	
29,98	*30,22*	*30,48*	*30,76*	*31,06*	*31,38*	*31,73*	*32,11*	*32,52*	z	
11120	**9600**	**8113**	**6700**	**5372**	**4141**	**3024**	**2040**	**1213**	M_{1500}	**36**
8896	**7680**	**6491**	**5360**	**4297**	**3313**	**2419**	**1632**	**970**	M_{1200}	
23,33	20,00	16,76	13,71	10,89	8,31	6,00	4,00	2,35	f_e	
31,77	*32,00*	*32,28*	*32,57*	*32,89*	*33,23*	*33,60*	*34,00*	*34,43*	z	
12309	**10674**	**9040**	**7466**	**5985**	**4614**	**3369**	**2273**	**1351**	M_{1500}	**38**
9848	**8539**	**7232**	**5972**	**4788**	**3691**	**2695**	**1818**	**1081**	M_{1200}	
24,42	21,05	17,69	14,48	11,49	8,77	6,33	4,22	2,48	f_e	
33,60	*33,80*	*34,07*	*34,38*	*34,72*	*35,08*	*35,47*	*35,89*	*36,35*	z	
13512	**11760**	**10008**	**8272**	**6632**	**5112**	**3733**	**2516**	**1497**	M_{1500}	**40**
10810	**9408**	**8006**	**6618**	**5306**	**4090**	**2987**	**2015**	**1198**	M_{1200}	
25,40	22,00	18,60	15,24	12,10	9,23	6,67	4,44	2,61	f_e	
35,46	*35,64*	*35,87*	*36,19*	*36,54*	*36,92*	*37,33*	*37,78*	*38,26*	z	
→			← $x \leq d$ →							

Tafel 44

Tafel für

bei $\sigma_e = 1500$

$d = 12$ cm

M_{1500} = Moment in kgm auf 1 m Druckplattenbreite bei $\sigma_e = 1500$ kg/cm² }
M_{1200} = Moment in kgm auf 1 m Druckplattenbreite bei $\sigma_e = 1200$ kg/cm² } ohne Berücksichtigung der Spannungen im Steg;
f_e = Zugeisenquerschnitt in cm² auf 1 m Druckplattenbreite }
ΔM = Momentendifferenz bei Änderung von σ_b um 1 kg/cm² (gültig nur wenn $x > d$);

$h = 42$—60 cm

h cm	ΔM / $\Delta f_{e\,1500}$ / $\Delta f_{e\,1200}$	σ_e: 1500 / 1200	σ_b: — / 75	— / 70	— / 65	75 / 60	70 / 56	— / 55	65 / 52	— / 50	60 / 48
		x	0,484 h	0,467 h	0,448 h	0,429 h	0,412 h	0,407 h	0,394 h	0,385 h	0,375 h
			← $x > d$								
42	373,71	M_{1500}	—	—	—	22200	20331	—	18463	—	16594
	0,686	M_{1200}	23366	21497	19629	17760	16265	15891	14770	14023	13275
	0,857	f_e	52,86	48,57	44,29	40,00	36,57	35,71	33,14	31,43	29,71
		z	36,84	36,88	36,94	37,00	37,06	37,08	37,14	37,18	37,23
44	397,09	M_{1500}	—	—	—	23891	21905	—	19920	—	17935
	0,691	M_{1200}	25069	23084	21098	19113	17524	17127	15936	15142	14348
	0,864	f_e	53,86	49,55	45,23	40,91	37,45	36,59	34,00	32,27	30,55
		z	38,78	38,83	38,87	38,93	38,99	39,01	39,06	39,10	39,14
46	420,52	M_{1500}	—	—	—	25591	23489	—	21386	—	19283
	0,696	M_{1200}	26781	24678	22576	20473	18791	18370	17109	16268	15427
	0,870	f_e	54,78	50,43	46,09	41,74	38,26	37,39	34,78	33,04	31,30
		z	40,74	40,78	40,82	40,88	40,93	40,94	40,99	41,03	41,07
48	444,00	M_{1500}	—	—	—	27300	25080	—	22860	—	20640
	0,700	M_{1200}	28500	26280	24060	21840	20064	19620	18288	17400	16512
	0,875	f_e	55,63	51,25	46,88	42,50	39,00	38,13	35,50	33,75	32,00
		z	42,70	42,73	42,77	42,82	42,87	42,89	42,93	42,96	43,00
50	467,52	M_{1500}	—	—	—	29016	26678	—	24341	—	22003
	0,704	M_{1200}	30226	27888	25550	23213	21343	20875	19473	18538	17603
	0,880	f_e	56,40	52,00	47,60	43,20	39,68	38,80	36,16	34,40	32,64
		z	44,66	44,69	44,73	44,78	44,82	44,84	44,88	44,91	44,94
52	491,08	M_{1500}	—	—	—	30738	28283	—	25828	—	23372
	0,708	M_{1200}	31957	29502	27046	24591	22626	22135	20662	19680	18698
	0,885	f_e	57,12	52,69	48,27	43,85	40,31	39,42	36,77	35,00	33,23
		z	46,63	46,66	46,69	46,74	46,78	46,79	46,83	46,86	46,89
54	514,67	M_{1500}	—	—	—	32467	29893	—	27320	—	24747
	0,711	M_{1200}	33693	31120	28547	25973	23915	23400	21856	20827	19797
	0,889	f_e	57,78	53,33	48,89	44,44	40,89	40,00	37,33	35,56	33,78
		z	48,60	48,63	48,66	48,70	48,74	48,75	48,79	48,81	48,84
56	538,29	M_{1500}	—	—	—	34200	31509	—	28817	—	26126
	0,714	M_{1200}	35434	32743	30051	27360	25207	24669	23054	21977	20901
	0,893	f_e	58,39	53,93	49,46	45,00	41,43	40,54	37,86	36,07	34,29
		z	50,57	50,60	50,63	50,67	50,70	50,71	50,75	50,77	50,80
58	561,93	M_{1500}	—	—	—	35938	33128	—	30319	—	27509
	0,717	M_{1200}	37179	34370	31560	28750	26503	25941	24255	23131	22007
	0,897	f_e	58,97	54,48	50,00	45,52	41,93	41,03	38,34	36,55	34,76
		z	52,54	52,57	52,60	52,64	52,67	52,68	52,71	52,74	52,76
60	585,60	M_{1500}	—	—	—	37680	34752	—	31824	—	28896
	0,720	M_{1200}	38928	36000	33072	30144	27802	27216	25459	24288	23117
	0,900	f_e	59,50	55,00	50,50	46,00	42,40	41,50	38,80	37,00	35,20
		z	54,52	54,55	54,57	54,61	54,64	54,65	54,68	54,70	54,73
			← $x > d$								

Plattenbalken

Tafel 44

und 1200 kg/cm²

$d = 12$ cm

Δf_{e1500} bzw. Δf_{e1200} = Differenz der Zugbewehrung bei Änderung von σ_b um 1 kg/cm² für $\sigma_e = 1500$ bzw. $\sigma_e = 1200$ kg/cm² (gültig nur wenn $x > d$);
d = Druckplattenbreite in cm;
h = Nutzhöhe in cm; x = Nullinienabstand;
z = Abstand des Druckmittelpunktes in cm vom Zugmittelpunkt.

$h = 42$—60 cm

σ_b									σ_e	h
55 44	50 40	45 36	40 32	35 28	30 24	25 20	20 16	15 12	1500 1200	
0,355 h	0,333 h	0,310 h	0,286 h	0,259 h	0,231 h	0,200 h	0,167 h	0,130 h	x	cm
		→	← $x \leq d$					→		
14726	**12857**	**10989**	**9120**	**7312**	**5636**	**4116**	**2777**	**1651**	M_{1500}	**42**
11781	**10286**	**8791**	**7296**	**5849**	**4509**	**3293**	**2221**	**1320**	M_{1200}	
26,29	22,86	19,43	16,00	12,70	9,69	7,00	4,67	2,74	f_e	
37,35	*37,50*	*37,71*	*38,00*	*38,37*	*38,77*	*39,20*	*39,67*	*40,17*	z	
15949	**13964**	**11978**	**9993**	**8025**	**6186**	**4517**	**3047**	**1812**	M_{1500}	**44**
12759	**11171**	**9583**	**7994**	**6420**	**4949**	**3614**	**2438**	**1449**	M_{1200}	
27,09	23,64	20,18	16,73	13,31	10,15	7,33	4,89	2,87	f_e	
39,25	*39,38*	*39,57*	*39,83*	*40,20*	*40,62*	*41,07*	*41,56*	*42,09*	z	
17181	**15078**	**12976**	**10873**	**8771**	**6761**	**4937**	**3331**	**1980**	M_{1500}	**46**
13745	**12063**	**10381**	**8698**	**7017**	**5409**	**3950**	**2665**	**1584**	M_{1200}	
27,83	24,35	20,87	17,39	13,91	10,62	7,67	5,11	3,00	f_e	
41,16	*41,29*	*41,45*	*41,68*	*42,02*	*42,46*	*42,93*	*43,44*	*44,00*	z	
18420	**16200**	**13980**	**11760**	**9540**	**7362**	**5376**	**3627**	**2156**	M_{1500}	**48**
14736	**12960**	**11184**	**9408**	**7632**	**5890**	**4301**	**2901**	**1725**	M_{1200}	
28,50	25,00	21,50	18,00	14,50	11,08	8,00	5,33	3,13	f_e	
43,09	*43,20*	*43,35*	*43,56*	*43,86*	*44,31*	*44,80*	*45,33*	*45,91*	z	
19666	**17328**	**14990**	**12653**	**10315**	**7988**	**5833**	**3935**	**2339**	M_{1500}	**50**
15732	**13862**	**11992**	**10122**	**8252**	**6391**	**4667**	**3148**	**1871**	M_{1200}	
29,12	25,60	22,08	18,56	15,04	11,54	8,33	5,56	3,26	f_e	
45,02	*45,13*	*45,26*	*45,45*	*45,72*	*46,15*	*46,67*	*47,22*	*47,83*	z	
20917	**18462**	**16006**	**13551**	**11095**	**8640**	**6309**	**4256**	**2530**	M_{1500}	**52**
16734	**14769**	**12805**	**10841**	**8876**	**6912**	**5047**	**3405**	**2024**	M_{1200}	
29,69	26,15	22,62	19,08	15,54	12,00	8,67	5,78	3,39	f_e	
46,96	*47,06*	*47,18*	*47,35*	*47,60*	*48,00*	*48,53*	*49,11*	*49,74*	z	
22173	**19600**	**17027**	**14453**	**11880**	**9307**	**6804**	**4590**	**2729**	M_{1500}	**54**
17739	**15680**	**13621**	**11563**	**9504**	**7445**	**5443**	**3672**	**2183**	M_{1200}	
30,22	26,67	23,11	19,56	16,00	14,44	9,00	6,00	3,52	f_e	
48,91	*49,00*	*49,12*	*49,27*	*49,50*	*49,86*	*50,49*	*51,00*	*51,65*	z	
23434	**20743**	**18051**	**15360**	**12669**	**9977**	**7317**	**4936**	**2934**	M_{1500}	**56**
18747	**16594**	**14441**	**12288**	**10135**	**7982**	**5854**	**3949**	**2348**	M_{1200}	
30,71	27,14	23,57	20,00	16,43	12,86	9,33	6,22	3,65	f_e	
50,87	*50,95*	*51,05*	*51,20*	*51,41*	*51,73*	*52,27*	*52,89*	*53,57*	z	
24699	**21890**	**19080**	**16270**	**13461**	**10651**	**7849**	**5295**	**3148**	M_{1500}	**58**
19759	**17512**	**15264**	**13016**	**10769**	**8521**	**6279**	**4236**	**2518**	M_{1200}	
31,17	27,59	24,00	20,41	16,83	13,24	9,67	6,44	3,78	f_e	
52,83	*52,90*	*53,00*	*53,14*	*53,33*	*53,63*	*54,13*	*54,78*	*55,48*	z	
25968	**23040**	**20112**	**17184**	**14256**	**11328**	**8400**	**5667**	**3369**	M_{1500}	**60**
20774	**18432**	**16090**	**13747**	**11405**	**9062**	**6720**	**4533**	**2695**	M_{1200}	
31,60	28,00	24,40	20,80	17,20	13,60	10,00	6,67	3,91	f_e	
54,78	*54,86*	*54,95*	*55,05*	*55,26*	*55,53*	*56,00*	*56,67*	*57,39*	z	
					→	← $x \leq d$		→		

$d = 12$ cm bei $\sigma_e = 1500$

M_{1500} = Moment in kgm auf 1 m Druckplattenbreite bei $\sigma_e = 1500$ kg/cm² }
M_{1200} = Moment in kgm auf 1 m Druckplattenbreite bei $\sigma_e = 1200$ kg/cm² } ohne Berücksichtigung der
f_e = Zugeisenquerschnitt in cm² auf 1 m Druckplattenbreite } Spannungen
z = Abstand des Druckmittelpunktes vom Zugmittelpunkt in cm } im Steg;
ΔM = Momentendifferenz bei Änderung von σ_b um 1 kg/cm² (gültig nur wenn $x > d$);
Δf_{e1500} bzw. Δf_{e1200} = Differenz der Zugbewehrung bei Änderung von σ_b um 1 kg/cm² für $\sigma_e = 1500$ bzw. $\sigma_e = 1200$ kg/cm² (gültig nur wenn $x > d$);
Gesamtmoment bei Berücksichtigung der Spannungen im Steg: $M = b \cdot M_{\text{Platte}} + b_0 \cdot M_{\text{Steg}}$,

$h = 62$—76 cm Zugeisenquerschnitt bei Berücksichtigung der

h cm	ΔM / $\Delta f_{e\,1500}$ / $\Delta f_{e\,1200}$	σ_e	σ_b								
		1500	—	—	—	75	70	—	65	—	60
		1200	75	70	65	60	56	55	52	50	48
		x	0,484 h	0,467 h	0,448 h	0,429 h	0,412 h	0,407 h	0,394 h	0,385 h	0,375 h
			←							$x > d$	—
62	609,29	M_{1500}	—	—	—	39426	36379	—	33333	—	30286
	0,723	M_{1200}	40680	37634	34587	31541	29103	28494	26666	25448	24229
	0,903	f_e	60,00	55,48	50,97	46,45	42,84	41,94	39,23	37,42	35,61
		z	*56,50*	*56,52*	*56,55*	*56,58*	*56,61*	*56,62*	*56,65*	*56,67*	*56,70*
64	633,00	M_{1500}	—	—	—	41175	38010	—	34845	—	31680
	0,725	M_{1200}	42435	39270	36105	32940	30408	29775	27876	26610	25344
	0,906	f_e	60,47	55,94	51,41	46,88	43,25	42,34	39,63	37,81	36,00
		z	*58,48*	*58,50*	*58,53*	*58,56*	*58,59*	*58,60*	*58,62*	*58,64*	*58,67*
66	656,73	M_{1500}	—	—	—	42927	39644	—	36360	—	33076
	0,727	M_{1200}	44193	40909	37625	34342	31715	31058	29088	27775	26461
	0,909	f_e	60,91	56,36	51,82	47,27	43,64	42,73	40,00	38,18	36,36
		z	*60,46*	*60,48*	*60,51*	*60,54*	*60,57*	*60,57*	*60,60*	*60,62*	*60,64*
68	680,47	M_{1500}	—	—	—	44682	41280	—	37878	—	34475
	0,729	M_{1200}	45953	42551	39148	35746	33024	32344	30302	28941	27580
	0,912	f_e	61,32	56,76	52,21	47,65	44,00	43,08	40,35	38,53	36,71
		z	*62,45*	*62,47*	*62,49*	*62,52*	*62,55*	*62,55*	*62,58*	*62,60*	*62,62*
70	704,23	M_{1500}	—	—	—	46440	42919	—	39398	—	35877
	0,731	M_{1200}	47715	44194	40673	37152	34335	33631	31518	30110	28701
	0,914	f_e	61,71	57,14	52,57	48,00	44,34	43,43	40,69	38,86	37,03
		z	*64,43*	*64,45*	*64,47*	*64,50*	*64,53*	*64,53*	*64,56*	*64,57*	*64,59*
72		M_{1500}	—	—	—	48200	44560	—	40920	—	37280
	728,00	M_{1200}	49480	45840	42200	38560	35648	34920	32736	31280	29824
		f_e	62,08	57,50	52,92	48,33	44,67	43,75	41,00	39,17	37,33
	0,733	z	*66,42*	*66,43*	*66,46*	*66,48*	*66,51*	*66,51*	*66,54*	*66,55*	*66,57*
	0,917	Steg M_{1500}	—	—	—	23212	19896	—	16736	—	13750
		Steg M_{1200}	29413	25661	22040	18750	15917	15273	13388	12176	11000
		Steg f_e	46,79	40,50	34,50	28,81	24,51	23,47	20,45	18,53	16,67
74		M_{1500}	—	—	—	49962	46203	—	42444	—	38685
	751,78	M_{1200}	51246	47488	43729	39970	36963	36211	33955	32452	30948
		f_e	62,43	57,84	53,24	48,65	44,97	44,05	41,30	39,46	37,62
	0,735	z	*68,40*	*68,42*	*68,44*	*68,47*	*68,49*	*68,50*	*68,52*	*68,53*	*68,55*
	0,919	Steg M_{1500}	—	—	—	25473	21884	—	18459	—	15219
		Steg M_{1200}	32090	28040	24130	20378	17506	16809	14767	13451	12176
		Steg f_e	49,46	42,88	36,60	30,64	26,13	25,04	21,86	19,84	17,93
76		M_{1500}	—	—	—	51726	47849	—	43971	—	40093
	775,58	M_{1200}	53015	49137	45259	41381	38278	37503	35176	33625	32074
		f_e	62,76	58,16	53,55	48,95	45,26	44,34	41,58	39,74	37,89
	0,737	z	*70,39*	*70,41*	*70,43*	*70,45*	*70,47*	*70,48*	*70,50*	*70,52*	*70,53*
	0,921	Steg M_{1500}	—	—	—	27841	23969	—	20269	—	16765
		Steg M_{1200}	34887	30529	26317	22273	19175	18421	16215	14793	13412
		Steg f_e	52,16	45,29	38,72	32,48	27,76	26,61	23,29	21,16	19,11
			←								$x > d$ —

Plattenbalken

Tafel 45

und 1200 kg/cm²

$d = 12$ cm

Steg $\begin{cases} M_{1500} = \text{durch je 1 m Breite des Steges aufnehmb. Moment in kgm bei } \sigma_e = 1500 \text{ kg/cm}^2; \\ M_{1200} = \text{durch je 1 m Breite des Steges aufnehmb. Moment in kgm bei } \sigma_e = 1200 \text{ kg/cm}^2; \\ f_e = \text{Zugeisenquerschnitt in cm}^2 \text{ entspr. den Druckspannungen im Steg je 1 m Breite;} \end{cases}$

d = Druckplattendicke in cm;
h = Nutzhöhe in cm;
x = Nullinienabstand.

worin b = Druckplattenbreite in m und b_0 = Stegbreite in m bedeuten.
Spannungen im Steg: $F_e = b \cdot f_{e\,\text{Platte}} + b_0 \cdot f_{e\,\text{Steg}}$.

$h = 62$—76 cm

σ_b									σ_e	h
55 44	50 40	45 36	40 32	35 28	30 24	25 20	20 16	15 12	1500 1200	
0,355 h	0,333 h	0,310 h	0,286 h	0,259 h	0,231 h	0,200 h	0,167 h	0,130 h	x	cm
						→	← $x \leqq d$	→		
27240	**24194**	**21147**	**18101**	**15054**	**12008**	**8961**	**6051**	**3597**	M_{1500}	**62**
21792	**19355**	**16918**	**14481**	**12043**	**9606**	**7169**	**4841**	**2878**	M_{1200}	
32,00	28,39	24,77	21,16	17,55	13,94	10,32	6,89	4,04	f_e	
56,75	*56,82*	*56,91*	*57,02*	*57,19*	*57,44*	*57,88*	*58,56*	*59,30*	z	
28515	**25350**	**22185**	**19020**	**15855**	**12690**	**9525**	**6447**	**3833**	M_{1500}	**64**
22812	**20280**	**17748**	**15216**	**12684**	**10152**	**7620**	**5158**	**3066**	M_{1200}	
32,38	28,75	25,13	21,50	17,88	14,25	10,63	7,11	4,17	f_e	
58,72	*58,78*	*58,87*	*58,98*	*59,13*	*59,37*	*59,76*	*60,44*	*61,22*	z	
29793	**26509**	**23225**	**19942**	**16658**	**13375**	**10091**	**6857**	**4076**	M_{1500}	**66**
23834	**21207**	**18580**	**15954**	**13327**	**10700**	**8073**	**5485**	**3261**	M_{1200}	
32,73	29,09	25,45	21,82	18,18	14,55	10,91	7,33	4,30	f_e	
60,69	*60,75*	*60,83*	*60,93*	*61,08*	*61,30*	*61,67*	*62,33*	*63,13*	z	
31073	**27671**	**24268**	**20866**	**17464**	**14061**	**10659**	**7279**	**4327**	M_{1500}	**68**
24858	**22136**	**19415**	**16693**	**13971**	**11249**	**8527**	**5823**	**3461**	M_{1200}	
33,06	29,41	25,76	22,12	18,47	14,82	11,18	7,56	4,43	f_e	
62,66	*62,72*	*62,79*	*62,89*	*63,03*	*63,24*	*63,58*	*64,22*	*65,04*	z	
32355	**28834**	**25313**	**21792**	**18271**	**14750**	**11229**	**7713**	**4585**	M_{1500}	**70**
25884	**23067**	**20251**	**17434**	**14617**	**11800**	**8983**	**6170**	**3668**	M_{1200}	
33,37	29,71	26,06	22,40	18,74	15,09	11,43	7,78	4,57	f_e	
64,64	*64,69*	*64,76*	*64,86*	*64,99*	*65,18*	*65,50*	*66,11*	*66,96*	z	
33640	**30000**	**26360**	**22720**	**19080**	**15440**	**11800**	**8160**	**4851**	M_{1500}	**72**
26912	**24000**	**21088**	**18176**	**15264**	**12352**	**9440**	**6528**	**3881**	M_{1200}	
33,67	30,00	26,33	22,67	19,00	15,33	11,67	8,00	4,70	f_e	
66,61	*66,67*	*66,73*	*66,82*	*66,95*	*67,13*	*67,43*	*68,00*	*68,87*	z	
10963	**8400**	**6094**	**4082**	**2407**	—	—	—	—	Steg M_{1500}	
8770	**6720**	**4875**	**3265**	**1926**	—	—	—	—	Steg M_{1200}	
13,17	10,00	7,18	4,76	2,78	—	—	—	—	Steg f_e	
34926	**31168**	**27409**	**23650**	**19891**	**16132**	**12373**	**8614**	**5124**	M_{1500}	**74**
27941	**24934**	**21927**	**18920**	**15913**	**12906**	**9898**	**6891**	**4099**	M_{1200}	
33,95	30,27	26,59	22,92	19,24	15,57	11,89	8,22	4,83	f_e	
68,59	*68,64*	*68,71*	*68,79*	*68,91*	*69,08*	*69,36*	*69,89*	*70,78*	z	
12189	**9395**	**6873**	**4661**	**2807**	—	—	—	—	Steg M_{1500}	
9751	**7516**	**5499**	**3729**	**2245**	—	—	—	—	Steg M_{1200}	
14,19	10,84	7,85	5,27	3,14	—	—	—	—	Steg f_e	
36215	**32337**	**28459**	**24581**	**20703**	**16825**	**12947**	**9069**	**5405**	M_{1500}	**76**
28972	**25869**	**22767**	**19665**	**16563**	**13460**	**10358**	**7256**	**4324**	M_{1200}	
34,21	30,53	26,84	23,16	19,47	15,79	12,11	8,42	4,96	f_e	
70,57	*70,62*	*70,68*	*70,76*	*70,88*	*71,04*	*71,30*	*71,80*	*72,70*	z	
13481	**10448**	**7701**	**5281**	**3238**	—	—	—	—	Steg M_{1500}	
10785	**8359**	**6161**	**4225**	**2590**	—	—	—	—	Steg M_{1200}	
15,23	11,70	8,54	5,79	3,51	—	—	—	—	Steg f_e	
							→	← $x \leqq d$ →		

7*

$d = 12$ cm bei $\sigma_e = 1500$

M_{1500} = Moment in kgm auf 1 m Druckplattenbreite bei $\sigma_e = 1500$ kg/cm² } ohne Berück-
M_{1200} = Moment in kgm auf 1 m Druckplattenbreite bei $\sigma_e = 1200$ kg/cm² } sichtigung der
f_e = Zugeisenquerschnitt in cm² auf 1 m Druckplattenbreite } Spannungen
z = Abstand des Druckmittelpunktes vom Zugmittelpunkt in cm } im Steg;
ΔM = Momentendifferenz bei Änderung von σ_b um 1 kg/cm² (gültig nur wenn $x > d$);
Δf_{e1500} bzw. Δf_{e1200} = Differenz der Zugbewehrung bei Änderung von σ_b um 1 kg/cm² für $\sigma_e = 1500$ bzw. $\sigma_e = 1200$ kg/cm² (gültig nur wenn $x > d$);
Gesamtmoment bei Berücksichtigung der Spannungen im Steg: $M = b \cdot M_{\text{Platte}} + b_0 \cdot M_{\text{Steg}}$,
Zugeisenquerschnitt bei Berücksichtigung der

$h = 78$—88 cm

h	ΔM / $\Delta f_{e\,1500}$ / $\Delta f_{e\,1200}$	σ_e	σ_b								
		1500	—	—	—	75	70	—	65	—	60
		1200	75	70	65	60	56	55	52	50	48
cm		x	0,484 h	0,467 h	0,448 h	0,429 h	0,412 h	0,407 h	0,394 h	0,385 h	0,375 h
			←								$x > d$
	799,38	M_{1500}	—	—	—	**53492**	**49495**	—	**45498**	—	**41502**
	0,738	M_{1200}	**54785**	**50788**	**46791**	**42794**	**39596**	**38797**	**36399**	**34800**	**33201**
78	0,923	f_e	63,08	58,46	53,85	49,23	45,54	44,62	41,85	40,00	38,15
		z	*72,38*	*72,39*	*72,41*	*72,44*	*72,46*	*72,47*	*72,49*	*72,50*	*72,52*
		Steg M_{1500}	—	—	—	**30318**	**26152**	—	**22167**	—	**18387**
		Steg M_{1200}	**37805**	**33126**	**28602**	**24254**	**20921**	**20110**	**17733**	**16200**	**14711**
		Steg f_e	54,87	47,71	40,85	34,34	29,40	28,21	24,73	22,50	20,35
	823,20	M_{1500}	—	—	—	**55260**	**51144**	—	**47028**	—	**42912**
	0,740	M_{1200}	**56556**	**52440**	**48324**	**44208**	**40915**	**40092**	**37622**	**35976**	**34330**
80	0,925	f_e	63,38	58,75	54,13	49,50	45,80	44,88	42,10	40,25	38,40
		z	*74,37*	*74,38*	*74,40*	*74,42*	*74,45*	*74,45*	*74,47*	*74,48*	*74,50*
		Steg M_{1500}	—	—	—	**32903**	**28432**	—	**24152**	—	**20088**
		Steg M_{1200}	**40843**	**35833**	**30985**	**26323**	**22745**	**21874**	**19321**	**17673**	**16070**
		Steg f_e	57,59	50,14	43,00	36,21	31,06	29,82	26,18	23,85	21,60
	847,02	M_{1500}	—	—	—	**57029**	**52794**	—	**48559**	—	**44324**
	0,741	M_{1200}	**58329**	**54094**	**49859**	**45623**	**42235**	**41388**	**38847**	**37153**	**35459**
82	0,927	f_e	63,66	59,02	54,39	49,76	46,05	45,12	42,34	40,49	38,63
		z	*76,36*	*76,37*	*76,39*	*76,41*	*76,43*	*76,44*	*76,46*	*76,47*	*76,48*
		Steg M_{1500}	—	—	—	**35597**	**30810**	—	**26224**	—	**21865**
		Steg M_{1200}	**44001**	**38647**	**33465**	**28478**	**24648**	**23715**	**20979**	**19212**	**17493**
		Steg f_e	60,33	52,59	45,16	38,10	32,74	31,44	27,65	25,22	22,87
	870,86	M_{1500}	—	—	—	**58800**	**54446**	—	**50091**	—	**45737**
	0,743	M_{1200}	**60103**	**55749**	**51394**	**47040**	**43557**	**42686**	**40073**	**38331**	**36590**
84	0,929	f_e	63,93	59,29	54,64	50,00	46,29	45,36	42,57	40,71	38,86
		z	*78,35*	*78,36*	*78,38*	*78,40*	*78,42*	*78,43*	*78,44*	*78,46*	*78,47*
		Steg M_{1500}	—	—	—	**38400**	**33286**	—	**28384**	—	**23721**
		Steg M_{1200}	**47279**	**41572**	**36044**	**30720**	**26629**	**25632**	**22707**	**20817**	**18976**
		Steg f_e	63,09	55,05	47,34	40,00	34,42	33,07	29,13	26,59	24,14
	894,70	M_{1500}	—	—	—	**60572**	**56099**	—	**51625**	—	**47152**
	0,744	M_{1200}	**61878**	**57405**	**52931**	**48458**	**44879**	**43984**	**41300**	**39511**	**37721**
86	0,930	f_e	64,19	59,53	54,88	50,23	46,51	45,58	42,79	40,93	39,07
		z	*80,34*	*80,35*	*80,37*	*80,39*	*80,41*	*80,41*	*80,43*	*80,44*	*80,46*
		Steg M_{1500}	—	—	—	**41312**	**35860**	—	**30632**	—	**25652**
		Steg M_{1200}	**50678**	**44605**	**38720**	**33049**	**28689**	**27625**	**24506**	**22487**	**20523**
		Steg f_e	65,85	57,52	49,53	41,91	36,12	34,71	30,61	27,98	25,43
	918,55	M_{1500}	—	—	—	**62345**	**57753**	—	**53160**	—	**48567**
	0,745	M_{1200}	**63655**	**59062**	**54469**	**49876**	**46202**	**45284**	**42528**	**40691**	**38854**
88	0,932	f_e	64,43	59,77	55,11	50,45	46,73	45,80	43,00	41,14	39,27
		z	*82,33*	*82,34*	*82,36*	*82,38*	*82,40*	*82,40*	*82,42*	*82,43*	*82,44*
		Steg M_{1500}	—	—	—	**44332**	**38533**	—	**32967**	—	**27663**
		Steg M_{1200}	**54198**	**47748**	**41495**	**35466**	**30827**	**29695**	**26374**	**24224**	**22130**
		Steg f_e	68,63	60,01	51,73	43,83	37,82	36,37	32,11	29,38	26,73
			←								$x > d$

Plattenbalken

Tafel 46

und 1200 kg/cm²

$d = 12$ cm

Steg $\begin{cases} M_{1500} = \text{durch je 1 m Breite des Steges aufnehmb. Moment in kgm bei } \sigma_e = 1500 \text{ kg/cm}^2; \\ M_{1200} = \text{durch je 1 m Breite des Steges aufnehmb. Moment in kgm bei } \sigma_e = 1200 \text{ kg/cm}^2; \\ f_e = \text{Zugeisenquerschnitt in cm}^2 \text{ entspr. den Druckspannungen im Steg je 1 m Breite;} \end{cases}$

d = Druckplattendicke in cm;

h = Nutzhöhe in cm;

x = Nullinienabstand.

worin b = Druckplattenbreite in m und b_0 = Stegbreite in m bedeuten.

Spannungen im Steg: $F_e = b \cdot f_{e\,\text{Platte}} + b_0 \cdot f_{e\,\text{Steg}}$.

$h = 78$—88 cm

σ_b									σ_e	
55 44	**50** **40**	45 36	**40** 32	35 28	30 24	25 20	20 16	15 12	**1500** **1200**	h
0,355 h	0,333 h	0,310 h	0,286 h	0,259 h	0,231 h	0,200 h	0,167 h	0,130 h	x	cm
→								← $x \leqq d$ →		
37505	**33508**	**29511**	**25514**	**21517**	**17520**	**13523**	**9526**	**5693**	M_{1500}	
30004	**26806**	**23609**	**20411**	**17214**	**14016**	**10818**	**7621**	**4554**	M_{1200}	
34,46	30,77	27,08	23,38	19,69	16,00	12,31	8,62	5,09	f_e	**78**
72,55	*72,60*	*72,66*	*72,74*	*72,84*	*73,00*	*73,25*	*73,71*	*74,61*	z	
14841	**11559**	**8577**	**5941**	**3701**	**1920**	—	—	—	Steg M_{1500}	
11873	**9247**	**6862**	**4753**	**2960**	**1536**	—	—	—	Steg M_{1200}	
16,28	12,56	9,23	6,33	3,90	2,00	—	—	—	Steg f_e	
38796	**34680**	**30564**	**26448**	**22332**	**18216**	**14100**	**9984**	**5989**	M_{1500}	
31037	**27744**	**24451**	**21158**	**17866**	**14573**	**11280**	**7987**	**4791**	M_{1200}	
34,70	31,00	27,30	23,60	19,90	16,20	12,50	8,80	5,22	f_e	**80**
74,54	*74,58*	*74,64*	*74,71*	*74,81*	*74,96*	*75,20*	*75,64*	*76,52*	z	
16269	**12727**	**9503**	**6640**	**4196**	**2234**	—	—	—	Steg M_{1500}	
13015	**10182**	**7602**	**5313**	**3356**	**1787**	—	—	—	Steg M_{1200}	
17,34	13,44	9,94	6,88	4,30	2,26	—	—	—	Steg f_e	
40089	**35854**	**31619**	**27383**	**23148**	**18913**	**14678**	**10443**	**6292**	M_{1500}	
32071	**28683**	**25295**	**21907**	**18519**	**15131**	**11742**	**8354**	**5033**	M_{1200}	
34,93	31,22	27,51	23,80	20,10	16,39	12,68	8,98	5,35	f_e	**82**
76,52	*76,56*	*76,62*	*76,69*	*76,79*	*76,93*	*77,15*	*77,57*	*78,43*	z	
17764	**13953**	**10476**	**7381**	**4723**	**2572**	—	—	—	Steg M_{1500}	
14211	**11163**	**8381**	**5904**	**3778**	**2057**	—	—	—	Steg M_{1200}	
18,42	14,34	10,66	7,43	4,70	2,53	—	—	—	Steg f_e	
41383	**37029**	**32674**	**28320**	**23966**	**19611**	**15257**	**10903**	**6602**	M_{1500}	
33106	**29623**	**26139**	**22656**	**19173**	**15689**	**12206**	**8722**	**5282**	M_{1200}	
35,14	31,43	27,71	24,00	20,29	16,57	12,86	9,14	5,48	f_e	**84**
78,50	*78,55*	*78,60*	*78,67*	*78,76*	*78,90*	*79,11*	*79,50*	*80,35*	z	
19326	**15238**	**11499**	**8160**	**5281**	**2935**	—	—	—	Steg M_{1500}	
15461	**12190**	**9200**	**6528**	**4224**	**2348**	—	—	—	Steg M_{1200}	
19,50	15,24	11,39	8,00	5,12	2,81	—	—	—	Steg f_e	
42678	**38205**	**33731**	**29258**	**24784**	**20311**	**15837**	**11364**	**6921**	M_{1500}	
34143	**30564**	**26985**	**23406**	**19827**	**16249**	**12670**	**9091**	**5537**	M_{1200}	
35,35	31,63	27,91	24,19	20,47	16,74	13,02	9,30	5,61	f_e	**86**
80,49	*80,53*	*80,58*	*80,65*	*80,74*	*80,87*	*81,07*	*81,44*	*82,26*	z	
20956	**16580**	**12571**	**8980**	**5872**	**3321**	—	—	—	Steg M_{1500}	
16764	**13264**	**10057**	**7184**	**4698**	**2657**	—	—	—	Steg M_{1200}	
20,60	16,15	12,13	8,58	5,55	3,10	—	—	—	Steg f_e	
43975	**39382**	**34789**	**30196**	**25604**	**21011**	**16418**	**11825**	**7246**	M_{1500}	
35180	**31505**	**27831**	**24157**	**20483**	**16809**	**13135**	**9460**	**5797**	M_{1200}	
35,55	31,82	28,09	24,36	20,64	16,91	13,18	9,45	5,74	f_e	**88**
82,48	*82,51*	*82,56*	*82,63*	*82,71*	*82,84*	*82,03*	*83,38*	*84,17*	z	
22653	**17981**	**13692**	**9841**	**6494**	**3733**	**1651**	—	—	Steg M_{1500}	
18123	**14385**	**10953**	**7873**	**5196**	**2986**	**1321**	—	—	Steg M_{1200}	
21,70	17,07	12,87	9,16	5,98	3,40	1,48	—	—	Steg f_e	
→								← $x \leqq d$ →		

$d = 12$ cm bei $\sigma_e = 1500$

M_{1500} = Moment in kgm auf 1 m Druckplattenbreite bei $\sigma_e = 1500$ kg/cm² ⎫ ohne Berück-
M_{1200} = Moment in kgm auf 1 m Druckplattenbreite bei $\sigma_e = 1200$ kg/cm² ⎬ sichtigung der
f_e = Zugeisenquerschnitt in cm² auf 1 m Druckplattenbreite ⎪ Spannungen
z = Abstand des Druckmittelpunktes vom Zugmittelpunkt in cm ⎭ im Steg;
ΔM = Momentendifferenz bei Änderung von σ_b um 1 kg/cm² (gültig nur wenn $x > d$);
Δf_{e1500} bzw. Δf_{e1200} = Differenz der Zugbewehrung bei Änderung von σ_b um 1 kg/cm² für $\sigma_e = 1500$ bzw. $\sigma_e = 1200$ kg/cm² (gültig nur wenn $x > d$);
Gesamtmoment bei Berücksichtigung der Spannungen im Steg: $M = b \cdot M_{\text{Platte}} + b_0 \cdot M_{\text{Steg}}$,
Zugeisenquerschnitt bei Berücksichtigung der

$h = 90$—100 cm

h	ΔM / $\Delta f_{e\,1500}$ / $\Delta f_{e\,1200}$	σ_e 1500 / 1200	σ_b — / 75	— / 70	— / 65	75 / 60	70 / 56	— / 55	65 / 52	— / 50	60 / 48
cm		x	0,484 h	0,467 h	0,448 h	0,429 h	0,412 h	0,407 h	0,394 h	0,385 h	0,375 h
			←							$x > d$	
		M_{1500}	—	—	—	**64120**	**59408**	—	**54696**	—	**49984**
	942,40	M_{1200}	**65432**	**60720**	**56008**	**51296**	**47526**	**46584**	**43757**	**41872**	**39987**
90	0,747	f_e	64,67	60,00	55,33	50,67	46,93	46,00	43,20	41,33	39,47
	0,933	z	*84,32*	*84,33*	*84,35*	*84,37*	*84,39*	*84,39*	*84,41*	*84,42*	*84,43*
		Steg M_{1500}	—	—	—	**47462**	**41305**	—	**35391**	—	**29750**
		Steg M_{1200}	**57838**	**51000**	**44367**	**37969**	**33044**	**31842**	**28313**	**26027**	**23801**
		Steg f_e	71,42	62,50	53,93	45,76	39,54	38,03	33,62	30,78	28,03
		M_{1500}	—	—	—	**65896**	**61064**	—	**56233**	—	**51402**
	966,26	M_{1200}	**67210**	**62379**	**57548**	**52717**	**48851**	**47885**	**44986**	**43054**	**41121**
92	0,748	f_e	64,89	60,22	55,54	50,87	47,13	46,20	43,39	41,52	39,65
	0,935	z	*86,31*	*86,32*	*86,34*	*86,36*	*86,38*	*86,38*	*86,40*	*86,41*	*86,42*
		Steg M_{1500}	—	—	—	**50700**	**44175**	—	**37902**	—	**31917**
		Steg M_{1200}	**61599**	**54362**	**47338**	**40560**	**35340**	**34065**	**30322**	**27897**	**25533**
		Steg f_e	74,22	65,00	56,15	47,70	41,26	39,70	35,13	32,20	29,35
		M_{1500}	—	—	—	**67672**	**62722**	—	**57771**	—	**52820**
	990,13	M_{1200}	**68990**	**64039**	**59089**	**54138**	**50177**	**49187**	**46217**	**44237**	**42256**
94	0,749	f_e	65,11	60,43	55,74	51,06	47,32	46,38	43,57	41,70	39,83
	0,936	z	*88,30*	*88,32*	*88,33*	*88,35*	*88,37*	*88,37*	*88,39*	*88,40*	*88,41*
		Steg M_{1500}	—	—	—	**54048**	**47142**	—	**40501**	—	**34159**
		Steg M_{1200}	**65481**	**57832**	**50407**	**43238**	**37714**	**36365**	**32401**	**29832**	**27328**
		Steg f_e	77,03	67,52	58,38	49,65	42,99	41,38	36,66	33,62	30,67
		M_{1500}	—	—	—	**69450**	**64380**	—	**59310**	—	**54240**
	1014,00	M_{1200}	**70770**	**65700**	**60630**	**55560**	**51504**	**50490**	**47448**	**45420**	**43392**
96	0,750	f_e	65,31	60,63	55,94	51,25	47,50	46,56	43,75	41,88	40,00
	0,938	z	*90,30*	*90,31*	*90,32*	*90,34*	*90,36*	*90,36*	*90,38*	*90,39*	*90,40*
		Steg M_{1500}	—	—	—	**57505**	**50209**	—	**43189**	—	**36480**
		Steg M_{1200}	**69484**	**61409**	**53575**	**45996**	**40167**	**38741**	**34551**	**31834**	**29184**
		Steg f_e	79,85	70,04	60,61	51,61	44,74	43,07	38,19	35,05	32,00
		M_{1500}	—	—	—	**71229**	**66039**	—	**60850**	—	**55660**
	1037,88	M_{1200}	**72551**	**67362**	**62172**	**56983**	**52831**	**51793**	**48680**	**46604**	**44528**
98	0,751	f_e	65,51	60,82	56,12	51,43	47,67	46,73	43,92	42,04	40,16
	0,939	z	*92,29*	*92,30*	*92,32*	*92,33*	*92,35*	*92,35*	*92,37*	*92,38*	*92,39*
		Steg M_{1500}	—	—	—	**61071**	**53374**	—	**45964**	—	**38879**
		Steg M_{1200}	**73608**	**65102**	**56841**	**48857**	**42699**	**41194**	**36771**	**33903**	**31104**
		Steg f_e	82,68	72,57	62,86	53,57	46,48	44,76	39,73	36,48	33,34
		M_{1500}	—	—	—	**73008**	**67699**	—	**62390**	—	**57082**
	1061,76	M_{1200}	**74333**	**69024**	**63715**	**58406**	**54159**	**53098**	**49912**	**47789**	**45665**
100	0,752	f_e	65,70	61,00	56,30	51,60	47,84	46,90	44,08	42,20	40,32
	0,940	z	*94,28*	*94,30*	*94,31*	*94,33*	*94,34*	*94,35*	*94,36*	*94,37*	*94,38*
		Steg M_{1500}	—	—	—	**64747**	**56638**	—	**48828**	—	**41356**
		Steg M_{1200}	**77852**	**68902**	**60205**	**51798**	**45310**	**43725**	**39062**	**36037**	**33085**
		Steg f_e	85,51	75,11	65,11	55,54	48,24	46,46	41,27	37,93	34,68
			←								$x > d$

Steg $\begin{cases} M_{1500} \\ M_{1200} \\ f_e \end{cases}$ M_{1500} = durch je 1 m Breite des Steges aufnehmb. Moment in kgm bei $\sigma_e = 1500$ kg/cm²;
M_{1200} = durch je 1 m Breite des Steges aufnehmb. Moment in kgm bei $\sigma_e = 1200$ kg/cm²;
f_e = Zugeisenquerschnitt in cm² entspr. den Druckspannungen im Steg je 1 m Breite;
d = Druckplattendicke in cm;
h = Nutzhöhe in cm;
x = Nullinienabstand.

worin b = Druckplattenbreite in m und b_0 = Stegbreite in m bedeuten.
Spannungen im Steg: $F_e = b \cdot f_{e\,\text{Platte}} + b_0 \cdot f_{e\,\text{Steg}}$.

$h = 90$—100 cm

σ_b									σ_e	h
55 44	**50** **40**	45 36	**40** 32	35 28	30 24	25 20	20 16	15 12	**1500** **1200**	
0,355 h	0,333 h	0,310 h	0,286 h	0,259 h	0,231 h	0,200 h	0,167 h	0,130 h	x	cm
							→	←$x \leqq d$→		
45272	**40560**	**35848**	**31136**	**26424**	**21712**	**17000**	**12288**	**7579**	M_{1500}	
36218	**32448**	**28678**	**24909**	**21139**	**17370**	**13600**	**9830**	**6064**	M_{1200}	
35,73	32,00	28,27	24,53	20,80	17,07	13,33	9,60	5,87	f_e	
84,46	*84,50*	*84,55*	*84,61*	*84,69*	*84,81*	*85,00*	*85,33*	*86,09*	z	**90**
24419	**19440**	**14861**	**10742**	**7150**	**4170**	**1900**	—	—	Steg M_{1500}	
19535	**15553**	**11889**	**8593**	**5720**	**3335**	**1520**	—	—	Steg M_{1200}	
22,82	18,00	13,63	9,75	6,42	3,70	1,67	—	—	Steg f_e	
46570	**41739**	**36908**	**32077**	**27245**	**22214**	**17583**	**12751**	**7920**	M_{1500}	
37256	**33391**	**29526**	**25661**	**21796**	**17931**	**14066**	**10201**	**6336**	M_{1200}	
35,91	32,17	28,43	24,70	20,96	17,22	13,48	9,74	6,00	f_e	
86,45	*86,49*	*86,53*	*86,59*	*86,67*	*86,79*	*86,97*	*87,29*	*88,00*	z	**92**
26253	**20957**	**16080**	**11682**	**7838**	**4631**	**2166**	—	—	Steg M_{1500}	
21003	**16766**	**12864**	**9347**	**6270**	**3705**	**1733**	—	—	Steg M_{1200}	
23,94	18,94	14,39	10,35	6,87	4,01	1,86	—	—	Steg f_e	
47870	**42919**	**37969**	**33018**	**28067**	**23117**	**18166**	**13215**	**8265**	M_{1500}	
38296	**34335**	**30375**	**26414**	**22454**	**18493**	**14533**	**10572**	**6612**	M_{1200}	
36,09	32,34	28,60	24,85	21,11	17,36	13,62	9,87	6,13	f_e	
88,44	*88,47*	*88,52*	*88,58*	*88,65*	*88,76*	*88,94*	*89,24*	*89,92*	z	**94**
28154	**22533**	**17348**	**12665**	**8558**	**5116**	**2451**	—	—	Steg M_{1500}	
22523	**18026**	**13879**	**10132**	**6846**	**4094**	**1961**	—	—	Steg M_{1200}	
25,07	19,88	15,16	10,96	7,33	4,33	2,05	—	—	Steg f_e	
49170	**44100**	**39030**	**33960**	**28890**	**23820**	**18750**	**13680**	**8610**	M_{1500}	
39336	**35280**	**31224**	**27168**	**23112**	**19056**	**15000**	**10944**	**6888**	M_{1200}	
36,25	32,50	28,75	25,00	21,25	17,50	13,75	10,00	6,25	f_e	
90,43	*90,46*	*90,50*	*90,56*	*90,64*	*90,74*	*90,91*	*91,20*	*91,84*	z	**96**
30123	**24167**	**18666**	**13687**	**9310**	**5628**	**2754**	—	—	Steg M_{1500}	
24099	**19333**	**14933**	**10950**	**7448**	**4502**	**2203**	—	—	Steg M_{1200}	
26,20	20,83	15,94	11,57	7,79	4,65	2,25	—	—	Steg f_e	
50471	**45282**	**40092**	**34903**	**29713**	**24524**	**19335**	**14145**	**8956**	M_{1500}	
40377	**36225**	**32074**	**27922**	**23771**	**19619**	**15468**	**11316**	**7165**	M_{1200}	
36,41	32,65	28,90	25,14	21,39	17,63	13,88	10,12	6,37	f_e	
92,42	*92,45*	*92,49*	*92,55*	*92,62*	*92,72*	*92,88*	*93,16*	*93,77*	z	**98**
32161	**25859**	**20033**	**14750**	**10095**	**6163**	**3074**	—	—	Steg M_{1500}	
25728	**20688**	**16026**	**11801**	**8075**	**4931**	**2459**	—	—	Steg M_{1200}	
27,34	21,79	16,72	12,19	8,25	4,98	2,46	—	—	Steg f_e	
51773	**46464**	**41155**	**35846**	**30538**	**25229**	**19920**	**14611**	**9302**	M_{1500}	
41418	**37171**	**32924**	**28677**	**24430**	**20183**	**15936**	**11689**	**7442**	M_{1200}	
36,56	32,80	29,04	25,28	21,52	17,76	14,00	10,24	6,48	f_e	
94,41	*94,44*	*94,48*	*94,53*	*94,60*	*94,70*	*94,86*	*95,13*	*95,70*	z	**100**
34266	**27610**	**21449**	**15855**	**10911**	**6724**	**3413**	—	—	Steg M_{1500}	
27413	**22088**	**17159**	**12684**	**8730**	**5379**	**2731**	—	—	Steg M_{1200}	
28,49	22,76	17,51	12,82	8,73	5,32	2,67	—	—	Steg f_e	

Tafel 48

Tafel für

$d = 12$ cm

bei $\sigma_e = 1500$

M_{1500} = Moment in kgm auf 1 m Druckplattenbreite bei $\sigma_e = 1500$ kg/cm² ⎫ ohne Berück-
M_{1200} = Moment in kgm auf 1 m Druckplattenbreite bei $\sigma_e = 1200$ kg/cm² ⎬ sichtigung der
f_e = Zugeisenquerschnitt in cm² auf 1 m Druckplattenbreite ⎪ Spannungen
z = Abstand des Druckmittelpunktes vom Zugmittelpunkt in cm ⎭ im Steg;
ΔM = Momentendifferenz bei Änderung von σ_b um 1 kg/cm² (gültig nur wenn $x > d$);
Δf_{e1500} bzw. Δf_{e1200} = Differenz der Zugbewehrung bei Änderung von σ_b um 1 kg/cm² für $\sigma_e = 1500$ bzw. $\sigma_e = 1200$ kg/cm² (gültig nur wenn $x > d$);
Gesamtmoment bei Berücksichtigung der Spannungen im Steg: $M = b \cdot M_{\text{Platte}} + b_0 \cdot M_{\text{Steg}}$,
Zugeisenquerschnitt bei Berücksichtigung der

$h = 105$—120 cm

h	ΔM / $\Delta f_{e\,1500}$ / $\Delta f_{e\,1200}$	σ_e	σ_b								
		1500	—	—	—	75	70	—	65	—	60
		1200	75	70	65	60	56	55	52	50	48
cm		x	$0{,}484\,h$	$0{,}467\,h$	$0{,}448\,h$	$0{,}429\,h$	$0{,}412\,h$	$0{,}407\,h$	$0{,}394\,h$	$0{,}385\,h$	$0{,}375\,h$
			←								$x > d$
	1121,49	M_{1500}	—	—	—	77460	71853	—	66245	—	60638
		M_{1200}	78790	73183	67575	61968	57482	56361	52996	50753	48510
	0,754	f_e	66,14	61,43	56,71	52,00	48,23	47,29	44,46	42,57	40,69
105	0,943	z	99,27	99,28	99,29	99,31	99,32	99,33	99,34	99,35	99,36
		Steg M_{1500}	—	—	—	74415	65228	—	56373	—	47889
		Steg M_{1200}	88994	78880	69046	55532	52183	50386	45098	41666	38312
		Steg f_e	92,63	81,49	70,76	60,50	52,65	50,75	45,16	41,56	38,06
	1181,24	M_{1500}	—	—	—	81916	76010	—	70104	—	64198
	0,756	M_{1200}	83252	77345	71439	65533	60808	59627	56083	53721	51358
110	0,945	f_e	66,55	61,82	57,09	52,36	48,58	47,64	44,80	42,91	41,02
		z	104,25	104,26	104,27	104,29	104,31	104,31	104,32	104,33	104,34
		Steg M_{1500}	—	—	—	84767	74438	—	64470	—	54911
		Steg M_{1200}	100892	89545	78504	67914	59550	57528	51576	47709	43930
		Steg f_e	99,79	87,90	76,46	65,49	57,10	55,06	49,09	45,23	41,48
	1241,01	M_{1500}	—	—	—	86377	80171	—	73966	—	67761
	0,758	M_{1200}	87716	81511	75306	69101	64137	62896	59173	56691	54209
115	0,948	f_e	66,91	62,17	57,43	52,70	48,90	47,96	45,11	43,22	41,32
		z	109,24	109,25	109,26	109,28	109,29	109,29	109,31	109,31	109,32
		Steg M_{1500}	—	—	—	95805	84264	—	73120	—	62423
		Steg M_{1200}	113549	100900	88578	76644	67411	65151	58496	54169	49938
		Steg f_e	106,98	94,35	82,18	70,52	61,59	59,41	53,04	48,93	44,93
	1300,80	M_{1500}	—	—	—	90840	84336	—	77832	—	71328
	0,760	M_{1200}	92184	85680	79176	72672	67469	66168	62266	59664	57062
120	0,950	f_e	67,25	62,50	57,75	53,00	49,20	48,25	45,40	43,50	41,60
		z	114,23	114,24	114,25	114,26	114,28	114,28	114,29	114,30	114,31
		Steg M_{1500}	—	—	—	107527	94709	—	82322	—	70442
		Steg M_{1200}	126963	112930	99269	86022	75767	73256	65858	61046	56338
		Steg f_e	114,20	100,83	87,94	75,57	66,09	63,79	57,02	52,65	48,40
			←								$x > d$

Plattenbalken

Tafel 48

und 1200 kg/cm²

$d = 12$ cm

Steg $\begin{cases} M_{1500} \\ M_{1200} \\ f_e \end{cases}$ M_{1500} = durch je 1 m Breite des Steges aufnehmb. Moment in kgm bei $\sigma_e = 1500$ kg/cm²;
M_{1200} = durch je 1 m Breite des Steges aufnehmb. Moment in kgm bei $\sigma_e = 1200$ kg/cm²;
f_e = Zugeisenquerschnitt in cm² entspr. den Druckspannungen im Steg je 1 m Breite;
d = Druckplattendicke in cm;
h = Nutzhöhe in cm;
x = Nullinienabstand.

worin b = Druckplattenbreite in m und b_0 = Stegbreite in m bedeuten.
Spannungen im Steg: $F_e = b \cdot f_{e\,\text{Platte}} + b_0 \cdot f_{e\,\text{Steg}}$.

$h = 105$—120 cm

σ_b									σ_e	h
55 44	**50** **40**	45 36	**40** 32	35 28	30 24	25 20	20 16	15 12	**1500** **1200**	
0,355 h	0,333 h	0,310 h	0,286 h	0,259 h	0,231 h	0,200 h	0,167 h	0,130 h	x	cm
55030	**49423**	**43815**	**38208**	**32601**	**26993**	**21386**	**15778**	**10171**	M_{1500}	**105**
44024	**39538**	**35052**	**30566**	**26080**	**21595**	**17109**	**12623**	**8137**	M_{1200}	
36,91	33,14	29,37	25,60	21,83	18,06	14,29	10,51	6,74	f_e	
99,38	*99,41*	*99,45*	*99,50*	*99,57*	*99,66*	*99,80*	*100,04*	*100,56*	z	
39828	**32244**	**25206**	**18792**	**13097**	**8234**	**4339**	**1576**	—	Steg M_{1500}	
31862	**25795**	**20165**	**15034**	**10478**	**6587**	**3471**	**1260**	—	Steg M_{1200}	
31,39	25,19	19,51	14,40	9,93	6,17	3,21	1,15	—	Steg f_e	
58292	**52385**	**46479**	**40573**	**34667**	**28761**	**22855**	**16948**	**11042**	M_{1500}	**110**
46633	**41908**	**37183**	**32458**	**27734**	**23009**	**18284**	**13559**	**8834**	M_{1200}	
37,24	33,45	29,67	25,89	22,11	18,33	14,55	10,76	6,98	f_e	
104,36	*104,39*	*104,43*	*104,47*	*104,53*	*104,62*	*104,75*	*104,97*	*105,44*	z	
45815	**37245**	**29272**	**21984**	**15487**	**9902**	**5378**	**2098**	—	Steg M_{1500}	
36653	**29796**	**23418**	**17588**	**12389**	**7921**	**4303**	**1678**	—	Steg M_{1200}	
34,32	27,66	21,53	16,01	11,16	7,06	3,79	1,46	—	Steg f_e	
61556	**55351**	**49146**	**42941**	**36736**	**30531**	**24326**	**18121**	**11916**	M_{1500}	**115**
49245	**44281**	**39317**	**34353**	**29389**	**24425**	**19461**	**14497**	**9533**	M_{1200}	
37,53	33,74	29,95	26,16	22,37	18,57	14,78	10,99	7,20	f_e	
109,34	*109,37*	*109,40*	*109,45*	*109,50*	*109,58*	*109,71*	*109,91*	*110,33*	z	
52230	**42612**	**33648**	**25433**	**18081**	**11726**	**6532**	**2696**	—	Steg M_{1500}	
41784	**34089**	**26918**	**20346**	**14465**	**9381**	**5226**	**2157**	—	Steg M_{1200}	
37,28	30,15	23,59	17,65	12,42	7,96	4,38	1,79	—	Steg f_e	
64824	**58320**	**51816**	**45312**	**38808**	**32304**	**25800**	**19296**	**12792**	M_{1500}	**120**
51859	**46656**	**41453**	**36250**	**31046**	**25843**	**20640**	**15437**	**10234**	M_{1200}	
37,80	34,00	30,20	26,40	22,60	18,80	15,00	11,20	7,40	f_e	
114,33	*114,35*	*114,38*	*114,42*	*114,48*	*114,55*	*114,67*	*114,86*	*115,24*	z	
49072	**48347**	**38334**	**29137**	**20879**	**13708**	**7800**	**3371**	—	Steg M_{1500}	
47258	**38677**	**30667**	**23309**	**16704**	**10966**	**6240**	**2696**	—	Steg M_{1200}	
40,26	32,67	25,66	19,31	13,70	8,89	5,00	2,13	—	Steg f_e	

$d = 13$ cm bei $\sigma_e = 1500$

M_{1500} = Moment in kgm auf 1 m Druckplattenbreite bei $\sigma_e = 1500$ kg/cm² } ohne Berücksichtigung der Spannungen im Steg;
M_{1200} = Moment in kgm auf 1 m Druckplattenbreite bei $\sigma_e = 1200$ kg/cm² }
f_e = Zugeisenquerschnitt in cm² auf 1 m Druckplattenbreite }
ΔM = Momentendifferenz bei Änderung von σ_b um 1 kg/cm² (gültig nur wenn $x > d$);

$h = 28$—44 cm

h cm	ΔM / $\Delta f_{e\,1500}$ / $\Delta f_{e\,1200}$	σ_e: 1500 / 1200 / x	σ_b								
		1500	—	—	—	75	70	—	65	—	60
		1200	75	70	65	60	56	55	52	50	48
		x	0,484 h	0,467 h	0,448 h	0,429 h	0,412 h	0,407 h	0,394 h	0,385 h	0,375 h
			← $x > d$ →								
28	**221,15**	M_{1500}	—	—	—	**10800**	**9748**	—	**8720**	—	**7718**
	0,665	M_{1200}	**11919**	**10813**	**9715**	**8640**	**7798**	**7591**	**6976**	**6572**	**6174**
	0,832	f_e	42,27	38,11	33,99	30,00	26,90	26,14	23,90	22,44	21,00
		z	*23,50*	*23,64*	*23,82*	*24,00*	*24,16*	*24,20*	*24,32*	*24,41*	*24,50*
29	**233,25**	M_{1500}	—	—	—	**11585**	**10457**	—	**9353**	—	**8279**
	0,672	M_{1200}	**12754**	**11588**	**10422**	**9268**	**8365**	**8143**	**7483**	**7050**	**6623**
	0,841	f_e	43,61	39,41	35,21	31,07	27,86	27,08	24,75	23,24	21,75
		z	*24,37*	*24,50*	*24,67*	*24,86*	*25,02*	*25,06*	*25,19*	*25,28*	*25,38*
30	**245,41**	M_{1500}	—	—	—	**12398**	**11190**	—	**10010**	—	**8859**
	0,679	M_{1200}	**13599**	**12372**	**11145**	**9918**	**8952**	**8714**	**8008**	**7544**	**7088**
	0,849	f_e	44,87	40,63	36,38	32,14	28,82	28,01	25,61	24,04	22,50
		z	*25,26*	*25,38*	*25,53*	*25,71*	*25,88*	*25,93*	*26,06*	*26,15*	*26,25*
32	**269,89**	M_{1500}	—	—	—	**14080**	**12730**	—	**11389**	—	**10080**
	0,691	M_{1200}	**15312**	**13963**	**12613**	**11264**	**10184**	**9914**	**9111**	**8584**	**8064**
	0,863	f_e	47,14	42,83	38,51	34,19	30,74	29,88	27,31	25,64	24,00
		z	*27,07*	*27,17*	*27,30*	*27,45*	*27,61*	*27,65*	*27,80*	*27,90*	*28,00*
34	**294,54**	M_{1500}	—	—	—	**15794**	**14322**	—	**12849**	—	**11379**
	0,701	M_{1200}	**17054**	**15581**	**14108**	**12635**	**11457**	**11163**	**10279**	**9690**	**9104**
	0,876	f_e	49,15	44,77	40,39	36,00	32,50	31,62	29,00	27,24	25,50
		z	*28,92*	*29,00*	*29,11*	*29,24*	*29,38*	*29,42*	*30,54*	*29,64*	*29,75*
36	**319,34**	M_{1500}	—	—	—	**17535**	**15938**	—	**14342**	—	**12745**
	0,710	M_{1200}	**18818**	**17221**	**15625**	**14028**	**12751**	**12431**	**11473**	**10835**	**10196**
	0,888	f_e	50,93	46,49	42,05	37,62	34,06	33,18	30,51	28,74	26,96
		z	*30,79*	*30,87*	*30,96*	*31,08*	*31,19*	*31,22*	*31,33*	*31,42*	*31,51*
38	**344,27**	M_{1500}	—	—	—	**19298**	**17576**	—	**15855**	—	**14134**
	0,718	M_{1200}	**20602**	**18881**	**17159**	**15438**	**14061**	**13717**	**12684**	**11995**	**11307**
	0,898	f_e	52,53	48,04	43,55	39,06	35,46	34,57	31,87	30,08	28,28
		z	*32,68*	*32,75*	*32,84*	*32,94*	*33,04*	*33,07*	*33,16*	*33,24*	*33,32*
40	**369,31**	M_{1500}	—	—	—	**21079**	**19232**	—	**17386**	—	**15539**
	0,726	M_{1200}	**22403**	**20556**	**18710**	**16863**	**15386**	**15017**	**13909**	**13170**	**12431**
	0,907	f_e	53,96	49,43	44,89	40,35	36,73	35,82	33,10	31,28	29,47
		z	*34,60*	*34,66*	*34,73*	*34,82*	*34,91*	*34,94*	*35,02*	*35,09*	*35,16*
42	**394,44**	M_{1500}	—	—	—	**22876**	**20904**	—	**18932**	—	**16960**
	0,733	M_{1200}	**24218**	**22245**	**20273**	**18301**	**16723**	**16329**	**15146**	**14357**	**13568**
	0,916	f_e	55,26	50,68	46,11	41,53	37,87	36,95	34,20	32,37	30,54
		z	*36,52*	*36,58*	*36,64*	*36,72*	*36,80*	*36,83*	*36,90*	*36,96*	*37,02*
44	**419,64**	M_{1500}	—	—	—	**24688**	**22589**	—	**20491**	—	**18393**
	0,739	M_{1200}	**26045**	**23947**	**21848**	**19750**	**18072**	**17652**	**16393**	**15554**	**14714**
	0,923	f_e	56,44	51,83	47,21	42,59	38,90	37,98	35,21	33,36	31,52
		z	*38,45*	*38,50*	*38,57*	*38,64*	*38,71*	*38,73*	*38,80*	*38,85*	*38,91*
			← $x > d$								

und 1200 kg/cm² — $d = 13$ cm

Δf_{e1500} bzw. Δf_{e1200} = Differenz der Zugbewehrung bei Änderung von σ_b um 1 kg/cm² für $\sigma_e = 1500$ bzw. $\sigma_e = 1200$ kg/cm² (gültig nur wenn $x > d$);
d = Druckplattendicke in cm;
h = Nutzhöhe in cm; x = Nullinienabstand;
z = Abstand des Druckmittelpunktes vom Zugmittelpunkt in cm.

$h = 28$—44 cm

σ_b									σ_e	h
55 44	**50** **40**	45 36	**40** 32	35 28	30 24	25 20	20 16	15 12	**1500** **1200**	
0,355 h	0,333 h	0,310 h	0,286 h	0,259 h	0,231 h	0,200 h	0,167 h	0,130 h	x	cm
$x \leq d$ →										
6745	**5807**	**4908**	**4053**	**3250**	**2505**	**1829**	**1234**	**734**	M_{1500}	**28**
5396	**4646**	**3927**	**3243**	**2600**	**2004**	**1463**	**987**	**587**	M_{1200}	
18,22	15,56	13,03	10,67	8,47	6,46	4,67	3,11	1,83	f_e	
24,69	*24,89*	*25,10*	*25,33*	*25,58*	*25,85*	*26,13*	*26,44*	*26,78*	z	
7236	**6230**	**5265**	**4348**	**3486**	**2687**	**1962**	**1324**	**787**	M_{1500}	**29**
5789	**4984**	**4212**	**3478**	**2789**	**2150**	**1570**	**1059**	**630**	M_{1200}	
18,87	16,11	13,50	11,05	8,77	6,69	4,83	3,22	1,89	f_e	
25,57	*25,78*	*26,00*	*26,24*	*26,49*	*26,77*	*27,07*	*27,39*	*27,74*	z	
7743	**6667**	**5634**	**4653**	**3730**	**2876**	**2100**	**1417**	**842**	M_{1500}	**30**
6195	**5333**	**4507**	**3722**	**2984**	**2301**	**1680**	**1133**	**674**	M_{1200}	
19,52	16,67	13,97	11,43	9,07	6,92	5,00	3,33	1,96	f_e	
26,45	*26,67*	*26,90*	*27,14*	*27,41*	*27,69*	*28,00*	*28,33*	*28,70*	z	
8810	**7585**	**6411**	**5294**	**4244**	**3272**	**2389**	**1612**	**958**	M_{1500}	**32**
7048	**6068**	**5129**	**4235**	**3396**	**2618**	**1911**	**1289**	**767**	M_{1200}	
20,82	17,78	14,90	12,19	9,68	7,38	5,33	3,56	2,09	f_e	
28,22	*28,44*	*28,69*	*28,95*	*29,23*	*29,54*	*29,87*	*30,22*	*30,61*	z	
9946	**8563**	**7237**	**5977**	**4792**	**3694**	**2697**	**1820**	**1082**	M_{1500}	**34**
7957	**6850**	**5790**	**4781**	**3833**	**2955**	**2158**	**1456**	**865**	M_{1200}	
22,12	18,89	15,83	12,95	10,28	7,85	5,67	3,78	2,22	f_e	
29,98	*30,32*	*30,48*	*30,76*	*31,06*	*31,38*	*31,73*	*32,11*	*32,52*	z	
11151	**9600**	**8113**	**6700**	**5372**	**4141**	**3024**	**2040**	**1213**	M_{1500}	**36**
8921	**7680**	**6491**	**5360**	**4297**	**3313**	**2419**	**1632**	**970**	M_{1200}	
23,42	20,00	16,76	13,71	10,89	8,31	6,00	4,00	2,35	f_e	
31,74	*32,00*	*32,28*	*32,57*	*32,89*	*33,23*	*33,60*	*34,00*	*34,43*	z	
12412	**10696**	**9040**	**7466**	**5985**	**4614**	**3369**	**2273**	**1351**	M_{1500}	**38**
9930	**8557**	**7232**	**5972**	**4788**	**3691**	**2695**	**1818**	**1081**	M_{1200}	
24,69	21,11	17,69	14,48	11,49	8,77	6,33	4,22	2,48	f_e	
33,52	*33,78*	*34,07*	*34,38*	*34,72*	*35,08*	*35,47*	*35,89*	*36,35*	z	
13693	**11846**	**10017**	**8272**	**6632**	**5112**	**3733**	**2516**	**1497**	M_{1500}	**40**
10954	**9477**	**8013**	**6618**	**5306**	**4090**	**2987**	**2015**	**1198**	M_{1200}	
25,84	22,21	18,62	15,24	12,10	9,23	6,67	4,44	2,61	f_e	
35,33	*35,56*	*35,86*	*36,19*	*36,54*	*36,92*	*37,33*	*37,78*	*28,26*	z	
14988	**13015**	**11043**	**9120**	**7312**	**5636**	**4116**	**2777**	**1651**	M_{1500}	**42**
11990	**10412**	**8835**	**7296**	**5849**	**4509**	**3293**	**2221**	**1320**	M_{1200}	
26,88	23,21	19,55	16,00	12,70	9,69	7,00	4,67	2,74	f_e	
37,18	*37,38*	*37,66*	*38,00*	*38,37*	*38,77*	*39,20*	*39,67*	*40,17*	z	
16295	**14197**	**12098**	**10009**	**8025**	**6186**	**4517**	**3047**	**1812**	M_{1500}	**44**
13036	**11357**	**9679**	**8007**	**6420**	**4949**	**3614**	**2438**	**1449**	M_{1200}	
27,82	24,13	20,44	16,76	13,31	10,15	7,33	4,89	2,87	f_e	
39,05	*39,22*	*39,47*	*39,81*	*40,20*	*40,62*	*41,07*	*41,56*	*42,09*	z	
→			← $x \leq d$ →							

Tafel 50 — Tafel für

$d = 13$ cm — bei $\sigma_e = 1500$

M_{1500} = Moment in kgm auf 1 m Druckplattenbreite bei $\sigma_e = 1500$ kg/cm² ⎫ ohne Berück-
M_{1200} = Moment in kgm auf 1 m Druckplattenbreite bei $\sigma_e = 1200$ kg/cm² ⎬ sichtigung der
f_e = Zugeisenquerschnitt in cm² auf 1 m Druckplattenbreite ⎭ Spannungen im Steg;
ΔM = Momentendifferenz bei Änderung von σ_b um 1 kg/cm² (gültig nur wenn $x > d$);

$h = 46$—64 cm

h cm	ΔM, $\Delta f_{e\,1500}$, $\Delta f_{e\,1200}$	σ_e	σ_b								
		1500	—	—	—	75	70	—	65	—	60
		1200	75	70	65	60	56	55	52	50	48
		x	0,484 h	0,467 h	0,448 h	0,429 h	0,412 h	0,407 h	0,394 h	0,385 h	0,375 h
			← $x > d$								
46	444,92	M_{1500}	—	—	—	**26511**	**24286**	—	**22062**	—	**19837**
	0,744	M_{1200}	**27883**	**25658**	**23433**	**21209**	**19429**	**18984**	**17649**	**16760**	**15870**
	0,930	f_e	57,52	52,87	48,22	43,57	39,85	38,92	36,13	34,27	32,41
		z	*40,39*	*40,44*	*40,50*	*40,57*	*40,63*	*40,65*	*40,71*	*40,76*	*40,81*
48	470,26	M_{1500}	—	—	—	**28345**	**25994**	—	**23642**	—	**21291**
	0,749	M_{1200}	**29730**	**27379**	**25027**	**22676**	**20795**	**20325**	**18914**	**17973**	**17033**
	0,937	f_e	58,51	53,83	49,15	44,46	40,72	39,78	36,97	35,10	33,22
		z	*42,34*	*42,39*	*42,44*	*42,50*	*42,56*	*42,58*	*42,63*	*42,68*	*42,72*
50	495,65	M_{1500}	—	—	—	**30188**	**27710**	—	**25232**	—	**22753**
	0,754	M_{1200}	**31585**	**29107**	**26629**	**24151**	**22168**	**21672**	**20185**	**19194**	**18203**
	0,943	f_e	59,42	54,71	50,00	45,28	41,51	40,57	37,74	35,86	33,97
		z	*44,30*	*44,34*	*44,39*	*44,44*	*44,50*	*44,52*	*44,57*	*44,61*	*44,65*
52	521,08	M_{1500}	—	—	—	**32040**	**29434**	—	**26829**	—	**24223**
	0,758	M_{1200}	**33448**	**30843**	**28237**	**25632**	**23547**	**23026**	**21463**	**20421**	**19379**
	0,948	f_e	60,26	55,52	50,78	46,04	42,25	41,30	38,46	36,56	34,67
		z	*46,25*	*46,29*	*46,34*	*46,39*	*46,44*	*46,46*	*46,51*	*46,54*	*46,58*
54	546,56	M_{1500}	—	—	—	**33898**	**31165**	—	**28433**	—	**25700**
	0,762	M_{1200}	**35317**	**32584**	**29851**	**27119**	**24932**	**24386**	**22746**	**21653**	**20560**
	0,953	f_e	61,04	56,27	51,51	46,74	42,93	41,98	39,12	37,21	35,31
		z	*48,22*	*48,25*	*48,30*	*48,35*	*48,40*	*48,41*	*48,45*	*48,49*	*48,52*
56	572,08	M_{1500}	—	—	—	**35763**	**32903**	—	**30043**	—	**27182**
	0,766	M_{1200}	**37192**	**34332**	**31471**	**28611**	**26323**	**25750**	**24034**	**22890**	**21746**
	0,958	f_e	61,76	56,97	52,18	47,40	43,57	42,61	39,74	37,82	35,90
		z	*50,18*	*50,22*	*50,26*	*50,30*	*50,35*	*50,36*	*50,41*	*50,44*	*50,47*
58	597,63	M_{1500}	—	—	—	**37635**	**34646**	—	**31658**	—	**28670**
	0,770	M_{1200}	**39072**	**36084**	**33096**	**30108**	**27717**	**27120**	**25327**	**24131**	**22936**
	0,962	f_e	62,43	57,62	52,81	48,00	44,16	43,19	40,31	38,38	36,46
		z	*52,15*	*52,18*	*52,22*	*52,27*	*52,31*	*52,32*	*52,36*	*52,39*	*52,42*
60	623,21	M_{1500}	—	—	—	**39511**	**36395**	—	**33279**	—	**30163**
	0,773	M_{1200}	**40957**	**37841**	**34725**	**31609**	**29116**	**28493**	**26623**	**25377**	**24130**
	0,966	f_e	63,06	58,23	53,40	48,57	44,71	43,74	40,84	38,91	36,98
		z	*54,13*	*54,16*	*54,19*	*54,23*	*54,27*	*54,28*	*54,32*	*54,35*	*54,38*
62	648,81	M_{1500}	—	—	—	**41392**	**38148**	—	**34904**	—	**31660**
	0,776	M_{1200}	**42846**	**39602**	**36358**	**33114**	**30518**	**29870**	**27923**	**26626**	**25328**
	0,970	f_e	63,65	58,80	53,94	49,10	45,22	44,25	41,34	39,40	37,46
		z	*56,10*	*56,13*	*56,16*	*56,20*	*56,24*	*56,25*	*56,29*	*56,31*	*56,34*
64	674,44	M_{1500}	—	—	—	**43278**	**39905**	—	**36533**	—	**33161**
	0,779	M_{1200}	**44739**	**41366**	**37994**	**34622**	**31924**	**31250**	**29226**	**27878**	**26529**
	0,973	f_e	64,20	59,33	54,46	49,60	45,70	44,73	41,81	39,86	37,92
		z	*58,08*	*58,10*	*58,13*	*58,17*	*58,21*	*58,22*	*58,25*	*58,28*	*58,30*
			← $x > d$								

Plattenbalken

und 1200 kg/cm²

Tafel 50

$d = 13$ cm

Δf_{e1500} bzw. Δf_{e1200} = Differenz der Zugbewehrung bei Änderung von σ_b um 1 kg/cm² für $\sigma_e = 1500$ bzw. $\sigma_e = 1200$ kg/cm² (gültig nur wenn $x > d$);
d = Druckplattendicke in cm;
h = Nutzhöhe in cm; x = Nullinienabstand;
z = Abstand des Druckmittelpunktes vom Zugmittelpunkt in cm.

$h = 46$—64 cm

σ_b									σ_e	h
55 44	**50** **40**	45 36	**40** 32	35 28	30 24	25 20	20 16	15 12	**1500** **1200**	
0,355 h	0,333 h	0,310 h	0,286 h	0,259 h	0,231 h	0,200 h	0,167 h	0,130 h	x	cm
→				← $x \leq d$ →						
17613	**15388**	**13163**	**10939**	**8771**	**6761**	**4937**	**3331**	**1980**	M_{1500}	**46**
14090	**12310**	**10531**	**8751**	**7017**	**5409**	**3950**	**2665**	**1584**	M_{1200}	
28,68	24,96	21,24	17,52	13,91	10,62	7,67	5,11	3,00	f_e	
40,93	*41,09*	*41,31*	*41,62*	*42,02*	*42,46*	*42,93*	*43,44*	*44,00*	z	
18940	**16589**	**14237**	**11886**	**9550**	**7362**	**5376**	**3627**	**2156**	M_{1500}	**48**
15152	**13271**	**11390**	**9509**	**7640**	**5890**	**4301**	**2901**	**1725**	M_{1200}	
29,48	25,73	21,98	18,24	14,52	11,08	8,00	5,33	3,13	f_e	
42,84	*42,98*	*43,18*	*43,45*	*43,85*	*44,31*	*44,80*	*45,33*	*45,91*	z	
20275	**17797**	**15319**	**12841**	**10362**	**7988**	**5833**	**3935**	**2339**	M_{1500}	**50**
16220	**14238**	**12255**	**10272**	**8290**	**6391**	**4667**	**3148**	**1871**	M_{1200}	
30,20	26,43	22,66	18,89	15,12	11,54	8,33	5,56	3,26	f_e	
44,75	*44,89*	*45,06*	*45,31*	*45,68*	*46,15*	*46,67*	*47,22*	*47,83*	z	
21618	**19013**	**16407**	**13802**	**11196**	**8640**	**6309**	**4256**	**2530**	M_{1500}	**52**
17294	**15210**	**13126**	**11041**	**8957**	**6912**	**5047**	**3405**	**2024**	M_{1200}	
30,88	27,08	23,29	19,50	15,71	12,00	8,67	5,78	3,39	f_e	
46,68	*46,80*	*46,96*	*47,19*	*47,52*	*48,00*	*48,53*	*49,11*	*49,74*	z	
22967	**20234**	**17501**	**14769**	**12036**	**9317**	**6804**	**4590**	**2729**	M_{1500}	**54**
18374	**16187**	**14001**	**11815**	**9629**	**7454**	**5443**	**3672**	**2183**	M_{1200}	
31,50	27,69	23,87	20,06	16,25	12,46	9,00	6,00	3,52	f_e	
48,61	*48,72*	*48,87*	*49,08*	*49,38*	*49,85*	*50,40*	*51,00*	*51,65*	z	
24322	**21462**	**18601**	**15741**	**12880**	**10020**	**7317**	**4936**	**2934**	M_{1500}	**56**
19458	**17169**	**14881**	**12593**	**10304**	**8016**	**5854**	**3949**	**2348**	M_{1200}	
32,07	28,24	24,41	20,58	16,75	12,92	9,33	6,22	3,65	f_e	
50,55	*50,66*	*50,79*	*50,98*	*51,26*	*51,69*	*52,27*	*52,89*	*53,57*	z	
25682	**22694**	**19706**	**16718**	**13730**	**10741**	**7849**	**5295**	**3148**	M_{1500}	**58**
20546	**18155**	**15765**	**13374**	**10984**	**8593**	**6279**	**4236**	**2518**	M_{1200}	
32,61	28,76	24,92	21,07	17,22	13,37	9,67	6,44	3,78	f_e	
52,50	*52,60*	*52,72*	*52,90*	*53,15*	*53,55*	*54,13*	*54,78*	*55,48*	z	
27047	**23931**	**20815**	**17699**	**14583**	**11467**	**8400**	**5667**	**3369**	M_{1500}	**60**
21637	**19145**	**16652**	**14159**	**11666**	**9173**	**6720**	**4533**	**2695**	M_{1200}	
33,11	29,25	25,39	21,52	17,66	13,79	10,00	6,67	3,91	f_e	
54,45	*54,54*	*54,66*	*54,82*	*55,06*	*55,42*	*56,00*	*56,67*	*57,39*	z	
28416	**25172**	**21928**	**18684**	**15440**	**12196**	**8969**	**6051**	**3597**	M_{1500}	**62**
22733	**20137**	**17542**	**14947**	**12352**	**9756**	**7175**	**4841**	**2878**	M_{1200}	
33,58	29,70	25,83	21,95	18,07	14,19	10,33	6,89	4,04	f_e	
56,41	*56,49*	*56,61*	*56,76*	*56,97*	*57,30*	*57,87*	*58,56*	*59,30*	z	
29789	**26416**	**23044**	**19672**	**16300**	**12928**	**9557**	**6447**	**3833**	M_{1500}	**64**
23831	**21133**	**18435**	**15738**	**13040**	**10342**	**7646**	**5158**	**3066**	M_{1200}	
34,02	30,13	26,24	22,34	18,45	14,56	10,67	7,11	4,17	f_e	
58,37	*58,45*	*58,55*	*58,70*	*58,90*	*59,20*	*59,73*	*60,44*	*61,22*	z	
→						← $x \leq d$ →				

$d = 13$ cm bei $\sigma_e = 1500$

M_{1500} = Moment in kgm auf 1 m Druckplattenbreite bei $\sigma_e = 1500$ kg/cm² } ohne Berück-
M_{1200} = Moment in kgm auf 1 m Druckplattenbreite bei $\sigma_e = 1200$ kg/cm² } sichtigung der
f_e = Zugeisenquerschnitt in cm² auf 1 m Druckplattenbreite } Spannungen
z = Abstand des Druckmittelpunktes vom Zugmittelpunkt in cm } im Steg;
ΔM = Momentendifferenz bei Änderung von σ_b um 1 kg/cm² (gültig nur wenn $x > d$);
Δf_{e1500} bzw. Δf_{e1200} = Differenz der Zugbewehrung bei Änderung von σ_b um 1 kg/cm² für $\sigma_e = 1500$ bzw. $\sigma_e = 1200$ kg/cm² (gültig nur wenn $x > d$);
Gesamtmoment bei Berücksichtigung der Spannungen im Steg: $M = b \cdot M_{\text{Platte}} + b_0 \cdot M_{\text{Steg}}$,

$h = 66$—80 cm Zugeisenquerschnitt bei Berücksichtigung der

h	ΔM / Δf_{e1500} / Δf_{e1200}	σ_e	σ_b								
	ΔM	1500	—	—	—	75	70	—	65	—	60
	Δf_{e1500}	1200	75	70	65	60	56	55	52	50	48
cm	Δf_{e1200}	x	$0{,}484h$	$0{,}467h$	$0{,}448h$	$0{,}429h$	$0{,}412h$	$0{,}407h$	$0{,}394h$	$0{,}385h$	$0{,}375h$
			← $x > d$								
66	700,10	M_{1500}	—	—	—	**45167**	**41666**	—	**38166**	—	**34665**
	0,781	M_{1200}	**46635**	**43134**	**39634**	**36133**	**33333**	**32633**	**30533**	**29132**	**27732**
	0,977	f_e	64,71	59,83	54,95	50,06	46,16	45,18	42,25	40,30	38,34
		z	*60,05*	*60,08*	*60,11*	*60,15*	*60,18*	*60,19*	*60,22*	*60,25*	*60,27*
68	725,77	M_{1500}	—	—	—	**47060**	**43431**	—	**39802**	—	**36173**
	0,784	M_{1200}	**48534**	**44905**	**41277**	**37648**	**34745**	**34019**	**31842**	**30390**	**28939**
	0,980	f_e	65,20	60,30	55,40	50,50	46,58	45,60	42,66	40,70	38,75
		z	*62,03*	*62,06*	*62,09*	*62,12*	*62,16*	*62,16*	*62,19*	*62,22*	*62,24*
70	751,46	M_{1500}	—	—	—	**48956**	**45199**	—	**41441**	—	**37684**
	0,786	M_{1200}	**50437**	**46679**	**42922**	**39165**	**36159**	**35407**	**33153**	**31650**	**30147**
	0,983	f_e	65,66	60,74	55,83	50,92	46,99	46,00	43,05	41,09	39,12
		z	*64,01*	*64,04*	*64,07*	*64,10*	*64,13*	*64,14*	*64,17*	*64,19*	*64,21*
72	777,17	M_{1500}	—	—	—	**50856**	**46969**	—	**43083**	—	**39197**
	0,788	M_{1200}	**52342**	**48456**	**44570**	**40684**	**37575**	**36798**	**34467**	**32912**	**31358**
	0,986	f_e	66,09	61,16	56,24	51,31	47,37	46,38	43,42	41,45	39,48
		z	*66,00*	*66,02*	*66,05*	*66,08*	*66,11*	*66,12*	*66,14*	*66,16*	*66,19*
74	802,90	M_{1500}	—	—	—	**52757**	**48742**	—	**44728**	—	**40713**
	0,791	M_{1200}	**54249**	**50234**	**46220**	**42206**	**38994**	**39191**	**35782**	**34177**	**32571**
	0,988	f_e	66,50	61,56	56,62	51,68	47,73	46,74	43,77	41,80	39,82
		z	*67,98*	*68,00*	*68,03*	*68,06*	*68,09*	*68,10*	*68,12*	*68,14*	*68,16*
76	828,64	M_{1500}	—	—	—	**54661**	**50518**	—	**46375**	—	**42232**
	0,793	M_{1200}	**56159**	**52015**	**47872**	**43729**	**40414**	**39586**	**37100**	**35443**	**33785**
	0,991	f_e	66,89	61,94	56,98	52,03	48,07	47,08	44,10	42,12	40,14
		z	*69,97*	*69,99*	*70,01*	*70,04*	*70,07*	*70,08*	*70,10*	*70,12*	*70,14*
78		M_{1500}	—	—	—	**56568**	**52296**	—	**48024**	—	**43752**
	854,39	M_{1200}	**58070**	**53798**	**49526**	**45254**	**41837**	**40983**	**38419**	**36711**	**35002**
	0,794	f_e	67,26	62,29	57,33	52,36	48,39	47,40	44,42	42,43	40,44
	0,993	z	*71,95*	*71,97*	*71,99*	*72,02*	*72,05*	*72,06*	*72,08*	*72,10*	*72,12*
		Steg M_{1500}	—	—	—	**27242**	**23351**	—	**19641**	—	**16137**
		Steg M_{1200}	**34519**	**30116**	**25866**	**21794**	**18680**	**17924**	**15713**	**14289**	**12917**
		Steg f_e	50,69	43,88	37,37	31,21	26,55	25,43	22,16	20,07	18,06
80		M_{1500}	—	—	—	**58477**	**54076**	—	**49675**	—	**45275**
	880,15	M_{1200}	**59984**	**55583**	**51182**	**46782**	**43261**	**42381**	**39740**	**37980**	**36220**
	0,796	f_e	67,61	62,63	57,65	52,68	48,70	47,70	44,71	42,72	40,73
	0,995	z	*73,94*	*73,96*	*73,98*	*74,01*	*74,03*	*74,04*	*74,06*	*74,08*	*74,10*
		Steg M_{1500}	—	—	—	**29686**	**25500**	—	**21504**	—	**17725**
		Steg M_{1200}	**37415**	**32690**	**28126**	**23749**	**20399**	**19585**	**17203**	**15669**	**14180**
		Steg f_e	53,36	46,26	39,47	33,04	28,17	26,99	23,57	21,38	19,27
			← $x > d$								

Plattenbalken

Tafel 51

und 1200 kg/cm²

$d = 13$ cm

Steg { M_{1500} = durch je 1 m Breite des Steges aufnehmb. Moment in kgm bei $\sigma_e = 1500$ kg/cm²;
M_{1200} = durch je 1 m Breite des Steges aufnehmb. Moment in kgm bei $\sigma_e = 1200$ kg/cm²;
f_e = Zugeisenquerschnitt in cm² entspr. den Druckspannungen im Steg je 1 m Breite;
d = Druckplattendicke in cm;
h = Nutzhöhe in cm;
x = Nullinienabstand.

worin b = Druckplattenbreite in m und b_0 = Stegbreite in m bedeuten.
Spannungen im Steg: $F_e = b \cdot f_{e\,\text{Platte}} + b_0 \cdot f_{e\,\text{Steg}}$.

$h = 66$—80 cm

σ_b									σ_e	h
55 44	**50** **40**	45 36	**40** 32	35 28	30 24	25 20	20 16	15 12	**1500** **1200**	
0,355 h	0,333 h	0,310 h	0,286 h	0,259 h	0,231 h	0,200 h	0,167 h	0,130 h	x	cm
→						→	← $x \leqq d$ →			
31165	**27664**	**24164**	**20663**	**17163**	**13662**	**10162**	**6857**	**4076**	M_{1500}	**66**
24932	**22132**	**19331**	**16531**	**13730**	**10930**	**8130**	**5485**	**3261**	M_{1200}	
34,44	30,53	26,62	22,72	18,81	14,90	11,00	7,33	4,30	f_e	
60,33	*60,41*	*60,50*	*60,64*	*60,83*	*61,11*	*61,60*	*62,33*	*63,13*	z	
32544	**28915**	**25287**	**21658**	**18029**	**14400**	**10771**	**7279**	**4327**	M_{1500}	**68**
26035	**23132**	**20229**	**17326**	**14423**	**11520**	**8617**	**5823**	**3461**	M_{1200}	
34,83	30,91	26,99	23,07	19,15	15,23	11,31	7,56	4,43	f_e	
62,30	*62,37*	*62,46*	*62,59*	*62,77*	*63,03*	*63,48*	*64,22*	*65,04*	z	
33927	**30169**	**26412**	**22655**	**18897**	**15140**	**11383**	**7713**	**4585**	M_{1500}	**70**
27141	**24135**	**21130**	**18124**	**15118**	**12112**	**9106**	**6170**	**3668**	M_{1200}	
35,19	31,26	27,33	23,40	19,47	15,54	11,61	7,78	4,57	f_e	
64,27	*64,34*	*64,43*	*64,54*	*64,71*	*64,96*	*64,38*	*66,11*	*66,96*	z	
35312	**31426**	**27540**	**23654**	**19768**	**15882**	**11996**	**8160**	**4851**	M_{1500}	**72**
28249	**25141**	**22032**	**18923**	**15814**	**12706**	**9597**	**6528**	**3881**	M_{1200}	
35,54	31,60	27,66	23,71	19,77	15,83	11,89	8,00	4,70	f_e	
66,24	*66,30*	*66,39*	*66,50*	*66,66*	*66,89*	*67,28*	*68,00*	*68,87*	z	
36699	**32684**	**28670**	**24655**	**20641**	**16627**	**12612**	**8620**	**5124**	M_{1500}	**74**
29359	**26148**	**22936**	**19724**	**16513**	**13301**	**10090**	**6896**	**4099**	M_{1200}	
35,87	31,91	27,96	24,01	20,06	16,10	12,15	8,22	4,83	f_e	
68,21	*68,28*	*68,36*	*68,46*	*68,61*	*68,83*	*69,20*	*69,89*	*70,78*	z	
38089	**33945**	**29802**	**25659**	**21516**	**17373**	**13229**	**9092**	**5405**	M_{1500}	**76**
30471	**27156**	**23842**	**20527**	**17213**	**13898**	**10584**	**7273**	**4324**	M_{1200}	
36,18	32,21	28,25	24,29	20,33	16,36	12,40	8,44	4,96	f_e	
70,19	*70,25*	*70,32*	*70,43*	*70,57*	*70,78*	*71,12*	*71,78*	*72,70*	z	
39480	**35208**	**30936**	**26664**	**22393**	**18121**	**13849**	**9577**	**5693**	M_{1500}	**78**
31584	**28167**	**24749**	**21332**	**17914**	**14496**	**11079**	**7661**	**4554**	M_{1200}	
36,47	32,50	28,53	24,56	20,58	16,61	12,64	8,67	5,09	f_e	
72,17	*72,22*	*72,30*	*72,39*	*72,53*	*72,72*	*73,05*	*73,67*	*74,61*	z	
12866	**9859**	**7152**	**4791**	**2826**	—	—	—	—	Steg M_{1500}	
10293	**7886**	**5722**	**3832**	**2260**	—	—	—	—	Steg M_{1200}	
14,27	10,83	7,78	5,16	3,01	—	—	—	—	Steg f_e	
40874	**36473**	**32072**	**27672**	**23271**	**18870**	**14469**	**10069**	**5989**	M_{1500}	**80**
32699	**29179**	**25658**	**22137**	**18617**	**15096**	**11575**	**8055**	**4791**	M_{1200}	
36,75	32,77	28,79	24,81	20,83	16,85	12,86	8,88	5,22	f_e	
74,14	*74,20*	*74,27*	*74,36*	*74,49*	*74,68*	*74,98*	*75,56*	*76,52*	z	
14191	**10934**	**7995**	**5416**	**3257**	—	—	—	—	Steg M_{1500}	
11353	**8748**	**6395**	**4334**	**2605**	—	—	—	—	Steg M_{1200}	
15,29	11,67	8,45	5,67	3,37	—	—	—	—	Steg f_e	
→							→	← $x \leqq d$ →		

Tafel 52 **Tafel für**

$d = 13$ cm bei $\sigma_e = 1500$

M_{1500} = Moment in kgm auf 1 m Druckplattenbreite bei $\sigma_e = 1500$ kg/cm² ⎫ ohne Berück-
M_{1200} = Moment in kgm auf 1 m Druckplattenbreite bei $\sigma_e = 1200$ kg/cm² ⎬ sichtigung der
f_e = Zugeisenquerschnitt in cm² auf 1 m Druckplattenbreite ⎪ Spannungen
z = Abstand des Druckmittelpunktes vom Zugmittelpunkt in cm ⎭ im Steg;
ΔM = Momentendifferenz bei Änderung von σ_b um 1 kg/cm² (gültig nur wenn $x > d$);
Δf_{e1500} bzw. Δf_{e1200} = Differenz der Zugbewehrung bei Änderung von σ_b um 1 kg/cm² für $\sigma_e = 1500$ bzw. $\sigma_e = 1200$ kg/cm² (gültig nur wenn $x > d$);

Gesamtmoment bei Berücksichtigung der Spannungen im Steg: $M = b \cdot M_{\text{Platte}} + b_0 \cdot M_{\text{Steg}}$,

$h = 82$—92 cm Zugeisenquerschnitt bei Berücksichtigung der

h	ΔM / $\Delta f_{e\,1500}$ / $\Delta f_{e\,1200}$	σ_e: 1500 / 1200	σ_b								
		1500	—	—	—	75	70	—	65	—	60
		1200	75	70	65	60	56	55	52	50	48
cm		x	$0{,}484\,h$	$0{,}467\,h$	$0{,}448\,h$	$0{,}429\,h$	$0{,}412\,h$	$0{,}407\,h$	$0{,}394\,h$	$0{,}385\,h$	$0{,}375\,h$
			←								$x > d$
82	**905,93**	M_{1500}	—	—	—	**60388**	**55858**	—	**51329**	—	**46799**
	0,798	M_{1200}	**61899**	**57370**	**52840**	**48310**	**44687**	**43781**	**41063**	**39251**	**37439**
	0,997	f_e	67,94	62,95	57,96	52,98	48,99	47,99	45,00	43,00	41,01
		z	*75,92*	*75,94*	*75,97*	*75,99*	*76,02*	*76,02*	*76,05*	*76,06*	*76,08*
		Steg M_{1500}	—	—	—	**32239**	**27746**	—	**23455**	—	**19390**
		Steg M_{1200}	**40430**	**35371**	**30484**	**25791**	**22196**	**21323**	**18764**	**17114**	**15513**
		Steg f_e	56,05	48,66	41,59	34,88	29,80	28,57	24,99	22,70	20,49
84	**931,72**	M_{1500}	—	—	—	**62301**	**57642**	—	**52984**	—	**48325**
	0,800	M_{1200}	**63816**	**59158**	**54499**	**49841**	**46114**	**45182**	**42387**	**40523**	**38660**
	1,000	f_e	68,26	63,26	58,26	53,26	49,27	48,27	45,27	43,27	41,27
		z	*77,91*	*77,93*	*77,95*	*77,98*	*78,00*	*78,01*	*78,03*	*78,05*	*78,06*
		Steg M_{1500}	—	—	—	**34899**	**30090**	—	**25492**	—	**21133**
		Steg M_{1200}	**43566**	**38163**	**32939**	**27919**	**24072**	**23136**	**20394**	**18625**	**16906**
		Steg f_e	58,76	51,07	43,72	36,74	31,44	30,16	26,43	24,04	21,73
86	**957,52**	M_{1500}	—	—	—	**64215**	**59428**	—	**54640**	—	**49852**
	0,801	M_{1200}	**65735**	**60947**	**56160**	**51372**	**47542**	**46585**	**43712**	**41797**	**39882**
	1,001	f_e	68,56	63,55	58,54	53,54	49,53	48,53	45,53	43,52	41,52
		z	*79,90*	*79,92*	*79,94*	*79,96*	*79,99*	*79,99*	*80,01*	*80,03*	*80,05*
		Steg M_{1500}	—	—	—	**37668**	**32531**	—	**27617**	—	**22952**
		Steg M_{1200}	**46821**	**41063**	**35491**	**30135**	**26026**	**25025**	**22094**	**20201**	**18362**
		Steg f_e	61,48	53,50	45,87	38,61	33,10	31,76	27,88	25,39	22,98
88	**983,32**	M_{1500}	—	—	—	**66131**	**61215**	—	**56298**	—	**51382**
	0,803	M_{1200}	**67655**	**62738**	**57822**	**52905**	**48972**	**47989**	**45039**	**43072**	**41105**
	1,003	f_e	68,85	63,83	58,81	53,80	49,78	48,78	45,77	43,76	41,76
		z	*81,89*	*81,91*	*81,93*	*81,95*	*81,97*	*81,98*	*82,00*	*82,02*	*82,03*
		Steg M_{1500}	—	—	—	**40546**	**35071**	—	**29829**	—	**24848**
		Steg M_{1200}	**50197**	**44072**	**38142**	**32437**	**28057**	**26991**	**23863**	**21843**	**18879**
		Steg f_e	64,22	55,95	48,03	40,49	34,76	33,38	29,34	26,75	24,24
90	**1009,14**	M_{1500}	—	—	—	**68049**	**63003**	—	**57958**	—	**52912**
	0,804	M_{1200}	**69576**	**64531**	**59485**	**54439**	**50403**	**49393**	**46366**	**44348**	**42330**
	1,005	f_e	69,12	64,10	59,07	54,05	50,03	49,02	46,01	44,00	41,99
		z	*83,88*	*83,90*	*83,92*	*83,94*	*83,96*	*83,97*	*83,99*	*84,00*	*84,02*
		Steg M_{1500}	—	—	—	**43533**	**37710**	—	**32129**	—	**26822**
		Steg M_{1200}	**53694**	**47189**	**40890**	**34826**	**30167**	**29032**	**25703**	**23542**	**21458**
		Steg f_e	66,97	58,40	50,20	42,38	36,44	35,01	30,81	28,12	25,51
92	**1034,96**	M_{1500}	—	—	—	**69968**	**64793**	—	**59618**	—	**54444**
	0,805	M_{1200}	**71499**	**66324**	**61149**	**55974**	**51835**	**50800**	**47695**	**45625**	**43555**
	1,007	f_e	69,39	64,35	59,32	54,28	50,26	49,25	46,23	44,22	42,20
		z	*85,87*	*85,89*	*85,91*	*85,93*	*85,95*	*85,95*	*85,97*	*85,99*	*86,00*
		Steg M_{1500}	—	—	—	**46628**	**40447**	—	**34517**	—	**28874**
		Steg M_{1200}	**57311**	**50416**	**43737**	**37303**	**32356**	**31151**	**27613**	**25326**	**23099**
		Steg f_e	69,73	60,87	52,38	44,29	38,14	36,64	32,30	29,50	26,80
			←								$x > d$

Plattenbalken

und 1200 kg/cm² $d = 13$ cm

Steg $\begin{cases} M_{1500} = \text{durch je 1 m Breite des Steges aufnehmb. Moment in kgm bei } \sigma_e = 1500\ \text{kg/cm}^2; \\ M_{1200} = \text{durch je 1 m Breite des Steges aufnehmb. Moment in kgm bei } \sigma_e = 1200\ \text{kg/cm}^2; \\ f_e = \text{Zugeisenquerschnitt in cm}^2 \text{ entspr. den Druckspannungen im Steg je 1 m Breite;} \end{cases}$

d = Druckplattendicke in cm;
h = Nutzhöhe in cm;
x = Nullinienabstand.

worin b = Druckplattenbreite in m und b_0 = Stegbreite in m bedeuten.
Spannungen im Steg: $F_e = b \cdot f_{e\,\text{Platte}} + b_0 \cdot f_{e\,\text{Steg}}$. h = 82—92 cm

σ_b									σ_e	h
55 44	50 40	45 36	40 32	35 28	30 24	25 20	20 16	15 12	1500 1200	
0,355 h	0,333 h	0,310 h	0,286 h	0,259 h	0,231 h	0,200 h	0,167 h	0,130 h	x	cm
								←$x \leqq d$→		
42269	37740	33210	28680	24151	19621	15091	10562	6292	M_{1500}	82
33815	30192	26568	22944	19321	15697	12073	8449	5033	M_{1200}	
37,02	33,03	29,04	25,05	21,06	17,07	13,08	9,09	5,35	f_e	
76,12	76,18	76,24	76,33	76,45	76,63	76,92	77,47	78,43	z	
15584	12067	8885	6084	3720	—	—	—	—	Steg M_{1500}	
12467	9654	7108	4867	2976	—	—	—	—	Steg M_{1200}	
16,33	12,53	9,13	6,19	3,74	—	—	—	—	Steg f_e	
43666	39008	34349	29691	25032	20373	15715	11056	6602	M_{1500}	84
34933	31206	27479	23752	20026	16299	12572	8845	5282	M_{1200}	
37,27	33,27	29,28	25,28	21,28	17,28	13,28	9,29	5,48	f_e	
78,10	78,16	78,22	78,30	78,42	78,59	78,87	79,38	80,35	z	
17043	13259	9824	6789	4215	2173	—	—	—	Steg M_{1500}	
13634	10607	7860	5432	3371	1738	—	—	—	Steg M_{1200}	
17,37	13,39	9,83	6,72	4,13	2,10	—	—	—	Steg f_e	
45065	40277	35490	30702	25915	21127	16339	11552	6921	M_{1500}	86
36052	32222	28392	24562	20732	16902	13072	9241	5537	M_{1200}	
37,51	33,51	29,50	25,50	21,49	17,48	13,48	9,47	5,61	f_e	
80,09	80,14	80,20	80,28	80,39	80,56	80,82	81,30	82,26	z	
18569	14508	10812	7536	4741	2505	—	—	—	Steg M_{1500}	
14855	11606	8650	6028	3793	2004	—	—	—	Steg M_{1200}	
18,43	14,27	10,53	7,27	4,52	2,36	—	—	—	Steg f_e	
46465	41548	36632	31715	26798	21882	16965	12049	7246	M_{1500}	88
37172	33239	29305	25372	21439	17505	13572	9639	5797	M_{1200}	
37,74	33,73	29,72	25,71	21,69	17,68	13,66	9,65	5,74	f_e	
82,07	82,12	82,18	82,26	82,36	82,52	82,77	83,22	84,17	z	
20163	15815	11849	8322	5300	2892	—	—	—	Steg M_{1500}	
16131	12651	9479	6658	4240	2290	—	—	—	Steg M_{1200}	
19,50	15,16	11,25	7,82	4,93	2,63	—	—	—	Steg f_e	
47866	42821	37775	32729	27684	22638	17592	12546	7579	M_{1500}	90
38293	34256	30220	26183	22147	18110	14074	10037	6064	M_{1200}	
37,96	33,94	29,92	25,90	21,88	17,86	13,84	9,82	5,87	f_e	
84,05	84,10	84,16	84,23	84,34	84,49	84,72	85,16	86,09	z	
21825	17179	12934	9149	5891	3244	—	—	—	Steg M_{1500}	
17460	13474	10347	7319	4712	2595	—	—	—	Steg M_{1200}	
20,58	16,06	11,97	8,38	5,34	2,91	—	—	—	Steg f_e	
49269	44094	38919	33744	28570	23395	18220	13045	7920	M_{1500}	92
39415	35275	31135	26996	22856	18716	14576	10436	6336	M_{1200}	
38,18	34,15	30,12	26,09	22,07	18,04	14,01	9,99	6,00	f_e	
86,04	86,08	86,14	86,21	86,31	86,46	86,68	87,09	88,00	z	
23554	18602	14669	10015	6513	3650	—	—	—	Steg M_{1500}	
18874	14882	11255	8012	5210	2920	—	—	—	Steg M_{1200}	
21,67	16,96	12,71	8,95	5,76	3,19	—	—	—	Steg f_e	
								←$x \leqq d$→		

Tafel 53

$d = 13$ cm

Tafel für

bei $\sigma_e = 1500$

M_{1500} = Moment in kgm auf 1 m Druckplattenbreite bei $\sigma_e = 1500$ kg/cm² } ohne Berück-
M_{1200} = Moment in kgm auf 1 m Druckplattenbreite bei $\sigma_e = 1200$ kg/cm² } sichtigung der
f_e = Zugeisenquerschnitt in cm² auf 1 m Druckplattenbreite } Spannungen
z = Abstand des Druckmittelpunktes vom Zugmittelpunkt in cm } im Steg;
ΔM = Momentendifferenz bei Änderung von σ_b um 1 kg/cm² (gültig nur wenn $x > d$);
Δf_{e1500} bzw. Δf_{e1200} = Differenz der Zugbewehrung bei Änderung von σ_b um 1 kg/cm² für $\sigma_e = 1500$ bzw. $\sigma_e = 1200$ kg/cm² (gültig nur wenn $x > d$);
Gesamtmoment bei Berücksichtigung der Spannungen im Steg: $M = b \cdot M_{\text{Platte}} + b_0 \cdot M_{\text{Steg}}$,
Zugeisenquerschnitt bei Berücksichtigung der

$h = 94$—110 cm

h	ΔM Δf_{e1500} Δf_{e1200}	σ_e	σ_b								
		1500	—	—	—	75	70	—	65	—	60
		1200	75	70	65	60	56	55	52	50	48
cm		x	0,484 h	0,467 h	0,448 h	0,429 h	0,412 h	0,407 h	0,394 h	0,385 h	0,375 h
			←								$x > d$
		M_{1500}	—	—	—	71888	66584	—	61280	—	55977
	1060,79	M_{1200}	**73423**	**68119**	**62815**	**57511**	**53268**	**52207**	**49024**	**46903**	**44781**
94	0,807	f_e	69,64	64,60	59,55	54,51	50,48	49,47	46,45	44,43	42,41
	1,008	z	*87,86*	*87,88*	*87,90*	*87,92*	*87,94*	*87,94*	*87,96*	*87,97*	*87,99*
		Steg M_{1500}	—	—	—	49832	43280	—	36992	—	31002
		Steg M_{1200}	61048	53752	46681	39865	34623	33345	29594	27166	24803
		Steg f_e	72,50	63,35	54,57	46,20	39,84	38,29	33,79	30,89	28,09
		M_{1500}	—	—	—	73810	68377	—	62944	—	57511
	1086,63	M_{1200}	**75347**	**69914**	**64481**	**59048**	**54701**	**53615**	**50355**	**48182**	**46008**
96	0,808	f_e	69,88	64,83	59,78	54,73	50,69	49,68	46,65	44,63	42,61
	1,010	z	*89,85*	*89,87*	*89,89*	*89,91*	*89,93*	*89,93*	*89,95*	*89,96*	*89,98*
		Steg M_{1500}	—	—	—	53145	46212	—	39555	—	33209
		Steg M_{1200}	64906	57199	49724	42524	36970	35614	31644	29072	26568
		Steg f_e	75,28	65,84	56,77	48,13	41,54	39,95	35,29	32,29	29,39
		M_{1500}	—	—	—	75733	70170	—	64608	—	59046
	1112,47	M_{1200}	**77273**	**71711**	**66149**	**60586**	**56136**	**55024**	**51686**	**49461**	**47237**
98	0,809	f_e	70,11	65,06	60,00	54,94	50,89	49,88	46,85	44,83	42,80
	1,011	z	*91,84*	*91,86*	*91,88*	*91,90*	*91,92*	*91,92*	*91,94*	*91,95*	*91,97*
		Steg M_{1500}	—	—	—	56567	49243	—	42206	—	35493
		Steg M_{1200}	68885	60753	52864	45254	39394	37964	33765	31046	28395
		Steg f_e	78,07	68,33	58,98	50,06	43,26	41,61	36,80	33,70	30,70
		M_{1500}	—	—	—	77657	71965	—	66273	—	60582
	1138,32	M_{1200}	**79200**	**73508**	**67817**	**62125**	**57572**	**56434**	**53019**	**50742**	**48465**
100	0,810	f_e	70,34	65,27	60,21	55,14	51,09	50,08	47,04	45,01	42,99
	1,013	z	*93,84*	*93,85*	*93,87*	*93,89*	*93,91*	*93,91*	*93,93*	*93,94*	*93,95*
		Steg M_{1500}	—	—	—	60098	52372	—	44945	—	37856
		Steg M_{1200}	72985	64418	56103	48079	41897	40388	35956	33084	30285
		Steg f_e	80,87	70,84	61,20	52,00	44,99	43,29	38,32	35,12	32,01
		M_{1500}	—	—	—	82471	76446	—	70441	—	64426
	1202,97	M_{1200}	**84021**	**78006**	**71991**	**65976**	**61165**	**59962**	**56353**	**53947**	**51541**
105	0,813	f_e	70,86	65,77	60,69	55,61	51,55	50,53	47,48	45,45	43,426
	1,016	z	*92,82*	*98,83*	*98,85*	*98,87*	*98,88*	*98,89*	*98,90*	*98,92*	*98,93*
		Steg M_{1500}	—	—	—	69404	60625	—	52177	—	44101
		Steg M_{1200}	83763	74057	64630	55524	48500	46785	41742	38472	35281
		Steg f_e	87,92	77,14	66,79	56,89	49,34	47,50	42,14	38,69	35,33
		M_{1500}	—	—	—	87290	80952	—	74614	—	68275
	1267,66	M_{1200}	**88847**	**82509**	**76170**	**69832**	**64761**	**63494**	**59691**	**57155**	**54620**
110	0,815	f_e	71,33	66,23	61,13	56,04	51,96	50,54	47,88	45,84	43,81
	1,019	z	*103,80*	*103,81*	*103,83*	*103,85*	*103,86*	*103,87*	*103,88*	*103,89*	*103,91*
		Steg M_{1500}	—	—	—	79394	69496	—	63961	—	50834
		Steg M_{1200}	95297	84381	73773	69515	55597	53661	47968	44275	40268
		Steg f_e	95,00	83,49	72,41	61,82	53,73	51,76	46,01	42,30	38,69
			←								$x > d$

und 1200 kg/cm² $d = 13$ cm

Steg $\begin{cases} M_{1500} \\ M_{1200} \\ f_e \end{cases}$ M_{1500} = durch je 1 m Breite des Steges aufnehmb. Moment in kgm bei $\sigma_e = 1500$ kg/cm²;
M_{1200} = durch je 1 m Breite des Steges aufnehmb. Moment in kgm bei $\sigma_e = 1200$ kg/cm²;
f_e = Zugeisenquerschnitt in cm² entspr. den Druckspannungen im Steg je 1 m Breite;
d = Druckplattendicke in cm;
h = Nutzhöhe in cm;
x = Nullinienabstand.

worin b = Druckplattenbreite in m und b_0 = Stegbreite in m bedeuten.
Spannungen im Steg: $F_e = b \cdot f_{e\,\text{Platte}} + b_0 \cdot f_{e\,\text{Steg}}$. $h = 94$—110 cm

σ_b									σ_e	
55 44	**50** **40**	45 36	**40** 32	35 28	30 24	25 20	20 16	15 12	**1500** **1200**	h
0,355 h	0,333 h	0,310 h	0,286 h	0,259 h	0,231 h	0,200 h	0,167 h	0,130 h	x	cm
								$\leftarrow x \leq d \rightarrow$		
50673	**45369**	**40065**	**34761**	**29457**	**24153**	**18849**	**13545**	**8268**	M_{1500}	
40538	**36295**	**32052**	**27809**	**23565**	**19322**	**15079**	**10836**	**6614**	M_{1200}	
38,38	34,34	30,31	26,28	22,24	18,21	14,18	10,14	6,13	f_e	
88,02	*88,07*	*88,12*	*88,19*	*88,29*	*88,43*	*88,65*	*89,04*	*89,91*	z	**94**
25351	**20083**	**15252**	**10922**	**7168**	**4080**	—	—	—	Steg M_{1500}	
20581	**16066**	**12202**	**8737**	**5735**	**3265**	—	—	—	Steg M_{1200}	
22,77	17,88	13,45	9,53	6,19	3,48	—	—	—	Steg f_e	
52077	**46644**	**41211**	**35778**	**30345**	**24912**	**19479**	**14045**	**8624**	M_{1500}	
41662	**37315**	**32969**	**28622**	**24276**	**19929**	**15583**	**11263**	**6899**	M_{1200}	
38,57	34,53	30,49	26,45	22,41	18,37	14,33	10,29	6,26	f_e	
90,01	*90,05*	*90,10*	*90,17*	*90,27*	*90,40*	*90,61*	*90,98*	*91,83*	z	**96**
27216	**21623**	**16485**	**11869**	**7855**	**4536**	**2025**	—	—	Steg M_{1500}	
21773	**17298**	**13188**	**9496**	**6284**	**3629**	**1620**	—	—	Steg M_{1200}	
23,88	18,80	14,20	10,12	6,63	3,78	1,67	—	—	Steg f_e	
53483	**47921**	**42359**	**36796**	**31234**	**25671**	**20109**	**14547**	**8987**	M_{1500}	
42787	**38337**	**33887**	**29437**	**24987**	**20537**	**16087**	**11637**	**7189**	M_{1200}	
38,76	34,71	30,67	26,62	22,57	18,53	14,48	10,44	6,39	f_e	
92,00	*92,04*	*92,09*	*92,16*	*92,24*	*92,37*	*92,58*	*92,93*	*93,74*	z	**98**
29149	**23220**	**17765**	**12857**	**8574**	**5016**	**2300**	—	—	Steg M_{1500}	
23318	**18576**	**14213**	**10286**	**6859**	**4013**	**1840**	—	—	Steg M_{1200}	
25,00	19,73	14,96	10,71	7,07	4,09	1,85	—	—	Steg f_e	
54890	**49199**	**43507**	**37815**	**32124**	**26432**	**20740**	**15049**	**9357**	M_{1500}	
43912	**39359**	**34806**	**30252**	**25699**	**21146**	**16592**	**12039**	**7486**	M_{1200}	
38,94	34,88	30,83	26,78	22,73	18,68	14,63	10,57	6,52	f_e	
93,99	*94,02*	*94,07*	*94,14*	*94,22*	*94,35*	*94,54*	*94,89*	*95,65*	z	**100**
31149	**24876**	**19097**	**13886**	**9325**	**5521**	**2593**	—	—	Steg M_{1500}	
24919	**19900**	**15278**	**11109**	**7461**	**4416**	**2075**	—	—	Steg M_{1200}	
26,12	20,67	15,72	11,32	7,52	4,40	2,04	—	—	Steg f_e	
58411	**52396**	**46381**	**40366**	**34352**	**28337**	**22322**	**16307**	**10292**	M_{1500}	
46729	**41917**	**37105**	**32293**	**27481**	**22669**	**17857**	**13046**	**8234**	M_{1200}	
39,35	35,29	31,22	27,16	23,09	19,03	14,96	10,90	6,83	f_e	
98,96	*98,99*	*99,04*	*99,10*	*99,18*	*99,29*	*99,47*	*99,78*	*100,46*	z	**105**
36447	**29271**	**22640**	**16634**	**11346**	**6891**	**3403**	—	—	Steg M_{1500}	
29157	**23416**	**18112**	**13307**	**9077**	**5513**	**2723**	—	—	Steg M_{1200}	
28,96	23,05	17,66	12,84	8,67	5,21	2,54	—	—	Steg f_e	
61937	**55599**	**49260**	**42922**	**36584**	**30245**	**23907**	**17569**	**11231**	M_{1500}	
49550	**44479**	**39408**	**34338**	**29267**	**24196**	**19126**	**14055**	**8985**	M_{1200}	
39,73	35,65	31,57	27,50	23,42	19,34	15,27	11,19	7,11	f_e	
103,93	*103,97*	*104,01*	*104,06*	*194,14*	*104,25*	*104,41*	*104,69*	*105,29*	z	**110**
42170	**34031**	**26491**	**19636**	**13570**	**8418**	**4326**	—	—	Steg M_{1500}	
33736	**27225**	**21193**	**15708**	**10856**	**6734**	**3461**	—	—	Steg M_{1200}	
31,83	25,46	19,63	14,41	9,85	6,04	3,07	—	—	Steg f_e	

$d = 13$ cm bei $\sigma_e = 1500$

M_{1500} = Moment in kgm auf 1 m Druckplattenbreite bei $\sigma_e = 1500$ kg/cm² ⎫ ohne Berück-
M_{1200} = Moment in kgm auf 1 m Druckplattenbreite bei $\sigma_e = 1200$ kg/cm² ⎬ sichtigung der
f_e = Zugeisenquerschnitt in cm² auf 1 m Druckplattenbreite ⎪ Spannungen
z = Abstand des Druckmittelpunktes vom Zugmittelpunkt in cm ⎭ im Steg;
ΔM = Momentendifferenz bei Änderung von σ_b um 1 kg/cm² (gültig nur wenn $x > d$);
$\Delta f_{e\,1500}$ bzw. $\Delta f_{e\,1200}$ = Differenz der Zugbewehrung bei Änderung von σ_b um 1 kg/cm² für $\sigma_e = 1500$ bzw. $\sigma_e = 1200$ kg/cm² (gültig nur wenn $x > d$);
Gesamtmoment bei Berücksichtigung der Spannungen im Steg: $M = b \cdot M_{\text{Platte}} + b_0 \cdot M_{\text{Steg}}$,
Zugeisenquerschnitt bei Berücksichtigung der

$h = 115$—130 cm

h	ΔM / $\Delta f_{e\,1500}$ / $\Delta f_{e\,1200}$	σ_e: 1500 / 1200	σ_b: — / 75	— / 70	— / 65	75 / 60	70 / 56	— / 55	65 / 52	— / 50	60 / 48
cm		x	0,484 h	0,467 h	0,448 h	0,429 h	0,412 h	0,407 h	0,394 h	0,385 h	0,375 h
			←								$x > d$
115	1332,37	M_{1500}	—	—	—	92114	85453	—	78791	—	72129
	0,818	M_{1200}	93677	87015	80353	73692	68362	67030	63033	60368	57703
	1,022	f_e	71,76	66,65	61,54	56,43	52,34	51,32	48,25	46,21	44,16
		z	*108,79*	*108,80*	*108,81*	*108,83*	*108,84*	*108,85*	*108,86*	*108,87*	*108,88*
		Steg M_{1500}	—	—	—	90067	78982	—	68296	—	58055
		Steg M_{1200}	107588	95392	83531	72053	63187	61017	54636	50492	46444
		Steg f_e	102,13	89,88	78,08	66,79	58,15	56,05	49,91	45,94	42,09
120	1397,10	M_{1500}	—	—	—	96943	89957	—	82972	—	75986
	0,820	M_{1200}	98511	91525	84540	77554	71966	70569	66378	63583	60789
	1,025	f_e	72,15	67,03	61,91	56,78	52,69	51,66	48,59	46,54	44,49
		z	*113,77*	*113,78*	*113,80*	*113,81*	*113,83*	*113,83*	*113,85*	*113,86*	*113,87*
		Steg M_{1500}	—	—	—	101424	89088	—	77182	—	65764
		Steg M_{1200}	120636	107090	93905	81140	71270	68855	61746	57127	52611
		Steg f_e	109,30	96,30	83,78	71,79	62,61	60,38	53,84	49,62	45,51
125	1461,86	M_{1500}	—	—	—	101775	94466	—	87157	—	79847
	0,822	M_{1200}	103348	96039	88730	81420	75573	74111	69725	66802	63878
	1,027	f_e	72,52	67,38	62,25	57,11	53,01	51,98	48,90	46,84	44,79
		z	*118,76*	*118,77*	*118,78*	*118,80*	*118,81*	*118,82*	*118,83*	*118,84*	*118,85*
		Steg M_{1500}	—	—	—	113467	99814	—	86622	—	73962
		Steg M_{1200}	134441	119470	104890	90774	79848	77174	69298	64177	59169
		Steg f_e	116,49	102,76	89,51	76,82	67,09	64,73	57,79	53,32	48,96
130	1526,63	M_{1500}	—	—	—	106611	98978	—	91345	—	83711
	0,823	M_{1200}	108188	100560	92922	85289	79182	77655	73076	70022	66969
	1,029	f_e	72,85	67,71	62,56	57,42	53,30	52,27	49,18	47,13	45,07
		z	*123,74*	*123,76*	*123,77*	*123,79*	*123,80*	*123,80*	*123,82*	*123,82*	*123,83*
		Steg M_{1500}	—	—	—	126195	111150	—	96614	—	82648
		Steg M_{1200}	149005	132540	116500	100960	88921	85974	77291	71645	66119
		Steg f_e	123,72	109,24	95,27	81,87	71,60	69,10	61,78	57,04	52,43
			←								$x > d$

Plattenbalken

Tafel 54

und 1200 kg/cm²

$d = 13$ cm

Steg { M_{1500} = durch je 1 m Breite des Steges aufnehmb. Moment in kgm bei $\sigma_e = 1500$ kg/cm²;
Steg { M_{1200} = durch je 1 m Breite des Steges aufnehmb. Moment in kgm bei $\sigma_e = 1200$ kg/cm²;
Steg { f_e = Zugeisenquerschnitt in cm² entspr. den Druckspannungen im Steg je 1 m Breite;
d = Druckplattendicke in cm;
h = Nutzhöhe in cm;
x = Nullinienabstand.

worin b = Druckplattenbreite in m und b_0 = Stegbreite in m bedeuten.
Spannungen im Steg: $F_e = b \cdot f_{e\,\text{Platte}} + b_0 \cdot f_{e\,\text{Steg}}$.

$h = 115$—130 cm

σ_b									σ_e	h
55 44	**50** **40**	45 36	**40** 32	35 28	30 24	25 20	20 16	15 12	**1500** **1200**	
0,355 h	0,333 h	0,310 h	0,286 h	0,259 h	0,231 h	0,200 h	0,167 h	0,130 h	x	cm
65467	**58805**	**52143**	**45482**	**38820**	**32158**	**25496**	**18834**	**12172**	M_{1500}	
52374	**47044**	**41715**	**36385**	**31056**	**25726**	**20397**	**15067**	**9738**	M_{1200}	
40,07	35,99	31,90	27,81	23,72	19,63	15,54	11,46	7,37	f_e	
108,91	*108,94*	*108,98*	*109,03*	*109,10*	*109,20*	*109,35*	*109,61*	*110,16*	z	**115**
48319	**39158**	**30651**	**22892**	**15997**	**10099**	**5362**	**1983**	—	Steg M_{1500}	
38655	**31326**	**24520**	**18314**	**12798**	**8080**	**4290**	**1587**	—	Steg M_{1200}	
34,74	27,90	21,64	16,00	11,06	6,91	3,62	1,32	—	Steg f_e	
69001	**62015**	**55030**	**48044**	**41059**	**34073**	**27088**	**20102**	**13117**	M_{1500}	
55201	**49612**	**44024**	**38436**	**32847**	**27259**	**21670**	**16082**	**10493**	M_{1200}	
40,39	36,29	32,19	28,09	24,00	19,90	15,80	11,70	7,60	f_e	
113,89	*113,92*	*113,96*	*114,01*	*114,07*	*114,16*	*114,30*	*114,54*	*115,04*	z	**120**
54895	**44652**	**35120**	**26405**	**18628**	**12039**	**6512**	**2565**	—	Steg M_{1500}	
43916	**35721**	**28096**	**21123**	**14903**	**9550**	**5210**	**2051**	—	Steg M_{1200}	
37,67	30,38	23,67	17,62	12,30	7,80	4,20	1,63	—	Steg f_e	
72538	**65229**	**57920**	**50610**	**43301**	**35992**	**28682**	**21373**	**14064**	M_{1500}	
58030	**52183**	**46336**	**40488**	**34641**	**28793**	**22946**	**17098**	**11251**	M_{1200}	
40,68	36,57	32,47	28,36	24,25	20,14	16,03	11,93	7,82	f_e	
118,87	*118,90*	*118,94*	*118,98*	*119,05*	*119,13*	*119,26*	*119,48*	*119,94*	z	**125**
61898	**50512**	**39899**	**30172**	**21464**	**13934**	**7876**	**3222**	—	Steg M_{1500}	
49520	**40410**	**31919**	**24138**	**17171**	**11148**	**6221**	**2578**	—	Steg M_{1200}	
40,64	32,87	25,72	19,26	13,56	8,70	4,80	1,96	—	Steg f_e	
76078	**68445**	**60812**	**53179**	**45546**	**37912**	**30279**	**22646**	**15013**	M_{1500}	
60863	**54756**	**48649**	**42543**	**36436**	**30330**	**24223**	**18117**	**12010**	M_{1200}	
40,95	36,83	32,72	28,60	24,48	20,37	16,25	12,13	8,02	f_e	
123,86	*123,88*	*123,92*	*123,96*	*124,02*	*124,10*	*124,22*	*124,43*	*124,85*	z	**130**
69328	**56740**	**44989**	**34195**	**24505**	**16088**	**9154**	**3956**	—	Steg M_{1500}	
55462	**45392**	**35992**	**27356**	**19620**	**12870**	**7324**	**3164**	—	Steg M_{1200}	
43,62	35,39	27,80	20,92	14,84	9,63	5,42	2,31	—	Steg f_e	

Tafel für

$d = 14$ cm

bei $\sigma_e = 1500$

M_{1500} = Moment in kgm auf 1 m Druckplattenbreite bei $\sigma_e = 1500$ kg/cm² }
M_{1200} = Moment in kgm auf 1 m Druckplattenbreite bei $\sigma_e = 1200$ kg/cm² } ohne Berücksichtigung der Spannungen im Steg;
f_e = Zugeisenquerschnitt in cm² auf 1 m Druckplattenbreite }
ΔM = Momentendifferenz bei Änderung von σ_b um 1 kg/cm² (gültig nur wenn $x > d$);

$h = 32 \div 50$ cm

h	ΔM / $\Delta f_{e\,1500}$ / $\Delta f_{e\,1200}$	σ_e	σ_b								
		1500	—	—	—	75	70	—	65	—	60
		1200	75	70	65	60	56	55	52	50	48
cm		x	0,484 h	0,467 h	0,448 h	0,429 h	0,412 h	0,407 h	0,394 h	0,385 h	0,375 h
32	280,58	M_{1500}	—	—	—	14106	12732	—	11389	—	10080
	0,729	M_{1200}	15490	14088	12685	11285	10186	9915	9111	8584	8064
	0,911	f_e	47,94	43,39	38,83	34,29	30,75	29,88	27,31	25,64	24,00
		z	26,93	27,06	27,22	27,43	27,61	27,65	27,80	27,90	28,00
34	306,90	M_{1500}	—	—	—	15909	14373	—	12857	—	11379
	0,741	M_{1200}	17330	15795	14261	12726	11499	11193	10285	9690	9104
	0,926	f_e	50,27	45,64	41,00	36,37	32,67	31,74	29,02	27,24	25,50
		z	28,73	28,84	28,98	29,16	29,33	29,38	29,54	29,64	29,75
36	333,41	M_{1500}	—	—	—	17746	16079	—	14412	—	12758
	0,752	M_{1200}	19198	17531	15864	14197	12863	12530	11530	10864	10206
	0,940	f_e	52,34	47,64	42,94	38,24	34,48	33,54	30,72	28,85	27,00
		z	30,57	30,67	30,79	30,94	31,09	31,13	31,27	31,38	31,50
38	360,07	M_{1500}	—	—	—	19612	17812	—	16012	—	14211
	0,761	M_{1200}	21091	19291	17490	15690	14250	13889	12809	12089	11369
	0,952	f_e	54,19	49,43	44,67	39,91	36,11	35,15	32,30	30,39	28,49
		z	32,43	32,52	32,63	32,76	32,89	32,93	33,05	33,14	33,25
40	386,87	M_{1500}	—	—	—	21502	19567	—	17633	—	15699
	0,770	M_{1200}	23004	21070	19136	17201	15654	15267	14106	13333	12559
	0,963	f_e	55,85	51,04	46,23	41,42	37,57	36,60	33,72	31,79	29,87
		z	34,32	34,40	34,49	34,61	34,72	34,76	34,87	34,95	35,04
42	413,78	M_{1500}	—	—	—	23411	21342	—	19273	—	17204
	0,778	M_{1200}	24936	22867	20798	18729	17074	16660	15419	14591	13764
	0,972	f_e	57,36	52,50	47,64	42,78	38,89	37,92	35,00	33,06	31,11
		z	36,23	36,30	36,38	36,48	36,59	36,62	36,71	36,78	36,87
44	440,79	M_{1500}	—	—	—	25338	23134	—	20930	—	18726
	0,785	M_{1200}	26882	24678	22474	20270	18507	18066	16744	15862	14981
	0,981	f_e	58,73	53,83	48,92	44,02	40,09	39,11	36,17	34,20	32,24
		z	38,14	38,21	38,28	38,38	38,47	38,49	38,58	38,65	38,72
46	467,88	M_{1500}	—	—	—	27280	24940	—	22601	—	20261
	0,791	M_{1200}	28842	26503	24163	21824	19952	19484	18081	17145	16209
	0,989	f_e	59,98	55,04	50,09	45,14	41,19	40,20	37,23	35,25	33,28
		z	40,07	40,13	40,20	40,28	40,37	40,39	40,47	40,53	40,59
48	495,06	M_{1500}	—	—	—	29235	26759	—	24284	—	21809
	0,797	M_{1200}	30814	28338	25863	23388	21408	20912	19427	18437	17447
	0,997	f_e	61,13	56,15	51,16	46,18	42,19	41,20	38,21	36,22	34,22
		z	42,01	42,06	42,13	42,20	42,28	42,30	42,37	42,43	42,48
50	522,29	M_{1500}	—	—	—	31201	28590	—	25978	—	23367
	0,803	M_{1200}	32795	30184	27573	24961	22872	22350	20783	19738	18694
	1,003	f_e	62,18	57,17	52,15	47,13	43,12	42,12	39,11	37,10	35,09
		z	43,95	44,00	44,06	44,13	44,20	44,22	44,29	44,43	44,39

$x > d$

Plattenbalken

und 1200 kg/cm²

$d = 14$ cm

Δf_{e1500} bzw. Δf_{e1200} = Differenz der Zugbewehrung bei Änderung von σ_b um 1 kg/cm² für $\sigma_e = 1500$ bzw. $\sigma_e = 1200$ kg/cm² (gültig nur wenn $x > d$);
d = Druckplattendicke in cm;
h = Nutzhöhe in cm; x = Nullinienabstand;
z = Abstand des Druckmittelpunktes vom Zugmittelpunkt in cm.

$h = 32$—50 cm

σ_b									σ_e	
55 44	**50** **40**	45 36	**40** 32	35 28	30 24	25 20	20 16	15 12	**1500** **1200**	h
0,355 h	0,333 h	0,310 h	0,286 h	0,259 h	0,231 h	0,200 h	0,167 h	0,130 h	x	cm
	$x \leq d$ →									
8810	**7585**	**6411**	**5294**	**4244**	**3272**	**2389**	**1612**	**958**	M_{1500}	**32**
7048	**6068**	**5129**	**4235**	**3396**	**2618**	**1911**	**1289**	**767**	M_{1200}	
20,82	17,78	14,90	12,19	9,68	7,38	5,33	3,56	2,09	f_e	
28,22	*28,44*	*28,69*	*28,95*	*29,23*	*29,54*	*29,87*	*30,22*	*30,61*	z	
9946	**8563**	**7237**	**5977**	**4792**	**3694**	**2697**	**1820**	**1082**	M_{1500}	**34**
7957	**6850**	**5790**	**4781**	**3833**	**2955**	**2158**	**1456**	**865**	M_{1200}	
22,12	18,89	15,83	12,95	10,28	7,85	5,67	3,78	2,22	f_e	
29,98	*30,22*	*30,48*	*30,76*	*31,06*	*31,38*	*31,73*	*32,11*	*32,52*	z	
11151	**9600**	**8113**	**6700**	**5372**	**4141**	**3024**	**2040**	**1213**	M_{1500}	**36**
8921	**7680**	**6491**	**5360**	**4297**	**3313**	**2419**	**1632**	**970**	M_{1200}	
23,42	20,00	16,76	13,71	10,89	8,31	6,00	4,00	2,35	f_e	
31,74	*32,00*	*32,28*	*32,57*	*32,89*	*33,23*	*33,60*	*34,00*	*34,43*	z	
12424	**10696**	**9040**	**7466**	**5985**	**4614**	**3369**	**2273**	**1351**	M_{1500}	**38**
9939	**8557**	**7232**	**5972**	**4788**	**3691**	**2695**	**1818**	**1081**	M_{1200}	
24,72	21,11	17,69	14,48	11,49	8,77	6,33	4,22	2,48	f_e	
33,51	*33,78*	*34,07*	*34,38*	*34,72*	*35,08*	*35,47*	*35,89*	*36,35*	z	
13764	**11852**	**10017**	**8272**	**6632**	**5112**	**3733**	**2516**	**1497**	M_{1500}	**40**
11011	**9481**	**8013**	**6618**	**5306**	**4090**	**2987**	**2015**	**1198**	M_{1200}	
26,02	22,22	18,62	15,24	12,10	9,23	6,67	4,44	2,61	f_e	
35,27	*36,56*	*35,86*	*36,19*	*36,54*	*36,92*	*31,33*	*37,78*	*38,26*	z	
15136	**13067**	**11043**	**9120**	**7312**	**5636**	**4116**	**2777**	**1651**	M_{1500}	**42**
12108	**10453**	**8835**	**7296**	**5849**	**4509**	**3293**	**2221**	**1320**	M_{1200}	
27,22	23,33	19,55	16,00	12,70	9,69	7,00	4,67	2,74	f_e	
37,07	*37,33*	*37,66*	*38,00*	*38,37*	*38,77*	*39,20*	*39,67*	*40,17*	z	
16522	**14318**	**12120**	**10009**	**8025**	**6186**	**4517**	**3047**	**1812**	M_{1500}	**44**
13218	**11455**	**9696**	**8007**	**6420**	**4949**	**3614**	**2438**	**1449**	M_{1200}	
28,32	24,39	20,48	16,76	13,31	10,15	7,33	4,89	2,87	f_e	
38,90	*39,13*	*39,45*	*39,81*	*40,20*	*40,62*	*41,07*	*41,56*	*42,09*	z	
17922	**15583**	**13243**	**10940**	**8771**	**6761**	**4937**	**3331**	**1980**	M_{1500}	**46**
14338	**12466**	**10595**	**8752**	**7017**	**5409**	**3950**	**2665**	**1584**	M_{1200}	
29,32	25,36	21,41	17,52	13,91	10,62	7,67	5,11	3,00	f_e	
40,75	*40,96*	*41,24*	*41,62*	*42,02*	*42,46*	*42,93*	*43,44*	*44,00*	z	
19334	**16858**	**14383**	**11912**	**9550**	**7362**	**5376**	**3627**	**2156**	M_{1500}	**48**
15467	**13487**	**11506**	**9529**	**7640**	**5890**	**4301**	**2901**	**1725**	M_{1200}	
30,24	26,25	22,26	18,29	14,52	11,08	8,00	5,33	3,13	f_e	
42,63	*42,81*	*43,07*	*43,43*	*43,85*	*44,31*	*44,80*	*45,33*	*45,91*	z	
20755	**18144**	**15533**	**12921**	**10362**	**7988**	**5833**	**3935**	**2339**	M_{1500}	**50**
16604	**14515**	**12426**	**10337**	**8290**	**6391**	**4667**	**3148**	**1871**	M_{1200}	
31,08	27,07	23,05	19,04	15,12	11,54	8,33	5,56	3,26	f_e	
44,52	*44,69*	*44,92*	*45,24*	*45,68*	*46,15*	*46,67*	*47,22*	*47,83*	z	
→				←		$x \leq d$		→		

$d = 14$ cm bei $\sigma_e = 1500$

M_{1500} = Moment in kgm auf 1 m Druckplattenbreite bei $\sigma_e = 1500$ kg/cm² } ohne Berücksichtigung der Spannungen im Steg;
M_{1200} = Moment in kgm auf 1 m Druckplattenbreite bei $\sigma_e = 1200$ kg/cm² }
f_e = Zugeisenquerschnitt in cm² auf 1 m Druckplattenbreite }
ΔM = Momentendifferenz bei Änderung von σ_b um 1 kg/cm² (gültig nur wenn $x > d$);

$h = 52$—70 cm

h cm	ΔM / $\Delta f_{e\,1500}$ / $\Delta f_{e\,1200}$	σ_e 1500 / 1200	σ_b — / 75	— / 70	— / 65	75 / 60	70 / 56	— / 55	65 / 52	— / 50	60 / 48
		x	0,484 h	0,467 h	0,448 h	0,429 h	0,412 h	0,407 h	0,394 h	0,385 h	0,375 h
			←						$x > d$		
52	**549,59**	M_{1500}	—	—	—	**33178**	**30430**	—	**27682**	—	**24934**
	0,808	M_{1200}	**34786**	**32038**	**29291**	**26543**	**24344**	**23795**	**22146**	**21047**	**19947**
	1,010	f_e	63,16	58,11	53,06	48,01	43,97	42,96	39,94	37,92	35,90
		z	*45,90*	*45,95*	*46,00*	*46,07*	*46,13*	*46,15*	*46,21*	*46,26*	*46,31*
54	**576,94**	M_{1500}	—	—	—	**35164**	**32280**	—	**29395**	—	**26510**
	0,812	M_{1200}	**36785**	**33901**	**31016**	**28131**	**25824**	**25247**	**23516**	**22362**	**21208**
	1,015	f_e	64,06	58,98	53,90	48,83	44,77	43,75	40,70	38,67	36,64
		z	*47,85*	*47,90*	*47,95*	*48,01*	*48,07*	*48,09*	*48,14*	*48,19*	*48,23*
56	**604,33**	M_{1500}	—	—	—	**37158**	**34137**	—	**31115**	—	**28093**
	0,817	M_{1200}	**38792**	**35770**	**32748**	**29727**	**27309**	**26705**	**24892**	**23683**	**22475**
	1,021	f_e	64,90	59,79	54,69	49,58	45,50	44,48	41,42	39,38	37,33
		z	*49,81*	*49,85*	*49,90*	*49,96*	*50,02*	*50,03*	*50,08*	*50,12*	*50,17*
58	**631,77**	M_{1500}	—	—	—	**39160**	**36001**	—	**32842**	—	**29683**
	0,821	M_{1200}	**40804**	**37646**	**34487**	**31328**	**28801**	**28169**	**26274**	**25010**	**23747**
	1,026	f_e	65,68	60,55	55,42	50,29	46,18	45,16	42,08	40,03	37,98
		z	*51,78*	*51,81*	*51,86*	*51,91*	*51,97*	*51,98*	*52,03*	*52,07*	*52,11*
60	**659,24**	M_{1500}	—	—	—	**41168**	**37872**	—	**34575**	—	**31279**
	0,824	M_{1200}	**42823**	**39527**	**36230**	**32934**	**30297**	**29638**	**27660**	**26342**	**25023**
	1,031	f_e	66,40	61,25	56,10	50,94	46,82	45,79	42,70	40,64	38,58
		z	*53,74*	*53,78*	*53,82*	*53,87*	*53,92*	*53,94*	*54,98*	*54,02*	*54,05*
62	**686,75**	M_{1500}	—	—	—	**43182**	**39748**	—	**36314**	—	**32880**
	0,828	M_{1200}	**44847**	**41413**	**37979**	**34545**	**31798**	**31112**	**29051**	**27678**	**26304**
	1,035	f_e	67,08	61,91	56,73	51,56	47,42	46,38	43,28	41,21	39,14
		z	*55,71*	*55,74*	*55,79*	*55,83*	*55,88*	*55,89*	*55,94*	*55,97*	*56,01*
64	**714,29**	M_{1500}	—	—	—	**45201**	**41630**	—	**38058**	—	**34487**
	0,831	M_{1200}	**46875**	**43304**	**39732**	**36161**	**33304**	**32589**	**30447**	**29018**	**27589**
	1,039	f_e	67,72	62,53	57,33	52,14	47,98	46,94	43,82	41,74	39,67
		z	*57,68*	*57,71*	*57,75*	*57,80*	*57,84*	*57,86*	*57,90*	*57,93*	*57,96*
66	**741,86**	M_{1500}	—	—	—	**47225**	**43516**	—	**39807**	—	**36097**
	0,834	M_{1200}	**48908**	**45199**	**41489**	**37780**	**34813**	**34071**	**31845**	**30362**	**28878**
	1,043	f_e	68,32	63,11	57,89	52,68	48,51	47,46	44,33	42,25	40,16
		z	*59,66*	*59,69*	*59,72*	*59,77*	*59,81*	*59,82*	*59,86*	*59,89*	*59,92*
68	**769,45**	M_{1500}	—	—	—	**49254**	**45407**	—	**41559**	—	**37712**
	0,837	M_{1200}	**50945**	**47098**	**43250**	**39403**	**36325**	**35556**	**33248**	**31709**	**30170**
	1,047	f_e	68,88	63,65	58,42	53,19	49,00	47,95	44,81	42,72	40,63
		z	*61,63*	*61,66*	*61,70*	*61,74*	*61,78*	*61,79*	*61,83*	*61,85*	*61,88*
70	**797,07**	M_{1500}	—	—	—	**51287**	**47301**	—	**43316**	—	**39331**
	0,840	M_{1200}	**52985**	**49000**	**45015**	**41029**	**37841**	**37044**	**34653**	**33059**	**31465**
	1,050	f_e	69,42	64,17	58,92	53,67	49,47	48,42	45,27	43,17	41,07
		z	*63,61*	*63,64*	*63,67*	*63,71*	*63,75*	*63,76*	*63,79*	*63,82*	*63,85*
			←							$x > d$	

Plattenbalken

Tafel 56

und 1200 kg/cm² $d = 14$ cm

Δf_{e1500} bzw. Δf_{e1200} = Differenz der Zugbewehrung bei Änderung von σ_b um 1 kg/cm² für $\sigma_e = 1500$ bzw. $\sigma_e = 1200$ kg/cm² (gültig nur wenn $x > d$);
d = Druckplattenbreite in cm;
h = Nutzhöhe in cm; x = Nullinienabstand;
z = Abstand des Druckmittelpunktes vom Zugmittelpunkt in cm.

$h = 52$—70 cm

σ_b									σ_e	h
55 44	**50** **40**	45 36	**40** **32**	35 28	30 24	25 20	20 16	15 12	**1500** **1200**	
0,355 h	0,333 h	0,310 h	0,286 h	0,259 h	0,231 h	0,200 h	0,167 h	0,130 h	x	cm
⟶				⟵ $x \leq d$ ⟶						
22186 **17749** 31,86 *46,43*	**19438** **15551** 27,82 *46,58*	**16691** **13352** 23,78 *46,79*	**13943** **11154** 19,74 *47,08*	**11208** **8966** 15,73 *47,51*	**8640** **6912** 12,00 *48,00*	**6309** **5047** 8,67 *48,53*	**4256** **3405** 5,78 *49,11*	**2530** **2024** 3,39 *49,74*	M_{1500} M_{1200} f_e z	**52**
23625 **18900** 32,58 *48,34*	**20741** **16593** 28,52 *48,48*	**17856** **14285** 24,46 *48,67*	**14971** **11977** 20,40 *48,94*	**12087** **9669** 16,33 *49,33*	**9317** **7454** 12,46 *49,85*	**6804** **5443** 9,00 *50,40*	**4590** **3672** 6,00 *51,00*	**2729** **2183** 3,52 *51,65*	M_{1500} M_{1200} f_e z	**54**
25072 **20057** 33,25 *50,27*	**22050** **17640** 29,17 *50,40*	**19028** **15223** 25,08 *50,57*	**16007** **12805** 21,00 *50,81*	**12985** **10388** 16,92 *51,17*	**10020** **8016** 12,92 *51,69*	**7317** **5854** 9,33 *52,27*	**4936** **3949** 6,22 *52,89*	**2934** **2348** 3,65 *53,57*	M_{1500} M_{1200} f_e z	**56**
26524 **21219** 33,87 *52,20*	**23366** **18692** 29,77 *52,32*	**20207** **16165** 25,67 *52,48*	**17048** **13638** 21,56 *52,71*	**13889** **11111** 17,46 *53,03*	**10749** **8599** 13,38 *53,54*	**7849** **6279** 9,67 *54,13*	**5295** **4236** 6,44 *54,78*	**3148** **2518** 3,78 *55,48*	M_{1500} M_{1200} f_e z	**58**
27983 **22386** 34,46 *54,14*	**24687** **19749** 30,33 *54,26*	**21390** **17112** 26,21 *54,41*	**18094** **14475** 22,09 *54,57*	**14798** **11838** 17,97 *54,91*	**11503** **9202** 13,85 *55,38*	**8400** **6720** 10,00 *56,00*	**5667** **4533** 6,67 *56,67*	**3369** **2695** 3,91 *57,39*	M_{1500} M_{1200} f_e z	**60**
29447 **23557** 35,00 *56,09*	**26013** **20810** 30,86 *56,20*	**22579** **18063** 26,72 *56,33*	**19145** **15316** 22,58 *56,52*	**15712** **12569** 18,44 *56,80*	**12278** **9822** 14,30 *57,24*	**8969** **7175** 10,33 *57,87*	**6051** **4841** 6,89 *58,56*	**3597** **2878** 4,04 *59,30*	M_{1500} M_{1200} f_e z	**62**
30915 **24732** 35,51 *58,04*	**27344** **21875** 31,35 *58,14*	**23772** **19018** 27,20 *58,27*	**20201** **16161** 23,04 *58,45*	**16629** **13304** 18,89 *58,70*	**13058** **10446** 14,73 *59,10*	**9557** **7646** 10,67 *59,73*	**6447** **5158** 7,11 *60,44*	**3833** **3066** 4,17 *61,22*	M_{1500} M_{1200} f_e z	**64**
32388 **25910** 35,99 *59,99*	**28679** **22943** 31,82 *60,09*	**24969** **19976** 27,65 *60,21*	**21260** **17008** 23,47 *60,38*	**17551** **14041** 19,30 *60,62*	**13842** **11073** 15,13 *60,98*	**10164** **8131** 11,00 *61,60*	**6857** **5485** 7,33 *62,33*	**4076** **3261** 4,30 *63,13*	M_{1500} M_{1200} f_e z	**66**
33865 **27092** 36,44 *61,95*	**30018** **24014** 32,25 *62,04*	**26170** **20936** 28,07 *62,16*	**22323** **17859** 23,88 *62,31*	**18476** **14781** 19,70 *62,54*	**14629** **11703** 15,51 *62,88*	**10789** **8631** 11,33 *63,47*	**7279** **5823** 7,56 *64,22*	**4327** **3461** 4,43 *65,04*	M_{1500} M_{1200} f_e z	**68**
35345 **28276** 36,87 *63,92*	**31360** **25088** 32,67 *64,00*	**27375** **21900** 28,47 *64,11*	**23389** **18711** 24,27 *64,26*	**19404** **15523** 20,07 *64,47*	**15419** **12335** 15,87 *64,78*	**11433** **9147** 11,67 *65,33*	**7713** **6170** 7,78 *66,11*	**4585** **3668** 4,57 *66,96*	M_{1500} M_{1200} f_e z	**70**
⟶						⟵ $x \leq d$ ⟶				

Tafel 57

Tafel für

$d = 14$ cm

bei $\sigma_e = 1500$

M_{1500} = Moment in kgm auf 1 m Druckplattenbreite bei $\sigma_e = 1500$ kg/cm² } ohne Berück-
M_{1200} = Moment in kgm auf 1 m Druckplattenbreite bei $\sigma_e = 1200$ kg/cm² } sichtigung der
f_e = Zugeisenquerschnitt in cm² auf 1 m Druckplattenbreite } Spannungen
z = Abstand des Druckmittelpunktes vom Zugmittelpunkt in cm } im Steg;
ΔM = Momentendifferenz bei Änderung von σ_b um 1 kg/cm² (gültig nur wenn $x > d$);
$\Delta f_{e\,1500}$ bzw. $\Delta f_{e\,1200}$ = Differenz der Zugbewehrung bei Änderung von σ_b um 1 kg/cm² für $\sigma_e = 1500$ bzw. $\sigma_e = 1200$ kg/cm² (gültig nur wenn $x > d$);
Gesamtmoment bei Berücksichtigung der Spannungen im Steg: $M = b \cdot M_{\text{Platte}} + b_0 \cdot M_{\text{Steg}}$,
Zugeisenquerschnitt bei Berücksichtigung der

$h = 72$—86 cm

h	ΔM / $\Delta f_{e\,1500}$ / $\Delta f_{e\,1200}$	σ_e: 1500 / 1200	σ_b								
			— / 75	— / 70	— / 65	75 / 60	70 / 56	— / 55	65 / 52	— / 50	60 / 48
cm		x	0,484 h	0,467 h	0,448 h	0,429 h	0,412 h	0,407 h	0,394 h	0,385 h	0,375 h
			← $x > d$								
72	**824,70**	M_{1500}	—	—	—	**53323**	**49200**	—	**45076**	—	**40953**
		M_{1200}	**55029**	**50906**	**46782**	**42659**	**39360**	**38535**	**36061**	**34411**	**32762**
	0,843	f_e	69,92	64,65	59,39	54,12	49,91	48,85	45,69	43,59	41,48
	1,053	z	*65,59*	*65,61*	*65,65*	*65,68*	*65,72*	*65,73*	*65,76*	*65,79*	*65,82*
74	**852,36**	M_{1500}	—	—	—	**55363**	**51101**	—	**46839**	—	**42578**
		M_{1200}	**57076**	**52814**	**48552**	**44290**	**40881**	**40029**	**37472**	**35767**	**34062**
	0,845	f_e	70,39	65,11	59,83	54,55	50,32	49,27	46,10	43,99	41,87
	1,056	z	*67,57*	*67,59*	*67,62*	*67,66*	*67,70*	*67,71*	*67,74*	*67,76*	*67,79*
76	**880,04**	M_{1500}	—	—	—	**57406**	**53006**	—	**48606**	—	**44206**
		M_{1200}	**59126**	**54725**	**50325**	**45925**	**42405**	**41525**	**38885**	**37125**	**35364**
	0,847	f_e	70,84	65,55	60,25	54,96	50,72	49,66	46,48	44,36	42,25
	1,059	z	*69,55*	*69,57*	*69,60*	*69,64*	*69,67*	*69,68*	*69,71*	*69,73*	*69,76*
78	**907,73**	M_{1500}	—	—	—	**59452**	**54914**	—	**50375**	—	**45836**
		M_{1200}	**61178**	**56639**	**52100**	**47562**	**43931**	**43023**	**40300**	**38484**	**36669**
	0,850	f_e	71,27	65,96	60,65	55,34	51,09	50,03	46,85	44,72	42,60
	1,062	z	*71,53*	*71,56*	*71,58*	*71,62*	*71,65*	*71,66*	*71,69*	*71,71*	*71,73*
80	**935,43**	M_{1500}	—	—	—	**61501**	**56824**	—	**52147**	—	**47469**
		M_{1200}	**63232**	**58555**	**53878**	**49201**	**45459**	**44523**	**41717**	**39846**	**37975**
	0,852	f_e	71,68	66,35	61,03	55,71	51,45	50,39	47,19	45,06	42,93
	1,065	z	*73,52*	*73,54*	*73,57*	*73,60*	*73,63*	*73,64*	*73,67*	*73,69*	*73,71*
82	**963,15**	M_{1500}	—	—	—	**63552**	**58736**	—	**53920**	—	**49105**
		M_{1200}	**65289**	**60473**	**55657**	**50842**	**46989**	**46026**	**43136**	**41210**	**39284**
	0,854	f_e	72,06	66,73	61,39	56,06	51,79	50,72	47,52	45,39	43,25
	1,067	z	*75,50*	*75,52*	*75,55*	*75,58*	*75,61*	*75,62*	*75,65*	*75,67*	*75,69*
84	**990,89**	M_{1500}	—	—	—	**65606**	**60651**	—	**55697**	—	**50742**
		M_{1200}	**67348**	**62393**	**57439**	**52484**	**48521**	**47530**	**44557**	**42576**	**40594**
	0,856	f_e	72,43	67,08	61,74	56,39	52,11	51,04	47,83	45,69	43,56
	1,069	z	*77,49*	*77,51*	*77,53*	*77,56*	*77,59*	*77,60*	*77,63*	*77,65*	*77,67*
		Steg M_{1500}	—	—	—	**31594**	**27081**	—	**22779**	—	**18716**
		Steg M_{1200}	**40034**	**34928**	**29999**	**25276**	**21665**	**20788**	**18223**	**16572**	**14972**
		Steg f_e	54,59	47,25	40,25	33,61	28,59	27,38	23,86	21,61	19,44
86	**1018,64**	M_{1500}	—	—	—	**67661**	**62568**	—	**57475**	—	**52382**
		M_{1200}	**69409**	**64315**	**59222**	**54129**	**50054**	**49036**	**45980**	**43943**	**41905**
	0,857	f_e	72,78	67,42	62,06	56,71	52,42	51,35	48,13	45,99	43,85
	1,072	z	*79,47*	*79,49*	*79,52*	*79,55*	*79,57*	*79,58*	*79,61*	*79,63*	*79,65*
		Steg M_{1500}	—	—	—	**34222**	**29391**	—	**24782**	—	**20422**
		Steg M_{1200}	**43148**	**37695**	**32429**	**27378**	**23514**	**22574**	**19826**	**18055**	**16339**
		Steg f_e	57,26	49,63	42,35	35,44	30,21	28,95	25,27	22,92	20,66
			← $x > d$								

Plattenbalken

und 1200 kg/cm²

$d = 14$ cm

Steg $\begin{cases} M_{1500} = \text{durch je 1 m Breite des Steges aufnehmb. Moment in kgm bei } \sigma_e = 1500 \text{ kg/cm}^2; \\ M_{1200} = \text{durch je 1 m Breite des Steges aufnehmb. Moment in kgm bei } \sigma_e = 1200 \text{ kg/cm}^2; \\ f_e = \text{Zugeisenquerschnitt in cm}^2 \text{ entspr. den Druckspannungen im Steg je 1 m Breite;} \end{cases}$

d = Druckplattendicke in cm;
h = Nutzhöhe in cm;
x = Nullinienabstand.

worin b = Druckplattenbreite in m und b_0 = Stegbreite in m bedeuten.
Spannungen im Steg: $F_e = b \cdot f_{e\,\text{Platte}} + b_0 \cdot f_{e\,\text{Steg}}$.

$h = 72$—86 cm

σ_b									σ_e	h
55 44	**50** **40**	45 36	**40** 32	35 28	30 24	25 20	20 16	15 12	**1500** **1200**	
0,355 h	0,333 h	0,310 h	0,286 h	0,259 h	0,231 h	0,200 h	0,167 h	0,130 h	x	cm
→	→	→	→	→	→	→	← $x \leq d$	→		
36829	**32706**	**28582**	**24459**	**20335**	**16211**	**12088**	**8160**	**4851**	M_{1500}	**72**
29463	**26164**	**22866**	**19567**	**16268**	**12969**	**9670**	**6528**	**3881**	M_{1200}	
37,27	33,06	28,84	24,63	20,42	16,20	11,99	8,00	4,70	f_e	
65,88	*65,96*	*66,06*	*66,20*	*66,40*	*66,70*	*67,21*	*68,00*	*68,87*	z	
38316	**43054**	**29792**	**25530**	**21269**	**17007**	**12745**	**8620**	**5124**	M_{1500}	**74**
30653	**27243**	**23834**	**20424**	**17015**	**13605**	**10196**	**6896**	**4099**	M_{1200}	
37,65	33,42	29,20	24,97	20,75	16,52	12,30	8,22	4,83	f_e	
67,85	*67,92*	*68,02*	*68,15*	*68,34*	*68,62*	*69,09*	*69,89*	*70,78*	z	
39805	**35405**	**31005**	**26605**	**22205**	**17805**	**13404**	**9092**	**5405**	M_{1500}	**76**
31844	**28324**	**24804**	**21284**	**17764**	**14244**	**10724**	**7273**	**4324**	M_{1200}	
38,01	33,77	29,54	25,30	21,06	16,82	12,59	8,44	4,96	f_e	
69,82	*69,89*	*69,98*	*70,11*	*70,29*	*70,55*	*70,99*	*71,78*	*72,70*	z	
41298	**36759**	**32220**	**27682**	**23143**	**18604**	**14066**	**9577**	**5693**	M_{1500}	**78**
33038	**29407**	**25776**	**22145**	**18514**	**14884**	**11253**	**7661**	**4554**	M_{1200}	
38,35	34,10	29,85	25,61	21,36	17,11	12,86	8,67	5,09	f_e	
71,79	*71,86*	*71,95*	*72,07*	*72,24*	*72,48*	*72,90*	*73,67*	*74,61*	z	
42792	**38115**	**33438**	**28761**	**24084**	**19406**	**14729**	**10074**	**5989**	M_{1500}	**80**
34234	**30492**	**26750**	**23009**	**19267**	**15525**	**11783**	**8059**	**4791**	M_{1200}	
38,68	34,42	30,16	25,90	21,64	17,38	13,13	8,89	5,22	f_e	
73,76	*73,83*	*73,92*	*74,03*	*74,19*	*74,43*	*74,81*	*75,56*	*76,52*	z	
44289	**39473**	**34657**	**29842**	**25026**	**20210**	**15394**	**10584**	**6292**	M_{1500}	**82**
35431	**31579**	**27726**	**23873**	**20021**	**16168**	**12315**	**8467**	**5033**	M_{1200}	
38,98	34,72	30,45	26,18	21,91	17,64	13,37	9,11	5,35	f_e	
75,74	*75,80*	*75,89*	*75,99*	*76,15*	*76,37*	*76,74*	*77,44*	*78,43*	z	
45788	**40833**	**35879**	**30924**	**25970**	**21016**	**16061**	**11107**	**6602**	M_{1500}	**84**
36630	**32667**	**28703**	**24740**	**20776**	**16812**	**12849**	**8885**	**5282**	M_{1200}	
39,28	35,00	30,72	26,44	22,17	17,89	13,61	9,33	5,48	f_e	
77,72	*77,78*	*77,86*	*77,96*	*78,11*	*78,32*	*78,67*	*79,33*	*80,35*	z	
14921	**11434**	**8294**	**5556**	**3277**	—	—	—	—	Steg M_{1500}	
11937	**9146**	**6636**	**4444**	**2621**	—	—	—	—	Steg M_{1200}	
15,37	11,67	8,38	5,56	3,24	—	—	—	—	Steg f_e	
47289	**42195**	**37102**	**32009**	**26916**	**21823**	**16729**	**11636**	**6921**	M_{1500}	**86**
37831	**33756**	**29682**	**25607**	**21533**	**17458**	**13384**	**9309**	**5537**	M_{1200}	
39,56	35,27	30,98	26,70	22,41	18,12	13,84	9,55	5,61	f_e	
79,69	*79,75*	*79,83*	*79,93*	*80,07*	*80,27*	*80,60*	*81,23*	*82,26*	z	
16345	**12590**	**9200**	**6229**	**3740**	—	—	—	—	Steg M_{1500}	
13076	**10072**	**7360**	**4983**	**2992**	—	—	—	—	Steg M_{1200}	
16,39	12,51	9,05	6,06	3,60	—	—	—	—	Steg f_e	
→	→	→	→	→	→	→	→	← $x \leq d$ →		

$d = 14$ cm bei $\sigma_e = 1500$

M_{1500} = Moment in kgm auf 1 m Druckplattenbreite bei $\sigma_e = 1500$ kg/cm² } ohne Berück-
M_{1200} = Moment in kgm auf 1 m Druckplattenbreite bei $\sigma_e = 1200$ kg/cm² } sichtigung der
f_e = Zugeisenquerschnitt in cm² auf 1 m Druckplattenbreite } Spannungen
z = Abstand des Druckmittelpunktes vom Zugmittelpunkt in cm } im Steg;
ΔM = Momentendifferenz bei Änderung von σ_b um 1 kg/cm² (gültig nur wenn $x > d$);
Δf_{e1500} bzw. Δf_{e1200} = Differenz der Zugbewehrung bei Änderung von σ_b um 1 kg/cm² für $\sigma_e = 1500$ bzw. $\sigma_e = 1200$ kg/cm² (gültig nur wenn $x > d$);
Gesamtmoment bei Berücksichtigung der Spannungen im Steg: $M = b \cdot M_{\text{Platte}} + b_0 \cdot M_{\text{Steg}}$,
Zugeisenquerschnitt bei Berücksichtigung der

$h = 88$—98 cm

h cm	ΔM / Δf_{e1500} / Δf_{e1200}	σ_e	σ_b								
		1500	—	—	—	75	70	—	65	—	60
		1200	75	70	65	60	56	55	52	50	48
		x	0,484 h	0,467 h	0,448 h	0,429 h	0,412 h	0,407 h	0,394 h	0,385 h	0,375 h
			←								$x > d$
88	**1046,39**	M_{1500}	—	—	—	**69719**	**64487**	—	**59255**	—	**54023**
		M_{1200}	**71471**	**66239**	**61007**	**55775**	**51590**	**50543**	**47404**	**45311**	**43218**
	0,859	f_e	73,12	67,75	62,38	57,01	52,71	51,64	48,42	46,27	44,12
	10,74	z	*81,46*	*81,48*	*81,50*	*81,53*	*81,56*	*81,57*	*81,59*	*81,61*	*81,63*
		Steg M_{1500}	—	—	—	**36959**	**31799**	—	**26872**	—	**22207**
		Steg M_{1200}	**46381**	**40571**	**34957**	**29567**	**25439**	**24436**	**21498**	**19604**	**17766**
		Steg f_e	59,95	52,03	44,46	37,28	31,84	30,52	26,69	24,24	21,88
90	**1074,16**	M_{1500}	—	—	—	**71779**	**66408**	—	**61037**	—	**55666**
		M_{1200}	**73535**	**68164**	**62794**	**57423**	**53126**	**52052**	**48830**	**46681**	**44533**
	0,861	f_e	73,44	68,06	62,68	57,30	52,99	51,92	48,69	46,54	44,39
	1,076	z	*83,45*	*83,47*	*83,49*	*83,52*	*83,54*	*83,55*	*83,57*	*83,59*	*83,61*
		Steg M_{1500}	—	—	—	**39803**	**34305**	—	**29050**	—	**24068**
		Steg M_{1200}	**49735**	**43556**	**37582**	**31842**	**27444**	**26374**	**23240**	**21218**	**19255**
		Steg f_e	62,65	54,44	46,59	39,13	33,48	32,11	28,13	25,58	23,11
92	**1101,94**	M_{1500}	—	—	—	**73480**	**68330**	—	**62820**	—	**57311**
		M_{1200}	**75601**	**70091**	**64582**	**59072**	**54664**	**53562**	**50256**	**48052**	**45849**
	0,862	f_e	73,74	68,35	62,96	57,57	53,26	52,18	48,95	46,79	44,64
	1,078	z	*85,44*	*85,45*	*85,48*	*85,50*	*85,53*	*85,54*	*85,56*	*85,58*	*85,59*
		Steg M_{1500}	—	—	—	**42756**	**36910**	—	**31315**	—	**26007**
		Steg M_{1200}	**53209**	**46650**	**40304**	**34205**	**29527**	**28388**	**25052**	**22899**	**20805**
		Steg f_e	65,37	56,87	48,73	41,00 8	35,13	33,71	29,58	26,92	24,36
94	**1129,73**	M_{1500}	—	—	—	**75903**	**70254**	—	**64606**	—	**58957**
		M_{1200}	**77668**	**72020**	**66371**	**60722**	**56203**	**55074**	**51684**	**49425**	**47166**
	0,864	f_e	74,03	68,63	63,24	57,84	53,52	52,44	49,20	47,04	44,88
	1,080	z	*87,42*	*87,44*	*87,46*	*87,49*	*87,52*	*87,52*	*87,54*	*87,56*	*87,58*
		Steg M_{1500}	—	—	—	**45818**	**39606**	—	**33667**	—	**28022**
		Steg M_{1200}	**56803**	**49850**	**43125**	**36654**	**31688**	**30479**	**26934**	**24644**	**22419**
		Steg f_e	68,10	59,31	50,89	42,88	36,80	35,32	31,03	28,28	25,62
96	**1157,53**	M_{1500}	—	—	—	**77967**	**72180**	—	**66392**	—	**60604**
		M_{1200}	**79737**	**73949**	**68162**	**62374**	**57744**	**56586**	**53114**	**50799**	**48484**
	0,865	f_e	74,31	68,91	63,50	58,09	53,76	52,68	49,44	47,27	45,11
	1,082	z	*89,41*	*89,43*	*89,45*	*89,48*	*89,50*	*89,51*	*89,53*	*89,55*	*89,56*
		Steg M_{1500}	—	—	—	**48988**	**42409**	—	**36107**	—	**30116**
		Steg M_{1200}	**60517**	**53164**	**46043**	**39190**	**33927**	**32645**	**28885**	**26455**	**24092**
		Steg f_e	70,85	61,76	53,05	44,77	38,47	36,95	32,50	29,65	26,89
98	**1185,33**	M_{1500}	—	—	—	**80033**	**74107**	—	**68180**	—	**62253**
		M_{1200}	**81807**	**75880**	**69953**	**64027**	**59285**	**58100**	**54544**	**52173**	**49803**
	0,867	f_e	74,58	69,17	63,75	58,33	54,00	52,92	49,67	47,50	45,33
	1,083	z	*91,40*	*91,42*	*91,44*	*91,47*	*91,49*	*91,50*	*91,52*	*91,53*	*91,55*
		Steg M_{1500}	—	—	—	**52267**	**45306**	—	**38634**	—	**32286**
		Steg M_{1200}	**64352**	**56584**	**49059**	**41813**	**36245**	**34888**	**30907**	**28334**	**25829**
		Steg f_e	73,60	64,22	55,23	46,67	40,16	38,58	33,98	31,03	28,17
			←								$x > d$

Plattenbalken Tafel 58

und 1200 kg/cm² $d = 14$ cm

Steg $\begin{cases} M_{1500} \\ M_{1200} \\ f_e \end{cases}$ M_{1500} = durch je 1 m Breite des Steges aufnehmb. Moment in kgm bei $\sigma_e = 1500$ kg/cm²;
M_{1200} = durch je 1 m Breite des Steges aufnehmb. Moment in kgm bei $\sigma_e = 1200$ kg/cm²;
f_e = Zugeisenqu„rschnitt in cm² entspr. den Druckspannungen im Steg je 1 m Breite;
d = Druckplattendicke in cm;
h = Nutzhöhr in cm;
x = Nullinienabstand.

worin b = Druckplattenbreite in m und b_0 = Stegbreite in m bedeuten.
Spannungen im Steg: $F_e = b \cdot f_{e\,\text{Platte}} + b_0 \cdot f_{e\,\text{Steg}}$.

$h = 88—98$ cm

σ_b									σ_e	h
55 44	**50** 40	45 36	**40** 32	35 28	30 24	25 20	20 16	15 12	**1500** **1200**	
0,355 h	0,333 h	0,310 h	0,286 h	0,259 h	0,231 h	0,200 h	0,167 h	0,130 h	x	cm
								←$x \leqq d$→		
48791	**43559**	**38327**	**33095**	**27863**	**22631**	**17399**	**12167**	**7246**	M_{1500}	**88**
39033	**34847**	**30662**	**26476**	**22291**	**18105**	**13919**	**9734**	**5797**	M_{1200}	
39,83	35,53	31,23	26,94	22,64	18,35	14,05	9,76	5,74	f_e	
81,67	*81,73*	*81,80*	*81,90*	*82,03*	*82,23*	*82,54*	*83,13*	*84,17*	z	
17637	**13804**	**10154**	**6942**	**4235**	—	—	—	—	Steg M_{1500}	
14270	**11043**	**8122**	**5554**	**3389**	—	—	—	—	Steg M_{1200}	
17,42	13,36	9,73	6,58	3,97	—	—	—	—	Steg f_e	
50295	**44924**	**39354**	**34183**	**28812**	**23441**	**18070**	**12700**	**7579**	M_{1500}	**90**
40236	**35940**	**31643**	**27346**	**23050**	**18753**	**14456**	**10160**	**6064**	M_{1200}	
40,08	35,78	31,47	27,17	22,87	18,56	14,26	9,96	5,87	f_e	
83,66	*83,71*	*83,78*	*83,87*	*84,00*	*84,19*	*84,48*	*85,04*	*86,09*	z	
19396	**15076**	**11155**	**7695**	**4762**	**2441**	—	—	—	Steg M_{1500}	
15517	**12060**	**8924**	**6156**	**3809**	**1952**	—	—	—	Steg M_{1200}	
18,47	14,22	10,42	7,12	4,36	2,21	—	—	—	Steg f_e	
51801	**46291**	**40782**	**35272**	**29762**	**24252**	**18743**	**13233**	**7920**	M_{1500}	**92**
41441	**37033**	**32625**	**28218**	**23810**	**19402**	**14994**	**10586**	**6336**	M_{1200}	
40,33	36,01	31,70	27,39	23,08	18,77	14,46	10,14	6,00	f_e	
85,64	*85,69*	*85,76*	*85,85*	*85,97*	*86,15*	*86,43*	*86,96*	*88,00*	z	
21022	**16405**	**12206**	**8487**	**5321**	**2793**	—	—	—	Steg M_{1500}	
16848	**13124**	**9765**	**6790**	**4256**	**2234**	—	—	—	Steg M_{1200}	
19,52	15,10	11,12	7,66	4,75	2,46	—	—	—	Steg f_e	
53308	**47660**	**42011**	**36362**	**30714**	**25065**	**19416**	**13768**	**8268**	M_{1500}	**94**
42647	**38128**	**33609**	**29090**	**24571**	**20052**	**15533**	**11014**	**6614**	M_{1200}	
40,56	36,24	31,92	27,60	23,28	18,96	14,65	10,33	6,13	f_e	
87,62	*87,67*	*87,74*	*87,82*	*87,94*	*88,11*	*88,38*	*88,88*	*89,91*	z	
22716	**17792**	**13306**	**9321**	**5911**	**3168**	—	—	—	Steg M_{1500}	
18172	**14233**	**10645**	**7456**	**4729**	**2535**	—	—	—	Steg M_{1200}	
20,59	15,98	11,84	8,21	5,15	2,73	—	—	—	Steg f_e	
54817	**49029**	**43242**	**37454**	**31666**	**25879**	**20091**	**14303**	**8624**	M_{1500}	**96**
43853	**39223**	**34593**	**29963**	**25333**	**20703**	**16073**	**11443**	**6899**	M_{1200}	
40,78	36,46	32,13	27,81	23,48	19,15	14,83	10,50	6,26	f_e	
89,60	*89,65*	*89,72*	*89,80*	*89,91*	*90,08*	*90,34*	*90,81*	*91,83*	z	
24476	**19238**	**14454**	**10193**	**6534**	**3569**	—	—	—	Steg M_{1500}	
19582	**15390**	**11564**	**8155**	**5233**	**2855**	—	—	—	Steg M_{1200}	
21,67	16,88	12,56	8,77	5,56	3,00	—	—	—	Steg f_e	
56327	**50400**	**44473**	**38547**	**32620**	**26693**	**20767**	**14840**	**8987**	M_{1500}	**98**
45061	**40320**	**35579**	**30837**	**26096**	**21355**	**16613**	**11872**	**7189**	M_{1200}	
41,00	36,67	32,33	28,00	23,67	19,33	15,00	10,67	6,39	f_e	
91,59	*91,64*	*91,70*	*91,78*	*91,89*	*92,05*	*92,30*	*92,75*	*93,74*	z	
26305	**20741**	**15652**	**11106**	**7188**	**3994**	—	—	—	Steg M_{1500}	
21044	**16593**	**12521**	**8886**	**5750**	**3195**	—	—	—	Steg M_{1200}	
22,75	17,78	13,29	9,33	5,98	3,28	—	—	—	Steg f_e	
								←$x \leqq d$→		

Tafel für

$d = 14$ cm

bei $\sigma_e = 1500$

M_{1500} = Moment in kgm auf 1 m Druckplattenbreite bei $\sigma_e = 1500$ kg/cm² ⎫ ohne Berücksichtigung der Spannungen im Steg;
M_{1200} = Moment in kgm auf 1 m Druckplattenbreite bei $\sigma_e = 1200$ kg/cm²
f_e = Zugeisenquerschnitt in cm² auf 1 m Druckplattenbreite
z = Abstand des Druckmittelpunktes vom Zugmittelpunkt in cm ⎭
ΔM = Momentendifferenz bei Änderung von σ_b um 1 kg/cm² (gültig nur wenn $x > d$);
Δf_{e1500} bzw. Δf_{e1200} = Differenz der Zugbewehrung bei Änderung von σ_b um 1 kg/cm² für $\sigma_e = 1500$ bzw. $\sigma_e = 1200$ kg/cm² (gültig nur wenn $x > d$);
Gesamtmoment bei Berücksichtigung der Spannungen im Steg: $M = b \cdot M_{\text{Platte}} + b_0 \cdot M_{\text{Steg}}$,

$h = 100$—125 cm

Zugeisenquerschnitt bei Berücksichtigung der

h	ΔM / Δf_{e1500} / Δf_{e1200}	σ_e 1500 / 1200	σ_b — / 75	— / 70	— / 65	75 / 60	70 / 56	— / 55	65 / 52	— / 50	60 / 48
cm		x	0,484 h	0,467 h	0,448 h	0,429 h	0,412 h	0,407 h	0,394 h	0,385 h	0,375 h
			←								$x > d$
		M_{1500}	—	—	—	82101	76035	—	69969	—	63903
	1213,15	M_{1200}	83878	77812	71746	65681	60828	59615	55975	53549	51123
100	0,868	f_e	74,84	69,42	63,99	58,57	54,23	53,14	49,89	47,72	45,55
	1,085	z	93,40	93,41	93,43	93,46	93,48	93,48	93,50	93,52	93,54
		Steg M_{1500}	—	—	—	55654	48302	—	41249	—	34535
		Steg M_{1200}	68307	60114	52174	44523	38641	37207	32999	30277	27627
		Steg f_e	76,37	66,69	57,42	48,58	41,85	40,22	35,47	32,41	29,45
		M_{1500}	—	—	—	87274	80861	—	74447	—	68034
	1282,71	M_{1200}	89060	82647	76233	69820	64689	63406	59558	56992	54427
105	0,871	f_e	75,44	70,00	64,56	59,11	54,76	53,67	50,40	48,22	46,04
	1,089	z	98,37	98,39	98,41	98,43	98,45	98,46	98,48	98,49	98,50
		Steg M_{1500}	—	—	—	64601	56220	—	48171	—	40493
		Steg M_{1200}	78724	69416	60389	51680	44976	43340	38537	35421	32395
		Steg f_e	83,33	72,92	62,92	53,39	46,13	44,37	39,22	35,91	32,71
		M_{1500}	—	—	—	92455	85694	—	78932	—	72170
	1352,32	M_{1200}	94249	87487	80726	73964	68555	67203	63146	60441	57736
110	0,874	f_e	75,99	70,53	65,07	59,61	55,24	54,14	50,87	48,68	46,50
	1,092	z	103,35	103,37	103,39	103,41	103,43	103,43	103,45	103,46	103,48
		Steg M_{1500}	—	—	—	74229	64754	—	55642	—	46939
		Steg M_{1200}	89895	79403	69217	59383	51803	49952	44514	40989	37552
		Steg f_e	90,34	79,19	68,48	58,25	50,45	48,56	43,02	39,46	36,00
		M_{1500}	—	—	—	97642	90532	—	83422	—	76313
	1421,96	M_{1200}	99443	92333	85223	78114	72426	71004	66738	63894	61050
115	0,877	f_e	76,49	71,01	65,54	60,06	55,68	54,58	51,29	49,10	46,91
	1,096	z	108,34	108,35	108,37	108,39	108,40	108,41	108,43	108,44	108,45
		Steg M_{1500}	—	—	—	84539	73903	—	63664	—	53871
		Steg M_{1200}	101822	90074	78661	67631	59122	57043	50931	46966	43097
		Steg f_e	97,40	85,51	74,08	63,16	54,81	52,79	46,86	43,05	39,34
		M_{1500}	—	—	—	102834	95376	—	87918	—	80460
	1491,62	M_{1200}	104641	97183	89725	82267	76301	74809	70334	67351	64368
120	0,879	f_e	76,95	71,46	65,97	60,47	56,08	54,98	51,68	49,49	47,29
	1,099	z	113,32	113,33	113,35	113,37	113,39	113,39	113,41	113,42	113,43
		Steg M_{1500}	—	—	—	95533	83669	—	72237	—	61290
		Steg M_{1200}	114505	101430	88720	76427	66935	64615	57789	53359	49032
		Steg f_e	104,50	91,88	79,72	68,10	59,22	57,06	50,74	46,67	42,71
		M_{1500}	—	—	—	108030	100220	—	92417	—	84611
	1561,32	M_{1200}	109844	102040	94231	86424	80179	78618	73934	70811	67689
125	0,881	f_e	77,37	71,87	66,36	60,85	56,45	55,35	52,04	49,84	47,64
	1,101	z	118,31	118,32	118,33	118,35	118,37	118,37	118,39	118,40	118,41
		Steg M_{1500}	—	—	—	107212	94052	—	81361	—	66198
		Steg M_{1200}	127945	113471	99394	85770	75242	72667	65089	60168	55358
		Steg f_e	111,64	98,27	85,40	73,08	63,65	61,36	54,65	50,32	46,11
			←								$x > d$

und 1200 kg/cm² $d = 14$ cm

Steg $\begin{cases} M_{1500} \\ M_{1200} \\ f_e \end{cases}$ M_{1500} = durch je 1 m Breite des Steges aufnehmb. Moment in kgm bei $\sigma_e = 1500\ \text{kg/cm}^2$;
M_{1200} = durch je 1 m Breite des Steges aufnehmb. Moment in kgm bei $\sigma_e = 1200\ \text{kg/cm}^2$;
f_e = Zugeisenquerschnitt in cm² entspr. den Druckspannungen im Steg je 1 m Breite;
d = Druckplattendicke in cm;
h = Nutzhöhe in cm;
x = Nullinienabstand.

worin b = Druckplattenbreite in m und b_0 = Stegbreite in m bedeuten.
Spannungen im Steg: $F_e = b \cdot f_{e\,\text{Platte}} + b_0 \cdot f_{e\,\text{Steg}}$. $h = 100$—125 cm

σ_b									σ_e	h
55 44	**50** **40**	45 36	**40** 32	35 28	30 24	25 20	20 16	15 12	**1500** **1200**	
0,355 h	0,333 h	0,310 h	0,286 h	0,259 h	0,231 h	0,200 h	0,167 h	0,130 h	x	cm
								←$x \leq d$→		
57838	**51772**	**45706**	**39641**	**33575**	**27509**	**21443**	**15378**	**9357**	M_{1500}	
46270	**41418**	**36565**	**31712**	**26860**	**22007**	**17155**	**12302**	**7486**	M_{1200}	
41,21	36,87	32,53	28,19	23,85	19,51	15,17	10,83	6,52	f_e	
93,57	*93,62*	*93,68*	*93,76*	*93,86*	*94,02*	*94,26*	*94,69*	*95,65*	z	**100**
28201	**22302**	**16898**	**12060**	**7874**	**4444**	—	—	—	Steg M_{1500}	
22562	**17841**	**13518**	**9649**	**6300**	**3555**	—	—	—	Steg M_{1200}	
23,85	18,69	14,03	9,91	6,40	3,57	—	—	—	Steg f_e	
61620	**55207**	**48793**	**42380**	**35966**	**29552**	**23139**	**16725**	**10316**	M_{1500}	
49296	**44165**	**39034**	**33904**	**28773**	**23642**	**18511**	**13380**	**8253**	M_{1200}	
41,69	37,33	32,98	28,62	24,27	19,91	15,56	11,20	6,85	f_e	
98,54	*98,58*	*98,64*	*98,71*	*98,81*	*98,95*	*99,17*	*99,56*	*100,43*	z	**105**
33238	**26460**	**20228**	**14620**	**9732**	**5676**	**2586**	—	—	Steg M_{1500}	
26590	**21168**	**16183**	**11696**	**7785**	**4540**	**2069**	—	—	Steg M_{1200}	
26,62	21,00	15,90	11,38	7,49	4,32	1,94	—	—	Steg f_e	
65409	**58647**	**51886**	**45124**	**38363**	**31601**	**24839**	**18078**	**11316**	M_{1500}	
52327	**46918**	**41509**	**36099**	**30690**	**25281**	**19872**	**14462**	**9053**	M_{1200}	
42,13	37,76	33,39	29,02	24,65	20,28	15,91	11,54	7,17	f_e	
103,51	*103,55*	*103,60*	*103,67*	*103,76*	*103,89*	*104,09*	*104,44*	*105,22*	z	**110**
38698	**30983**	**23765**	**17434**	**11791**	**7062**	**3394**	—	—	Steg M_{1500}	
30959	**24786**	**19092**	**13947**	**9433**	**5649**	**2715**	—	—	Steg M_{1200}	
29,43	23,35	17,82	12,89	8,62	5,11	2,42	—	—	Steg f_e	
69203	**62093**	**54983**	**47874**	**40764**	**33654**	**26544**	**19434**	**12325**	M_{1500}	
55362	**49674**	**43987**	**38299**	**32611**	**26923**	**21235**	**15548**	**9860**	M_{1200}	
42,53	38,14	33,76	29,38	25,00	20,61	16,23	11,85	7,47	f_e	
108,48	*108,52*	*108,57*	*108,63*	*108,72*	*108,84*	*109,02*	*109,34*	*110,04*	z	**115**
44583	**35870**	**27811**	**20501**	**14053**	**8603**	**4314**	—	—	Steg M_{1500}	
35667	**28696**	**22248**	**16400**	**11243**	**6883**	**3452**	—	—	Steg M_{1200}	
32,28	25,74	19,77	15,43	9,79	5,92	2,93	—	—	Steg f_e	
73001	**65543**	**58085**	**50627**	**43169**	**35711**	**28253**	**20795**	**13337**	M_{1500}	
58401	**52435**	**46468**	**40502**	**34535**	**28569**	**22602**	**16636**	**10669**	M_{1200}	
42,89	38,50	34,11	29,71	25,32	20,92	16,53	12,13	7,74	f_e	
113,46	*113,49*	*113,54*	*113,60*	*113,68*	*113,79*	*113,96*	*114,26*	*114,89*	z	**120**
50895	**41124**	**32065**	**23822**	**16518**	**10301**	**5347**	—	—	Steg M_{1500}	
40716	**32898**	**25652**	**19057**	**13215**	**8240**	**4278**	—	—	Steg M_{1200}	
35,17	28,17	21,76	16,00	10,98	6,77	3,47	—	—	Steg f_e	
76804	**68998**	**61191**	**53384**	**45578**	**37771**	**29965**	**22158**	**14351**	M_{1500}	
61443	**55198**	**48953**	**42708**	**36462**	**30217**	**23972**	**17726**	**11481**	M_{1200}	
43,23	38,83	34,42	30,02	25,61	21,21	16,80	12,39	7,99	f_e	
118,44	*118,47*	*118,51*	*118,57*	*118,64*	*118,75*	*118,91*	*119,18*	*119,76*	z	**125**
57632	**46743**	**36628**	**27398**	**19187**	**12155**	**6493**	**2437**	—	Steg M_{1500}	
46107	**37395**	**29302**	**21918**	**15350**	**9724**	**5195**	**1950**	—	Steg M_{1200}	
38,09	30,62	23,77	17,60	12,20	7,64	4,03	1,49	—	Steg f_e	

Tafel 60 **Tafel für**

$d = 14$ cm bei $\sigma_e = 1500$

M_{1500} = Moment in kgm auf 1 m Druckplattenbreite bei $\sigma_e = 1500$ kg/cm² ⎫ ohne Berück-
M_{1200} = Moment in kgm auf 1 m Druckplattenbreite bei $\sigma_e = 1200$ kg/cm² ⎬ sichtigung der
f_e = Zugeisenquerschnitt in cm² auf 1 m Druckplattenbreite ⎪ Spannungen
z = Abstand des Druckmittelpunktes vom Zugmittelpunkt in cm ⎭ im Steg;
ΔM = Momentendifferenz bei Änderung von σ_b um 1 kg/cm² (gültig nur wenn $x > d$);
Δf_{e1500} bzw. Δf_{e1200} = Differenz der Zugbewehrung bei Änderung von σ_b um 1 kg/cm² für $\sigma_e = 1500$ bzw. $\sigma_e = 1200$ kg/cm² (gültig nur wenn $x > d$);
Gesamtmoment bei Berücksichtigung der Spannungen im Steg: $M = b \cdot M_{\text{Platte}} + b_0 \cdot M_{\text{Steg}}$,
Zugeisenquerschnitt bei Berücksichtigung der

$h = 130$—140 cm

h	ΔM / $\Delta f_{e\,1500}$ / $\Delta f_{e\,1200}$	σ_e 1500 / 1200	σ_b								
			— / 75	— / 70	— / 65	75 / 60	70 / 56	— / 55	65 / 52	— / 50	60 / 48
cm		x	0,484 h	0,467 h	0,448 h	0,429 h	0,412 h	0,407 h	0,394 h	0,385 h	0,375 h
			←								$x > d$
	1631,04	M_{1500}	—	—	—	113231	105070	—	96921	—	88766
	0,883	M_{1200}	115051	106900	98740	90585	84061	82430	77537	74275	71013
130	1,104	f_e	77,76	72,24	66,72	61,21	56,79	55,69	52,37	50,17	47,96
		z	*123,29*	*123,30*	*123,32*	*123,34*	*123,35*	*123,35*	*123,37*	*123,38*	*123,39*
		Steg M_{1500}	—	—	—	119575	105050	—	91038	—	77593
		Steg M_{1200}	142142	126200	110680	95660	84042	81199	72830	67392	62075
		Steg f_e	118,81	104,70	91,11	78,08	68,11	65,69	58,59	54,00	49,54
	1700,78	M_{1500}	—	—	—	118436	109930	—	101430	—	92924
	0,885	M_{1200}	120260	111760	103250	94749	87945	86245	81142	77741	74339
135	1,106	f_e	78,12	72,59	67,06	61,53	57,11	56,00	52,68	50,47	48,26
		z	*128,28*	*128,29*	*128,31*	*128,32*	*128,34*	*128,34*	*128,35*	*128,36*	*128,37*
		Steg M_{1500}	—	—	—	132623	116670	—	101270	—	86478
		Steg M_{1200}	157097	139610	122590	106100	93338	90214	81014	75033	69183
		Steg f_e	126,01	111,16	96,84	83,11	72,60	70,04	62,55	57,70	52,99
	1770,53	M_{1500}	—	—	—	123643	114790	—	105940	—	97085
	0,887	M_{1200}	125473	116620	107770	98915	91833	90062	84750	81209	77668
140	1,108	f_e	78,46	72,92	67,38	61,83	57,40	56,29	52,97	50,75	48,53
		z	*133,27*	*133,28*	*133,29*	*133,31*	*133,32*	*133,33*	*133,34*	*133,35*	*133,36*
		Steg M_{1500}	—	—	—	146357	128900	—	112050	—	95853
		Steg M_{1200}	172810	153710	135120	117080	103130	99709	89640	83091	76682
		Steg f_e	133,24	117,64	102,60	88,17	77,11	74,42	66,53	61,43	56,47
			←								$x > d$

und 1200 kg/cm² $d = 14$ cm

Steg $\begin{cases} M_{1500} = \text{durch je 1 m Breite des Steges aufnehmb. Moment in kgm bei } \sigma_e = 1500 \text{ kg/cm}^2; \\ M_{1200} = \text{durch je 1 m Breite des Steges aufnehmb. Moment in kgm bei } \sigma_e = 1200 \text{ kg/cm}^2; \\ f_e = \text{Zugeisenquerschnitt in cm}^2 \text{ entspr. den Druckspannungen im Steg je 1 m Breite;} \end{cases}$

d = Druckplattendicke in cm;
h = Nutzhöhe in cm;
x = Nullinienabstand.

worin b = Druckplattenbreite in m und b_0 = Stegbreite in m bedeuten.
Spannungen im Steg: $F_e = b \cdot f_{e\,\text{Platte}} + b_0 \cdot f_{e\,\text{Steg}}$. $h = 130$—140 cm

σ_b									σ_e	h
55 44	50 40	45 36	40 32	35 28	30 24	25 20	20 16	15 12	1500 1200	
0,355 h	0,333 h	0,310 h	0,286 h	0,259 h	0,231 h	0,200 h	0,167 h	0,130 h	x	cm
80611	**72455**	**64300**	**56145**	**47990**	**39835**	**31679**	**23524**	**15369**	M_{1500}	
64488	**57964**	**51440**	**44916**	**38392**	**31868**	**25344**	**18819**	**12295**	M_{1200}	
43,54	39,13	34,71	30,30	25,88	21,47	17,05	12,64	8,22	f_e	**130**
123,42	*123,45*	*123,49*	*123,54*	*123,61*	*123,71*	*123,86*	*124,11*	*124,64*	z	
64795	**52730**	**41501**	**31229**	**22060**	**14165**	**7754**	**3078**	—	Steg M_{1500}	
51837	**42184**	**33201**	**24983**	**17648**	**11332**	**6203**	**2462**	—	Steg M_{1200}	
41,03	33,09	25,80	19,23	13,44	8,53	4,62	1,81	—	Steg f_e	
84420	**75916**	**67412**	**58909**	**50405**	**41901**	**33397**	**24893**	**16389**	M_{1500}	
67536	**60733**	**53930**	**47127**	**40324**	**33521**	**26718**	**19914**	**13111**	M_{1200}	
43,83	39,41	34,98	30,56	26,13	21,71	17,28	12,86	8,43	f_e	**135**
128,40	*128,43*	*128,47*	*128,52*	*128,58*	*128,68*	*128,82*	*129,05*	*129,54*	z	
72386	**59084**	**46674**	**35315**	**25137**	**16333**	**9128**	**3795**	—	Steg M_{1500}	
57909	**47267**	**37347**	**28253**	**20109**	**13066**	**7302**	**3036**	—	Steg M_{1200}	
43,99	35,59	27,86	20,87	14,70	9,45	5,22	2,14	—	Steg f_e	
88233	**79380**	**70527**	**61675**	**52822**	**43969**	**35117**	**26264**	**17411**	M_{1500}	
70586	**63504**	**56422**	**49340**	**42258**	**35175**	**28093**	**21011**	**13929**	M_{1200}	
44,10	39,67	35,23	30,80	26,37	21,93	17,50	13,07	8,63	f_e	**140**
133,38	*133,41*	*133,45*	*133,49*	*133,56*	*133,65*	*133,78*	*134,00*	*134,45*	z	
80403	**65805**	**52177**	**39658**	**28419**	**18658**	**10616**	**4588**	—	Steg M_{1500}	
64323	**52646**	**41741**	**31727**	**22735**	**14927**	**8494**	**3670**	—	Steg M_{1200}	
46,98	38,11	29,94	22,53	15,98	10,37	5,83	2,49	—	Steg f_e	

$d = 15$ cm bei $\sigma_e = 1500$

M_{1500} = Moment in kgm auf 1 m Druckplattenbreite bei $\sigma_e = 1500$ kg/cm²
M_{1200} = Moment in kgm auf 1 m Druckplattenbreite bei $\sigma_e = 1200$ kg/cm²
f_e = Zugeisenquerschnitt in cm² auf 1 m Druckplattenbreite
} ohne Berücksichtigung der Spannungen im Steg;
ΔM = Momentendifferenz bei Änderung von σ_b um 1 kg/cm² (gültig nur wenn $x > d$);

$h = 34$—52 cm

h	ΔM $\Delta f_{e\,1500}$ $\Delta f_{e\,1200}$	σ_e	σ_b								
		1500 1200	— 75	— 70	— 65	75 60	70 56	— 55	65 52	— 50	60 48
cm		x	0,484 h	0,467 h	0,448 h	0,429 h	0,412 h	0,407 h	0,394 h	0,385 h	0,375 h
			← $x > d$ →								
34	318,09 0,779 0,974	M_{1500} M_{1200} f_e z	— 17504 51,01 28,59	— 15913 46,14 28,74	— 14323 41,27 28,92	15924 12740 36,43 29,14	14373 11499 32,67 29,33	— 11193 31,74 29,38	12857 10285 29,02 29,54	— 9690 27,24 29,64	11379 9104 25,50 29,75
36	346,25 0,792 0,990	M_{1500} M_{1200} f_e z	— 19469 53,39 30,39	— 17738 48,44 30,52	— 16006 43,49 30,67	17840 14275 38,54 30,86	16114 12891 34,59 31,06	— 12548 33,61 31,11	14414 11531 30,73 31,27	— 10864 28,85 31,38	12758 10206 27,00 31,50
38	374,61 0,803 1,003	M_{1500} M_{1200} f_e z	— 21464 55,52 32,22	— 19591 50,49 32,33	— 17718 45,48 32,47	19806 15845 40,46 32,63	17933 14346 36,45 32,80	— 13972 35,44 32,85	16060 12848 32,43 33,01	— 12105 30,45 33,13	14214 11372 28,50 33,25
40	403,13 0,813 1,016	M_{1500} M_{1200} f_e z	— 23484 57,42 34,08	— 21469 52,34 34,18	— 19453 47,27 34,30	21797 17438 42,19 34,44	19781 15825 38,13 34,59	— 15422 37,11 34,63	17766 14213 34,06 34,77	— 13406 32,03 34,88	15750 12600 30,00 35,00
42	431,79 0,821 1,027	M_{1500} M_{1200} f_e z	— 25527 59,15 35,96	— 23368 54,02 36,05	— 21209 48,88 36,16	23813 19050 43,75 36,29	21654 17323 39,64 36,41	— 16891 38,62 36,45	19495 15596 35,54 36,57	— 14732 33,48 36,67	17336 13869 31,43 36,77
44	460,57 0,830 1,037	M_{1500} M_{1200} f_e z	— 27588 60,72 37,86	— 25285 55,54 37,94	— 22982 50,36 38,03	25849 20680 45,17 38,15	23547 18837 41,02 38,27	— 18377 39,99 38,30	21244 16995 36,88 38,41	— 16074 34,80 38,49	18941 15153 32,73 38,58
46	489,46 0,837 1,046	M_{1500} M_{1200} f_e z	— 29666 62,16 39,77	— 27218 56,93 39,84	— 24771 51,70 39,93	27905 22324 46,47 40,04	25458 20366 42,28 40,14	— 19877 41,24 40,17	23010 18408 38,10 40,27	— 17429 36,01 40,34	20563 16450 33,91 40,42
48	518,44 0,844 1,055	M_{1500} M_{1200} f_e z	— 31758 63,48 41,69	— 29166 58,20 41,76	— 26573 52,93 41,84	29977 23981 47,66 41,93	27384 21908 43,44 42,03	— 21389 42,38 42,06	24792 19834 39,22 42,14	— 18797 37,11 42,21	22200 17760 35,00 42,29
50	547,50 0,850 1,063	M_{1500} M_{1200} f_e z	— 33863 64,69 43,62	— 31125 59,38 43,68	— 28388 54,06 43,76	32063 25650 48,75 43,85	29325 23460 44,50 43,93	— 22913 43,44 43,96	26588 21270 40,25 44,04	— 20175 38,13 44,10	23850 19080 36,00 44,17
52	576,63 0,856 1,070	M_{1500} M_{1200} f_e z	— 35978 65,81 45,56	— 33095 60,46 45,62	— 30212 55,11 45,69	34161 27329 49,76 45,77	31278 25022 45,48 45,85	— 24446 44,41 45,87	28395 22716 41,20 45,94	— 21563 39,06 46,00	25512 20409 36,92 46,06
			← $x > d$ →								

und 1200 kg/cm² $d = 15$ cm

$\Delta f_{e\,1500}$ bzw. $\Delta f_{e\,1200}$ = Differenz der Zugbewehrung bei Änderung von σ_b um 1 kg/cm² für $\sigma_e = 1500$ bzw. $\sigma_e = 1200$ kg/cm² (gültig nur wenn $x > d$);
d = Druckplattendicke in cm;
h = Nutzhöhe in cm; x = Nullinienabstand;
z = Abstand des Druckmittelpunktes vom Zugmittelpunkt in cm.

$h = 34$—52 cm

σ_b									σ_e	h
55 44	50 40	45 36	40 32	35 28	30 24	25 20	20 16	15 12	1500 1200	
0,355 h	0,333 h	0,310 h	0,286 h	0,259 h	0,231 h	0,200 h	0,167 h	0,130 h	x	cm
$x \leq d$ →										
9946	**8563**	**7237**	**5977**	**4792**	**3694**	**2697**	**1820**	**1082**	M_{1500}	**34**
7957	**6850**	**5790**	**4781**	**3833**	**2955**	**2158**	**1456**	**865**	M_{1200}	
22,12	18,89	15,83	12,95	10,28	7,85	5,67	3,78	2,22	f_e	
29,98	*30,22*	*30,48*	*30,76*	*31,06*	*31,38*	*31,73*	*32,11*	*32,52*	z	
11151	**9600**	**8113**	**6700**	**5372**	**4141**	**3024**	**2040**	**1213**	M_{1500}	**36**
8921	**7680**	**6491**	**5360**	**4297**	**3313**	**2419**	**1632**	**970**	M_{1200}	
23,42	20,00	16,76	13,71	10,89	8,31	6,00	4,00	2,35	f_e	
31,74	*32,00*	*32,28*	*32,57*	*32,89*	*33,23*	*33,60*	*34,00*	*34,43*	z	
12424	**10696**	**9040**	**7466**	**5985**	**4614**	**3369**	**2273**	**1351**	M_{1500}	**38**
9939	**8557**	**7232**	**5972**	**4788**	**3691**	**2695**	**1818**	**1081**	M_{1200}	
24,72	21,11	17,69	14,48	11,49	8,77	6,33	4,22	2,48	f_e	
33,51	*33,78*	*34,07*	*34,38*	*34,72*	*35,08*	*35,47*	*35,89*	*36,35*	z	
13766	**11852**	**10017**	**8272**	**6632**	**5112**	**3733**	**2516**	**1497**	M_{1500}	**40**
11013	**9481**	**8013**	**6618**	**5306**	**4090**	**2987**	**2015**	**1198**	M_{1200}	
26,02	22,22	18,62	15,24	12,10	9,23	6,67	4,44	2,61	f_e	
35,27	*36,56*	*35,86*	*36,19*	*36,54*	*36,92*	*37,33*	*37,78*	*38,26*	z	
15177	**13067**	**11043**	**9120**	**7312**	**5636**	**4116**	**2777**	**1651**	M_{1500}	**42**
12142	**10453**	**8835**	**7296**	**5849**	**4509**	**3293**	**2221**	**1320**	M_{1200}	
27,32	23,33	19,55	16,00	12,70	9,69	7,00	4,67	2,74	f_e	
37,03	*37,33*	*37,66*	*38,00*	*38,37*	*38,77*	*39,20*	*39,67*	*40,17*	z	
16638	**14341**	**12120**	**10009**	**8025**	**6186**	**4517**	**3047**	**1812**	M_{1500}	**44**
13310	**11473**	**9696**	**8007**	**6420**	**4949**	**3614**	**2438**	**1449**	M_{1200}	
28,58	24,44	20,48	16,76	13,31	10,15	7,33	4,89	2,87	f_e	
38,81	*39,11*	*39,45*	*39,81*	*40,20*	*40,62*	*41,07*	*41,56*	*42,09*	z	
18116	**15668**	**13247**	**10940**	**8771**	**6761**	**4937**	**3331**	**1980**	M_{1500}	**46**
14493	**12535**	**10598**	**8752**	**7017**	**5409**	**3950**	**2665**	**1584**	M_{1200}	
29,73	25,54	21,41	17,52	13,91	10,62	7,67	5,11	3,00	f_e	
40,63	*40,89*	*41,24*	*41,62*	*42,02*	*42,46*	*42,93*	*43,44*	*44,00*	z	
19608	**17016**	**14424**	**11912**	**9550**	**7362**	**5376**	**3627**	**2156**	M_{1500}	**48**
15686	**13613**	**11539**	**9529**	**7640**	**5890**	**4301**	**2901**	**1725**	M_{1200}	
30,78	26,56	22,34	18,29	14,52	11,08	8,00	5,33	3,13	f_e	
42,47	*42,71*	*43,03*	*43,43*	*43,85*	*44,31*	*44,80*	*45,33*	*45,91*	z	
21113	**18375**	**15638**	**12925**	**10362**	**7988**	**5833**	**3935**	**2339**	M_{1500}	**50**
16890	**14700**	**12510**	**10340**	**8290**	**6391**	**4667**	**3148**	**1871**	M_{1200}	
31,75	27,50	23,25	19,05	15,12	11,54	8,33	5,56	3,26	f_e	
44,33	*44,55*	*44,84*	*45,24*	*45,68*	*46,15*	*46,67*	*47,22*	*47,83*	z	
22628	**19745**	**16862**	**13980**	**11208**	**8640**	**6309**	**4256**	**2530**	M_{1500}	**52**
18103	**15796**	**13490**	**11184**	**8966**	**6912**	**5047**	**3405**	**2024**	M_{1200}	
32,64	28,37	24,09	19,81	15,73	12,00	8,67	5,78	3,39	f_e	
46,21	*46,41*	*46,67*	*47,05*	*47,51*	*48,00*	*48,53*	*49,11*	*49,74*	z	
→		←			$x \leq d$			→		

$d = 15$ cm bei $\sigma_e = 1500$

M_{1500} = Moment in kgm auf 1 m Druckplattenbreite bei $\sigma_e = 1500$ kg/cm²
M_{1200} = Moment in kgm auf 1 m Druckplattenbreite bei $\sigma_e = 1200$ kg/cm²
f_e = Zugeisenquerschnitt in cm² auf 1 m Druckplattenbreite
} ohne Berücksichtigung der Spannungen im Steg;
ΔM = Momentendifferenz bei Änderung von σ_b um 1 kg/cm² (gültig nur wenn $x > d$);

$h = 54$—72 cm

h	ΔM / $\Delta f_{e\,1500}$ / $\Delta f_{e\,1200}$	σ_e	σ_b								
		1500	—	—	—	75	70	—	65	—	60
		1200	75	70	65	60	56	55	52	50	48
cm		x	$0{,}484h$	$0{,}467h$	$0{,}448h$	$0{,}429h$	$0{,}412h$	$0{,}407h$	$0{,}394h$	$0{,}385h$	$0{,}375h$
			←						$x > d$		
54	**605,83**	M_{1500}	—	—	—	**36271**	**33242**	—	**30213**	—	**27183**
	0,861	M_{1200}	**38104**	**35075**	**32046**	**29017**	**26593**	**25987**	**24170**	**22958**	**21747**
	1,076	f_e	66,84	61,46	56,08	50,69	46,39	45,31	42,08	39,93	37,78
		z	*47,51*	*47,56*	*47,62*	*47,70*	*47,77*	*47,79*	*47,86*	*47,91*	*47,97*
56	**635,09**	M_{1500}	—	—	—	**38391**	**35215**	—	**32040**	—	**28864**
	0,866	M_{1200}	**40239**	**37063**	**33888**	**30713**	**28172**	**27537**	**25632**	**24362**	**23091**
	1,083	f_e	67,80	62,39	56,98	51,56	47,23	46,15	42,90	40,74	38,57
		z	*49,46*	*49,51*	*49,57*	*49,64*	*49,71*	*49,72*	*49,79*	*49,84*	*49,89*
58	**664,40**	M_{1500}	—	—	—	**40519**	**37197**	—	**33875**	—	**30553**
	0,871	M_{1200}	**42381**	**39059**	**35738**	**32416**	**29758**	**29094**	**27100**	**25772**	**24443**
	1,088	f_e	68,70	63,25	57,81	52,37	48,02	46,93	43,66	41,49	39,31
		z	*51,41*	*51,46*	*51,51*	*51,58*	*51,64*	*51,66*	*51,72*	*51,77*	*51,82*
60	**693,75**	M_{1500}	—	—	—	**42656**	**39188**	—	**35719**	—	**32250**
	0,875	M_{1200}	**44531**	**41063**	**37594**	**34125**	**31350**	**30656**	**28575**	**27188**	**25800**
	1,094	f_e	69,53	64,06	58,59	53,13	48,75	47,66	44,38	42,19	40,00
		z	*53,37*	*53,41*	*53,47*	*53,53*	*53,59*	*53,61*	*53,66*	*53,70*	*53,75*
62	**723,15**	M_{1500}	—	—	—	**44800**	**41185**	—	**37569**	—	**33953**
	0,879	M_{1200}	**46688**	**43072**	**39456**	**35840**	**32948**	**32225**	**30055**	**28609**	**27163**
	1,099	f_e	70,31	64,82	59,32	53,83	49,44	48,34	45,04	42,84	40,65
		z	*55,33*	*55,37*	*55,42*	*55,48*	*55,54*	*55,56*	*55,61*	*55,65*	*55,69*
64	**752,58**	M_{1500}	—	—	—	**46951**	**43188**	—	**39425**	—	**35663**
	0,883	M_{1200}	**48850**	**45087**	**41324**	**37561**	**34551**	**33798**	**31540**	**30035**	**28530**
	1,104	f_e	71,05	65,53	60,01	54,49	50,08	48,97	45,66	43,46	41,25
		z	*57,30*	*57,34*	*57,38*	*57,44*	*57,49*	*57,51*	*57,56*	*57,60*	*57,64*
66	**782,05**	M_{1500}	—	—	—	**49108**	**45198**	—	**41288**	—	**37377**
	0,886	M_{1200}	**51017**	**47107**	**43197**	**39286**	**36158**	**35376**	**33030**	**31466**	**29902**
	1,108	f_e	71,73	66,19	60,65	55,11	50,68	49,57	46,25	44,03	41,82
		z	*59,27*	*59,30*	*59,35*	*59,40*	*59,45*	*59,47*	*59,51*	*59,55*	*59,59*
68	**811,54**	M_{1500}	—	—	—	**51270**	**47213**	—	**43155**	—	**39097**
	0,890	M_{1200}	**53189**	**49132**	**45074**	**41016**	**37770**	**36958**	**34524**	**32901**	**31278**
	1,112	f_e	72,38	66,82	61,26	55,70	51,25	50,14	46,80	44,58	42,35
		z	*61,24*	*61,27*	*61,32*	*61,37*	*61,41*	*61,43*	*61,47*	*61,51*	*61,54*
70	**841,07**	M_{1500}	—	—	—	**53437**	**49232**	—	**45027**	—	**40821**
	0,893	M_{1200}	**55366**	**51161**	**46955**	**42750**	**39386**	**38545**	**36021**	**34339**	**32657**
	1,116	f_e	72,99	67,41	61,83	56,25	51,79	50,67	47,32	45,09	42,86
		z	*63,21*	*63,25*	*63,29*	*63,33*	*63,38*	*63,39*	*63,43*	*63,47*	*63,50*
72	**870,63**	M_{1500}	—	—	—	**55609**	**51256**	—	**46903**	—	**42550**
	0,896	M_{1200}	**57547**	**53194**	**48841**	**44488**	**41005**	**40134**	**37523**	**35781**	**34040**
	1,120	f_e	73,57	67,97	62,37	56,77	52,29	51,17	47,81	45,57	43,33
		z	*65,19*	*65,22*	*65,26*	*65,30*	*65,35*	*65,36*	*65,40*	*65,43*	*65,46*
			←							$x > d$	

$d = 15$ cm

$\Delta f_{e\,1500}$ bzw. $\Delta f_{e\,1200}$ = Differenz der Zugbewehrung bei Änderung von σ_b um 1 kg/cm² für $\sigma_e = 1500$ bzw. $\sigma_e = 1200$ kg/cm² (gültig nur wenn $x > d$);
d = Druckplattenbreite in cm;
h = Nutzhöhe in cm; x = Nullinienabstand;
z = Abstand des Druckmittelpunktes vom Zugmittelpunkt in cm.

$h = 54$—72 cm

σ_b									σ_e	h
55 44	50 40	45 36	40 32	35 28	30 24	25 20	20 16	15 12	1500 1200	
0,355 h	0,333 h	0,310 h	0,286 h	0,259 h	0,231 h	0,200 h	0,167 h	0,130 h	x	cm
→				← $x \leq d$ →						
24154 **19323** 33,47 *48,11*	**21125** **16900** 29,17 *48,29*	**18096** **14477** 24,86 *48,53*	**15067** **12053** 20,56 *48,86*	**12087** **9669** 16,33 *49,33*	**9317** **7454** 12,46 *49,85*	**6804** **5443** 9,00 *50,40*	**4590** **3672** 6,00 *51,00*	**2729** **2183** 3,52 *51,65*	M_{1500} M_{1200} f_e z	**54**
25689 **20551** 34,24 *50,02*	**22513** **18011** 29,91 *50,18*	**19338** **15470** 25,58 *50,40*	**16163** **12930** 21,25 *50,71*	**12999** **10399** 16,94 *51,16*	**10020** **8016** 12,92 *51,69*	**7317** **5854** 9,33 *52,27*	**4936** **3949** 6,22 *52,89*	**2934** **2348** 3,65 *53,57*	M_{1500} M_{1200} f_e z	**56**
27231 **21785** 34,96 *51,93*	**23909** **19128** 30,60 *52,08*	**20588** **16470** 26,25 *52,29*	**17266** **13812** 21,90 *52,57*	**13944** **11155** 17,54 *52,99*	**10749** **8599** 13,38 *53,54*	**7849** **6279** 9,67 *54,13*	**5295** **4236** 6,44 *54,78*	**3148** **2518** 3,78 *55,48*	M_{1500} M_{1200} f_e z	**58**
28781 **23025** 35,63 *53,86*	**25313** **20250** 31,25 *54,00*	**21844** **17475** 26,88 *54,19*	**18375** **14700** 22,50 *54,44*	**14906** **11925** 18,13 *54,83*	**11503** **9202** 13,85 *55,38*	**8400** **6720** 10,00 *56,00*	**5667** **4533** 6,67 *56,67*	**3369** **2695** 3,91 *57,39*	M_{1500} M_{1200} f_e z	**60**
30338 **24270** 36,25 *55,79*	**26722** **21377** 31,85 *55,92*	**23106** **18485** 27,46 *56,10*	**19490** **15592** 23,06 *56,34*	**15875** **12700** 18,67 *56,69*	**12283** **9826** 14,31 *57,23*	**8969** **7175** 10,33 *57,87*	**6051** **4841** 6,89 *58,56*	**3597** **2878** 4,04 *59,30*	M_{1500} M_{1200} f_e z	**62**
31900 **25520** 36,84 *57,73*	**28137** **22509** 32,42 *57,86*	**24374** **19499** 28,01 *58,02*	**20611** **16489** 23,59 *58,24*	**16848** **13478** 19,18 *58,56*	**13088** **10470** 14,77 *59,08*	**9557** **7646** 10,67 *59,73*	**6447** **5158** 7,11 *60,44*	**3833** **3066** 4,17 *61,22*	M_{1500} M_{1200} f_e z	**64**
33467 **26774** 37,39 *59,68*	**29557** **23645** 32,95 *59,79*	**25647** **20517** 28,52 *59,94*	**21736** **17389** 24,09 *60,15*	**17826** **14261** 19,66 *60,45*	**13916** **11133** 15,23 *60,93*	**10164** **8131** 11,00 *61,60*	**6857** **5485** 7,33 *62,33*	**4076** **3261** 4,30 *63,13*	M_{1500} M_{1200} f_e z	**66**
35039 **28031** 37,90 *61,63*	**30982** **24785** 33,46 *61,74*	**26924** **21539** 29,01 *61,88*	**22866** **18293** 24,56 *62,07*	**18808** **15047** 20,11 *62,35*	**14751** **11801** 15,66 *62,79*	**10789** **8631** 11,33 *63,47*	**7279** **5823** 7,56 *64,22*	**4327** **3461** 4,43 *65,04*	M_{1500} M_{1200} f_e z	**68**
36616 **29293** 38,39 *63,58*	**32411** **25929** 33,93 *63,68*	**28205** **22564** 29,46 *63,82*	**24000** **19200** 25,00 *64,00*	**19795** **15836** 20,54 *64,26*	**15589** **12471** 16,07 *64,67*	**11433** **9147** 11,67 *65,33*	**7713** **6170** 7,78 *66,11*	**4585** **3668** 4,57 *66,96*	M_{1500} M_{1200} f_e z	**70**
38197 **30558** 38,85 *65,54*	**33844** **27075** 34,38 *65,64*	**29491** **23593** 29,90 *65,76*	**25138** **20110** 25,42 *65,93*	**20784** **16628** 20,94 *66,18*	**16431** **13145** 16,46 *66,56*	**12096** **9677** 12,00 *67,20*	**8160** **6528** 8,00 *68,00*	**4851** **3881** 4,70 *68,87*	M_{1500} M_{1200} f_e z	**72**
→						← $x \leq d$ →				

$d = 15$ cm bei $\sigma_e = 1500$

M_{1500} = Moment in kgm auf 1 m Druckplattenbreite bei $\sigma_e = 1500$ kg/cm² ⎫ ohne Berück-
M_{1200} = Moment in kgm auf 1 m Druckplattenbreite bei $\sigma_e = 1200$ kg/cm² ⎬ sichtigung der
f_e = Zugeisenquerschnitt in cm² auf 1 m Druckplattenbreite ⎪ Spannungen
z = Abstand des Druckmittelpunktes vom Zugmittelpunkt in cm ⎭ im Steg;
ΔM = Momentendifferenz bei Änderung von σ_b um 1 kg/cm² (gültig nur wenn $x > d$);
$\Delta f_{e\,1500}$ bzw. $\Delta f_{e\,1200}$ = Differenz der Zugbewehrung bei Änderung von σ_b um 1 kg/cm² für $\sigma_e = 1500$ bzw. $\sigma_e = 1200$ kg/cm² (gültig nur wenn $x > d$);
Gesamtmoment bei Berücksichtigung der Spannungen im Steg: $M = b \cdot M_{\text{Platte}} + b_0 \cdot M_{\text{Steg}}$,
Zugeisenquerschnitt bei Berücksichtigung ...

$h = 74$—90 cm

h cm	ΔM / $\Delta f_{e\,1500}$ / $\Delta f_{e\,1200}$	σ_e	σ_b								
		1500	—	—	—	75	70	—	65	—	60
		1200	75	70	65	60	56	55	52	50	48
cm		x	0,484 h	0,467 h	0,448 h	0,429 h	0,412 h	0,407 h	0,394 h	0,385 h	0,375 h
			←							$x > d$	
74	900,20	M_{1500}	—	—	—	57785	53284	—	48783	—	44282
	0,899	M_{1200}	59731	55230	50729	46228	42628	41727	39027	37226	35426
	1,123	f_e	74,11	68,50	62,88	57,26	52,77	51,65	48,28	46,03	43,78
		z	67,16	67,19	67,23	67,27	67,32	67,33	67,37	67,39	67,43
76	929,80	M_{1500}	—	—	—	59965	55316	—	50667	—	46018
	0,901	M_{1200}	61919	57270	52621	47972	44253	43323	40534	38674	36815
	1,127	f_e	74,63	69,00	63,36	57,73	53,22	52,10	48,72	46,46	44,21
		z	69,14	69,17	69,21	69,25	69,29	69,30	69,34	69,36	69,39
78	959,42	M_{1500}	—	—	—	62149	57352	—	52555	—	47758
	0,904	M_{1200}	64111	59313	54516	49719	45882	44922	42044	40125	38206
	1,130	f_e	75,12	69,47	63,82	58,17	53,65	52,52	49,13	46,88	44,62
		z	71,12	71,15	71,18	71,22	71,26	71,27	71,31	71,33	71,36
80	989,06	M_{1500}	—	—	—	64336	59391	—	54445	—	49560
	0,906	M_{1200}	66305	61359	56414	51469	47513	46523	43556	41578	396[illegible]
	1,133	f_e	75,59	69,92	64,26	58,59	54,06	52,93	49,53	47,27	45,00
		z	73,10	73,13	73,16	73,20	73,24	73,25	73,28	73,31	73,33
82	1018,72	M_{1500}	—	—	—	66526	61432	—	56339	—	51245
	0,909	M_{1200}	68502	63408	58314	53221	49146	48127	45071	43034	46996
	1,136	f_e	76,03	70,35	64,67	58,99	54,45	53,32	49,91	47,64	45,37
		z	75,08	75,11	75,14	75,18	75,21	75,22	75,26	75,28	75,31
84	1048,39	M_{1500}	—	—	—	68719	63477	—	58235	—	52993
	0,911	M_{1200}	70701	65459	60217	54975	50781	49733	46588	44491	42394
	1,138	f_e	76,45	70,76	65,07	59,38	54,82	53,68	50,27	47,99	45,71
		z	77,07	77,09	77,12	77,16	77,19	77,20	77,23	77,26	77,28
86	1078,08	M_{1500}	—	—	—	70914	65524	—	60133	—	54743
	0,913	M_{1200}	72903	67512	62122	56731	52419	51341	48107	45951	43794
	1,141	f_e	76,85	71,15	65,44	59,74	55,17	54,03	50,61	48,33	46,05
		z	79,05	79,07	79,10	79,14	79,17	79,18	79,21	79,23	79,26
88	1107,78	M_{1500}	—	—	—	73112	67573	—	62034	—	56495
	0,915	M_{1200}	75107	69568	64029	58490	54059	52951	49628	47412	45196
	1,143	f_e	77,24	71,52	65,80	60,09	55,51	54,37	50,94	48,65	46,36
		z	81,03	81,06	81,09	81,12	81,15	81,16	81,19	81,21	81,24
90	1137,50	M_{1500}	—	—	—	75313	69625	—	63938	—	58250
	0,917	M_{1200}	77313	71625	65938	60250	55700	54563	51150	48875	46600
	1,146	f_e	77,60	71,88	66,15	60,42	55,83	54,69	51,25	48,96	46,67
		z	83,02	83,04	83,07	83,10	83,13	83,14	83,17	83,19	83,21
		Steg M_{1500}	—	—	—	36269	31088	—	26149	—	21484
		Steg M_{1200}	45958	40095	34438	29015	24870	23863	20919	19024	17188
		Steg f_e	58,48	50,63	43,12	36,01	30,64	29,34	25,57	23,16	20,83
			←							$x > d$	

Plattenbalken

Tafel 63

und 1200 kg/cm²

$d = 15$ cm

Steg $\begin{cases} M_{1500} \\ M_{1200} \\ f_e \end{cases}$ M_{1500} = durch je 1 m Breite des Steges aufnehmb. Moment in kgm bei $\sigma_e = 1500$ kg/cm²;
M_{1200} = durch je 1 m Breite des Steges aufnehmb. Moment in kgm bei $\sigma_e = 1200$ kg/cm²;
f_e = Zugeisenquerschnitt in cm² entspr. den Druckspannungen im Steg je 1 m Breite;
d = Druckplattendicke in cm;
h = Nutzhöhe in cm;
x = Nullinienabstand.

worin b = Druckplattenbreite in m und b_0 = Stegbreite in m bedeuten.
Spannungen im Steg: $F_e = b \cdot f_{e\,\text{Platte}} + b_0 \cdot f_{e\,\text{Steg}}$.

$h = 74$—90 cm

σ_b									σ_e	h
55 44	**50** **40**	45 36	**40** 32	35 28	30 24	25 20	20 16	15 12	**1500** **1200**	
0,355 h	0,333 h	0,310 h	0,286 h	0,259 h	0,231 h	0,200 h	0,167 h	0,130 h	x	cm
→						←	$x \leq d$	→		
39781	**35280**	**30779**	**26278**	**21777**	**17276**	**12777**	**8620**	**5124**	M_{1500}	**74**
31825	**28224**	**24624**	**21023**	**17422**	**13821**	**10222**	**6896**	**4099**	M_{1200}	
39,29	34,80	30,30	25,81	21,32	16,82	12,33	8,22	4,83	f_e	
67,50	*67,59*	*67,71*	*67,87*	*68,10*	*68,46*	*69,07*	*69,89*	*70,78*	z	
41369	**36720**	**32071**	**27422**	**22773**	**18124**	**13475**	**9092**	**5405**	M_{1500}	**76**
33096	**29376**	**25657**	**21938**	**18219**	**14499**	**10780**	**7273**	**4324**	M_{1200}	
39,70	35,20	30,69	26,18	21,68	17,17	12,66	8,44	4,96	f_e	
69,46	*69,55*	*69,67*	*69,82*	*70,04*	*70,37*	*70,94*	*71,78*	*72,70*	z	
42961	**38163**	**33366**	**28569**	**23772**	**18975**	**14178**	**9577**	**5693**	M_{1500}	**78**
34368	**30531**	**26693**	**22855**	**19018**	**15180**	**11342**	**7661**	**4554**	M_{1200}	
40,10	35,58	31,06	26,54	22,02	17,50	12,98	8,67	5,09	f_e	
71,43	*71,51*	*71,62*	*71,77*	*71,97*	*72,29*	*72,81*	*73,67*	*74,61*	z	
44555	**39609**	**34664**	**29719**	**24773**	**19828**	**14883**	**10074**	**5989**	M_{1500}	**80**
35644	**31688**	**27731**	**23775**	**19819**	**15863**	**11906**	**8059**	**4791**	M_{1200}	
40,47	35,94	31,41	26,88	22,34	17,81	13,28	8,89	5,22	f_e	
73,40	*73,48*	*73,58*	*73,72*	*73,92*	*74,21*	*74,71*	*75,56*	*76,52*	z	
46152	**41058**	**35964**	**30871**	**25777**	**20684**	**15590**	**10584**	**6292**	M_{1500}	**82**
36921	**32846**	**28771**	**24697**	**20622**	**16547**	**12472**	**8467**	**5033**	M_{1200}	
40,82	36,28	31,74	27,20	22,65	18,11	13,57	9,11	5,35	f_e	
75,37	*75,45*	*75,54*	*75,68*	*75,86*	*76,14*	*76,61*	*77,44*	*78,43*	z	
47751	**42509**	**37267**	**32025**	**26783**	**21541**	**16299**	**11107**	**6602**	M_{1500}	**84**
38201	**34007**	**29814**	**25620**	**21426**	**17233**	**13039**	**8885**	**5282**	M_{1200}	
41,16	36,61	32,05	27,50	22,95	18,39	13,84	9,33	5,48	f_e	
77,34	*77,41*	*77,51*	*77,64*	*77,81*	*78,08*	*78,52*	*79,33*	*80,35*	z	
49353	**43962**	**38572**	**33181**	**27791**	**22401**	**17010**	**11642**	**6921**	M_{1500}	**86**
39482	**35170**	**30857**	**26545**	**22233**	**17920**	**13608**	**9313**	**5537**	M_{1200}	
41,48	36,92	32,35	27,79	23,23	18,66	14,10	9,56	5,61	f_e	
79,31	*79,39*	*79,48*	*79,60*	*79,77*	*80,02*	*80,43*	*81,22*	*82,26*	z	
50957	**45418**	**39879**	**34340**	**28801**	**23262**	**17723**	**12190**	**7246**	M_{1500}	**88**
40765	**36334**	**31903**	**27472**	**23041**	**18610**	**14178**	**9752**	**5797**	M_{1200}	
41,79	37,22	32,64	28,07	23,49	18,92	14,35	9,78	5,74	f_e	
81,29	*81,36*	*81,45*	*81,56*	*81,72*	*81,96*	*82,36*	*83,11*	*84,17*	z	
52563	**46875**	**41188**	**35500**	**29813**	**24125**	**18438**	**12750**	**7579**	M_{1500}	**90**
42050	**37500**	**32950**	**28400**	**23850**	**19300**	**14750**	**10200**	**6064**	M_{1200}	
42,08	37,50	32,92	28,33	23,75	19,17	14,58	10,00	5,87	f_e	
83,27	*83,33*	*83,42*	*83,53*	*83,68*	*83,91*	*84,29*	*85,00*	*86,09*	z	
17129	**13125**	**9522**	**6378**	**3762**	—	—	—	—	Steg M_{1500}	
13703	**10500**	**7617**	**5102**	**3009**	—	—	—	—	Steg M_{1200}	
16,47	12,50	8,98	5,95	3,47	—	—	—	—	Steg f_e	
→							← $x \leq d$	→		

Tafel 64 — Tafel für

$d = 15$ cm — bei $\sigma_e = 1500$

M_{1500} = Moment in kgm auf 1 m Druckplattenbreite bei $\sigma_e = 1500$ kg/cm² } ohne Berück-
M_{1200} = Moment in kgm auf 1 m Druckplattenbreite bei $\sigma_e = 1200$ kg/cm² } sichtigung der
f_e = Zugeisenquerschnitt in cm² auf 1 m Druckplattenbreite } Spannungen
z = Abstand des Druckmittelpunktes vom Zugmittelpunkt in cm } im Steg;
ΔM = Momentendifferenz bei Änderung von σ_b um 1 kg/cm² (gültig nur wenn $x > d$);
Δf_{e1500} bzw. Δf_{e1200} = Differenz der Zugbewehrung bei Änderung von σ_b um 1 kg/cm² für $\sigma_e = 1500$ bzw. $\sigma_e = 1200$ kg/cm² (gültig nur wenn $x > d$);
Gesamtmoment bei Berücksichtigung der Spannungen im Steg: $M = b \cdot M_{\text{Platte}} + b_0 \cdot M_{\text{Steg}}$,
Zugeisenquerschnitt bei Berücksichtigung der

$h = 92$—105 cm

h	ΔM / Δf_{e1500} / Δf_{e1200}	σ_e	σ_b								
		1500	—	—	—	75	70	—	65	—	60
		1200	75	70	65	60	56	55	52	50	48
cm		x	0,484 h	0,467 h	0,448 h	0,429 h	0,412 h	0,407 h	0,394 h	0,385 h	0,375 h
			← $x > d$								
		M_{1500}	—	—	—	**77515**	**71679**	—	**65843**	—	**60007**
	1167,23	M_{1200}	**79520**	**73684**	**67848**	**62012**	**57343**	**56176**	**52674**	**50340**	**48005**
92	0,918	f_e	77,96	72,21	66,47	60,73	56,14	54,99	51,55	49,25	46,96
	1,148	z	*85,01*	*85,03*	*85,06*	*85,09*	*85,12*	*85,13*	*85,15*	*85,17*	*85,19*
		Steg M_{1500}	—	—	—	**39081**	**33560**	—	**28292**	—	**23311**
		Steg M_{1200}	**49289**	**43057**	**37038**	**31265**	**26848**	**25774**	**24634**	**20611**	**18649**
		Steg f_e	61,16	53,01	45,22	37,84	32,25	30,90	26,98	24,47	22,04
		M_{1500}	—	—	—	**79719**	**73735**	—	**67750**	—	**61765**
	1196,97	M_{1200}	**81730**	**75745**	**69760**	**63776**	**58988**	**57791**	**54200**	**51806**	**49412**
94	0,920	f_e	78,29	72,54	66,79	61,04	56,44	55,29	51,84	49,53	47,23
	1,150	z	*86,99*	*87,02*	*87,04*	*87,07*	*87,10*	*87,11*	*87,13*	*87,15*	*87,18*
		Steg M_{1500}	—	—	—	**42001**	**36129**	—	**30523**	—	**25214**
		Steg M_{1200}	**52741**	**46126**	**39735**	**33600**	**28903**	**27761**	**24418**	**22263**	**20172**
		Steg f_e	63,85	55,40	47,34	39,68	33,88	32,48	28,40	25,79	23,27
		M_{1500}	—	—	—	**81926**	**75792**	—	**69659**	—	**63525**
	1226,72	M_{1200}	**83941**	**77808**	**71674**	**65541**	**60634**	**59407**	**55727**	**53273**	**50820**
96	0,922	f_e	78,61	72,85	67,09	61,33	56,72	55,57	52,11	49,80	47,50
	1,152	z	*88,98*	*89,00*	*89,03*	*89,06*	*89,09*	*89,09*	*89,12*	*89,14*	*89,16*
		Steg M_{1500}	—	—	—	**45029**	**38797**	—	**32840**	—	**27195**
		Steg M_{1200}	**56313**	**49305**	**42530**	**36023**	**31037**	**29824**	**26272**	**23981**	**21746**
		Steg f_e	66,55	57,82	49,46	41,53	35,52	34,06	29,83	27,12	24,50
		M_{1500}	—	—	—	**84134**	**77852**	—	**71569**	—	**65287**
	1256,48	M_{1200}	**86154**	**79872**	**73590**	**67307**	**62281**	**61025**	**57255**	**54742**	**52229**
98	0,923	f_e	78,92	73,15	67,38	61,61	56,99	55,84	52,37	50,06	47,76
	1,154	z	*90,97*	*90,99*	*91,01*	*91,04*	*91,07*	*91,08*	*91,10*	*91,12*	*91,14*
		Steg M_{1500}	—	—	—	**48166**	**41561**	—	**35245**	—	**29252**
		Steg M_{1200}	**60004**	**52592**	**45423**	**38533**	**33249**	**31963**	**28196**	**25765**	**23403**
		Steg f_e	69,26	60,24	51,60	43,39	37,17	35,66	31,27	28,46	25,74
		M_{1500}	—	—	—	**86344**	**79913**	—	**73481**	—	**67050**
	1286,25	M_{1200}	**88369**	**81938**	**75506**	**69075**	**63930**	**62644**	**58785**	**56213**	**53640**
100	0,925	f_e	79,22	73,44	67,66	61,88	57,25	56,09	52,63	50,31	48,00
	1,156	z	*92,96*	*92,98*	*93,00*	*93,03*	*93,06*	*93,06*	*93,09*	*93,11*	*93,13*
		Steg M_{1500}	—	—	—	**51411**	**44425**	—	**37737**	—	**31388**
		Steg M_{1200}	**63816**	**55989**	**48414**	**41129**	**35539**	**34178**	**30190**	**27614**	**25110**
		Steg f_e	71,99	62,67	53,75	45,27	38,83	37,27	32,73	29,82	27,00
		M_{1500}	—	—	—	**91875**	**85071**	—	**78268**	—	**71464**
	1360,71	M_{1200}	**93911**	**87107**	**80304**	**73500**	**68057**	**66696**	**62614**	**59893**	**57171**
105	0,929	f_e	79,91	74,11	68,30	62,50	57,86	56,70	53,21	50,89	48,57
	1,161	z	*97,93*	*97,95*	*97,97*	*98,00*	*98,02*	*98,03*	*98,05*	*98,07*	*98,09*
		Steg M_{1500}	—	—	—	**60000**	**52010**	—	**44350**	—	**37063**
		Steg M_{1200}	**73873**	**64956**	**56318**	**48000**	**41608**	**40050**	**35480**	**32526**	**29651**
		Steg f_e	78,86	68,81	59,17	50,00	43,03	41,34	36,41	33,24	30,18
			← $x > d$								

Plattenbalken

Tafel 64

und 1200 kg/cm²

$d = 15$ cm

Steg $\begin{cases} M_{1500} \\ M_{1200} \\ f_e \end{cases}$ = durch je 1 m Breite des Steges aufnehmb. Moment in kgm bei $\sigma_e = 1500$ kg/cm²;
= durch je 1 m Breite des Steges aufnehmb. Moment in kgm bei $\sigma_e = 1200$ kg/cm²;
= Zugeisenquerschnitt in cm² entspr. den Druckspannungen im Steg je 1 m Breite;

d = Druckplattendicke in cm;
h = Nutzhöhe in cm;
x = Nullinienabstand.

worin b = Druckplattenbreite in m und b_0 = Stegbreite in m bedeuten.
Spannungen im Steg: $F_e = b \cdot f_{e\,\text{Platte}} + b_0 \cdot f_{e\,\text{Steg}}$.

$h = 92$—105 cm

σ_b									σ_e	h
55 44	50 40	45 36	40 32	35 28	30 24	25 20	20 16	15 12	**1500** **1200**	
0,355 h	0,333 h	0,310 h	0,286 h	0,259 h	0,231 h	0,200 h	0,167 h	0,130 h	x	cm
→								← $x \leqq d$ →		
54170	**48334**	**42498**	**36662**	**30826**	**24990**	**19154**	**13317**	**7920**	M_{1500}	
43336	**38667**	**33998**	**29330**	**24661**	**19992**	**15323**	**10654**	**6336**	M_{1200}	
42,36	37,77	33,18	28,99	23,99	19,40	14,81	10,22	6,00	f_e	
85,25	*85,31*	*85,39*	*85,50*	*85,65*	*85,87*	*86,22*	*86,89*	*88,00*	z	**92**
18653	**14362**	**10490**	**7097**	**4257**	—	—	—	—	Steg M_{1500}	
14953	**11490**	**8392**	**5678**	**3405**	—	—	—	—	Steg M_{1200}	
17,49	13,34	9,65	6,46	3,83	—	—	—	—	Steg f_e	
55780	**49795**	**43810**	**37826**	**31841**	**25856**	**19871**	**13886**	**8268**	M_{1500}	
44624	**39836**	**35048**	**30260**	**25473**	**20685**	**15897**	**11109**	**6614**	M_{1200}	
42,63	38,03	33,43	28,83	24,23	19,63	15,03	10,43	6,13	f_e	
87,23	*87,29*	*87,37*	*87,47*	*87,61*	*87,82*	*88,16*	*88,80*	*89,91*	z	**94**
20244	**15657**	**11507**	**7857**	**4784**	—	—	—	—	Steg M_{1500}	
16195	**12525**	**9206**	**6286**	**3827**	—	—	—	—	Steg M_{1200}	
18,52	14,19	10,33	6,98	4,20	—	—	—	—	Steg f_e	
57391	**51258**	**45124**	**38991**	**32857**	**26723**	**20590**	**14456**	**8624**	M_{1500}	
45913	**41006**	**36099**	**31193**	**26286**	**21379**	**16472**	**11565**	**6899**	M_{1200}	
42,89	38,28	33,67	29,06	24,45	19,84	15,23	10,63	6,26	f_e	
89,21	*89,27*	*89,34*	*89,44*	*89,58*	*89,78*	*90,10*	*90,71*	*91,83*	z	**96**
21902	**17009**	**12572**	**8656**	**5343**	**2725**	—	—	—	Steg M_{1500}	
17522	**13607**	**10058**	**6926**	**4274**	**2179**	—	—	—	Steg M_{1200}	
19,56	15,05	11,02	7,51	4,58	2,31	—	—	—	Steg f_e	
59004	**52722**	**46440**	**40157**	**33875**	**27592**	**21310**	**15028**	**8987**	M_{1500}	
47203	**42178**	**37152**	**32126**	**27100**	**22074**	**17048**	**12022**	**7189**	M_{1200}	
43,14	38,52	33,90	29,29	24,67	20,05	15,43	10,82	6,39	f_e	
91,19	*91,25*	*91,32*	*91,41*	*91,55*	*91,74*	*92,05*	*92,62*	*93,74*	z	**98**
23628	**18419**	**13685**	**9496**	**5933**	**3095**	—	—	—	Steg M_{1500}	
18902	**14735**	**10948**	**7597**	**4746**	**2476**	—	—	—	Steg M_{1200}	
20,61	15,92	11,72	8,05	4,97	2,56	—	—	—	Steg f_e	
60619	**54188**	**47756**	**41325**	**34894**	**28463**	**22031**	**15600**	**9357**	M_{1500}	
48495	**43350**	**38205**	**33060**	**27915**	**22770**	**17625**	**12480**	**7486**	M_{1200}	
43,38	38,75	34,13	29,50	24,88	20,25	15,63	11,00	6,52	f_e	
93,17	*93,23*	*93,30*	*93,39*	*93,52*	*93,70*	*94,00*	*94,55*	*95,65*	z	**100**
25420	**19887**	**14848**	**10376**	**6555**	**3491**	—	—	—	Steg M_{1500}	
20336	**15909**	**11878**	**8301**	**5245**	**2792**	—	—	—	Steg M_{1200}	
21,68	16,81	12,43	8,60	5,37	2,83	—	—	—	Steg f_e	
64661	**57857**	**51054**	**44250**	**37446**	**30643**	**23839**	**17036**	**10316**	M_{1500}	
51729	**46286**	**40843**	**35400**	**29957**	**24514**	**19071**	**13629**	**8253**	M_{1200}	
43,93	39,29	34,64	30,00	25,36	20,71	16,07	11,43	6,85	f_e	
98,13	*98,18*	*98,25*	*98,33*	*98,45*	*98,62*	*98,89*	*99,38*	*100,43*	z	**105**
30197	**23810**	**17967**	**12750**	**8552**	**4585**	—	—	—	Steg M_{1500}	
24157	**19047**	**14374**	**10200**	**6601**	**3668**	—	—	—	Steg M_{1200}	
24,38	19,05	14,24	10,00	6,40	3,52	—	—	—	Steg f_e	
→								← $x \leqq d$ →		

Tafel 65

Tafel für

$d = 15$ cm

bei $\sigma_e = 1500$

M_{1500} = Moment in kgm auf 1 m Druckplatt[illegible]r[illegible]ite bei $\sigma_e = 1500$ kg/cm² ⎫ ohne Berück-
M_{1200} = Moment in kgm auf 1 m Druckplatt[illegible]r[illegible]ite bei $\sigma_e = 1200$ kg/cm² ⎬ sichtigung der
f_e = Zugeisenquerschnitt in cm² auf 1 m [illegible]ruckplattenbreite ⎪ Spannungen
z = Abstand des Druckmittelpunktes vom [illegible]ugmittelpunkt in cm ⎭ im Steg;
ΔM = Momentendifferenz bei Änderung von σ_b um 1 kg/cm² (gültig nur wenn $x > d$);
Δf_{e1500} bzw. Δf_{e1200} = Differenz der Zugbew[illegible]hrung bei Änderung von σ_b um 1 kg/cm² für $\sigma_e = 1500$ bzw. $\sigma_e = 1200$ kg/cm² (gülti[illegible] nur wenn $x > d$);
Gesamtmoment bei Berücksichtigung der Spannung[illegible]n im Steg: $M = b \cdot M_{\text{Platte}} + b_0 \cdot M_{\text{Steg}}$,
[illegible]ug[illegible]is[illegible]nquerschnitt bei Berücksichtigung der

$h = 110$—135 cm

h	ΔM / $\Delta f_{e\,1500}$ / $\Delta f_{e\,1200}$	σ_e 1500 / 1200	σ_b — / 75	— / 70	— / 65	75 / 60	70 / 56	— / 55	65 / 52	— / 50	60 / 48
cm		x	0,484 h	0,467 h	0,448 h	0,4[illegible]9 h	0,41[illegible] h	0,407 h	0,394 h	0,385 h	0,375 h
			←								$x > d$
110	**1435,23**	M_{1500}	—	—	—	97415	9[illegible]289	—	83063	—	75886
	0,932	M_{1200}	99460	92284	85108	77932	72191	70756	66450	63580	60709
	1,165	f_e	80,54	74,72	68,89	63,07	58,41	57,24	53,75	51,42	49,09
		z	102,91	102,93	102,95	102,9[illegible]	103,00	103,00	103,02	103,04	103,06
		Steg M_{1500}	—	—	—	69269	60209	—	51512	—	43223
		Steg M_{1200}	84684	74606	64835	55415	48167	46399	41209	37850	34579
		Steg f_e	85,79	75,01	64,66	54,79	47,28	45,46	40,14	36,72	33,41
115	**1509,78**	M_{1500}	—	—	—	102962	95[illegible]15	—	87864	—	80315
	0,935	M_{1200}	105016	97467	89918	82376	76[illegible]	74821	70291	67272	64252
	1,168	f_e	81,11	75,27	69,43	63,59	58,91	57,74	54,24	51,90	49,57
		z	107,89	107,91	107,93	107,95	10[illegible],9	10[illegible],98	108,00	108,01	108,03
		Steg M_{1500}	—	—	—	79219	69022	—	59222	—	49869
		Steg M_{1200}	96249	84940	73966	63375	55219	53227	47378	43588	39895
		Steg f_e	92,78	81,26	70,19	59,63	51,58	49,62	43,92	40,25	36,68
120	**1584,38**	M_{1500}	—	—	—	108516	100[illegible]9[illegible]	—	92672	—	84750
	0,938	M_{1200}	110578	102660	94734	86813	8[illegible]475	78[illegible]91	74138	70969	67800
	1,172	f_e	81,64	75,78	69,92	64,06	59,38	5[illegible]	54,69	52,34	50,00
		z	112,87	112,89	112,91	112,93	11[illegible],95	[illegible]	112,97	112,99	113,00
		Steg M_{1500}	—	—	—	89851	78451	[illegible]	67482	—	57000
		Steg M_{1200}	108568	95954	83710	71882	62761	[illegible]	53986	49741	45600
		Steg f_e	99,81	87,55	75,77	64,51	55,92	[illegible]	47,74	43,81	40,00
125	**1659,00**	M_{1500}	—	—	—	114[illegible]75	105[illegible]80	[illegible]	97485	—	89190
	0,940	M_{1200}	116145	107850	99555	9126[illegible]	84624	[illegible]35	77988	74670	71352
	1,175	f_e	82,13	76,25	70,38	64,50	59,80	[illegible]	55,10	52,75	50,40
		z	117,85	117,87	117,89	117,91	11[illegible],93	[illegible],93	117,95	117,96	117,98
		Steg M_{1500}	—	—	—	101167	88496	[illegible]	76294	—	64619
		Steg M_{1200}	121644	107660	94070	80934	70797	[illegible]	61035	56309	51695
		Steg f_e	106,89	93,89	81,39	69,43	60,30	[illegible]	51,59	47,41	43,35
130	**1733,65**	M_{1500}	—	—	—	119639	110970	[illegible]	[illegible]2300	—	93635
	0,942	M_{1200}	121716	113050	104380	95712	88777	[illegible]	81842	78375	74968
	1,178	f_e	82,57	76,68	70,79	64,90	60,19	[illegible]	55,48	53,13	50,77
		z	122,84	122,85	122,87	122,89	122,91	[illegible]	122,93	122,94	122,95
		Steg M_{1500}	—	—	—	113167	99158	[illegible]	85656	—	72724
		Steg M_{1200}	135477	120050	105040	90533	79326	[illegible]	68525	63292	58480
		Steg f_e	114,00	100,26	87,04	74,38	64,71	[illegible]	55,48	51,04	46,73
135	**1808,33**	M_{1500}	—	—	—	125209	116170	[illegible]	[illegible]7130	—	98[illegible]83
	0,944	M_{1200}	127292	118250	109210	100170	92933	91[illegible]	85700	82083	78467
	1,181	f_e	82,99	77,08	71,18	65,28	60,56	5[illegible]	55,83	53,47	51,11
		z	127,82	127,84	127,85	127,87	127,89	1[illegible]	127,91	127,92	127,93
		Steg M_{1500}	—	—	—	125850	110440	[illegible]	95570	—	81319
		Steg M_{1200}	150066	133120	116640	100680	88[illegible]50	8[illegible]	76456	70691	65055
		Steg f_e	121,15	106,67	92,72	79,37	69,15	[illegible]	59,39	54,70	50,14
			←								$x > d$

Plattenbalken

und 1200 kg/cm²

$d = 15$ cm

Steg $\begin{cases} M_{1500} \\ M_{1200} \\ f_e \end{cases}$ M_{1500} = durch je 1 m Breite des Steges aufnehmb. Moment in kgm bei $\sigma_e = 1500$ kg/cm²;
M_{1200} = durch je 1 m Breite des Steges aufnehmb. Moment in kgm bei $\sigma_e = 1200$ kg/cm²;
f_e = Zugeisenquerschnitt in cm² entspr. den Druckspannungen im Steg je 1 m Breite;
d = Druckplattendicke in cm;
h = Nutzhöhe in cm;
x = Nullinienabstand.

worin b = Druckplattenbreite in m und b_0 = Stegbreite in m bedeuten.
Spannungen im Steg: $F_e = b \cdot f_{e\,\text{Platte}} + b_0 \cdot f_{e\,\text{Steg}}$.

$h = 110$—135 cm

σ_b									σ_e	h
55 44	50 40	45 36	40 32	35 28	30 24	25 20	20 16	15 12	1500 1200	
0,355 h	0,333 h	0,310 h	0,286 h	0,259 h	0,231 h	0,200 h	0,167 h	0,130 h	x	cm
								$x \leqq d$		
68710	61534	54358	47182	40006	32830	25653	18477	11322	M_{1500}	
54968	49227	43486	37745	32005	26264	20523	14782	9058	M_{1200}	
44,43	39,77	35,11	30,45	25,80	21,14	16,48	11,82	7,17	f_e	
103,09	*103,14*	*103,20*	*103,28*	*103,39*	*103,55*	*103,79*	*104,23*	*105,22*	z	110
35397	28096	21393	15376	10148	5833	2580	—	—	Steg M_{1500}	
28318	22477	17115	12301	8118	4666	2064	—	—	Steg M_{1200}	
27,13	21,34	16,09	11,45	7,48	4,25	1,86	—	—	Steg f_e	
72766	65217	57668	50120	42571	35022	27473	19924	12375	M_{1500}	
58213	52174	46135	40096	34057	28017	21978	15939	9900	M_{1200}	
44,89	40,22	35,54	30,87	26,20	21,52	16,85	12,17	7,50	f_e	
108,06	*108,11*	*108,17*	*108,24*	*108,34*	*108,48*	*108,71*	*109,11*	*110,00*	z	115
41020	32746	25126	18254	12246	7235	3385	—	—	Steg M_{1500}	
32816	26196	20100	14603	9797	5789	2709	—	—	Steg M_{1200}	
29,92	23,67	17,99	12,94	8,59	5,02	2,32	—	—	Steg f_e	
76828	68966	60984	53063	45141	37219	29297	21375	13453	M_{1500}	
61465	55125	48788	42450	36113	29775	23438	17100	10763	M_{1200}	
45,31	40,63	35,94	31,25	26,56	21,88	17,19	12,50	7,81	f_e	
113,03	*113,08*	*113,13*	*113,20*	*113,29*	*113,43*	*113,64*	*114,00*	*114,80*	z	120
47068	37761	29166	21387	14546	8793	4303	—	—	Steg M_{1500}	
37655	30208	23333	17109	11638	7034	3443	—	—	Steg M_{1200}	
32,75	26,04	19,92	14,46	9,73	5,82	2,81	—	—	Steg f_e	
80895	72600	64305	56010	47715	39420	31125	22830	14535	M_{1500}	
64716	58080	51444	44808	38172	31536	24900	18264	11628	M_{1200}	
45,70	41,00	36,30	31,60	26,90	22,20	17,50	12,80	8,10	f_e	
118,01	*118,05*	*118,10*	*118,16*	*118,25*	*118,38*	*118,57*	*118,91*	*119,63*	z	125
53542	43141	33514	24772	17050	10506	5333	—	—	Steg M_{1500}	
42834	34513	26811	19818	13640	8405	4267	—	—	Steg M_{1200}	
35,02	28,44	21,89	16,02	10,91	6,65	3,33	—	—	Steg f_e	
[illegible]	76298	67630	58962	50293	41625	32957	24288	15620	M_{1500}	
[illegible]	61038	54104	47169	40235	33300	26365	19431	12496	M_{1200}	
[illegible]	41,35	36,63	31,92	27,21	22,50	17,79	13,08	8,37	f_e	
[illegible]	*123,02*	*123,07*	*123,13*	*123,22*	*123,33*	*123,51*	*123,82*	*124,48*	z	130
[illegible]	48887	38171	28413	19757	12375	6476	—	—	Steg M_{1500}	
[illegible]	39110	30537	22730	15805	9900	5182	—	—	Steg M_{1200}	
[illegible]	30,88	23,88	17,60	12,11	7,50	3,88	—	—	Steg f_e	
[illegible]	69000	70958	61917	52875	43833	34792	25750	16708	M_{1500}	
[illegible]	54000	56767	49533	42300	35067	27833	20600	13367	M_{1200}	
[illegible]	41,67	36,94	32,22	27,50	22,78	18,06	13,33	8,61	f_e	
[illegible]	*128,00*	*128,05*	*128,10*	*128,18*	*128,29*	*128,46*	*128,75*	*129,35*	z	135
[illegible]	55000	43138	32307	22667	14401	7733	2938	—	Steg M_{1500}	
[illegible]	44000	34510	25847	18133	11520	6187	2350	—	Steg M_{1200}	
[illegible]	33,33	25,90	19,21	13,33	8,38	4,44	1,67	—	Steg f_e	

Tafel 66

$d = 15$ cm

Tafel für

bei $\sigma_e = 1500$

M_{1500} = Moment in kgm auf 1 m Druckplattenbreite bei $\sigma_e = 1500$ kg/cm² ⎫ ohne Berück-
M_{1200} = Moment in kgm auf 1 m Druckplattenbreite bei $\sigma_e = 1200$ kg/cm² ⎬ sichtigung der
f_e = Zugeisenquerschnitt in cm² auf 1 m Druckplattenbreite ⎪ Spannungen
z = Abstand des Druckmittelpunktes vom Zugmittelpunkt in cm ⎭ im Steg;
ΔM = Momentendifferenz bei Änderung von σ_b um 1 kg/cm² (gültig nur wenn $x > d$);
Δf_{e1500} bzw. Δf_{e1200} = Differenz der Zugbewehrung bei Änderung von σ_b um 1 kg/cm² für $\sigma_e = 1500$ bzw. $\sigma_e = 1200$ kg/cm² (gültig nur wenn $x > d$);

Gesamtmoment bei Berücksichtigung der Spannungen im Steg: $M = b \cdot M_{\text{Platte}} + b_0 \cdot M_{\text{Steg}}$,
Zugeisenquerschnitt bei Berücksichtigung der

$h = 140$—150 cm

h	ΔM / $\Delta f_{e\,1500}$ / $\Delta f_{e\,1200}$	σ_e: 1500 / 1200	σ_b								
		1500	—	—	—	75	70	—	65	—	60
		1200	75	70	65	60	56	55	52	50	48
cm		x	0,484 h	0,467 h	0,448 h	0,429 h	0,412 h	0,407 h	0,394 h	0,385 h	0,375 h
			← $x > d$								
		M_{1500}	—	—	—	**130781**	**121370**	—	**111950**	—	**102540**
	1883,04	M_{1200}	**132871**	**123460**	**114040**	**104630**	**97093**	**95210**	**89561**	**85795**	**82029**
140	0,946	f_e	83,37	77,46	71,54	65,63	60,89	59,71	56,16	53,79	51,43
	1,183	z	*132,81*	*132,82*	*132,84*	*132,86*	*132,87*	*132,88*	*132,89*	*132,90*	*132,92*
		Steg M_{1500}	—	—	—	**139219**	**122330**	—	**106040**	—	**90402**
		Steg M_{1200}	**165412**	**146880**	**128840**	**111380**	**97867**	**94562**	**84830**	**78505**	**72321**
		Steg f_e	128,32	113,10	98,43	84,38	73,62	71,00	63,33	58,38	53,57
		M_{1500}	—	—	—	**136358**	**126570**	—	**116780**	—	**106990**
	1957,76	M_{1200}	**138453**	**128670**	**118880**	**109090**	**101260**	**99297**	**93424**	**89509**	**85593**
145	0,948	f_e	83,73	77,80	71,88	65,65	61,21	60,02	56,47	54,09	51,72
	1,185	z	*137,80*	*137,81*	*137,83*	*137,84*	*137,86*	*137,86*	*137,88*	*137,89*	*137,90*
		Steg M_{1500}	—	—	—	**153272**	**134850**	—	**117060**	—	**99974**
		Steg M_{1200}	**181517**	**161330**	**141670**	**122620**	**107880**	**104271**	**93645**	**86736**	**79979**
		Steg f_e	135,53	119,56	104,17	89,41	78,11	75,36	67,30	62,09	57,03
		M_{1500}	—	—	—	**141938**	**131780**	—	**121610**	—	**111450**
	2032,50	M_{1200}	**144038**	**133880**	**123710**	**113550**	**105420**	**103388**	**97290**	**93225**	**89160**
150	0,950	f_e	84,06	78,13	72,19	66,25	61,50	60,31	56,75	54,38	52,00
	1,188	z	*142,79*	*142,80*	*142,81*	*142,83*	*142,85*	*142,85*	*142,86*	*142,87*	*142,88*
		Steg M_{1500}	—	—	—	**168011**	**147980**	—	**128630**	—	**110030**
		Steg M_{1200}	**198379**	**176460**	**155110**	**134410**	**118390**	**114462**	**102900**	**95384**	**88028**
		Steg f_e	142,75	126,04	109,92	94,46	82,62	79,73	71,28	65,82	60,50
			← $x > d$								

Plattenbalken

und 1200 kg/cm²

$d = 15$ cm

Steg { M_{1500} = durch je 1 m Breite des Steges aufnehmb. Moment in kgm bei $\sigma_e = 1500$ kg/cm²;
Steg { M_{1200} = durch je 1 m Breite des Steges aufnehmb. Moment in kgm bei $\sigma_e = 1200$ kg/cm²;
Steg { f_e = Zugeisenquerschnitt in cm² entspr. den Druckspannungen im Steg je 1 m Breite;
d = Druckplattendicke in cm;
h = Nutzhöhe in cm;
x = Nullinienabstand.

worin b = Druckplattenbreite in m und b_0 = Stegbreite in m bedeuten.
Spannungen im Steg: $F_e = b \cdot f_{e\,\text{Platte}} + b_0 \cdot f_{e\,\text{Steg}}$.

$h = 140$—150 cm

σ_b									σ_e	h
55 44	**50** **40**	45 36	**40** 32	35 28	30 24	25 20	20 16	15 12	**1500** **1200**	
0,355 h	0,333 h	0,310 h	0,286 h	0,259 h	0,231 h	0,200 h	0,167 h	0,130 h	x	cm
93121	**83705**	**74290**	**64875**	**55460**	**46045**	**36629**	**27214**	**17799**	M_{1500}	
74496	**66964**	**59432**	**51900**	**44368**	**36836**	**29304**	**21771**	**14239**	M_{1200}	
46,70	41,96	37,23	32,50	27,77	23,04	18,30	13,57	8,84	f_e	
132,94	*132,98*	*133,02*	*133,08*	*133,15*	*133,26*	*133,41*	*133,68*	*134,24*	z	**140**
75515	**61480**	**48410**	**36455**	**25781**	**16582**	**9104**	**3638**	—	Steg M_{1500}	
60413	**49186**	**38731**	**29167**	**20625**	**13266**	**7283**	**2910**	—	Steg M_{1200}	
44,38	35,81	27,94	20,83	14,58	9,27	5,03	1,98	—	Steg f_e	
97203	**87414**	**77625**	**67836**	**58047**	**48259**	**38470**	**28681**	**18892**	M_{1500}	
77762	**69931**	**62100**	**54269**	**46438**	**38607**	**30776**	**22945**	**15114**	M_{1200}	
46,98	42,24	37,50	32,76	28,02	23,28	18,53	13,79	9,05	f_e	
137,93	*137,96*	*138,00*	*138,05*	*138,12*	*138,22*	*138,37*	*138,63*	*139,14*	z	**145**
83693	**68327**	**54000**	**40865**	**29101**	**18921**	**10588**	**4414**	—	Steg M_{1500}	
66957	**54662**	**43200**	**32692**	**23280**	**15137**	**8471**	**3531**	—	Steg M_{1200}	
47,35	38,31	30,00	22,48	15,84	10,19	5,63	2,32	—	Steg f_e	
101290	**91125**	**80963**	**70800**	**60638**	**50475**	**40313**	**30150**	**19988**	M_{1500}	
81030	**72900**	**64770**	**56640**	**48510**	**40380**	**32250**	**24120**	**15990**	M_{1200}	
47,25	42,50	37,75	33,00	28,25	23,50	18,75	14,00	9,25	f_e	
142,91	*142,94*	*142,98*	*143,03*	*143,10*	*143,19*	*143,33*	*143,57*	*144,05*	z	**150**
92299	**75542**	**59897**	**45527**	**32624**	**21418**	**12188**	**5267**	—	Steg M_{1500}	
73840	**60433**	**47917**	**36421**	**26099**	**17135**	**9750**	**4213**	—	Steg M_{1200}	
50,33	40,83	32,08	24,14	16,92	11,12	6,25	2,67	—	Steg f_e	

Tafel für

$d = 16$ cm

bei $\sigma_e = 1500$

M_{1500} = Moment in kgm auf 1 m Druckplattenbreite bei $\sigma_e = 1500$ kg/cm² } ohne Berücksichtigung der Spannungen im Steg;
M_{1200} = Moment in kgm auf 1 m Druckplattenbreite bei $\sigma_e = 1200$ kg/cm²
f_e = Zugeisenquerschnitt in cm² auf 1 m Druckplattenbreite
ΔM = Momentendifferenz bei Änderung von σ_b um 1 kg/cm² (gültig nur wenn $x > d$);

$h = 36$—54 cm

h	ΔM $\Delta f_{e\,1500}$ $\Delta f_{e\,1200}$	σ_e	σ_b								
		1500 1200	— 75	— 70	— 65	75 60	70 56	— 55	65 52	— 50	60 48
cm		x	0,484 h	0,467 h	0,448 h	0,429 h	0,412 h	0,407 h	0,394 h	0,385 h	0,375 h
			← $x > d$ →			←					
36	357,93 0,830 1,037	M_{1500} M_{1200} f_e z	— 19639 54,07 30,26	— 17849 48,89 30,42	— 16059 43,70 30,62	17853 14282 38,57 30,86	16114 12891 34,59 31,06	— 12548 33,61 31,11	14414 11531 30,73 31,27	— 10864 28,85 31,38	12758 10206 27,00 31,50
38	387,93 0,842 1,053	M_{1500} M_{1200} f_e z	— 21729 56,49 32,05	— 19789 51,23 32,19	— 17850 45,96 32,36	19888 15910 40,70 32,57	17954 14363 36,51 32,78	— 13981 35,48 32,84	16060 12848 32,43 33,01	— 12105 30,45 33,13	14214 11372 28,50 33,25
40	418,13 0,853 1,067	M_{1500} M_{1200} f_e z	— 23851 58,67 33,88	— 21760 53,33 34,00	— 19669 48,00 34,15	21973 17579 42,67 34,33	19883 15906 38,40 34,52	— 15488 37,33 34,57	17795 14236 34,14 34,75	— 13412 32,05 34,87	15750 12600 30,00 35,00
42	448,51 0,864 1,079	M_{1500} M_{1200} f_e z	— 25999 60,64 35,73	— 23756 55,24 35,84	— 21514 49,84 35,97	24089 19271 44,44 36,13	21846 17477 40,13 36,30	— 17029 39,05 36,34	19604 15683 35,81 36,50	— 14786 33,65 36,62	17364 13892 31,50 36,75
44	479,03 0,873 1,091	M_{1500} M_{1200} f_e z	— 28170 62,42 37,61	— 25775 56,97 37,70	— 23379 51,52 37,82	26230 20984 46,06 37,96	23835 19068 41,70 38,11	— 18589 40,61 38,15	21440 17152 37,33 38,29	— 16194 35,15 38,39	19045 15236 32,97 38,51
46	509,68 0,881 1,101	M_{1500} M_{1200} f_e z	— 30361 64,06 39,50	— 27812 58,55 39,58	— 25264 53,04 39,69	28394 22715 47,54 39,82	25846 20677 43,13 39,95	— 20167 42,03 39,99	23297 18638 38,72 40,11	— 17619 36,52 40,20	20749 16599 34,32 40,31
48	540,44 0,889 1,111	M_{1500} M_{1200} f_e z	— 32569 65,56 41,40	— 29867 60,00 41,48	— 27164 54,44 41,58	30578 24462 48,89 41,70	27876 22300 44,44 41,81	— 21760 43,33 41,85	25173 20139 40,00 41,96	— 19058 37,78 42,04	22471 17977 35,56 42,13
50	571,31 0,896 1,120	M_{1500} M_{1200} f_e z	— 34793 66,93 43,32	— 31936 61,33 43,39	— 29079 55,73 43,48	32779 26223 50,13 43,59	29922 23938 45,65 43,69	— 23366 44,53 43,72	27066 21652 41,17 43,82	— 20510 38,93 43,90	24209 19367 36,69 43,98
52	602,26 0,903 1,128	M_{1500} M_{1200} f_e z	— 37030 68,21 45,24	— 34018 62,56 45,31	— 31007 56,92 45,39	34995 27996 51,28 45,49	31984 25587 46,77 45,59	— 24985 45,64 45,62	28972 23178 42,26 45,71	— 21973 40,00 45,78	25961 20769 37,74 45,86
54	633,28 0,909 1,136	M_{1500} M_{1200} f_e z	— 39279 69,38 47,18	— 36113 63,70 47,24	— 32946 58,02 47,32	37225 29780 52,35 47,41	34058 27247 47,80 47,50	— 26613 46,67 47,52	30892 24713 43,26 47,61	— 23447 40,99 47,67	27725 22180 38,72 47,74
			←					$x > d$			

Plattenbalken

Tafel 67

und 1200 kg/cm²

$d = 16$ cm

Δf_{e1500} bzw. Δf_{e1200} = Differenz der Zug[illegible] [illegible]bei Änderung von σ_b um 1 kg/cm² für $\sigma_e = 1500$ bzw. $\sigma_e = 1200$ [illegible] (gültig nur wenn $x > d$);
d = Druckplattendicke in cm;
h = Nutzhöhe in cm; x = Nullini[illegible];
z = Abstand des Druckmittelpunktes vom [illegible]ittelpunkt in cm.

$h = 36$—54 cm

σ_b									σ_e	
55 44	50 40	45 36	40 32	35 28	30 24	25 20	20 16	15 12	1500 1200	h
0,355 h	0,333 h	0,310 h	0,286 h	0,259 h	0,[illegible]31 h	0,200 h	0,167 h	0,130 h	x	cm
← $x \leqq d$ →										
11151	**9600**	**8113**	**6700**	**53[illegible]**	**[illegible]**	**3024**	**2040**	**1213**	M_{1500}	**36**
8921	**7680**	**6491**	**5360**	**429[illegible]**	**[illegible]**	**2419**	**1632**	**970**	M_{1200}	
23,42	20,00	16,76	13,71	10,89	[illegible]	6,00	4,00	2,35	f_e	
31,74	*32,00*	*32,28*	*32,57*	*32,89*	*[illegible]*	*33,60*	*34,00*	*34,43*	z	
12424	**10696**	**9040**	**7466**	**5985**	**[illegible]**	**3369**	**2273**	**1351**	M_{1500}	**38**
9939	**8557**	**7232**	**5972**	**4788**	**[illegible]**	**2695**	**1818**	**1081**	M_{1200}	
24,72	21,11	17,69	14,48	11,49	[illegible]	6,33	4,22	2,48	f_e	
33,51	*33,78*	*34,07*	*34,38*	*[illegible]*	*[illegible]*	*35,47*	*35,89*	*36,35*	z	
13766	**11852**	**10017**	**8272**	**[illegible]**	**5112**	**3733**	**2516**	**1497**	M_{1500}	**40**
11013	**9481**	**8013**	**6618**	**5306**	**[illegible]**	**2987**	**2015**	**1198**	M_{1200}	
26,02	22,22	18,62	15,24	12,10	[illegible]	6,67	4,44	2,61	f_e	
35,27	*36,56*	*35,86*	*36,19*	*36,54*	*36,92*	*31,33*	*37,78*	*38,26*	z	
15177	**13067**	**11043**	**9120**	**7312**	**[illegible]**	**4116**	**2777**	**1651**	M_{1500}	**42**
12142	**10453**	**8835**	**7296**	**5849**	**4509**	**3293**	**2221**	**1320**	M_{1200}	
27,32	23,33	19,55	16,00	12,70	9,09	7,00	4,67	2,74	f_e	
37,03	*37,33*	*37,66*	*38,00*	*[illegible]*	*[illegible]*	*39,20*	*39,67*	*40,17*	z	
16657	**14341**	**12120**	**10009**	**8625**	**6186**	**4517**	**3047**	**1812**	M_{1500}	**44**
13326	**11473**	**9696**	**8007**	**6420**	**4949**	**3614**	**2438**	**1449**	M_{1200}	
28,62	24,44	20,48	16,76	13,31	10,15	7,33	4,89	2,87	f_e	
38,80	*39,11*	*39,45*	*39,81*	*40,20*	*40,62*	*41,07*	*41,56*	*42,09*	z	
18201	**15674**	**13247**	**10940**	**8771**	**6761**	**4937**	**3331**	**1980**	M_{1500}	**46**
14560	**12539**	**10598**	**8752**	**7017**	**5409**	**3950**	**2665**	**1584**	M_{1200}	
29,91	25,56	21,41	17,52	13,91	10,62	7,67	5,11	3,00	f_e	
40,56	*40,89*	*41,24*	*41,62*	*42,02*	*42,46*	*42,93*	*43,44*	*44,00*	z	
19769	**17067**	**14424**	**11912**	**9550**	**7362**	**5376**	**3627**	**2156**	M_{1500}	**48**
15815	**13653**	**11539**	**9529**	**7640**	**5890**	**4301**	**2901**	**1725**	M_{1200}	
31,11	26,67	22,34	18,29	14,52	11,08	8,00	5,33	3,13	f_e	
42,36	*42,67*	*43,03*	*43,43*	*43,85*	*44,31*	*44,80*	*45,33*	*45,91*	z	
21353	**18496**	**15651**	**12925**	**10362**	**7988**	**5833**	**3935**	**2339**	M_{1500}	**50**
17082	**14797**	**12521**	**10340**	**8290**	**6391**	**4667**	**3148**	**1871**	M_{1200}	
32,21	27,73	23,28	19,05	15,12	11,54	8,33	5,56	3,26	f_e	
44,19	*44,46*	*44,83*	*45,24*	*45,68*	*46,15*	*46,67*	*47,22*	*47,83*	z	
22950	**19938**	**16927**	**13980**	**11208**	**8640**	**6309**	**4256**	**2530**	M_{1500}	**52**
18360	**15951**	**13542**	**11184**	**8966**	**6912**	**5047**	**3405**	**2024**	M_{1200}	
33,23	28,72	24,21	19,81	15,73	12,00	8,67	5,78	3,39	f_e	
46,04	*46,29*	*46,62*	*47,05*	*47,51*	*48,00*	*48,53*	*49,11*	*49,74*	z	
24559	**21393**	**18226**	**15076**	**12087**	**9317**	**6804**	**4590**	**2729**	M_{1500}	**54**
19647	**17114**	**14581**	**12061**	**9669**	**7454**	**5443**	**3672**	**2183**	M_{1200}	
34,17	29,63	25,09	20,57	16,33	12,46	9,00	6,00	3,52	f_e	
47,91	*48,13*	*48,44*	*48,86*	*49,33*	*49,85*	*50,40*	*51,00*	*51,65*	z	
→			← $x \leqq d$ →							

Tafel für

$d = 16$ cm

bei $\sigma_e = 1500$

M_{1500} = Moment in kgm auf 1 m Druckplattenbreite bei $\sigma_e = 1500$ kg/cm² }
M_{1200} = Moment in kgm auf 1 m Druckplattenbreite bei $\sigma_e = 1200$ kg/cm² } ohne Berücksichtigung der Spannungen im Steg;
f_e = Zugeisenquerschnitt in cm² auf 1 m Druckplattenbreite }
ΔM = Momentendifferenz bei Änderung von σ_b um 1 kg/cm² (gültig nur wenn $x > d$);

$h = 56$—74 cm

h	ΔM / $\Delta f_{e\,1500}$ / $\Delta f_{e\,1200}$	σ_c	σ_b								
		1500	—	—	—	75	70	—	65	—	60
		1200	75	70	65	60	56	55	52	50	48
cm		x	0,484 h	0,467 h	0,448 h	0,429 h	0,412 h	0,407 h	0,394 h	0,385 h	0,375 h
			←					$x > d$			
56	664,38	M_{1500}	—	—	—	39467	36145	—	32823	—	29501
	0,914	M_{1200}	41539	38217	34895	31573	28916	28251	26258	24930	23601
	1,143	f_e	70,48	64,76	59,05	53,33	48,76	47,62	44,19	41,90	39,62
		z	49,12	49,18	49,25	49,33	49,42	49,44	49,52	49,58	49,64
58	695,54	M_{1500}	—	—	—	41720	38242	—	34764	—	31286
	0,920	M_{1200}	43809	40331	36853	33376	30593	29898	27811	26420	25029
	1,149	f_e	71,49	65,75	60,00	54,25	49,66	48,51	45,06	42,76	40,46
		z	51,06	51,12	51,19	51,27	51,34	51,36	51,44	51,49	51,55
60	726,76	M_{1500}	—	—	—	43982	40348	—	36715	—	33081
	0,924	M_{1200}	46087	42453	38820	35186	32279	31552	29372	27918	26465
	1,156	f_e	72,44	66,67	60,89	55,11	50,49	49,33	45,87	43,56	41,24
		z	53,01	53,07	53,13	53,20	53,28	53,30	53,36	53,42	53,47
62	758,02	M_{1500}	—	—	—	46254	42464	—	38674	—	34883
	0,929	M_{1200}	48373	44583	40793	37003	33971	33213	30939	29423	27907
	1,161	f_e	73,33	67,53	61,72	55,91	51,27	50,11	46,62	44,30	41,98
		z	54,97	55,02	55,08	55,15	55,22	55,24	55,30	55,35	55,40
64	789,33	M_{1500}	—	—	—	48533	44587	—	40640	—	36693
	0,933	M_{1200}	50667	46720	42773	38827	35669	34880	32512	30933	29355
	1,167	f_e	74,17	68,33	62,50	56,67	52,00	50,83	47,33	45,00	42,67
		z	56,93	56,98	57,03	57,10	57,16	57,18	57,24	57,28	57,33
66	820,69	M_{1500}	—	—	—	50820	46717	—	42613	—	38510
	0,937	M_{1200}	52966	48863	44760	40656	37373	36553	34091	32449	30808
	1,172	f_e	74,95	69,09	63,23	57,37	52,69	51,52	48,00	45,66	43,31
		z	58,89	58,94	58,99	59,05	59,11	59,13	59,19	59,23	59,27
68	852,08	M_{1500}	—	—	—	53114	48853	—	44593	—	40333
	0,941	M_{1200}	55272	51012	46751	42491	39083	38231	35674	33970	32266
	1,176	f_e	75,69	69,80	63,92	58,04	53,33	52,16	48,63	46,27	43,92
		z	60,86	60,90	60,95	61,01	61,07	61,08	61,14	61,18	61,22
70	883,50	M_{1500}	—	—	—	55413	50996	—	46578	—	42161
	0,945	M_{1200}	57583	53166	48748	44331	40797	39913	37263	35496	33729
	1,181	f_e	76,38	70,48	64,57	58,67	53,94	52,76	49,22	46,86	44,50
		z	62,82	62,86	62,91	62,97	63,02	63,04	63,09	63,13	63,17
72	914,96	M_{1500}	—	—	—	57719	53144	—	48569	—	43994
	0,948	M_{1200}	59899	55324	50750	46175	42515	41600	38855	37025	35195
	1,185	f_e	77,04	71,11	65,19	59,26	54,52	53,33	49,78	47,41	45,04
		z	64,79	64,83	64,88	64,93	64,99	65,00	65,05	65,08	65,12
74	946,45	M_{1500}	—	—	—	60029	55297	—	50564	—	45832
	0,951	M_{1200}	62220	57488	52755	48023	44237	43291	40451	38559	36666
	1,189	f_e	77,66	71,71	65,77	59,82	55,06	53,87	50,31	47,93	45,55
		z	66,77	66,80	66,85	66,90	66,95	66,96	67,01	67,04	67,08
			←							$x > d$	

und 1200 kg/cm²

$d = 16$ cm

Δf_{e1500} bzw. Δf_{e1200} = Differenz der Zugbewehrung bei Änderung von σ_b um 1 kg/cm² für $\sigma_e = 1500$ bzw. $\sigma_e = 1200$ kg/cm² (gültig nur wenn $x > d$);
d = Druckplattendicke in cm;
h = Nutzhöhe in cm; x = Nullinienabstand;
z = Abstand des Druckmittelpunktes vom Zugmittelpunkt in cm.

$h = 56$—74 cm

σ_b									σ_e	h
55 / 44	**50** / **40**	45 / 36	**40** / 32	35 / 28	30 / 24	25 / 20	20 / 16	15 / 12	**1500** / **1200**	
$0{,}355h$	$0{,}333h$	$0{,}310h$	$0{,}286h$	$0{,}259h$	$0{,}231h$	$0{,}200h$	$0{,}167h$	$0{,}130h$	x	cm
→			← $x \leqq d$					→		
26179	**22857**	**19535**	**16213**	**12999**	**10020**	**7317**	**4936**	**2934**	M_{1500}	**56**
20943	**18286**	**15628**	**12971**	**10399**	**8016**	**5854**	**3949**	**2348**	M_{1200}	
35,05	30,48	25,90	20,33	16,94	12,12	9,33	6,22	3,65	f_e	
49,80	*50,00*	*50,27*	*50,67*	*51,16*	*51,69*	*52,27*	*52,89*	*53,57*	z	
27809	**24331**	**20853**	**17376**	**13944**	**10749**	**7849**	**5295**	**3148**	M_{1500}	**58**
22247	**19465**	**16683**	**13901**	**11155**	**8599**	**6279**	**4236**	**2518**	M_{1200}	
35,86	31,26	26,67	22,07	17,54	13,38	9,67	6,44	3,78	f_e	
51,70	*51,88*	*52,13*	*52,49*	*52,99*	*53,54*	*54,13*	*54,78*	*55,48*	z	
29447	**25813**	**22180**	**18546**	**14922**	**11503**	**8400**	**5667**	**3369**	M_{1500}	**60**
23558	**20651**	**17744**	**14837**	**11937**	**9202**	**6720**	**4533**	**2695**	M_{1200}	
36,62	32,00	27,38	22,76	18,15	13,85	10,00	6,67	3,91	f_e	
53,61	*53,78*	*54,01*	*54,33*	*54,81*	*55,38*	*56,00*	*56,67*	*57,39*	z	
31093	**27303**	**23513**	**19723**	**15933**	**12283**	**8969**	**6051**	**3597**	M_{1500}	**62**
24875	**21843**	**18810**	**15778**	**12746**	**9826**	**7175**	**4841**	**2878**	M_{1200}	
37,33	32,69	28,04	23,40	18,75	14,31	10,33	6,89	4,04	f_e	
55,52	*55,68*	*55,90*	*56,20*	*56,64*	*57,23*	*57,87*	*58,56*	*59,30*	z	
32747	**28800**	**24853**	**20907**	**16960**	**13088**	**9557**	**6447**	**3833**	M_{1500}	**64**
26197	**23040**	**19883**	**16725**	**13568**	**10470**	**7646**	**5158**	**3066**	M_{1200}	
38,00	33,33	28,67	24,00	19,33	14,77	10,67	7,11	4,17	f_e	
57,45	*57,60*	*57,80*	*58,07*	*58,48*	*59,08*	*59,73*	*60,44*	*61,22*	z	
34406	**30303**	**26200**	**22096**	**17993**	**13919**	**10164**	**6857**	**4076**	M_{1500}	**66**
27525	**24242**	**20960**	**17677**	**14394**	**11135**	**8131**	**5485**	**3261**	M_{1200}	
38,63	33,94	29,25	24,57	19,88	15,23	11,00	7,33	4,30	f_e	
59,38	*59,52*	*59,71*	*59,96*	*60,34*	*60,92*	*61,60*	*62,33*	*63,13*	z	
36072	**31812**	**27551**	**23291**	**19031**	**14775**	**10789**	**7279**	**4327**	M_{1500}	**68**
28858	**25449**	**22041**	**18633**	**15224**	**11820**	**8631**	**5823**	**3461**	M_{1200}	
39,22	34,51	29,80	25,10	20,39	15,69	11,33	7,56	4,43	f_e	
61,32	*61,45*	*61,63*	*61,87*	*62,22*	*62,77*	*63,47*	*64,22*	*65,04*	z	
37743	**33326**	**28908**	**24491**	**20073**	**15656**	**11433**	**7713**	**4585**	M_{1500}	**70**
30195	**26661**	**23127**	**19593**	**16059**	**12524**	**9147**	**6170**	**3668**	M_{1200}	
39,77	35,05	30,32	25,60	20,88	16,15	11,67	7,78	4,57	f_e	
63,27	*63,39*	*63,55*	*63,78*	*64,10*	*64,62*	*65,33*	*66,11*	*66,96*	z	
39419	**34844**	**30270**	**25695**	**21120**	**16545**	**12096**	**8160**	**4851**	M_{1500}	**72**
31535	**27876**	**24216**	**20556**	**16896**	**13236**	**9677**	**6528**	**3881**	M_{1200}	
40,30	35,56	30,81	26,07	21,33	16,59	12,00	8,00	4,70	f_e	
65,22	*65;33*	*65,49*	*65,70*	*66,00*	*66,48*	*67,20*	*68,00*	*68,87*	z	
41100	**36368**	**31635**	**26903**	**22171**	**17439**	**12777**	**8620**	**5124**	M_{1500}	**74**
32880	**29094**	**24308**	**21522**	**17737**	**13951**	**10222**	**6896**	**4099**	M_{1200}	
40,79	36,04	31,28	26,52	21,77	17,01	12,33	8,22	4,83	f_e	
67,17	*67,28*	*67,43*	*67,62*	*67,91*	*68,35*	*69,07*	*69,89*	*70,78*	z	
					→	← $x \leqq d$		→		

$d = 16$ cm bei $\sigma_e = 1500$

M_{1500} = Moment in kgm auf 1 m Druckplattenbreite bei $\sigma_e = 1500$ kg/cm² } ohne Berücksichtigung der Spannungen im Steg;
M_{1200} = Moment in kgm auf 1 m Druckplattenbreite bei $\sigma_e = 1200$ kg/cm²
f_e = Zugeisenquerschnitt in cm² auf 1 m Druckplattenbreite
ΔM = Momentendifferenz bei Änderung von σ_b um 1 kg/cm² (gültig nur wenn $x > d$);

$h = 76$—94 cm

h	ΔM $\Delta f_{e\,1500}$ $\Delta f_{e\,1200}$	σ_e	σ_b								
		1500 1200	— 75	— 70	— 65	75 60	70 56	— 55	65 52	— 50	60 48
cm		x	0,484 h	0,467 h	0,448 h	0,429 h	0,412 h	0,407 h	0,394 h	0,385 h	0,375 h
			← $x > d$								
76	977,96 0,954 1,193	M_{1500} M_{1200} f_e z	— **64545** 78,25 *68,74*	— **59655** 72,28 *68,78*	— **54765** 66,32 *68,82*	**62344** **49875** 60,35 *68,87*	**57454** **45963** 55,58 *68,92*	— **44985** 54,39 *68,93*	**52564** **42051** 50,81 *68,97*	— **40095** 48,42 *69,00*	**47674** **38140** 46,04 *69,04*
78	1009,50 0,957 1,197	M_{1500} M_{1200} f_e z	— **66873** 78,80 *70,72*	— **61826** 72,82 *70,75*	— **56778** 66,84 *70,79*	**64663** **51731** 60,85 *70,84*	**59616** **47693** 56,07 *70,88*	— **46683** 54,87 *70,90*	**54568** **43655** 51,28 *70,94*	— **41636** 48,89 *70,97*	**49521** **39617** 46,50 *71,00*
80	1041,07 0,960 1,200	M_{1500} M_{1200} f_e z	— **69205** 79,33 *72,69*	— **64000** 73,33 *72,73*	— **58795** 67,33 *72,77*	**66987** **53589** 61,33 *72,81*	**61781** **49425** 56,53 *72,86*	— **48384** 55,33 *72,87*	**56576** **45261** 51,73 *72,91*	— **43179** 49,33 *72,94*	**51371** **41097** 46,93 *72,97*
82	1072,45 0,963 1,203	M_{1500} M_{1200} f_e z	— **71541** 79,84 *74,67*	— **66178** 73,82 *74,70*	— **60814** 67,80 *74,74*	**69314** **55451** 61,79 *74,79*	**63951** **51160** 56,98 *74,83*	— **50088** 55,77 *74,84*	**58587** **46870** 52,16 *74,88*	— **44725** 49,76 *74,91*	**53224** **42579** 47,35 *74,94*
84	1104,25 0,965 1,206	M_{1500} M_{1200} f_e z	— **73879** 80,32 *76,65*	— **68358** 74,29 *76,68*	— **62837** 68,25 *76,72*	**71644** **57316** 62,22 *76,76*	**66123** **52899** 57,40 *76,80*	— **51794** 56,19 *76,81*	**60602** **48482** 52,57 *76,85*	— **46273** 50,16 *76,88*	**55081** **44065** 47,75 *76,91*
86	1135,88 0,967 1,209	M_{1500} M_{1200} f_e z	— **76221** 80,78 *78,63*	— **70541** 74,73 *78,66*	— **64862** 68,68 *78,70*	**73978** **59183** 62,64 *78,74*	**68299** **54639** 57,80 *78,78*	— **53503** 56,59 *78,79*	**62620** **50096** 52,96 *78,82*	— **47824** 50,54 *78,85*	**56940** **45552** 48,12 *78,88*
88	1167,52 0,970 1,212	M_{1500} M_{1200} f_e z	— **78565** 81,21 *80,62*	— **72727** 75,15 *80,65*	— **66890** 69,09 *80,68*	**76315** **61052** 63,03 *80,72*	**70478** **56382** 58,18 *80,76*	— **55215** 56,97 *80,77*	**64640** **51712** 53,33 *80,80*	— **49377** 50,91 *80,83*	**58802** **47042** 48,48 *80,85*
90	1199,17 0,972 1,215	M_{1500} M_{1200} f_e z	— **80911** 81,63 *82,60*	— **74916** 75,56 *82,63*	— **68920** 69,48 *82,66*	**78655** **62924** 63,41 *82,70*	**72659** **58127** 58,55 *82,73*	— **56928** 57,33 *82,74*	**66663** **53330** 53,69 *82,78*	— **50932** 51,26 *82,80*	**60667** **48534** 48,83 *82,83*
92	1230,84 0,974 1,217	M_{1500} M_{1200} f_e z	— **83260** 82,03 *84,58*	— **77106** 75,94 *84,61*	— **70952** 69,86 *84,64*	**80997** **64798** 63,77 *84,68*	**74843** **59874** 58,90 *84,71*	— **58644** 57,68 *84,72*	**68689** **54951** 54,03 *84,76*	— **52489** 51,59 *84,78*	**62534** **50028** 49,16 *84,81*
94	1262,52 0,976 1,220	M_{1500} M_{1200} f_e z	— **85611** 82,41 *86,57*	— **79299** 76,31 *86,59*	— **72986** 70,21 *86,62*	**83342** **66673** 64,11 *86,66*	**77029** **61623** 59,23 *86,69*	— **60361** 58,01 *86,70*	**70717** **56573** 54,35 *86,73*	— **54048** 51,91 *86,76*	**64404** **51523** 49,48 *86,78*
			← $x > d$								

Plattenbalken

Tafel 69

und 1200 kg/cm²

$d = 16$ cm

$\Delta f_{e\,1500}$ bzw. $\Delta f_{e\,1200}$ = Differenz der Zugbewehrung bei Änderung von σ_b um 1 kg/cm² für $\sigma_e = 1500$ bzw. $\sigma_e = 1200$ kg/cm² (gültig nur wenn $x > d$);
d = Druckplattendicke in cm;
h = Nutzhöhe in cm; x = Nullinienabstand;
z = Abstand des Druckmittelpunktes vom Zugmittelpunkt in cm.

$h = 76$—94 cm

σ_b									σ_e	h
55 44	**50** **40**	45 36	**40** 32	35 28	30 24	25 20	20 16	15 12	**1500** **1200**	
0,355 h	0,333 h	0,310 h	0,286 h	0,259 h	0,231 h	0,200 h	0,167 h	0,130 h	x	cm
→						$x \leqq d$				
42785	**37895**	**33005**	**28115**	**23225**	**18335**	**13477**	**9092**	**5405**	M_{1500}	**76**
34228	**30316**	**26404**	**22492**	**18580**	**14668**	**10782**	**7273**	**4324**	M_{1200}	
41,26	36,49	31,72	26,95	22,18	17,40	12,67	8,44	4,96	f_e	
69,12	*69,23*	*69,37*	*69,56*	*69,82*	*70,24*	*70,93*	*71,78*	*72,70*	z	
44473	**39426**	**34378**	**29331**	**24283**	**19236**	**14196**	**9577**	**5693**	M_{1500}	**78**
35579	**31541**	**27502**	**23464**	**19426**	**15388**	**11357**	**7661**	**4554**	M_{1200}	
41,71	36,92	32,14	27,35	22,56	17,78	13,00	8,67	5,09	f_e	
71,08	*71,19*	*71,32*	*71,49*	*71,75*	*72,13*	*72,80*	*73,67*	*74,61*	z	
46165	**40960**	**35755**	**30549**	**25344**	**20139**	**14933**	**10074**	**5989**	M_{1500}	**80**
36932	**32768**	**28604**	**24439**	**20275**	**16111**	**11947**	**8059**	**4791**	M_{1200}	
42,13	37,33	32,53	27,73	22,93	18,13	13,33	8,89	5,22	f_e	
73,05	*73,14*	*73,27*	*73,44*	*73,67*	*74,04*	*74,67*	*75,56*	*76,52*	z	
47861	**42498**	**37134**	**31771**	**26408**	**21045**	**15681**	**10584**	**6292**	M_{1500}	**82**
38289	**33998**	**29707**	**25417**	**21126**	**16836**	**12545**	**8467**	**5033**	M_{1200}	
42,54	37,72	32,91	28,10	23,28	18,47	13,66	9,11	5,35	f_e	
75,01	*75,10*	*75,22*	*75,38*	*75,61*	*75,95*	*76,54*	*77,44*	*78,43*	z	
49559	**44038**	**38517**	**32996**	**27474**	**21953**	**16432**	**11107**	**6602**	M_{1500}	**84**
39647	**35230**	**30813**	**26396**	**21979**	**17562**	**13145**	**8885**	**5282**	M_{1200}	
42,92	38,10	33,27	28,44	23,62	18,79	13,97	9,33	5,48	f_e	
76,98	*77,07*	*77,18*	*77,33*	*77,55*	*77,87*	*78,42*	*79,33*	*80,35*	z	
51261	**45581**	**39902**	**34223**	**28543**	**22864**	**17184**	**11642**	**6921**	M_{1500}	**86**
41009	**36465**	**31922**	**27378**	**22835**	**18291**	**13748**	**9313**	**5537**	M_{1200}	
43,29	38,45	33,61	28,78	23,94	19,10	14,26	9,56	5,61	f_e	
78,95	*79,03*	*79,14*	*79,29*	*79,49*	*79,80*	*80,32*	*81,22*	*82,26*	z	
52965	**47127**	**41290**	**35452**	**29615**	**23777**	**17939**	**12190**	**7246**	M_{1500}	**88**
42372	**37702**	**33032**	**28362**	**23692**	**19022**	**14352**	**9752**	**5797**	M_{1200}	
43,64	38,79	33,94	29,09	24,24	19,39	14,55	9,78	5,74	f_e	
80,92	*81,00*	*81,10*	*81,24*	*81,44*	*81,73*	*82,22*	*83,11*	*84,17*	z	
54671	**48676**	**42680**	**36684**	**30688**	**24692**	**18696**	**12750**	**7579**	M_{1500}	**90**
43737	**38940**	**34144**	**29347**	**24550**	**19754**	**14957**	**10200**	**6064**	M_{1200}	
43,97	39,11	34,25	29,39	24,53	19,67	14,81	10,00	5,87	f_e	
82,89	*82,97*	*83,07*	*83,20*	*83,39*	*83,67*	*84,13*	*85,00*	*86,09*	z	
56380	**50226**	**44072**	**37918**	**31763**	**25609**	**19455**	**13323**	**7920**	M_{1500}	**92**
45104	**40181**	**35258**	**30334**	**25411**	**20487**	**15564**	**10658**	**6336**	M_{1200}	
44,29	39,42	34,55	29,68	24,81	19,94	15,07	10,22	6,00	f_e	
84,87	*84,94*	*85,04*	*85,17*	*85,35*	*85,61*	*86,05*	*86,89*	*88,00*	z	
58091	**51779**	**45466**	**39153**	**32841**	**26528**	**20216**	**13909**	**8268**	M_{1500}	**94**
46473	**41423**	**36373**	**31323**	**26273**	**21223**	**16172**	**11127**	**6614**	M_{1200}	
44,60	39,72	34,84	29,96	25,08	20,20	15,32	10,44	6,13	f_e	
86,84	*86,91*	*87,01*	*87,13*	*87,30*	*87,56*	*87,98*	*88,78*	*89,91*	z	
→							$x \leqq d$			

Tafel 70 **Tafel für**

$d = 16$ cm bei $\sigma_e = 1500$

M_{1500} = Moment in kgm auf 1 m Druckplattenbreite bei $\sigma_e = 1500$ kg/cm² ⎫ ohne Berück-
M_{1200} = Moment in kgm auf 1 m Druckplattenbreite bei $\sigma_e = 1200$ kg/cm² ⎬ sichtigung der
f_e = Zugeisenquerschnitt in cm² auf 1 m Druckplattenbreite ⎪ Spannungen
z = Abstand des Druckmittelpunktes vom Zugmittelpunkt in cm ⎭ im Steg;
ΔM = Momentendifferenz bei Änderung von σ_b um 1 kg/cm² (gültig nur wenn $x > d$);
Δf_{e1500} bzw. Δf_{e1200} = Differenz der Zugbewehrung bei Änderung von σ_b um 1 kg/cm² für $\sigma_e = 1500$ bzw. $\sigma_e = 1200$ kg/cm² (gültig nur wenn $x > d$);
Gesamtmoment bei Berücksichtigung der Spannungen im Steg: $M = b \cdot M_{\text{Platte}} + b_0 \cdot M_{\text{Steg}}$,
Zugeisenquerschnitt bei Berücksichtigung der

$h = 96$—115 cm

h cm	ΔM / $\Delta f_{e\,1500}$ / $\Delta f_{e\,1200}$	σ_e	σ_b								
		1500	—	—	—	75	70	—	65	—	60
		1200	75	70	65	60	56	55	52	50	48
		x	0,484 h	0,467 h	0,448 h	0,429 h	0,412 h	0,407 h	0,394 h	0,385 h	0,375 h
			← $x > d$								
		M_{1500}	—	—	—	**85689**	**79218**	—	**72747**	—	**66276**
	1294,22	M_{1200}	**87964**	**81493**	**75022**	**68551**	**63374**	**62080**	**58197**	**55609**	**53020**
		f_e	82,78	76,67	70,56	64,44	59,56	58,33	54,67	52,22	49,78
96	0,978	z	*88,55*	*88,58*	*88,61*	*88,64*	*88,68*	*88,69*	*88,72*	*88,74*	*88,76*
	1,222	Steg M_{1500}	—	—	—	**41266**	**35371**	—	**29752**	—	**24444**
		Steg M_{1200}	**52289**	**45620**	**39182**	**33013**	**28297**	**27151**	**23802**	**21645**	**19556**
		Steg f_e	62,38	54,00	46,00	38,41	32,68	31,30	27,27	24,70	22,22
		M_{1500}	—	—	—	**88038**	**81408**	—	**74779**	—	**68149**
	1325,93	M_{1200}	**90320**	**83690**	**77060**	**70430**	**65127**	**63801**	**59823**	**57171**	**54519**
		f_e	83,13	77,01	70,88	64,76	59,86	58,64	54,97	52,52	50,07
98	0,980	z	*90,54*	*90,57*	*90,59*	*90,63*	*90,66*	*90,67*	*90,70*	*90,72*	*90,74*
	1,224	Steg M_{1500}	—	—	—	**44262**	**38005**	—	**32035**	—	**26390**
		Steg M_{1200}	**55839**	**48774**	**41953**	**35411**	**30403**	**29187**	**25628**	**23336**	**21113**
		Steg f_e	65,06	56,38	48,10	40,24	34,29	32,86	28,68	26,01	23,43
		M_{1500}	—	—	—	**90389**	**83601**	—	**76813**	—	**70025**
	1357,65	M_{1200}	**92676**	**85888**	**79100**	**72311**	**66881**	**65523**	**61450**	**58735**	**56020**
		f_e	83,47	77,33	71,20	65,07	60,16	58,93	55,25	52,80	50,35
100	0,981	z	*92,53*	*92,55*	*92,58*	*92,61*	*92,64*	*92,65*	*92,68*	*92,70*	*92,72*
	1,227	Steg M_{1500}	—	—	—	**47366**	**40736**	—	**34405**	—	**28413**
		Steg M_{1200}	**59509**	**52038**	**44820**	**37893**	**32588**	**31299**	**27524**	**25091**	**22730**
		Steg f_e	67,74	58,78	50,21	42,08	35,92	34,43	30,10	27,33	24,65
		M_{1500}	—	—	—	**96276**	**89091**	—	**81906**	—	**74721**
	1437,00	M_{1200}	**98576**	**91390**	**84205**	**77020**	**71272**	**69835**	**65524**	**62650**	**59776**
		f_e	84,25	78,10	71,94	65,78	60,85	59,62	55,92	53,46	51,00
105	0,985	z	*97,50*	*97,52*	*97,55*	*97,58*	*97,61*	*97,61*	*97,64*	*97,66*	*97,68*
	1,232	Steg M_{1500}	—	—	—	**55599**	**47990**	—	**40713**	—	**33806**
		Steg M_{1200}	**69209**	**60673**	**52416**	**44480**	**38393**	**36911**	**32570**	**29769**	**27046**
		Steg f_e	74,52	64,82	55,54	46,72	40,03	38,41	33,70	30,67	27,75
		M_{1500}	—	—	—	**102172**	**94590**	—	**87008**	—	**79426**
	1516,41	M_{1200}	**104484**	**96902**	**89320**	**81738**	**75672**	**74156**	**69606**	**66574**	**63541**
		f_e	84,97	78,79	72,61	66,42	61,48	60,24	56,53	54,06	51,59
110	0,989	z	*102,47*	*102,49*	*102,52*	*102,55*	*102,57*	*102,58*	*102,60*	*102,62*	*102,64*
	1,236	Steg M_{1500}	—	—	—	**64512**	**55858**	—	**47566**	—	**39683**
		Steg M_{1200}	**79660**	**69988**	**60623**	**51609**	**44686**	**42999**	**38053**	**34856**	**31747**
		Steg f_e	81,36	70,93	60,94	51,43	44,21	42,46	37,36	34,08	30,91
		M_{1500}	—	—	—	**108077**	**100100**	—	**92119**	—	**84140**
	1595,87	M_{1200}	**110400**	**102420**	**94442**	**86462**	**80079**	**78483**	**73695**	**70503**	**67312**
		f_e	85,62	79,42	73,22	67,01	62,05	60,81	57,09	54,61	52,13
115	0,992	z	*107,45*	*107,47*	*107,49*	*107,52*	*107,54*	*107,55*	*107,57*	*107,59*	*107,61*
	1,241	Steg M_{1500}	—	—	—	**74104**	**64337**	—	**54967**	—	**46044**
		Steg M_{1200}	**90865**	**79986**	**69443**	**59283**	**51469**	**49564**	**43974**	**40355**	**36835**
		Steg f_e	88,27	77,11	66,40	56,20	48,44	46,56	41,07	37,54	34,12
			← $x > d$								

Plattenbalken

Tafel 70

und 1200 kg/cm²

$d = 16$ cm

Steg $\begin{cases} M_{1500} = \text{durch je 1 m Breite des Steges aufnehmb. Moment in kgm bei } \sigma_e = 1500 \text{ kg/cm}^2; \\ M_{1200} = \text{durch je 1 m Breite des Steges aufnehmb. Moment in kgm bei } \sigma_e = 1200 \text{ kg/cm}^2; \\ f_e = \text{Zugeisenquerschnitt in cm}^2 \text{ entspr. den Druckspannungen im Steg je 1 m Breite;} \end{cases}$

d = Druckplattendicke in cm;

h = Nutzhöhe in cm;

x = Nullinienabstand.

worin b = Druckplattenbreite in m und b_0 = Stegbreite in m bedeuten.
Spannungen im Steg: $F_e = b \cdot f_{e\,\text{Platte}} + b_0 \cdot f_{e\,\text{Steg}}$.

$h = 96$—115 cm

σ_b									σ_e	h
55 44	**50** **40**	45 36	**40** **32**	35 28	30 24	25 20	20 16	15 12	**1500** **1200**	
0,355 h	0,333 h	0,310 h	0,286 h	0,259 h	0,231 h	0,200 h	0,167 h	0,130 h	x	cm
							← $x \leqq d$ →			
59804	**53333**	**46862**	**40391**	**33920**	**27449**	**20978**	**14507**	**8624**	M_{1500}	**96**
47844	**42667**	**37490**	**32313**	**27136**	**21959**	**16782**	**11605**	**6899**	M_{1200}	
44,89	40,00	35,11	30,22	25,33	20,44	15,56	10,67	6,26	f_e	
88,82	*88,89*	*88,98*	*89,10*	*89,26*	*89,51*	*89,90*	*90,67*	*91,83*	z	
19489	**14934**	**10834**	**7256**	**4280**	—	—	—	—	Steg M_{1500}	
15591	**11946**	**8667**	**5805**	**3424**	—	—	—	—	Steg M_{1200}	
17,56	13,33	9,58	6,35	3,70	—	—	—	—	Steg f_e	
61519	**54890**	**48260**	**41630**	**35001**	**28371**	**21741**	**15112**	**8987**	M_{1500}	**98**
49216	**43912**	**38608**	**33304**	**28001**	**22697**	**17393**	**12089**	**7189**	M_{1200}	
45,17	40,27	35,37	30,48	25,58	20,68	15,78	10,88	6,39	f_e	
90,80	*90,86*	*90,95*	*91,07*	*91,23*	*91,46*	*91,84*	*92,56*	*93,74*	z	
21113	**16251**	**11865**	**8033**	**4807**	—	—	—	—	Steg M_{1500}	
16889	**13001**	**9492**	**6419**	**3845**	—	—	—	—	Steg M_{1200}	
18,58	14,17	10,25	6,86	4,06	—	—	—	—	Steg f_e	
63236	**56448**	**49660**	**42871**	**36083**	**29295**	**22507**	**15718**	**9357**	M_{1500}	**100**
50589	**45158**	**39728**	**34297**	**28867**	**23436**	**18005**	**12575**	**7486**	M_{1200}	
45,44	40,53	35,63	30,72	25,81	20,91	16,00	11,09	6,52	f_e	
92,78	*92,84*	*92,93*	*93,04*	*93,19*	*93,42*	*93,78*	*94,46*	*95,65*	z	
22803	**17626**	**12944**	**8830**	**5366**	—	—	—	—	Steg M_{1500}	
18242	**14101**	**10355**	**7064**	**4293**	—	—	—	—	Steg M_{1200}	
19,61	15,02	10,93	7,38	4,43	—	—	—	—	Steg f_e	
67535	**60350**	**53165**	**45980**	**38795**	**31610**	**24425**	**17240**	**10316**	M_{1500}	**105**
54028	**48280**	**42532**	**36784**	**31036**	**25288**	**19540**	**13792**	**8253**	M_{1200}	
46,07	41,14	36,22	31,29	26,36	21,43	16,51	11,58	6,85	f_e	
97,73	*97,79*	*97,87*	*97,97*	*98,11*	*98,31*	*98,64*	*99,25*	*100,43*	z	
27323	**21317**	**15856**	**11020**	**6903**	**3618**	—	—	—	Steg M_{1500}	
21858	**17053**	**12685**	**8816**	**5522**	**2894**	—	—	—	Steg M_{1200}	
22,24	17,19	12,66	8,71	5,40	2,80	—	—	—	Steg f_e	
71844	**64262**	**56680**	**49098**	**41516**	**33934**	**26352**	**18769**	**11322**	M_{1500}	**110**
57475	**51409**	**45344**	**39278**	**33213**	**27147**	**21081**	**15016**	**9058**	M_{1200}	
46,64	41,70	36,75	31,81	26,86	21,92	16,97	12,02	7,17	f_e	
102,69	*102,74*	*102,82*	*102,91*	*103,04*	*103,23*	*103,52*	*104,06*	*105,22*	z	
32263	**25368**	**19071**	**13460**	**8638**	**4629**	—	—	—	Steg M_{1500}	
25811	**20295**	**15257**	**10768**	**6910**	**3783**	—	—	—	Steg M_{1200}	
24,92	19,41	14,46	10,10	6,41	3,47	—	—	—	Steg f_e	
76160	**68181**	**60202**	**52222**	**44243**	**36263**	**28284**	**20305**	**12375**	M_{1500}	**115**
60928	**54545**	**47161**	**41778**	**35394**	**29011**	**22627**	**16244**	**9900**	M_{1200}	
47,17	42,20	37,24	32,28	27,32	22,35	17,39	12,43	7,50	f_e	
107,65	*107,70*	*107,77*	*107,86*	*107,98*	*108,15*	*108,42*	*108,91*	*110,00*	z	
37626	**29782**	**22592**	**16152**	**10574**	**5994**	—	—	—	Steg M_{1500}	
30101	**23825**	**18074**	**12921**	**8460**	**4795**	—	—	—	Steg M_{1200}	
27,65	21,69	16,29	11,53	7,47	4,18	—	—	—	Steg f_e	
							→	← $x \leqq d$ →		

Tafel 71

Tafel für

$d = 16$ cm

bei $\sigma_e = 1500$

M_{1500} = Moment in kgm auf 1 m Druckplattenbreite bei $\sigma_e = 1500$ kg/cm² } ohne Berücksichtigung der Spannungen im Steg;
M_{1200} = Moment in kgm auf 1 m Druckplattenbreite bei $\sigma_e = 1200$ kg/cm²
f_e = Zugeisenquerschnitt in cm² auf 1 m Druckplattenbreite
z = Abstand des Druckmittelpunktes vom Zugmittelpunkt in cm
ΔM = Momentendifferenz bei Änderung von σ_b um 1 kg/cm² (gültig nur wenn $x > d$);
Δf_{e1500} bzw. Δf_{e1200} = Differenz der Zugbewehrung bei Änderung von σ_b um 1 kg/cm² für $\sigma_e = 1500$ bzw. $\sigma_e = 1200$ kg/cm² (gültig nur wenn $x > d$);
Gesamtmoment bei Berücksichtigung der Spannungen im Steg: $M = b \cdot M_{\text{Platte}} + b_0 \cdot M_{\text{Steg}}$,
Zugeisenquerschnitt bei Berücksichtigung der

$h = 120$—145 cm

h	ΔM / Δf_{e1500} / Δf_{e1200}	σ_e	σ_b								
		1500	—	—	—	75	70	—	65	—	60
		1200	75	70	65	60	56	55	52	50	48
cm		x	0,484 h	0,467 h	0,448 h	0,429 h	0,412 h	0,407 h	0,394 h	0,385 h	0,375 h
			←								$x > d$
	1675,38	M_{1500}	—	—	—	113991	105610	—	97237	—	88860
	0,996	M_{1200}	116324	107950	99570	91193	84491	82816	77790	74439	71088
120	1,244	f_e	86,22	80,00	73,78	67,56	62,58	61,33	57,60	55,11	52,62
		z	112,43	112,44	112,47	112,49	112,52	112,52	112,54	112,56	112,58
		Steg M_{1500}	—	—	—	84376	73431	—	62917	—	52890
		Steg M_{1200}	102823	90666	78875	67501	58745	56608	50334	46271	42312
		Steg f_e	95,23	83,33	71,91	61,02	52,72	50,70	44,82	41,04	37,38
	1754,92	M_{1500}	—	—	—	119912	111140	—	102360	—	93588
	0,998	M_{1200}	122253	113480	104700	95929	88909	87155	81890	78380	74870
125	1,248	f_e	86,77	80,53	74,29	68,05	63,06	61,81	58,07	55,57	53,08
		z	117,41	117,42	117,44	117,47	117,49	117,50	117,52	117,53	117,55
		Steg M_{1500}	—	—	—	95331	83139	—	71417	—	60221
		Steg M_{1200}	115536	102030	88921	76265	66512	64130	57133	52599	48177
		Steg f_e	102,24	89,61	77,47	65,88	57,04	54,89	48,62	44,59	40,67
	1834,50	M_{1500}	—	—	—	125838	116670	—	107490	—	98320
	1,001	M_{1200}	128188	119020	109840	100670	93332	91498	85994	82325	78656
130	1,251	f_e	87,28	81,03	74,77	68,51	63,51	62,26	58,50	56,00	53,50
		z	122,39	122,41	122,42	122,45	122,47	122,47	122,49	122,51	122,52
		Steg M_{1500}	—	—	—	106969	93464	—	80466	—	68039
		Steg M_{1200}	129005	114080	99582	85575	74771	72132	64373	59342	54432
		Steg f_e	109,29	95,92	83,06	70,77	61,39	59,12	52,46	48,17	44,00
	1914,11	M_{1500}	—	—	—	131770	122200	—	112630	—	103060
	1,003	M_{1200}	134128	124560	114990	105420	97759	95845	90103	86275	82447
135	1,254	f_e	87,75	81,48	75,21	68,94	63,92	62,67	58,90	56,40	53,89
		z	127,37	127,39	127,41	127,43	127,45	127,45	127,47	127,49	126,50
		Steg M_{1500}	—	—	—	119289	104410	—	90066	—	76344
		Steg M_{1200}	143230	126810	110860	95431	83524	80613	72053	66499	61076
		Steg f_e	116,38	102,27	88,69	75,70	65,78	63,38	56,32	51,78	47,36
	1993,75	M_{1500}	—	—	—	137707	127740	—	117770	—	107800
	1,006	M_{1200}	140072	130100	120130	110170	102190	100197	94215	90228	86240
140	1,257	f_e	88,19	81,90	75,62	69,33	64,30	63,05	59,28	56,76	54,25
		z	132,36	132,37	132,39	132,41	132,43	132,44	132,45	132,47	132,48
		Steg M_{1500}	—	—	—	132293	115960	—	100220	—	85138
		Steg M_{1200}	158211	140230	122750	105830	92770	89575	80175	74072	68110
		Steg f_e	123,50	108,65	94,35	80,67	70,21	67,66	60,22	55,42	50,75
	2073,42	M_{1500}	—	—	—	143648	133280	—	122910	—	112550
	1,008	M_{1200}	146020	135650	125290	114920	106630	104551	98331	94184	90037
145	1,260	f_e	88,60	82,30	76,00	69,70	64,66	63,40	59,62	57,10	54,58
		z	137,34	137,36	137,37	137,39	137,41	137,42	137,43	137,45	137,46
		Steg M_{1500}	—	—	—	145982	128140	—	110920	—	94418
		Steg M_{1200}	173950	154340	135260	116790	102510	99017	88738	82061	75535
		Steg f_e	130,66	115,06	100,04	85,66	74,65	71,98	64,14	59,08	54,17
			←								$x > d$

Plattenbalken

Tafel 71

und 1200 kg/cm² $d = 16$ cm

Steg: M_{1500} = durch je 1 m Breite des Steges aufnehmb. Moment in kgm bei $\sigma_e = 1500$ kg/cm²;
Steg: M_{1200} = durch je 1 m Breite des Steges aufnehmb. Moment in kgm bei $\sigma_e = 1200$ kg/cm²;
Steg: f_e = Zugeisenquerschnitt in cm² entspr. den Druckspannungen im Steg je 1 m Breite;
d = Druckplattendicke in cm;
h = Nutzhöhe in cm;
x = Nullinienabstand.

worin b = Druckplattenbreite in m und b_0 = Stegbreite in m bedeuten.
Spannungen im Steg: $F_e = b \cdot f_{e\,\text{Platte}} + b_0 \cdot f_{e\,\text{Steg}}$. $h = 120$—145 cm

σ_b									σ_e	h
55 / 44	**50 / 40**	45 / 36	**40 / 32**	35 / 28	30 / 24	25 / 20	20 / 16	15 / 12	**1500 / 1200**	
0,355 h	0,333 h	0,310 h	0,286 h	0,259 h	0,231 h	0,200 h	0,167 h	0,130 h	x	cm
								$x \leqq d$		
80484	**72107**	**63730**	**55353**	**46976**	**38599**	**30222**	**21845**	**13474**	M_{1500}	**120**
64387	**57685**	**50984**	**44282**	**37581**	**30879**	**24178**	**17476**	**10780**	M_{1200}	
47,64	42,67	37,69	32,71	27,73	22,76	17,78	12,80	7,83	f_e	
112,62	*112,67*	*112,73*	*112,81*	*112,92*	*113,08*	*113,33*	*113,78*	*114,78*	z	
43412	**34560**	**26420**	**19096**	**12711**	**7413**	**3378**	—	—	Steg M_{1500}	
34730	**27648**	**21136**	**15277**	**10169**	**5930**	**2702**	—	—	Steg M_{1200}	
30,42	24,00	18,17	13,00	8,56	4,94	2,22	—	—	Steg f_e	
84813	**76038**	**67264**	**58489**	**49715**	**40940**	**32165**	**23391**	**14616**	M_{1500}	**125**
67850	**60831**	**53811**	**46791**	**39772**	**32752**	**25732**	**18713**	**11693**	M_{1200}	
48,09	43,09	38,10	33,11	28,12	23,13	18,13	13,14	8,15	f_e	
117,59	*117,63*	*117,69*	*117,77*	*117,87*	*118,02*	*118,25*	*118,66*	*119,57*	z	
49623	**39703**	**30555**	**22293**	**15050**	**8986**	**4293**	—	—	Steg M_{1500}	
39700	**31762**	**24444**	**17835**	**12040**	**7189**	**3435**	—	—	Steg M_{1200}	
33,23	26,35	20,09	14,51	9,69	5,72	2,70	—	—	Steg f_e	
89148	**79975**	**70803**	**61630**	**52458**	**43285**	**34113**	**24940**	**15768**	M_{1500}	**130**
71318	**63980**	**56642**	**49304**	**41966**	**34628**	**27290**	**19952**	**12614**	M_{1200}	
48,49	43,49	38,48	33,48	28,47	23,47	18,46	13,46	8,45	f_e	
122,56	*122,60*	*122,66*	*122,73*	*122,83*	*122,97*	*123,19*	*123,56*	*124,38*	z	
56258	**45210**	**34998**	**25744**	**17592**	**10715**	**5320**	—	—	Steg M_{1500}	
45007	**36168**	**27999**	**20595**	**14074**	**8572**	**4257**	—	—	Steg M_{1200}	
36,08	28,74	22,04	16,05	10,85	6,53	3,21	—	—	Steg f_e	
93488	**83917**	**74346**	**64776**	**55205**	**45635**	**36064**	**26494**	**16923**	M_{1500}	**135**
74790	**67134**	**59477**	**51821**	**44164**	**36508**	**28851**	**21195**	**13538**	M_{1200}	
48,87	43,85	38,83	33,82	28,80	23,78	18,77	13,75	8,73	f_e	
127,53	*127,58*	*127,63*	*127,70*	*127,79*	*127,92*	*128,12*	*128,47*	*129,22*	z	
63318	**51083**	**39750**	**29448**	**20337**	**12599**	**6561**	—	—	Steg M_{1500}	
50655	**40866**	**31800**	**23559**	**16258**	**10079**	**5169**	—	—	Steg M_{1200}	
38,95	31,15	24,01	17,61	12,03	7,37	3,73	—	—	Steg f_e	
97832	**87863**	**77894**	**67925**	**57957**	**47988**	**38019**	**28050**	**18082**	M_{1500}	**140**
78265	**70290**	**62315**	**54340**	**46365**	**38390**	**30415**	**22440**	**14465**	M_{1200}	
49,22	44,19	39,16	34,13	29,10	24,08	19,05	14,12	8,99	f_e	
132,51	*132,55*	*132,60*	*132,67*	*132,75*	*132,88*	*133,07*	*133,29*	*134,08*	z	
70804	**57322**	**44810**	**33405**	**23284**	**14639**	**7714**	—	—	Steg M_{1500}	
56644	**45858**	**35848**	**26727**	**18628**	**11712**	**6172**	—	—	Steg M_{1200}	
41,86	33,59	26,01	19,20	13,24	8,23	4,29	—	—	Steg f_e	
102180	**91812**	**81445**	**71078**	**60711**	**50344**	**39977**	**29610**	**19243**	M_{1500}	**145**
81744	**73450**	**65156**	**56863**	**48569**	**40275**	**31982**	**23688**	**15394**	M_{1200}	
49,54	44,51	39,47	34,43	29,39	24,35	19,31	14,27	9,23	f_e	
137,49	*137,53*	*137,58*	*137,64*	*137,72*	*137,84*	*138,02*	*138,32*	*138,95*	z	
78717	**63929**	**50180**	**37623**	**26437**	**16836**	**9081**	**3485**	—	Steg M_{1500}	
62975	**51143**	**40144**	**30098**	**21149**	**13469**	**7265**	**2788**	—	Steg M_{1200}	
44,78	36,05	28,03	20,81	14,47	9,11	4,86	1,84	—	Steg f_e	

Tafel für

$d = 16$ cm

bei $\sigma_e = 1500$

M_{1500} = Moment in kgm auf 1 m Druckplattenbreite bei $\sigma_e = 1500$ kg/cm² } ohne Berück-
M_{1200} = Moment in kgm auf 1 m Druckplattenbreite bei $\sigma_e = 1200$ kg/cm² } sichtigung der
f_e = Zugeisenquerschnitt in cm² auf 1 m Druckplattenbreite } Spannungen
z = Abstand des Druckmittelpunktes vom Zugmittelpunkt in cm } im Steg;
ΔM = Momentendifferenz bei Änderung von σ_b um 1 kg/cm² (gültig nur wenn $x > d$);
Δf_{e1500} bzw. Δf_{e1200} = Differenz der Zugbewehrung bei Änderung von σ_b um 1 kg/cm² für $\sigma_e = 1500$ bzw. $\sigma_e = 1200$ kg/cm² (gültig nur wenn $x > d$);
Gesamtmoment bei Berücksichtigung der Spannungen im Steg: $M = b \cdot M_{\text{Platte}} + b_0 \cdot M_{\text{Steg}}$,
Zugeisenquerschnitt bei Berücksichtigung der

$h = 150$ cm

h	ΔM / $\Delta f_{e\,1500}$ / $\Delta f_{e\,1200}$	σ_e	σ_b								
		1500	—	—	—	75	70	—	65	—	60
		1200	75	70	65	60	56	55	52	50	48
cm		x	0,484 h	0,467 h	0,448 h	0,429 h	0,412 h	0,407 h	0,394 h	0,385 h	0,375 h
			← $x > d$								
150		M_{1500}	—	—	—	**149593**	**138830**	—	**128060**	—	**117300**
	2153,10	M_{1200}	**151971**	**141200**	**130440**	**119670**	**111060**	**108909**	**102450**	**98143**	**93837**
		f_e	88,98	82,67	76,36	70,04	65,00	63,73	59,95	57,42	54,90
	1,010	z	*142,33*	*142,34*	*142,36*	*142,38*	*142,40*	*142,40*	*142,42*	*142,43*	*142,44*
	1,262	Steg M_{1500}	—	—	—	**160356**	**140930**	—	**122180**	—	**104190**
		Steg M_{1200}	**190446**	**160130**	**148380**	**128290**	**112740**	**108941**	**97744**	**90466**	**83351**
		Steg f_e	137,84	121,50	105,76	90,67	79,12	76,31	68,08	62,77	57,60
			← $x > d$								

Plattenbalken

Tafel 72

und 1200 kg/cm²

$d = 16$ cm

Steg $\begin{cases} M_{1500} = \text{durch je 1 m Breite des Steges aufnehmb. Moment in kgm bei } \sigma_e = 1500\ \text{kg/cm}^2; \\ M_{1200} = \text{durch je 1 m Breite des Steges aufnehmb. Moment in kgm bei } \sigma_e = 1200\ \text{kg/cm}^2; \\ f_e = \text{Zugeisenquerschnitt in cm}^2 \text{ entspr. den Druckspannungen im Steg je 1 m Breite;} \end{cases}$

d = Druckplattendicke in cm;
h = Nutzhöhe in cm;
x = Nullinienabstand.

worin b = Druckplattenbreite in m und b_0 = Stegbreite in m bedeuten.
Spannungen im Steg: $F_e = b \cdot f_{e\,\text{Platte}} + b_0 \cdot f_{e\,\text{Steg}}$.

$h = 150$ cm

σ_b									σ_e	h
55 44	**50** **40**	45 36	**40** 32	35 28	30 24	25 20	20 16	15 12	**1500** **1200**	
0,355 h	0,333 h	0,310 h	0,286 h	0,259 h	0,231 h	0,200 h	0,167 h	0,130 h	x	cm
106530	**95765**	**85000**	**74234**	**63469**	**52703**	**41938**	**31172**	**20407**	M_{1500}	**150**
85225	**76612**	**68000**	**59387**	**50775**	**42163**	**33550**	**24938**	**16325**	M_{1200}	
49,85	44,80	39,75	34,70	29,65	24,60	19,56	14,51	9,46	f_e	
142,47	*142,51*	*142,55*	*142,61*	*142,69*	*142,80*	*142,97*	*143,25*	*143,84*	z	
87056	**70902**	**55859**	**42093**	**29792**	**19190**	**10562**	**4245**	—	Steg M_{1500}	
69645	**56721**	**44687**	**33674**	**23834**	**15352**	**8450**	**3395**	—	Steg M_{1200}	
47,73	38,53	30,08	22,44	15,72	10,01	5,44	2,16	—	Steg f_e	

$d = 18$ cm bei $\sigma_e = 1500$

M_{1500} = Moment in kgm auf 1 m Druckplattenbreite bei $\sigma_e = 1500$ kg/cm² } ohne Berücksichtigung der Spannungen im Steg;
M_{1200} = Moment in kgm auf 1 m Druckplattenbreite bei $\sigma_e = 1200$ kg/cm²
f_e = Zugeisenquerschnitt in cm² auf 1 m Druckplattenbreite
ΔM = Momentendifferenz bei Änderung von σ_b um 1 kg/cm² (gültig nur wenn $x > d$);

$h = 40$—58 cm

h cm	ΔM / $\Delta f_{e\,1500}$ / $\Delta f_{e\,1200}$	σ_e: 1500 / 1200 / x	σ_b: — / 75	— / 70	— / 65	75 / 60	70 / 56	— / 55	65 / 52	— / 50	60 / 48
		x	0,484 h	0,467 h	0,448 h	0,429 h	0,412 h	0,407 h	0,394 h	0,385 h	0,375 h
			← $x > d$	→	←						
40	444,60	M_{1500}	—	—	—	**22041**	**19894**	—	**17795**	—	**15750**
	0,930	M_{1200}	**24273**	**22050**	**19827**	**17366**	**15915**	**15492**	**14236**	**13412**	**12600**
	1,163	f_e	60,19	54,38	48,56	42,86	38,43	37,35	34,14	32,05	30,00
		z	*33,61*	*33,79*	*34,02*	*34,29*	*34,51*	*34,57*	*34,75*	*34,87*	*35,00*
42	**478,29**	M_{1500}	—	—	—	**24300**	**21933**	—	**19619**	—	**17364**
	0,943	M_{1200}	**26614**	**24223**	**21831**	**19440**	**17546**	**17079**	**15695**	**14787**	**13892**
	1,179	f_e	62,68	56,79	50,89	45,00	40,35	39,21	35,85	33,65	31,50
		z	*35,38*	*35,55*	*35,75*	*36,00*	*36,24*	*36,30*	*36,48*	*36,62*	*36,75*
44	**512,18**	M_{1500}	—	—	—	**26632**	**24071**	—	**21532**	—	**19058**
	0,955	M_{1200}	**28988**	**26427**	**23866**	**21305**	**19257**	**18745**	**17225**	**16229**	**15246**
	1,193	f_e	64,94	58,98	53,01	47,05	42,27	41,08	37,56	35,26	33,00
		z	*37,20*	*37,34*	*37,52*	*37,74*	*37,96*	*38,02*	*38,22*	*38,36*	*38,50*
46	**546,26**	M_{1500}	—	—	—	**28996**	**26264**	—	**23533**	—	**20829**
	0,965	M_{1200}	**31390**	**28659**	**25928**	**23197**	**21011**	**20465**	**18826**	**17738**	**16664**
	1,207	f_e	67,01	60,98	54,95	48,91	44,09	42,88	39,26	36,86	34,50
		z	*39,04*	*39,17*	*39,32*	*39,52*	*39,72*	*39,77*	*39,96*	*40,10*	*40,25*
48	**580,50**	M_{1500}	—	—	—	**31388**	**28485**	—	**25583**	—	**22680**
	0,975	M_{1200}	**33818**	**30915**	**28013**	**25110**	**22788**	**22208**	**20466**	**19305**	**18144**
	1,219	f_e	68,91	62,81	56,72	50,63	45,75	44,53	40,88	38,44	36,00
		z	*40,90*	*41,01*	*41,16*	*41,33*	*41,51*	*41,56*	*41,72*	*41,85*	*42,00*
50	**614,88**	M_{1500}	—	—	—	**33804**	**30730**	—	**27655**	—	**24581**
	0,984	M_{1200}	**36266**	**33192**	**30118**	**27043**	**24584**	**23969**	**22124**	**20894**	**19665**
	1,230	f_e	70,65	64,50	58,35	52,20	47,28	46,05	42,36	39,90	37,44
		z	*42,78*	*42,88*	*43,01*	*43,17*	*43,33*	*43,37*	*43,52*	*43,64*	*43,77*
52	**649,38**	M_{1500}	—	—	—	**36242**	**32995**	—	**29748**	—	**26502**
	0,992	M_{1200}	**38735**	**35488**	**32241**	**28994**	**26396**	**25747**	**23799**	**22500**	**21201**
	1,240	f_e	72,26	66,06	59,86	53,65	48,69	47,45	43,73	41,25	38,77
		z	*44,67*	*44,77*	*44,89*	*45,03*	*45,18*	*45,22*	*45,35*	*45,45*	*45,57*
54	**684,00**	M_{1500}	—	—	—	**38700**	**35280**	—	**31860**	—	**28440**
	1,000	M_{1200}	**41220**	**37800**	**34380**	**30960**	**28224**	**27540**	**25488**	**24120**	**22752**
	1,250	f_e	73,75	67,50	61,25	55,00	50,00	48,75	45,00	42,50	40,00
		z	*46,58*	*46,67*	*46,78*	*46,91*	*47,04*	*47,08*	*47,20*	*47,29*	*47,40*
56	**718,71**	M_{1500}	—	—	—	**41175**	**37581**	—	**33988**	—	**30394**
	1,007	M_{1200}	**43721**	**40127**	**36534**	**32940**	**30065**	**29346**	**27190**	**25753**	**24315**
	1,259	f_e	75,13	68,84	62,54	56,25	51,21	49,96	46,18	43,66	41,14
		z	*48,49*	*48,58*	*48,68*	*48,80*	*48,92*	*48,95*	*49,07*	*49,15*	*49,25*
58	**753,52**	M_{1500}	—	—	—	**43665**	**39898**	—	**36130**	—	**32363**
	1,014	M_{1200}	**46235**	**42468**	**38700**	**34932**	**31918**	**31165**	**28904**	**27397**	**25890**
	1,267	f_e	76,42	70,09	63,75	57,41	52,34	51,08	47,28	44,74	42,21
		z	*50,42*	*50,49*	*50,59*	*50,70*	*50,81*	*50,85*	*50,95*	*51,03*	*51,12*
			←					$x > d$			

Plattenbalken

Tafel 73

und 1200 kg/cm²

$d = 18$ cm

Δf_{e1500} bzw. Δf_{e1200} = Differenz der Zugbewehrung bei Änderung von σ_b um 1 kg/cm² für $\sigma_e = 1500$ bzw. $\sigma_e = 1200$ kg/cm² (gültig nur wenn $x > d$);
d = Druckplattendicke in cm;
h = Nutzhöhe in cm; x = Nullinienabstand;
z = Abstand des Druckmittelpunktes vom Zugmittelpunkt in cm.

$h = 40$—58 cm

σ_b									σ_e	h
55 44	50 40	45 36	40 32	35 28	30 24	25 20	20 16	15 12	1500 1200	
0,355 h	0,333 h	0,310 h	0,286 h	0,259 h	0,231 h	0,200 h	0,167 h	0,130 h	x	cm
$x \leq d$ →										
13766	**11852**	**10017**	**8272**	**6632**	**5112**	**3733**	**2516**	**1497**	M_{1500}	**40**
11013	**9481**	**8013**	**6618**	**5306**	**4090**	**2987**	**2015**	**1198**	M_{1200}	
26,02	22,22	18,62	15,24	12,10	9,23	6,67	4,44	2,61	f_e	
35,27	*36,56*	*35,86*	*36,19*	*36,54*	*36,92*	*37,33*	*37,78*	*38,26*	z	
15177	**13067**	**11043**	**9120**	**7312**	**5636**	**4116**	**2777**	**1651**	M_{1500}	**42**
12142	**10453**	**8835**	**7296**	**5849**	**4509**	**3293**	**2221**	**1320**	M_{1200}	
27,32	23,33	19,55	16,00	12,70	9,69	7,00	4,67	2,74	f_e	
37,03	*37,33*	*37,66*	*38,00*	*38,37*	*38,77*	*39,20*	*39,67*	*40,17*	z	
16657	**14341**	**12120**	**10009**	**8025**	**6186**	**4517**	**3047**	**1812**	M_{1500}	**44**
13326	**11473**	**9696**	**8007**	**6420**	**4949**	**3614**	**2438**	**1449**	M_{1200}	
28,62	24,44	20,48	16,76	13,31	10,15	7,33	4,89	2,87	f_e	
38,80	*39,11*	*39,45*	*39,81*	*40,20*	*40,62*	*41,07*	*41,56*	*42,09*	z	
18206	**15674**	**13247**	**10940**	**8771**	**6761**	**4937**	**3331**	**1980**	M_{1500}	**46**
14565	**12539**	**10598**	**8752**	**7017**	**5409**	**3950**	**2665**	**1584**	M_{1200}	
29,92	25,56	21,41	17,52	13,91	10,62	7,67	5,11	3,00	f_e	
40,56	*40,89*	*41,24*	*41,62*	*42,02*	*42,46*	*42,93*	*43,44*	*44,00*	z	
19823	**17067**	**14429**	**11912**	**9550**	**7362**	**5376**	**3627**	**2156**	M_{1500}	**48**
15859	**13653**	**11539**	**9529**	**7640**	**5890**	**4301**	**2901**	**1725**	M_{1200}	
31,23	26,27	22,34	18,29	14,52	11,08	8,00	5,33	3,13	f_e	
42,32	*42,67*	*43,03*	*43,43*	*43,85*	*44,31*	*44,80*	*45,33*	*45,91*	z	
21510	**18519**	**15651**	**12925**	**10362**	**7988**	**5833**	**3935**	**2339**	M_{1500}	**50**
17208	**14815**	**12521**	**10340**	**8290**	**6391**	**4667**	**3148**	**1871**	M_{1200}	
32,53	27,78	23,28	19,05	15,12	11,54	8,33	5,56	3,26	f_e	
44,09	*44,44*	*44,83*	*45,24*	*45,68*	*46,15*	*46,67*	*47,22*	*47,83*	z	
23255	**20030**	**16928**	**13980**	**11208**	**8640**	**6309**	**4256**	**2530**	M_{1500}	**52**
18604	**16024**	**13543**	**11184**	**8966**	**6912**	**5047**	**3405**	**2024**	M_{1200}	
33,81	28,89	24,21	19,81	15,73	12,00	8,67	5,78	3,39	f_e	
45,86	*46,22*	*46,62*	*47,05*	*47,51*	*48,00*	*48,53*	*49,11*	*49,74*	z	
25020	**21600**	**18255**	**15076**	**12087**	**9317**	**6804**	**4590**	**2729**	M_{1500}	**54**
20016	**17280**	**14604**	**12061**	**9669**	**7454**	**5443**	**3672**	**2183**	M_{1200}	
35,00	30,00	25,14	20,57	16,33	12,46	9,00	6,00	3,52	f_e	
47,66	*48,00*	*48,41*	*48,86*	*49,33*	*49,85*	*50,40*	*51,00*	*51,65*	z	
26801	**23207**	**19633**	**16213**	**12999**	**10020**	**7317**	**4936**	**2934**	M_{1500}	**56**
21441	**18566**	**15706**	**12971**	**10399**	**8016**	**5854**	**3949**	**2348**	M_{1200}	
36,11	31,07	26,07	21,33	16,94	12,92	9,33	6,22	3,65	f_e	
49,48	*49,79*	*50,21*	*50,67*	*51,16*	*51,69*	*52,27*	*52,89*	*53,57*	z	
28595	**24828**	**21060**	**17392**	**13944**	**10749**	**7849**	**5295**	**3148**	M_{1500}	**58**
22876	**19862**	**16848**	**13914**	**11155**	**8599**	**6279**	**4236**	**2518**	M_{1200}	
37,14	32,07	27,00	22,10	17,54	13,38	9,67	6,44	3,78	f_e	
51,33	*51,61*	*52,00*	*52,48*	*52,99*	*53,54*	*54,10*	*54,78*	*55,48*	z	
→		← $x \leq d$ →								

Tafel für

$d = 18$ cm bei $\sigma_e = 1500$

M_{1500} = Moment in kgm auf 1 m Druckplattenbreite bei $\sigma_e = 1500$ kg/cm² ⎫ ohne Berücksichtigung der Spannungen im Steg;
M_{1200} = Moment in kgm auf 1 m Druckplattenbreite bei $\sigma_e = 1200$ kg/cm² ⎬
f_e = Zugeisenquerschnitt in cm² auf 1 m Druckplattenbreite ⎭
ΔM = Momentendifferenz bei Änderung von σ_b um 1 kg/cm² (gültig nur wenn $x > d$);

$h = 60$—78 cm

h	ΔM / $\Delta f_{e\,1500}$ / $\Delta f_{e\,1200}$	σ_e	σ_b								
		1500	—	—	—	75	70	—	65	—	60
		1200	75	70	65	60	56	55	52	50	48
cm		x	0,484 h	0,467 h	0,448 h	0,429 h	0,412 h	0,407 h	0,394 h	0,385 h	0,375 h
			← $x > d$								
	788,40	M_{1500}	—	—	—	46170	42228	—	38286	—	34344
60		M_{1200}	48762	44820	40878	36936	33782	32994	30629	29052	27475
	1,020	f_e	77,63	71,25	64,88	58,50	53,40	52,13	48,30	45,75	43,20
	1,275	z	*52,35*	*52,42*	*52,51*	*52,62*	*52,72*	*52,75*	*52,84*	*52,92*	*53,00*
	823,35	M_{1500}	—	—	—	48687	44570	—	40454	—	36337
62		M_{1200}	51300	47183	43066	38950	35656	34833	32363	30716	29069
	1,026	f_e	78,75	72,34	65,93	59,52	54,39	53,10	49,26	46,69	44,13
	1,282	z	*54,29*	*54,35*	*54,44*	*54,54*	*54,63*	*54,66*	*54,75*	*54,82*	*54,89*
	858,38	M_{1500}	—	—	—	51216	46924	—	42632	—	38340
64		M_{1200}	53848	49556	45264	40973	37539	36681	34106	32389	30672
	1,031	f_e	79,80	73,36	66,91	60,47	55,31	54,02	50,16	47,58	45,00
	1,289	z	*56,23*	*56,29*	*56,37*	*56,47*	*56,56*	*56,58*	*56,67*	*56,73*	*56,80*
	893,45	M_{1500}	—	—	—	53755	49287	—	44820	—	40353
66		M_{1200}	56405	51938	47471	43004	39430	38536	35856	34069	32282
	1,036	f_e	80,80	74,32	67,84	61,36	56,18	54,89	51,00	48,41	45,82
	1,295	z	*58,18*	*58,24*	*58,31*	*58,40*	*58,49*	*58,51*	*58,59*	*58,65*	*58,71*
	928,59	M_{1500}	—	—	—	56303	51660	—	47017	—	42374
68		M_{1200}	58971	54328	49685	45042	41328	40399	37614	35756	33899
	1,041	f_e	81,73	75,22	68,71	62,21	57,00	55,70	51,79	49,19	46,59
	1,301	z	*60,13*	*60,19*	*60,26*	*60,34*	*60,42*	*60,44*	*60,52*	*60,57*	*60,64*
	963,77	M_{1500}	—	—	—	58860	54041	—	49222	—	44403
70		M_{1200}	61545	56726	51907	47088	43233	42269	39378	37450	35523
	1,046	f_e	82,61	76,07	69,54	63,00	57,77	56,46	52,54	49,93	47,31
	1,307	z	*62,09*	*62,14*	*62,21*	*62,29*	*62,36*	*62,38*	*62,45*	*62,51*	*62,57*
	999,00	M_{1500}	—	—	—	61425	56430	—	51435	—	46440
72		M_{1200}	64125	59130	54135	49140	45144	44145	41148	39150	37152
	1,050	f_e	83,44	76,88	70,31	63,75	58,50	57,19	53,25	50,63	48,00
	1,313	z	*64,04*	*64,10*	*64,16*	*64,24*	*64,31*	*64,33*	*64,39*	*64,44*	*64,50*
	1034,27	M_{1500}	—	—	—	63997	58826	—	53655	—	48483
74		M_{1200}	66712	61541	56369	51198	47061	46026	42924	40855	38787
	1,054	f_e	84,22	77,64	71,05	64,46	59,19	57,87	53,92	51,28	48,65
	1,318	z	*66,01*	*66,06*	*66,12*	*66,19*	*66,26*	*66,28*	*66,34*	*66,39*	*66,44*
	1069,58	M_{1500}	—	—	—	66576	61228	—	55881	—	50533
76		M_{1200}	69305	63957	58609	53261	48983	47913	44704	42565	40426
	1,058	f_e	84,97	78,36	71,74	65,13	59,84	58,52	54,55	51,91	49,26
	1,322	z	*67,97*	*68,02*	*68,08*	*68,15*	*68,21*	*68,23*	*68,29*	*68,33*	*68,38*
	1104,92	M_{1500}	—	—	—	69162	63637	—	58112	—	52588
78		M_{1200}	71903	66378	60854	55329	50910	49805	46490	44280	42070
	1,062	f_e	85,67	79,04	72,40	65,77	60,46	59,13	55,15	52,50	49,85
	1,327	z	*69,94*	*69,99*	*70,04*	*70,11*	*70,17*	*70,19*	*70,24*	*70,29*	*70,33*
			← $x > d$								

Δf_{e1500} bzw. Δf_{e1200} = Differenz der Zugbewehrung bei Änderung von σ_b um 1 kg/cm² für $\sigma_e = 1500$ bzw. $\sigma_e = 1200$ kg/cm² (gültig nur wenn $x > d$);
d = Druckplattendicke in cm;
h = Nutzhöhe in cm; x = Nullinienabstand;
z = Abstand des Druckmittelpunktes vom Zugmittelpunkt in cm.

$h = 60$—78 cm

σ_b									σ_e	h
55 44	**50** **40**	45 36	**40** 32	35 28	30 24	25 20	20 16	15 12	**1500** **1200**	
0,355 h	0,333 h	0,310 h	0,286 h	0,259 h	0,231 h	0,200 h	0,167 h	0,130 h	x	cm
→			← $x \leqq d$ →							
30402 **24322** 38,10 *53,20*	**26460** **21168** 33,00 *53,45*	**22518** **18014** 27,90 *53,81*	**18612** **14890** 22,86 *54,29*	**14922** **11937** 18,15 *54,81*	**11503** **9202** 13,85 *55,38*	**8400** **6720** 10,00 *56,00*	**5667** **4533** 6,67 *56,67*	**3369** **2695** 3,91 *57,39*	M_{1500} M_{1200} f_e z	**60**
32220 **25776** 39,00 *55,08*	**28103** **22483** 33,87 *55,31*	**23986** **19189** 28,74 *55,64*	**19874** **15899** 23,62 *56,10*	**15933** **12747** 18,75 *56,64*	**12283** **9826** 14,31 *57,23*	**8969** **7175** 10,33 *57,87*	**6051** **4841** 6,89 *58,56*	**3597** **2878** 4,04 *59,30*	M_{1500} M_{1200} f_e z	**62**
34048 **27239** 39,84 *56,97*	**29756** **23805** 34,69 *57,19*	**25464** **20372** 29,53 *57,49*	**21173** **16938** 24,38 *57,91*	**16978** **13582** 19,36 *58,47*	**13088** **10470** 14,77 *59,08*	**9557** **7646** 10,67 *59,73*	**6447** **5158** 7,11 *60,44*	**3833** **3066** 4,17 *61,22*	M_{1500} M_{1200} f_e z	**64**
35885 **28708** 40,64 *58,87*	**31418** **25135** 35,45 *59,08*	**26951** **21561** 30,27 *59,35*	**22484** **17987** 25,09 *59,74*	**18055** **14444** 19,96 *60,30*	**13919** **11135** 15,23 *60,92*	**10164** **8131** 11,00 *61,60*	**6857** **5485** 7,33 *62,33*	**4076** **3261** 4,30 *63,13*	M_{1500} M_{1200} f_e z	**66**
37731 **30185** 41,38 *60,78*	**33088** **26471** 36,18 *60,98*	**28445** **22756** 30,97 *61,23*	**23802** **19042** 25,76 *61,59*	**19166** **15333** 20,57 *62,12*	**14775** **11820** 15,69 *62,77*	**10789** **8631** 11,33 *63,47*	**7279** **5823** 7,56 *64,22*	**4327** **3461** 4,43 *65,04*	M_{1500} M_{1200} f_e z	**68**
39585 **31668** 42,09 *62,70*	**34766** **27813** 36,86 *62,88*	**29947** **23957** 31,63 *63,12*	**25128** **20102** 26,40 *63,45*	**20309** **16247** 21,17 *63,95*	**15657** **12525** 16,15 *64,62*	**11433** **9147** 11,67 *65,33*	**7713** **6170** 7,78 *66,11*	**4585** **3668** 4,57 *66,96*	M_{1500} M_{1200} f_e z	**70**
41445 **33156** 42,75 *64,63*	**36450** **29160** 37,50 *64,80*	**31455** **25164** 32,25 *65,02*	**26460** **21168** 27,00 *65,33*	**21465** **17172** 21,75 *65,79*	**16564** **13251** 16,62 *66,46*	**12096** **9677** 12,00 *67,20*	**8160** **6528** 8,00 *68,00*	**4851** **3881** 4,70 *68,87*	M_{1500} M_{1200} f_e z	**72**
43312 **34650** 43,38 *66,56*	**38141** **30512** 38,11 *66,72*	**32969** **26375** 32,84 *66,93*	**27798** **22238** 27,57 *67,22*	**22626** **18101** 22,30 *67,65*	**17497** **13998** 17,08 *68,31*	**12777** **10222** 12,33 *69,07*	**8620** **6896** 8,22 *69,89*	**5124** **4099** 4,83 *70,78*	M_{1500} M_{1200} f_e z	**74**
45185 **36148** 43,97 *68,50*	**39837** **31869** 38,68 *68,65*	**34489** **27591** 33,39 *68,85*	**29141** **23313** 28,11 *69,12*	**23793** **19035** 22,82 *69,52*	**18456** **14765** 17,54 *70,15*	**13477** **10782** 12,67 *70,93*	**9092** **7273** 8,44 *71,78*	**5405** **4324** 4,96 *72,70*	M_{1500} M_{1200} f_e z	**76**
47063 **37650** 44,54 *70,45*	**41538** **33231** 39,23 *70,59*	**36014** **28811** 33,92 *70,78*	**30489** **24391** 28,62 *71,03*	**24965** **19972** 23,31 *71,41*	**19440** **15552** 18,00 *72,00*	**14196** **11357** 13,00 *72,80*	**9577** **7661** 8,67 *73,67*	**5693** **4554** 5,09 *74,61*	M_{1500} M_{1200} f_e z	**78**
→					← $x \leqq d$ →					

Tafel 75 **Tafel für**

$d = 18$ cm bei $\sigma_e = 1500$

M_{1500} = Moment in kgm auf 1 m Druckplattenbreite bei $\sigma_e = 1500$ kg/cm² } ohne Berücksichtigung der Spannungen im Steg;
M_{1200} = Moment in kgm auf 1 m Druckplattenbreite bei $\sigma_e = 1200$ kg/cm²
f_e = Zugeisenquerschnitt in cm² auf 1 m Druckplattenbreite
ΔM = Momentendifferenz bei Änderung von σ_b um 1 kg/cm² (gültig nur wenn $x > d$);

$h = 80$—98 cm

h cm	ΔM / $\Delta f_{e\,1500}$ / $\Delta f_{e\,1200}$	σ_e: 1500 / 1200 / x	σ_b: — / 75 / 0,484 h	— / 70 / 0,467 h	— / 65 / 0,448 h	75 / 60 / 0,429 h	70 / 56 / 0,412 h	— / 55 / 0,407 h	65 / 52 / 0,394 h	— / 50 / 0,385 h	60 / 48 / 0,375 h
			←							$x > d$	
80	**1140,30**	M_{1500}	—	—	—	**71753**	**66051**	—	**60350**	—	**54648**
		M_{1200}	**74507**	**68805**	**63104**	**57402**	**52841**	**51701**	**48280**	**45999**	**43718**
	1,065	f_e	86,34	79,69	73,03	66,38	61,05	59,72	55,73	53,06	50,40
	1,331	z	*71,91*	*71,95*	*72,01*	*72,07*	*72,13*	*72,14*	*72,20*	*72,24*	*72,29*
82	**1175,71**	M_{1500}	—	—	—	**74349**	**68470**	—	**62592**	—	**56713**
		M_{1200}	**77115**	**71236**	**65358**	**59479**	**54776**	**53601**	**50073**	**47722**	**45371**
	1,068	f_e	86,98	80,30	73,63	66,95	61,61	60,27	56,27	53,60	50,93
	1,335	z	*73,88*	*73,92*	*73,97*	*74,03*	*74,09*	*74,11*	*74,16*	*74,20*	*74,24*
84	**1211,14**	M_{1500}	—	—	—	**76950**	**70894**	—	**64839**	—	**58783**
		M_{1200}	**79727**	**73671**	**67616**	**61560**	**56715**	**55504**	**51871**	**49449**	**47026**
	1,071	f_e	87,59	80,89	74,20	67,50	62,14	60,80	56,79	54,11	51,43
	1,339	z	*75,85*	*75,89*	*75,94*	*76,00*	*76,06*	*76,07*	*76,12*	*76,16*	*76,20*
86	**1246,60**	M_{1500}	—	—	—	**79556**	**73323**	—	**67090**	—	**60857**
		M_{1200}	**82344**	**76111**	**69878**	**63645**	**58658**	**57412**	**53672**	**51179**	**48685**
	1,074	f_e	88,17	81,45	74,74	68,02	62,65	61,31	57,28	54,59	51,91
	1,343	z	*77,83*	*77,87*	*77,91*	*77,97*	*78,02*	*78,04*	*78,09*	*78,12*	*78,16*
88	**1282,09**	M_{1500}	—	—	—	**82166**	**75755**	—	**69345**	—	**62935**
		M_{1200}	**84964**	**78554**	**72143**	**65733**	**60604**	**59322**	**55476**	**52912**	**50348**
	1,077	f_e	88,72	81,99	75,26	68,52	63,14	61,79	57,75	55,06	52,36
	1,347	z	*79,80*	*79,84*	*79,89*	*79,94*	*79,99*	*80,01*	*80,05*	*80,09*	*80,13*
90	**1317,60**	M_{1500}	—	—	—	**84780**	**78192**	—	**71604**	—	**65016**
		M_{1200}	**87588**	**81000**	**74412**	**67824**	**62554**	**61236**	**57283**	**54648**	**52013**
	1,080	f_e	89,25	82,50	75,75	69,00	63,60	62,25	58,20	55,50	52,80
	1,350	z	*81,78*	*81,82*	*81,86*	*81,91*	*81,96*	*81,98*	*82,02*	*82,05*	*82,09*
92	**1353,13**	M_{1500}	—	—	—	**87398**	**80632**	—	**73867**	—	**67101**
		M_{1200}	**90215**	**83450**	**76684**	**69918**	**64506**	**63153**	**59093**	**56387**	**53681**
	1,083	f_e	89,76	82,99	76,22	69,46	64,04	62,69	58,63	55,92	53,22
	1,353	z	*83,76*	*83,80*	*83,84*	*83,89*	*83,93*	*83,95*	*83,99*	*84,02*	*84,06*
94	**1388,68**	M_{1500}	—	—	—	**90019**	**83076**	—	**76132**	—	**69189**
		M_{1200}	**92846**	**85902**	**78959**	**72015**	**66461**	**65072**	**60906**	**58129**	**55351**
	1,085	f_e	90,24	83,46	76,68	69,89	64,47	63,11	59,04	56,33	53,62
	1,356	z	*85,74*	*85,77*	*85,81*	*85,86*	*85,91*	*85,92*	*85,96*	*85,99*	*86,03*
96	**1424,25**	M_{1500}	—	—	—	**92644**	**85523**	—	**78401**	—	**71280**
		M_{1200}	**95479**	**88358**	**81236**	**74115**	**68418**	**66994**	**62721**	**59873**	**57024**
	1,088	f_e	90,70	83,91	77,11	70,31	64,88	63,52	59,44	56,72	54,00
	1,359	z	*87,72*	*87,75*	*87,79*	*87,84*	*87,88*	*87,90*	*87,94*	*87,97*	*88,00*
98	**1459,84**	M_{1500}	—	—	—	**95271**	**87972**	—	**80673**	—	**73374**
		M_{1200}	**98115**	**90816**	**83516**	**76217**	**70378**	**68918**	**64538**	**61619**	**58699**
	1,090	f_e	91,15	84,34	77,53	70,71	65,27	63,90	59,82	57,09	54,37
	1,362	z	*89,70*	*89,74*	*89,77*	*89,82*	*89,86*	*89,87*	*89,91*	*89,94*	*89,97*
			←								$x > d$

Plattenbalken

Tafel 75

und 1200 kg/cm²

$d = 18$ cm

Δf_{e1500} bzw. Δf_{e1200} = Differenz der Zugbewehrung bei Änderung von σ_b um 1 kg/cm² für $\sigma_e = 1500$ bzw. $\sigma_e = 1200$ kg/cm² (gültig nur wenn $x > d$);
d = Druckplattendicke in cm;
h = Nutzhöhe in cm; x = Nullinienabstand;
z = Abstand des Druckmittelpunktes vom Zugmittelpunkt in cm.

$h = 80$—98 cm

σ_b									σ_e	h
55 44	**50** **40**	45 36	**40** 32	35 28	30 24	25 20	20 16	15 12	**1500** **1200**	
0,355 h	0,333 h	0,310 h	0,286 h	0,259 h	0,231 h	0,200 h	0,167 h	0,130 h	x	cm
→					→	←	$x \leqq d$	→		
48947	**43245**	**37544**	**31842**	**26141**	**20439**	**14933**	**10074**	**5989**	M_{1500}	**80**
39157	**34596**	**30035**	**25474**	**20912**	**16351**	**11947**	**8059**	**4791**	M_{1200}	
45,08	39,75	34,43	29,10	23,78	18,45	13,33	8,89	5,22	f_e	
72,39	*72,53*	*72,71*	*72,95*	*73,30*	*73,85*	*74,67*	*75,56*	*76,52*	z	
50835	**44956**	**39078**	**33199**	**27320**	**21442**	**15689**	**10584**	**6292**	M_{1500}	**82**
40668	**35965**	**31262**	**26559**	**21856**	**17154**	**12551**	**8467**	**5033**	M_{1200}	
45,59	40,24	34,90	29,56	24,22	18,88	13,67	9,11	5,35	f_e	
74,34	*74,47*	*74,64*	*74,87*	*75,20*	*75,72*	*76,53*	*77,44*	*78,43*	z	
52727	**46671**	**40616**	**34560**	**28504**	**22449**	**16464**	**11107**	**6602**	M_{1500}	**84**
42182	**37337**	**32493**	**27648**	**22803**	**17959**	**13171**	**8885**	**5282**	M_{1200}	
46,07	40,71	35,36	30,00	24,64	19,29	14,00	9,33	5,48	f_e	
76,30	*76,42*	*76,58*	*76,80*	*77,11*	*77,60*	*78,40*	*79,33*	*80,35*	z	
54624	**48391**	**42158**	**35925**	**29692**	**23459**	**17257**	**11642**	**6921**	M_{1500}	**86**
43699	**38713**	**33726**	**28740**	**23753**	**18767**	**13806**	**9313**	**5537**	M_{1200}	
46,53	41,16	35,79	30,42	25,05	19,67	14,33	9,56	5,61	f_e	
78,25	*78,37*	*78,53*	*78,73*	*79,03*	*79,49*	*80,27*	*81,22*	*82,26*	z	
56524	**50114**	**43703**	**37293**	**30882**	**24472**	**18069**	**12190**	**7246**	M_{1500}	**88**
45219	**40091**	**34963**	**29834**	**24706**	**19577**	**14455**	**9752**	**5797**	M_{1200}	
46,98	41,59	36,20	30,82	25,34	20,05	14,67	9,78	5,74	f_e	
80,21	*80,33*	*80,47*	*80,67*	*80,95*	*81,39*	*82,13*	*83,11*	*84,17*	z	
58428	**51840**	**45252**	**38664**	**32076**	**25488**	**18900**	**12750**	**7579**	M_{1500}	**90**
46742	**41472**	**36202**	**30931**	**25661**	**20390**	**15120**	**10200**	**6064**	M_{1200}	
47,40	42,00	36,60	31,20	25,80	20,40	15,00	10,00	5,87	f_e	
82,18	*82,29*	*82,43*	*82,62*	*82,88*	*83,29*	*84,00*	*85,00*	*86,09*	z	
60335	**53570**	**46804**	**40038**	**33273**	**26507**	**19741**	**13323**	**7920**	M_{1500}	**92**
48268	**42856**	**37443**	**32031**	**26618**	**21206**	**15793**	**10658**	**6336**	M_{1200}	
47,80	42,39	36,98	31,57	26,15	20,74	15,33	10,22	6,00	f_e	
84,14	*84,25*	*84,38*	*84,56*	*84,82*	*85,21*	*85,87*	*86,89*	*88,00*	z	
62246	**55302**	**48359**	**41415**	**34472**	**27529**	**20585**	**13909**	**8268**	M_{1500}	**94**
49796	**44242**	**38687**	**33132**	**27578**	**22023**	**16468**	**11127**	**6614**	M_{1200}	
48,19	42,77	37,44	31,91	26,49	21,06	15,64	10,44	6,13	f_e	
86,11	*86,21*	*86,34*	*86,51*	*86,76*	*87,13*	*87,76*	*88,78*	*89,91*	z	
64159	**57038**	**49916**	**42795**	**35674**	**28553**	**21431**	**14507**	**8624**	M_{1500}	**96**
51327	**45630**	**39933**	**34236**	**28539**	**22842**	**17145**	**11605**	**6899**	M_{1200}	
48,56	43,13	37,69	32,25	26,81	21,38	15,94	10,67	6,26	f_e	
88,08	*88,17*	*88,30*	*88,47*	*88,70*	*89,05*	*89,65*	*90,67*	*91,83*	z	
66075	**58776**	**51476**	**44177**	**36878**	**29579**	**22280**	**15117**	**8987**	M_{1500}	**98**
52860	**47020**	**41181**	**35342**	**29502**	**23663**	**17824**	**12094**	**7189**	M_{1200}	
48,92	43,47	38,02	32,57	27,12	21,67	16,22	10,89	6,39	f_e	
90,05	*90,14*	*90,26*	*90,42*	*90,65*	*90,98*	*91,55*	*92,56*	*93,74*	z	
→						→	← $x \leqq d$	→		

$d = 18$ cm bei $\sigma_e = 1500$

M_{1500} = Moment in kgm auf 1 m Druckplattenbreite bei $\sigma_e = 1500$ kg/cm² ⎫ ohne Berück-
M_{1200} = Moment in kgm auf 1 m Druckplattenbreite bei $\sigma_e = 1200$ kg/cm² ⎬ sichtigung der
f_e = Zugeisenquerschnitt in cm² auf 1 m Druckplattenbreite ⎪ Spannungen
z = Abstand des Druckmittelpunktes vom Zugmittelpunkt in cm ⎭ im Steg;
ΔM = Momentendifferenz bei Änderung von σ_b um 1 kg/cm² (gültig nur wenn $x > d$);
Δf_{e1500} bzw. Δf_{e1200} = Differenz der Zugbewehrung bei Änderung von σ_b um 1 kg/cm² für $\sigma_e = 1500$ bzw. $\sigma_e = 1200$ kg/cm² (gültig nur wenn $x > d$);
Gesamtmoment bei Berücksichtigung der Spannungen im Steg: $M = b \cdot M_{\text{Platte}} + b_0 \cdot M_{\text{Steg}}$,
Zugeisenquerschnitt bei Berücksichtigung der

$h = 100$—130 cm

h cm	ΔM Δf_{e1500} Δf_{e1200}	σ_e 1500 / 1200	σ_b								
		1500	—	—	—	75	70	—	65	—	60
		1200	75	70	65	60	56	55	52	50	48
		x	$0{,}484h$	$0{,}467h$	$0{,}448h$	$0{,}429h$	$0{,}412h$	$0{,}407h$	$0{,}394h$	$0{,}385h$	$0{,}375h$
			← $x > d$								
100	**1495,44**	M_{1500}	—	—	—	**97902**	**90425**	—	**82948**	—	**75470**
	1,092	M_{1200}	**100753**	**93276**	**85799**	**78322**	**72340**	**70844**	**66358**	**63367**	**60376**
	1,365	f_e	91,58	84,75	77,93	71,10	65,64	64,28	60,18	57,45	54,72
		z	*91,69*	*91,72*	*91,75*	*91,80*	*91,84*	*91,85*	*91,89*	*91,92*	*91,95*
105	**1584,51**	M_{1500}	—	—	—	**104490**	**96567**	—	**88645**	—	**80722**
	1,097	M_{1200}	**107360**	**99437**	**91515**	**83592**	**77254**	**75669**	**70916**	**67747**	**64578**
	1,371	f_e	92,57	85,71	78,86	72,00	66,51	65,14	61,03	58,29	55,54
		z	*96,65*	*96,68*	*96,71*	*96,75*	*96,79*	*96,80*	*96,83*	*96,86*	*96,89*
110	**1673,67**	M_{1500}	—	—	—	**111092**	**102720**	—	**94356**	—	**85988**
	1,102	M_{1200}	**113979**	**105610**	**97243**	**88874**	**82179**	**80506**	**75485**	**72137**	**68790**
	1,377	f_e	93,48	86,59	79,70	72,82	67,31	65,93	61,80	59,05	56,29
		z	*101,61*	*101,64*	*101,67*	*101,71*	*101,75*	*101,75*	*101,79*	*101,81*	*101,84*
		Steg M_{1500}	—	—	—	**55591**	**47724**	—	**40218**	—	**33121**
		Steg M_{1200}	**70165**	**61279**	**52701**	**44473**	**38179**	**36649**	**32174**	**29293**	**26498**
		Steg f_e	72,85	63,13	53,84	45,04	38,38	36,77	32,09	29,10	26,21
115	**1762,90**	M_{1500}	—	—	—	**117709**	**108890**	—	**100080**	—	**91265**
	1,106	M_{1200}	**120610**	**111800**	**102980**	**94167**	**87115**	**85352**	**80063**	**76538**	**73012**
	1,383	f_e	94,30	87,39	80,48	73,57	68,03	66,65	62,50	59,74	56,97
		z	*106,58*	*106,60*	*106,63*	*106,67*	*106,70*	*106,71*	*106,74*	*106,77*	*106,79*
		Steg M_{1500}	—	—	—	**64473**	**55541**	—	**47007**	—	**38919**
		Steg M_{1200}	**80655**	**70611**	**60903**	**51578**	**44433**	**42695**	**37606**	**34322**	**31135**
		Steg f_e	79,59	69,14	59,14	49,65	42,46	40,72	35,65	32,41	29,28
120	**1852,20**	M_{1500}	—	—	—	**124335**	**115070**	—	**105810**	—	**96552**
	1,110	M_{1200}	**127251**	**117990**	**108730**	**99468**	**92059**	**90207**	**84650**	**80946**	**77242**
	1,388	f_e	95,06	88,13	81,19	74,25	68,70	67,31	63,15	60,38	57,60
		z	*111,55*	*111,57*	*111,60*	*111,64*	*111,67*	*111,68*	*111,71*	*111,73*	*111,75*
		Steg M_{1500}	—	—	—	**74032**	**63971**	—	**54341**	—	**45198**
		Steg M_{1200}	**91896**	**80623**	**69716**	**59226**	**51177**	**49217**	**43473**	**39764**	**36158**
		Steg f_e	86,39	75,21	64,50	54,32	46,59	44,72	39,27	35,78	32,40
125	**1941,55**	M_{1500}	—	—	—	**130972**	**121260**	—	**111560**	—	**101850**
	1,114	M_{1200}	**133901**	**124190**	**114490**	**104780**	**97011**	**95070**	**89245**	**85362**	**81479**
	1,392	f_e	95,76	88,80	81,84	74,88	69,31	67,92	63,74	60,96	58,18
		z	*116,52*	*116,55*	*116,57*	*116,61*	*116,64*	*116,64*	*116,67*	*116,69*	*116,71*
		Steg M_{1500}	—	—	—	**84271**	**73012**	—	**62223**	—	**51961**
		Steg M_{1200}	**103889**	**91316**	**79140**	**69417**	**58410**	**56215**	**49778**	**45617**	**41568**
		Steg f_e	93,25	81,34	69,92	59,05	50,79	48,79	42,95	39,20	35,57
130	**2030,95**	M_{1500}	—	—	—	**137617**	**127460**	—	**117310**	—	**107153**
	1,117	M_{1200}	**140558**	**130400**	**120250**	**110090**	**101970**	**99939**	**93486**	**89784**	**85722**
	1,396	f_e	96,40	89,42	82,44	75,46	69,88	68,48	64,29	61,50	58,71
		z	*121,50*	*121,52*	*121,55*	*121,58*	*121,61*	*121,61*	*121,64*	*121,66*	*121,68*
		Steg M_{1500}	—	—	—	**95189**	**82767**	—	**70652**	—	**59206**
		Steg M_{1200}	**116635**	**102690**	**89177**	**76151**	**66133**	**63691**	**56521**	**51883**	**47366**
		Steg f_e	100,17	87,52	75,39	63,82	55,03	52,89	46,67	42,67	38,79
			← $x > d$								

und 1200 kg/cm² $d = 18$ cm

Steg $\begin{cases} M_{1500} \\ M_{1200} \\ f_e \end{cases}$ = durch je 1 m Breite des Steges aufnehmb. Moment in kgm bei $\sigma_e = 1500$ kg/cm²; = durch je 1 m Breite des Steges aufnehmb. Moment in kgm bei $\sigma_e = 1200$ kg/cm²; = Zugeisenquerschnitt in cm² entspr. den Druckspannungen im Steg je 1 m Breite;

d = Druckplattendicke in cm;
h = Nutzhöhe in cm;
x = Nullinienabstand.

worin b = Druckplattenbreite in m und b_0 = Stegbreite in m bedeuten.
Spannungen im Steg: $F_e = b \cdot f_{e\,\text{Platte}} + b_0 \cdot f_{e\,\text{Steg}}$.

$h = 100$—130 cm

σ_b									σ_e	h
55 44	50 40	45 36	40 32	35 28	30 24	25 20	20 16	15 12	1500 1200	
0,355 h	0,333 h	0,310 h	0,286 h	0,259 h	0,231 h	0,200 h	0,167 h	0,130 h	x	cm
→							← $x \leqq d$ →			
67993	**60516**	**53039**	**45562**	**38084**	**30607**	**23130**	**15741**	**9357**	M_{1500}	**100**
54395	**48413**	**42431**	**36449**	**30468**	**24486**	**18504**	**12593**	**7486**	M_{1200}	
49,26	43,80	38,34	32,88	27,42	21,96	16,50	11,11	6,52	f_e	
92,02	*92,11*	*92,23*	*92,38*	*92,60*	*92,92*	*93,45*	*94,44*	*95,65*	z	
72800	**64877**	**56955**	**49032**	**41109**	**33187**	**25264**	**17354**	**10316**	M_{1500}	**105**
58240	**51902**	**45564**	**39226**	**32888**	**26549**	**20211**	**13883**	**8253**	M_{1200}	
50,06	44,57	39,09	33,60	28,11	22,63	17,14	11,67	6,85	f_e	
96,96	*97,04*	*97,14*	*97,29*	*97,48*	*97,77*	*98,25*	*99,17*	*100,43*	z	
77619	**69251**	**60883**	**52514**	**44146**	**35777**	**27409**	**19041**	**11322**	M_{1500}	**110**
62095	**55401**	**48706**	**42011**	**35317**	**28622**	**21927**	**15233**	**9058**	M_{1200}	
50,78	45,27	39,76	34,25	28,75	23,24	17,73	12,22	7,17	f_e	
101,90	*101,98*	*102,07*	*102,20*	*102,38*	*102,65*	*103,08*	*103,89*	*105,22*	z	
26488	**20379**	**14868**	**10044**	**6008**	—	—	—	—	Steg M_{1500}	
21191	**16303**	**11895**	**8035**	**4806**	—	—	—	—	Steg M_{1200}	
20,78	15,84	11,44	7,65	4,53	—	—	—	—	Steg f_e	
82450	**73636**	**64821**	**56007**	**47192**	**38378**	**29563**	**20749**	**12375**	M_{1500}	**115**
65960	**58909**	**51857**	**44805**	**37754**	**30702**	**23650**	**16599**	**9900**	M_{1200}	
51,44	45,91	40,38	34,85	29,32	23,79	18,26	12,73	7,50	f_e	
106,85	*106,92*	*107,01*	*107,13*	*107,30*	*107,54*	*107,93*	*108,66*	*110,00*	z	
31336	**24327**	**17973**	**12367**	**7625**	**3879**	—	—	—	Steg M_{1500}	
25069	**19461**	**14378**	**9894**	**6100**	**3104**	—	—	—	Steg M_{1200}	
23,37	17,98	13,15	8,96	5,46	2,75	—	—	—	Steg f_e	
87291	**78030**	**68769**	**59508**	**50247**	**40986**	**31725**	**22464**	**13474**	M_{1500}	**120**
69833	**62424**	**55015**	**47606**	**40198**	**32789**	**25380**	**17971**	**10780**	M_{1200}	
52,05	46,50	40,95	35,40	29,85	24,30	18,75	13,20	7,83	f_e	
111,80	*111,87*	*111,96*	*112,07*	*112,22*	*112,44*	*112,80*	*113,45*	*114,78*	z	
36605	**28637**	**21381**	**14941**	**9440**	**5026**	—	—	—	Steg M_{1500}	
29284	**22909**	**17105**	**11953**	**7552**	**4020**	—	—	—	Steg M_{1200}	
26,01	20,17	14,91	10,31	6,45	3,39	—	—	—	Steg f_e	
92141	**82433**	**72725**	**63017**	**53310**	**43602**	**33894**	**24186**	**14621**	M_{1500}	**125**
73712	**65946**	**58180**	**50414**	**42648**	**34881**	**27115**	**19349**	**11697**	M_{1200}	
52,61	47,04	41,47	35,90	30,34	24,77	19,20	13,63	8,15	f_e	
116,76	*116,83*	*116,91*	*117,01*	*117,15*	*117,36*	*117,69*	*118,28*	*119,57*	z	
42295	**33308**	**25094**	**17765**	**11455**	**6324**	—	—	—	Steg M_{1500}	
33838	**26647**	**20075**	**14212**	**9164**	**5060**	—	—	—	Steg M_{1200}	
28,71	22,40	16,72	11,72	7,47	4,08	—	—	—	Steg f_e	
96998	**86843**	**76688**	**66534**	**56379**	**46224**	**36069**	**25914**	**15814**	M_{1500}	**130**
77598	**69474**	**61351**	**53227**	**45103**	**36979**	**28855**	**20732**	**12651**	M_{1200}	
53,12	47,54	41,95	36,37	30,78	25,20	19,62	14,03	8,48	f_e	
121,73	*121,79*	*121,86*	*121,96*	*122,09*	*122,29*	*122,59*	*123,13*	*124,35*	z	
48408	**38342**	**29113**	**20840**	**13671**	**7776**	—	—	—	Steg M_{1500}	
38727	**30674**	**23290**	**16672**	**10937**	**6221**	—	—	—	Steg M_{1200}	
31,45	24,68	18,56	13,15	8,54	4,80	—	—	—	Steg f_e	
→								← $x \leqq d$ →		

Tafel 77 — Tafel für

$d = 18$ cm — bei $\sigma_e = 1500$

M_{1500} = Moment in kgm auf 1 m Druckplattenbreite bei $\sigma_e = 1500$ kg/cm²
M_{1200} = Moment in kgm auf 1 m Druckplattenbreite bei $\sigma_e = 1200$ kg/cm²
f_e = Zugeisenquerschnitt in cm² auf 1 m Druckplattenbreite
z = Abstand des Druckmittelpunktes vom Zugmittelpunkt in cm
} ohne Berücksichtigung der Spannungen im Steg;

ΔM = Momentendifferenz bei Änderung von σ_b um 1 kg/cm² (gültig nur wenn $x > d$);

$\Delta f_{e\,1500}$ bzw. $\Delta f_{e\,1200}$ = Differenz der Zugbewehrung bei Änderung von σ_b um 1 kg/cm² für $\sigma_e = 1500$ bzw. $\sigma_e = 1200$ kg/cm² (gültig nur wenn $x > d$);

Gesamtmoment bei Berücksichtigung der Spannungen im Steg: $M = b \cdot M_{\text{Platte}} + b_0 \cdot M_{\text{Steg}}$,
Zugeisenquerschnitt bei Berücksichtigung der

$h = 135$—150 cm

h cm	ΔM / $\Delta f_{e\,1500}$ / $\Delta f_{e\,1200}$	σ_e	σ_b								
		1500	—	—	—	75	70	—	65	—	60
		1200	75	70	65	60	56	55	52	50	48
		x	0,484 h	0,467 h	0,448 h	0,429 h	0,412 h	0,407 h	0,394 h	0,385 h	0,375 h
			←								$x > d$
135	2120,40	M_{1500}	—	—	—	144270	133670	—	123070	—	112460
		M_{1200}	147222	136620	126020	115420	106930	104814	98453	94212	89971
	1,120	f_e	97,00	90,00	83,00	76,00	70,40	69,00	64,80	62,00	59,20
	1,400	z	126,48	126,50	126,52	126,55	126,58	126,59	126,61	126,63	126,65
		Steg M_{1500}	—	—	—	106789	92936	—	79629	—	66938
		Steg M_{1200}	130136	114750	99826	85431	74349	71644	63703	58562	53551
		Steg f_e	107,13	93,75	80,90	68,64	59,31	57,04	50,43	46,17	42,05
140	2209,89	M_{1500}	—	—	—	150930	139880	—	128830	—	117780
		M_{1200}	153892	142840	131790	120740	111900	109695	103070	98645	94225
	1,123	f_e	97,55	90,54	83,52	76,50	70,89	69,48	65,27	62,46	59,66
	1,404	z	131,46	131,48	131,50	131,53	131,56	131,56	131,59	131,60	131,62
		Steg M_{1500}	—	—	—	119070	103820	—	89157	—	75156
		Steg M_{1200}	144391	127490	111090	95256	83056	80077	71325	65655	60125
		Steg f_e	114,14	100,02	86,45	73,50	63,62	61,23	54,22	49,72	45,34
145	2299,41	M_{1500}	—	—	—	157596	146100	—	134600	—	123100
		M_{1200}	160568	149070	137570	126080	116880	114580	107680	103080	98484
	1,126	f_e	98,07	91,03	84,00	76,97	71,34	69,93	65,71	62,90	60,08
	1,407	z	136,44	136,46	136,48	136,51	136,53	136,54	136,56	136,58	136,60
		Steg M_{1500}	—	—	—	132034	115320	—	99234	—	83860
		Steg M_{1200}	159401	140920	122970	105630	92255	88988	79387	73162	67088
		Steg f_e	121,19	106,33	92,04	78,39	67,98	65,45	58,05	53,29	48,97
150	2388,96	M_{1500}	—	—	—	164268	152320	—	140380	—	128430
		M_{1200}	167249	155300	143360	131410	121860	119470	112300	107520	102750
	1,128	f_e	98,55	91,50	84,45	77,40	71,76	70,35	66,12	63,30	60,48
	1,410	z	141,42	141,44	141,46	141,49	141,51	141,52	141,54	141,55	141,57
		Steg M_{1500}	—	—	—	145681	127440	—	109860	—	93050
		Steg M_{1200}	175168	155030	135460	116550	101950	98380	87890	81084	74441
		Steg f_e	128,26	112,67	97,66	83,31	72,36	69,70	61,91	56,89	52,02
			←								$x > d$

Plattenbalken

Tafel 77

und 1200 kg/cm²

$d = 18$ cm

Steg $\begin{cases} M_{1500} = \text{durch je 1 m Breite des Steges aufnehmb. Moment in kgm bei } \sigma_e = 1500 \text{ kg/cm}^2; \\ M_{1200} = \text{durch je 1 m Breite des Steges aufnehmb. Moment in kgm bei } \sigma_e = 1200 \text{ kg/cm}^2; \\ f_e = \text{Zugeisenquerschnitt in cm}^2 \text{ entspr. den Druckspannungen im Steg je 1 m Breite;} \end{cases}$

d = Druckplattendicke in cm;
h = Nutzhöhe in cm;
x = Nullinienabstand.

worin b = Druckplattenbreite in m und b_0 = Stegbreite in m bedeuten.
Spannungen im Steg: $F_e = b \cdot f_{e\,\text{Platte}} + b_0 \cdot f_{e\,\text{Steg}}$.

$h = 135$—150 cm

σ_b									σ_e	h
55 44	50 40	45 36	40 32	35 28	30 24	25 20	20 16	15 12	1500 1200	
0,355 h	0,333 h	0,310 h	0,286 h	0,259 h	0,231 h	0,200 h	0,167 h	0,130 h	x	cm
							→	$x < d$		
101860	**91260**	**80658**	**70056**	**59454**	**48852**	**38250**	**27648**	**17054**	M_{1500}	**135**
81490	**73008**	**64526**	**56045**	**47563**	**39082**	**30600**	**22118**	**13643**	M_{1200}	
53,60	48,00	42,40	36,80	31,20	25,60	20,00	14,40	8,80	f_e	
126,69	*126,75*	*126,82*	*126,91*	*127,04*	*127,22*	*127,50*	*128,00*	*129,13*	z	
54944	**43740**	**33438**	**24168**	**16088**	**9382**	**4275**	—	—	Steg M_{1500}	
43955	**34992**	**26751**	**19335**	**12870**	**7505**	**3420**	—	—	Steg M_{1200}	
34,22	27,00	20,44	14,63	9,63	5,55	2,50	—	—	Steg f_e	
106730	**95683**	**84633**	**73584**	**62535**	**51485**	**40436**	**29386**	**18337**	M_{1500}	**140**
85386	**76546**	**67707**	**58867**	**50028**	**41188**	**32349**	**23509**	**14669**	M_{1200}	
54,04	48,43	42,81	37,20	31,59	25,97	20,36	14,74	9,13	f_e	
131,66	*131,72*	*131,78*	*131,87*	*131,99*	*132,16*	*132,42*	*132,88*	*133,92*	z	
61904	**49502**	**38071**	**27749**	**18706**	**11142**	**5297**	—	—	Steg M_{1500}	
49523	**39604**	**30456**	**22200**	**14965**	**8914**	**4238**	—	—	Steg M_{1200}	
37,03	29,35	22,36	16,13	10,76	6,34	2,98	—	—	Steg f_e	
111610	**100110**	**88614**	**77117**	**65620**	**54123**	**42626**	**31129**	**19632**	M_{1500}	**145**
89286	**80089**	**70891**	**61694**	**52496**	**43298**	**34101**	**24903**	**15705**	M_{1200}	
54,46	48,83	43,20	37,57	31,94	26,32	20,69	15,06	9,43	f_e	
136,64	*136,69*	*136,75*	*136,83*	*136,94*	*137,10*	*137,35*	*137,78*	*138,72*	z	
69288	**55630**	**41011**	**31584**	**21528**	**13057**	**6432**	—	—	Steg M_{1500}	
55433	**44504**	**34409**	**25267**	**17222**	**10446**	**5146**	—	—	Steg M_{1200}	
39,87	31,73	24,30	17,67	11,91	7,14	3,48	—	—	Steg f_e	
116490	**104540**	**92599**	**80654**	**68710**	**56765**	**44820**	**32875**	**20930**	M_{1500}	**150**
93191	**83635**	**74079**	**64524**	**54968**	**45412**	**35856**	**26300**	**16744**	M_{1200}	
54,84	49,20	43,56	37,92	32,28	26,64	21,00	15,36	9,72	f_e	
141,61	*141,66*	*141,72*	*141,80*	*141,90*	*142,05*	*142,29*	*142,69*	*143,56*	z	
77098	**62123**	**48260**	**35673**	**24551**	**15128**	**7680**	—	—	Steg M_{1500}	
59679	**49698**	**38608**	**28537**	**19641**	**12103**	**6144**	—	—	Steg M_{1200}	
42,74	34,13	26,27	19,22	13,09	7,98	4,00	—	—	Steg f_e	

$d = 20$ cm bei $\sigma_e = 1500$

M_{1500} = Moment in kgm auf 1 m Druckplattenbreite bei $\sigma_e = 1500$ kg/cm²
M_{1200} = Moment in kgm auf 1 m Druckplattenbreite bei $\sigma_e = 1200$ kg/cm²
f_e = Zugeisenquerschnitt in cm² auf 1 m Druckplattenbreite
} ohne Berücksichtigung der Spannungen im Steg;
ΔM = Momentendifferenz bei Änderung von σ_b um 1 kg/cm² (gültig nur wenn $x > d$);

$h = 44$—62 cm

h	ΔM / $\Delta f_{e\,1500}$ / $\Delta f_{e\,1200}$	σ_e	σ_b								
		1500 / 1200	— / 75	— / 70	— / 65	75 / 60	70 / 56	— / 55	65 / 52	— / 50	60 / 48
cm		x	0,484 h	0,467 h	0,448 h	0,429 h	0,412 h	0,407 h	0,394 h	0,385 h	0,375 h
			← $x > d$ →		←						
44	540,61	M_{1500}	—	—	—	26669	24072	—	21532	—	19058
	1,030	M_{1200}	29394	26691	23991	21336	19257	18745	17225	16229	15246
	1,288	f_e	66,29	59,85	53,42	47,14	42,27	41,08	37,56	35,26	33,00
		z	*36,95*	*37,16*	*37,43*	*37,71*	*37,96*	*38,02*	*38,22*	*38,36*	*38,50*
46	577,98	M_{1500}	—	—	—	29149	26310	—	23534	—	20829
	1,043	M_{1200}	31986	29096	26206	23319	21048	20488	18827	17738	16664
	1,304	f_e	68,84	62,32	55,80	49,29	44,20	42,95	39,26	36,86	34,50
		z	*38,72*	*38,91*	*39,14*	*39,43*	*39,69*	*39,75*	*39,96*	*40,10*	*40,25*
48	615,56	M_{1500}	—	—	—	31722	28647	—	25625	—	22680
	1,056	M_{1200}	34611	31533	28456	25378	22918	22308	20500	19314	18144
	1,319	f_e	71,18	64,58	57,99	51,39	46,12	44,81	40,97	38,46	36,00
		z	*40,52*	*40,69*	*40,89*	*41,15*	*41,41*	*41,48*	*41,70*	*41,85*	*42,00*
50	653,33	M_{1500}	—	—	—	34333	31067	—	27805	—	24609
	1,067	M_{1200}	37267	34000	30733	27467	24853	24200	22244	20957	19688
	1,333	f_e	73,33	66,67	60,00	53,33	48,00	46,67	42,68	40,06	37,50
		z	*42,35*	*42,50*	*42,69*	*42,92*	*43,15*	*43,21*	*43,43*	*43,59*	*43,75*
52	691,28	M_{1500}	—	—	—	36974	33518	—	30062	—	26618
	1,077	M_{1200}	39949	36492	33036	29579	26814	26123	24049	22667	21294
	1,346	f_e	75,32	68,59	61,86	55,13	49,74	48,40	44,36	41,67	39,00
		z	*44,20*	*44,34*	*44,50*	*44,71*	*44,92*	*44,98*	*45,18*	*45,33*	*45,50*
54	729,38	M_{1500}	—	—	—	39642	35995	—	32348	—	28701
	1,086	M_{1200}	42654	39007	35360	31714	28796	28067	25879	24420	22961
	1,358	f_e	77,16	70,37	63,58	56,79	51,36	50,00	45,93	43,21	40,49
		z	*46,07*	*46,19*	*46,35*	*46,54*	*46,72*	*46,78*	*46,96*	*47,10*	*47,25*
56	767,62	M_{1500}	—	—	—	42333	38495	—	34657	—	30819
	1,095	M_{1200}	45381	41543	37705	33867	30796	30029	27726	26190	24655
	1,369	f_e	78,87	72,02	65,18	58,33	52,86	51,49	47,38	44,64	41,90
		z	*47,95*	*48,07*	*48,21*	*48,38*	*48,55*	*48,60*	*48,76*	*48,89*	*49,03*
58	805,98	M_{1500}	—	—	—	45046	41016	—	36986	—	32956
	1,103	M_{1200}	48126	44097	40067	36037	32813	32007	29589	27977	26365
	1,379	f_e	80,46	73,56	66,67	59,77	54,25	52,87	48,74	45,98	43,22
		z	*49,85*	*49,95*	*50,08*	*50,24*	*50,40*	*50,45*	*50,59*	*50,71*	*50,84*
60	844,44	M_{1500}	—	—	—	47778	43556	—	39333	—	35111
	1,111	M_{1200}	50889	46667	42444	38222	34844	34000	31467	29778	28089
	1,389	f_e	81,94	75,00	68,06	61,11	55,56	54,17	50,00	47,22	44,44
		z	*51,75*	*51,85*	*51,97*	*52,12*	*52,27*	*52,31*	*52,44*	*52,55*	*52,67*
62	883,01	M_{1500}	—	—	—	50527	46112	—	41697	—	37282
	1,118	M_{1200}	53667	49252	44837	40422	36889	36006	33357	31591	29825
	1,398	f_e	83,33	76,34	69,35	62,37	56,77	55,38	51,18	48,39	45,59
		z	*53,67*	*53,76*	*53,87*	*54,01*	*54,15*	*54,18*	*54,31*	*54,41*	*54,52*
			←					$x > d$			

Plattenbalken

Tafel 78

und 1200 kg/cm² $d = 20$ cm

Δf_{e1500} bzw. Δf_{e1200} = Differenz der Zugbewehrung bei Änderung von σ_b um 1 kg/cm² für $\sigma_e = 1500$ bzw. $\sigma_e = 1200$ kg/cm² (gültig nur wenn $x > d$);
d = Druckplattendicke in cm;
h = Nutzhöhe in cm; x = Nullinienabstand;
z = Abstand des Druckmittelpunktes vom Zugmittelpunkt in cm. $h = 44$—62 cm

σ_b									σ_e	h
55 44	**50** **40**	45 36	**40** 32	35 28	30 24	25 20	20 16	15 12	**1500** **1200**	
0,355 h	0,333 h	0,310 h	0,286 h	0,259 h	0,231 h	0,200 h	0,167 h	0,130 h	x	cm
← $x \leq d$								→		
16657 **13326** 28,62 *38,80*	**14341** **11473** 24,44 *39,11*	**12120** **9696** 20,48 *39,45*	**10009** **8007** 16,76 *39,81*	**8025** **6420** 13,31 *40,20*	**6186** **4949** 10,15 *40,62*	**4517** **3614** 7,33 *41,07*	**3047** **2438** 4,89 *41,56*	**1812** **1449** 2,87 *42,09*	M_{1500} M_{1200} f_e z	**44**
18206 **14565** 29,92 *40,56*	**15674** **12539** 25,56 *40,89*	**13247** **10598** 21,41 *41,24*	**10940** **8752** 17,52 *41,62*	**8771** **7017** 13,91 *42,02*	**6761** **5409** 10,62 *42,46*	**4937** **3950** 7,67 *42,93*	**3331** **2665** 5,11 *43,44*	**1980** **1584** 3,00 *44,00*	M_{1500} M_{1200} f_e z	**46**
19823 **15859** 31,23 *42,32*	**17067** **13653** 26,67 *42,67*	**14424** **11539** 22,34 *43,03*	**11912** **9529** 18,29 *43,43*	**9550** **7640** 14,52 *43,85*	**7362** **5890** 11,08 *44,31*	**5376** **4301** 8,00 *44,80*	**3627** **2901** 5,33 *45,33*	**2156** **1725** 3,13 *45,91*	M_{1500} M_{1200} f_e z	**48**
21510 **17208** 32,53 *44,09*	**18519** **14815** 27,78 *44,44*	**15651** **12521** 23,28 *44,83*	**12925** **10340** 19,05 *45,24*	**10362** **8290** 15,12 *45,68*	**7988** **6391** 11,54 *46,15*	**5833** **4667** 8,33 *46,67*	**3935** **3148** 5,56 *47,22*	**2339** **1871** 3,26 *47,83*	M_{1500} M_{1200} f_e z	**50**
23265 **18612** 33,83 *45,85*	**20030** **16024** 28,89 *46,22*	**16928** **13543** 24,21 *46,62*	**13980** **11184** 19,81 *47,05*	**11208** **8966** 15,73 *47,51*	**8640** **6912** 12,00 *48,00*	**6309** **5047** 8,67 *48,53*	**4256** **3405** 5,78 *49,11*	**2530** **2024** 3,39 *49,74*	M_{1500} M_{1200} f_e z	**52**
25089 **20071** 35,13 *47,61*	**21600** **17280** 30,00 *48,00*	**18255** **14604** 25,14 *48,41*	**15076** **12061** 20,57 *48,86*	**12087** **9669** 16,33 *49,33*	**9317** **7454** 12,46 *49,85*	**6804** **5443** 9,00 *50,40*	**4590** **3672** 6,00 *51,00*	**2729** **2183** 3,52 *51,65*	M_{1500} M_{1200} f_e z	**54**
26982 **21585** 36,43 *49,38*	**23230** **18584** 31,11 *49,78*	**19633** **15706** 26,07 *50,21*	**16213** **12971** 21,33 *50,67*	**12999** **10399** 16,94 *51,16*	**10020** **8016** 12,92 *51,69*	**7317** **5854** 9,33 *52,27*	**4936** **3949** 6,22 *52,89*	**2934** **2348** 3,65 *53,57*	M_{1500} M_{1200} f_e z	**56**
28926 **23141** 37,70 *51,15*	**24919** **19935** 32,22 *51,56*	**21060** **16848** 27,00 *52,00*	**17392** **13914** 22,10 *52,48*	**13944** **11155** 17,54 *52,99*	**10749** **8599** 13,38 *53,54*	**7849** **6279** 9,67 *54,13*	**5295** **4236** 6,44 *54,78*	**3148** **2518** 3,78 *55,48*	M_{1500} M_{1200} f_e z	**58**
30889 **24711** 38,89 *52,95*	**26667** **21333** 33,33 *53,33*	**22537** **18030** 27,93 *53,79*	**18612** **14890** 22,86 *54,29*	**14922** **11937** 18,15 *54,81*	**11503** **9202** 13,85 *55,38*	**8400** **6720** 10,00 *56,00*	**5667** **4533** 6,67 *56,67*	**3369** **2695** 3,91 *57,39*	M_{1500} M_{1200} f_e z	**60**
32867 **26293** 40,00 *54,78*	**28452** **22761** 34,41 *55,13*	**24065** **19252** 28,86 *55,59*	**19874** **15899** 23,62 *56,10*	**15933** **12747** 18,75 *56,64*	**12283** **9826** 14,31 *57,23*	**8969** **7175** 10,33 *57,87*	**6051** **4841** 6,89 *58,56*	**3597** **2878** 4,04 *59,30*	M_{1500} M_{1200} f_e z	**62**
→		←			$x \leq d$			→		

Tafel 79

Tafel für

$d = 20$ cm

bei $\sigma_e = 1500$

M_{1500} = Moment in kgm auf 1 m Druckplattenbreite bei $\sigma_e = 1500$ kg/cm²
M_{1200} = Moment in kgm auf 1 m Druckplattenbreite bei $\sigma_e = 1200$ kg/cm²
f_e = Zugeisenquerschnitt in cm² auf 1 m Druckplattenbreite
} ohne Berücksichtigung der Spannungen im Steg;

ΔM = Momentendifferenz bei Änderung von σ_b um 1 kg/cm² (gültig nur wenn $x > d$);

$h = 64$—82 cm

h cm	ΔM / $\Delta f_{e\,1500}$ / $\Delta f_{e\,1200}$	σ_e 1500 / 1200 / x	σ_b — / 75 / 0,484 h	— / 70 / 0,467 h	— / 65 / 0,448 h	75 / 60 / 0,429 h	70 / 56 / 0,412 h	— / 55 / 0,407 h	65 / 52 / 0,394 h	— / 50 / 0,385 h	60 / 48 / 0,375 h
	←					$x > d$					
	921,67	M_{1500}	—	—	—	53292	48683	—	44075	—	39467
64		M_{1200}	56458	51850	47242	42633	38947	38025	35260	33417	31573
	1,125	f_e	84,64	77,60	70,57	63,54	57,92	56,51	52,29	49,48	46,67
	1,406	z	55,59	55,68	55,78	55,91	56,04	56,07	56,19	56,28	56,38
	960,40	M_{1500}	—	—	—	56071	51269	—	46467	—	41665
66		M_{1200}	59263	54461	49659	44857	41015	40055	37173	35253	33332
	1,131	f_e	85,86	78,79	71,72	64,65	58,99	57,58	53,33	50,51	47,68
	1,414	z	57,52	57,60	57,70	57,82	57,94	57,97	58,08	58,17	58,26
	999,22	M_{1500}	—	—	—	58863	53867	—	48871	—	43875
68		M_{1200}	62078	57082	52086	47090	43093	42094	39096	37098	35100
	1,137	f_e	87,01	79,90	72,79	65,69	60,00	58,58	54,31	51,47	48,63
	1,422	z	59,46	59,53	59,63	59,74	59,85	59,88	59,99	60,06	60,15
	1038,10	M_{1500}	—	—	—	61667	56476	—	51286	—	46095
70		M_{1200}	64905	59714	54524	49333	45181	44143	41029	38952	36876
	1,143	f_e	88,10	80,95	73,81	66,67	60,95	59,52	55,24	52,38	49,52
	1,429	z	61,40	61,47	61,56	61,67	61,77	61,80	61,90	61,97	62,05
	1077,04	M_{1500}	—	—	—	64481	59096	—	53711	—	48326
72		M_{1200}	67741	62356	56970	51585	47277	46200	42969	40815	38661
	1,148	f_e	89,12	81,94	74,77	67,59	61,85	60,42	56,11	53,24	50,37
	1,435	z	63,34	63,41	63,50	63,60	63,70	63,72	63,82	63,88	63,96
	1116,04	M_{1500}	—	—	—	67306	61726	—	56146	—	50566
74		M_{1200}	70586	65005	59425	53845	49381	48265	44917	42685	40453
	1,153	f_e	90,09	82,88	75,68	68,47	62,70	61,26	56,94	54,05	51,17
	1,441	z	65,29	65,36	65,44	65,54	65,63	65,65	65,74	65,81	65,88
	1155,09	M_{1500}	—	—	—	70140	64365	—	58589	—	52814
76		M_{1200}	73439	67663	61888	56112	51492	50337	46872	44561	42251
	1,158	f_e	91,01	83,77	76,54	69,30	63,51	62,06	57,72	54,82	51,93
	1,447	z	67,25	67,31	67,38	67,48	67,57	67,59	67,67	67,73	67,80
	1194,19	M_{1500}	—	—	—	72983	67012	—	61041	—	55070
78		M_{1200}	76299	70328	64357	58386	53610	52415	48833	46444	44056
	1,162	f_e	91,88	84,62	77,35	70,09	64,27	62,82	58,46	55,56	52,65
	1,453	z	69,20	69,26	69,34	69,42	69,51	69,53	69,61	69,67	69,73
	1233,33	M_{1500}	—	—	—	75833	69667	—	63500	—	57333
80		M_{1200}	79167	73000	66833	60667	55733	54500	50800	48333	45867
	1,167	f_e	92,71	85,42	78,13	70,83	65,00	63,54	59,17	56,25	53,33
	1,458	z	71,16	71,22	71,29	71,37	71,45	71,48	71,55	71,60	71,67
	1272,52	M_{1500}	—	—	—	78691	72328	—	65966	—	59603
82		M_{1200}	82041	75678	69315	62953	57863	56590	52773	50228	47683
	1,171	f_e	93,50	86,18	78,86	71,54	65,69	64,23	59,84	56,91	53,98
	1,463	z	73,12	73,18	73,25	73,33	73,40	73,42	73,49	73,55	73,61
	←							$x > d$			

Plattenbalken

Tafel 79

und 1200 kg/cm²

$d = 20$ cm

Δf_{e1500} bzw. Δf_{e1200} = Differenz der Zugbewehrung bei Änderung von σ_b um 1 kg/cm² für $\sigma_e = 1500$ bzw. $\sigma_e = 1200$ kg/cm² (gültig nur wenn $x > d$);
d = Druckplattendicke in cm;
h = Nutzhöhe in cm; x = Nullinienabstand;
z = Abstand des Druckmittelpunktes vom Zugmittelpunkt in cm.

$h = 64$—82 cm

σ_b									σ_e	h
55 44	50 40	45 36	40 32	35 28	30 24	25 20	20 16	15 12	1500 1200	
0,355 h	0,333 h	0,310 h	0,286 h	0,259 h	0,231 h	0,200 h	0,167 h	0,130 h	x	cm
→	→	← $x \leq d$						→		
34858	**30250**	**25643**	**21177**	**16978**	**13088**	**9557**	**6447**	**3833**	M_{1500}	**64**
27887	**24200**	**20514**	**16941**	**13582**	**10470**	**7646**	**5158**	**3066**	M_{1200}	
41,04	35,42	29,79	24,38	19,36	14,77	10,67	7,11	4,17	f_e	
56,62	*56,94*	*57,38*	*57,90*	*58,47*	*59,08*	*59,73*	*60,44*	*61,22*	z	
36863	**32061**	**27259**	**22521**	**18055**	**13919**	**10164**	**6857**	**4076**	M_{1500}	**66**
29490	**25648**	**21807**	**18017**	**14444**	**11135**	**8131**	**5485**	**3261**	M_{1200}	
42,02	36,36	30,71	25,14	19,96	15,23	11,00	7,33	4,30	f_e	
58,48	*58,78*	*59,18*	*59,71*	*60,30*	*60,92*	*61,60*	*62,33*	*63,13*	z	
38878	**33882**	**28886**	**23906**	**19166**	**14775**	**10789**	**7279**	**4327**	M_{1500}	**68**
31103	**27106**	**23109**	**19125**	**15333**	**11820**	**8631**	**5823**	**3461**	M_{1200}	
42,94	37,25	31,57	25,90	20,57	15,69	11,33	7,56	4,43	f_e	
60,36	*60,63*	*61,00*	*61,52*	*62,12*	*62,77*	*63,47*	*64,22*	*65,04*	z	
40905	**35714**	**30524**	**25333**	**20310**	**15657**	**11433**	**7713**	**4585**	M_{1500}	**70**
32724	**28571**	**24419**	**20267**	**16248**	**12525**	**9147**	**6170**	**3668**	M_{1200}	
43,81	38,10	32,38	26,67	21,17	16,15	11,67	7,78	4,57	f_e	
62,25	*62,50*	*62,84*	*63,33*	*63,95*	*64,62*	*65,33*	*66,11*	*66,96*	z	
42941	**37556**	**32170**	**26785**	**21487**	**16564**	**16096**	**8160**	**4851**	M_{1500}	**72**
34353	**30044**	**25736**	**21428**	**17190**	**13251**	**9677**	**6528**	**3881**	M_{1200}	
44,63	38,89	33,15	27,41	21,78	16,62	12,00	8,00	4,70	f_e	
64,14	*64,38*	*64,70*	*65,15*	*65,78*	*66,46*	*67,20*	*68,00*	*68,87*	z	
44986	**39405**	**33825**	**28245**	**22698**	**17497**	**12777**	**8620**	**5124**	M_{1500}	**74**
35988	**31524**	**27060**	**22596**	**18158**	**13998**	**10222**	**6896**	**4099**	M_{1200}	
45,41	39,64	33,87	28,11	22,38	17,08	12,33	8,22	4,83	f_e	
66,05	*66,27*	*66,57*	*66,99*	*67,60*	*68,31*	*69,07*	*69,89*	*70,78*	z	
47039	**41263**	**35488**	**29712**	**23941**	**18456**	**13477**	**9092**	**5405**	M_{1500}	**76**
37631	**33011**	**28390**	**23770**	**19153**	**14765**	**10782**	**7273**	**4324**	M_{1200}	
46,14	40,35	34,56	28,77	22,99	17,54	12,67	8,44	4,96	f_e	
67,96	*68,17*	*68,45*	*68,85*	*69,43*	*70,15*	*70,93*	*71,78*	*72,70*	z	
49099	**43128**	**37157**	**31186**	**25215**	**19440**	**14196**	**9577**	**5693**	M_{1500}	**78**
39279	**34503**	**29726**	**24949**	**20172**	**15552**	**11357**	**7661**	**4554**	M_{1200}	
46,84	41,03	35,21	29,40	23,59	18,00	13,00	8,67	5,09	f_e	
69,89	*70,08*	*70,35*	*70,71*	*71,26*	*72,00*	*72,80*	*73,67*	*74,61*	z	
51167	**45000**	**38833**	**32667**	**26500**	**20450**	**14933**	**10074**	**5989**	M_{1500}	**80**
40933	**36000**	**31067**	**26133**	**21200**	**16360**	**11947**	**8059**	**4791**	M_{1200}	
47,50	41,67	35,83	30,00	24,17	18,46	13,33	8,89	5,22	f_e	
71,81	*72,00*	*72,25*	*72,60*	*73,10*	*73,85*	*74,67*	*75,56*	*76,52*	z	
53241	**46878**	**40515**	**34153**	**27790**	**21485**	**15689**	**10584**	**6292**	M_{1500}	**82**
42593	**37502**	**32412**	**27322**	**22232**	**17188**	**12551**	**8467**	**5033**	M_{1200}	
48,13	42,28	36,42	30,57	24,72	18,92	13,67	9,11	5,35	f_e	
73,75	*73,92*	*74,16*	*74,48*	*74,96*	*75,69*	*76,53*	*77,44*	*78,43*	z	
→				→	← $x \leq d$			→		

Tafel für

$d = 20$ cm

bei $\sigma_e = 1500$

M_{1500} = Moment in kgm auf 1 m Druckplattenbreite bei $\sigma_e = 1500$ kg/cm² } ohne Berücksichtigung der Spannungen im Steg;
M_{1200} = Moment in kgm auf 1 m Druckplattenbreite bei $\sigma_e = 1200$ kg/cm²
f_e = Zugeisenquerschnitt in cm² auf 1 m Druckplattenbreite
ΔM = Momentendifferenz bei Änderung von σ_b um 1 kg/cm² (gültig nur wenn $x > d$);

$h = 84$—105 cm

h cm	ΔM / $\Delta f_{e\,1500}$ / $\Delta f_{e\,1200}$	σ_e: 1500 / 1200 / x	σ_b: — / 75	— / 70	— / 65	75 / 60	70 / 56	— / 55	65 / 52	— / 50	60 / 48
		x	0,484 h	0,467 h	0,448 h	0,429 h	0,412 h	0,407 h	0,394 h	0,385 h	0,375 h
			←						$x > d$		
	1311,75	M_{1500}	—	—	—	**81556**	**74997**	—	**68438**	—	**61879**
84	1,175	M_{1200}	**84921**	**78362**	**71803**	**65244**	**59997**	**58686**	**54750**	**52127**	**49503**
	1,468	f_e	94,25	86,90	79,56	72,22	66,35	64,88	60,48	57,54	54,60
		z	*75,09*	*75,14*	*75,21*	*75,28*	*75,36*	*75:38*	*75,44*	*75,49*	*75,55*
	1351,01	M_{1500}	—	—	—	**84426**	**77671**	—	**70916**	—	**64161**
86	1,178	M_{1200}	**87806**	**81051**	**74296**	**67541**	**62137**	**60786**	**56733**	**54031**	**51329**
	1,473	f_e	94,96	87,60	80,23	72,87	66,98	65,50	61,09	58,14	55,19
		z	*77,05*	*77,11*	*77,17*	*77,24*	*77,31*	*77,33*	*77,40*	*77,44*	*77,50*
	1390,30	M_{1500}	—	—	—	**87303**	**80352**	—	**73400**	—	**66448**
88	1,182	M_{1200}	**90697**	**83745**	**76794**	**69842**	**64281**	**62891**	**58720**	**55939**	**53159**
	1,477	f_e	95,64	88,26	80,87	73,48	67,58	66,10	61,67	58,71	55,76
		z	*79,02*	*79,07*	*79,13*	*79,20*	*79,27*	*79,29*	*79,35*	*79,40*	*79,45*
	1429,63	M_{1500}	—	—	—	**90185**	**83037**	—	**75889**	—	**68741**
90	1,185	M_{1200}	**93593**	**86444**	**79296**	**72148**	**66430**	**65000**	**60711**	**57852**	**54993**
	1,481	f_e	96,30	88,89	81,48	74,07	68,15	66,67	62,22	59,26	56,30
		z	*80,99*	*81,04*	*81,10*	*81,17*	*81,23*	*81,25*	*81,31*	*81,35*	*81,40*
	1468,99	M_{1500}	—	—	—	**93072**	**85728**	—	**78383**	—	**71038**
92	1,188	M_{1200}	**96493**	**89148**	**81803**	**74458**	**68582**	**67113**	**62706**	**59768**	**56830**
	1,486	f_e	96,92	89,49	82,07	74,64	68,70	67,21	62,75	59,78	56,81
		z	*82,97*	*83,01*	*83,07*	*83,13*	*83,20*	*83,21*	*83,27*	*83,31*	*83,36*
	1508,37	M_{1500}	—	—	—	**95965**	**88423**	—	**80881**	—	**73339**
94	1,191	M_{1200}	**99397**	**91855**	**84313**	**76772**	**70738**	**69230**	**64705**	**61688**	**58671**
	1,489	f_e	97,52	90,07	82,62	75,18	69,22	67,73	63,26	60,28	57,31
		z	*84,94*	*84,98*	*85,04*	*85,10*	*85,16*	*85,18*	*85,23*	*85,27*	*85,32*
	1547,78	M_{1500}	—	—	—	**98861**	**91122**	—	**83383**	—	**75644**
96	1,194	M_{1200}	**102306**	**94567**	**86828**	**79089**	**72898**	**71350**	**66707**	**63611**	**60516**
	1,493	f_e	98,09	90,63	83,16	75,69	69,72	68,23	63,75	60,76	57,78
		z	*86,91*	*86,96*	*87,01*	*87,07*	*87,13*	*87,15*	*87,20*	*87,24*	*87,28*
	1587,21	M_{1500}	—	—	—	**101762**	**93826**	—	**85890**	—	**77954**
98	1,197	M_{1200}	**105218**	**97282**	**89346**	**81410**	**75061**	**73473**	**68712**	**65537**	**62363**
	1,497	f_e	98,64	91,16	83,67	76,19	70,20	68,71	64,22	61,22	58,23
		z	*88,89*	*88,93*	*88,98*	*89,04*	*89,10*	*89,11*	*89,17*	*89,20*	*89,25*
	1626,67	M_{1500}	—	—	—	**104667**	**96533**	—	**88400**	—	**80267**
100	1,200	M_{1200}	**108133**	**100000**	**91867**	**83733**	**77227**	**75600**	**70720**	**67467**	**64213**
	1,500	f_e	99,17	91,67	84,17	76,67	70,67	69,17	64,67	61,67	58,67
		z	*90,87*	*90,91*	*90,96*	*91,01*	*91,07*	*91,08*	*91,13*	*91,17*	*91,21*
	1725,40	M_{1500}	—	—	—	**111944**	**103320**	—	**94690**	—	**86063**
105	1,206	M_{1200}	**115437**	**106810**	**98183**	**89556**	**82654**	**80929**	**72752**	**72302**	**68851**
	1,508	f_e	100,40	92,86	85,32	77,78	71,75	70,24	65,71	62,70	59,68
		z	*95,82*	*95,85*	*95,90*	*95,95*	*96,00*	*96,02*	*96,06*	*96,10*	*96,13*
			←								$x > d$

Plattenbalken

Tafel 80

und 1200 kg/cm²

$d = 20$ cm

Δf_{e1500} bzw. Δf_{e1200} = Differenz der Zugbewehrung bei Änderung von σ_b um 1 kg/cm² für $\sigma_e = 1500$ bzw. $\sigma_e = 1200$ kg/cm² (gültig nur wenn $x > d$);
d = Druckplattendicke in cm;
h = Nutzhöhe in cm; x = Nullinienabstand;
z = Abstand des Druckmittelpunktes vom Zugmittelpunkt in cm.

$h = 84$—105 cm

σ_b									σ_e	h
55 44	**50** **40**	45 36	**40** **32**	35 28	30 24	25 20	20 16	15 12	**1500** **1200**	
0,355 h	0,333 h	0,310 h	0,286 h	0,259 h	0,231 h	0,200 h	0,167 h	0,130 h	x	cm
→					← $x \leqq d$ →					
55321	**48762**	**42203**	**35644**	**29086**	**22546**	**16464**	**11107**	**6602**	M_{1500}	**84**
44257	**39010**	**33763**	**28516**	**23269**	**18037**	**13171**	**8885**	**5282**	M_{1200}	
48,73	42,86	36,98	31,11	25,24	19,38	14,00	9,33	5,48	f_e	
75,68	*75,85*	*76,07*	*76,38*	*76,83*	*77,54*	*78,40*	*79,33*	*80,35*	z	
57406	**50651**	**43896**	**37141**	**30386**	**23632**	**17257**	**11642**	**6921**	M_{1500}	**86**
45925	**40521**	**35117**	**29713**	**24309**	**18906**	**13806**	**9313**	**5537**	M_{1200}	
49,30	43,41	37,52	31,63	25,74	19,85	14,33	9,56	5,61	f_e	
77,62	*77,79*	*78,00*	*78,29*	*78,71*	*79,38*	*80,27*	*81,22*	*82,26*	z	
59497	**52545**	**45594**	**38642**	**31691**	**24739**	**18069**	**12190**	**7246**	M_{1500}	**88**
47598	**42036**	**36475**	**30914**	**25353**	**19792**	**14455**	**9752**	**5797**	M_{1200}	
49,85	43,94	38,03	32,12	26,21	20,30	14,67	9,78	5,74	f_e	
79,57	*79,72*	*79,93*	*80,20*	*80,60*	*81,23*	*82,13*	*83,11*	*84,17*	z	
61593	**54444**	**47296**	**40148**	**33000**	**25852**	**18900**	**12750**	**7579**	M_{1500}	**90**
49274	**43556**	**37837**	**32119**	**26400**	**20681**	**15120**	**10200**	**6064**	M_{1200}	
50,37	44,44	38,52	32,59	26,67	20,74	15,00	10,00	5,87	f_e	
81,52	*81,67*	*81,86*	*82,13*	*82,50*	*83,10*	*84,00*	*85,00*	*86,09*	z	
63693	**56348**	**49003**	**41658**	**34313**	**26968**	**19749**	**13323**	**7920**	M_{1500}	**92**
50954	**45078**	**39202**	**33326**	**27450**	**21574**	**15799**	**10658**	**6336**	M_{1200}	
50,87	44,93	38,99	33,04	27,10	21,16	15,33	10,22	6,00	f_e	
83,47	*83,61*	*83,80*	*84,05*	*84,41*	*84,97*	*85,87*	*86,89*	*88,00*	z	
65797	**58255**	**50713**	**43172**	**35630**	**28088**	**20617**	**13909**	**8268**	M_{1500}	**94**
52638	**46604**	**40571**	**34537**	**28504**	**22470**	**16494**	**11127**	**6614**	M_{1200}	
51,35	45,39	39,43	33,48	27,52	21,56	15,67	10,44	6,13	f_e	
85,43	*85,56*	*85,74*	*85,98*	*86,32*	*86,85*	*87,73*	*88,78*	*89,91*	z	
67906	**60167**	**52428**	**44689**	**36950**	**29211**	**21504**	**14507**	**8624**	M_{1500}	**96**
54324	**48133**	**41942**	**35751**	**29560**	**23369**	**17203**	**11605**	**6899**	M_{1200}	
51,81	45,83	39,86	33,89	27,92	21,94	16,00	10,67	6,26	f_e	
87,39	*87,52*	*87,68*	*87,91*	*88,24*	*88,74*	*89,60*	*90,67*	*91,83*	z	
70018	**62082**	**54146**	**46210**	**38273**	**30337**	**22409**	**15117**	**8987**	M_{1500}	**98**
56014	**49665**	**43316**	**36968**	**30619**	**24270**	**17927**	**12094**	**7189**	M_{1200}	
52,24	46,26	40,27	34,29	28,30	22,31	16,33	10,89	6,39	f_e	
89,35	*89,47*	*89,63*	*89,85*	*90,16*	*90,64*	*91,47*	*92,56*	*93,74*	z	
72133	**64000**	**55867**	**47733**	**39600**	**31467**	**23333**	**15741**	**9357**	M_{1500}	**100**
57707	**51200**	**44693**	**38187**	**31680**	**25173**	**18667**	**12593**	**7486**	M_{1200}	
52,67	46,47	40,67	34,67	28,67	22,67	16,67	11,11	6,52	f_e	
91,31	*91,43*	*91,58*	*91,79*	*92,09*	*92,55*	*93,33*	*94,44*	*95,65*	z	
77437	**68810**	**60183**	**51556**	**42929**	**34302**	**25675**	**17354**	**10316**	M_{1500}	**105**
61949	**55048**	**48146**	**41244**	**34343**	**27441**	**20540**	**13883**	**8253**	M_{1200}	
53,65	47,62	41,59	35,56	29,52	23,49	17,46	11,67	6,85	f_e	
96,22	*96,33*	*96,48*	*96,67*	*96,94*	*97,34*	*98,03*	*99,17*	*100,43*	z	
→							← $x \leqq d$ →			

Tafel für

$d = 20$ cm

bei $\sigma_e = 1500$

M_{1500} = Moment in kgm auf 1 m Druckplattenbreite bei $\sigma_e = 1500$ kg/cm² } ohne Berück-
M_{1200} = Moment in kgm auf 1 m Druckplattenbreite bei $\sigma_e = 1200$ kg/cm² } sichtigung der
f_e = Zugeisenquerschnitt in cm² auf 1 m Druckplattenbreite } Spannungen
z = Abstand des Druckmittelpunktes vom Zugmittelpunkt in cm } im Steg;
ΔM = Momentendifferenz bei Änderung von σ_b um 1 kg/cm² (gültig nur wenn $x > d$);
$\Delta f_{e\,1500}$ bzw. $\Delta f_{e\,1200}$ = Differenz der Zugbewehrung bei Änderung von σ_b um 1 kg/cm² für $\sigma_e = 1500$ bzw. $\sigma_e = 1200$ kg/cm² (gültig nur wenn $x > d$);
Gesamtmoment bei Berücksichtigung der Spannungen im Steg: $M = b \cdot M_{\text{Platte}} + b_0 \cdot M_{\text{Steg}}$,
Zugeisenquerschnitt bei Berücksichtigung der

$h = 110$—140 cm

h cm	ΔM / $\Delta f_{e\,1500}$ / $\Delta_{e\,1200}$	σ_e 1500 / 1200	σ_b — / 75	— / 70	— / 65	75 / 60	70 / 56	— / 55	65 / 52	— / 50	60 / 48
		x	0,484 h	0,467 h	0,448 h	0,429 h	0,412 h	0,407 h	0,394 h	0,385 h	0,375 h
			←								$x > d$
	1824,24	M_{1500}	—	—	—	119242	110120	—	101000	—	91879
110	1,212	M_{1200}	122758	113640	104520	95394	88097	86273	80800	77152	73503
	1,515	f_e	101,52	93,94	86,36	78,79	72,73	71,21	66,67	63,64	60,61
		z	*100,77*	*100,81*	*100,85*	*100,90*	*100,94*	*100,96*	*101,00*	*101,03*	*101,07*
	1923,19	M_{1500}	—	—	—	126558	116940	—	107330	—	97710
115	1,217	M_{1200}	130094	120480	110860	101250	93554	91630	85861	82014	78168
	1,522	f_e	102,54	94,93	87,32	79,71	73,62	72,10	67,54	64,49	61,45
		z	*105,73*	*105,76*	*105,80*	*105,85*	*105,89*	*105,90*	*105,94*	*106,00*	*106,01*
	2022,22	M_{1500}	—	—	—	133889	123780	—	113670	—	103560
120	1,222	M_{1200}	137444	127330	117220	107110	99022	97000	90933	86889	82844
	1,528	f_e	103,47	95,83	88,19	80,56	74,44	72,92	68,33	65,28	62,22
		z	*110,69*	*110,72*	*110,76*	*110,80*	*110,85*	*110,86*	*110,89*	*110,92*	*110,95*
		Steg M_{1500}	—	—	—	**64478**	**55267**	—	**46487**	—	**38194**
		Steg M_{1200}	**81702**	**71280**	**61223**	**51583**	**44214**	**42424**	**37190**	**33821**	**30556**
		Steg f_e	77,98	67,50	57,50	48,02	40,85	39,12	34,09	30,88	27,78
	2121,33	M_{1500}	—	—	—	141234	130630	—	120020	—	109410
125	1,227	M_{1200}	144807	134200	123590	112990	104500	102380	96016	91773	87531
	1,533	f_e	104,33	96,67	89,00	81,33	75,20	73,67	69,07	66,00	62,93
		z	*115,66*	*115,69*	*115,72*	*115,77*	*115,80*	*115,81*	*115,85*	*115,88*	*115,90*
		Steg M_{1500}	—	—	—	**74009**	**63649**	—	**53759**	—	**44396**
		Steg M_{1200}	**92983**	**81309**	**70032**	**59207**	**50920**	**48905**	**43007**	**39206**	**35516**
		Steg f_e	84,68	73,47	62,76	52,60	44,80	43,04	37,63	34,16	30,82
	2220,51	M_{1500}	—	—	—	148590	137490	—	126390	—	115280
130	1,231	M_{1200}	152179	141080	129970	118870	109990	107769	101110	96667	92226
	1,538	f_e	105,13	97,44	89,74	82,05	75,90	74,36	69,74	66,67	63,59
		z	*120,63*	*120,66*	*120,69*	*120,73*	*120,77*	*120,78*	*120,81*	*120,83*	*120,86*
		Steg M_{1500}	—	—	—	**84217**	**72742**	—	**61574**	—	**51077**
		Steg M_{1200}	**105014**	**92018**	**79451**	**67373**	**58113**	**55860**	**49259**	**45000**	**40862**
		Steg f_e	91,44	79,51	68,09	57,23	49,00	47,01	41,22	37,50	33,91
	2319,75	M_{1500}	—	—	—	155957	144360	—	132760	—	121160
135	1,235	M_{1200}	159562	147960	136360	124760	115490	113167	106210	101570	96928
	1,543	f_e	105,86	98,15	90,43	82,72	76,54	75,00	70,37	67,28	64,20
		z	*125,60*	*125,63*	*125,66*	*125,70*	*125,73*	*125,74*	*125,77*	*125,80*	*125,82*
		Steg M_{1500}	—	—	—	**95102**	**82246**	—	**69936**	—	**58242**
		Steg M_{1200}	**117796**	**103410**	**89480**	**76082**	**65797**	**63292**	**55949**	**51206**	**46494**
		Steg f_e	98,27	85,60	73,47	61,93	53,16	51,04	44,86	40,89	37,05
	2419,05	M_{1500}	—	—	—	163333	151240	—	139140	—	127050
140	1,238	M_{1200}	166952	154860	142760	130670	120990	118571	111310	106480	101640
	1,548	f_e	106,55	98,81	91,07	83,33	77,14	75,60	70,95	67,86	64,76
		z	*130,58*	*130,60*	*130,63*	*130,67*	*130,70*	*130,71*	*130,74*	*130,76*	*130,78*
		Steg M_{1500}	—	—	—	**106667**	**92462**	—	**78845**	—	**65890**
		Steg M_{1200}	**131331**	**115480**	**100120**	**85333**	**73970**	**71200**	**63076**	**57824**	**52712**
		Steg f_e	105,15	91,75	78,90	66,67	57,37	55,11	48,54	44,32	40,24
			←								$x > d$

Plattenbalken

Tafel 81

und 1200 kg/cm² $d = 20$ cm

Steg $\begin{cases} M_{1500} \\ M_{1200} \\ f_e \end{cases}$ M_{1500} = durch je 1 m Breite des Steges aufnehmb. Moment in kgm bei $\sigma_e = 1500$ kg/cm²;
M_{1200} = durch je 1 m Breite des Steges aufnehmb. Moment in kgm bei $\sigma_e = 1200$ kg/cm²;
f_e = Zugeisenquerschnitt in cm² entspr. den Druckspannungen im Steg je 1 m Breite;
d = Druckplattendicke in cm;
h = Nutzhöhe in cm;
x = Nullinienabstand.

worin b = Druckplattenbreite in m und b_0 = Stegbreite in m bedeuten.
Spannungen im Steg: $F_e = b \cdot f_{e\,\text{Platte}} + b_0 \cdot f_{e\,\text{Steg}}$.

h = 110—140 cm

σ_b									σ_e	
55 44	50 40	45 36	40 32	35 28	30 24	25 20	20 16	15 12	**1500** **1200**	h
0,355 h	0,333 h	0,310 h	0,286 h	0,259 h	0,231 h	0,200 h	0,167 h	0,130 h	x	cm
→							← $x \leqq d$ →			
82758	**73636**	**64515**	**55394**	**46273**	**37152**	**26030**	**19046**	**11322**	M_{1500}	**110**
66206	**58909**	**51612**	**44315**	**37018**	**29721**	**22424**	**15237**	**9058**	M_{1200}	
54,55	48,48	42,42	36,36	30,30	24,24	18,18	12,22	7,17	f_e	
101,15	*101,25*	*101,38*	*101,56*	*101,80*	*102,17*	*102,78*	*103,89*	*105,22*	z	
88094	**78478**	**68862**	**59246**	**49630**	**40014**	**30399**	**20817**	**12375**	M_{1500}	**115**
70475	**62783**	**55090**	**47397**	**39704**	**32012**	**24319**	**16654**	**9900**	M_{1200}	
55,36	49,28	43,19	37,10	31,01	24,93	18,84	12,78	7,50	f_e	
106,08	*106,18*	*106,30*	*106,46*	*106,68*	*107,02*	*107,56*	*108,61*	*110,00*	z	
93444	**83333**	**73222**	**63111**	**53000**	**42889**	**32778**	**22667**	**13474**	M_{1500}	**120**
74756	**66667**	**58578**	**50489**	**42400**	**34311**	**26222**	**18133**	**10780**	M_{1200}	
56,11	50,00	43,89	37,78	31,67	25,56	19,44	13,33	7,83	f_e	
111,02	*111,11*	*111,22*	*111,37*	*111,58*	*111,88*	*112,38*	*113,33*	*114,78*	z	
30452	**23334**	**16928**	**11338**	**6687**	—	—	—	—	Steg M_{1500}	
24361	**18666**	**13542**	**9070**	**5350**	—	—	—	—	Steg M_{1200}	
21,95	16,67	11,97	7,94	4,63	—	—	—	—	Steg f_e	
98807	**88200**	**77593**	**66987**	**56380**	**45773**	**35167**	**24560**	**14621**	M_{1500}	**125**
79045	**70560**	**62075**	**53589**	**45104**	**36619**	**28133**	**19648**	**11697**	M_{1200}	
56,80	50,67	44,53	38,40	32,27	26,13	20,00	13,87	8,15	f_e	
115,97	*116,05*	*116,16*	*116,30*	*116,49*	*116,77*	*117,22*	*118,08*	*119,57*	z	
35629	**27541**	**20226**	**13795**	**8385**	—	—	—	—	Steg M_{1500}	
28505	**22033**	**16180**	**11037**	**6708**	—	—	—	—	Steg M_{1200}	
24,52	18,78	13,66	9,22	5,54	—	—	—	—	Steg f_e	
104180	**93077**	**81974**	**70872**	**59769**	**48667**	**37564**	**26462**	**15814**	M_{1500}	**130**
83344	**74462**	**65579**	**56697**	**47815**	**38933**	**30051**	**21169**	**12651**	M_{1200}	
57,44	51,28	45,13	38,97	32,82	26,67	20,51	14,36	8,48	f_e	
120,92	*121,00*	*121,10*	*121,23*	*121,41*	*121,67*	*122,08*	*122,86*	*124,35*	z	
41227	**32108**	**23827**	**16502**	**10281**	**5333**	—	—	—	Steg M_{1500}	
32981	**25686**	**19062**	**13202**	**8225**	**4267**	—	—	—	Steg M_{1200}	
27,13	20,94	15,39	10,55	6,50	3,33	—	—	—	Steg f_e	
109560	**97693**	**86364**	**74765**	**63167**	**51568**	**39969**	**28370**	**17054**	M_{1500}	**135**
87649	**78370**	**69091**	**59812**	**50533**	**41254**	**31975**	**22696**	**13643**	M_{1200}	
58,02	51,85	45,68	39,51	33,33	27,16	20,99	14,81	8,80	f_e	
125,88	*125,95*	*126,05*	*126,17*	*126,33*	*126,58*	*126,96*	*127,67*	*129,13*	z	
47244	**37037**	**27732**	**19459**	**12375**	**6666**	—	—	—	Steg M_{1500}	
37796	**29630**	**22186**	**25568**	**9900**	**5333**	—	—	—	Steg M_{1200}	
29,80	23,15	17,17	11,92	7,50	3,99	—	—	—	Steg f_e	
114950	**102860**	**90762**	**78667**	**66571**	**54476**	**42381**	**30286**	**18340**	M_{1500}	**140**
91962	**82286**	**72610**	**62933**	**53257**	**43581**	**33905**	**24229**	**14672**	M_{1200}	
58,57	52,38	46,19	40,00	33,81	27,62	21,43	15,24	9,13	f_e	
130,84	*130,91*	*131,00*	*131,11*	*131,27*	*131,49*	*131,85*	*132,50*	*133,91*	z	
53684	**42328**	**31942**	**22663**	**14670**	**8151**	—	—	—	Steg M_{1500}	
42947	**33864**	**25553**	**18134**	**11736**	**6521**	—	—	—	Steg M_{1200}	
32,50	25,40	18,98	13,33	8,54	4 69	—	—	—	Steg f_e	
→								← $x \leqq d$ →		

$d = 20$ cm — bei $\sigma_e = 1500$

M_{1500} = Moment in kgm auf 1 m Druckplattenbreite bei $\sigma_e = 1500$ kg/cm² ohne Berück-
M_{1200} = Moment in kgm auf 1 m Druckplattenbreite bei $\sigma_e = 1200$ kg/cm² sichtigung der
f_e = Zugeisenquerschnitt in cm² auf 1 m Druckplattenbreite Spannungen
z = Abstand des Druckmittelpunktes vom Zugmittelpunkt in cm im Steg;
ΔM = Momentendifferenz bei Änderung von σ_b um 1 kg/cm² (gültig nur wenn $x > d$);
Δf_{e1500} bzw. Δf_{e1200} = Differenz der Zugbewehrung bei Änderung von σ_b um 1 kg/cm² für $\sigma_e = 1500$ bzw. $\sigma_e = 1200$ kg/cm² (gültig nur wenn $x > d$);
Gesamtmoment bei Berücksichtigung der Spannungen im Steg: $M = b \cdot M_{\text{Platte}} + b_0 \cdot M_{\text{Steg}}$,
Zugeisenquerschnitt bei Berücksichtigung der

$h = 145$—150 cm

h	ΔM / Δf_{e1500} / Δf_{e1200}	σ_e	σ_b								
		1500	—	—	—	75	70	—	65	—	60
		1200	75	70	65	60	56	55	52	50	48
cm		x	0,484 h	0,467 h	0,448 h	0,429 h	0,412 h	0,407 h	0,394 h	0,385 h	0,375 h
			←								$x > d$
145	2518,39	M_{1500}	—	—	—	170718	158130	—	145530	—	132940
		M_{1200}	174351	161760	149170	136580	126500	123983	116430	111390	106350
	1,241	f_e	107,18	99,43	91,67	83,91	77,70	76,15	71,49	68,39	65,29
	1,552	z	135,55	135,58	135,61	135,64	135,67	135,68	135,71	135,73	135,75
		Steg M_{1500}	—	—	—	118912	103290	—	88302	—	74022
		Steg M_{1200}	145619	128230	111370	95129	82633	79586	70641	64854	59218
		Steg f_e	112,07	97,94	84,38	71,45	61,61	59,23	52,27	47,80	43,46
150	2617,78	M_{1500}	—	—	—	178111	165020	—	151930	—	138840
		M_{1200}	181755	168670	155580	142490	132020	129400	121550	116310	111080
	1,244	f_e	107,78	100,00	92,22	84,44	78,22	76,67	72,00	68,89	65,78
	1,556	z	140,53	140,56	140,58	140,61	140,64	140,65	140,68	140,70	140,72
		Steg M_{1500}	—	—	—	131838	114740	—	98308	—	82640
		Steg M_{1200}	160661	141670	123240	105470	91788	88450	78646	72298	66112
		Steg f_e	119,04	104,17	89,89	76,27	65,90	63,38	56,03	51,30	46,72
			←								$x > d$

und 1200 kg/cm²

$d = 20$ cm

Steg { M_{1500} = durch je 1 m Breite des Steges aufnehmb. Moment in kgm bei $\sigma_e = 1500$ kg/cm²;
Steg { M_{1200} = durch je 1 m Breite des Steges aufnehmb. Moment in kgm bei $\sigma_e = 1200$ kg/cm²;
Steg { f_e = Zugeisenquerschnitt in cm² entspr. den Druckspannungen im Steg je 1 m Breite;
d = Druckplattendicke in cm;
h = Nutzhöhe in cm;
x = Nullinienabstand.

worin b = Druckplattenbreite in m und b_0 = Stegbreite in m bedeuten.
Spannungen im Steg: $F_e = b \cdot f_{e\,\text{Platte}} + b_0 \cdot f_{e\,\text{Steg}}$.

$h = 145$—150 cm

σ_b									σ_e	h
55 44	**50** **40**	45 36	**40** 32	35 28	30 24	25 20	20 16	15 12	**1500** **1200**	
0,355 h	0,333 h	0,310 h	0,286 h	0,259 h	0,231 h	0,200 h	0,167 h	0,130 h	x	cm
→	→	→	→	→	→	→	→	$< x \leqq d >$		
120350	**107760**	**95167**	**82575**	**69983**	**57391**	**44799**	**32207**	**19674**	M_{1500}	**145**
96280	**86207**	**76133**	**66060**	**55986**	**45913**	**35839**	**25766**	**15739**	M_{1200}	
59,08	52,87	46,67	40,46	34,25	28,05	21,84	15,63	9,46	f_e	
135,80	*135,87*	*135,95*	*136,06*	*136,21*	*136,42*	*136,75*	*137,35*	*138,70*	z	
60545	**47982**	**36458**	**26126**	**17165**	**9789**	—	—	—	Steg M_{1500}	
48439	**38386**	**29167**	**20901**	**13732**	**7831**	—	—	—	Steg M_{1200}	
35,25	27,68	20,83	14,78	9,61	5,42	—	—	—	Steg f_e	
125760	**112670**	**99578**	**86489**	**73400**	**60311**	**47222**	**34133**	**21054**	M_{1500}	**150**
100600	**90133**	**79662**	**69191**	**58720**	**48249**	**37778**	**27307**	**16843**	M_{1200}	
59,56	53,33	47,11	40,89	34,67	28,44	22,22	16,00	9,78	f_e	
140,77	*140,83*	*140,91*	*141,01*	*141,15*	*141,35*	*141,67*	*142,22*	*143,48*	z	
67831	**54001**	**41281**	**29838**	**19861**	**11582**	**5278**	—	—	Steg M_{1500}	
54266	**43200**	**33025**	**23870**	**15889**	**9266**	**4222**	—	—	Steg M_{1200}	
38,03	30,00	22,72	16,25	10,70	6,17	2,78	—	—	Steg f_e	
→	→	→	→	→	→	→	→	$< x \leqq d >$		

5. Allgemeine Bemessungstafeln für Rechteckquerschnitte.

In den Tafeln 1 bis 82 können nur die Eisenzugspannungen 1500 und 1200 kg/cm² und die Betondruckspannungen nur mit Intervallen von 4 bis 5 kg/cm² berücksichtigt werden. Für die Eisenzugspannungen 1500—800 mit Intervallen von 100 kg/cm² und für die Betondruckspannungen 90—10 mit Intervallen von 1 kg/cm² können die folgenden Tafeln benutzt werden. Sie enthalten die Verhältniszahlen $\frac{h}{\sqrt{\frac{M}{b}}}$, $\frac{F_e}{b \cdot \sqrt{\frac{M}{b}}}$, $\frac{z}{h}$ und $\frac{x}{h}$.

Die Anwendung der Tafeln wird als allgemein bekannt vorausgesetzt. Es muß nur bemerkt werden, daß, wie in den übrigen Tafeln des vorliegenden Werkes, M in kgm und b in m einzusetzen sind. Die Werte h, z und x erscheinen in cm und F_e in cm².

Es kann gegebenenfalls aus Konstruktions- oder Wirtschaftlichkeitsgründen von Vorteil sein, an Stelle der Anordnung einer Druckbewehrung die Zugbewehrung zu verstärken. Dies wird dadurch erreicht, daß man die Bemessung mit Hilfe der folgenden Tafeln mit geringerer Eisenzugspannung wiederholt. Zum ersten Versuch der Bemessung nimmt man vorteilhaft die Tafeln 3 bis 10 zu Hilfe. (Siehe Zahlenbeispiele 22 bis 24 und 31.)

Allgemeine Bemessungstafel

Nutzhöhe: $h = \alpha \cdot \sqrt{\frac{M}{b}}$;

Zugeisenquerschnitt: $F_e = \beta \cdot b \cdot \sqrt{\frac{M}{b}}$;

Abstand zwischen Zug- und Druckmittelpunkt: $z = \gamma \cdot h$;

σ_b	$\sigma_e =$	1500	1400	1300	1200	1100	1000	900	800
90	α	**0,236**	**0,233**	**0,229**	**0,226**	**0,222**	**0,219**	**0,215**	**0,211**
	β	0,00335	0,00367	0,00404	0,00448	0,00501	0,00566	0,00646	0,00747
	γ	*0,842*	*0,836*	*0,830*	*0,823*	*0,816*	*0,809*	*0,800*	*0,791*
	δ	*0,474*	*0,491*	*0,509*	*0,529*	*0,551*	*0,574*	*0,600*	*0,628*
89	α	**0,238**	**0,235**	**0,231**	**0,227**	**0,224**	**0,220**	**0,217**	**0,213**
	β	0,00332	0,00364	0,00400	0,00444	0,00497	0,00561	0,00640	0,00741
	γ	*0,843*	*0,837*	*0,831*	*0,824*	*0,817*	*0,809*	*0,801*	*0,792*
	δ	*0,471*	*0,488*	*0,507*	*0,527*	*0,548*	*0,572*	*0,597*	*0,625*
88	α	**0,240**	**0,236**	**0,233**	**0,229**	**0,226**	**0,222**	**0,218**	**0,215**
	β	0,00329	0,00360	0,00397	0,00440	0,00492	0,00556	0,00635	0,00735
	γ	*0,844*	*0,838*	*0,832*	*0,825*	*0,818*	*0,810*	*0,802*	*0,792*
	δ	*0,468*	*0,485*	*0,504*	*0,524*	*0,545*	*0,569*	*0,595*	*0,623*
87	α	**0,242**	**0,238**	**0,235**	**0,231**	**0,227**	**0,224**	**0,220**	**0,216**
	β	0,00326	0,00357	0,00394	0,00436	0,00488	0,00551	0,00629	0,00729
	γ	*0,845*	*0,839*	*0,833*	*0,826*	*0,819*	*0,811*	*0,803*	*0,793*
	δ	*0,465*	*0,482*	*0,501*	*0,521*	*0,543*	*0,566*	*0,592*	*0,620*
86	α	**0,244**	**0,240**	**0,237**	**0,233**	**0,229**	**0,225**	**0,222**	**0,218**
	β	0,00323	0,00354	0,00390	0,00433	0,00484	0,00546	0,00624	0,00722
	γ	*0,846*	*0,840*	*0,834*	*0,827*	*0,820*	*0,812*	*0,804*	*0,794*
	δ	*0,462*	*0,480*	*0,498*	*0,518*	*0,540*	*0,563*	*0,589*	*0,617*
85	α	**0,246**	**0,242**	**0,239**	**0,235**	**0,231**	**0,227**	**0,223**	**0,219**
	β	0,00320	0,00351	0,00386	0,00429	0,00479	0,00541	0,00618	0,00716
	γ	*0,847*	*0,841*	*0,835*	*0,828*	*0,821*	*0,813*	*0,805*	*0,795*
	δ	*0,459*	*0,477*	*0,495*	*0,515*	*0,537*	*0,560*	*0,586*	*0,614*
84	α	**0,248**	**0,244**	**0,241**	**0,237**	**0,233**	**0,229**	**0,225**	**0,221**
	β	0,00317	0,00347	0,00383	0,00425	0,00475	0,00536	0,00613	0,00710
	γ	*0,848*	*0,842*	*0,836*	*0,829*	*0,822*	*0,814*	*0,806*	*0,796*
	δ	*0,457*	*0,474*	*0,492*	*0,512*	*0,534*	*0,558*	*0,583*	*0,612*
83	α	**0,250**	**0,246**	**0,243**	**0,239**	**0,235**	**0,231**	**0,227**	**0,223**
	β	0,00314	0,00344	0,00379	0,00421	0,00470	0,00531	0,00607	0,00704
	γ	*0,849*	*0,843*	*0,837*	*0,830*	*0,823*	*0,815*	*0,807*	*0,797*
	δ	*0,454*	*0,471*	*0,489*	*0,509*	*0,531*	*0,555*	*0,580*	*0,609*
82	α	**0,252**	**0,248**	**0,245**	**0,241**	**0,237**	**0,233**	**0,229**	**0,225**
	β	0,00311	0,00340	0,00375	0,00416	0,00466	0,00526	0,00602	0,00698
	γ	*0,850*	*0,844*	*0,838*	*0,831*	*0,824*	*0,816*	*0,808*	*0,798*
	δ	*0,451*	*0,468*	*0,486*	*0,506*	*0,528*	*0,552*	*0,577*	*0,606*
81	α	**0,255**	**0,251**	**0,247**	**0,243**	**0,239**	**0,235**	**0,231**	**0,226**
	β	0,00308	0,00337	0,00371	0,00412	0,00461	0,00521	0,00596	0,00691
	γ	*0,851*	*0,845*	*0,839*	*0,832*	*0,825*	*0,817*	*0,809*	*0,799*
	δ	*0,448*	*0,465*	*0,483*	*0,503*	*0,525*	*0,549*	*0,574*	*0,603*
80	α	**0,257**	**0,253**	**0,249**	**0,245**	**0,241**	**0,237**	**0,232**	**0,228**
	β	0,00305	0,00334	0,00368	0,00408	0,00457	0,00516	0,00590	0,00685
	γ	*0,852*	*0,846*	*0,840*	*0,833*	*0,826*	*0,818*	*0,810*	*0,800*
	δ	*0,444*	*0,462*	*0,480*	*0,500*	*0,522*	*0,545*	*0,571*	*0,600*

für Rechteckquerschnitte **Tafel 83**

Nullinienabstand: $x = \delta \cdot h$;

$\frac{M}{b} = \frac{\text{Biegemoment}}{\text{Querschnittsbreite}}$ in kg;

σ_e = Eisenzugspannung in kg/cm²;

σ_b = Betondruckspannung in kg/cm².

σ_b	σ_e =	1500	1400	1300	1200	1100	1000	900	800
79	α	**0,259**	**0,255**	**0,251**	**0,247**	**0,243**	**0,239**	**0,234**	**0,230**
	β	0,00302	0,00330	0,00364	0,00404	0,00452	0,00511	0,00585	0,00678
	γ	*0,853*	*0,847*	*0,841*	*0,834*	*0,827*	*0,819*	*0,811*	*0,801*
	δ	*0,441*	*0,458*	*0,477*	*0,497*	*0,519*	*0,542*	*0,568*	*0,597*
78	α	**0,262**	**0,258**	**0,254**	**0,249**	**0,245**	**0,241**	**0,236**	**0,232**
	β	0,00298	0,00327	0,00360	0,00400	0,00448	0,00506	0,00579	0,00672
	γ	*0,854*	*0,848*	*0,842*	*0,835*	*0,828*	*0,820*	*0,812*	*0,802*
	δ	*0,438*	*0,455*	*0,474*	*0,494*	*0,515*	*0,539*	*0,565*	*0,594*
77	α	**0,264**	**0,260**	**0,256**	**0,252**	**0,247**	**0,243**	**0,238**	**0,234**
	β	0,00295	0,00323	0,00357	0,00396	0,00443	0,00501	0,00573	0,00665
	γ	*0,855*	*0,849*	*0,843*	*0,837*	*0,829*	*0,821*	*0,813*	*0,803*
	δ	*0,435*	*0,452*	*0,470*	*0,490*	*0,512*	*0,536*	*0,562*	*0,591*
76	α	**0,267**	**0,263**	**0,258**	**0,254**	**0,250**	**0,245**	**0,241**	**0,236**
	β	0,00292	0,00320	0,00353	0,00392	0,00439	0,00496	0,00567	0,00659
	γ	*0,856*	*0,850*	*0,844*	*0,838*	*0,830*	*0,822*	*0,814*	*0,804*
	δ	*0,432*	*0,449*	*0,467*	*0,487*	*0,509*	*0,533*	*0,559*	*0,588*
75	α	**0,270**	**0,265**	**0,261**	**0,256**	**0,252**	**0,247**	**0,243**	**0,238**
	β	0,00289	0,00316	0,00349	0,00388	0,00434	0,00491	0,00562	0,00652
	γ	*0,857*	*0,851*	*0,845*	*0,839*	*0,831*	*0,824*	*0,815*	*0,805*
	δ	*0,429*	*0,446*	*0,464*	*0,484*	*0,506*	*0,529*	*0,556*	*0,584*
74	α	**0,272**	**0,268**	**0,263**	**0,259**	**0,254**	**0,250**	**0,245**	**0,240**
	β	0,00285	0,00313	0,00345	0,00384	0,00430	0,00486	0,00556	0,00646
	γ	*0,858*	*0,853*	*0,846*	*0,840*	*0,833*	*0,825*	*0,816*	*0,806*
	δ	*0,425*	*0,442*	*0,461*	*0,481*	*0,502*	*0,526*	*0,552*	*0,581*
73	α	**0,275**	**0,270**	**0,266**	**0,261**	**0,257**	**0,252**	**0,247**	**0,242**
	β	0,00282	0,00309	0,00341	0,00379	0,00425	0,00481	0,00550	0,00639
	γ	*0,859*	*0,854*	*0,848*	*0,841*	*0,834*	*0,826*	*0,817*	*0,807*
	δ	*0,422*	*0,439*	*0,457*	*0,477*	*0,499*	*0,523*	*0,549*	*0,578*
72	α	**0,278**	**0,273**	**0,269**	**0,264**	**0,259**	**0,254**	**0,250**	**0,245**
	β	0,00279	0,00306	0,00338	0,00375	0,00420	0,00476	0,00544	0,00632
	γ	*0,860*	*0,855*	*0,849*	*0,842*	*0,835*	*0,827*	*0,818*	*0,809*
	δ	*0,419*	*0,435*	*0,454*	*0,474*	*0,495*	*0,519*	*0,545*	*0,574*
71	α	**0,281**	**0,276**	**0,271**	**0,266**	**0,262**	**0,257**	**0,252**	**0,247**
	β	0,00276	0,00302	0,00334	0,00371	0,00415	0,00470	0,00538	0,00626
	γ	*0,862*	*0,856*	*0,850*	*0,843*	*0,836*	*0,828*	*0,819*	*0,810*
	δ	*0,415*	*0,432*	*0,450*	*0,470*	*0,492*	*0,516*	*0,542*	*0,571*
70	α	**0,284**	**0,279**	**0,274**	**0,269**	**0,264**	**0,259**	**0,254**	**0,249**
	β	0,00272	0,00299	0,00330	0,00367	0,00411	0,00465	0,00532	0,00619
	γ	*0,863*	*0,857*	*0,851*	*0,844*	*0,837*	*0,829*	*0,821*	*0,811*
	δ	*0,412*	*0,429*	*0,447*	*0,467*	*0,488*	*0,512*	*0,538*	*0,568*
69	α	**0,287**	**0,282**	**0,277**	**0,272**	**0,267**	**0,262**	**0,257**	**0,252**
	β	0,00269	0,00295	0,00326	0,00362	0,00406	0,00460	0,00527	0,00612
	γ	*0,864*	*0,858*	*0,852*	*0,846*	*0,838*	*0,830*	*0,822*	*0,812*
	δ	*0,408*	*0,425*	*0,443*	*0,463*	*0,485*	*0,509*	*0,535*	*0,564*

Allgemeine Bemessungstafel

Nutzhöhe: $h = \alpha \cdot \sqrt{\frac{M}{b}}$;

Zugeisenquerschnitt: $F_e = \beta \cdot b \cdot \sqrt{\frac{M}{b}}$;

Abstand zwischen Zug- und Druckmittelpunkt: $z = \gamma \cdot h$;

σ_b	$\sigma_e =$	1500	1400	1300	1200	1100	1000	900	800
68	α	**0,290**	**0,285**	**0,280**	**0,275**	**0,270**	**0,265**	**0,259**	**0,254**
	β	0,00266	0,00292	0,00322	0,00358	0,00401	0,00454	0,00521	0,00605
	γ	*0,865*	*0,860*	*0,853*	*0,847*	*0,840*	*0,832*	*0,823*	*0,813*
	δ	*0,405*	*0,421*	*0,440*	*0,459*	*0,481*	*0,505*	*0,531*	*0,560*
67	α	**0,293**	**0,288**	**0,283**	**0,278**	**0,273**	**0,267**	**0,262**	**0,257**
	β	0,00263	0,00288	0,00318	0,00354	0,00397	0,00449	0,00515	0,00598
	γ	*0,866*	*0,861*	*0,855*	*0,848*	*0,841*	*0,833*	*0,824*	*0,814*
	δ	*0,401*	*0,418*	*0,436*	*0,456*	*0,477*	*0,501*	*0,528*	*0,557*
66	α	**0,296**	**0,291**	**0,286**	**0,281**	**0,276**	**0,270**	**0,265**	**0,259**
	β	0,00259	0,00285	0,00314	0,00349	0,00392	0,00444	0,00509	0,00591
	γ	*0,867*	*0,862*	*0,856*	*0,849*	*0,842*	*0,834*	*0,825*	*0,816*
	δ	*0,398*	*0,414*	*0,432*	*0,452*	*0,474*	*0,497*	*0,524*	*0,553*
65	α	**0,300**	**0,295**	**0,289**	**0,284**	**0,279**	**0,273**	**0,268**	**0,262**
	β	0,00256	0,00281	0,00310	0,00345	0,00387	0,00438	0,00502	0,00584
	γ	*0,869*	*0,863*	*0,857*	*0,851*	*0,843*	*0,835*	*0,827*	*0,817*
	δ	*0,394*	*0,411*	*0,429*	*0,448*	*0,470*	*0,494*	*0,520*	*0,549*
64	α	**0,303**	**0,298**	**0,293**	**0,287**	**0,282**	**0,276**	**0,270**	**0,265**
	β	0,00253	0,00277	0,00306	0,00341	0,00382	0,00433	0,00496	0,00577
	γ	*0,870*	*0,864*	*0,858*	*0,852*	*0,845*	*0,837*	*0,828*	*0,818*
	δ	*0,390*	*0,407*	*0,425*	*0,444*	*0,466*	*0,490*	*0,516*	*0,545*
63	α	**0,307**	**0,302**	**0,296**	**0,291**	**0,285**	**0,279**	**0,273**	**0,267**
	β	0,00249	0,00274	0,00302	0,00336	0,00377	0,00427	0,00490	0,00570
	γ	*0,871*	*0,866*	*0,860*	*0,853*	*0,846*	*0,838*	*0,829*	*0,819*
	δ	*0,387*	*0,403*	*0,421*	*0,441*	*0,462*	*0,486*	*0,512*	*0,542*
62	α	**0,311**	**0,305**	**0,300**	**0,294**	**0,288**	**0,282**	**0,276**	**0,270**
	β	0,00246	0,00270	0,00298	0,00332	0,00372	0,00422	0,00484	0,00563
	γ	*0,872*	*0,867*	*0,861*	*0,854*	*0,847*	*0,839*	*0,831*	*0,821*
	δ	*0,383*	*0,399*	*0,417*	*0,437*	*0,458*	*0,482*	*0,508*	*0,538*
61	α	**0,315**	**0,309**	**0,303**	**0,298**	**0,292**	**0,286**	**0,280**	**0,273**
	β	0,00242	0,00266	0,00294	0,00327	0,00367	0,00416	0,00478	0,00556
	γ	*0,874*	*0,868*	*0,862*	*0,856*	*0,849*	*0,841*	*0,832*	*0,822*
	δ	*0,379*	*0,395*	*0,413*	*0,433*	*0,454*	*0,478*	*0,504*	*0,534*
60	α	**0,319**	**0,313**	**0,307**	**0,301**	**0,295**	**0,289**	**0,283**	**0,277**
	β	0,00239	0,00262	0,00290	0,00323	0,00362	0,00411	0,00471	0,00549
	γ	*0,875*	*0,870*	*0,864*	*0,857*	*0,850*	*0,842*	*0,833*	*0,824*
	δ	*0,375*	*0,391*	*0,409*	*0,429*	*0,450*	*0,474*	*0,500*	*0,529*
59	α	**0,323**	**0,317**	**0,311**	**0,305**	**0,299**	**0,293**	**0,286**	**0,280**
	β	0,00236	0,00259	0,00286	0,00318	0,00357	0,00405	0,00465	0,00542
	γ	*0,876*	*0,871*	*0,865*	*0,858*	*0,851*	*0,843*	*0,835*	*0,825*
	δ	*0,371*	*0,387*	*0,405*	*0,424*	*0,446*	*0,469*	*0,496*	*0,525*
58	α	**0,327**	**0,321**	**0,315**	**0,309**	**0,303**	**0,296**	**0,290**	**0,283**
	β	0,00232	0,00255	0,00282	0,00314	0,00352	0,00400	0,00459	0,00534
	γ	*0,878*	*0,872*	*0,866*	*0,860*	*0,853*	*0,845*	*0,836*	*0,826*
	δ	*0,367*	*0,383*	*0,401*	*0,420*	*0,442*	*0,465*	*0,492*	*0,521*

für Rechteckquerschnitte **Tafel 84**

Nullinienabstand: $x = \delta \cdot h$;

$\frac{M}{b} = \frac{\text{Biegemoment}}{\text{Querschnittsbreite}}$ in kg;

σ_e = Eisenzugspannung in kg/cm²;

σ_b = Betondruckspannung in kg/cm².

σ_b	$\sigma_e =$	1500	1400	1300	1200	1100	1000	900	800
57	α	**0,332**	**0,325**	**0,319**	**0,313**	**0,306**	**0,300**	**0,293**	**0,286**
	β	0,00229	0,00251	0,00278	0,00309	0,00347	0,00394	0,00453	0,00527
	γ	*0,879*	*0,874*	*0,868*	*0,861*	*0,854*	*0,846*	*0,838*	*0,828*
	δ	*0,363*	*0,379*	*0,397*	*0,416*	*0,437*	*0,461*	*0,487*	*0,517*
56	α	**0,336**	**0,330**	**0,324**	**0,317**	**0,310**	**0,304**	**0,297**	**0,290**
	β	0,00225	0,00247	0,00274	0,00305	0,00342	0,00388	0,00446	0,00520
	γ	*0,880*	*0,875*	*0,869*	*0,863*	*0,856*	*0,848*	*0,839*	*0,829*
	δ	*0,359*	*0,375*	*0,393*	*0,412*	*0,433*	*0,457*	*0,483*	*0,512*
55	α	**0,341**	**0,334**	**0,328**	**0,321**	**0,315**	**0,308**	**0,301**	**0,294**
	β	0,00222	0,00244	0,00269	0,00300	0,00337	0,00383	0,00439	0,00512
	γ	*0,882*	*0,876*	*0,871*	*0,864*	*0,857*	*0,849*	*0,841*	*0,831*
	δ	*0,355*	*0,371*	*0,388*	*0,407*	*0,429*	*0,452*	*0,478*	*0,508*
54	α	**0,346**	**0,339**	**0,333**	**0,326**	**0,319**	**0,312**	**0,305**	**0,297**
	β	0,00218	0,00240	0,00265	0,00395	0,00332	0,00377	0,00433	0,00505
	γ	*0,883*	*0,878*	*0,872*	*0,866*	*0,859*	*0,851*	*0,842*	*0,832*
	δ	*0,351*	*0,367*	*0,384*	*0,403*	*0,424*	*0,448*	*0,474*	*0,503*
53	α	**0,351**	**0,344**	**0,337**	**0,330**	**0,323**	**0,316**	**0,309**	**0,301**
	β	0,00215	0,00236	0,00261	0,00391	0,00327	0,00371	0,00426	0,00498
	γ	*0,885*	*0,879*	*0,874*	*0,867*	*0,860*	*0,852*	*0,844*	*0,834*
	δ	*0,346*	*0,362*	*0,379*	*0,398*	*0,420*	*0,443*	*0,469*	*0,498*
52	α	**0,356**	**0,349**	**0,342**	**0,335**	**0,328**	**0,321**	**0,313**	**0,305**
	β	0,00211	0,00232	0,00257	0,00286	0,00322	0,00365	0,00420	0,00490
	γ	*0,886*	*0,881*	*0,875*	*0,869*	*0,862*	*0,854*	*0,845*	*0,835*
	δ	*0,342*	*0,358*	*0,375*	*0,394*	*0,415*	*0,438*	*0,464*	*0,494*
51	α	**0,362**	**0,355**	**0,347**	**0,340**	**0,333**	**0,325**	**0,317**	**0,310**
	β	0,00208	0,00228	0,00252	0,00281	0,00316	0,00359	0,00413	0,00482
	γ	*0,887*	*0,882*	*0,877*	*0,870*	*0,863*	*0,856*	*0,847*	*0,837*
	δ	*0,338*	*0,353*	*0,370*	*0,389*	*0,410*	*0,433*	*0,459*	*0,489*
50	α	**0,367**	**0,360**	**0,353**	**0,345**	**0,338**	**0,330**	**0,322**	**0,314**
	β	0,00204	0,00224	0,00248	0,00277	0,00311	0,00354	0,00407	0,00475
	γ	*0,889*	*0,884*	*0,878*	*0,872*	*0,865*	*0,857*	*0,848*	*0,839*
	δ	*0,333*	*0,349*	*0,366*	*0,385*	*0,405*	*0,429*	*0,455*	*0,484*
49	α	**0,373**	**0,366**	**0,359**	**0,350**	**0,343**	**0,335**	**0,327**	**0,319**
	β	0,00200	0,00221	0,00244	0,00273	0,00306	0,00347	0,00400	0,00467
	γ	*0,890*	*0,885*	*0,880*	*0,873*	*0,866*	*0,859*	*0,850*	*0,840*
	δ	*0,329*	*0,344*	*0,361*	*0,380*	*0,401*	*0,424*	*0,450*	*0,479*
48	α	**0,380**	**0,372**	**0,364**	**0,356**	**0,348**	**0,340**	**0,332**	**0,323**
	β	0,00197	0,00217	0,00240	0,00268	0,00301	0,00341	0,00393	0,00459
	γ	*0,892*	*0,887*	*0,881*	*0,875*	*0,868*	*0,860*	*0,852*	*0,842*
	δ	*0,324*	*0,340*	*0,356*	*0,375*	*0,396*	*0,419*	*0,444*	*0,474*
47	α	**0,386**	**0,378**	**0,370**	**0,362**	**0,354**	**0,346**	**0,337**	**0,328**
	β	0,00193	0,00213	0,00235	0,00263	0,00295	0,00336	0,00386	0,00451
	γ	*0,893*	*0,888*	*0,883*	*0,877*	*0,870*	*0,862*	*0,854*	*0,844*
	δ	*0,320*	*0,335*	*0,352*	*0,370*	*0,391*	*0,413*	*0,439*	*0,468*

Allgemeine Bemessungstafel

Nutzhöhe: $h = \alpha \cdot \sqrt{\frac{M}{b}}$;

Zugeisenquerschnitt: $F_e = \beta \cdot b \cdot \sqrt{\frac{M}{b}}$;

Abstand zwischen Zug- und Druckmittelpunkt: $z = \gamma \cdot h$;

σ_b	$\sigma_e =$	1500	1400	1300	1200	1100	1000	900	800
46	α	**0,393**	**0,385**	**0,377**	**0,368**	**0,360**	**0,351**	**0,342**	**0,333**
	β	0,00190	0,00209	0,00231	0,00258	0,00290	0,00330	0,00380	0,00444
	γ	*0,895*	*0,890*	*0,884*	*0,878*	*0,872*	*0,864*	*0,855*	*0,846*
	δ	*0,315*	*0,330*	*0,347*	*0,365*	*0,385*	*0,438*	*0,434*	*0,463*
45	α	**0,400**	**0,391**	**0,383**	**0,375**	**0,366**	**0,357**	**0,348**	**0,338**
	β	0,00186	0,00205	0,00227	0,00253	0,00285	0,00324	0,00373	0,00436
	γ	*0,897*	*0,892*	*0,886*	*0,880*	*0,873*	*0,866*	*0,857*	*0,848*
	δ	*0,310*	*0,325*	*0,342*	*0,360*	*0,380*	*0,403*	*0,429*	*0,458*
44	α	**0,407**	**0,399**	**0,390**	**0,381**	**0,372**	**0,363**	**0,354**	**0,344**
	β	0,00182	0,00201	0,00222	0,00248	0,00279	0,00317	0,00366	0,00428
	γ	*0,898*	*0,893*	*0,888*	*0,882*	*0,875*	*0,867*	*0,859*	*0,849*
	δ	*0,306*	*0,320*	*0,337*	*0,355*	*0,375*	*0,398*	*0,423*	*0,452*
43	α	**0,415**	**0,406**	**0,397**	**0,388**	**0,379**	**0,369**	**0,360**	**0,350**
	β	0,00179	0,00197	0,00218	0,00243	0,00274	0,00311	0,00359	0,00420
	γ	*0,900*	*0,895*	*0,889*	*0,883*	*0,877*	*0,869*	*0,861*	*0,851*
	δ	*0,301*	*0,315*	*0,332*	*0,350*	*0,370*	*0,392*	*0,417*	*0,446*
42	α	**0,423**	**0,414**	**0,405**	**0,395**	**0,386**	**0,376**	**0,366**	**0,356**
	β	0,00175	0,00193	0,00213	0,00238	0,00268	0,00305	0,00352	0,00412
	γ	*0,901*	*0,897*	*0,891*	*0,885*	*0,879*	*0,871*	*0,863*	*0,853*
	δ	*0,296*	*0,310*	*0,326*	*0,345*	*0,364*	*0,387*	*0,412*	*0,441*
41	α	**0,431**	**0,422**	**0,413**	**0,403**	**0,393**	**0,383**	**0,373**	**0,362**
	β	0,00171	0,00188	0,00209	0,00233	0,00263	0,00299	0,00345	0,00403
	γ	*0,903*	*0,898*	*0,893*	*0,887*	*0,880*	*0,873*	*0,865*	*0,855*
	δ	*0,291*	*0,305*	*0,321*	*0,339*	*0,359*	*0,381*	*0,406*	*0,435*
40	α	**0,440**	**0,430**	**0,421**	**0,411**	**0,401**	**0,390**	**0,380**	**0,369**
	β	0,00167	0,00184	0,00204	0,00228	0,00257	0,00293	0,00338	0,00395
	γ	*0,905*	*0,900*	*0,895*	*0,889*	*0,882*	*0,875*	*0,867*	*0,857*
	δ	*0,286*	*0,300*	*0,316*	*0,333*	*0,353*	*0,375*	*0,400*	*0,429*
39	α	**0,449**	**0,439**	**0,429**	**0,419**	**0,409**	**0,398**	**0,387**	**0,376**
	β	0,00164	0,00180	0,00200	0,00223	0,00252	0,00286	0,00330	0,00387
	γ	*0,906*	*0,902*	*0,897*	*0,891*	*0,884*	*0,877*	*0,869*	*0,859*
	δ	*0,281*	*0,295*	*0,310*	*0,328*	*0,347*	*0,369*	*0,394*	*0,422*
38	α	**0,459**	**0,450**	**0,438**	**0,428**	**0,417**	**0,406**	**0,395**	**0,834**
	β	0,00160	0,00176	0,00195	0,00218	0,00246	0,00280	0,00323	0,00378
	γ	*0,908*	*0,904*	*0,898*	*0,893*	*0,886*	*0,879*	*0,871*	*0,861*
	δ	*0,275*	*0,289*	*0,305*	*0,322*	*0,341*	*0,363*	*0,388*	*0,416*
37	α	**0,469**	**0,459**	**0,448**	**0,437**	**0,426**	**0,414**	**0,403**	**0,391**
	β	0,00156	0,00172	0,00191	0,00213	0,00240	0,00273	0,00316	0,00370
	γ	*0,910*	*0,905*	*0,900*	*0,895*	*0,888*	*0,881*	*0,873*	*0,864*
	δ	*0,270*	*0,284*	*0,299*	*0,316*	*0,335*	*0,357*	*0,381*	*0,410*
36	α	**0,480**	**0,469**	**0,458**	**0,447**	**0,435**	**0,423**	**0,412**	**0,399**
	β	0,00152	0,00168	0,00186	0,00208	0,00234	0,00267	0,00309	0,00362
	γ	*0,912*	*0,907*	*0,902*	*0,897*	*0,890*	*0,883*	*0,875*	*0,866*
	δ	*0,265*	*0,278*	*0,293*	*0,310*	*0,329*	*0,351*	*0,375*	*0,403*

für Rechteckquerschnitte **Tafel 85**

Nullinienabstand: $x = \delta \cdot h$;
$\frac{M}{b} = \frac{\text{Biegemoment}}{\text{Querschnittsbreite}}$ in kg;
σ_e = Eisenzugspannung in kg/cm²;
σ_b = Betondruckspannung in kg/cm².

σ_b	$\sigma_e =$	1500	1400	1300	1200	1100	1000	900	800
35	α	**0,491**	**0,480**	**0,469**	**0,457**	**0,445**	**0,433**	**0,421**	**0,408**
	β	0,00149	0,00164	0,00181	0,00203	0,00229	0,00261	0,00301	0,00353
	γ	*0,914*	*0,909*	*0,904*	*0,899*	*0,892*	*0,885*	*0,877*	*0,868*
	δ	*0,259*	*0,273*	*0,288*	*0,304*	*0,323*	*0,344*	*0,368*	*0,396*
34	α	**0,503**	**0,492**	**0,480**	**0,468**	**0,456**	**0,443**	**0,430**	**0,417**
	β	0,00145	0,00159	0,00177	0,00198	0,00223	0,00254	0,00294	0,00345
	γ	*0,915*	*0,911*	*0,906*	*0,901*	*0,894*	*0,887*	*0,879*	*0,870*
	δ	*0,254*	*0,267*	*0,282*	*0,298*	*0,316*	*0,338*	*0,362*	*0,389*
33	α	**0,516**	**0,504**	**0,492**	**0,480**	**0,467**	**0,454**	**0,440**	**0,426**
	β	0,00141	0,00155	0,00172	0,00193	0,00217	0,00248	0,00286	0,00336
	γ	*0,917*	*0,913*	*0,908*	*0,903*	*0,897*	*0,890*	*0,882*	*0,873*
	δ	*0,248*	*0,261*	*0,276*	*0,292*	*0,310*	*0,331*	*0,355*	*0,382*
32	α	**0,530**	**0,517**	**0,505**	**0,491**	**0,478**	**0,465**	**0,451**	**0,436**
	β	0,00137	0,00151	0,00168	0,00187	0,00211	0,00242	0,00279	0,00328
	γ	*0,919*	*0,915*	*0,910*	*0,905*	*0,899*	*0,892*	*0,884*	*0,875*
	δ	*0,242*	*0,255*	*0,270*	*0,286*	*0,304*	*0,324*	*0,348*	*0,375*
31	α	**0,544**	**0,531**	**0,518**	**0,504**	**0,491**	**0,477**	**0,462**	**0,447**
	β	0,00133	0,00147	0,00163	0,00182	0,00206	0,00235	0,00271	0,00319
	γ	*0,921*	*0,917*	*0,912*	*0,907*	*0,901*	*0,894*	*0,886*	*0,878*
	δ	*0,237*	*0,249*	*0,263*	*0,280*	*0,297*	*0,317*	*0,341*	*0,368*
30	α	**0,559**	**0,546**	**0,532**	**0,519**	**0,504**	**0,490**	**0,474**	**0,459**
	β	0,00129	0,00142	0,00158	0,00177	0,00200	0,00228	0,00264	0,00310
	γ	*0,923*	*0,919*	*0,914*	*0,909*	*0,903*	*0,897*	*0,889*	*0,880*
	δ	*0,231*	*0,243*	*0,257*	*0,273*	*0,290*	*0,310*	*0,333*	*0,360*
29	α	**0,576**	**0,562**	**0,548**	**0,533**	**0,518**	**0,504**	**0,487**	**0,471**
	β	0,00125	0,00138	0,00153	0,00171	0,00194	0,00221	0,00256	0,00301
	γ	*0,925*	*0,921*	*0,916*	*0,911*	*0,906*	*0,899*	*0,891*	*0,883*
	δ	*0,225*	*0,237*	*0,251*	*0,266*	*0,283*	*0,303*	*0,326*	*0,352*
28	α	**0,593**	**0,579**	**0,564**	**0,549**	**0,533**	**0,518**	**0,501**	**0,484**
	β	0,00121	0,00134	0,00148	0,00166	0,00188	0,00214	0,00248	0,00292
	γ	*0,927*	*0,923*	*0,919*	*0,914*	*0,908*	*0,901*	*0,894*	*0,885*
	δ	*0,219*	*0,231*	*0,244*	*0,259*	*0,276*	*0,296*	*0,318*	*0,344*
27	α	**0,612**	**0,597**	**0,582**	**0,566**	**0,550**	**0,533**	**0,516**	**0,498**
	β	0,00117	0,00129	0,00144	0,00161	0,00182	0,00207	0,00240	0,00283
	γ	*0,929*	*0,925*	*0,921*	*0,916*	*0,910*	*0,904*	*0,897*	*0,888*
	δ	*0,213*	*0,224*	*0,238*	*0,252*	*0,269*	*0,288*	*0,310*	*0,336*
26	α	**0,633**	**0,617**	**0,601**	**0,585**	**0,567**	**0,550**	**0,532**	**0,513**
	β	0,00113	0,00125	0,00139	0,00155	0,00176	0,00200	0,00242	0,00274
	γ	*0,931*	*0,927*	*0,923*	*0,918*	*0,913*	*0,907*	*0,899*	*0,891*
	δ	*0,206*	*0,218*	*0,231*	*0,245*	*0,262*	*0,280*	*0,302*	*0,328*
25	α	**0,655**	**0,638**	**0,621**	**0,604**	**0,586**	**0,568**	**0,549**	**0,530**
	β	0,00109	0,00120	0,00134	0,00150	0,00169	0,00194	0,00224	0,00265
	γ	*0,933*	*0,930*	*0,925*	*0,921*	*0,915*	*0,909*	*0,902*	*0,894*
	δ	*0,200*	*0,211*	*0,224*	*0,238*	*0,254*	*0,273*	*0,294*	*0,319*

Allgemeine Bemessungstafel

Nutzhöhe: $h = \alpha \cdot \sqrt{\frac{M}{b}}$;

Zugeisenquerschnitt: $F_e = \beta \cdot b \cdot \sqrt{\frac{M}{b}}$;

Abstand zwischen Zug- und Druckmittelpunkt: $z = \gamma \cdot h$;

σ_b	$\sigma_e =$	1500	1400	1300	1200	1100	1000	900	800
24	α	**0,678**	**0,661**	**0,644**	**0,625**	**0,607**	**0,587**	**0,568**	**0,547**
	β	0,00105	0,00116	0,00129	0,00144	0,00163	0,00186	0,00216	0,00255
	γ	*0,935*	*0,932*	*0,928*	*0,923*	*0,918*	*0,912*	*0,905*	*0,897*
	δ	*0,194*	*0,205*	*0,217*	*0,231*	*0,247*	*0,265*	*0,286*	*0,310*
23	α	**0,704**	**0,686**	**0,668**	**0,649**	**0,629**	**0,609**	**0,588**	**0,566**
	β	0,00101	0,00111	0,00124	0,00139	0,00157	0,00179	0,00208	0,00245
	γ	*0,938*	*0,934*	*0,930*	*0,925*	*0,920*	*0,914*	*0,908*	*0,900*
	δ	*0,187*	*0,198*	*0,210*	*0,223*	*0,239*	*0,257*	*0,277*	*0,301*
22	α	**0,732**	**0,713**	**0,694**	**0,674**	**0,653**	**0,632**	**0,610**	**0,587**
	β	0,00097	0,00107	0,00119	0,00133	0,00151	0,00172	0,00200	0,00236
	γ	*0,940*	*0,936*	*0,933*	*0,928*	*0,923*	*0,917*	*0,911*	*0,903*
	δ	*0,180*	*0,191*	*0,202*	*0,216*	*0,231*	*0,248*	*0,268*	*0,292*
21	α	**0,763**	**0,743**	**0,723**	**0,701**	**0,680**	**0,657**	**0,634**	**0,610**
	β	0,00093	0,00102	0,00114	0,00127	0,00144	0,00165	0,00192	0,00226
	γ	*0,942*	*0,939*	*0,935*	*0,930*	*0,926*	*0,920*	*0,914*	*0,906*
	δ	*0,174*	*0,184*	*0,195*	*0,208*	*0,223*	*0,240*	*0,259*	*0,283*
20	α	**0,797**	**0,776**	**0,754**	**0,732**	**0,709**	**0,685**	**0,660**	**0,635**
	β	0,00089	0,00098	0,00109	0,00122	0,00138	0,00158	0,00183	0,00217
	γ	*0,944*	*0,941*	*0,938*	*0,933*	*0,929*	*0,923*	*0,917*	*0,909*
	δ	*0,167*	*0,176*	*0,188*	*0,200*	*0,214*	*0,231*	*0,250*	*0,273*
19	α	**0,834**	**0,812**	**0,789**	**0,766**	**0,741**	**0,716**	**0,690**	**0,663**
	β	0,00084	0,00092	0,00104	0,00116	0,00132	0,00151	0,00175	0,00207
	γ	*0,947*	*0,944*	*0,940*	*0,936*	*0,931*	*0,926*	*0,920*	*0,912*
	δ	*0,160*	*0,169*	*0,180*	*0,192*	*0,206*	*0,222*	*0,241*	*0,263*
18	α	**0,876**	**0,852**	**0,828**	**0,803**	**0,777**	**0,750**	**0,722**	**0,693**
	β	0,00080	0,00089	0,00099	0,00111	0,00125	0,00144	0,00167	0,00197
	γ	*0,949*	*0,946*	*0,943*	*0,939*	*0,934*	*0,929*	*0,923*	*0,916*
	δ	*0,153*	*0,162*	*0,172*	*0,184*	*0,197*	*0,213*	*0,231*	*0,252*
17	α	**0,922**	**0,897**	**0,871**	**0,844**	**0,817**	**0,788**	**0,758**	**0,728**
	β	0,00076	0,00084	0,00093	0,00105	0,00119	0,00136	0,00158	0,00187
	γ	*0,952*	*0,949*	*0,945*	*0,941*	*0,937*	*0,932*	*0,926*	*0,919*
	δ	*0,145*	*0,154*	*0,164*	*0,176*	*0,188*	*0,203*	*0,221*	*0,242*
16	α	**0,975**	**0,948**	**0,920**	**0,891**	**0,862**	**0,831**	**0,799**	**0,766**
	β	0,00072	0,00079	0,00088	0,00099	0,00112	0,00129	0,00150	0,00177
	γ	*0,954*	*0,951*	*0,948*	*0,944*	*0,940*	*0,935*	*0,930*	*0,923*
	δ	*0,138*	*0,146*	*0,156*	*0,167*	*0,179*	*0,194*	*0,211*	*0,231*
15	α	**1,034**	**1,005**	**0,975**	**0,944**	**0,912**	**0,879**	**0,845**	**0,810**
	β	0,00067	0,00075	0,00083	0,00093	0,00106	0,00121	0,00141	0,00167
	γ	*0,957*	*0,954*	*0,951*	*0,947*	*0,943*	*0,939*	*0,933*	*0,927*
	δ	*0,130*	*0,138*	*0,148*	*0,158*	*0,170*	*0,184*	*0,200*	*0,220*
14	α	**1,101**	**1,070**	**1,038**	**1,005**	**0,970**	**0,935**	**0,898**	**0,859**
	β	0,00063	0,00070	0,00078	0,00087	0,00099	0,00113	0,00132	0,00156
	γ	*0,959*	*0,957*	*0,954*	*0,950*	*0,947*	*0,942*	*0,937*	*0,931*
	δ	*0,123*	*0,130*	*0,139*	*0,149*	*0,160*	*0,174*	*0,189*	*0,208*

für Rechteckquerschnitte **Tafel 86**

Nullinienabstand: $x = \delta \cdot h$;

$\frac{M}{b} = \frac{\text{Biegemoment}}{\text{Querschnittsbreite}}$ in kg;

σ_e = Eisenzugspannung in kg/cm²;

σ_b = Betondruckspannung in kg/cm².

σ_b	$\sigma_e =$	1500	1400	1300	1200	1100	1000	900	800
13	α	**1,179**	**1,145**	**1,110**	**1,075**	**1,037**	**0,999**	**0,958**	**0,916**
	β	0,00059	0,00065	0,00072	0,00081	0,00092	0,00106	0,00123	0,00146
	γ	*0,962*	*0,959*	*0,957*	*0,953*	*0,950*	*0,946*	*0,941*	*0,935*
	δ	*0,115*	*0,122*	*0,130*	*0,140*	*0,151*	*0,163*	*0,178*	*0,196*
12	α	**1,270**	**1,233**	**1,195**	**1,156**	**1,115**	**1,073**	**1,029**	**0,983**
	β	0,00054	0,00060	0,00067	0,00075	0,00086	0,00098	0,00114	0,00135
	γ	*0,964*	*0,962*	*0,959*	*0,956*	*0,953*	*0,949*	*0,944*	*0,939*
	δ	*0,107*	*0,114*	*0,122*	*0,130*	*0,141*	*0,153*	*0,167*	*0,184*
11	α	**1,377**	**1,336**	**1,295**	**1,252**	**1,208**	**1,161**	**1,112**	**1,062**
	β	0,00050	0,00055	0,00062	0,00069	0,00079	0,00090	0,00105	0,00125
	γ	*0,967*	*0,965*	*0,962*	*0,960*	*0,957*	*0,953*	*0,948*	*0,943*
	δ	*0,099*	*0,105*	*0,113*	*0,121*	*0,130*	*0,142*	*0,155*	*0,171*
10	α	**1,505**	**1,461**	**1,415**	**1,368**	**1,317**	**1,266**	**1,212**	**1,156**
	β	0,00045	0,00051	0,00056	0,00063	0,00072	0,00083	0,00096	0,00114
	γ	*0,970*	*0,968*	*0,966*	*0,963*	*0,960*	*0,957*	*0,952*	*0,947*
	δ	*0,091*	*0,097*	*0,103*	*0,111*	*0,120*	*0,130*	*0,143*	*0,158*

6. Allgemeine Tafeln für reine Biegung, vorzugsweise zur Bemessung von Steineisendecken und von Plattenbalken mit sehr hohem Steg oder sehr dünner Platte.

Diese Tafeln dienen — wie die Tafeln unter 4 — zur Berechnung von Plattenbalken, jedoch sind hier die Grenzen der Anwendung wesentlich weiter gezogen. Durch die Einführung der Verhältniswerte d/h kann sowohl die Plattendicke, als auch die Nutzhöhe ganz beliebig klein bzw. groß gewählt werden. Die Möglichkeit der Wahl jeder beliebigen Plattendicke kommt besonders bei der Berechnung von Steineisendecken mit bzw. ohne Betondruckschicht zur Geltung, weil neuerdings die Hohlräume der verwendeten Deckensteine in Abzug zu bringen sind.

Die Druckspannungen am oberen Plattenrande können ebenfalls ganz beliebig sein, was wiederum besonders der Berechnung von Steineisendecken zugute kommt, denn die in Rechnung zu stellenden Spannungen sind abhängig von der Steinfestigkeit, die bekanntlich doch sehr verschieden groß ist.

Anderseits eignen sich diese Tafeln auch sehr gut zur Berechnung hoher Plattenbalken, insbesondere für Brücken mit verhältnismäßig schwachen Druckplatten, woselbst die Berücksichtigung der Spannungen im Steg nicht umgangen werden darf.

Da der Leitwert dieser Tafeln d/h ist, eignen sich diese besonders zur Lösung von Aufgaben, in denen zu einem gegebenen Querschnitt das aufnehmbare Biegemoment, die nötige Bewehrung oder die auftretenden Spannungen gesucht werden.

Gang der Bemessung.

a) Gegeben:

h = die Nutzhöhe in m,
d = die Druckplattendicke in m,
b = die Druckplattenbreite in m,
b_0 = die Stegbreite in m,
σ_e und σ_b = die zulässigen Spannungen.

Gesucht:

M = das Biegemoment,
F_e = die Zugbewehrung.

Lösung: Bei Berücksichtigung der Spannungen im Steg: Rechne σ_e/σ_b, d/h und $b_1 = b - b_0$ aus. Suche in der Tafel die Werte α, β, γ und δ und rechne:

$$M = \sigma_e \cdot h^2(\alpha \cdot b_0 + \beta \cdot b_1)$$

und

$$F_e = h(\gamma \cdot b_0 + \delta \cdot b_1).$$

Ist das errechnete Moment kleiner als das aufzunehmende, so kann mit Hilfe der Tafel 90 doppelte Bewehrung angeordnet werden. Vgl. die Erläuterungen zu dieser Tafel.

Ohne Berücksichtigung der Spannungen im Steg: Rechne σ_e/σ_b und d/h aus. Suche in der Tafel die Werte β und δ und rechne:

$$M = \sigma_e \cdot h^2 \cdot \beta \cdot b$$

und

$$F_e = h \cdot \delta \cdot b .$$

Ist das errechnete Moment kleiner als das aufzunehmende, dann können die Spannungen im Steg, wie vor, berücksichtigt werden. (Siehe Zahlenbeispiel 25 und 26.)

b) Gegeben:

M = das Biegemoment in kgm,
h = die Nutzhöhe in m,
d = die Druckplattendicke in m,
b = die Druckplattenbreite in m,
σ_e = die zulässige Eisenzugspannung.

Gesucht:

F_e = die Zugbewehrung,
σ_b = die Betondruckspannung.

Lösung: (Ohne Berücksichtigung der Spannungen im Steg.) Rechne d/h und $\beta = \frac{M}{\sigma_e \cdot h^2 \cdot b}$ aus und lies in der Tafel die zu diesen gehörigen Werte δ und r ab und rechne

$$F_e = \delta \cdot h \cdot b \quad \text{und} \quad \sigma_b = \frac{\sigma_e}{r} .$$

(Siehe Zahlenbeispiel 27.)

c) Gegeben:

M = das Biegemoment in kgm,
h = die Nutzhöhe in m,
d = die Druckplattendicke in m,
b = die Druckplattenbreite in m,
F_e = die Zugbewehrung.

Gesucht:

σ_e und σ_b = die Eisen- und Betonspannungen.

Lösung: (Ohne Berücksichtigung der Spannungen im Steg.) Rechne d/h und $\delta = \frac{F_e}{b \cdot h}$ aus und lies in der Tafel die zu diesen gehörigen Werte β und r ab und rechne

$$\sigma_e = \frac{M}{h^2 \cdot b \cdot \beta}$$

und

$$\sigma_b = \frac{\sigma_e}{r} .$$

(Siehe Zahlenbeispiel 28.)

Allgemeine Tafel

vorzugsweise zur Bemessung von Steineisendecken und

Bemessungsformeln:

Die vollen Formeln liefern Biegemoment und Bewehrung von Plattenbalken bei Berücksichtigung der Spannungen im Steg; wird $b_0 = 0$ gesetzt, so gelten die Formeln für Plattenbalken bei Vernachlässigung der Spannungen im Steg; ist $b_1 = 0$, so gelten die Formeln für Rechteckquerschnitte. Die Tafeln gelten für jeden beliebigen Wert von σ_e und σ_b innerhalb der vorhandenen Grenzen von $\frac{\sigma_e}{\sigma_b}$.

σ_e			$r = \frac{\sigma_e}{\sigma_b}$	$\frac{x}{h}$	Fett: α, dünn: γ	d/h											
1500	**1200**	1000				*0,05*	*0,06*	*0,07*	*0,08*	*0,09*	*0,10*	*0,11*	*0,12*	*0,13*	*0,14*	*0,15*	*0,16*
σ_b						Fett gedruckt: β, dünn gedruckt: δ											
$93^3/_4$	**75**	$62^1/_2$	*16,00*	0,484	**126,82**	**28,91**	**34,14**	**39,20**	**44,09**	**48,80**	**53,35**	**57,73**	**61,94**	**66,00**	**69,90**	**73,64**	**77,23**
					151,21	29,64	35,18	40,58	45,87	51,02	56,04	60,94	65,70	70,34	74,84	79,22	83,47
$92^1/_2$	74	$61^2/_3$	*16,22*	0,481	**124,43**	**28,51**	**33,67**	**38,66**	**43,47**	**48,12**	**52,59**	**56,91**	**61,06**	**65,05**	**68,89**	**72,57**	**76,10**
					148,16	29,23	34,69	40,02	45,23	50,30	55,25	60,07	64,76	69,32	73,76	78,06	82,24
$91^1/_4$	73	$60^5/_6$	*16,44*	0,477	**122,04**	**28,12**	**33,20**	**38,11**	**42,86**	**47,43**	**51,84**	**56,09**	**60,17**	**64,10**	**67,88**	**71,50**	**74,97**
					145,12	28,82	34,20	39,46	44,59	49,59	54,46	59,20	63,82	68,31	72,67	76,91	81,01
90	72	**60**	*16,67*	0,474	**119,67**	**27,72**	**32,73**	**37,57**	**42,24**	**46,75**	**51,09**	**55,27**	**59,29**	**63,15**	**66,86**	**70,42**	**73,84**
					142,10	28,42	33,72	38,90	43,95	48,87	53,67	58,34	62,88	67,30	71,59	75,75	79,79
$88^3/_4$	71	$59^1/_6$	*16,90*	0,470	**117,30**	**27,32**	**32,26**	**37,03**	**41,63**	**46,06**	**50,34**	**54,45**	**58,40**	**62,20**	**65,85**	**69,35**	**72,70**
					139,10	28,01	33,24	38,33	43,31	48,15	52,88	57,47	61,94	66,28	70,50	74,59	78,56
$87^1/_2$	**70**	$58^1/_3$	*17,14*	0,467	**114,94**	**26,93**	**31,79**	**36,48**	**41,01**	**45,38**	**49,58**	**53,63**	**57,52**	**61,26**	**64,84**	**68,28**	**71,57**
					136,11	27,60	32,75	37,77	42,67	47,44	52,08	56,60	61,00	65,27	69,42	73,44	77,33
$86^1/_4$	69	$57^1/_2$	*17,39*	0,463	**112,59**	**26,53**	**31,32**	**35,94**	**40,40**	**44,69**	**48,83**	**52,81**	**56,64**	**60,31**	**63,83**	**67,21**	**70,44**
					133,14	27,20	32,26	37,21	42,02	46,72	51,29	55,74	60,06	64,26	68,33	72,28	76,11
85	68	$56^2/_3$	*17,65*	0,459	**110,24**	**26,13**	**30,85**	**35,40**	**39,78**	**44,01**	**48,08**	**51,99**	**55,75**	**59,36**	**62,82**	**66,14**	**69,31**
					130,18	26,79	31,78	36,64	41,39	46,00	50,50	54,87	59,12	63,24	67,25	71,12	74,88
$83^3/_4$	67	$55^5/_6$	*17,91*	0,456	**107,91**	**25,74**	**30,38**	**34,85**	**39,17**	**43,32**	**47,32**	**51,17**	**54,86**	**58,41**	**61,81**	**65,06**	**68,18**
					127,24	26,39	31,30	36,08	40,75	45,29	49,71	54,00	58,18	62,23	66,16	69,97	73,65
$82^1/_2$	66	**55**	*18,18*	0,452	**105,58**	**25,34**	**29,91**	**34,31**	**38,55**	**42,64**	**46,57**	**50,35**	**53,98**	**57,46**	**60,80**	**63,99**	**67,05**
					124,32	25,98	30,81	35,52	40,11	44,57	48,92	53,14	57,24	61,22	65,08	68,81	72,43
$81^1/_4$	**65**	$54^1/_6$	*18,46*	0,448	**103,27**	**24,95**	**29,44**	**33,77**	**37,94**	**41,96**	**45,82**	**49,53**	**53,10**	**56,51**	**59,79**	**62,92**	**65,92**
					121,41	25,57	30,32	34,96	39,47	43,86	48,12	52,27	56,30	60,21	63,99	67,66	71,20
80	64	$53^1/_3$	*18,75*	0,444	**100,96**	**24,55**	**28,97**	**33,22**	**37,32**	**41,27**	**45,07**	**48,71**	**52,21**	**55,56**	**58,78**	**61,85**	**64,78**
					118,52	25,17	29,84	34,39	38,83	43,14	47,33	51,41	55,36	59,19	62,91	66,50	69,97
$78^3/_4$	63	$52^1/_2$	*19,05*	0,441	**98,66**	**24,15**	**28,50**	**32,68**	**36,71**	**40,59**	**44,31**	**47,89**	**51,33**	**54,62**	**57,77**	**60,78**	**63,65**
					115,65	24,76	29,36	33,83	38,19	42,42	46,54	50,54	54,42	58,18	61,82	65,34	68,75
$77^1/_2$	62	$51^2/_3$	*19,35*	0,437	**96,38**	**23,76**	**28,02**	**32,14**	**36,10**	**39,90**	**43,56**	**47,07**	**50,44**	**53,67**	**56,76**	**59,71**	**62,52**
					112,79	24,35	28,87	33,27	37,55	41,71	45,75	49,67	53,48	57,17	60,74	64,19	67,52
$76^1/_4$	61	$50^5/_6$	*19,67*	0,433	**94,10**	**23,36**	**27,55**	**31,59**	**35,48**	**39,22**	**42,81**	**46,25**	**49,56**	**52,72**	**55,74**	**58,63**	**61,39**
					109,96	23,95	28,38	32,70	36,91	40,99	44,96	48,81	52,54	56,15	59,65	63,03	66,29
75	**60**	**50**	*20,00*	0,429	**91,84**	**22,97**	**27,08**	**31,05**	**34,86**	**38,53**	**42,06**	**45,43**	**48,67**	**51,77**	**54,73**	**57,56**	**60,26**
					107,14	23,54	27,90	32,14	36,27	40,28	44,17	47,94	51,60	55,14	58,57	61,88	65,07
$73^3/_4$	59	$49^1/_6$	*20,34*	0,424	**89,58**	**22,57**	**26,61**	**30,51**	**34,25**	**37,85**	**41,30**	**44,61**	**47,79**	**50,82**	**53,72**	**56,49**	**59,13**
					104,35	23,14	27,42	31,58	35,63	39,56	43,38	47,08	50,66	54,13	57,48	60,72	63,84
$72^1/_2$	58	$48^1/_3$	*20,69*	0,420	**87,34**	**22,17**	**26,14**	**29,96**	**33,64**	**37,16**	**40,55**	**43,80**	**46,90**	**49,87**	**52,71**	**55,42**	**58,00**
					101,57	22,73	26,93	31,02	34,99	38,84	42,58	46,21	49,72	53,12	56,40	59,56	62,61
$71^1/_4$	57	$47^1/_2$	*21,05*	0,416	**85,11**	**21,78**	**25,67**	**29,42**	**33,02**	**36,48**	**39,80**	**42,98**	**46,02**	**48,92**	**51,70**	**54,35**	**56,86**
					98,81	22,32	26,44	30,45	34,35	38,13	41,79	45,34	48,78	52,10	55,31	58,41	61,39
70	56	$46^2/_3$	*21,43*	0,412	**82,89**	**21,38**	**25,20**	**28,88**	**32,41**	**35,80**	**39,04**	**42,16**	**45,13**	**47,98**	**50,69**	**53,28**	**55,73**
					96,08	21,92	25,96	29,89	33,71	37,41	41,00	44,48	47,84	51,09	54,23	57,25	60,16
$68^3/_4$	**55**	$45^5/_6$	*21,82*	0,407	**80,69**	**20,98**	**24,73**	**28,33**	**31,79**	**35,11**	**38,29**	**41,34**	**44,25**	**47,03**	**49,68**	**52,20**	**54,60**
					93,36	21,51	25,48	29,33	33,07	36,69	40,21	43,61	46,90	50,08	53,14	56,09	58,93
$67^1/_2$	54	**45**	*22,22*	0,403	**78,49**	**20,59**	**24,26**	**27,79**	**31,18**	**34,43**	**37,54**	**40,52**	**43,36**	**46,08**	**48,67**	**51,13**	**53,47**
					90,67	21,10	24,99	28,76	32,43	35,98	39,42	42,74	45,96	49,06	52,06	54,94	57,71

für reine Biegung

von Plattenbalken mit sehr hohem Steg oder sehr dünner Platte

$$M = \sigma_e \cdot h^2 (\alpha \cdot b_0 + \beta \cdot b_1); \quad F_e = h(\gamma \cdot b_0 + \delta \cdot b_1).$$

M = das vom Querschnitt aufnehmbare Biegemoment in kgm;
F_e = Zugeisenquerschnitt in cm^2;
σ_e = Eisenzugspannung in kg/cm^2; σ_b = Betondruckspannung in kg/cm^2;
h = Nutzhöhe in m; b_0 = Stegbreite in m;
b = Druckgurtbreite in m; $b_1 = b - b_0$;
d = Druckplattendicke; x = Nullinienabstand.

d/h																	σ_e
0,17	*0,18*	*0,19*	*0,20*	*0,22*	*0,24*	*0,26*	*0,28*	*0,30*	*0,32*	*0,34*	*0,36*	*0,38*	*0,40*	*0,42*	*0,44*	*0,46*	**1200**
Fett gedruckt: β, dünn gedruckt: δ																	σ_b
80,67	**83,96**	**87,11**	**90,11**	**95,70**	**100,75**	**105,28**	**109,32**	**112,80**	**115,98**	**118,64**	**120,89**	**122,74**	**124,22**	**125,35**	**126,14**	**126,62**	**75**
87,58	91,58	95,44	99,17	106,24	112,80	118,84	124,37	129,38	133,87	137,84	141,30	144,24	146,67	148,58	149,97	150,84	
79,48	**82,71**	**85,80**	**88,76**	**94,24**	**99,19**	**103,63**	**107,58**	**110,98**	**114,07**	**116,66**	**118,84**	**120,63**	**122,04**	**123,11**	**123,85**	**124,28**	74
86,29	90,21	94,00	97,67	104,61	111,04	116,96	122,36	127,25	131,63	135,49	138,84	141,68	144,00	145,81	147,11	147,89	
78,29	**81,47**	**84,50**	**87,40**	**92,78**	**97,64**	**101,98**	**105,84**	**109,15**	**112,17**	**114,68**	**116,79**	**118,51**	**119,87**	**120,88**	**121,56**	**121,94**	73
84,99	88,84	92,57	96,17	102,98	109,28	115,07	120,35	125,12	129,39	133,14	136,38	139,11	141,33	143,04	144,25	144,94	
77,10	**80,22**	**83,20**	**86,04**	**91,32**	**96,08**	**100,33**	**104,10**	**107,33**	**110,26**	**112,70**	**114,74**	**116,39**	**117,69**	**118,64**	**119,27**	**119,60**	72
83,70	87,48	91,14	94,67	101,35	107,52	113,19	118,35	123,00	127,15	130,79	133,92	136,55	138,67	140,28	141,39	141,99	
75,91	**78,98**	**81,90**	**84,69**	**89,86**	**94,52**	**98,68**	**102,35**	**105,50**	**108,36**	**110,72**	**112,69**	**114,28**	**115,51**	**116,40**	**116,98**	**117,26**	71
82,40	86,12	89,70	93,17	99,72	105,76	111,30	116,34	120,88	124,91	128,44	131,46	133,98	136,00	137,52	138,53	139,04	
74,72	**77,73**	**80,60**	**83,33**	**88,40**	**92,96**	**97,02**	**100,61**	**103,68**	**106,45**	**108,74**	**110,64**	**112,16**	**113,33**	**114,17**	**114,69**	**114,92**	**70**
81,10	84,75	88,27	91,67	98,08	104,00	109,42	114,33	118,75	122,67	126,08	129,00	131,42	133,33	134,75	135,67	136,08	
73,53	**76,48**	**79,30**	**81,98**	**86,94**	**91,40**	**95,37**	**98,87**	**101,86**	**104,55**	**106,76**	**108,59**	**110,05**	**111,16**	**111,93**	**112,40**	**112,58**	69
79,81	83,38	86,84	90,17	96,45	102,24	107,53	112,33	116,62	120,43	123,73	126,54	128,85	130,67	131,98	132,81	133,13	
72,34	**75,24**	**78,00**	**80,62**	**85,48**	**89,84**	**93,72**	**97,13**	**100,03**	**102,64**	**104,78**	**106,54**	**107,93**	**108,98**	**109,70**	**110,11**		68
78,51	82,02	85,40	88,67	94,82	100,48	105,65	110,32	114,50	118,19	121,38	124,08	126,29	128,00	129,22	129,95		
71,15	**73,99**	**76,70**	**79,27**	**84,02**	**88,28**	**92,07**	**95,39**	**98,21**	**100,74**	**102,80**	**104,49**	**105,82**	**106,80**	**107,46**	**107,82**		67
77,22	80,66	83,97	87,17	93,19	98,72	103,76	108,31	112,38	115,95	119,03	121,62	123,72	125,33	126,46	127,09		
69,96	**72,74**	**75,40**	**77,91**	**82,56**	**86,73**	**90,41**	**93,65**	**96,38**	**98,84**	**100,83**	**102,44**	**103,70**	**104,62**	**105,23**	**105,53**		66
75,92	79,29	82,54	85,67	91,56	96,96	101,88	106,31	110,25	113,71	116,68	119,16	121,16	122,67	123,69	124,23		
68,77	**71,50**	**74,09**	**76,56**	**81,10**	**85,17**	**88,76**	**91,91**	**94,56**	**96,93**	**98,85**	**100,39**	**101,58**	**102,44**	**102,99**	**103,24**		**65**
74,62	77,92	81,11	84,17	89,92	95,20	99,99	104,30	108,12	111,47	114,32	116,70	118,59	120,00	120,92	121,37		
67,58	**70,25**	**72,79**	**75,20**	**79,64**	**83,61**	**87,11**	**90,17**	**92,74**	**95,03**	**96,87**	**98,34**	**99,47**	**100,27**	**100,76**	**100,95**		64
73,33	76,56	79,67	82,67	88,29	93,44	98,11	102,29	106,00	109,23	111,97	114,24	116,03	117,33	118,16	118,51		
66,40	**69,01**	**71,49**	**73,84**	**78,19**	**82,05**	**85,46**	**88,43**	**90,91**	**93,12**	**94,89**	**96,29**	**97,35**	**98,09**	**98,52**	**98,66**		63
72,03	75,20	78,24	81,17	86,66	91,68	96,22	100,29	103,88	106,99	109,62	111,78	113,46	114,67	115,40	115,65		
65,20	**67,76**	**70,19**	**72,49**	**76,73**	**80,49**	**83,81**	**86,68**	**89,09**	**91,22**	**92,91**	**94,24**	**95,24**	**95,91**	**96,28**			62
70,73	73,83	76,81	79,67	85,03	89,92	94,34	98,28	101,75	104,75	107,27	109,32	110,90	112,00	112,63			
64,02	**66,51**	**68,88**	**71,13**	**75,27**	**78,93**	**82,15**	**84,94**	**87,26**	**89,31**	**90,93**	**92,19**	**93,12**	**93,73**	**94,05**			61
69,44	72,46	75,37	78,17	83,40	88,16	92,45	96,27	99,62	102,51	104,92	106,86	108,33	109,33	109,86			
62,83	**65,27**	**67,58**	**69,78**	**73,81**	**77,38**	**80,50**	**83,20**	**85,44**	**87,41**	**88,95**	**90,14**	**91,00**	**91,56**	**91,81**			**60**
68,14	71,10	73,94	76,67	81,77	86,40	90,57	94,27	97,50	100,27	102,57	104,40	105,77	106,67	107,10			
61,64	**64,02**	**66,28**	**68,42**	**72,35**	**75,82**	**78,85**	**81,46**	**83,62**	**85,50**	**86,97**	**88,09**	**88,89**	**89,38**	**89,58**			59
66,84	69,74	72,51	75,17	80,14	84,64	88,68	92,26	95,38	98,03	100,22	101,94	103,20	104,00	104,34			
60,45	**62,78**	**64,98**	**67,07**	**70,89**	**74,26**	**77,20**	**79,72**	**81,79**	**83,60**	**84,99**	**86,04**	**86,77**	**87,20**				58
65,55	68,37	71,08	73,67	78,50	82,88	86,80	90,25	93,25	95,79	97,86	99,48	100,64	101,33				
59,26	**61,53**	**63,68**	**65,71**	**69,43**	**72,70**	**75,54**	**77,98**	**79,97**	**81,70**	**83,01**	**84,00**	**84,66**	**85,02**				57
64,25	67,00	69,64	72,17	76,87	81,12	84,91	88,25	91,12	93,55	95,51	97,02	98,07	98,67				
58,07	**60,28**	**62,38**	**64,36**	**67,97**	**71,14**	**73,89**	**76,24**	**78,14**	**79,79**	**81,03**	**81,94**	**82,54**	**82,84**				56
62,96	65,64	68,21	70,67	75,24	79,36	83,03	86,24	89,00	91,31	93,16	94,56	95,51	96,00				
56,88	**59,04**	**61,08**	**63,00**	**66,51**	**69,58**	**72,24**	**74,50**	**76,32**	**77,89**	**79,06**	**79,90**	**80,43**	**80,67**				**55**
61,66	64,28	66,78	69,17	73,61	77,60	81,14	84,23	86,88	89,07	90,81	92,10	92,94	93,33				
55,69	**57,79**	**59,77**	**61,64**	**65,05**	**68,02**	**70,59**	**72,76**	**74,50**	**75,98**	**77,08**	**77,85**	**78,31**	**78,49**				54
60,36	62,91	65,34	67,67	71,98	75,84	79,26	82,23	84,75	86,83	88,46	89,64	90,38	90,67				

Tafel 88

Allgemeine Tafel

vorzugsweise zur Bemessung von Steineisendecken und

Bemessungsformeln:

Die vollen Formeln liefern Biegemoment und Bewehrung von Plattenbalken bei Berücksichtigung der Spannungen im Steg; wird $b_0 = 0$ gesetzt, so gelten die Formeln für Plattenbalken bei Vernachlässigung der Spannungen im Steg; ist $b_1 = 0$, so gelten die Formeln für Rechteckquerschnitte. Die Tafeln gelten für jeden beliebigen Wert von σ_e und σ_b innerhalb der vorhandenen Grenzen von $\frac{\sigma_e}{\sigma_b}$.

σ_e			$r=\frac{\sigma_e}{\sigma_b}$	$\frac{x}{h}$	Fett: α, dünn: γ	d/h									
1500	**1200**	1000				*0,05*	*0,06*	*0,07*	*0,08*	*0,09*	*0,10*	*0,11*	*0,12*	*0,13*	*0,14*
σ_b						Fett gedruckt: β, dünn gedruckt: δ									
$66^{1}/_{4}$	53	$44^{1}/_{6}$	*22,64*	0,398	76,31 88,00	20,19 20,70	23,79 24,50	27,24 28,20	30,56 31,79	33,74 35,26	36,79 38,62	39,70 41,88	42,48 45,02	45,13 48,05	47,66 50,97
65	52	$43^{1}/_{3}$	*23,08*	0,394	74,15 85,35	19,80 20,29	23,32 24,02	26,70 27,64	29,95 31,15	33,06 34,54	36,03 37,83	38,88 41,01	41,59 44,08	44,18 47,04	46,65 49,89
$63^{3}/_{4}$	51	$42^{1}/_{2}$	*23,53*	0,389	71,99 82,73	19,40 19,89	22,85 23,54	26,16 27,08	29,33 30,51	32,37 33,83	35,28 37,04	38,06 40,14	40,71 43,14	43,23 46,02	45,64 48,80
$62^{1}/_{2}$	**50**	$41^{2}/_{3}$	*24,00*	0,385	69,86 80,13	19,00 19,48	22,38 23,05	25,62 26,51	28,72 29,87	31,69 33,11	34,53 36,25	37,24 39,28	39,82 42,20	42,28 45,01	44,62 47,72
$61^{1}/_{4}$	49	$40^{5}/_{6}$	*24,49*	0,380	67,73 77,55	18,61 19,07	21,91 22,56	25,07 25,95	28,10 29,23	31,00 32,40	33,78 35,46	36,42 38,41	38,94 41,26	41,34 44,00	43,61 46,63
60	48	**40**	*25,00*	0,375	65,62 75,00	18,21 18,67	21,44 22,08	24,53 25,39	27,49 28,59	30,32 31,68	33,02 34,67	35,60 37,55	38,05 40,32	40,39 42,99	42,60 45,55
$58^{3}/_{4}$	47	$39^{1}/_{6}$	*25,53*	0,370	63,53 72,47	17,81 18,26	20,97 21,60	23,98 24,82	26,87 27,95	29,63 30,96	32,27 33,88	34,78 36,68	37,17 39,38	39,44 41,97	41,59 44,46
$57^{1}/_{2}$	46	$38^{1}/_{3}$	*26,09*	0,365	61,48 70,00	17,42 17,85	20,50 21,11	23,44 24,26	26,26 27,31	28,95 30,25	31,52 33,08	33,96 35,81	36,28 38,44	38,49 40,96	40,58 43,38
$56^{1}/_{4}$	**45**	$37^{1}/_{2}$	*26,67*	0,360	59,40 67,50	17,02 17,45	20,02 20,62	22,90 23,70	25,64 26,67	28,26 29,53	30,76 32,29	33,14 34,95	35,40 37,50	37,54 39,95	39,57 42,29
55	44	$36^{2}/_{3}$	*27,27*	0,355	57,36 65,05	16,63 17,04	19,55 20,14	22,35 23,14	25,03 26,03	27,58 28,82	30,01 31,50	32,32 34,08	34,52 36,56	36,59 38,94	38,56 41,21
$53^{3}/_{4}$	43	$35^{5}/_{6}$	*27,91*	0,350	55,34 62,64	16,23 16,64	19,08 19,66	21,81 22,57	24,41 25,39	26,90 28,10	29,26 30,71	31,50 33,22	33,63 35,62	35,64 37,92	37,55 40,12
$52^{1}/_{2}$	42	**35**	*28,57*	0,344	53,33 60,25	15,83 16,23	18,61 19,17	21,27 22,01	23,80 24,75	26,21 27,38	28,50 29,92	30,68 32,35	32,74 34,68	34,70 36,91	36,54 39,04
$51^{1}/_{4}$	41	$34^{1}/_{6}$	*29,27*	0,339	51,35 57,89	15,44 15,82	18,14 18,68	20,72 21,45	23,18 24,11	25,53 26,67	27,75 29,12	29,86 31,48	31,86 33,74	33,75 35,90	35,52 37,95
50	**40**	$33^{1}/_{3}$	*30,00*	0,333	49,38 55,56	15,04 15,42	17,67 18,20	20,18 20,88	22,57 23,47	24,84 25,95	27,00 28,33	29,04 30,62	30,98 32,80	32,80 34,88	34,51 36,87
$48^{3}/_{4}$	39	$32^{1}/_{2}$	*30,77*	0,328	47,43 53,26	14,64 15,01	17,20 17,72	19,64 20,32	21,96 22,83	24,16 25,23	26,25 27,54	28,22 29,75	30,09 31,86	31,85 33,87	33,50 35,78
$47^{1}/_{2}$	38	$31^{2}/_{3}$	*31,58*	0,322	45,52 50,99	14,25 14,60	16,73 17,23	19,09 19,76	21,34 22,19	23,47 24,52	25,49 26,75	27,40 28,88	29,21 30,92	30,90 32,86	32,49 34,70
$46^{1}/_{4}$	37	$30^{5}/_{6}$	*32,43*	0,316	43,61 48,75	13,85 14,20	16,26 16,74	18,55 19,19	20,73 21,55	22,79 23,80	24,74 25,96	26,58 28,02	28,32 29,98	29,95 31,84	31,48 33,61
45	36	**30**	*33,33*	0,310	41,70 46,52	13,46 13,79	15,79 16,26	18,01 18,63	20,11 20,91	22,10 23,08	23,99 25,17	25,76 27,15	27,44 29,04	29,00 30,83	30,47 32,53
$43^{3}/_{4}$	**35**	$29^{1}/_{6}$	*34,29*	0,304	39,88 44,38	13,06 13,39	15,32 15,78	17,46 18,07	19,50 20,27	21,42 22,37	23,24 24,38	24,95 26,28	26,55 28,10	28,06 29,82	29,46 31,44
$42^{1}/_{2}$	34	$28^{1}/_{3}$	*35,29*	0,298	38,05 42,25	12,66 12,98	14,85 15,29	16,92 17,50	18,88 19,63	20,74 21,65	22,48 23,58	24,13 25,42	25,67 27,16	27,11 28,80	28,45 30,36
$41^{1}/_{4}$	33	$27^{1}/_{2}$	*36,36*	0,292	36,24 40,15	12,27 12,57	14,38 14,80	16,38 16,94	18,27 18,99	20,05 20,94	21,73 22,79	23,31 24,55	24,78 26,22	26,16 27,79	27,44 29,27
40	32	$26^{2}/_{3}$	*37,50*	0,286	34,47 38,10	18,72 12,17	13,91 14,32	15,83 16,38	17,65 18,35	19,37 20,22	20,98 22,00	22,49 23,69	23,90 25,28	25,21 26,78	26,43 28,19

für reine Biegung

Tafel 88

von Plattenbalken mit sehr hohem Steg oder sehr dünner Platte

$$M = \sigma_e \cdot h^2 (\alpha \cdot b_0 + \beta \cdot b_1); \quad F_e = h(\gamma \cdot b_0 + \delta \cdot b_1);$$

M = das vom Querschnitt aufnehmbare Biegemoment in kgm;
F_e = Zugeisenquerschnitt in cm²;
σ_e = Eisenzugspannung in kg/cm²; σ_b = Betondruckspannung in kg/cm²;
h = Nutzhöhe in m; b_0 = Stegbreite in m;
b = Druckgurtbreite in m; $b_1 = b - b_0$;
d = Druckplattendicke; x = Nullinienabstand.

d/h															σ_e
0,15	*0,16*	*0,17*	*0,18*	*0,19*	*0,20*	*0,22*	*0,24*	*0,26*	*0,28*	*0,30*	*0,32*	*0,34*	*0,36*	*0,38*	1200
Fett gedruckt: β, dünn gedruckt: δ															σ_b
50,06	**52,34**	**54,50**	**56,54**	**58,47**	**60,29**	**63,59**	**66,47**	**68,94**	**71,02**	**72,67**	**74,08**	**75,10**	**75,80**	**76,20**	53
53,78	56,48	59,07	61,54	63,91	66,17	70,34	74,08	77,37	80,22	82,62	84,59	86,10	87,18	87,81	
48,99	**51,21**	**53,31**	**55,30**	**57,17**	**58,93**	**62,13**	**64,91**	**67,28**	**69,28**	**70,85**	**72,17**	**73,12**	**73,55**	**74,08**	52
52,62	55,25	57,77	60,18	62,48	64,67	68,71	72,32	75,49	78,21	80,50	32,35	83,75	84,72	85,25	
47,92	**50,08**	**52,12**	**54,05**	**55,87**	**57,58**	**60,67**	**63,35**	**65,63**	**67,53**	**69,02**	**70,27**	**71,14**	**71,70**	**71,96**	51
51,47	54,03	56,48	58,82	61,04	63,17	67,08	70,56	73,60	76,21	78,38	80,11	81,40	82,26	82,68	
46,84	**48,94**	**50,93**	**52,81**	**54,57**	**56,22**	**59,21**	**61,79**	**63,98**	**65,79**	**67,20**	**68,37**	**69,16**	**69,65**	**69,85**	50
50,31	52,80	55,18	57,45	59,61	61,67	65,45	68,80	71,72	74,20	76,25	77,87	79,05	79,80	80,12	
45,77	**47,81**	**49,74**	**51,56**	**53,27**	**54,87**	**57,75**	**60,23**	**62,33**	**64,05**	**65,38**	**66,46**	**67,18**	**67,60**		49
49,16	51,57	53,88	56,08	58,18	60,17	63,82	67,04	69,83	72,19	74,12	75,63	76,70	77,34		
44,70	**46,68**	**48,55**	**50,31**	**51,96**	**53,51**	**56,29**	**58,68**	**60,68**	**62,31**	**63,55**	**64,56**	**65,20**	**65,55**		48
48,00	50,35	52,59	54,72	56,75	58,67	62,19	65,28	67,95	70,19	72,00	73,39	74,35	74,88		
43,63	**45,55**	**47,36**	**49,07**	**50,66**	**52,16**	**54,83**	**57,12**	**59,02**	**60,57**	**61,73**	**62,65**	**63,22**	**63,50**		47
46,84	49,12	51,29	53,36	55,31	57,17	60,56	63,52	66,06	68,18	69,88	71,15	72,00	72,42		
42,56	**44,42**	**46,17**	**47,82**	**49,36**	**50,80**	**53,37**	**55,56**	**57,37**	**58,83**	**59,90**	**60,75**	**61,24**	**61,45**		46
45,69	47,89	49,99	51,99	53,88	55,67	58,92	61,76	64,18	66,17	67,75	68,91	69,64	69,96		
41,48	**43,29**	**44,98**	**46,58**	**48,06**	**49,44**	**51,91**	**54,00**	**55,72**	**57,09**	**58,08**	**58,84**	**59,26**			45
44,53	46,67	48,70	50,62	52,45	54,17	57,29	60,00	62,29	64,17	65,62	66,67	67,29			
40,41	**42,16**	**43,80**	**45,33**	**46,76**	**48,09**	**50,45**	**52,44**	**54,07**	**55,35**	**56,26**	**56,94**	**57,28**			44
43,38	45,44	47,40	49,26	51,02	52,67	55,66	58,24	60,41	62,16	63,50	64,43	64,94			
39,34	**41,03**	**42,61**	**44,08**	**45,46**	**46,73**	**48,99**	**50,88**	**52,42**	**53,61**	**54,43**	**55,04**	**55,30**			43
42,22	44,21	46,10	47,90	49,58	51,17	54,03	56,48	58,52	60,15	61,38	62,19	62,59			
38,27	**39,89**	**41,42**	**42,84**	**44,16**	**45,38**	**47,54**	**49,32**	**50,76**	**51,87**	**52,61**	**53,13**	**53,33**			42
41,06	42,99	44,81	46,53	48,15	49,67	52,40	54,72	56,64	58,15	59,25	59,95	60,24			
37,20	**38,76**	**40,23**	**41,59**	**42,85**	**44,02**	**46,08**	**47,77**	**49,11**	**50,12**	**50,78**	**51,23**				41
39,91	41,76	43,51	45,16	46,72	48,17	50,76	52,96	54,75	56,14	57,12	57,71				
36,12	**37,63**	**39,04**	**40,34**	**41,55**	**42,67**	**44,62**	**46,21**	**47,46**	**48,38**	**48,96**	**49,32**				40
38,75	40,53	42,22	43,80	45,28	46,67	49,13	51,20	52,87	54,13	55,00	55,47				
35,05	**36,50**	**37,85**	**39,10**	**40,25**	**41,31**	**43,16**	**44,65**	**45,81**	**46,64**	**47,14**	**47,42**				39
37,59	39,31	40,92	42,44	43,85	45,17	47,50	49,44	50,98	52,13	52,88	53,23				
33,98	**35,37**	**36,66**	**37,85**	**38,95**	**39,96**	**41,70**	**43,09**	**44,15**	**44,90**	**45,31**	**45,51**				38
36,44	38,08	39,62	41,07	42,42	43,67	45,87	47,68	49,10	50,12	50,75	50,99				
32,91	**34,24**	**35,47**	**36,60**	**37,65**	**38,60**	**40,24**	**41,53**	**42,50**	**43,16**	**43,49**					37
35,28	36,85	38,33	39,70	40,98	42,17	44,24	45,92	47,21	48,11	48,62					
31,84	**33,11**	**34,28**	**35,36**	**36,35**	**37,24**	**38,78**	**39,97**	**40,85**	**41,42**	**41,66**					36
34,12	35,63	37,03	38,34	39,55	40,67	42,61	44,16	45,33	46,11	46,50					
30,76	**31,98**	**33,09**	**34,11**	**35,04**	**35,89**	**37,32**	**38,42**	**39,20**	**39,68**	**39,84**					35
32,97	34,40	35,74	36,98	38,12	39,17	40,98	42,40	43,44	44,10	44,38					
29,69	**30,84**	**31,90**	**32,87**	**33,74**	**34,53**	**35,86**	**36,86**	**37,54**	**37,94**						34
31,82	33,17	34,44	35,61	36,69	37,67	39,34	40,64	41,56	42,09						
28,62	**29,71**	**30,71**	**31,62**	**32,44**	**33,18**	**34,40**	**35,30**	**35,89**	**36,20**						33
30,66	31,95	33,14	34,24	35,25	36,17	37,71	38,88	39,67	40,09						
27,55	**28,58**	**29,52**	**30,37**	**31,14**	**31,82**	**32,94**	**33,74**	**34,24**	**34,46**						32
29,50	30,72	31,85	32,88	33,82	34,67	36,08	37,12	37,79	38,08						

Allgemeine Tafel

vorzugsweise zur Bemessung von Steineisendecken und

Bemessungsformeln:

Die vollen Formeln liefern Biegemoment und Bewehrung von Plattenbalken bei Berücksichtigung der Spannungen im Steg; wird $b_0 = 0$ gesetzt, so gelten die Formeln für Plattenbalken bei Vernachlässigung der Spannungen im Steg; ist $b_1 = 0$, so gelten die Formeln für Rechteckquerschnitte. Die Tafeln gelten für jeden beliebigen Wert von σ_e und σ_b innerhalb der vorhandenen Grenzen von $\frac{\sigma_e}{\sigma_b}$.

σ_e			$r = \frac{\sigma_e}{\sigma_b}$	$\frac{x}{h}$	Fett: α, dünn: γ	d/h							
1500	**1200**	1000				***0,05***	***0,06***	***0,07***	***0,08***	***0,09***	***0,10***	***0,11***	***0,12***
σ_b						Fett gedruckt: β, dünn gedruckt: δ							
$38\frac{3}{4}$	31	$25\frac{5}{6}$	*38,71*	0,279	**32,72** 36,07	**11,48** 11,76	**13,44** 13,84	**15,29** 15,82	**17,04** 17,71	**18,68** 19,50	**20,22** 21,21	**21,67** 22,82	**23,01** 24,34
$37\frac{1}{2}$	**30**	**25**	*40,00*	0,273	**30,99** 34,09	**11,08** 11,35	**12,97** 13,35	**14,75** 15,25	**16,42** 17,07	**18,00** 18,79	**19,47** 20,42	**20,85** 21,95	**22,13** 23,40
$36\frac{1}{4}$	29	$24\frac{1}{6}$	*41,38*	0,266	**29,30** 32,15	**10,68** 10,95	**12,50** 12,86	**14,20** 14,69	**15,87** 16,43	**17,31** 18,07	**18,72** 19,62	**20,03** 21,09	**21,24** 22,46
35	28	$23\frac{1}{3}$	*42,86*	0,259	**27,63** 30,25	**10,29** 10,54	**12,02** 12,38	**13,66** 14,13	**15,19** 15,79	**16,63** 17,36	**17,97** 18,83	**19,21** 20,22	**20,36** 21,52
$33\frac{3}{4}$	27	$22\frac{1}{2}$	*44,44*	0,252	**26,00** 28,39	**9,89** 10,14	**11,55** 11,90	**13,12** 13,56	**14,58** 15,15	**15,94** 16,64	**17,21** 18,04	**18,39** 19,36	**19,47** 20,58
$32\frac{1}{2}$	26	$21\frac{2}{3}$	*46,15*	0,245	**24,40** 26,57	**9,50** 9,73	**11,08** 11,41	**12,57** 13,00	**13,96** 14,51	**15,26** 15,92	**16,46** 17,25	**17,57** 18,49	**18,59** 19,64
$31\frac{1}{4}$	**25**	$20\frac{5}{6}$	*48,00*	0,238	**22,83** 24,80	**9,10** 9,32	**10,61** 10,92	**12,03** 12,44	**13,35** 13,87	**14,58** 15,21	**15,71** 16,46	**16,75** 17,62	**17,70** 18,70
30	24	**20**	*50,00*	0,231	**21,30** 23,08	**8,70** 8,92	**10,14** 10,44	**11,48** 11,88	**12,73** 13,23	**13,89** 14,49	**14,96** 15,67	**15,93** 16,76	**16,82** 17,76
$28\frac{3}{4}$	23	$19\frac{1}{6}$	*52,17*	0,223	**19,60** 21,18	**8,31** 8,51	**9,67** 9,96	**10,94** 11,31	**12,12** 12,59	**13,21** 13,77	**14,20** 14,88	**15,11** 15,89	**15,93** 16,82
$27\frac{1}{2}$	22	$18\frac{1}{3}$	*54,54*	0,216	**18,35** 19,77	**7,91** 8,10	**9,20** 9,47	**10,40** 10,75	**11,50** 11,95	**12,52** 13,06	**13,45** 14,08	**14,29** 15,02	**15,05** 15,88
$26\frac{1}{4}$	21	$17\frac{1}{2}$	*57,14*	0,208	**16,93** 18,19	**7,51** 7,70	**8,73** 8,98	**9,86** 10,19	**10,89** 11,31	**11,84** 12,34	**12,70** 13,29	**13,47** 14,16	**14,16** 14,94
25	**20**	$16\frac{2}{3}$	*60,00*	0,200	**15,56** 16,67	**7,12** 7,29	**8,26** 8,50	**9,31** 9,62	**10,28** 10,67	**11,15** 11,62	**11,94** 12,50	**12,65** 13,29	**13,28** 14,00
$23\frac{3}{4}$	19	$15\frac{5}{6}$	*63,16*	0,192	**14,22** 15,19	**6,72** 6,88	**7,79** 8,02	**8,77** 9,06	**9,66** 10,03	**10,47** 10,91	**11,19** 11,71	**11,83** 12,42	**12,40** 13,06
$22\frac{1}{2}$	18	**15**	*66,67*	0,184	**12,93** 13,78	**6,32** 6,48	**7,32** 7,53	**8,22** 8,50	**9,05** 9,39	**9,78** 10,19	**10,44** 10,92	**11,01** 11,56	**11,51** 12,12
$21\frac{1}{4}$	17	$14\frac{1}{6}$	*70,59*	0,175	**11,69** 12,41	**5,93** 6,07	**6,85** 7,04	**7,68** 7,94	**8,43** 8,75	**9,10** 9,48	**9,69** 10,12	**10,19** 10,69	**10,62** 11,18
20	16	$13\frac{1}{3}$	*75,00*	0,167	**10,49** 11,11	**5,53** 5,67	**6,38** 6,56	**7,14** 7,37	**7,82** 8,11	**8,41** 8,76	**8,93** 9,33	**9,37** 9,83	**9,74** 10,24
$18\frac{3}{4}$	**15**	$12\frac{1}{2}$	*80,00*	0,158	**9,35** 9,87	**5,14** 5,26	**5,91** 6,08	**6,59** 6,81	**7,20** 7,47	**7,73** 8,04	**8,18** 8,54	**8,56** 8,96	**8,86** 9,30
$17\frac{1}{2}$	14	$11\frac{2}{3}$	*85,71*	0,149	**8,26** 8,69	**4,74** 4,85	**5,44** 5,59	**6,05** 6,25	**6,59** 6,83	**7,04** 7,33	**7,43** 7,75	**7,74** 8,09	**7,97** 8,36
$16\frac{1}{4}$	13	$10\frac{5}{6}$	*92,31*	0,140	**7,20** 7,56	**4,34** 4,45	**4,96** 5,10	**5,51** 5,68	**5,97** 6,19	**6,36** 6,61	**6,68** 6,96	**6,92** 7,23	**7,09** 7,42
15	12	**10**	*100,00*	0,130	**6,24** 6,52	**3,95** 4,04	**4,50** 4,62	**4,96** 5,12	**5,36** 5,55	**5,68** 5,90	**5,92** 6,17	**6,10** 6,36	**6,20** 6,48
$13\frac{3}{4}$	11	$9\frac{1}{6}$	*109,09*	0,121	**5,32** 5,54	**3,55** 3,64	**4,02** 4,14	**4,42** 4,56	**4,74** 4,91	**4,99** 5,18	**5,17** 5,38	**5,28** 5,50	**5,32** 5,54
$12\frac{1}{2}$	**10**	$8\frac{1}{3}$	*120,00*	0,111	**4,46** 4,63	**3,16** 3,23	**3,55** 3,65	**3,88** 4,00	**4,13** 4,27	**4,31** 4,46	**4,42** 4,58	**4,46** 4,63	

für reine Biegung

von Plattenbalken mit sehr hohem Steg oder sehr dünner Platte

$$M = \sigma_e \cdot h^2 (\alpha \cdot b_0 + \beta \cdot b_1); \quad F_e = h(\gamma \cdot b_0 + \delta \cdot b_1);$$

M = das vom Querschnitt aufnehmbare Biegemoment in kgm;
F_e = Zugeisenquerschnitt in cm²;
σ_e = Eisenzugspannung in kg/cm²; σ_b = Betondruckspannung in kg/cm²;
h = Nutzhöhe in m; h_0 = Stegbreite in m;
b = Druckgurtbreite in m; $b_1 = b - b_0$;
d = Druckplattendicke; x = Nullinienabstand.

d/h											σ_b
0,13	*0,14*	*0,15*	*0,16*	*0,17*	*0,18*	*0,19*	*0,20*	*0,22*	*0,24*	*0,26*	**1200**
Fett gedruckt: β, dünn gedruckt: δ											σ_b
24,26	**25,42**	**26,48**	**27,45**	**28,33**	**29,13**	**29,84**	**30,47**	**31,48**	**32,18**	**32,59**	31
25,77	27,10	28,34	29,49	30,55	31,52	32,39	33,17	34,45	35,36	35,90	
23,31	**24,40**	**25,41**	**26,32**	**27,14**	**27,88**	**28,54**	**29,11**	**30,02**	**30,62**	**30,94**	**30**
24,75	26,02	27,19	28,27	29,25	30,15	30,99	31,67	32,82	33,60	34,02	
22,36	**23,39**	**24,33**	**25,19**	**25,95**	**26,64**	**27,24**	**27,76**	**28,56**	**29,06**	**29,28**	29
23,74	24,93	26,03	27,04	27,96	28,78	29,52	30,17	31,18	31,84	32,13	
21,42	**22,38**	**23,26**	**24,06**	**24,76**	**25,39**	**25,93**	**26,40**	**27,10**	**27,51**		28
22,73	23,85	24,88	25,81	26,66	27,42	28,09	28,67	29,55	30,08		
20,47	**21,37**	**22,19**	**22,92**	**23,57**	**24,14**	**24,63**	**25,04**	**25,64**	**25,95**		27
21,72	22,76	23,72	24,59	25,36	26,06	26,66	27,17	27,92	28,32		
19,52	**20,36**	**21,12**	**21,79**	**22,38**	**22,90**	**23,33**	**23,69**	**24,18**	**24,39**		26
20,70	21,68	22,56	23,36	24,07	24,69	25,22	25,67	26,29	26,56		
18,57	**19,35**	**20,05**	**20,66**	**21,20**	**21,65**	**22,03**	**22,33**	**22,72**			**25**
19,69	20,59	21,41	22,13	22,77	23,32	23,79	24,17	24,66			
17,62	**18,34**	**18,98**	**19,53**	**20,01**	**20,40**	**20,73**	**20,98**	**21,26**			24
18,68	19,51	20,25	20,91	21,48	21,96	22,36	22,67	23,03			
16,67	**17,33**	**17,90**	**18,40**	**18,82**	**19,16**	**19,43**	**19,62**	**19,80**			23
17,66	18,42	19,09	19,68	20,18	20,60	20,92	21,17	21,40			
15,72	**16,32**	**16,83**	**17,27**	**17,63**	**17,91**	**18,12**	**18,27**				22
16,65	17,34	17,94	18,45	18,88	19,23	19,49	19,67				
14,78	**15,31**	**15,76**	**16,14**	**16,44**	**16,67**	**16,82**	**16,91**				21
15,64	16,25	16,78	17,23	17,59	17,86	18,06	18,17				
13,83	**14,30**	**14,69**	**15,00**	**15,25**	**15,42**	**15,52**					**20**
14,62	15,17	15,62	16,00	16,29	15,50	16,62					
12,88	**13,28**	**13,62**	**13,87**	**14,06**	**14,17**	**14,22**					19
13,61	14,08	14,47	14,77	15,00	16,14	15,19					
11,93	**12,27**	**12,54**	**12,74**	**12,87**	**12,93**						18
12.60	13,00	13,31	13,55	13,70	13,77						
10,98	**11,26**	**11,47**	**11,61**	**11,68**							17
11,59	11,91	12,16	12,32	12,40							
10,03	**10,25**	**10,40**	**10,48**								16
10,57	10,83	11,00	11,09								
9,08	**9,24**	**9,33**									**15**
9,56	9,74	9,84									
8,14	**8,23**										14
8,55	8,66										
7,19											13
7,53											
6,24											12
6,52											
											11
											10

7. Tafel für doppelte Bewehrung.

Die Tafeln enthalten Koeffizienten, die, mit $\frac{\Delta M}{h}$ multipliziert, die Druckbewehrung bzw. die Zusatzzugbewehrung ergeben. Letztere ist von der Betondruckspannung unabhängig. Entsprechend den übrigen Tafeln ist ΔM in kgm und h in cm einzusetzen. Die Druckbewehrung wird am besten gleich für die vorhandene Druckbreite ermittelt, sie kann aber auch zuerst für 1 m Druckbreite bestimmt werden. Man achte stets darauf, daß ΔM für die gewünschte Breite richtig ermittelt ist. Das Moment M_0, das vom Querschnitt ohne Druckbewehrung bei den zulässigen Spannungen aufgenommen wird, läßt sich am besten mit Hilfe der Tafeln 3 bis 89 bestimmen, kann aber auch sonstwie ermittelt sein.

Die Spannung in der Druckbewehrung und damit ihre Wirksamkeit sind stark abhängig von dem Abstand der Druckbewehrung von der Betonkante. Um diesen Abstand genau berücksichtigen zu können, enthalten die Tafeln die als Leitzahl gewählten Werte $\frac{h'}{h}$ zwischen den praktisch vorkommenden äußersten Grenzen 0,025 und 0,230 mit so engen Intervallen, daß eine Interpolation niemals nötig ist. Die berücksichtigten Spannungen sind die zulässigen Eisenzugspannungen $\sigma_e = 1500$ und 1200 kg/cm² und die zulässigen höchsten Betondruckspannungen.

Gang der Bemessung.

Gegeben:

M = das Biegemoment in kgm,
h = die Nutzhöhe in cm,
σ_e und σ_b = die zulässigen Höchstspannungen,
M_0 = das mit Hilfe der Tafeln 3 bis 88 ermittelte Moment, welches vom Querschnitt ohne Druckbewehrung aufgenommen wird und
F_{e0} = die zu diesem Moment gehörige Zugbewehrung.

Lösung: Wähle den Abstand des Schwerpunktes der Druckbewehrung von der Betonkante h' so klein wie möglich und berechne die Leitzahl $\frac{h'}{h}$. Rechne ferner $\frac{\Delta M}{h} = \frac{M - M_0}{h}$ aus und suche auf der zu den gegebenen Spannungen gehörigen Tafelseite den an $\frac{h'}{h}$ nächststehenden Wert, lies in den entsprechenden Spalten die Koeffizienten für ΔF_e und F_e' ab und multipliziere sie mit $\frac{\Delta M}{h}$. Die Gesamtzugbewehrung ist dann $F_e = F_{e0} + \Delta F_e$. Der Wert ΔF_e ist bei der gegebenen Eisenzugspannung für jede beliebige Betonspannung derselbe. (Siehe Zahlenbeispiele 29 bis 36.)

Tafel 90

Tafel für doppelte

$\Delta M = M - M_0$;

M = Biegemoment in kgm;

M_0 = das vom Querschnitt ohne Druckbewehrung bei σ_e und σ_b aufnehmbares Biegemoment in kgm (zu ermitteln mit Hilfe der Tafeln 3—89);

h = Nutzhöhe in cm;

$\sigma_e = 1500\ \text{kg/cm}^2$									
h'/h	$\sigma_b =$	75	70	65	60	55	50	45	40
	α	β							
0,025	0,0684	0,0968	0,1040	0,1123	0,1221	0,1337	0,1478	0,1653	0,1873
0,030	0,0687	0,0985	0,1059	0,1145	0,1245	0,1365	0,1511	0,1691	0,1920
0,035	0,0691	0,1003	0,1079	0,1166	0,1270	0,1394	0,1544	0,1730	0,1968
0,040	0,0694	0,1021	0,1099	0,1189	0,1296	0,1423	0,1578	0,1772	0,2019
0,045	0,0698	0,1040	0,1120	0,1212	0,1322	0,1454	0,1614	0,1814	0,2071
0,050	0,0702	0,1059	0,1141	0,1237	0,1350	0,1485	0,1651	0,1859	0,2127
0,055	0,0705	0,1079	0,1163	0,1261	0,1378	0,1518	0,1690	0,1905	0,2184
0,060	0,0709	0,1100	0,1186	0,1287	0,1407	0,1552	0,1730	0,1954	0,2244
0,065	0,0713	0,1121	0,1210	0,1314	0,1438	0,1587	0,1771	0,2004	0,2307
0,070	0,0717	0,1142	0,1234	0,1341	0,1469	0,1624	0,1815	0,2057	0,2374
0,075	0,0720	0,1165	0,1259	0,1370	0,1502	0,1662	0,1860	0,2112	0,2443
0,080	0,0725	0,1188	0,1285	0,1399	0,1535	0,1701	0,1907	0,2170	0,2516
0,085	0,0729	0,1212	0,1312	0,1429	0,1570	0,1742	0,1956	0,2230	0,2593
0,090	0,0733	0,1236	0,1339	0,1461	0,1607	0,1785	0,2007	0,2293	0,2674
0,095	0,0737	0,1262	0,1368	0,1493	0,1644	0,1829	0,2061	0,2359	0,2759
0,100	0,0741	0,1288	0,1398	0,1527	0,1684	0,1875	0,2116	0,2429	0,2849
0,110	0,0749	0,1344	0,1460	0,1599	0,1767	0,1974	0,2236	0,2579	0,3045
0,120	0,0758	0,1403	0,1527	0,1676	0,1857	0,2081	0,2367	0,2745	0,3265
0,130	0,0766	0,1467	0,1600	0,1760	0,1955	0,2199	0,2512	0,2930	0,3515
0,140	0,0775	0,1535	0,1678	0,1850	0,2062	0,2328	0,2673	0,3138	0,3800
0,150	0,0784	0,1609	0,1762	0,1949	0,2179	0,2470	0,2852	0,3373	0,4128
0,160	0,0794	0,1689	0,1854	0,2056	0,2307	0,2628	0,3052	0,3641	0,4509
0,170	0,0803	0,1775	0,1954	0,2174	0,2449	0,2804	0,3278	0,3947	0,4958
0,180	0,0813	0,1869	0,2063	0,2303	0,2606	0,3000	0,3535	0,4302	0,5493
0,190	0,0823	0,1971	0,2183	0,2446	0,2781	0,3221	0,3828	0,4717	0,6142
0,200	0,0833	0,2083	0,2315	0,2604	0,2976	0,3472	0,4167	0,5208	0,6944
0,210	0,0844	0,2206	0,2460	0,2780	0,3197	0,3759	0,4562	0,5800	0,7961
0,220	0,0855	0,2343	0,2622	0,2978	0,3446	0,4089	0,5028	0,6524	0,9290
0,230	0,0866	0,2492	0,2802	0,3201	0,3732	0,4474	0,5586	0,7432	1,1100

Bewehrung

$$F_e = F_{e_0} + \alpha \cdot \frac{\Delta M}{h}; \quad F'_e = \beta \cdot \frac{\Delta M}{h};$$

F_e = Zugbewehrung in cm²;

F'_e = Druckbewehrung in cm²;

F_{e_0} = die zu M_0 gehörige Zugbewehrung in cm²

(zu ermitteln mit Hilfe der Tafeln 3—89);

h' = Abstand des Schwerpunktes der Druckbewehrung vom Druckrand in cm.

$\sigma_e = 1200$ kg/cm²									
h'/h	$\sigma_b =$	75	70	65	60	55	50	45	40
	α	β							
0,025	0,0855	0,0961	0,1032	0,1114	0,1210	0,1324	0,1463	0,1633	0,1848
0,030	0,0859	0,0977	0,1049	0,1133	0,1232	0,1349	0,1491	0,1666	0,1888
0,035	0,0864	0,0993	0,1067	0,1153	0,1254	0,1374	0,1520	0,1701	0,1930
0,040	0,0868	0,1009	0,1085	0,1173	0,1277	0,1400	0,1550	0,1736	0,1973
0,045	0,0873	0,1026	0,1104	0,1194	0,1300	0,1427	0,1581	0,1773	0,2018
0,050	0,0877	0,1044	0,1123	0,1215	0,1324	0,1454	0,1613	0,1811	0,2064
0,055	0,0882	0,1061	0,1142	0,1237	0,1349	0,1483	0,1646	0,1850	0,2112
0,060	0,0887	0,1079	0,1163	0,1260	0,1374	0,1512	0,1681	0,1891	0,2162
0,065	0,0891	0,1098	0,1183	0,1283	0,1401	0,1542	0,1716	0,1934	0,2214
0,070	0,0896	0,1117	0,1205	0,1307	0,1428	0,1574	0,1753	0,1978	0,2268
0,075	0,0901	0,1137	0,1227	0,1332	0,1456	0,1606	0,1791	0,2023	0,2325
0,080	0,0906	0,1158	0,1249	0,1357	0,1485	0,1640	0,1830	0,2070	0,2384
0,085	0,0911	0,1178	0,1273	0,1383	0,1515	0,1674	0,1871	0,2120	0,2445
0,090	0,0916	0,1200	0,1297	0,1410	0,1546	0,1710	0,1913	0,2171	0,2509
0,095	0,0921	0,1222	0,1321	0,1438	0,1577	0,1747	0,1957	0,2224	0,2576
0,100	0,0926	0,1245	0,1347	0,1467	0,1610	0,1785	0,2002	0,2279	0,2646
0,110	0,0936	0,1293	0,1400	0,1527	0,1680	0,1866	0,2098	0,2397	0,2795
0,120	0,0947	0,1343	0,1457	0,1592	0,1754	0,1953	0,2202	0,2525	0,2959
0,130	0,0958	0,1397	0,1517	0,1660	0,1833	0,2046	0,2313	0,2665	0,3141
0,140	0,0969	0,1454	0,1582	0,1734	0,1919	0,2147	0,2438	0,2819	0,3341
0,150	0,0980	0,1516	0,1651	0,1813	0,2011	0,2257	0,2572	0,2988	0,3565
0,160	0,0992	0,1581	0,1725	0,1899	0,2111	0,2376	0,2718	0,3175	0,3816
0,170	0,1004	0,1651	0,1805	0,1991	0,2219	0,2506	0,2987	0,3382	0,4098
0,180	0,1016	0,1726	0,1891	0,2090	0,2336	0,2648	0,3056	0,3613	0,4419
0,190	0,1029	0,1807	0,1983	0,2198	0,2464	0,2804	0,3253	0,3873	0,4785
0,200	0,1042	0,1894	0,2083	0,2315	0,2604	0,2976	0,3472	0,4167	0,5208
0,210	0,1055	0,1988	0,2192	0,2442	0,2758	0,3167	0,3718	0,4501	0,5702
0,220	0,1068	0,2090	0,2310	0,2582	0,2927	0,3378	0,3994	0,4884	0,6285
0,230	0,1082	0,2200	0,2439	0,2736	0,3114	0,3615	0,4307	0,5328	0,6982

8. Symmetrisch bewehrte Rechteckquerschnitte.

Symmetrisch bewehrte Querschnitte werden dann angeordnet, wenn der Richtungssinn des Kraftangriffes wechseln kann. Die Tafeln ermöglichen das Ablesen der nötigen Querschnittsdicke und der erforderlichen Bewehrung für jede Beanspruchung. Sie enthalten die Querschnitte von $d = 0{,}11$ bis $1{,}50$ m.

Gang der Bemessung.

Gegeben:

$M =$ das wechselnde Biegemoment in kgm,

$b =$ die Querschnittsbreite in m,

σ_e und $\sigma_b =$ die zulässigen Spannungen.

Gesucht:

$d =$ die Querschnittsdicke,

$F_e = F'_e =$ die Bewehrung und

$h' =$ die Zuhöhe (der entsprechende Abstand des Schwerpunktes der Eisen vom Rand).

Lösung: Rechne $\alpha = \frac{M}{b \cdot \sigma_b}$ und $r = \frac{\sigma_e}{\sigma_b}$ und suche in der Spalte von r den α nächstliegenden Wert. Lies am Anfang der Zeile die gesuchte Querschnittsdicke d, weiter β und φ ab und rechne

$$F_e = F'_e = \beta \cdot b \quad \text{und} \quad h' = \varphi \cdot d.$$

(Siehe Zahlenbeispiele 37 und 38.)

Tafel 91

Symmetrisch bewehrte Rechteck-

$\alpha = \frac{M}{b \cdot \sigma_b}$; die Bewehrung in

M = Biegemoment in kgm;
d = Querschnittsabmessung in der Momentenebene in m;
b = Querschnittsabmessung normal zu d in m;
σ_e = Eisenzugspannung in kg/cm²;

d	φ		$r = 10$	11	12	13	14	15	16	18	20	22	24	26	28
0,11	*0,180*	α	**391,0**	**118,7**	**73,10**	**54,22**	**43,84**	**37,24**	**33,51**	**26,62**	**22,79**	**20,12**	**18,12**	**16,55**	**15,29**
		β	554,7	152,4	85,61	58,27	43,47	34,24	27,96	20,01	15,24	12,09	9,88	8,25	7,01
0,12	*0,160*	α		**274,0**	**128,1**	**86,25**	**66,31**	**54,58**	**46,83**	**37,14**	**31,25**	**27,25**	**24,33**	**22,07**	**20,27**
		β		305,3	130,7	81,00	57,63	44,10	35,32	24,67	18,51	14,55	11,80	9,80	8,30
0,13	*0,160*	α		**321,6**	**150,3**	**101,2**	**77,82**	**64,06**	**54,96**	**43,58**	**36,68**	**31,98**	**28,55**	**25,90**	**23,79**
		β		330,8	141,6	87,75	62,43	47,78	38,26	26,73	20,06	15,76	12,78	10,62	8,99
0,14	*0,140*	α		**1655**	**289,0**	**164,6**	**117,7**	**93,05**	**77,75**	**59,67**	**49,24**	**42,37**	**37,46**	**33,74**	**30,81**
		β		1494	239,7	126,1	83,68	61,63	48,18	32,68	24,12	18,74	15,08	12,46	10,50
0,15	*0,140*	α		**1900**	**331,8**	**188,9**	**135,2**	**106,8**	**89,25**	**68,50**	**56,53**	**48,64**	**43,00**	**38,73**	**35,37**
		β		1600	256,8	135,1	89,66	66,04	51,62	35,02	25,84	20,08	16,16	13,35	11,25
0,16	*0,120*	α			**1337**	**325,7**	**208,0**	**155,4**	**125,6**	**92,71**	**74,81**	**63,44**	**55,50**	**49,60**	**45,02**
		β			917,8	207,4	123,2	86,04	65,17	42,67	30,87	23,69	18,91	15,52	13,02
0,17	*0,120*	α			**1509**	**367,6**	**234,8**	**175,5**	**141,8**	**104,7**	**84,45**	**71,61**	**62,66**	**56,00**	**50,82**
		β			975,2	220,4	131,0	91,42	69,24	45,33	32,80	25,18	20,09	16,49	13,83
0,18	*0,110*	α			**2220**	**532,4**	**311,9**	**224,7**	**177,9**	**128,4**	**102,3**	**86,07**	**74,89**	**66,66**	**60,30**
		β			1320	293,8	160,3	108,0	80,22	51,44	36,81	28,06	22,29	18,24	15,26
0,19	*0,110*	α			**2473**	**593,2**	**347,5**	**250,4**	**198,2**	**143,0**	**114,0**	**95,90**	**83,44**	**74,27**	**67,19**
		β			1394	310,1	169,2	114,0	84,68	54,29	38,86	29,62	23,53	19,25	16,10
0,20	*0,100*	α				**896,7**	**464,1**	**319,5**	**246,9**	**173,8**	**136,7**	**114,0**	**98,63**	**87,42**	**78,82**
		β				433,9	209,5	135,0	97,98	61,36	43,39	32,84	25,96	21,17	17,66
0,22	*0,090*	α				**1626**	**692,4**	**449,7**	**337,8**	**231,1**	**179,2**	**148,2**	**127,4**	**112,4**	**101,0**
		β				697,1	277,2	168,7	119,1	72,64	50,70	38,07	29,94	24,32	20,24
0,24	*0,090*	α				**1935**	**824,0**	**535,2**	**402,0**	**275,0**	**213,2**	**176,3**	**151,6**	**133,8**	**120,2**
		β				760,5	302,3	184,0	130,0	79,24	55,31	41,53	32,67	26,54	22,08
0,26	*0,120*	α			**3529**	**859,9**	**549,2**	**410,5**	**331,6**	**244,8**	**197,5**	**167,6**	**146,6**	**131,0**	**118,9**
		β			1491	337,3	200,3	139,8	105,9	69,33	50,17	38,50	30,73	25,23	21,16
0,28	*0,120*	α			**4093**	**997,3**	**636,9**	**476,0**	**384,6**	**283,9**	**229,1**	**194,3**	**170,0**	**151,9**	**137,9**
		β			1606	363,0	215,7	150,6	114,0	74,67	54,03	41,46	33,10	27,17	22,78
0,30	*0,110*	α			**6166**	**1479**	**866,3**	**624,2**	**494,1**	**356,6**	**284,2**	**239,1**	**208,0**	**185,2**	**167,5**
		β			2200	489,6	267,2	180,0	133,7	85,72	61,35	46,76	37,15	30,40	25,43
0,32	*0,110*	α			**7016**	**1683**	**985,7**	**710,2**	**562,1**	**405,7**	**323,3**	**272,0**	**236,7**	**210,7**	**190,6**
		β			2347	522,3	285,0	192,0	142,6	91,44	65,44	49,88	39,63	32,42	27,12
0,34	*0,100*	α				**2592**	**1341**	**923,4**	**713,6**	**502,1**	**394,9**	**329,5**	**285,0**	**252,6**	**227,8**
		β				737,7	356,1	229,5	166,6	104,3	73,77	55,82	44,14	35,98	30,02
0,36	*0,100*	α				**2905**	**1504**	**1035**	**800,0**	**563,0**	**442,8**	**369,4**	**319,6**	**283,2**	**255,4**
		β				781,1	377,1	243,0	176,4	110,4	78,11	59,11	46,73	38,10	31,79
0,38	*0,090*	α				**4852**	**2066**	**1342**	**1008**	**689,4**	**534,5**	**442,0**	**380,1**	**335,4**	**301,4**
		β				1204	478,7	291,4	205,8	125,5	87,57	65,76	51,72	42,02	34,96
0,40	*0,090*	α				**5376**	**2289**	**1487**	**1117**	**763,9**	**592,2**	**489,8**	**421,1**	**371,6**	**333,9**
		β				1268	503,9	306,7	216,6	132,1	92,18	69,22	54,44	44,23	36,80
0,42	*0,080*	α				**10881**	**3211**	**1930**	**1401**	**928,2**	**708,5**	**580,4**	**495,9**	**435,6**	**390,1**
		β				2380	656,7	370,3	253,0	149,6	102,9	76,66	59,97	48,53	40,26
0,44	*0,080*	α				**11942**	**3524**	**2118**	**1538**	**1019**	**777,5**	**637,0**	**544,3**	**478,1**	**428,1**
		β				2494	688,0	387,9	265,0	156,7	107,8	80,31	62,82	50,84	42,18
0,46	*0,075*	α				**21388**	**4415**	**2526**	**1798**	**1170**	**885,7**	**722,1**	**614,9**	**538,9**	**481,7**
		β				4217	814,3	437,3	293,0	170,4	116,3	86,25	67,28	54,34	45,02

querschnitte bei reiner Biegung

Tafel 91

cm² ist: $F_e = F_e' = \beta \cdot b$;

σ_b = Betondruckspannung in kg/cm²;

$r = \frac{\sigma_e}{\sigma_b}$; $\varphi = \frac{d'}{h}$;

$h' = \varphi \cdot d$ = Abstand des Schwerpunktes der Bewehrung vom Querschnittsrand.

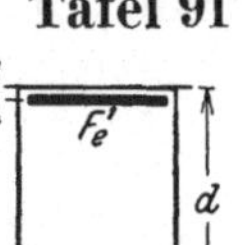

30	32	34	36	38	40	45	50	55	60	65	70	75 = r		φ	d
14,23	**13,34**	**12,57**	**11,90**	**11,30**	**10,77**	**9,66**	**8,77**	**8,05**	**7,44**	**6,93**	**6,48**	**6,10**	α	0,180	**0,11**
6,04	5,27	4,64	4,12	3,68	3,32	2,61	2,11	1,74	1,47	1,25	1,08	0,943	β		
18,79	**17,55**	**16,48**	**15,56**	**14,75**	**14,03**	**12,53**	**11,35**	**10,38**	**9,58**	**8,90**	**8,32**	**7,82**	α	0,160	**0,12**
7,13	6,20	5,44	4,83	4,31	3,87	3,04	2,45	2,02	1,70	1,45	1,25	1,09	β		
22,05	**20,59**	**19,35**	**18,26**	**17,31**	**16,46**	**14,70**	**13,32**	**12,19**	**11,25**	**10,45**	**9,76**	**9,17**	α	0,160	**0,13**
7,72	6,71	5,90	5,23	4,67	4,20	3,29	2,66	2,19	1,84	1,57	1,35	1,18	β		
28,43	**26,45**	**24,76**	**23,31**	**22,04**	**20,92**	**18,61**	**16,80**	**14,69**	**14,12**	**13,10**	**12,22**	**11,47**	α	0,140	**0,14**
8,99	7,79	6,83	6,04	5,39	4,84	3,78	3,05	2,38	2,10	1,79	1,54	1,34	β		
32,64	**30,36**	**28,42**	**26,76**	**25,30**	**24,01**	**21,36**	**19,28**	**16,78**	**16,21**	**15,04**	**14,03**	**13,17**	α	0,140	**0,15**
9,63	8,35	7,32	6,47	5,77	5,18	4,05	3,26	2,55	2,26	1,92	1,65	1,44	β		
41,34	**38,30**	**35,74**	**33,54**	**31,64**	**29,96**	**26,54**	**23,88**	**21,74**	**19,98**	**18,50**	**17,24**	**16,16**	α	0,120	**0,16**
11,10	9,60	8,39	7,41	6,59	5,91	4,61	3,80	3,04	2,55	2,17	1,86	1,62	β		
46,67	**43,23**	**40,34**	**37,87**	**35,72**	**33,83**	**29,96**	**26,96**	**24,55**	**22,56**	**20,89**	**19,46**	**18,24**	α	0,120	**0,17**
11,80	10,20	8,92	7,87	7,00	6,28	4,90	3,94	3,24	2,71	2,30	1,98	1,72	β		
55,23	**51,06**	**47,56**	**44,58**	**41,99**	**39,73**	**35,11**	**31,54**	**28,68**	**26,33**	**24,36**	**22,67**	**21,25**	α	0,110	**0,18**
12,98	11,21	9,79	8,63	7,67	6,87	5,35	4,30	3,53	2,95	2,51	2,16	1,88	β		
61,54	**56,89**	**52,99**	**49,67**	**46,79**	**44,26**	**39,12**	**35,14**	**31,95**	**29,33**	**27,14**	**25,26**	**23,67**	α	0,110	**0,19**
13,71	11,83	10,33	9,11	8,10	7,25	5,65	4,53	3,72	3,12	2,65	2,28	1,98	β		
72,00	**66,42**	**61,76**	**57,80**	**54,38**	**51,39**	**45,31**	**40,63**	**36,90**	**33,84**	**31,28**	**29,10**	**27,25**	α	0,100	**0,20**
15,00	12,92	11,27	9,93	8,82	7,89	6,14	4,92	4,04	3,38	2,86	2,46	2,14	β		
92,02	**84,71**	**78,63**	**73,47**	**69,03**	**65,15**	**57,32**	**51,31**	**46,54**	**42,63**	**39,37**	**36,60**	**34,25**	α	0,090	**0,22**
17,15	14,76	12,85	11,30	10,03	8,97	6,96	5,58	4,57	3,82	3,24	2,78	2,42	β		
109,5	**100,8**	**93,57**	**87,43**	**82,15**	**77,54**	**68,21**	**61,06**	**55,38**	**50,74**	**46,86**	**43,55**	**40,76**	α	0,090	**0,24**
18,71	16,10	14,02	12,33	10,94	9,78	7,60	6,08	4,99	4,17	3,54	3,04	2,64	β		
109,2	**101,1**	**94,36**	**88,57**	**83,54**	**79,12**	**70,07**	**63,06**	**57,41**	**52,77**	**48,86**	**45,52**	**42,67**	α	0,120	**0,26**
18,04	15,60	13,64	12,04	10,71	9,60	7,49	6,02	4,95	4,14	3,52	3,03	2,64	β		
126,6	**117,3**	**109,4**	**102,7**	**96,89**	**91,76**	**81,27**	**73,13**	**66,59**	**61,20**	**56,66**	**52,79**	**49,49**	α	0,120	**0,28**
19,43	16,80	14,68	12,96	11,54	10,34	8,07	6,48	5,33	4,46	3,79	3,26	2,84	β		
153,4	**141,8**	**132,1**	**123,8**	**116,6**	**110,4**	**97,52**	**87,60**	**79,66**	**73,13**	**67,66**	**62,99**	**59,02**	α	0,110	**0,30**
21,64	18,68	16,31	14,38	12,78	11,45	8,92	7,16	5,88	4,92	4,18	3,60	3,13	β		
174,5	**161,4**	**150,3**	**140,9**	**132,7**	**125,6**	**111,0**	**99,67**	**90,63**	**83,21**	**76,98**	**71,66**	**67,15**	α	0,110	**0,32**
23,08	19,92	17,40	15,34	13,64	12,21	9,51	7,64	6,27	5,25	4,46	3,84	3,34	β		
208,1	**192,0**	**178,5**	**167,0**	**157,1**	**148,5**	**130,9**	**117,4**	**106,6**	**97,80**	**90,40**	**84,09**	**78,74**	α	0,100	**0,34**
25,50	21,97	19,16	16,87	14,99	13,41	10,43	8,36	6,86	5,74	4,87	4,19	3,64	β		
233,3	**215,2**	**200,1**	**187,3**	**176,2**	**166,5**	**146,8**	**131,6**	**119,6**	**109,6**	**101,3**	**94,27**	**88,28**	α	0,100	**0,36**
27,00	23,27	20,29	17,87	15,87	14,20	11,04	8,85	7,26	6,08	5,16	4,44	3,86	β		
274,6	**252,7**	**234,6**	**219,2**	**205,9**	**194,4**	**171,0**	**153,1**	**138,8**	**127,2**	**117,5**	**109,2**	**102,2**	α	0,090	**0,38**
29,63	25,49	22,20	19,52	17,33	15,49	12,03	9,63	7,90	6,60	5,60	4,81	4,18	β		
304,2	**280,0**	**259,9**	**242,9**	**228,2**	**215,4**	**189,5**	**169,6**	**153,8**	**140,9**	**130,2**	**121,0**	**113,2**	α	0,090	**0,40**
31,19	26,83	23,36	20,55	18,24	16,31	12,66	10,14	8,31	6,94	5,89	5,06	4,40	β		
354,4	**325,5**	**301,5**	**281,5**	**264,0**	**248,9**	**218,4**	**195,2**	**176,8**	**161,8**	**149,3**	**138,7**	**129,7**	α	0,080	**0,42**
34,05	29,24	25,43	22,34	19,80	17,69	13,71	10,97	8,98	7,50	6,36	5,46	4,75	β		
388,9	**357,2**	**330,9**	**308,7**	**289,7**	**273,1**	**239,7**	**214,2**	**194,0**	**177,6**	**163,8**	**152,2**	**142,3**	α	0,080	**0,44**
35,67	30,63	26,64	23,40	20,75	18,53	14,37	11,49	9,41	7,86	6,66	5,72	4,97	β		
437,0	**400,9**	**371,1**	**345,9**	**324,3**	**305,6**	**267,9**	**239,2**	**216,5**	**198,0**	**182,6**	**169,6**	**158,5**	α	0,075	**0,46**
83,03	32,63	28,35	24,89	22,06	19,70	15,26	12,19	9,98	8,33	7,06	6,07	5,27	β		

Tafel 92

Symmetrisch bewehrte Rechteck-

$\alpha = \frac{M}{b \cdot \sigma_b}$; die Bewehrung in

M = Biegemoment in kgm;
d = Querschnittsabmessung in der Momentenebene in m;
b = Querschnittsabmessung normal zu d in m;
σ_e = Eisenzugspannung in kg/cm²;

d	φ		$r=10$	11	12	13	14	15	16	18	20	22	24	26	28
0,48	0,075	α				23288	4807	2751	1958	1274	964,4	786,2	669,6	586,7	524,5
		β				4400	849,7	456,3	305,7	177,8	121,4	90,00	70,20	56,70	46,97
0,50	0,075	α				25269	5216	2985	2124	1383	1046	853,1	726,5	636,7	569,1
		β				4584	885,1	475,3	318,5	185,2	126,4	93,75	73,13	59,06	48,93
0,55	0,070	α				78275	7340	3958	2755	1760	1320	1071	908,9	794,6	709,0
		β				12741	1118	566,3	371,2	212,0	143,6	106,0	82,41	66,42	54,95
0,60	0,065	α					10352	5189	3523	2206	1639	1322	1119	975,4	868,8
		β					1428	672,5	430,2	240,8	161,7	118,8	92,12	74,09	61,20
0,65	0,060	α					14763	6748	4454	2726	2007	1611	1358	1181	1050
		β					1857	797,7	496,3	271,9	181,0	132,3	102,3	82,08	67,69
0,70	0,055	α					21564	8732	5580	3333	2430	1940	1629	1413	1254
		β					2487	947,1	570,7	305,5	201,4	146,5	112,9	90,40	74,42
0,75	0,050	α					32928	11278	6941	4039	2914	2312	1935	1674	1482
		β					3501	1128	655,0	341,8	223,1	161,4	124,0	99,05	81,42
0,80	0,050	α					37465	12831	7897	4596	3316	2631	2201	1905	1687
		β					3734	1203	698,7	364,6	238,0	172,2	132,2	105,6	86,85
0,85	0,045	α					61820	16460	9695	5483	3912	3085	2571	2219	1961
		β					5728	1436	798,1	405,0	261,6	188,2	144,0	114,8	94,22
0,90	0,045	α					69306	18453	10869	6147	4386	3458	2883	2488	2199
		β					6065	1520	845,0	428,8	277,0	199,3	152,5	121,6	99,77
0,95	0,045	α					77221	20560	12111	6849	4886	3853	3212	2772	2450
		β					6402	1604	892,0	452,7	292,4	210,3	161,0	128,3	105,3
1,00	0,045	α					85563	22781	13419	7589	5414	4270	3559	3071	2715
		β					6739	1689	938,9	476,5	307,8	221,4	169,4	135,1	110,8
1,05	0,040	α					168887	28894	16156	8851	6241	4891	4061	3495	3083
		β					12513	2016	1064	523,6	334,4	239,2	182,4	145,1	118,9
1,10	0,040	α					185354	31712	17731	9714	6850	5368	4457	3836	3383
		β					13109	2112	1115	548,6	350,4	250,6	191,1	152,0	124,5
1,15	0 040	α					202587	34660	19380	10618	7487	5867	4871	4192	3698
		β					13705	2208	1166	573,5	366,3	262,0	199,8	158,9	130,2
1,20	0,040	α					220587	37740	21102	11561	8152	6388	5304	4565	4026
		β					14301	2304	1216	598,4	382,2	273,4	208,5	165,8	135,8
1,25	0,035	α					979297	47854	25112	13287	9253	7205	5957	5113	4501
		β					60203	2400	1267	623,4	398,2	284,8	217,2	176,7	144,5
1,30	0,035	α					1059208	51759	27161	14372	10008	7793	6443	5530	4868
		β					62611	2882	1429	679,3	428,8	304,8	231,6	183,8	150,3
1,35	0,035	α					1142252	55817	29291	15498	10793	8404	6948	5964	5249
		β					65020	2993	1484	705,5	445,3	316,6	240,6	190,8	156,1
1,40	0,035	α					1228430	60028	31500	16668	11607	9038	7473	6414	5645
		β					67428	3104	1539	731,6	461,8	328,3	249,5	197,9	161,8
1,45	0,035	α					1317742	64392	33791	17880	12451	9695	8016	6880	6056
		β					69836	3215	1594	757,7	478,2	340,0	258,4	205,0	167,6
1,50	0,035	α					1410188	68909	36161	19134	13325	10375	8578	7363	6481
		β					72244	3326	1648	783,8	494,7	351,7	267,3	212,0	173,4

querschnitte bei reiner Biegung

Tafel 92

cm^2 ist: $F_e = F_e' = \beta \cdot b$;

σ_b = Betondruckspannung in kg/cm^2;

$r = \frac{\sigma_e}{\sigma_b}$; $\varphi = \frac{h'}{d}$;

$h' = \varphi \cdot d$ = Abstand des Schwerpunktes der Bewehrung vom Querschnittsrand.

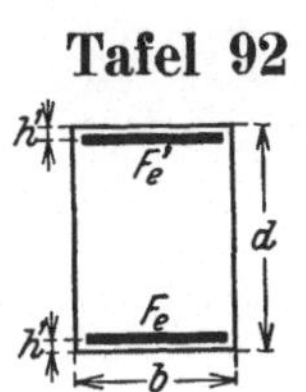

30	32	34	36	38	40	45	50	55	60	65	70	75 = r		φ	d
475,8	**436,5**	**404,0**	**376,6**	**353,2**	**332,8**	**291,7**	**260,5**	**235,7**	**215,6**	**198,9**	**184,6**	**172,6**	α	*0,075*	**0,48**
39,68	34,04	29,58	25,98	23,02	20,55	15,92	12,72	10,41	8,69	7,37	6,33	5,50	β		
516,3	**473,7**	**438,4**	**408,7**	**383,2**	**361,1**	**316,5**	**282,6**	**255,8**	**234,0**	**215,8**	**200,4**	**187,3**	α	*0,075*	**0,50**
41,33	35,46	30,81	27,04	23,98	21,41	16,58	13,25	10,85	9,05	7,68	6,59	5,73	β		
642,3	**588,6**	**554,9**	**506,9**	**475,0**	**447,3**	**391,6**	**349,4**	**316,0**	**288,9**	**266,3**	**247,2**	**231,0**	α	*0,070*	**0,55**
46,36	39,74	34,51	30,28	26,82	23,94	18,52	14,79	12,11	10,10	8,56	7,35	6,38	β		
785,9	**719,3**	**664,5**	**618,4**	**579,1**	**545,0**	**476,6**	**424,7**	**384,0**	**350,8**	**323,2**	**299,9**	**280,2**	α	*0,065*	**0,60**
51,58	44,17	38,32	33,61	29,75	26,54	20,52	16,37	13,40	11,17	9,46	8,13	7,06	β		
948,3	**867,0**	**800,1**	**744,0**	**696,2**	**654,9**	**572,0**	**509,4**	**460,1**	**420,1**	**386,9**	**358,9**	**335,2**	α	*0,060*	**0,65**
56,98	48,75	42,26	37,04	32,77	29,22	22,58	18,01	14,72	12,27	10,39	8,92	7,74	β		
1142	**1033**	**952,1**	**884,7**	**827,2**	**777,6**	**678,4**	**603,6**	**544,8**	**497,2**	**457,7**	**424,4**	**396,2**	α	*0,055*	**0,70**
63,14	53,49	46,34	40,59	35,89	31,99	24,69	19,68	16,08	13,40	11,35	9,74	8,45	β		
1335	**1218**	**1121**	**1041**	**972,8**	**913,9**	**796,4**	**707,9**	**638,6**	**582,4**	**535,9**	**496,7**	**463,1**	α	*0,050*	**0,75**
68,37	58,38	50,54	44,24	39,10	34,83	26,86	21,40	17,48	14,56	12,32	10,57	9,17	β		
1519	**1385**	**1276**	**1185**	**1107**	**1040**	**906,1**	**805,5**	**726,5**	**662,7**	**609,8**	**565,1**	**526,9**	α	*0,050*	**0,80**
72,93	62,28	53,91	47,19	41,70	37,15	28,65	22,82	18,64	15,53	13,14	11,28	9,78	β		
1763	**1606**	**1478**	**1371**	**1280**	**1202**	**1046**	**929,0**	**837,4**	**763,3**	**702,1**	**650,5**	**606,2**	α	*0,045*	**0,85**
79,02	67,42	58,31	51,01	45,05	40,12	30,91	24,61	20,09	16,72	14,15	12,14	10,53	β		
1977	**1801**	**1657**	**1537**	**1435**	**1347**	**1173**	**1042**	**938,8**	**855,8**	**787,1**	**729,2**	**679,6**	α	*0,045*	**0,90**
83,67	71,38	61,74	54,01	47,70	42,48	32,73	26,06	21,27	17,71	14,98	12,85	11,15	β		
2203	**2007**	**1846**	**1713**	**1599**	**1501**	**1307**	**1160**	**1046**	**953,5**	**877,0**	**812,5**	**757,3**	α	*0,045*	**0,95**
88,32	75,35	65,17	57,01	50,35	44,84	34,54	27,50	22,45	18,69	15,82	13,57	11,77	β		
2441	**2223**	**2046**	**1898**	**1772**	**1664**	**1448**	**1286**	**1159**	**1057**	**971,8**	**900,3**	**839,1**	α	*0,045*	**1,00**
92,97	79,31	68,60	60,01	53,00	47,20	36,36	28,95	23,63	19,68	16,65	14,28	12,39	β		
2768	**2518**	**2314**	**2145**	**2001**	**1878**	**1632**	**1448**	**1305**	**1189**	**1093**	**1012**	**942,9**	α	*0,040*	**1,05**
99,55	84,84	73,32	64,10	56,58	50,36	38,77	30,84	25,16	20,94	17,72	15,19	13,18	β		
3037	**2763**	**2540**	**2354**	**2197**	**2061**	**1792**	**1590**	**1432**	**1304**	**1199**	**1111**	**1035**	α	*0,040*	**1,10**
104,3	88,88	76,82	67,15	59,28	52,76	40,62	32,31	26,36	21,94	18,56	15,92	13,80	β		
3320	**3020**	**2776**	**2573**	**2401**	**2253**	**1958**	**1737**	**1565**	**1426**	**1311**	**1214**	**1131**	α	*0 040*	**1,15**
109,0	92,92	80,31	70,21	61,97	55,16	42,46	33,78	27,56	22,94	19,41	16,64	14,43	β		
3615	**3289**	**3023**	**2802**	**2614**	**2453**	**2132**	**1892**	**1704**	**1552**	**1427**	**1322**	**1231**	α	*0,040*	**1,20**
113,8	96,96	83,80	73,26	64,67	57,56	44,31	35,25	28,76	23,94	20,25	17,36	15,06	β		
4034	**3665**	**3366**	**3117**	**2906**	**2725**	**2366**	**2097**	**1888**	**1719**	**1579**	**1462**	**1362**	α	*0,035*	**1,25**
120,9	102,9	88,86	77,63	68,49	60,93	46,86	37,26	30,38	25,28	21,38	18,32	15,89	β		
4363	**3964**	**3640**	**3371**	**3143**	**2947**	**2559**	**2268**	**2042**	**1859**	**1708**	**1582**	**1473**	α	*0,035*	**1,30**
125,7	107,0	92,42	80,74	71,23	63,37	48,74	38,75	31,60	26,29	22,23	19,06	16,52	β		
4705	**4275**	**3926**	**3635**	**3390**	**3178**	**2760**	**2446**	**2202**	**2005**	**1842**	**1706**	**1589**	α	*0,035*	**1,35**
130,5	111,1	95,97	83,84	73,97	65,81	50,61	40,24	32,81	27,30	23,09	19,79	17,16	β		
5060	**4598**	**4222**	**3910**	**3645**	**3418**	**2968**	**2631**	**2368**	**2156**	**1981**	**1834**	**1708**	α	*0,035*	**1,40**
135,4	115,2	99,53	86,95	76,71	68,24	52,48	41,73	34,03	28,31	23,94	20,52	17,80	β		
5428	**4932**	**4529**	**4194**	**3910**	**3667**	**3183**	**2822**	**2540**	**2313**	**2125**	**1968**	**1833**	α	*0,035*	**1,45**
140,2	119,4	103,1	90,05	79,45	70,68	54,36	43,22	35,24	29,32	24,80	21,26	18,43	β		
5809	**5278**	**4847**	**4488**	**4185**	**3924**	**3407**	**3020**	**2718**	**2475**	**2274**	**2106**	**1961**	α	*0,035*	**1,50**
145,0	123,5	106,6	93,16	82,19	73,12	56,23	44,71	36,46	30,33	25,65	21,99	19,07	β		

9. Tafeln für mittig belastete quadratische und achteckige Stützen

mit Mindestlängsbewehrung und Berücksichtigung der Knicksicherheit.

Diese Tafeln ermöglichen die Bemessung mittig belasteter quadratischer und achteckiger Stützen mit gewöhnlicher Bügelbewehrung innerhalb der Knicklängen 2,00 bis 10,00 m.

Da nach den „Bestimmungen" die geringste Säulendicke 20 cm betragen darf, so beginnen die Tafeln für quadratische Stützen mit diesem kleinsten Querschnitte. In Intervallen von 0,5 bzw. 1 cm sind alle Stützenquerschnitte bis zur Seitenlänge von 100 cm berücksichtigt, so daß eine Interpolation selten nötig ist. Die Tafeln der achteckigen Stützen zeigen die gleiche Anordnung, beginnen jedoch mit dem kleinsten Stützenquerschnitt von 25 cm Dicke.

Die Punkte vor den Zahlen weisen darauf hin, daß für diese Fälle $\frac{l}{s}$ bzw. $\frac{l}{d} > 20$ ist, daß also diese Fälle nur ausnahmsweise je nach dem Ermessen der Baupolizeibehörde zulässig sind.

Da die Verwendung hochwertigen Stahles nur bei stark bewehrten Säulen einen Sinn hat und die Tafeln nur zur Bemessung von Säulen mit Mindestlängsbewehrung dienen, berücksichtigen sie nur die Verwendung von Handelseisen.

Die Tafeln haben Gültigkeit für Beton mit Handelszement und auch mit hochwertigem Zement.

Ist σ_b größer als 53 kg/cm², so ist der in die Formel $\frac{P}{\sigma_b}$ einzusetzende Wert σ_b nur dann streng genau, wenn $\frac{l}{s} \geqq 10$ ist. Ist jedoch $\frac{l}{s} < 10$, so ist zwar σ_b nicht mehr streng genau, der Fehler ist aber kleiner als (im ungünstigsten Falle) 0,93% und ist zugunsten der Sicherheit.

Gang der Bemessung.

Gegeben:

P = die mittige Druckkraft in kg,
l = die Knicklänge in m,
σ_b = die zulässige Betondruckspannung.

Gesucht:

s = die Seitenlänge des quadratischen bzw.
d = die Dicke des achteckigen Querschnittes in cm und
F_e = die Mindestlängsbewehrung in cm².

Lösung: Berechne den ideellen Querschnitt $\frac{P}{\sigma_b}$ cm² (bei höheren σ_b-Werten unter Beachtung der kleinen Nebentafel) und suche in der Spalte von l den $\frac{P}{\sigma_b}$ nächstliegenden Wert. Lies am Anfang dieser Zeile die Seitenlänge s bzw. die Dicke d ab (in cm) und unterhalb des $\frac{P}{\sigma_b}$-Wertes die Mindestlängsbewehrung F_e in cm². (Siehe Zahlenbeispiele 39 bis 49.)

Tafel 93

$l = 2{,}00$—$4{,}00$ m

Tafel für mittig belastete

mit Mindestlängsbewehrung und mit

P = mittige Druckkraft in kg;
l = Knicklänge in m;

$s = 20$—29 cm

*) Ist $\sigma_b =$	54	55	56	57	58	59	60
so ist dafür zu setzen =	53,93	54,82	55,71	56,61	57,50	58,39	59,29

fett gedruckt: ideeller Querschnitt $\frac{P}{\sigma_b}$ cm², wenn $\sigma_b \leqq 53$ kg/cm² *)
darunter dünn gedruckt: Mindestlängsbewehrung F_e cm²

Obere Bereiche: $10 \leqq \frac{l}{s} \leqq 15$, $F_e = 0{,}008\, F_b$ (Spalten 2,00–3,00); $15 < \frac{l}{s} \leqq 20$, $F_e = 0{,}008\, F_b$ (Spalten 3,25–4,00)

s in cm ↓ / l in m →	*2,00*	*2,25*	*2,50*	*2,75*	*3,00*	*3,25*	*3,50*	*3,75*	*4,00*
20	**448** 3,20	**448** 3,20	**448** 3,20	**448** 3,20	**448** 3,20	**422** 3,20	**398** 3,20	**377** 3,20	**358** 3,20
20,5	**470** 3,30	**471** 3,36	**471** 3,36	**471** 3,36	**471** 3,36	**451** 3,36	**426** 3,36	**404** 3,36	**384** 3,36
21	**492** 3,40	**494** 3,53	**494** 3,53	**494** 3,53	**494** 3,53	**482** 3,53	**456** 3,53	**432** 3,53	**411** 3,53
21,5	**515** 3,50	**518** 3,70	**518** 3,70	**518** 3,70	**518** 3,70	**515** 3,70	**487** 3,70	**461** 3,70	**439** 3,70
22	**538** 3,61	**542** 3,87	**542** 3,87	**542** 3,87	**542** 3,87	**542** 3,87	**519** 3,87	**492** 3,87	**468** 3,87
22,5	**562** 3,71	**567** 4,05	**567** 4,05	**567** 4,05	**567** 4,05	**567** 4,05	**552** 4,05	**523** 4,05	**498** 4,05
23	**586** 3,82	**591** 4,16	**592** 4,23	**592** 4,23	**592** 4,23	**592** 4,23	**592** 4,23	**556** 4,23	**529** 4,23
23,5	**611** 3,92	**616** 4,28	**619** 4,42	**619** 4,42	**619** 4,42	**619** 4,42	**619** 4,42	**590** 4,42	**562** 4,42
24	**636** 4,03	**642** 4,39	**645** 4,61	**645** 4,61	**645** 4,61	**645** 4,61	**645** 4,61	**626** 4,61	**595** 4,61
24,5	**662** 4,14	**668** 4,51	**672** 4,80	**672** 4,80	**672** 4,80	**672** 4,80	**672** 4,80	**662** 4,80	**630** 4,80
25	**689** 4,25	**694** 4,62	**700** 5,00	**700** 5,00	**700** 5,00	**700** 5,00	**700** 5,00	**700** 5,00	**667** 5,00
25,5	**716** 4,36	**721** 4,74	**727** 5,13	**728** 5,20	**728** 5,20	**728** 5,20	**728** 5,20	**728** 5,20	**704** 5,20
26	**743** 4,47	**749** 4,86	**755** 5,25	**757** 5,41	**757** 5,41	**757** 5,41	**757** 5,41	**757** 5,41	**743** 5,41
26,5	**771** 4,58	**777** 4,98	**783** 5,38	**786** 5,62	**786** 5,62	**786** 5,62	**786** 5,62	**786** 5,62	**782** 5,62
27	**799** 4,70	**806** 5,10	**812** 5,51	**816** 5,83	**816** 5,83	**816** 5,83	**816** 5,83	**816** 5,83	**816** 5,83
27,5	**828** 4,81	**835** 5,22	**841** 5,64	**847** 6,05	**847** 6,05	**847** 6,05	**847** 6,05	**847** 6,05	**847** 6,05
28	**858** 4,93	**864** 5,35	**870** 5,77	**877** 6,19	**878** 6,27	**878** 6,27	**878** 6,27	**878** 6,27	**878** 6,27
28,5	**887** 5,04	**894** 5,47	**901** 5,90	**907** 6,33	**909** 6,50	**909** 6,50	**909** 6,50	**909** 6,50	**909** 6,50
29	**918** 5,16	**925** 5,60	**931** 6,03	**938** 6,47	**942** 6,73	**942** 6,73	**942** 6,73	**942** 6,73	**942** 6,73

Rechter Rand: $15 < \frac{l}{s} \leqq 20$, $F_e = 0{,}008\, F_b$ (oben); $10 \leqq \frac{l}{s} \leqq 15$, $F_e = 0{,}008\, F_b$ (unten)

Unterer Rand: $5 < \frac{l}{s} < 10$, $0{,}005\, F_b < F_e < 0{,}008\, F_b$ (Spalten 2,00–2,75); $10 \leqq \frac{l}{s} \leqq 15$, $F_e = 0{,}008$ (Spalten 3,00–4,00)

quadratische Stützen

Tafel 93

Rücksicht auf die Knicksicherheit

$l = 2{,}00$—$4{,}00$ m

σ_b = zulässige Betondruckspannung in kg/cm²;
s = Seitenlänge des Stützenquerschnittes in cm.

61 62 63 64 65 66 67 68 69 70 kg/cm²,
60,18 61,07 61,96 62,86 63,75 64,64 65,54 66,43 67,32 68,21 kg/cm². $s = 29{,}5$—43 cm

fett gedruckt: ideeller Querschnitt $\frac{P}{\sigma_b}$ cm², wenn $\sigma_b \leqq 53$ kg/cm² *)
darunter dünn gedruckt: Mindestlängsbewehrung F_e cm²

l in m → / s in cm ↓	*2,00*	*2,25*	*2,50*	*2,75*	*3,00*	*3,25*	*3,50*	*3,75*	*4,00*
	$5 < \frac{l}{s} < 10$, $0{,}005\,F_b < F_e < 0{,}008\,F_b$				$10 \leqq \frac{l}{s} \leqq 15$				
29,5	**949** 5,28	**956** 5,72	**963** 6,17	**969** 6,61	**974** 6,96	**974** 6,96	**974** 6,96	**974** 6,96	**974** 6,96
30	**981** 5,40	**988** 5,85	**994** 6,30	**1001** 6,75	**1008** 7,20	**1008** 7,20	**1008** 7,20	**1008** 7,20	**1008** 7,20
30,5	**1013** 5,52	**1020** 5,98	**1027** 6,44	**1034** 6,89	**1040** 7,35	**1042** 7,44	**1042** 7,44	**1042** 7,44	**1042** 7,44
31	**1046** 5,64	**1053** 6,11	**1060** 6,57	**1067** 7,04	**1074** 7,50	**1076** 7,69	**1076** 7,69	**1076** 7,69	**1076** 7,69
31,5	**1079** 5,76	**1086** 6,24	**1093** 6,71	**1100** 7,18	**1107** 7,65	**1111** 7,94	**1111** 7,94	**1111** 7,94	**1111** 7,94
32	**1112** 5,89	**1119** 6,37	**1127** 6,85	**1134** 7,33	**1141** 7,81	**1147** 8,19	**1147** 8,19	**1147** 8,19	**1147** 8,19
32,5	**1146** 6,01	**1154** 6,50	**1161** 6,99	**1168** 7,48	**1175** 7,96	**1183** 8,45	**1183** 8,45	**1183** 8,45	**1183** 8,45
33	**1181** 6,14	**1188** 6,63	**1196** 7,13	**1203** 7,62	**1211** 8,12	**1218** 8,61	**1220** 8,71	**1220** 8,71	**1220** 8,71
33,5	**1216** 6,26	**1224** 6,77	**1231** 7,26	**1239** 7,77	**1246** 8,27	**1254** 8,78	**1257** 8,98	**1257** 8,98	**1257** 8,98
34	**1252** 6,39	**1259** 6,90	**1267** 7,41	**1275** 7,92	**1282** 8,43	**1290** 8,94	**1295** 9,25	**1295** 9,25	**1295** 9,25
35	**1325** 6,65	**1333** 7,18	**1340** 7,70	**1348** 8,22	**1356** 8,75	**1364** 9,27	**1372** 9,80	**1372** 9,80	**1372** 9,80
36	**1400** 6,91	**1408** 7,45	**1416** 7,99	**1424** 8,53	**1432** 9,07	**1440** 9,61	**1448** 10,15	**1451** 10,37	**1451** 10,37
37	**1477** 7,18	**1485** 7,73	**1493** 8,29	**1502** 8,84	**1510** 9,40	**1518** 9,95	**1527** 10,51	**1533** 10,95	**1533** 10,95
38	**1556** 7,45	**1564** 8,02	**1573** 8,59	**1581** 9,17	**1590** 9,73	**1598** 10,30	**1607** 10,87	**1616** 11,44	**1617** 11,55
39	**1637** 7,72	**1645** 8,31	**1654** 8,89	**1663** 9,48	**1672** 10,06	**1681** 10,65	**1689** 11,23	**1698** 11,82	**1703** 12,17
40	**1720** 8,00	**1729** 8,60	**1738** 9,20	**1747** 9,80	**1756** 10,40	**1765** 11,00	**1774** 11,60	**1783** 12,20	**1792** 12,80
41	**1807** 8,40	**1814** 8,90	**1824** 9,51	**1833** 10,13	**1842** 10,74	**1851** 11,36	**1861** 11,97	**1870** 12,59	**1879** 13,20
42	**1896** 8,82	**1902** 9,20	**1911** 9,83	**1921** 10,46	**1930** 11,09	**1940** 11,72	**1949** 12,35	**1959** 12,98	**1968** 13,61
43	**1988** 9,24	**1993** 9,50	**2001** 10,15	**2011** 10,79	**2021** 11,44	**2030** 12,08	**2040** 12,73	**2050** 13,37	**2059** 14,02
	$\frac{l}{s} \leqq 5$, $F_e = 0{,}005\,F_b$	$5 < \frac{l}{s} < 10$, $0{,}005\,F_b < F_e < 0{,}008\,F_b$							

Rechts (oberer Bereich): $F_e = 0{,}008\,F_b$

Rechts (unterer Bereich): $5 < \frac{l}{s} < 10$, $0{,}005\,F_b < F_e < 0{,}008\,F_b$

l = 4,25—6,25 m

Tafel für mittig belastete

mit Mindestlängsbewehrung und mit

P = mittige Druckkraft in kg;
l = Knicklänge in m;

*) Ist σ_b =	54	55	56	57	58	59	60
so ist dafür zu setzen =	53,93	54,82	55,71	56,61	57,50	58,39	59,29

s = 20—29 cm

Die mit ● bezeichneten Fälle sind nur

l in m → / s in cm ↓	4,25	4,50	4,75	5,00	5,25	5,50	5,75	6,00	6,25
	fett gedruckt: ideeller Querschnitt $\frac{P}{\sigma_b}$ cm², wenn $\sigma_b \leqq 53$ kg/cm² *) darunter dünn gedruckt: Mindestlängsbewehrung F_e cm²								
	$20 < \frac{l}{s} \leqq 25$, $F_e = 0{,}008\,F_b$				$25 < \frac{l}{s} \leqq 30$, $F_e = 0{,}008\,F_b$				
20	● **329** 3,20	● **304** 3,20	● **282** 3,20	● **264** 3,20	● **237** 3,20	● **216** 3,20	● **198** 3,20	● **183** 3,20	● **167** 3,20
20,5	● **358** 3,36	● **330** 3,36	● **307** 3,36	● **286** 3,36	● **263** 3,36	● **238** 3,36	● **218** 3,36	● **201** 3,36	● **185** 3,36
21	● **388** 3,53	● **358** 3,53	● **332** 3,53	● **310** 3,53	● **291** 3,53	● **263** 3,53	● **240** 3,53	● **221** 3,53	● **205** 3,53
21,5	**418** 3,70	● **388** 3,70	● **360** 3,70	● **336** 3,70	● **314** 3,70	● **290** 3,70	● **264** 3,70	● **242** 3,70	● **224** 3,70
22	**446** 3,87	● **420** 3,87	● **389** 3,87	● **362** 3,87	● **339** 3,87	● **219** 3,87	● **290** 3,87	● **266** 3,87	● **245** 3,87
22,5	**475** 4,05	**454** 4,05	● **420** 4,05	● **391** 4,05	● **366** 4,05	● **344** 4,05	● **318** 4,05	● **291** 4,05	● **268** 4,05
23	**505** 4,23	**482** 4,23	● **453** 4,23	● **421** 4,23	● **394** 4,23	● **370** 4,23	● **349** 4,23	● **318** 4,23	● **292** 4,23
23,5	**536** 4,42	**512** 4,42	● **487** 4,42	● **453** 4,42	● **423** 4,42	● **397** 4,42	● **374** 4,42	● **348** 4,42	● **319** 4,42
24	**568** 4,61	**543** 4,61	**520** 4,61	● **487** 4,61	● **455** 4,61	● **427** 4,61	● **402** 4,61	● **379** 4,61	● **348** 4,61
24,5	**602** 4,80	**575** 4,80	**551** 4,80	● **522** 4,80	● **488** 4,80	● **457** 4,80	● **430** 4,80	● **406** 4,80	● **378** 4,80
25	**636** 5,00	**609** 5,00	**583** 5,00	**560** 5,00	● **522** 5,00	● **490** 5,00	● **461** 5,00	● **435** 5,00	● **412** 5,00
25,5	**672** 5,20	**643** 5,20	**616** 5,20	**592** 5,20	● **559** 5,20	● **524** 5,20	● **492** 5,20	● **465** 5,20	● **440** 5,20
26	**709** 5,41	**679** 5,41	**651** 5,41	**625** 5,41	● **597** 5,41	● **559** 5,41	● **526** 5,41	● **496** 5,41	● **469** 5,41
26,5	**747** 5,62	**715** 5,62	**686** 5,62	**659** 5,62	**634** 5,62	● **597** 5,62	● **561** 5,62	● **529** 5,62	● **500** 5,62
27	**787** 5,83	**754** 5,83	**723** 5,83	**694** 5,83	**668** 5,83	● **636** 5,83	● **597** 5,83	● **563** 5,83	● **533** 5,83
27,5	**828** 6,05	**793** 6,05	**760** 6,05	**730** 6,05	**703** 6,05	**677** 6,05	● **636** 6,05	● **599** 6,05	● **566** 6,05
28	**870** 6,27	**833** 6,27	**800** 6,27	**768** 6,27	**739** 6,27	**713** 6,27	● **676** 6,27	● **637** 6,27	● **602** 6,27
28,5	**909** 6,50	**875** 6,50	**839** 6,50	**807** 6,50	**777** 6,50	**749** 6,50	● **719** 6,50	● **677** 6,50	● **639** 6,50
29	**942** 6,73	**918** 6,73	**881** 6,73	**847** 6,73	**815** 6,73	**786** 6,73	**759** 6,73	● **718** 6,73	● **678** 6,73
	$10 \leqq \frac{l}{s} \leqq 15$	$15 < \frac{l}{s} \leqq 20$, $F_e = 0{,}008\,F_b$							

Rechts am Rand: $25 < \frac{l}{s} \leqq 30$, $F_e = 0{,}008\,F_b$ (Zeilen 20—24,5); $20 < \frac{l}{s} \leqq 25$, $F_e = 0{,}008\,F_b$ (Zeilen 25—29)

quadratische Stützen

Tafel 94

Rücksicht auf die Knicksicherheit

$l = 4{,}25$—$6{,}25$ m

σ_b = zulässige Betondruckspannung in kg/cm²;
s = Seitenlänge des Stützenquerschnittes in cm.

61 62 63 64 65 66 67 68 69 70 kg/cm²,
60,18 61,07 61,96 62,86 63,75 64,64 65,54 66,43 67,32 68,21 kg/cm².
ausnahmsweise zulässsig (weil $l : s > 20$).

$s = 29{,}5$—43 cm

l in m → / s in cm ↓	4,25	4,50	4,75	5,00	5,25	5,50	5,75	6,00	6,25
	fett gedruckt: ideeller Querschnitt $\frac{P}{\sigma_b}$ cm², wenn $\sigma_b \leqq 53$ kg/cm² *) darunter dünn gedruckt: Mindestlängsbewehrung F_e cm²								
	$10 \leqq \frac{l}{s} \leqq 15$, $F_e = 0{,}008\,F_b$	$15 < \frac{l}{s} \leqq 20$, $F_e = 0{,}008\,F_b$						$20 < \frac{l}{s} \leqq 25$, $F_e = 0{,}008\,F_b$	
29,5	**974** 6,96	**962** 6,96	**923** 6,96	**888** 6,96	**854** 6,96	**824** 6,96	**796** 6,96	**● 761** 6,96	**● 718** 6,96
30	**1008** 7,20	**1008** 7,20	**968** 7,20	**930** 7,20	**896** 7,20	**864** 7,20	**834** 7,20	**806** 7,20	**● 761** 7,20
30,5	**1042** 7,44	**1042** 7,44	**1012** 7,44	**974** 7,44	**938** 7,44	**904** 7,44	**873** 7,44	**844** 7,44	**● 805** 7,44
31	**1076** 7,69	**1076** 7,69	**1059** 7,69	**1019** 7,69	**981** 7,69	**946** 7,69	**914** 7,69	**884** 7,69	**● 851** 7,69
31,5	**1111** 7,94	**1111** 7,94	**1107** 7,94	**1064** 7,94	**1026** 7,94	**989** 7,94	**956** 7,94	**924** 7,94	**894** 7,94
32	**1147** 8,19	**1147** 8,19	**1147** 8,19	**1112** 8,19	**1072** 8,19	**1034** 8,19	**999** 8,19	**966** 8,19	**935** 8,19
32,5	**1183** 8,45	**1183** 8,45	**1183** 8,45	**1160** 8,45	**1118** 8,45	**1079** 8,45	**1042** 8,45	**1008** 8,45	**976** 8,45
33	**1220** 8,71	**1220** 8,71	**1220** 8,71	**1210** 8,71	**1167** 8,71	**1126** 8,71	**1088** 8,71	**1052** 8,71	**1019** 8,71
33,5	**1257** 8,98	**1257** 8,98	**1257** 8,98	**1257** 8,98	**1216** 8,98	**1173** 8,98	**1133** 8,98	**1096** 8,98	**1062** 8,98
34	**1295** 9,25	**1295** 9,25	**1295** 9,25	**1295** 9,25	**1266** 9,25	**1223** 9,25	**1182** 9,25	**1143** 9,25	**1107** 9,25
35	**1372** 9,80	**1372** 9,80	**1372** 9,80	**1372** 9,80	**1372** 9,80	**1324** 9,80	**1280** 9,80	**1239** 9,80	**1200** 9,80
36	**1452** 10,37	**1452** 10,37	**1452** 10,37	**1452** 10,37	**1452** 10,37	**1432** 10,37	**1384** 10,37	**1340** 10,37	**1298** 10,37
37	**1533** 10,95	**1533** 10,95	**1533** 10,95	**1533** 10,95	**1533** 10,95	**1533** 10,95	**1493** 10,95	**1445** 10,95	**1401** 10,95
38	**1617** 11,55	**1617** 11,55	**1617** 11,55	**1617** 11,55	**1617** 11,55	**1617** 11,55	**1607** 11,55	**1556** 11,55	**1508** 11,55
39	**1703** 12,17	**1703** 12,17	**1703** 12,17	**1703** 12,17	**1703** 12,17	**1703** 12,17	**1703** 12,17	**1671** 12,17	**1620** 12,17
40	**1792** 12,80	**1792** 12,80	**1792** 12,80	**1792** 12,80	**1792** 12,80	**1792** 12,80	**1792** 12,80	**1792** 12,80	**1738** 12,80
41	**1883** 13,45	**1883** 13,45	**1883** 13,45	**1883** 13,45	**1883** 13,45	**1883** 13,45	**1883** 13,45	**1883** 13,45	**1860** 13,45
42	**1976** 14,11	**1976** 14,11	**1976** 14,11	**1976** 14,11	**1976** 14,11	**1976** 14,11	**1976** 14,11	**1976** 14,11	**1976** 14,11
43	**2069** 14,66	**2071** 14,79	**2071** 14,79	**2071** 14,79	**2071** 14,79	**2071** 14,79	**2071** 14,79	**2071** 14,79	**2071** 14,79
	$5 < \frac{l}{s} < 10$, $0{,}005\,F_b < F_e < 0{,}008\,F_b$	$10 \leqq \frac{l}{s} \leqq 15$, $F_e = 0{,}008\,F_b$							

Right margin: $20 < \frac{l}{s} \leqq 25$, $F_e = 0{,}008\,F_b$ (rows 29,5–31); $15 < \frac{l}{s} \leqq 20$, $F_e = 0{,}008\,F_b$ (rows 31,5–41).

$l = 6{,}50$—$10{,}00$ m

Tafel für mittig belastete

mit Mindestlängsbewehrung und mit

P = mittige Druckkraft in kg;
l = Knicklänge in m;

*) Ist σ_b =	54	55	56	57	58	59	60
so ist dafür zu setzen =	53,93	54,82	55,71	56,61	57,50	58,39	59,29

$s = 25$—34 cm

Die mit ● bezeichneten Fälle sind nur

fett gedruckt: ideeller Querschnitt $\frac{P}{\sigma_b}$ cm², wenn $\sigma_b \leqq 53$ kg/cm² *)
darunter dünn gedruckt: Mindestlängsbewehrung F_e cm²

Ranges above the table: $25 < \frac{l}{s} \leqq 30$, $F_e = 0{,}008\,F_b$ (columns 6,50–7,50); $30 < \frac{l}{s} \leqq 35$, $F_e = 0{,}008\,F_b$ (columns 8,00–8,50)

l in m → / s in cm ↓	6,50	6,75	7,00	7,25	7,50	8,00	8,50	9,00	9,50	10,00
25	**● 378** 5,00	**● 350** 5,00	**● 326** 5,00	**● 304** 5,00	**● 286** 5,00	**● 255** 5,00	**● 218** 5,00	— —	— —	— —
25,5	**● 411** 5,20	**● 379** 5,20	**● 352** 5,20	**● 329** 5,20	**● 308** 5,20	**● 277** 5,20	**● 236** 5,20	**● 211** 5,20	— —	— —
26	**● 445** 5,41	**● 411** 5,41	**● 381** 5,41	**● 355** 5,41	**● 333** 5,41	**● 301** 5,41	**● 256** 5,41	**● 228** 5,41	— —	— —
26,5	**● 475** 5,62	**● 444** 5,62	**● 411** 5,62	**● 383** 5,62	**● 358** 5,62	**● 326** 5,62	**● 277** 5,62	**● 246** 5,62	— —	— —
27	**● 505** 5,83	**● 480** 5,83	**● 444** 5,83	**● 413** 5,83	**● 386** 5,83	**● 341** 5,83	**● 291** 5,83	**● 265** 5,83	— —	— —
27,5	**● 537** 6,05	**● 511** 6,05	**● 479** 6,05	**● 445** 6,05	**● 415** 6,05	**● 366** 6,05	**● 323** 6,05	**● 285** 6,05	**● 256** 6,05	— —
28	**● 570** 6,27	**● 542** 6,27	**● 517** 6,27	**● 479** 6,27	**● 446** 6,27	**● 393** 6,27	**● 349** 6,27	**● 307** 6,27	**● 275** 6,27	— —
28,5	**● 605** 6,50	**● 575** 6,50	**● 548** 6,50	**● 515** 6,50	**● 479** 6,50	**● 421** 6,50	**● 375** 6,50	**● 331** 6,50	**● 295** 6,50	— —
29	**● 642** 6,73	**● 610** 6,73	**● 581** 6,73	**● 554** 6,73	**● 515** 76,3	**● 451** 6,73	**● 401** 6,73	**● 356** 6,73	**● 317** 6,73	**● 285** 6,73
29,5	**● 680** 6,96	**● 646** 6,96	**● 615** 6,96	**● 586** 6,96	**● 553** 6,96	**● 483** 6,96	**● 429** 6,96	**● 383** 6,96	**● 340** 6,96	**● 305** 6,96
30	**● 720** 7,20	**● 683** 7,20	**● 650** 7,20	**● 620** 7,20	**● 593** 7,20	**● 517** 7,20	**● 458** 7,20	**● 411** 7,20	**● 364** 7,20	**● 327** 7,20
30,5	**● 762** 7,44	**● 723** 7,44	**● 687** 7,44	**● 656** 7,44	**● 626** 7,44	**● 553** 7,44	**● 489** 7,44	**● 438** 7,44	**● 391** 7,44	**● 350** 7,44
31	**● 805** 7,69	**● 764** 7,69	**● 726** 7,69	**● 692** 7,69	**● 661** 7,69	**● 591** 7,69	**● 522** 7,69	**● 467** 7,69	**● 418** 7,69	**● 374** 7,69
31,5	**● 850** 7,94	**● 806** 7,94	**● 766** 7,94	**● 730** 7,94	**● 698** 7,94	**● 632** 7,94	**● 556** 7,94	**● 497** 7,94	**● 448** 7,94	**● 400** 7,94
32	**● 897** 8,19	**● 851** 8,19	**● 808** 8,19	**● 770** 8,19	**● 735** 8,19	**● 675** 8,19	**● 593** 8,19	**● 529** 8,19	**● 477** 8,19	**● 427** 8,19
32,5	**947** 8,45	**● 897** 8,45	**● 852** 8,45	**● 812** 8,45	**● 775** 8,45	**● 710** 8,45	**● 632** 8,45	**● 562** 8,45	**● 507** 8,45	**● 456** 8,45
33	**988** 8,71	**● 945** 8,71	**● 897** 8,71	**● 855** 8,71	**● 816** 8,71	**● 747** 8,71	**● 673** 8,71	**● 598** 8,71	**● 538** 8,71	**● 486** 8,71
33,5	**1030** 8,98	**● 995** 8,98	**● 945** 8,98	**● 899** 8,98	**● 858** 8,98	**● 786** 8,98	**● 716** 8,98	**● 635** 8,98	**● 570** 8,98	**● 518** 8,98
34	**1074** 9,25	**1042** 9,25	**● 994** 9,25	**● 946** 9,25	**● 902** 9,25	**● 826** 9,25	**● 762** 9,25	**● 674** 9,25	**● 605** 9,25	**● 548** 9,25

Right margin (column 10,00, rows 29–33): $30 < \frac{l}{s} \leqq 35$, $F_e = 0{,}008\,F_b$

Ranges below the table: $15 < \frac{l}{s} \leqq 20$, $F_e = 0{,}008\,F_b$ (column 6,50); $20 < \frac{l}{s} \leqq 25$, $F_e = 0{,}008\,F_b$ (columns 6,75–8,50); $25 < \frac{l}{s} \leqq 30$, $F_e = 0{,}008\,F_b$ (columns 9,00–10,00)

Rücksicht auf die Knicksicherheit — $l = 6{,}50$—$10{,}00$ m

σ_b = zulässige Betondruckspannung in kg/cm²;
s = Seitenlänge des Stützenquerschnittes in cm.

61 62 63 64 65 66 67 68 69 70 kg/cm²,
60,18 61,07 61,96 62,86 63,75 64,64 65,54 66,43 67,32 68,21 kg/cm².
ausnahmsweise zulässig (weil $l : s > 20$).

$s = 34{,}5$—$43{,}5$ cm

fett gedruckt: **ideeller Querschnitt $\frac{P}{\sigma_b}$ cm², wenn $\sigma_b \leqq 53$ kg/cm²** *)
darunter dünn gedruckt: Mindestlängsbewehrung F_e cm²

l in m → / s in cm ↓	6,50	6,75	7,00	7,25	7,50	8,00	8,50	9,00	9,50	10,00
	$15 < \frac{l}{s} \leqq 20$, $F_e = 0{,}008\,F_b$		$20 < \frac{l}{s} \leqq 25$, $F_e = 0{,}008\,F_b$					$25 < \frac{l}{s} \leqq 30$, $F_e = 0{,}008\,F_b$		
34,5	**1118** 9,52	**1084** 9,52	**●1045** 9,52	**● 994** 9,52	**● 948** 9,52	**● 867** 9,52	**● 800** 9,52	**● 716** 9,52	**● 641** 9,52	**● 580** 9,52
35	**1164** 9,80	**1130** 9,80	**1097** 9,80	**● 1044** 9,80	**● 995** 9,80	**● 910** 9,80	**● 839** 9,80	**● 759** 9,80	**● 679** 9,80	**● 614** 9,80
35,5	**1211** 10,08	**1175** 10,08	**1141** 10,08	**● 1096** 10,08	**● 1044** 10,08	**● 955** 10,08	**● 879** 10,08	**● 805** 10,08	**● 719** 10,08	**● 649** 10,08
36	**1259** 10,37	**1222** 10,37	**1187** 10,37	**● 1150** 10,37	**● 1095** 10,37	**● 1001** 10,37	**● 922** 10,37	**● 854** 10,37	**● 761** 10,37	**● 686** 10,37
36,5	**1308** 10,66	**1270** 10,66	**1234** 10,66	**1199** 10,66	**● 1148** 10,66	**● 1049** 10,66	**● 965** 10,66	**● 894** 10,66	**● 805** 10,66	**● 724** 10,66
37	**1359** 10,95	**1318** 10,95	**1281** 10,95	**1246** 10,95	**● 1203** 10,95	**● 1098** 10,95	**● 1010** 10,95	**● 935** 10,95	**● 851** 10,95	**● 765** 10,95
37,5	**1410** 11,25	**1369** 11,25	**1330** 11,25	**1293** 11,25	**1259** 11,25	**● 1150** 11,25	**● 1057** 11,25	**● 978** 11,25	**● 910** 11,25	**● 808** 11,25
38	**1463** 11,55	**1421** 11,55	**1380** 11,55	**1342** 11,55	**1307** 11,55	**● 1203** 11,55	**● 1105** 11,55	**● 1023** 11,55	**● 951** 11,55	**● 852** 11,55
38,5	**1516** 11,86	**1473** 11,86	**1432** 11,86	**1392** 11,86	**1356** 11,86	**● 1258** 11,86	**● 1155** 11,86	**● 1068** 11,86	**● 994** 11,86	**● 899** 11,86
39	**1572** 12,17	**1527** 12,17	**1485** 12,17	**1444** 12,17	**1406** 12,17	**● 1314** 12,17	**● 1207** 12,17	**● 1116** 12,17	**● 1037** 12,17	**● 949** 12,17
39,5	**1628** 12,48	**1582** 12,48	**1538** 12,48	**1496** 12,48	**1456** 12,48	**● 1373** 12,48	**● 1260** 12,48	**● 1164** 12,48	**● 1082** 12,48	**● 1000** 12,48
40	**1687** 12,80	**1638** 12,80	**1593** 12,80	**1550** 12,80	**1509** 12,80	**1434** 12,80	**● 1315** 12,80	**● 1215** 12,80	**● 1129** 12,80	**● 1054** 12,80
40,5	**1745** 13,12	**1695** 13,12	**1649** 13,12	**1604** 13,12	**1561** 13,12	**1484** 13,12	**● 1372** 13,12	**● 1267** 13,12	**● 1177** 13,12	**● 1099** 13,12
41	**1806** 13,45	**1754** 13,45	**1706** 13,45	**1660** 13,45	**1616** 13,45	**1536** 13,45	**● 1431** 13,45	**● 1321** 13,45	**● 1226** 13,45	**● 1144** 13,45
41,5	**1867** 13,78	**1814** 13,78	**1763** 13,78	**1716** 13,78	**1671** 13,78	**1589** 3,78	**● 1491** 13,78	**● 1376** 13,78	**● 1277** 13,78	**● 1192** 13,78
42	**1930** 14,11	**1875** 14,11	**1824** 14,11	**1775** 14,11	**1728** 14,11	**1643** 14,11	**● 1554** 14,11	**● 1433** 14,11	**● 1330** 14,11	**● 1240** 14,11
42,5	**1993** 14,45	**1936** 14,45	**1883** 14,45	**1833** 14,45	**1785** 14,45	**1698** 14,45	**1618** 14,45	**● 1492** 14,45	**● 1384** 14,45	**● 1290** 14,45
43	**2059** 14,79	**2001** 14,79	**1946** 14,79	**1895** 14,79	**1846** 14,79	**1754** 14,79	**1672** 14,79	**● 1553** 14,79	**● 1440** 14,79	**● 1342** 14,79
43,5	**2119** 15,14	**2065** 15,14	**2008** 15,14	**1956** 15,14	**1905** 15,14	**1812** 15,14	**1727** 15,14	**● 1615** 15,14	**● 1497** 15,14	**● 1395** 15,14
	$10 \leqq \frac{l}{s} \leqq 15$, $F_e = 0{,}008\,F_b$	$15 < \frac{l}{s} \leqq 20$, $F_e = 0{,}008\,F_b$						$20 < \frac{l}{s} \leqq 25$, $F_e = 0{,}008\,F_b$		

Rechts (obere Zeilen, s = 34,5—39,5): $25 < \frac{l}{s} \leqq 30$, $F_e = 0{,}008\,F_b$
Rechts (untere Zeilen, s = 40—43,5): $20 < \frac{l}{s} \leqq 25$, $F_e = 0{,}008\,F_b$

Tafel für mittig belastete

mit Mindestlängsbewehrung und mit

P = mittige Druckkraft in kg;
l = Knicklänge in m;

$s = 44$—62 cm

*) Ist σ_b = 54 55 56 57 58 59 60
so ist dafür zu setzen = 53,93 54,82 55,71 56,61 57,50 58,39 59,29

l in m →	*2,00*	*2,25*	*2,50*	*2,75*	*3,00*	*3,25*	*3,50*	*3,75*	*4,00*
s in cm ↓	**fett gedruckt: ideeller Querschnitt $\frac{P}{\sigma_b}$ cm², wenn $\sigma_b \leqq 53$ kg/cm² *)** darunter dünn gedruckt: Mindestlängsbewehrung F_e cm²								
	$\frac{l}{s} \leqq 5$, $F_e = 0{,}005\,F_b$	$5 < \frac{l}{s} < 10$, $0{,}005\,F_b < F_e < 0{,}008\,F_b$							
44	**2081** 9,68	**2083** 9,81	**2093** 10,47	**2103** 11,13	**2113** 11,79	**2123** 12,45	**2133** 13,11	**2143** 13,77	**2152** 14,43
45	**2177** 10,12	**2177** 10,12	**2187** 10,80	**2197** 11,48	**2207** 12,15	**2217** 12,83	**2227** 13,50	**2238** 14,18	**2248** 14,85
46	**2275** 10,58	**2275** 10,58	**2283** 11,13	**2293** 11,82	**2304** 12,51	**2314** 13,20	**2324** 13,89	**2335** 14,58	**2345** 15,27
47	**2375** 11,04	**2375** 11,04	**2381** 11,47	**2392** 12,17	**2402** 12,88	**2413** 15,38	**2423** 14,29	**2434** 14,99	**2444** 15,70
48	**2477** 11,52	**2477** 11,52	**2481** 11,81	**2492** 12,53	**2503** 13,25	**2514** 13,97	**2524** 14,69	**2535** 15,41	**2546** 16,13
49	**2581** 12,00	**2581** 12,00	**2583** 12,15	**2594** 12,89	**2605** 13,62	**2616** 14,36	**2627** 15,02	**2638** 15,83	**2649** 16,56
50	**2687** 12,50	**2687** 12,50	**2687** 12,50	**2699** 13,25	**2710** 14,00	**2721** 14,75	**2732** 15,50	**2744** 16,25	**2755** 17,00
51	**2796** 13,00	**2796** 13,00	**2796** 13,00	**2793** 13,62	**2817** 14,38	**2828** 15,15	**2840** 15,91	**2851** 16,68	**2863** 17,44
52	**2907** 13,52	**2907** 13,52	**2907** 13,52	**2914** 13,99	**2926** 14,77	**2937** 15,55	**2949** 16,33	**2961** 17,11	**2972** 17,89
53	**3020** 14,04	**3020** 14,04	**3020** 14,04	**3024** 14,36	**3036** 15,16	**3048** 15,95	**3060** 16,75	**3072** 17,54	**3084** 18,34
54	**3135** 14,58	**3135** 14,58	**3135** 14,58	**3137** 14,74	**3149** 15,55	**3161** 16,36	**3174** 17,17	**3186** 17,98	**3198** 18,79
55	**3252** 15,12	**3252** 15,12	**3252** 15,12	**3252** 15,12	**3264** 15,95	**3277** 16,77	**3289** 17,60	**3301** 18,43	**3314** 19,25
56	**3371** 15,68	**3371** 15,68	**3371** 15,68	**3371** 15,68	**3381** 16,35	**3394** 17,19	**3406** 18,03	**3419** 18,87	**3432** 19,71
57	**3493** 16,24	**3493** 16,24	**3493** 16,24	**3493** 16,24	**3500** 16,76	**3513** 17,61	**3526** 18,47	**3539** 19,32	**3552** 20,18
58	**3616** 16,82	**3616** 16,82	**3616** 16,82	**3616** 16,82	**3622** 17,17	**3635** 18,04	**3648** 18,91	**3661** 19,78	**3674** 20,65
59	**3742** 17,40	**3742** 17,40	**3742** 17,40	**3742** 17,40	**3745** 17,58	**3758** 18,47	**3771** 19,35	**3785** 20,24	**3798** 21,12
60	**3870** 18,00	**3870** 18,00	**3870** 18,00	**3870** 18,00	**3870** 18,00	**3883** 18,90	**3897** 19,80	**3910** 20,70	**3924** 21,60
61	**4000** 18,60	**4000** 18,60	**4000** 18,60	**4000** 18,60	**4000** 18,60	**4011** 19,34	**4025** 20,25	**4038** 21,17	**4052** 22,08
62	**4132** 19,22	**4132** 19,22	**4132** 19,22	**4132** 19,22	**4132** 19,22	**4141** 19,78	**4155** 20,71	**4169** 21,64	**4183** 22,57

$5 < \frac{l}{s} < 10$, $0{,}005\,F_b < F_e < 0{,}008\,F_b$

$\frac{l}{s} \leqq 5$, $F_e = 0{,}005\,F_b$	$5 < \frac{l}{s} < 10$, $0{,}005\,F_b < F_e < 0{,}008\,F_b$

Rücksicht auf die Knicksicherheit.

$l = 2{,}00$—$4{,}00$ m

σ_e = zulässige Betondruckspannung in kg/cm²;
s = Seitenlänge des Stützenquerschnittes in cm.

61	62	63	64	65	66	67	68	69	70 kg/cm²,
60,18	61,07	61,96	62,86	63,75	64,64	65,54	66,43	67,32	68,21 kg/cm².

$s = 63$—81 cm

l in m → / s in cm ↓	2,00	2,25	2,50	2,75	3,00	3,25	3,50	3,75	4,00
	fett gedruckt: ideeller Querschnitt $\frac{P}{\sigma_b}$ cm², wenn $\sigma_b \leqq 53$ kg/cm²*) darunter dünn gedruckt: Mindestlängsbewehrung F_e cm²								
	$\frac{l}{s} \leqq 5,\ F_e = 0{,}005\,F_e$					$5 < \frac{l}{s} < 10,\ 0{,}005 F_e < F_e < 0{,}008 F_b$			
63	**4267**	**4267**	**4267**	**4267**	**4267**	**4272**	**4287**	**4301**	**4315**
	19,84	19,84	19,84	19,84	19,84	20,22	21,17	22,11	23,06
64	**4403**	**4403**	**4403**	**4403**	**4403**	**4406**	**4420**	**4435**	**4449**
	20,48	20,48	20,48	20,48	20,48	20,67	21,63	22,59	23,55
65	**4542**	**4542**	**4542**	**4542**	**4542**	**4542**	**4557**	**4571**	**4586**
	21,12	21,12	21,12	21,12	21,12	12,12	22,10	23,08	24,05
66	**4683**	**4683**	**4683**	**4683**	**4683**	**4683**	**4695**	**4709**	**4724**
	21,78	21,78	21,78	21,78	21,78	21,78	22,57	23,56	24,55
67	**4826**	**4826**	**4826**	**4826**	**4826**	**4826**	**4835**	**4850**	**4865**
	22,44	22,44	22,44	22,44	22,44	22,44	23,05	24,05	25,06
68	**4971**	**4971**	**4971**	**4971**	**4971**	**4971**	**4977**	**4992**	**5008**
	23,12	23,12	23,12	23,12	23,12	23,12	23,53	24,55	25,57
69	**5118**	**5118**	**5118**	**5118**	**5118**	**5118**	**5121**	**5137**	**5152**
	23,80	23,80	23,80	23,80	23,80	23,80	24,01	25,05	26,08
70	**5267**	**5267**	**5267**	**5267**	**5267**	**5267**	**5267**	**5283**	**5299**
	24,50	24,50	24,50	24,50	24,50	24,50	24,50	25,55	26,60
71	**5419**	**5419**	**5419**	**5419**	**5419**	**5419**	**5419**	**5960**	**5448**
	25,20	25,20	25,20	25,20	25,20	25,20	25,20	26,06	27,12
72	**5573**	**5573**	**5573**	**5573**	**5573**	**5573**	**5573**	**5582**	**5599**
	25,92	25,92	25,92	25,92	25,92	25,92	25,92	26,57	27,65
73	**5729**	**5729**	**5729**	**5729**	**5729**	**5729**	**5729**	**5735**	**5752**
	26,64	26,64	26,64	26,64	26,64	26,64	26,64	27,08	28,18
74	**5887**	**5887**	**5887**	**5887**	**5887**	**5887**	**5887**	**5890**	**5907**
	27,38	27,38	27,38	27,38	27,38	27,38	27,38	27,60	28,71
75	**6047**	**6047**	**6047**	**6047**	**6047**	**6047**	**6047**	**6047**	**6064**
	28,12	28,12	28,12	28,12	28,12	28,12	28,12	28,12	29,25
76	**6209**	**6209**	**6209**	**6209**	**6290**	**6209**	**6209**	**6209**	**6223**
	28,88	28,88	28,88	28,88	28,88	28,88	28,88	28,88	29,79
77	**6374**	**6374**	**6374**	**6374**	**6374**	**6374**	**6374**	**6374**	**6384**
	29,65	29,65	29,65	29,65	29,65	29,65	29,65	29,65	30,34
78	**6540**	**6540**	**6540**	**6540**	**6540**	**6540**	**6540**	**6540**	**6547**
	30,42	30,42	30,42	30,42	30,42	30,42	30,42	30,42	30,89
79	**6709**	**6709**	**6709**	**6709**	**6709**	**6709**	**6709**	**6709**	**6713**
	31,20	31,20	31,20	31,20	31,20	31,20	31,20	31,20	31,64
80	**6880**	**6880**	**6880**	**6880**	**6880**	**6880**	**6880**	**6880**	**6880**
	32,00	32,00	32,00	32,00	32,00	32,00	32,00	32,00	32,00
81	**7053**	**7053**	**7053**	**7053**	**7053**	**7053**	**7053**	**7053**	**7053**
	32,80	32,80	32,80	32,80	32,80	32,80	32,80	32,80	32,80

$5 < \frac{l}{s} < 10,\quad 0{,}005\,F_b < F_e < 0{,}008\,F_b$

$\frac{l}{s} \leqq 5,\quad F_e = 0{,}005\,F_b$

Tafel 97

$l = 4{,}25$—$6{,}25$ m

$s = 44$—62 cm

Tafel für mittig belastete

mit Mindestlängsbewehrung und mit

P = mittige Druckkraft in kg;
l = Knicklänge in m;

*) Ist $\sigma_b =$	54	55	56	57	58	59	60
so ist dafür zu setzen =	53,93	54,82	55,71	56,61	57,50	58,39	59,29

l in m → / s in cm ↓	*4,25*	*4,50*	*4,75*	*5,00*	*5,25*	*5,50*	*5,75*	*6,00*	*6,25*
	fett gedruckt: ideeller Querschnitt $\frac{P}{\sigma_b}$ cm², wenn $\sigma_b \leqq 53$ kg/cm² *) darunter dünn gedruckt: Mindestlängsbewehrung F_e cm²								
	$5 < \frac{l}{s} < 10$, $0{,}005 F_b < F_e < 0{,}008 F_b$	$10 \leqq \frac{l}{s} \leqq 15$, $F_e = 0{,}008 F_b$							
44	**2162** 15,09	**2168** 15,49	**2168** 15,49	**2168** 15,49	**2168** 15,49	**2168** 15,49	**2168** 15,49	**2168** 15,49	**2168** 15,49
45	**2258** 15,53	**2268** 16,20	**2268** 16,20	**2268** 16,20	**2268** 16,20	**2268** 16,20	**2268** 16,20	**2268** 16,20	**2268** 16,20
46	**2356** 15,96	**2366** 16,65	**2370** 16,93	**2370** 16,93	**2370** 16,93	**2370** 16,93	**2370** 16,93	**2370** 16,93	**2370** 16,93
47	**2455** 16,40	**2466** 17,11	**2474** 17,67	**2474** 17,67	**2474** 17,67	**2474** 17,67	**2474** 17,67	**2474** 17,67	**2474** 17,67
48	**2557** 16,85	**2568** 17,57	**2578** 18,29	**2580** 18,43	**2580** 18,43	**2580** 18,43	**2580** 18,43	**2580** 18,43	**2580** 18,43
49	**2661** 17,30	**2671** 18,03	**2683** 18,77	**2689** 19,21	**2689** 19,21	**2689** 19,21	**2689** 19,21	**2689** 19,21	**2689** 19,21
50	**2766** 17,75	**2777** 18,50	**2789** 19,25	**2800** 20,00	**2800** 20,00	**2800** 20,00	**2800** 20,00	**2800** 20,00	**2800** 20,00
51	**2874** 18,21	**2886** 18,97	**2897** 19,74	**2909** 20,50	**2913** 20,81	**2913** 20,81	**2913** 20,81	**2913** 20,81	**2913** 20,81
52	**2984** 18,67	**2996** 19,45	**3007** 20,23	**3019** 21,01	**3028** 21,63	**3028** 21,63	**3028** 21,63	**3028** 21,63	**3028** 21,63
53	**3096** 19,13	**3108** 19,93	**3120** 20,72	**3132** 21,52	**3144** 22,31	**3146** 22,47	**3146** 22,47	**3146** 22,47	**3146** 22,47
54	**3210** 19,60	**3222** 20,41	**3234** 21,22	**3246** 22,03	**3259** 22,84	**3266** 23,33	**3266** 23,33	**3266** 23,33	**3266** 23,33
55	**3326** 20,07	**3339** 20,90	**3351** 21,72	**3363** 22,55	**3376** 23,37	**3388** 24,20	**3388** 24,20	**3388** 24,20	**3388** 24,20
56	**3444** 20,55	**3457** 21,39	**3469** 22,23	**3482** 23,07	**3495** 23,91	**3507** 24,75	**3512** 25,09	**3512** 25,09	**3512** 25,09
57	**3565** 21,03	**3577** 21,89	**3590** 22,74	**3603** 23,60	**3616** 24,45	**3629** 25,31	**3639** 25,99	**3639** 25,99	**3639** 25,99
58	**3687** 21,52	**3700** 22,39	**3713** 23,26	**3726** 24,13	**3739** 25,00	**3752** 25,87	**3765** 26,74	**3768** 26,91	**3768** 26,91
59	**3811** 22,01	**3824** 22,89	**3838** 23,78	**3851** 24,66	**3864** 25,55	**3878** 26,43	**3891** 27,32	**3899** 27,85	**3899** 27,85
60	**3938** 22,50	**3951** 23,40	**3965** 24,30	**3978** 25,20	**3991** 26,10	**4005** 27,00	**4019** 27,90	**4032** 28,80	**4032** 28,80
61	**4066** 23,00	**4080** 23,91	**4093** 24,83	**4107** 25,74	**4121** 26,66	**4135** 27,57	**4148** 28,49	**4162** 29,40	**4167** 29,77
62	**4196** 23,50	**4210** 24,43	**4224** 25,36	**4238** 26,29	**4252** 27,22	**4266** 28,15	**4280** 29,08	**4294** 30,01	**4305** 30,75

$5 < \frac{l}{s} < 10$, $0{,}005 F_b < F_e < 0{,}008 F_b$

$10 \leqq \frac{l}{s} \leqq 15$, $F_e = 0{,}008 F_b$

quadratische Stützen

Rücksicht auf die Knicksicherheit

$l = 4{,}25$—$6{,}25$ m

σ_b = zulässige Betondruckspannung in kg/cm²;
s = Seitenlänge des Stützenquerschnittes in cm.

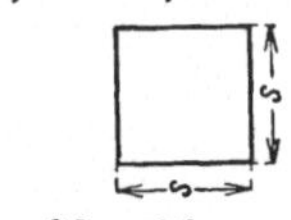

61	62	63	64	65	66	67	68	69	70 kg/cm²,
60,18	61,07	61,96	62,86	63,75	64,64	65,54	66,43	67,32	68,21 kg/cm².

$s = 63$—81 cm

fett gedruckt: ideeller Querschnitt $\frac{P}{\sigma_b}$ cm², wenn $\sigma_b \leqq 53$ kg/cm² *)
darunter dünn gedruckt: Mindestlängsbewehrung F_e cm²

$5 < \frac{l}{s} < 10$, $0{,}005\,F_b < F_e < 0{,}008\,F_b$

s in cm ↓ / l in m →	*4,25*	*4,50*	*4,75*	*5,00*	*5,25*	*5,50*	*5,75*	*6,00*	*6,25*
63	**4329** 24,00	**4343** 24,95	**4357** 25,89	**4372** 26,84	**4386** 27,78	**4400** 28,73	**4414** 29,67	**4428** 30,62	**4442** 31,56
64	**4464** 24,51	**4478** 25,47	**4492** 26,43	**4507** 27,39	**4521** 28,35	**4536** 29,31	**4550** 30,27	**4565** 31,23	**4579** 32,19
65	**4600** 25,02	**4615** 26,00	**4630** 26,98	**4644** 27,95	**4659** 28,93	**4674** 29,90	**4688** 30,88	**4703** 31,85	**4717** 32,82
66	**4739** 25,54	**4754** 26,53	**4769** 27,52	**4784** 28,51	**4799** 29,50	**4813** 30,49	**4828** 31,48	**4843** 32,47	**4858** 33,46
67	**4880** 26,06	**4895** 27,07	**4910** 28,07	**4925** 29,08	**4940** 30,08	**4955** 31,09	**4970** 32,09	**4986** 33,10	**5001** 34,10
68	**5023** 26,59	**5038** 27,61	**5053** 28,63	**5069** 29,65	**5084** 30,67	**5099** 31,69	**5115** 32,71	**5130** 33,73	**5145** 34,75
69	**5168** 27,12	**5183** 28,15	**5199** 29,19	**5214** 30,22	**5230** 31,26	**5245** 32,29	**5261** 33,33	**5277** 34,36	**5292** 35,40
70	**5315** 27,65	**5331** 28,70	**5346** 29,75	**5362** 30,80	**5378** 31,85	**5394** 32,90	**5409** 33,95	**5425** 35,00	**5441** 36,05
71	**5464** 28,19	**5480** 29,25	**5496** 30,32	**5512** 31,38	**5528** 32,45	**5544** 33,51	**5560** 34,58	**5576** 35,64	**5592** 36,71
72	**5615** 28,73	**5631** 29,81	**5647** 30,89	**5664** 31,97	**5680** 33,05	**5696** 34,13	**5712** 35,21	**5728** 36,29	**5745** 37,37
73	**5768** 29,27	**5785** 30,37	**5801** 31,46	**5817** 32,56	**5834** 33,65	**5850** 34,75	**5867** 35,84	**5883** 36,94	**5900** 38,03
74	**5923** 29,82	**5940** 30,93	**5957** 32,04	**5973** 33,15	**5990** 34,26	**6007** 35,37	**6023** 36,48	**6040** 37,59	**6057** 38,70
75	**6081** 30,38	**6098** 31,50	**6114** 32,62	**6131** 33,75	**6148** 34,88	**6165** 36,00	**6182** 37,12	**6199** 38,25	**6216** 39,38
76	**6240** 30,93	**6257** 32,07	**6274** 33,21	**6291** 34,35	**6308** 35,49	**6326** 36,63	**6343** 37,77	**6360** 38,91	**6377** 40,05
77	**6401** 31,49	**6419** 32,65	**6436** 33,80	**6453** 34,96	**6471** 36,11	**6488** 37,27	**6505** 38,42	**6523** 39,58	**6540** 40,73
78	**6565** 32,06	**6582** 33,23	**6600** 34,40	**6618** 35,57	**6635** 36,74	**6653** 37,91	**6670** 39,08	**6688** 40,25	**6705** 41,42
79	**6730** 32,63	**6748** 33,81	**6766** 35,00	**6784** 36,18	**6802** 37,37	**6819** 38,55	**6837** 39,74	**6855** 40,92	**6873** 42,11
80	**6898** 33,20	**6916** 34,40	**6934** 35,60	**6952** 36,80	**6970** 38,00	**6988** 39,20	**7006** 40,40	**7024** 41,60	**7042** 42,80
81	**7068** 33,78	**7086** 34,99	**7104** 36,21	**7122** 37,42	**7141** 38,64	**7159** 39,85	**7177** 41,07	**7195** 42,28	**7213** 43,50

$5 < \frac{l}{s} < 10$, $0{,}005\,F_b < F_e < 0{,}008\,F_b$

$5 < \frac{l}{s} < 10$, $0{,}005\,F_b < F_e < 0{,}008\,F_b$

Tafel 98

$l = 6{,}50$—$10{,}00$ m

$s = 44$—62 cm

Tafel für mittig belastete

mit Mindestlängsbewehrung und mit

P = mittige Druckkraft in kg;
l = Knicklänge in m;

*) Ist σ_b =	54	55	56	57	58	59	60
so ist dafür zu setzen =	53,93	54,82	55,71	56,61	57,50	58,39	59,29

l in m → / s in cm ↓	6,50	6,75	7,00	7,25	7,50	8,00	8,50	9,00	9,50	10,00	
	fett gedruckt: ideeller Querschnitt $\frac{P}{\sigma_b}$ cm², wenn $\sigma_b \leqq 53$ kg/cm² *) darunter dünn gedruckt: Mindestlängsbewehrung F_e cm²										
	$10 \leqq \frac{l}{s} \leqq 15$	$15 < \frac{l}{s} \leqq 20$, $F_e = 0{,}008\,F_b$						$20 < \frac{l}{s} \leqq 25$, *)			
44	**2168**	**2132**	**2074**	**2019**	**1967**	**1871**	**1783**	**1680**	**1556**	**1450**	$F_e = 0{,}008\,F_b$
	15,49	15,49	15,49	15,49	15,49	15,49	15,49	15,49	15,49	15,49	
45	**2268**	**2268**	**2207**	**2149**	**2093**	**1991**	**1899**	**1814**	**1680**	**1564**	
	16,20	16,20	16,20	16,20	16,20	16,20	16,20	16,20	16,20	16,20	
46	**2370**	**2370**	**2344**	**2283**	**2225**	**2117**	**2019**	**1929**	**1811**	**1685**	
	16,93	16,93	16,93	16,93	16,93	16,93	16,93	16,93	16,93	16,93	
47	**2474**	**2474**	**2474**	**2423**	**2361**	**2247**	**2143**	**2049**	**1949**	**1813**	
	17,67	17,67	17,67	17,67	17,67	17,67	17,67	17,67	17,67	17,67	
48	**2580**	**2580**	**2580**	**2567**	**2502**	**2382**	**2273**	**2173**	**2082**	**1948**	
	18,43	18,43	18,43	18,43	18,43	18,43	18,43	18,43	18,43	18,43	
49	**2689**	**2689**	**2689**	**2689**	**2648**	**2522**	**2407**	**2302**	**2205**	**2090**	
	19,21	19,21	19,21	19,21	19,21	19,21	19,21	19,21	19,21	19,21	
50	**2800**	**2800**	**2800**	**2800**	**2800**	**2666**	**2545**	**2435**	**2333**	**2240**	$F_e = 0{,}008\,F_b$
	20,00	20,00	20,00	20,00	20,00	20,00	20,00	20,00	20,00	20,00	
51	**2913**	**2913**	**2913**	**2913**	**2913**	**2816**	**2687**	**2573**	**2466**	**2368**	
	20,81	20,81	20,81	20,81	20,81	20,81	20,81	20,81	20,81	20,81	
52	**3028**	**3028**	**3028**	**3028**	**3028**	**2971**	**2837**	**2715**	**2603**	**2500**	
	21,63	21,63	21,63	21,63	21,63	21,63	21,63	21,63	21,63	21,63	
53	**3146**	**3146**	**3146**	**3146**	**3146**	**3131**	**2991**	**2862**	**2745**	**2636**	
	22,47	22,47	22,47	22,47	22,47	22,47	22,47	22,47	22,47	22,47	
54	**3266**	**3266**	**3266**	**3266**	**3266**	**3266**	**3149**	**3015**	**2891**	**2777**	
	23,33	23,33	23,33	23,33	23,33	23,33	23,33	23,33	23,33	23,33	
55	**3388**	**3388**	**3388**	**3388**	**3388**	**3388**	**3313**	**3172**	**3042**	**2923**	
	24,20	24,20	24,20	24,20	24,20	24,20	24,20	24,20	24,20	24,20	
56	**3512**	**3512**	**3512**	**3512**	**3512**	**3512**	**3481**	**3334**	**3198**	**3073**	
	25,09	25,09	25,09	25,09	25,09	25,09	25,09	25,09	25,09	25,09	
57	**3639**	**3639**	**3639**	**3639**	**3639**	**3639**	**3639**	**3500**	**3359**	**3228**	
	25,99	25,99	25,99	25,99	25,99	25,99	25,99	25,99	25,99	25,99	
58	**3768**	**3768**	**3768**	**3768**	**3768**	**3768**	**3768**	**3673**	**3524**	**3388**	
	26,91	26,91	26,91	26,91	26,91	26,91	26,91	26,91	26,91	26,91	
59	**3899**	**3899**	**3899**	**3899**	**3899**	**3899**	**3899**	**3850**	**3695**	**3552**	
	27,85	27,85	27,85	27,85	27,85	27,85	27,85	27,85	27,85	27,85	
60	**4032**	**4032**	**4032**	**4032**	**4032**	**4032**	**4032**	**4032**	**3871**	**3722**	
	28,80	28,80	28,80	28,80	28,80	28,80	28,80	28,80	28,80	28,80	
61	**4167**	**4167**	**4167**	**4167**	**4167**	**4167**	**4167**	**4167**	**4051**	**3896**	
	29,77	29,77	29,77	29,77	29,77	29,77	29,77	29,77	29,77	29,77	
62	**4305**	**4305**	**4305**	**4305**	**4305**	**4305**	**4305**	**4305**	**4237**	**4075**	
	30,75	30,75	30,75	30,75	30,75	30,75	30,75	30,75	30,75	30,75	
	$10 \leqq \frac{l}{s} \leqq 15$, $F_e = 0{,}008\,F_b$								$15 < \frac{l}{s} \leqq 20$,		

quadratische Stützen

Tafel 98

Rücksicht auf die Knicksicherheit

$l = 6{,}50$—$10{,}00$ m

σ_b = zulässige Betondruckspannung in kg/cm²;
s = Seitenlänge des Stützenquerschnittes in cm.

61	62	63	64	65	66	67	68	69	70 kg/cm²,
60,18	61,07	61,96	62,86	63,75	64,64	65,54	66,43	67,32	68,21 kg/cm².

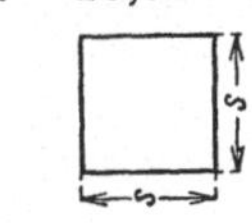

$s = 63$—81 cm

l in m → / s in cm ↓	*6,50*	*6,75*	*7,00*	*7,25*	*7,50*	*8,00*	*8,50*	*9,00*	*9,50*	*10,00*
	fett gedruckt: ideeller Querschnitt $\frac{P}{\sigma_b}$ cm², wenn $\sigma_b \leqq 53$ kg/cm² *) darunter dünn gedruckt: Mindestlängsbewehrung F_e cm²									
	$10 \leqq \frac{l}{s} \leqq 15$, $F_e = 0{,}008\,F_b$								$15 < \frac{l}{s} \leqq 20$,	
63	**4445** 31,75	**4445** 31,75	**4445** 31,75	**4445** 31,75	**4445** 31,75	**4445** 31,75	**4445** 31,75	**4445** 31,75	**4428** 31,75	**4259** 31,75
64	**4587** 32,77	**4587** 32,77	**4587** 32,77	**4587** 32,77	**4587** 32,77	**4587** 32,77	**4587** 32,77	**4587** 32,77	**4587** 32,77	**4448** 32,77
65	**4732** 33,80	**4732** 33,80	**4732** 33,80	**4732** 33,80	**4732** 33,80	**4732** 33,80	**4732** 33,80	**4732** 33,80	**4732** 33,80	**4643** 33,80
66	**4873** 34,45	**4879** 34,85	**4879** 34,85	**4879** 34,85	**4879** 34,85	**4879** 34,85	**4879** 34,85	**4879** 34,85	**4879** 34,85	**4841** 34,85
67	**5016** 35,11	**5028** 35,91	**5028** 35,91	**5028** 35,91	**5028** 35,91	**5028** 35,91	**5028** 35,91	**5028** 35,91	**5028** 35,91	**5028** 35,91
68	**5161** 35,77	**5176** 36,79	**5179** 36,99	**5179** 36,99	**5179** 36,99	**5179** 36,99	**5179** 36,99	**5179** 36,99	**5179** 36,99	**5179** 36,99
69	**5308** 36,43	**5323** 37,47	**5332** 38,09	**5332** 38,09	**5332** 38,09	**5332** 38,09	**5332** 38,09	**5332** 38,09	**5332** 38,09	**5332** 38,09
70	**5457** 37,10	**5472** 38,15	**5488** 39,20	**5488** 39,20	**5488** 39,20	**5488** 39,20	**5488** 39,20	**5488** 39,20	**5488** 39,20	**5488** 39,20
71	**5608** 37,77	**5624** 38,84	**5640** 39,90	**5646** 40,33	**5646** 40,33	**5646** 40,33	**5646** 40,33	**5646** 40,33	**5646** 40,33	**5646** 40,33
72	**5761** 38,45	**5777** 39,53	**5793** 40,61	**5806** 41,47	**5806** 41,47	**5806** 41,47	**5806** 41,47	**5806** 41,47	**5806** 41,47	**5806** 41,47
73	**5916** 39,13	**5932** 40,22	**5949** 41,32	**5965** 42,41	**5968** 42,63	**5968** 42,63	**5968** 42,63	**5968** 42,63	**5968** 42,63	**5968** 42,63
74	**6073** 39,81	**6090** 40,92	**6107** 42,03	**6123** 43,14	**6133** 43,81	**6133** 43,81	**6133** 43,81	**6133** 43,81	**6133** 43,81	**6133** 43,81
75	**6233** 40,50	**6249** 41,62	**6266** 42,75	**6283** 43,88	**6300** 45,00	**6300** 45,00	**6300** 45,00	**6300** 45,00	**6300** 45,00	**6300** 45,00
76	**6394** 41,19	**6411** 42,33	**6428** 43,47	**6445** 44,61	**6462** 45,75	**6469** 46,21	**6469** 46,21	**6469** 46,21	**6469** 46,21	**6469** 46,21
77	**6557** 41,89	**6575** 43,04	**6592** 44,20	**6609** 45,35	**6627** 46,51	**6640** 47,43	**6640** 47,73	**6640** 47,73	**6640** 47,73	**6640** 47,73
78	**6723** 42,59	**6740** 43,76	**6758** 44,93	**6776** 46,10	**6793** 47,27	**6814** 48,67	**6814** 48,67	**6841** 48,67	**6814** 48,67	**6814** 48,67
79	**6890** 43,29	**6908** 44,48	**6926** 45,66	**6944** 46,85	**6962** 48,03	**6990** 49,93	**6990** 49,93	**6990** 49,93	**6990** 49,93	**6990** 49,93
80	**7060** 44,00	**7078** 45,20	**7096** 46,40	**7114** 47,60	**7132** 48,80	**7168** 51,20	**7168** 51,20	**7168** 51,20	**7168** 51,20	**7168** 51,20
81	**7232** 44,71	**7250** 45,93	**7268** 47,14	**7286** 48,36	**7305** 49,57	**7341** 52,00	**7348** 52,49	**7348** 52,49	**7348** 52,49	**7348** 52,49
	$5 < \frac{l}{s} < 10$, $0{,}005\,F_b < F_e < 0{,}008\,F_b$						$10 \leqq \frac{l}{s} \leqq 15$			

$F_e = 0{,}008\,F_b$

$F_e = 0{,}008\,F_b$

Tafel 99

$l = 2{,}00$—$4{,}00$ m

Tafel für mittig belastete

mit Mindestlängsbewehrung und mit

P = mittige Druckkraft in kg;
l = Knicklänge in m;

*) Ist σ_b =	54	55	56	57	58	59	60
so ist dafür zu setzen =	53,93	54,82	55,71	56,61	57,50	58,39	59,29

$s = 82$—100 cm

l in m → / s in cm ↓	*2,00*	*2,25*	*2,50*	*2,75*	*3,00*	*3,25*	*3,50*	*3,75*	*4,00*
	fett gedruckt: ideeller Querschnitt $\frac{P}{\sigma_b}$ cm², wenn $\sigma_b \leqq 53$ kg/cm² *) darunter dünn gedruckt: Mindestlängsbewehrung F_e cm²								
	$\frac{l}{s} \leqq 5$, $F_e = 0{,}005\, F_b$								
82	**7228**	**7228**	**7228**	**7228**	**7228**	**7228**	**7228**	**7228**	**7228**
	33,62	33,62	33,62	33,62	33,62	33,62	33,62	33,62	33,62
83	**7406**	**7406**	**7406**	**7406**	**7406**	**7406**	**7406**	**7406**	**7406**
	34,44	34,44	34,44	34,44	34,44	34,44	34,44	34,44	34,44
84	**7585**	**7585**	**7585**	**7585**	**7585**	**7585**	**7585**	**7585**	**7585**
	35,28	35,28	35,28	35,28	35,28	35,28	35,28	35,28	35,28
85	**7767**	**7767**	**7767**	**7767**	**7767**	**7767**	**7767**	**7767**	**7767**
	36,12	36,12	36,12	36,12	36,12	36,12	36,12	36,12	36,12
86	**7951**	**7951**	**7951**	**7951**	**7951**	**7951**	**7951**	**7951**	**7951**
	36,98	36,98	36,98	36,98	36,98	36,98	36,98	36,98	36,98
87	**8137**	**8137**	**8137**	**8137**	**8137**	**8137**	**8137**	**8137**	**8137**
	37,85	37,85	37,85	37,85	37,85	37,85	37,85	37,85	37,85
88	**8325**	**8325**	**8325**	**8325**	**8325**	**8325**	**8325**	**8325**	**8325**
	38,72	38,72	38,72	38,72	38,72	38,72	38,72	38,72	38,72
89	**8515**	**8515**	**8515**	**8515**	**8515**	**8515**	**8515**	**8515**	**8515**
	39,60	39,60	39,60	39,60	39,60	39,60	39,60	39,60	39,60
90	**8708**	**8708**	**8708**	**8708**	**8708**	**8708**	**7808**	**8708**	**8708**
	40,50	40,50	40,50	40,50	40,50	40,50	40,50	40,50	40,50
91	**8902**	**8902**	**8902**	**8902**	**8902**	**8902**	**8902**	**8902**	**8902**
	41,40	41,40	41,40	41,40	41,40	41,40	41,40	41,40	41,40
92	**9099**	**9099**	**9099**	**9099**	**9099**	**9099**	**9099**	**9099**	**9099**
	42,32	42,32	42,32	42,32	42,32	42,32	42,32	42,32	42,32
93	**9298**	**9298**	**9298**	**9298**	**9298**	**9298**	**9298**	**9298**	**9298**
	43,24	43,24	43,24	43,24	43,24	43,24	43,24	43,24	43,24
94	**9499**	**9499**	**9499**	**9499**	**9499**	**9499**	**9499**	**9499**	**9499**
	44,18	44,18	44,18	44,18	44,18	44,18	44,18	44,18	44,18
95	**9702**	**9702**	**9702**	**9702**	**9702**	**9702**	**9702**	**9702**	**9702**
	45,12	45,12	45,12	45,12	45,12	45,12	45,12	45,12	45,12
96	**9907**	**9907**	**9907**	**9907**	**9907**	**9907**	**9907**	**9907**	**9907**
	46,08	46,08	46,08	46,08	46,08	46,08	46,08	46,08	46,08
97	**10115**	**10115**	**10115**	**10115**	**10115**	**10115**	**10115**	**10115**	**10115**
	47,04	47,04	47,04	47,04	47,04	47,04	47,04	47,04	47,04
98	**10324**	**10324**	**10324**	**10324**	**10324**	**10324**	**10324**	**10324**	**10324**
	48,02	48,02	48,02	48,02	48,02	48,02	48,02	48,02	48,02
99	**10536**	**10536**	**10536**	**10536**	**10536**	**10536**	**10536**	**10536**	**10536**
	49,00	49,00	49,00	49,00	49,00	49,00	49,00	49,00	49,00
100	**10750**	**10750**	**10750**	**10750**	**10750**	**10750**	**10750**	**10750**	**10750**
	50,00	50,00	50,00	50,00	50,00	50,00	50,00	50,00	50,00

$\frac{l}{s} \leqq 5$, $F_e = 0{,}005\, F_b$

$\frac{l}{s} \leqq 5$, $F_e = 0{,}005\, F_b$

Rücksicht auf die Knicksicherheit

$l = 4{,}25$—$6{,}25$ m

σ_b = zulässige Betondruckspannung in kg/cm²;
s = Seitenlänge des Stützenquerschnittes in cm.

61 62 63 64 65 66 67 68 69 70 kg/cm²,
60,18 61,07 61,96 62,86 63,75 64,64 65,54 66,43 67,32 68,21 kg/cm².

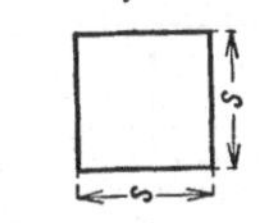

$s = 82$—100 cm

fett gedruckt: ideeller Querschnitt $\frac{P}{\sigma_b}$ cm², wenn $\sigma_b \leqq 53$ kg/cm² *)
darunter dünn gedruckt: Mindestlängsbewehrung F_e cm²

Oben: $5 < \frac{l}{s} < 10$, $0{,}005\,F_b < F_e < 0{,}008\,F_b$

s in cm ↓ / l in m →	4,25	4,50	4,75	5,00	5,25	5,50	5,75	6,00	6,25
82	**7239** 34,36	**7258** 35,59	**7276** 36,82	**7295** 38,05	**7313** 39,28	**7332** 40,51	**7350** 41,74	**7369** 42,97	**7387** 44,20
83	**7413** 34,94	**7432** 36,19	**7451** 37,43	**7469** 38,68	**7488** 39,92	**7507** 41,17	**7525** 42,41	**7544** 43,66	**7563** 44,90
84	**7589** 35,53	**7608** 36,79	**7627** 38,05	**7646** 39,31	**7665** 40,57	**7684** 41,83	**7702** 43,09	**7721** 44,35	**7740** 45,61
85	**7767** 36,12	**7786** 37,40	**7805** 38,68	**7824** 39,95	**7843** 41,22	**7863** 42,50	**7882** 43,77	**7901** 45,05	**7920** 46,32
86	**7951** 36,98	**7966** 38,01	**7986** 39,30	**8005** 40,59	**8024** 41,88	**8044** 43,17	**8063** 44,46	**8082** 45,75	**8102** 47,04
87	**8137** 37,85	**8148** 38,63	**8168** 39,93	**8188** 41,24	**8207** 42,54	**8227** 43,85	**8246** 45,15	**8266** 46,46	**8285** 47,21
88	**8325** 38,72	**8333** 39,25	**8353** 40,57	**8372** 41,89	**8392** 43,21	**8412** 44,53	**8432** 45,85	**8452** 47,17	**8471** 48,49
89	**8515** 39,60	**8519** 39,87	**8539** 41,21	**8559** 42,54	**8579** 43,88	**8599** 45,21	**8619** 46,55	**8639** 47,88	**8659** 49,22
90	**8708** 40,50	**8708** 40,50	**8728** 41,85	**8748** 43,20	**8768** 44,55	**8789** 45,90	**8809** 47,25	**8829** 48,60	**8849** 49,95
91	**8902** 41,40	**8902** 41,40	**8919** 42,50	**8939** 43,86	**8959** 45,23	**8980** 46,59	**9000** 47,96	**9021** 49,32	**9041** 50,69
92	**9099** 42,32	**9099** 42,32	**9111** 43,15	**9132** 44,53	**9153** 45,91	**9173** 47,29	**9194** 48,67	**9215** 50,05	**9235** 51,43
93	**9298** 43,24	**9298** 43,24	**9306** 43,80	**9327** 45,20	**9348** 46,59	**9369** 47,99	**9390** 49,38	**9411** 50,78	**9432** 52,17
94	**9499** 44,18	**9499** 44,18	**9503** 44,46	**9524** 45,87	**9545** 47,28	**9566** 48,69	**9588** 50,10	**9609** 51,51	**9630** 52,92
95	**9702** 45,12	**9702** 45,12	**9702** 45,12	**9723** 46,55	**9745** 47,98	**9766** 49,40	**9787** 50,83	**9809** 52,25	**9830** 53,68
96	**9907** 46,08	**9907** 46,08	**9907** 46,08	**9925** 47,23	**9946** 48,67	**9968** 50,11	**9989** 51,55	**10011** 52,99	**10033** 54,43
97	**10115** 47,04	**10115** 47,04	**10115** 47,04	**10128** 47,92	**10150** 49,37	**10171** 50,83	**10193** 52,28	**10215** 53,74	**10237** 55,19
98	**10324** 48,02	**10324** 48,02	**10324** 48,02	**10333** 48,61	**10355** 50,08	**10377** 51,55	**10399** 53,02	**10421** 54,49	**10443** 55,96
99	**10536** 49,00	**10536** 49,00	**10536** 49,00	**10541** 49,30	**10563** 50,79	**10585** 52,27	**10607** 53,76	**10630** 55,24	**10652** 56,73
100	**10750** 50,00	**10750** 50,00	**10750** 50,00	**10750** 50,00	**10773** 51,50	**10795** 53,00	**10818** 54,50	**10840** 56,00	**10863** 57,50

Rechts: $5 < \frac{l}{s} < 10$, $0{,}005\,F_b < F_e < 0{,}008\,F_b$

Unten links (Felder links der Treppenlinie): $\frac{l}{s} \leqq 5$, $F_e = 0{,}005\,F_b$

Unten rechts: $5 < \frac{l}{s} < 10$, $0{,}005\,F_b < F_e < 0{,}008\,F_b$

Tafel 100 | $l = 6{,}50$—$10{,}00$ m | $s = 82$—100 cm

Tafel für mittig belastete quadratische Stützen

mit Mindestlängsbewehrung und mit Rücksicht auf die Knicksicherheit

P = mittige Druckkraft in kg; σ_b = zulässige Betondruckspannung in kg/cm²;
l = Knicklänge in m; s = Seitenlänge des Stützenquerschnittes in cm.

*) Ist σ_b = 54 55 56 57 58 59 60 61 62 63 64 65 66 67 68 69 70 kg/cm²,
so ist dafür zu setzen = 53,93 54,82 55,71 56,61 57,50 58,39 59,29 60,18 61,07 61,96 62,86 63,75 64,64 65,54 66,43 67,32 68,21 kg/cm².

fett gedruckt: ideeller Querschnitt $\frac{P}{\sigma_b}$ cm², wenn $\sigma_b \leqq 53$ kg/cm² *)
darunter dünn gedruckt: Mindestlängsbewehrung F_e cm²

Spalten 6,50–8,00 m: $5 < \frac{l}{s} < 10$, $0{,}005\,F_b < F_e < 0{,}008\,F_b$; übrige Felder (rechts der Treppenlinie): $10 \leqq \frac{l}{s} \leqq 15$, $F_e = 0{,}008\,F_b$

s in cm ↓ / l in m →	6,50	6,75	7,00	7,25	7,50	8,00	8,50	9,00	9,50	10,00
82	**7405** 45,43	**7424** 46,66	**7442** 47,89	**7461** 49,12	**7479** 50,35	**7516** 52,81	**7531** 53,79	**7531** 53,79	**7531** 53,79	**7531** 53,79
83	**7581** 46,15	**7600** 47,39	**7619** 48,64	**7637** 49,88	**7656** 51,13	**7693** 53,62	**7716** 55,11	**7716** 55,11	**7716** 55,11	**7716** 55,11
84	**7759** 46,87	**7778** 48,13	**7797** 49,39	**7816** 50,65	**7835** 51,91	**7873** 54,43	**7903** 56,45	**7903** 56,45	**7903** 56,45	**7903** 56,45
85	**7939** 47,60	**7958** 48,88	**7977** 50,15	**7996** 51,43	**8016** 52,70	**8054** 55,25	**8092** 57,80	**8092** 57,80	**8092** 57,80	**8092** 57,80
86	**8121** 48,33	**8141** 49,62	**8160** 50,91	**8179** 52,20	**8198** 53,49	**8237** 56,07	**8276** 58,65	**8283** 59,17	**8283** 59,17	**8283** 59,17
87	**8305** 49,07	**8325** 50,37	**8344** 51,68	**8364** 52,98	**8383** 54,29	**8423** 56,90	**8462** 59,51	**8477** 60,55	**8477** 60,55	**8477** 60,55
88	**8491** 49,81	**8511** 51,13	**8531** 52,45	**8551** 53,77	**8570** 55,09	**8610** 57,73	**8650** 60,37	**8673** 61,95	**8673** 61,95	**8673** 61,95
89	**8679** 50,55	**8699** 51,89	**8719** 53,22	**8739** 54,56	**8759** 55,89	**8800** 58,56	**8840** 61,23	**8871** 63,37	**8871** 63,37	**8871** 63,37
90	**8870** 51,30	**8890** 52,65	**8910** 54,00	**8930** 55,35	**8951** 56,70	**8991** 59,40	**9032** 62,10	**9072** 64,80	**9072** 64,80	**9072** 64,80
91	**9062** 52,05	**9082** 53,42	**9103** 54,78	**9123** 56,15	**9144** 57,51	**9185** 60,24	**9226** 62,97	**9267** 65,70	**9275** 66,25	**9275** 66,25
92	**9256** 52,81	**9277** 54,19	**9298** 55,57	**9318** 56,95	**9339** 58,33	**9380** 61,09	**9422** 63,85	**9463** 66,61	**9480** 67,71	**9480** 67,71
93	**9453** 53,57	**9474** 54,96	**9494** 56,36	**9515** 57,44	**9536** 59,15	**9578** 61,94	**9620** 64,73	**9662** 67,52	**9687** 69,19	**9687** 69,19
94	**9651** 54,33	**9672** 55,74	**9693** 57,15	**9715** 58,56	**9736** 59,97	**9778** 62,79	**9820** 65,61	**9863** 68,43	**9896** 70,69	**9896** 70,69
95	**9852** 55,10	**9873** 56,52	**9894** 57,95	**9916** 59,38	**9937** 60,80	**9980** 63,65	**10022** 66,50	**10065** 69,35	**10108** 72,20	**10108** 72,20
96	**10054** 55,87	**10076** 57,31	**10097** 58,75	**10119** 60,19	**10141** 61,63	**10184** 64,51	**10227** 67,39	**10270** 70,27	**10313** 73,15	**10322** 73,73
97	**10259** 56,65	**10281** 58,10	**10302** 59,56	**10324** 61,01	**10346** 62,47	**10390** 65,38	**10433** 68,29	**10477** 71,20	**10521** 74,11	**10538** 75,27
98	**10466** 57,43	**10488** 58,90	**10510** 60,37	**10532** 61,84	**10554** 63,31	**10598** 66,25	**10642** 69,19	**10686** 72,13	**10730** 75,07	**10756** 76,83
99	**10674** 58,21	**10697** 59,70	**10719** 61,18	**10741** 62,67	**10763** 64,15	**10808** 67,12	**10853** 70,09	**10897** 73,06	**10942** 76,03	**10977** 78,41
100	**10885** 59,00	**10908** 60,50	**10930** 62,00	**10953** 63,50	**10975** 65,00	**11020** 68,00	**11065** 71,00	**11110** 74,00	**11155** 77,00	**11200** 80,00

Right margin: $10 \leqq \frac{l}{s} \leqq 15$, $F_e = 0{,}008\,F_b$

Below table: $5 < \frac{l}{s} < 10$, $0{,}005\,F_b < F_e < 0{,}008\,F_b$ | $10 \leqq \frac{l}{s} \leqq 15$

Tafel 101

$l = 2{,}00$—$4{,}00$ m

Tafel für mittig belastete

mit Mindestlängsbewehrung und mit

P = mittige Druckkraft in kg;
l = Knicklänge in m;
d = Abstand der parallelen Querschnittsseiten;
s = $0{,}4142\,d$ = Seitenlänge;

*) Ist σ_b =	54	55	56	57	58	59	60
so ist dafür zu setzen =	53,93	54,82	55,71	56,61	57,50	58,39	59,29

$d = 25$—34 cm

l in m →	2,00	2,25	2,50	2,75	3,00	3,25	3,50	3,75	4,00
d in cm ↓	fett gedruckt: ideeller Querschnitt $\frac{P}{\sigma_b}$ cm², wenn $\sigma_b \leqq 53$ kg/cm² *) darunter dünn gedruckt: Mindestlängsbewehrung F_e cm²								
	$5 < \frac{l}{d} < 10$, $0{,}005\,F_b < F_e < 0{,}008\,F_b$		$10 \leqq \frac{l}{d}$, $\lambda < 50$, $F_e = 0{,}008\,F_b$			$\lambda = 50$—70, $F_e = 0{,}008\,F_b$			
25	**571**	**575**	**580**	**580**	**580**	**576**	**549**	**525**	**503**
	3,52	3,83	4,14	4,14	4,14	4,14	4,14	4,14	4,14
25,5	**593**	**598**	**602**	**603**	**603**	**603**	**579**	**553**	**530**
	3,61	3,93	4,24	4,31	4,31	4,31	4,31	4,31	4,31
26	**616**	**620**	**625**	**627**	**627**	**627**	**609**	**583**	**558**
	3,70	4,03	4,35	4,48	4,48	4,48	4,48	4,48	4,48
26,5	**639**	**644**	**649**	**651**	**651**	**651**	**640**	**613**	**587**
	3,80	4,13	4,45	4,65	4,65	4,65	4,65	4,65	4,65
27	**662**	**667**	**672**	**676**	**676**	**676**	**673**	**644**	**617**
	3,89	4,23	4,56	4,83	4,83	4,83	4,83	4,83	4,83
27,5	**686**	**691**	**697**	**701**	**701**	**701**	**701**	**676**	**648**
	3,99	4,33	4,67	5,01	5,01	5,01	5,01	5,01	5,01
28	**711**	**716**	**721**	**726**	**727**	**727**	**727**	**709**	**680**
	4,08	4,43	4,78	5,13	5,20	5,20	5,20	5,20	5,20
28,5	**736**	**741**	**746**	**751**	**753**	**753**	**753**	**743**	**713**
	4,18	4,53	4,88	5,24	5,38	5,38	5,38	5,38	5,38
29	**761**	**766**	**772**	**777**	**780**	**780**	**780**	**777**	**746**
	4,27	4,63	4,99	5,36	5,57	5,57	5,57	5,57	5,57
29,5	**787**	**792**	**798**	**803**	**807**	**807**	**807**	**807**	**781**
	4,37	4,74	5,11	5,47	5,76	5,76	5,76	5,76	5,76
30	**813**	**818**	**824**	**829**	**835**	**835**	**835**	**835**	**816**
	4,47	4,84	5,22	5,59	5,96	5,96	5,96	5,96	5,96
30,5	**839**	**845**	**851**	**856**	**862**	**863**	**863**	**863**	**852**
	4,57	4,95	5,33	5,71	6,09	6,16	6,16	6,16	6,16
31	**866**	**872**	**878**	**884**	**889**	**892**	**892**	**892**	**889**
	4,67	5,06	5,44	5,83	6,22	6,37	6,37	6,37	6,37
31,5	**894**	**899**	**905**	**911**	**917**	**920**	**920**	**920**	**920**
	4,77	5,17	5,56	5,95	6,34	6,57	6,57	6,57	6,57
32	**921**	**927**	**933**	**939**	**945**	**950**	**950**	**950**	**950**
	4,88	5,27	5,67	6,07	6,47	6,79	6,79	6,79	6,79
32,5	**950**	**956**	**962**	**968**	**974**	**980**	**980**	**980**	**980**
	4,98	5,38	5,78	6,19	6,59	7,00	7,00	7,00	7,00
33	**978**	**985**	**991**	**997**	**1003**	**1009**	**1010**	**1010**	**1010**
	5,08	5,49	5,90	6,32	6,72	7,13	7,22	7,22	7,22
33,5	**1008**	**1014**	**1020**	**1026**	**1033**	**1039**	**1041**	**1041**	**1041**
	5,19	5,60	6,02	6,44	6,85	7,27	7,43	7,43	7,43
34	**1037**	**1043**	**1050**	**1056**	**1062**	**1069**	**1072**	**1072**	**1072**
	5,29	5,71	6,14	6,56	6,98	7,40	7,66	7,66	7,66

Right margin: $\lambda = 50 - 70$, $F_e = 0{,}008\,F_b$ (upper region); $10 \leqq \frac{l}{d}$, $\lambda < 50$, $F_e = 0{,}008\,F_b$ (lower region)

Bottom: $5 < \frac{l}{d} < 10$, $0{,}005\,F_b < F_e < 0{,}008\,F_b$ | $10 \leqq \frac{l}{d}$, $\lambda < 50$, $F_e = 0{,}008\,F_b$

achteckige Stützen

Tafel 101

Rücksicht auf die Knicksicherheit

$l = 2{,}00$—$4{,}00$ m

$F_b = 0{,}8284\, d^2$ = Betonquerschnitt;
σ_b = zulässige Betondruckspannung in kg/cm²;
$i = 0{,}257\, d$ = Trägheitshalbmesser;
$\lambda = l : i$ = Schlankheitsverhältnis.

61	62	63	64	65	66	67	68	69	70 kg/cm²,
60,18	61,07	61,96	62,86	63,75	64,64	65,54	66,43	67,32	68,21 kg/cm².

$d = 34{,}5$—$43{,}5$ cm

fett gedruckt: ideeller Querschnitt $\frac{P}{\sigma_b}$ cm², wenn $\sigma_b \leqq 53$ kg/cm² *)
darunter dünn gedruckt: Mindestlängsbewehrung F_e cm²

l in m → / d in cm ↓	2,00	2,25	2,50	2,75	3,00	3,25	3,50	3,75	4,00
34,5	**1067** 5,40	**1073** 5,83	**1080** 6,26	**1086** 6,69	**1093** 7,12	**1099** 7,54	**1104** 7,89	**1104** 7,89	**1104** 7,89
35	**1097** 5,51	**1104** 5,94	**1110** 6,38	**1117** 6,81	**1124** 7,25	**1130** 7,68	**1137** 8,12	**1137** 8,12	**1137** 8,12
35,5	**1128** 5,62	**1135** 6,06	**1141** 6,50	**1148** 6,94	**1155** 7,38	**1161** 7,82	**1168** 8,26	**1169** 8,35	**1169** 8,35
36	**1160** 5,72	**1166** 6,17	**1173** 6,62	**1180** 7,07	**1186** 7,51	**1193** 7,96	**1200** 8,41	**1202** 8,59	**1202** 8,59
36,5	**1191** 5,84	**1198** 6,29	**1205** 6,74	**1212** 7,20	**1218** 7,65	**1225** 8,10	**1232** 8,56	**1236** 8,83	**1236** 8,83
37	**1223** 5,95	**1230** 6,40	**1237** 6,86	**1244** 7,33	**1251** 7,78	**1258** 8,24	**1265** 8,70	**1270** 9,07	**1270** 9,07
37,5	**1256** 6,06	**1263** 6,52	**1270** 6,99	**1277** 7,46	**1284** 7,92	**1291** 8,39	**1298** 8,85	**1304** 9,32	**1304** 9,32
38	**1289** 6,17	**1296** 6,64	**1303** 7,11	**1310** 7,59	**1317** 8,06	**1324** 8,53	**1331** 9,00	**1338** 9,48	**1340** 9,57
38,5	**1322** 6,28	**1329** 6,76	**1337** 7,24	**1344** 7,72	**1351** 8,20	**1358** 8,67	**1365** 9,15	**1372** 9,63	**1375** 9,82
39	**1356** 6,40	**1363** 6,88	**1371** 7,36	**1378** 7,85	**1385** 8,33	**1392** 8,82	**1400** 9,30	**1407** 9,79	**1411** 10,08
39,5	**1390** 6,51	**1398** 7,00	**1405** 7,49	**1412** 7,99	**1420** 8,48	**1427** 8,97	**1434** 9,46	**1442** 9,95	**1447** 10,34
40	**1425** 6,63	**1432** 7,12	**1440** 7,62	**1447** 8,12	**1455** 8,62	**1462** 9,11	**1470** 9,61	**1477** 10,11	**1484** 10,60
40,5	**1460** 6,79	**1468** 7,25	**1475** 7,75	**1483** 8,25	**1490** 8,76	**1498** 9,26	**1505** 9,76	**1513** 10,27	**1520** 10,77
41	**1497** 6,96	**1503** 7,37	**1511** 7,88	**1518** 8,39	**1526** 8,90	**1534** 9,40	**1541** 9,91	**1549** 10,43	**1557** 10,93
41,5	**1533** 7,13	**1539** 7,49	**1547** 8,01	**1555** 8,53	**1562** 9,04	**1570** 9,56	**1578** 10,07	**1586** 10,59	**1593** 11,10
42	**1571** 7,31	**1576** 7,62	**1583** 8,14	**1591** 8,66	**1599** 9,18	**1607** 9,71	**1615** 10,23	**1623** 10,75	**1630** 11,27
42,5	**1608** 7,48	**1613** 7,74	**1620** 8,27	**1628** 8,80	**1636** 9,33	**1644** 9,86	**1652** 10,38	**1660** 10,91	**1668** 11,44
43	**1646** 7,66	**1650** 7,87	**1658** 8,40	**1666** 8,94	**1674** 9,47	**1682** 10,01	**1690** 10,54	**1698** 11,08	**1706** 11,61
43,5	**1685** 7,84	**1688** 8,00	**1696** 8,54	**1704** 9,08	**1712** 9,62	**1720** 10,16	**1728** 10,70	**1736** 11,24	**1744** 11,78

Bereiche (durch starke Linien in der Tafel abgegrenzt):

- Oben links (bis l = 3,25 m; bei l = 3,50 m bis d = 35; bei l = 3,75 m bis d = 37,5): $5 < \frac{l}{d} < 10$, $0{,}005\, F_b < F_e < 0{,}008\, F_b$
- Oben rechts: $10 \leqq \frac{l}{d}$, $\lambda < 50$, $F_e = 0{,}008\, F_b$
- Unten rechts (bei l = 4,00 m ab d = 40,5): $5 < \frac{l}{d} < 10$, $0{,}005\, F_b < F_e < 0{,}008\, F_b$
- Unten links (l = 2,00 m ab d = 40): $\frac{l}{d} \leqq 5$, $F_e = 0{,}005\, F_b$
- Unten (l = 2,25—4,00 m): $5 < \frac{l}{d} < 10$, $0{,}005\, F_b < F_e < 0{,}008\, F_b$

Tafel 102

$l = 4{,}25$—$6{,}25$ m

$d = 25$—34 cm

Tafel für mittig belastete

mit Mindestlängsbewehrung und mit

P = mittige Druckkraft in kg;
l = Knicklänge in m;
d = Abstand der parallelen Querschnittsseiten;
s = 0,4142d = Seitenlänge;

*) Ist σ_b =	54	55	56	57	58	59	60
so ist dafür zu setzen =	53,93	54,82	55,71	56,61	57,50	58,39	59,29

Die mit ● bezeichneten Fälle sind nur

l in m →	4,25	4,50	4,75	5,00	5,25	5,50	5,75	6,00	6,25
d in cm ↓	**fett gedruckt: ideeller Querschnitt $\frac{P}{\sigma_b}$ cm², wenn $\sigma_b \leqq 53$ kg/cm² *)** darunter dünn gedruckt: Mindestlängsbewehrung F_e cm²								
	$\lambda = 50$—70	$\lambda = 70$—85, $F_e = 0{,}008\ F_b$				$\lambda = 85$—100, $F_e = 0{,}008\ F_b$			
25	**483**	**464**	**424**	**391**	**● 362**	**● 337**	**● 310**	**● 288**	**● 268**
	4,14	4,14	4,14	4,14	4,14	4,14	4,14	4,14	4,14
25,5	**509**	**489**	**456**	**419**	**● 389**	**● 362**	**● 335**	**● 310**	**● 289**
	4,31	4,31	4,31	4,31	4,31	4,31	4,31	4,31	4,31
26	**536**	**516**	**489**	**450**	**● 416**	**● 387**	**● 361**	**● 334**	**● 311**
	4,48	4,48	4,48	4,48	4,48	4,48	4,48	4,48	4,48
26,5	**564**	**543**	**523**	**482**	**446**	**● 414**	**● 387**	**● 359**	**● 334**
	4,65	4,65	4,65	4,65	4,65	4,65	4,65	4,65	4,65
27	**593**	**571**	**550**	**516**	**477**	**● 443**	**● 414**	**● 386**	**● 358**
	4,83	4,83	4,83	4,83	4,83	4,83	4,83	4,83	4,83
27,5	**623**	**599**	**577**	**552**	**509**	**473**	**● 441**	**● 414**	**● 384**
	5,01	5,01	5,01	5,01	5,01	5,01	5,01	5,01	5,01
28	**653**	**629**	**606**	**585**	**544**	**504**	**● 470**	**● 441**	**● 411**
	5,20	5,20	5,20	5,20	5,20	5,20	5,20	5,20	5,20
28,5	**685**	**659**	**636**	**614**	**580**	**537**	**● 501**	**● 469**	**● 440**
	5,38	5,38	5,38	5,38	5,38	5,38	5,38	5,38	5,38
29	**717**	**691**	**666**	**643**	**618**	**572**	**533**	**● 499**	**● 469**
	5,57	5,57	5,57	5,57	5,57	5,57	5,57	5,57	5,57
29,5	**751**	**723**	**697**	**673**	**651**	**609**	**567**	**● 530**	**● 498**
	5,76	5,76	5,76	5,76	5,76	5,76	5,76	5,76	5,76
30	**785**	**756**	**729**	**704**	**681**	**647**	**602**	**563**	**● 528**
	5,96	5,96	5,96	5,96	5,96	5,96	5,96	5,96	5,96
30,5	**820**	**790**	**762**	**736**	**712**	**688**	**639**	**597**	**● 560**
	6,16	6,16	6,16	6,16	6,16	6,16	6,16	6,16	6,16
31	**856**	**825**	**796**	**769**	**744**	**720**	**678**	**633**	**● 593**
	6,37	6,37	6,37	6,37	6,37	6,37	6,37	6,37	6,37
31,5	**893**	**861**	**831**	**803**	**777**	**752**	**719**	**670**	**628**
	6,57	6,57	6,57	6,57	6,57	6,57	6,57	6,57	6,57
32	**931**	**897**	**866**	**837**	**810**	**785**	**761**	**710**	**665**
	6,79	6,79	6,79	6,79	6,79	6,79	6,79	6,79	6,79
32,5	**969**	**935**	**903**	**873**	**844**	**818**	**793**	**751**	**703**
	7,00	7,00	7,00	7,00	7,00	7,00	7,00	7,00	7,00
33	**1009**	**973**	**940**	**909**	**880**	**852**	**827**	**794**	**743**
	7,22	7,22	7,22	7,22	7,22	7,22	7,22	7,22	7,22
33,5	**1041**	**1013**	**978**	**946**	**916**	**887**	**861**	**836**	**784**
	7,44	7,44	7,44	7,44	7,44	7,44	7,44	7,44	7,44
34	**1072**	**1053**	**1017**	**984**	**953**	**923**	**896**	**870**	**828**
	7,66	7,66	7,66	7,66	7,66	7,66	7,66	7,66	7,66
	$10 \leqq \frac{l}{d}$, $\lambda < 50$ $F_e = 0.008 F_b$	$\lambda = 50$—70, $F_e = 0{,}008\ F_b$							

(Rechts am Rand:) $\lambda = 85$—100, $F_e = 0{,}008\ F_b$ — $\lambda = 70$—85, $F_e = 0{,}008\ F_b$

achteckige Stützen

Tafel 102

Rücksicht auf die Knicksicherheit.

$l = 4{,}25$—$6{,}25$ cm

$F_b = 0{,}8284\, d^2$ = Betonquerschnitt;
σ_b = zulässige Betondruckspannung in kg/cm²;
$i = 0{,}257\, d$ = Trägheitshalbmesser;
$\lambda = l : i$ = Schlankheitsverhältnis.

61	62	63	64	65	66	67	68	69	70 kg/m;
60,18	61,07	61,96	62,86	63,75	64,64	65,54	66,43	67,32	68,21 kg/m.

ausnahmsweise zulässig (weil $l : s > 20$).

$d = 34{,}5$—$43{,}5$ cm

l in m →	4,25	4,50	4,75	5,00	5,25	5,50	5,75	6,00	6,25	
d in cm ↓	fett gedruckt: ideeller Querschnitt $\frac{P}{\sigma_b}$ cm², wenn $\sigma_b \leqq 53$ kg/cm² *) darunter dünn gedruckt: Mindestlängsbewehrung F_e cm²									
	$10 \leqq \frac{l}{d}$, $\lambda < 50$, $F_e = 0{,}008\, F_b$	$\lambda = 50$—70, $F_e = 0{,}008\, F_b$							$\lambda = 70$—85	
34,5	**1104** 7,89	**1094** 7,89	**1057** 7,89	**1023** 7,89	**990** 7,89	**960** 7,89	**932** 7,89	**905** 7,89	**873** 7,89	$F_e = 0{,}008 F_b$
35	**1137** 8,12	**1136** 8,12	**1098** 8,12	**1062** 8,12	**1029** 8,12	**998** 8,12	**968** 8,12	**940** 8,12	**914** 8,12	$\lambda = 50$—70, $F_e = 0{,}008\, F_e$
35,5	**1169** 8,35	**1169** 8,35	**1140** 8,35	**1103** 8,35	**1069** 8,35	**1036** 8,35	**1006** 8,35	**977** 8,35	**950** 8,35	
36	**1202** 8,59	**1202** 8,59	**1183** 8,59	**1145** 8,59	**1109** 8,59	**1076** 8,59	**1044** 8,59	**1014** 8,59	**986** 8,59	
36,5	**1236** 8,83	**1236** 8,83	**1226** 8,83	**1187** 8,83	**1150** 8,83	**1116** 8,83	**1083** 8,83	**1052** 8,83	**1023** 8,83	
37	**1270** 9,07	**1270** 9,07	**1270** 9,07	**1231** 9,07	**1193** 9,07	**1157** 9,07	**1123** 9,07	**1092** 9,07	**1062** 9,07	
37,5	**1304** 9,32	**1304** 9,32	**1304** 9,32	**1275** 9,32	**1236** 9,32	**1199** 9,32	**1164** 9,32	**1131** 9,32	**1101** 9,32	
38	**1340** 9,57	**1340** 9,57	**1340** 9,57	**1320** 9,57	**1280** 9,57	**1242** 9,57	**1206** 9,57	**1172** 9,57	**1140** 9,57	
38,5	**1375** 9,82	**1375** 9,82	**1375** 9,82	**1366** 9,82	**1325** 9,82	**1286** 9,82	**1249** 9,82	**1214** 9,82	**1181** 9,82	
39	**1411** 10,08	**1411** 10,08	**1411** 10,08	**1411** 10,08	**1371** 10,08	**1330** 10,08	**1292** 10,08	**1256** 10,08	**1223** 10,08	
39,5	**1447** 10,34	**1447** 10,34	**1447** 10,34	**1447** 10,34	**1417** 10,34	**1376** 10,34	**1337** 10,34	**1300** 10,34	**1265** 10,34	
40	**1484** 10,60	**1484** 10,60	**1484** 10,60	**1484** 10,60	**1465** 10,60	**1422** 10,60	**1382** 10,60	**1344** 10,60	**1308** 10,60	
40,5	**1522** 10,87	**1522** 10,87	**1522** 10,87	**1522** 10,87	**1514** 10,87	**1470** 10,87	**1428** 10,87	**1389** 10,87	**1352** 10,87	
41	**1560** 11,14	**1560** 11,14	**1560** 11,14	**1560** 11,14	**1560** 11,14	**1518** 11,14	**1476** 11,14	**1435** 11,14	**1397** 11,14	
41,5	**1598** 11,41	**1598** 11,41	**1598** 11,41	**1598** 11,41	**1598** 11,41	**1567** 11,41	**1524** 11,41	**1482** 11,41	**1443** 11,41	
42	**1637** 11,69	**1637** 11,69	**1637** 11,69	**1637** 11,69	**1637** 11,69	**1617** 11,69	**1573** 11,69	**1530** 11,69	**1490** 11,69	
42,5	**1676** 11,97	**1676** 11,97	**1676** 11,97	**1676** 11,97	**1676** 11,97	**1669** 11,97	**1622** 11,97	**1579** 11,97	**1537** 11,97	
43	**1715** 12,14	**1716** 12,25	**1716** 12,25	**1716** 12,25	**1716** 12,25	**1716** 12,25	**1673** 12,25	**1628** 12,25	**1586** 12,25	
43,5	**1752** 12,32	**1755** 12,54	**1755** 12,54	**1755** 12,54	**1755** 12,54	**1755** 12,54	**1725** 12,54	**1679** 12,54	**1635** 12,54	
	$5 < \frac{l}{d} < 10$, $0{,}005\, F_b < F_e < 0{,}008\, F_b$	$10 \leqq \frac{l}{d}$, $\lambda < 50$, $F_e = 0{,}008\, F_b$				$\lambda = 50$—70, $F_e = 0{,}008\, F_b$				

l = 6,50—10,00 m

d = 25—34 cm

Tafel für mittig belastete

mit Mindestlängsbewehrung und mit

P = mittige Druckkraft in kg;
l = Knicklänge in m;
d = Abstand der parallelen Querschnittsseiten;
s = 0,4142 d = Seitenlänge;

*) Ist σ_b =	54	55	56	57	58	59	60
so ist dafür zu setzen =	53,93	54,82	55,71	56,61	57,50	58,39	59,29

Die mit ● bezeichneten Fälle sind nur

l in m → / d in cm ↓	*6,50*	*6,75*	*7,00*	*7,25*	*7,50*	*8,00*	*8,50*	*9,00*	*9,50*	*10,00*
	fett gedruckt: ideeller Querschnitt $\frac{P}{\sigma_b}$ cm², wenn $\sigma_b \leqq 53$ kg/cm² *) darunter dünn gedruckt: Mindestlängsbewehrung F_e cm²									
25	—	—	—	—	—	—	—	—	—	—
25,5	● **270** 4,31	—	—	—	—	—	—	—	—	—
26	● **290** 4,48	—	—	—	—	—	—	—	—	—
26,5	● **312** 4,65	● **292** 4,65	—	—	—	—	—	—	—	—
27	● **334** 4,83	● **313** 4,83	—	—	—	—	—	—	—	—
27,5	● **358** 5,01	● **335** 5,01	● **315** 5,01	—	—	—	—	—	—	—
28	● **383** 5,20	● **358** 5,20	● **337** 5,20	—	—	—	—	—	—	—
28,5	● **410** 5,38	● **383** 5,38	● **360** 5,38	● **339** 5,38	—	—	—	—	—	—
29	● **438** 5,57	● **409** 5,57	● **384** 5,57	● **361** 5,57	—	—	—	—	—	—
29,5	● **468** 5,76	● **436** 5,76	● **409** 5,76	● **385** 5,76	● **363** 5,76	—	—	—	—	—
30	● **497** 5,96	● **465** 5,96	● **436** 5,96	● **410** 5,96	● **387** 5,96	—	—	—	—	—
30,5	● **527** 6,16	● **496** 6,16	● **464** 6,16	● **436** 6,16	● **411** 6,16	—	—	—	—	—
31	● **558** 6,37	● **527** 6,37	● **493** 6,37	● **463** 6,37	● **437** 6,37	—	—	—	—	—
31,5	● **591** 6,57	● **558** 6,57	● **525** 6,57	● **492** 6,57	● **464** 6,57	● **415** 6,57	—	—	—	—
32	● **625** 6,79	● **589** 6,79	● **558** 6,79	● **523** 6,79	● **492** 6,79	● **440** 6,79	—	—	—	—
32,5	**660** 7,00	● **623** 7,00	● **589** 7,00	● **555** 7,00	● **522** 7,00	● **466** 7,00	—	—	—	—
33	**697** 7,22	● **657** 7,22	● **622** 7,22	● **588** 7,22	● **553** 7,22	● **493** 7,22	—	—	—	—
33,5	**736** 7,43	● **693** 7,43	● **655** 7,43	● **621** 7,43	● **585** 7,43	● **522** 7,43	● **470** 7,43	—	—	—
34	**777** 7,66	**731** 7,66	● **691** 7,66	● **655** 7,66	● **620** 7,66	● **551** 7,66	● **497** 7,66	—	—	—
	λ = 70—85, $F_e = 0{,}008\,F_b$				λ = 85—100, $F_e = 0{,}008\,F_b$					

achteckige Stützen

Tafel 103

Rücksicht auf die Knicksicherheit

$l = 6{,}50$—$10{,}00$ m

$F_b = 0{,}8284\, d^2$ = Betonquerschnitt;
σ_b = zulässige Betondruckspannung in kg/cm²;
$i = 0{,}257\, d$ = Trägheitshalbmesser;
$\lambda = l : i$ = Schlankheitsverhältnis.

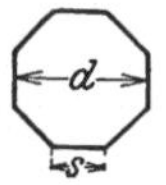

61	62	63	64	65	66	67	68	69	70	kg/cm²,
60,18	61,07	61,96	62,86	63,75	64,64	65,54	66,43	67,32	68,21	kg/cm².

ausnahmsweise zulässig (weil $l : s > 20$).

$d = 34{,}5$—$43{,}5$ cm

l in m. →	*6,50*	*6,75*	*7,00*	*7,25*	*7,50*	*8,00*	*8,50*	*9,00*	*9,50*	*10,00*
d in cm ↓	**fett gedruckt: ideeller Querschnitt $\frac{P}{\sigma_b}$ cm², wenn $\sigma_b \leqq 53$ kg/cm² *)** darunter dünn gedruckt: Mindestlängsbewehrung F_e cm²									
	$\lambda = 70$—85, $F_e = 0{,}008\, F_b$					$\lambda = 85$—100, $F_e = 0{,}008\, F_b$				
34,5	**819** 7,89	**770** 7,89	**● 727** 7,89	**● 689** 7,89	**● 655** 7,89	**● 583** 7,89	**● 524** 7,89	— —	— —	— —
35	**863** 8,12	**811** 8,12	**766** 8,12	**● 725** 8,12	**● 688** 8,12	**● 615** 8,12	**● 553** 8,12	— —	— —	— —
35,5	**909** 8,35	**854** 8,35	**806** 8,35	**● 762** 8,35	**● 724** 8,35	**● 650** 8,35	**● 573** 8,35	**● 529** 8,35	— —	— —
36	**956** 8,59	**898** 8,59	**847** 8,59	**● 801** 8,59	**● 760** 8,59	**● 685** 8,59	**● 614** 8,59	**● 557** 8,59	— —	— —
36,5	**996** 8,83	**945** 8,83	**890** 8,83	**842** 8,83	**● 798** 8,83	**● 723** 8,83	**● 647** 8,83	**● 586** 8,83	— —	— —
37	**1033** 9,07	**993** 9,07	**935** 9,07	**884** 9,07	**● 838** 9,07	**● 759** 9,07	**● 681** 9,07	**● 616** 9,07	**● 562** 9,07	— —
37,5	**1071** 9,32	**1043** 9,32	**982** 9,32	**928** 9,32	**879** 9,32	**● 796** 9,32	**● 717** 9,32	**● 648** 9,32	**● 591** 9,32	— —
38	**1110** 9,57	**1081** 9,57	**1031** 9,57	**973** 9,57	**922** 9,57	**● 834** 9,57	**● 754** 9,57	**● 681** 9,57	**● 620** 9,57	— —
38,5	**1150** 9,82	**1120** 9,82	**1081** 9,82	**1020** 9,82	**966** 9,82	**● 873** 9,82	**● 793** 9,82	**● 715** 9,82	**● 651** 9,82	— —
39	**1190** 10,08	**1160** 10,08	**1131** 10,08	**1069** 10,08	**1012** 10,08	**● 914** 10,08	**● 833** 10,08	**● 751** 10,08	**● 683** 10,08	**● 626** 10,08
39,5	**1232** 10,34	**1200** 10,34	**1170** 10,34	**1120** 10,34	**1060** 10,34	**● 956** 10,34	**● 871** 10,34	**● 788** 10,34	**● 716** 10,34	**● 656** 10,34
40	**1274** 10,60	**1242** 10,60	**1211** 10,60	**1173** 10,60	**1109** 10,60	**1000** 10,60	**● 911** 10,60	**● 827** 10,60	**● 751** 10,60	**● 687** 10,60
40,5	**1317** 10,87	**1284** 10,87	**1252** 10,87	**1222** 10,87	**1161** 10,87	**1046** 10,87	**● 951** 10,87	**● 867** 10,87	**● 787** 10,87	**● 720** 10,87
41	**1361** 11,14	**1327** 11,14	**1294** 11,14	**1263** 11,14	**1214** 11,14	**1093** 11,14	**● 994** 11,14	**● 909** 11,14	**● 824** 11,14	**● 753** 11,14
41,5	**1406** 11,41	**1370** 11,41	**1337** 11,41	**1305** 11,41	**1269** 11,41	**1141** 11,41	**● 1037** 11,41	**● 951** 11,41	**● 863** 11,41	**● 788** 11,41
42	**1451** 11,69	**1415** 11,69	**1381** 11,69	**1348** 11,69	**1316** 11,69	**1192** 11,69	**● 1082** 11,69	**● 991** 11,69	**● 903** 11,69	**● 824** 11,69
42,5	**1498** 11,97	**1461** 11,97	**1425** 11,97	**1391** 11,97	**1359** 11,97	**1244** 11,97	**1129** 11,97	**● 1034** 11,97	**● 945** 11,97	**● 862** 11,97
43	**1545** 12,25	**1507** 12,25	**1470** 12,25	**1436** 12,25	**1402** 12,25	**1298** 12,25	**1177** 12,25	**● 1077** 12,25	**● 988** 12,25	**● 900** 12,25
43,5	**1594** 12,54	**1554** 12,54	**1517** 12,54	**1481** 12,54	**1447** 12,54	**1354** 12,54	**1227** 12,54	**● 1122** 12,54	**● 1033** 12,54	**● 941** 12,54
	$\lambda = 50-70$, $F_e = 0{,}008\, F_b$					$\lambda = 70-85$, $F_e = 0{,}008\, F_b$				

$\lambda = 85$—100, $F_e = 0{,}008\, F_b$

Tafel 104

$l = 2{,}00$—$4{,}00$ m

$d = 44$—62 cm

Tafel für mittig belastete

mit Mindestlängsbewehrung und mit

P = mittige Druckkraft in kg;
l = Knicklänge in m;
d = Abstand der parallelen Querschnittsseiten;
s = $0{,}4142d$ = Seitenlänge;

*) Ist σ_b =	54	55	56	57	58	59	60
so ist dafür zu setzen =	53,93	54,82	55,71	56,61	57,50	58,39	59,29

l in m →	2,00	2,25	2,50	2,75	3,00	3,25	3,50	3,75	4,00
d in cm ↓	**fett gedruckt: ideeller Querschnitt $\frac{P}{\sigma_b}$ cm², wenn $\sigma_b \leqq 53$ kg/cm² *)** darunter dünn gedruckt: Mindestlängsbewehrung F_e cm²								
	$\frac{l}{d} \leqq 5$, $F_e = 0{,}005 F_b$	$5 < \frac{l}{d} < 10$, $0{,}005 F_b < F_e < 0{,}008 F_b$							
44	**1724**	**1726**	**1734**	**1742**	**1750**	**1759**	**1767**	**1775**	**1783**
	8,02	8,13	8,67	9,22	9,77	10,31	10,86	11,41	11,95
45	**1803**	**1803**	**1812**	**1820**	**1829**	**1837**	**1845**	**1854**	**1862**
	8,39	8,39	8,95	9,51	10,07	10,62	11,18	11,74	12,30
46	**1884**	**1884**	**1891**	**1900**	**1908**	**1917**	**1926**	**1934**	**1943**
	8,76	8,76	9,22	9,79	10,36	10,93	11,50	12,08	12,65
47	**1967**	**1967**	**1972**	**1981**	**1990**	**1999**	**2008**	**2016**	**2025**
	9,15	9,15	9,50	10,09	10,67	11,25	11,83	12,42	13,00
48	**2052**	**2052**	**2055**	**2064**	**2073**	**2082**	**2091**	**2100**	**2109**
	9,54	9,54	9,78	10,38	10,97	11,57	12,16	12,76	13,36
49	**2138**	**2138**	**2140**	**2149**	**2158**	**2167**	**2177**	**2186**	**2195**
	9,94	9,94	10,06	10,68	11,28	11,89	12,50	13,11	13,72
50	**2226**	**2226**	**2226**	**2236**	**2245**	**2254**	**2264**	**2273**	**2282**
	10,35	10,35	10,35	10,97	11,59	12,21	12,83	13,46	14,08
51	**2316**	**2316**	**2316**	**2324**	**2333**	**2343**	**2352**	**2362**	**2371**
	10,77	10,77	10,77	11,28	11,91	12,55	13,18	13,82	14,45
52	**2408**	**2408**	**2408**	**2414**	**2424**	**2433**	**2443**	**2453**	**2462**
	11,20	11,20	11,20	11,59	12,24	12,88	13,52	14,17	14,82
53	**2501**	**2501**	**2501**	**2506**	**2515**	**2525**	**2535**	**2545**	**2555**
	11,63	11,63	11,63	11,90	12,56	13,21	13,87	14,53	15,19
54	**2597**	**2597**	**2597**	**2599**	**2609**	**2619**	**2629**	**2639**	**2649**
	12,08	12,08	12,08	12,21	12,88	13,55	14,22	14,90	15,57
55	**2694**	**2694**	**2694**	**2694**	**2704**	**2714**	**2725**	**2735**	**2745**
	12,53	12,53	12,53	12,53	13,27	13,89	14,57	15,26	15,94
56	**2793**	**2793**	**2793**	**2793**	**2801**	**2812**	**2822**	**2832**	**2843**
	12,99	12,99	12,99	12,99	13,55	14,24	14,93	15,63	16,33
57	**2893**	**2893**	**2893**	**2893**	**2900**	**2910**	**2921**	**2932**	**2942**
	13,46	13,46	13,46	13,46	13,88	14,59	15,29	16,01	16,71
58	**2996**	**2996**	**2996**	**2996**	**3000**	**3011**	**3022**	**3033**	**3043**
	13,93	13,93	13,93	13,93	14,22	14,94	15,66	16,38	17,10
59	**3100**	**3100**	**3100**	**3100**	**3102**	**3113**	**3124**	**3135**	**3146**
	14,42	14,42	14,42	14,42	14,57	15,30	16,03	16,77	17,50
60	**3206**	**3206**	**3206**	**3206**	**3206**	**3217**	**3228**	**3240**	**3251**
	14,91	14,91	14,91	14,91	14,91	15,65	16,40	17,15	17,89
61	**3314**	**3314**	**3314**	**3314**	**3314**	**3323**	**3334**	**3346**	**3357**
	15,41	15,41	15,41	15,41	15,41	16,02	16,77	17,54	18,29
62	**3423**	**3423**	**3423**	**3423**	**3423**	**3430**	**3442**	**3453**	**3465**
	15,92	15,92	15,92	15,92	15,92	16,38	17,15	17,92	18,69

$5 < \frac{l}{d} < 10$, $0{,}005 F_b < F_e < 0{,}008 F_b$

$\frac{l}{d} \leqq 5$, $F_e = 0{,}005 F_b$	$5 < \frac{l}{d} < 10$, $0{,}005 F_b < F_e < 0{,}008 F_b$

achteckige Stützen

Tafel 104

Rücksicht auf die Knicksicherheit

$l = 2{,}00$—$4{,}00$ m

$F_b = 0{,}8284\, d^2$ = Betonquerschnitt;
σ_b = zulässige Betondruckspannung in kg/cm²;
$i = 0{,}257\, d$ = Trägheitshalbmesser;
$\lambda = l : i$ = Schlankheitsverhältnis.

61	62	63	64	65	66	67	68	69	70 kg/cm²,
60,18	61,07	61,96	62,86	63,75	64,64	65,54	66,43	67,32	68,21 kg/cm².

$d = 63$—81 cm

fett gedruckt: ideeller Querschnitt $\frac{P}{\sigma_b}$ cm², wenn $\sigma_b \leqq 53$ kg/cm²*)
darunter dünn gedruckt: Mindestlängsbewehrung F_e cm²

Oberhalb bzw. links der Stufenlinie: $5 < \frac{l}{d} < 10$, $0{,}005\, F_b < F_e < 0{,}008\, F_b$; unterhalb bzw. links davon: $\frac{l}{d} \leqq 5$, $F_e = 0{,}005\, F_b$

d in cm ↓ / l in m →	2,00	2,25	2,50	2,75	3,00	3,25	3,50	3,75	4,00
63	**3534** 16,44	**3534** 16,44	**3534** 16,44	**3534** 16,44	**3534** 16,44	**3539** 16,75	**3551** 17,53	**3563** 18,32	**3575** 19,10
64	**3647** 16,97	**3647** 16,97	**3647** 16,97	**3647** 16,97	**3647** 16,97	**3650** 17,12	**3662** 17,91	**3674** 18,71	**3686** 19,51
65	**3762** 17,50	**3762** 17,50	**3762** 17,50	**3762** 17,50	**3762** 17,50	**3762** 17,50	**3775** 18,30	**3787** 19,12	**3799** 19,92
66	**3879** 18,04	**3879** 18,04	**3879** 18,04	**3879** 18,04	**3879** 18,04	**3879** 18,04	**3889** 18,70	**3901** 19,52	**3914** 20,34
67	**3997** 18,59	**3997** 18,59	**3997** 18,59	**3997** 18,59	**3997** 18,59	**3997** 18,59	**4005** 19,09	**4018** 19,93	**4030** 20,76
68	**4118** 19,15	**4118** 19,15	**4118** 19,15	**4118** 19,15	**4118** 19,15	**4118** 19,15	**4123** 19,49	**4136** 20,34	**4148** 21,18
69	**4240** 19,72	**4240** 19,72	**4240** 19,72	**4240** 19,72	**4240** 19,72	**4240** 19,72	**4243** 19,89	**4255** 20,75	**4268** 21,60
70	**4363** 20,30	**4363** 20,30	**4363** 20,30	**4363** 20,30	**4363** 20,30	**4363** 20,30	**4363** 20,30	**4377** 21,17	**4390** 22,04
71	**4489** 20,88	**4489** 20,88	**4489** 20,88	**4489** 20,88	**4489** 20,88	**4489** 20,88	**4489** 20,88	**4500** 21,58	**4513** 22,46
72	**4616** 21,47	**4616** 21,47	**4616** 21,47	**4616** 21,47	**4616** 21,47	**4616** 21,47	**4616** 21,47	**4625** 22,01	**4638** 22,90
73	**4745** 22,07	**4745** 22,07	**4745** 22,07	**4745** 22,07	**4745** 22,07	**4745** 22,07	**4745** 22,07	**4751** 22,44	**4765** 23,34
74	**4876** 22,68	**4876** 22,68	**4876** 22,68	**4876** 22,68	**4876** 22,68	**4876** 22,68	**4876** 22,68	**4880** 22,87	**4893** 23,78
75	**5009** 23,30	**5009** 23,30	**5009** 23,30	**5009** 23,30	**5009** 23,30	**5009** 23,30	**5009** 23,30	**5009** 23,30	**5023** 24,23
76	**5143** 23,92	**5143** 23,92	**5143** 23,92	**5143** 23,92	**5143** 23,92	**5143** 23,92	**5143** 23,92	**5143** 23,92	**5155** 24,68
77	**5280** 24,56	**5280** 24,56	**5280** 24,56	**5280** 24,56	**5280** 24,56	**5280** 24,56	**5280** 24,56	**5280** 24,56	**5289** 25,13
78	**5418** 25,20	**5418** 25,20	**5418** 25,20	**5418** 25,20	**5418** 25,20	**5418** 25,20	**5418** 25,20	**5418** 25,20	**5424** 25,58
79	**5558** 25,85	**5558** 25,85	**5558** 25,85	**5558** 25,85	**5558** 25,85	**5558** 25,85	**5558** 25,85	**5558** 25,85	**5561** 26,05
80	**5699** 26,51	**5699** 26,51	**5599** 26,51	**5699** 26,51	**5699** 26,51	**5699** 26,51	**5699** 26,51	**5699** 26,51	**5699** 26,51
81	**5843** 27,18	**5843** 27,18	**5843** 27,18	**5843** 27,18	**5843** 27,18	**5843** 27,18	**5843** 27,18	**5843** 27,18	**5843** 27,18

$\frac{l}{d} \leqq 5$, $F_e = 0{,}005\, F_b$

$5 < \frac{l}{d} < 10$, $0{,}005\, F_b < F_e < 0{,}008\, F_b$

Tafel 105

$l = 4{,}25—6{,}25$ m

$d = 44—62$ cm

Tafel für mittig belastete

mit Mindestlängsbewehrung und mit

P = mittige Druckkraft in kg;
l = Knicklänge in m;
d = Abstand der parallelen Querschnittsseiten;
s = 0,4142 d = Seitenlänge;

*) Ist σ_b =	54	55	56	57	58	59	60
so ist dafür zu setzen =	53,93	54,82	55,71	56,61	57,50	58,39	59,29

fett gedruckt: ideeller Querschnitt $\frac{P}{\sigma_b}$ cm², wenn $\sigma_b \leqq 53$ kg/cm² *)
darunter dünn gedruckt: Mindestlängsbewehrung F_e cm²

l in m → / d in cm ↓	4,25	4,50	4,75	5,00	5,25	5,50	5,75	6,00	6,25
	$5 < \frac{l}{d} < 10$	$10 \leqq \frac{l}{d}$, $\lambda < 50$, $F_e = 0{,}008\,F_b$					$\lambda = 50—70$, $F_e = 0{,}008\,F_b$		
44	**1791**	**1796**	**1796**	**1796**	**1796**	**1796**	**1778**	**1730**	**1685**
	12,50	12,83	12,83	12,83	12,83	12,83	12,83	12,83	12,83
45	**1870**	**1879**	**1879**	**1879**	**1879**	**1879**	**1879**	**1836**	**1789**
	12,86	13,42	13,42	13,42	13,42	13,42	13,42	13,42	13,42
46	**1951**	**1960**	**1963**	**1963**	**1963**	**1963**	**1963**	**1945**	**1895**
	13,22	13,79	14,02	14,02	14,02	14,02	14,02	14,02	14,02
47	**2034**	**2043**	**2049**	**2049**	**2049**	**2049**	**2049**	**2049**	**2006**
	13,59	14,17	14,64	14,64	14,64	14,64	14,64	14,64	14,64
48	**2118**	**2127**	**2136**	**2138**	**2138**	**2138**	**2138**	**2138**	**2120**
	13,95	14,55	15,15	15,27	15,27	15,27	15,27	15,27	15,27
49	**2204**	**2213**	**2222**	**2228**	**2228**	**2228**	**2228**	**2228**	**2228**
	14,33	14,93	15,55	15,91	15,91	15,91	15,91	15,91	15,91
50	**2292**	**2301**	**2310**	**2319**	**2319**	**2319**	**2319**	**2319**	**2319**
	14,70	15,32	15,94	16,57	16,57	16,57	16,57	16,57	16,57
51	**2381**	**2390**	**2400**	**2410**	**2413**	**2413**	**2413**	**2413**	**2413**
	15,08	15,71	16,35	16,98	17,24	17,24	17,24	17,24	17,24
52	**2472**	**2482**	**2491**	**2501**	**2509**	**2509**	**2509**	**2509**	**2509**
	15,46	16,11	16,76	17,40	17,92	17,92	17,92	17,92	17,92
53	**2565**	**2575**	**2585**	**2594**	**2604**	**2606**	**2606**	**2606**	**2606**
	15,85	16,50	17,17	17,82	18,48	18,61	18,61	18,61	18,61
54	**2659**	**2669**	**2679**	**2689**	**2700**	**2705**	**2705**	**2705**	**2705**
	16,24	16,91	17,58	18,25	18,92	19,32	19,32	19,32	19,32
55	**2756**	**2766**	**2776**	**2786**	**2796**	**2807**	**2807**	**2807**	**2807**
	16,63	17,31	18,00	18,68	19,36	20,05	20,05	20,05	20,05
56	**2853**	**2864**	**2874**	**2885**	**2895**	**2906**	**2910**	**2910**	**2910**
	17,02	17,72	18,42	19,11	19,81	20,50	20,78	20,78	20,78
57	**2953**	**2964**	**2974**	**2985**	**2995**	**3006**	**3014**	**3014**	**3014**
	17,42	18,13	18,84	19,55	20,25	20,96	21,53	21,53	21,53
58	**3054**	**3065**	**3076**	**3087**	**3097**	**3108**	**3119**	**3121**	**3121**
	17,82	18,54	19,27	19,99	20,71	21,42	22,15	22,29	22,29
59	**3157**	**3168**	**3179**	**3190**	**3201**	**3212**	**3223**	**3230**	**3230**
	18,23	18,96	19,70	20,43	21,16	21,89	22,63	23,07	23,07
60	**3262**	**3273**	**3284**	**3296**	**3307**	**3318**	**3329**	**3340**	**3340**
	18,64	19,38	20,13	20,87	21,62	22,36	23,11	23,86	23,86
61	**3368**	**3380**	**3391**	**3402**	**3414**	**3425**	**3437**	**3448**	**3452**
	19,05	19,81	20,57	21,33	22,08	22,84	23,60	24,36	24,66
62	**3477**	**3488**	**3500**	**3511**	**3523**	**3534**	**3546**	**3557**	**3566**
	19,46	20,23	21,01	21,77	22,54	23,31	24,09	24,86	25,47

(rechts, oben:) $\lambda = 50—70$, $F_e = 0{,}008\,F_b$

(rechts, unten:) $10 \leqq \frac{l}{d}$, $\lambda < 50$, $F_e = 0{,}008\,F_b$

(unten:) $5 < \frac{l}{d} < 10$, $0{,}005\,F_b < F_e < 0{,}008\,F_b$ | $10 \leqq \frac{l}{d}$, $\lambda < 50$

achteckige Stützen

Tafel 105

Rücksicht auf die Knicksicherheit

$l = 4{,}25$—$6{,}25$ m

$F_b = 0{,}8284\, d^2$ = Betonquerschnitt;
σ_b = zulässige Betondruckspannung in kg/cm²;
$i = 0{,}257\, d$ = Trägheitshalbmesser;
$\lambda = l : i$ = Schlankheitsverhältnis.

61 62 63 64 65 66 67 68 69 70 kg/cm²,
60,18 61,07 61,96 62,86 63,75 64,64 65,54 66,43 67,32 68,21 kg/cm².

$d = 63$—81 cm

fett gedruckt: ideeller Querschnitt $\frac{P}{\sigma_b}$ cm², wenn $\sigma_b \leqq 53$ kg/cm² *)

darunter dünn gedruckt: Mindestlängsbewehrung F_e cm²

$5 < \frac{l}{d} < 10, \quad 0{,}005\, F_b < F_e < 0{,}008\, F_b$

l in m → / d in cm ↓	4,25	4,50	4,75	5,00	5,25	5,50	5,75	6,00	6,25
63	**3586**	**3598**	**3610**	**3622**	**3633**	**3645**	**3657**	**3669**	**3680**
	19,88	20,66	21,45	22,30	23,01	23,79	24,58	25,36	26,14
64	**3698**	**3710**	**3722**	**3734**	**3746**	**3758**	**3769**	**3781**	**3793**
	20,30	21,09	21,89	22,69	23,48	24,27	25,07	25,87	26,66
65	**3811**	**3823**	**3835**	**3847**	**3860**	**3872**	**3884**	**3896**	**3908**
	20,73	21,53	22,35	23,15	23,96	24,76	25,58	26,38	27,19
66	**3926**	**3938**	**3951**	**3963**	**3975**	**3988**	**4000**	**4012**	**4024**
	21,16	21,98	22,80	23,62	24,44	25,26	26,08	26,90	27,72
67	**4043**	**4055**	**4068**	**4080**	**4093**	**4105**	**4118**	**4130**	**4143**
	21,59	22,42	23,26	24,09	24,92	25,75	26,59	27,42	28,25
68	**4161**	**4174**	**4186**	**4199**	**4212**	**4224**	**4237**	**4250**	**4262**
	22,02	22,87	23,72	24,56	25,40	26,25	27,10	27,94	28,78
69	**4281**	**4294**	**4307**	**4320**	**4333**	**4346**	**4358**	**4371**	**4384**
	22,46	23,31	24,18	25,03	25,89	26,74	27,61	28,46	29,32
70	**4403**	**4416**	**4429**	**4442**	**4455**	**4468**	**4481**	**4494**	**4507**
	22,90	23,77	24,65	25,51	26,38	27,25	28,13	28,99	29,86
71	**4526**	**4540**	**4553**	**4566**	**4579**	**4593**	**4606**	**4619**	**4632**
	23,34	24,22	25,11	25,99	26,87	27,75	28,64	29,52	30,40
72	**4652**	**4665**	**4678**	**4692**	**4705**	**4719**	**4732**	**4746**	**4759**
	23,80	24,69	25,59	26,48	27,37	28,27	29,17	30,06	30,95
73	**4779**	**4792**	**4806**	**4819**	**4833**	**4847**	**4860**	**4874**	**4887**
	24,25	25,16	26,07	26,97	27,88	28,78	29,70	30,60	31,51
74	**4907**	**4921**	**4935**	**4948**	**4962**	**4976**	**4990**	**5004**	**5017**
	24,70	25,62	26,54	27,46	28,38	29,30	30,22	31,14	32,06
75	**5037**	**5051**	**5065**	**5079**	**5093**	**5107**	**5121**	**5135**	**5149**
	25,16	26,09	27,03	27,96	28,89	29,82	30,76	31,69	32,62
76	**5169**	**5184**	**5198**	**5212**	**5226**	**5240**	**5254**	**5269**	**5283**
	25,62	26,56	27,51	28,45	29,40	30,34	31,29	32,23	33,17
77	**5303**	**5318**	**5332**	**5346**	**5361**	**5375**	**5389**	**5404**	**5418**
	26,09	27,04	28,00	28,96	29,91	30,87	31,83	32,79	33,74
78	**5439**	**5453**	**5468**	**5482**	**5497**	**5511**	**5526**	**5540**	**5555**
	26,55	27,52	28,49	29,46	30,43	31,39	32,37	33,34	34,30
79	**5576**	**5590**	**5605**	**5620**	**5635**	**5649**	**5664**	**5679**	**5694**
	27,03	28,01	28,99	29,97	30,95	31,93	32,92	33,90	34,88
80	**5715**	**5729**	**5744**	**5759**	**5774**	**5789**	**5804**	**5819**	**5834**
	27,50	28,50	29,50	30,49	31,48	32,47	33,47	34,46	35,46
81	**5855**	**5870**	**5885**	**5900**	**5916**	**5931**	**5946**	**5961**	**5976**
	27,98	28,98	29,99	31,00	32,00	33,01	34,02	35,02	36,03

$5 < \frac{l}{d} < 10, \quad 0{,}005\, F_b < F_e < 0{,}008\, F_b$

$5 < \frac{l}{d} < 10, \quad 0{,}005\, F_b < F_e < 0{,}008\, F_b$

$l = 6{,}50$—$10{,}00$ m

$d = 44$—62 cm

Tafel für mittig belastete

mit Mindestlängsbewehrung und mit

P = mittige Druckkraft in kg;
l = Knicklänge in m;
d = Abstand der parallelen Querschnittsseiten;
s = $0{,}4142\,d$ = Seitenlänge;

*) Ist σ_b =	54	55	56	57	58	59	60
so ist dafür zu setzen =	53,93	54,82	55,71	56,61	57,50	58,39	59,29

Die mit ● bezeichneten Fälle sind nur

fett gedruckt: ideeller Querschnitt $\frac{P}{\sigma_b}$ cm², wenn $\sigma_b \leqq 53$ kg/cm² *)
darunter dünn gedruckt: Mindestlängsbewehrung F_e cm²

l in m → / d in cm ↓	6,50	6,75	7,00	7,25	7,50	8,00	8,50	9,00	9,50	10,00
	$\lambda = 50$—70, $F_e = 0{,}008\,F_b$					$\lambda = 70$—85, $F_e = 0{,}008\,F_b$				$\lambda = 85$—100
44	**1643**	**1602**	**1564**	**1527**	**1492**	**1412**	**1279**	● **1168**	● **1076**	● **983**
	12,83	12,83	12,83	12,83	12,83	12,83	12,83	12,83	12,83	12,83
45	**1744**	**1701**	**1660**	**1622**	**1585**	**1516**	**1387**	**1266**	● **1164**	● **1071**
	13,42	13,42	13,42	13,42	13,42	13,42	13,42	13,42	13,42	13,42
46	**1848**	**1803**	**1761**	**1720**	**1681**	**1608**	**1503**	**1370**	● **1258**	● **1164**
	14,02	14,02	14,02	14,02	14,02	14,02	14,02	14,02	14,02	14,02
47	**1956**	**1909**	**1864**	**1822**	**1781**	**1704**	**1626**	**1480**	● **1358**	● **1255**
	14,64	14,64	14,64	14,64	14,64	14,64	14,64	14,64	14,64	14,64
48	**2068**	**2019**	**1972**	**1927**	**1884**	**1803**	**1729**	**1597**	**1464**	● **1352**
	15,27	15,27	15,27	15,27	15,27	15,27	15,27	15,27	15,27	15,27
49	**2184**	**2132**	**2082**	**2035**	**1990**	**1906**	**1828**	**1722**	**1577**	● **1454**
	15,91	15,91	15,91	15,91	15,91	15,91	15,91	15,91	15,91	15,91
50	**2303**	**2249**	**2197**	**2147**	**2100**	**2012**	**1930**	**1854**	**1696**	**1563**
	16,57	16,57	16,57	16,57	16,57	16,57	16,57	16,57	16,57	16,57
51	**2413**	**2369**	**2315**	**2263**	**2214**	**2121**	**2036**	**1957**	**1823**	**1678**
	17,24	17,24	17,24	17,24	17,24	17,24	17,24	17,24	17,24	17,24
52	**2509**	**2493**	**2437**	**2382**	**2331**	**2234**	**2144**	**2062**	**1957**	**1799**
	17,92	17,92	17,92	17,92	17,92	17,92	17,92	17,92	17,92	17,92
53	**2606**	**2606**	**2562**	**2505**	**2451**	**2350**	**2257**	**2170**	**2091**	**1928**
	18,61	18,61	18,61	18,61	18,61	18,61	18,61	18,61	18,61	18,61
54	**2705**	**2705**	**2691**	**2632**	**2576**	**2470**	**2372**	**2282**	**2199**	**2063**
	19,32	19,32	19,32	19,32	19,32	19,32	19,32	19,32	19,32	19,32
55	**2807**	**2807**	**2807**	**2762**	**2703**	**2593**	**2491**	**2397**	**2310**	**2206**
	20,05	20,05	20,05	20,05	20,05	20,05	20,05	20,05	20,05	20,05
56	**2910**	**2910**	**2910**	**2896**	**2835**	**2720**	**2614**	**2516**	**2425**	**2340**
	20,78	20,78	20,78	20,78	20,78	20,78	20,78	20,78	20,78	20,78
57	**3014**	**3014**	**3014**	**3014**	**2970**	**2850**	**2740**	**2638**	**2543**	**2454**
	21,53	21,53	21,53	21,53	21,53	21,53	21,53	21,53	21,53	21,53
58	**3121**	**3121**	**3121**	**3121**	**3109**	**2985**	**2870**	**2763**	**2664**	**2572**
	22,29	22,29	22,29	22,29	22,29	22,29	22,29	22,29	22,29	22,29
59	**3230**	**3230**	**3230**	**3230**	**3230**	**3122**	**3003**	**2892**	**2789**	**2693**
	23,07	23,07	23,07	23,07	23,07	23,07	23,07	23,07	23,07	23,07
60	**3340**	**3340**	**3340**	**3340**	**3340**	**3264**	**3139**	**3024**	**2917**	**2817**
	23,86	23,86	23,86	23,86	23,86	23,86	23,86	23,86	23,86	23,86
61	**3452**	**3452**	**3452**	**3452**	**3452**	**3409**	**3280**	**3160**	**3049**	**2945**
	24,66	24,66	24,66	24,66	24,66	24,66	24,66	24,66	24,66	24,66
62	**3566**	**3566**	**3566**	**3566**	**3566**	**3558**	**3424**	**3299**	**3184**	**3076**
	24,47	25,47	25,47	25,47	25,47	25,47	25,47	25,47	25,47	25,47
	$10 \leqq \frac{l}{d}$, $\lambda < 50$, $F_e = 0{,}008\,F_b$					$\lambda = 50$—70, $F_e = 0{,}008\,F_b$				

Rechte Randbeschriftung (von oben nach unten): $\lambda = 85$—100, $F_e = 0{,}008\,F_b$; $\lambda = 70$—85, $F_e = 0{,}008\,F_b$; $\lambda = 50$—70, $F_e = 0{,}008\,F_b$

achteckige Stützen

Tafel 106

Rücksicht auf die Knicksicherheit

l = 6,50—10,00 cm

$F_b = 0,8284\, d^2$ = Betonquerschnitt;
σ_b = zulässige Betondruckspannung in kg/cm²;
$i = 0,257\, d$ = Trägheitshalbmesser;
$\lambda = l : i$ = Schlankheitsverhältnis.

61	62	63	64	65	66	67	68	69	70 kg/cm²,
60,18	61,07	61,96	62,86	63,75	64,64	65,54	66,43	67,32	68,21 kg/cm².

ausnahmsweise zulässig (weil $l : s > 20$).

d = 63—81 cm

fett gedruckt: ideeller Querschnitt $\frac{P}{\sigma_b}$ cm², wenn $\sigma_b \leqq 53$ kg/cm²*)
darunter dünn gedruckt: Mindestlängsbewehrung F_e cm²

Oberer Bereich: $10 \leqq \frac{l}{d}$, $\lambda < 50$, $F_e = 0,008\, F_b$ (links) bzw. $\lambda = 50—70$, $F_e = 0,008\, F_b$ (rechts)

l in m → / d in cm ↓	6,50	6,75	7,00	7,25	7,50	8,00	8,50	9,00	9,50	10,00
63	**3682** 26,30	**3682** 26,30	**3682** 26,30	**3682** 26,30	**3682** 26,30	**3682** 26,30	**3571** 26,30	**3442** 26,30	**3323** 26,30	**3211** 26,30
64	**3800** 27,14	**3800** 27,14	**3800** 27,14	**3800** 27,14	**3800** 27,14	**3800** 27,14	**3723** 27,14	**3589** 27,14	**3465** 24,14	**3349** 27,14
65	**3920** 28,00	**3920** 28,00	**3920** 28,00	**3920** 28,00	**3920** 28,00	**3920** 28,00	**3878** 28,00	**3739** 28,00	**3610** 28,00	**3490** 28,00
66	**4037** 28,54	**4041** 28,87	**4041** 28,87	**4041** 28,87	**4041** 28,87	**4041** 28,87	**4036** 28,87	**3893** 28,87	**3760** 28,87	**3635** 28,87
67	**4155** 29,08	**4165** 29,75	**4165** 29,75	**4165** 29,75	**4165** 29,75	**4165** 29,75	**4165** 29,75	**4051** 29,75	**3912** 29,75	**3783** 29,75
68	**4275** 29,63	**4288** 30,48	**4290** 30,64	**4290** 30,64	**4290** 30,64	**4290** 30,64	**4290** 30,64	**4212** 30,64	**4069** 30,64	**3935** 30,64
69	**4397** 30,17	**4410** 31,04	**4417** 31,55	**4417** 31,55	**4417** 31,55	**4417** 31,55	**4417** 31,55	**4377** 31,55	**4229** 31,55	**4091** 31,55
70	**4520** 30,73	**4533** 31,60	**4546** 32,47	**4546** 32,47	**4546** 32,47	**4546** 32,47	**4546** 32,47	**4545** 32,47	**4393** 32,47	**4250** 32,47
71	**4646** 31,28	**4659** 32,17	**4672** 33,05	**4677** 33,41	**4677** 33,41	**4677** 33,41	**4677** 33,41	**4677** 33,41	**4560** 33,41	**4413** 33,41
72	**4772** 31,85	**4786** 32,75	**4799** 33,64	**4810** 34,35	**4810** 34,35	**4810** 34,35	**4810** 34,35	**4810** 34,35	**4731** 34,35	**4579** 34,35
73	**4901** 32,41	**4915** 33,32	**4928** 34,23	**4942** 35,13	**4944** 35,31	**4944** 35,31	**4944** 35,31	**4944** 35,31	**4906** 35,31	**4749** 35,31
74	**5031** 32,97	**5045** 33,90	**5059** 34,82	**5073** 35,73	**5081** 36,29	**5081** 36,29	**5081** 36,29	**5081** 36,29	**5081** 36,29	**4922** 36,29
75	**5163** 33,55	**5177** 34,48	**5191** 35,41	**5205** 36,34	**5219** 37,28	**5219** 37,28	**5219** 37,28	**5219** 37,28	**5219** 37,28	**5100** 37,28
76	**5297** 34,12	**5311** 35,07	**5325** 36,01	**5339** 36,95	**5354** 37,89	**5359** 38,28	**5359** 38,28	**5359** 38,28	**5359** 38,28	**5281** 38,28
77	**5432** 34,70	**5447** 35,66	**5461** 36,61	**5475** 37,57	**5490** 38,52	**5501** 39,29	**5501** 39,29	**5501** 39,29	**5501** 39,29	**5465** 39,29
78	**5569** 35,27	**5584** 36,25	**5599** 37,21	**5613** 38,18	**5628** 39,15	**5645** 40,32	**5645** 40,32	**5645** 40,32	**5645** 40,32	**5645** 40,32
79	**5708** 35,86	**5723** 36,85	**5738** 37,82	**5752** 38,80	**5767** 39,78	**5790** 41,36	**5790** 41,36	**5790** 41,36	**5790** 41,36	**5790** 41,36
80	**5849** 36,45	**5864** 37,45	**5879** 38,44	**5894** 39,43	**5908** 40,42	**5938** 42,41	**5938** 42,41	**5938** 42,41	**5938** 42,41	**5938** 42,41
81	**5991** 37,03	**6006** 38,05	**6021** 39,05	**6036** 40,05	**6051** 41,06	**6082** 43,08	**6087** 43,48	**6087** 43,48	**6087** 43,48	**6087** 43,48

Rechter Rand: $\lambda = 50—70$, $F_e = 0,008\, F_b$ (oben); $10 \leqq \frac{l}{d}$, $\lambda < 50$, $F_e = 0,008\, F_b$ (unten)

Unterer Bereich: $5 < \frac{l}{d} < 10$, $0,005\, F_b < F_e < 0,008\, F_b$ (links) | $10 \leqq \frac{l}{d}$, $\lambda < 50$, $F_e = 0,008\, F_b$ (rechts)

Tafel 107

$l = 2{,}00$—$4{,}00$ m

Tafel für mittig belastete

mit Mindestlängsbewehrung und mit

P = mittige Druckkraft in kg;
l = Knicklänge in m;
d = Abstand der parallelen Querschnittsseiten;
s = 0,4142 d = Seitenlänge;

*) Ist σ_b =	54	55	56	57	58	59	60
so ist dafür zu setzen =	53,93	54,82	55,71	56,61	57,50	58,39	59,29

$d = 82$—100 cm

fett gedruckt: ideeller Querschnitt $\frac{P}{\sigma_b}$ cm², wenn $\sigma_b \leqq 53$ kg/cm² *)
darunter dünn gedruckt: Mindestlängsbewehrung F_e cm²

$\frac{l}{d} \leqq 5, \quad F_e = 0{,}005\, F_b$

l in m → / d in cm ↓	*2,00*	*2,25*	*2,50*	*2,75*	*3,00*	*3,25*	*3,50*	*3,75*	*4,00*
82	**5988** 27,85	**5988** 27,85	**5988** 27,85	**5988** 27,85	**5988** 27,85	**5988** 27,85	**5988** 27,85	**5988** 27,85	**5988** 27,85
83	**6135** 28,53	**6135** 28,53	**6135** 28,53	**6135** 28,53	**6135** 28,53	**6135** 28,53	**6135** 28,53	**6135** 28,53	**6135** 28,53
84	**6283** 29,23	**6283** 29,23	**6283** 29,23	**6283** 29,23	**6283** 29,23	**6283** 29,23	**6283** 29,23	**6283** 29,23	**6283** 29,23
85	**6434** 29,93	**6434** 29,93	**6434** 29,93	**6434** 29,93	**6434** 29,93	**6434** 29,93	**6434** 29,93	**6434** 29,93	**6434** 29,93
86	**6586** 30,63	**6586** 30,63	**6586** 30,63	**6586** 30,63	**6586** 30,63	**6586** 30,63	**6586** 30,63	**6586** 30,63	**6586** 30,63
87	**6740** 31,35	**6740** 31,35	**6740** 31,35	**6740** 31,35	**6740** 31,35	**6740** 31,35	**6740** 31,35	**6740** 31,35	**6740** 31,35
88	**6896** 32,08	**6896** 32,08	**6896** 32,08	**6896** 32,08	**6896** 32,08	**6896** 32,08	**6896** 32,08	**6896** 32,08	**6896** 32,08
89	**7054** 32,81	**7054** 32,81	**7054** 31,81	**7054** 32,81	**7054** 32,81	**7054** 32,81	**7054** 32,81	**7054** 32,81	**7054** 32,81
90	**7213** 33,55	**7213** 33,55	**7213** 33,55	**7213** 33,55	**7213** 33,55	**7213** 33,55	**7213** 33,55	**7213** 33,55	**7213** 33,55
91	**7374** 34,30	**7374** 34,30	**7374** 34,30	**7374** 34,30	**7374** 34,30	**7374** 34,30	**7374** 34,30	**7374** 34,30	**7374** 34,30
92	**7537** 35,06	**7537** 35,06	**7537** 35,06	**7537** 35,06	**7537** 35,06	**7537** 35,06	**7537** 35,06	**7537** 35,06	**7537** 35,06
93	**7702** 35,82	**7702** 35,82	**7702** 35,82	**7702** 35,82	**7702** 35,82	**7702** 35,82	**7702** 35,82	**7702** 35,82	**7702** 35,82
94	**7868** 36,60	**7868** 36,60	**7868** 36,60	**7868** 36,60	**7868** 36,60	**7868** 36,60	**7868** 36,60	**7868** 36,60	**7868** 36,60
95	**8037** 37,38	**8037** 37,38	**8037** 37,38	**8037** 37,38	**8037** 37,38	**8037** 37,38	**8037** 37,38	**8037** 37,38	**8037** 37,38
96	**8207** 38,17	**8207** 38,17	**8207** 38,17	**8207** 38,17	**8207** 38,17	**8207** 38,17	**8207** 38,17	**8207** 38,17	**8207** 38,17
97	**8379** 38,97	**8379** 38,97	**8379** 38,97	**8379** 38,97	**8379** 38,97	**8379** 38,97	**8379** 38,97	**8379** 38,97	**8379** 38,97
98	**8552** 39,78	**8552** 39,78	**8552** 39,78	**8552** 39,78	**8552** 39,78	**8552** 39,78	**8552** 39,78	**8552** 39,78	**8552** 39,78
99	**8728** 40,60	**8728** 40,60	**8728** 40,60	**8728** 40,60	**8728** 40,60	**8728** 40,60	**8728** 40,60	**8728** 40,60	**8728** 40,60
100	**8905** 41,42	**8905** 41,42	**8905** 41,42	**8905** 41,42	**8905** 41,42	**8905** 41,42	**8905** 41,42	**8905** 41,24	**8905** 41,42

$\frac{l}{d} \leqq 5, \quad F_e = 0{,}005\, F_b$

$\frac{l}{d} \leqq 5, \quad F_e = 0{,}005\, F_b$

achteckige Stützen

Rücksicht auf die Knicksicherheit

Tafel 107

$l = 4{,}25$—$6{,}25$ m

$F_b = 0{,}8284\, d^2$ = Betonquerschnitt;
σ_b = zulässige Betondruckspannung in kg/cm²;
$i = 0{,}257\, d$ = Trägheitshalbmesser;
$\lambda = l : i$ = Schlankheitsverhältnis.

61	62	63	64	65	66	67	68	69	70 kg/cm²,
60,18	61,07	61,96	62,86	63,75	64,64	65,54	66,43	67,32	68,21 kg/cm².

d = 82—100 cm

fett gedruckt: ideeller Querschnitt $\frac{P}{\sigma_b}$ cm², wenn $\sigma_b \leqq 53$ kg/cm² *)
darunter dünn gedruckt: Mindestlängsbewehrung F_e cm²

$5 < \frac{l}{d} < 10$, $0{,}005\, F_b < F_e < 0{,}008\, F_b$

d in cm ↓ / l in m →	4,25	4,50	4,75	5,00	5,25	5,50	5,75	6,00	6,25
82	**5997** 28,46	**6013** 29,48	**6028** 30,50	**6043** 31,52	**6059** 32,54	**6074** 33,55	**6089** 34,58	**6104** 35,60	**6120** 36,61
83	**6141** 28,94	**6157** 29,97	**6172** 31,01	**6188** 32,04	**6203** 33,07	**6219** 34,10	**6234** 35,13	**6250** 36,16	**6265** 37,19
84	**6287** 29,43	**6303** 30,47	**6318** 31,52	**6334** 32,57	**6350** 33,61	**6365** 34,65	**6381** 35,70	**6397** 36,74	**6412** 37,78
85	**6434** 29,93	**6450** 30,97	**6466** 32,04	**6482** 33,09	**6498** 34,14	**6514** 35,20	**6529** 36,26	**6545** 37,31	**6561** 38,37
86	**6586** 30,63	**6600** 31,48	**6616** 32,56	**6632** 33,63	**6648** 34,69	**6664** 35,76	**6680** 36,83	**6696** 37,90	**6712** 38,97
87	**6740** 31,35	**6750** 32,00	**6767** 33,09	**6783** 34,16	**6799** 35,24	**6815** 36,32	**6832** 37,41	**6848** 38,49	**6864** 39,57
88	**6896** 32,08	**6903** 32,51	**6920** 33,61	**6936** 34,70	**6952** 35,79	**6969** 36,88	**6985** 37,98	**7002** 39,07	**7018** 40,16
89	**7054** 32,81	**7058** 33,03	**7074** 34,14	**7091** 35,24	**7107** 36,35	**7124** 37,45	**7141** 38,56	**7157** 39,67	**7174** 40,77
90	**7213** 33,55	**7213** 33,55	**7230** 34,67	**7247** 35,78	**7264** 36,90	**7281** 38,02	**7298** 39,14	**7314** 40,26	**7331** 41,37
91	**7374** 34,30	**7374** 34,30	**7388** 35,21	**7405** 36,34	**7422** 37,46	**7439** 38,59	**7456** 39,73	**7473** 40,86	**7490** 41,99
92	**7537** 35,06	**7537** 35,06	**7548** 35,74	**7565** 36,88	**7582** 38,02	**7600** 39,16	**7617** 40,31	**7634** 41,46	**7651** 42,60
93	**7702** 35,92	**7702** 35,82	**7710** 36,29	**7727** 37,44	**7744** 38,59	**7762** 39,75	**7779** 40,91	**7796** 42,06	**7814** 43,22
94	**7868** 36,60	**7868** 36,60	**7873** 36,84	**7890** 38,00	**7908** 39,17	**7925** 40,33	**7943** 41,51	**7960** 42,68	**7978** 43,84
95	**8037** 37,38	**8037** 37,38	**8037** 37,38	**8055** 38,56	**8073** 39,74	**8091** 40,92	**8108** 42,10	**8126** 43,28	**8144** 44,46
96	**8207** 38,17	**8207** 38,17	**8207** 38,17	**8222** 39,13	**8240** 40,32	**8258** 41,51	**8276** 42,71	**8293** 43,90	**8311** 45,09
97	**8379** 38,97	**8379** 38,97	**8379** 38,97	**8390** 39,69	**8408** 40,89	**8426** 42,10	**8445** 43,31	**8463** 44,51	**8481** 45,72
98	**8552** 39,78	**8552** 39,78	**8552** 39,78	**8560** 40,27	**8579** 41,48	**8597** 42,70	**8615** 43,92	**8633** 45,14	**8652** 46,35
99	**8728** 40,60	**8728** 40,60	**8728** 40,60	**8732** 40,84	**8751** 42,06	**8769** 43,29	**8788** 44,53	**8806** 45,76	**8824** 46,98
100	**8905** 41,42	**8905** 41,42	**8905** 41,42	**8905** 41,42	**8924** 42,66	**8943** 43,90	**8962** 45,15	**8980** 46,39	**8999** 47,63

$5 < \frac{l}{d} < 10$, $0{,}005\, F_b < F_e < 0{,}008\, F_b$

$\frac{l}{d} \leqq 5$, $F_e = 0{,}005\, F_b$ | $5 < \frac{l}{d} < 10$, $0{,}005\, F_b < F_e < 0{,}008\, F_b$

Tafel für mittig belastete achteckige Stützen

$l = 6{,}50$—$10{,}00$ m

mit Mindestlängsbewehrung und mit Rücksicht auf die Knicksicherheit

P = mittige Druckkraft in kg; l = Knicklänge in m; d = Abstand der parallelen Querschnittsseiten; $s = 0{,}4142\,d$ = Seitenlänge; $F_b = 0{,}8284\,d^2$ = Betonquerschnitt; σ_b = zulässige Betondruckspannung in kg/cm²; $i = 0{,}257\,d$ = Trägheitshalbmesser; $\lambda = l : i$ = Schlankheitsverhältnis.

d = 82—100 cm

*) Ist σ_b =	54	55	56	57	58	59	60	61	62	63	64	65	66	67	68	69	70 kg/cm²,
so ist dafür zu setzen =	53,93	54,82	55,71	56,61	57,50	58,39	59,29	60,18	61,07	61,96	62,86	63,75	64,64	65,54	66,43	67,32	68,21 kg/cm².

fett gedruckt: ideeller Querschnitt $\frac{P}{\sigma_b}$ cm², wenn $\sigma_b \leqq 53$ kg/cm² *)

darunter dünn gedruckt: Mindestlängsbewehrung F_e cm²

Spalten 6,50–8,00 sowie unterhalb der Stufenlinie: $5 < \frac{l}{d} < 10$, $0{,}005\,F_b < F_e < 0{,}008\,F_b$

Spalten 8,50–10,00 oberhalb der Stufenlinie: $10 \leqq \frac{l}{d}$, $\lambda < 50$, $F_e = 0{,}008\,F_b$

d in cm ↓ / l in m →	6,50	6,75	7,00	7,25	7,50	8,00	8,50	9,00	9,50	10,00
82	**6135**	**6150**	**6166**	**6181**	**6196**	**6227**	**6238**	**6238**	**6238**	**6238**
	37,63	38,65	39,67	40,69	41,70	43,75	44,56	44,56	44,56	44,56
83	**6281**	**6296**	**6312**	**6327**	**6342**	**6373**	**6392**	**6392**	**6392**	**6392**
	38,22	39,26	40,29	41,32	42,35	44,41	45,65	45,65	45,65	45,65
84	**6428**	**6444**	**6459**	**6475**	**6491**	**6522**	**6547**	**6547**	**6547**	**6547**
	38,82	39,87	40,92	41,96	43,00	45,09	46,76	46,76	46,76	46,76
85	**6577**	**6593**	**6609**	**6625**	**6640**	**6672**	**6703**	**6703**	**6703**	**6703**
	39,42	40,49	41,54	42,59	43,65	45,76	47,88	47,88	47,88	47,88
86	**6728**	**6744**	**6760**	**6776**	**6792**	**6824**	**6856**	**6862**	**6862**	**6862**
	40,03	41,11	42,17	43,24	44,31	46,45	48,58	49,01	49,01	49,01
87	**6880**	**6896**	**6913**	**6929**	**6945**	**6978**	**7010**	**7022**	**7022**	**7022**
	40,65	41,73	42,81	43,89	44,97	47,14	49,29	50,16	50,16	50,16
88	**7034**	**7051**	**7067**	**7084**	**7100**	**7133**	**7166**	**7185**	**7185**	**7185**
	41,25	42,35	43,45	44,54	45,63	47,82	50,00	51,32	51,32	51,32
89	**7190**	**7207**	**7223**	**7240**	**7257**	**7290**	**7323**	**7349**	**7349**	**7349**
	41,87	42,99	44,09	45,19	46,30	48,51	50,72	52,49	52,49	52,49
90	**7348**	**7365**	**7381**	**7398**	**7415**	**7449**	**7482**	**7515**	**7515**	**7515**
	42,49	43,61	44,73	45,85	46,96	49,20	51,43	53,68	53,68	53,68
91	**7507**	**7524**	**7541**	**7558**	**7575**	**7609**	**7643**	**7677**	**7683**	**7683**
	43,12	44,25	45,38	46,51	47,64	49,90	52,16	54,43	54,88	54,88
92	**7668**	**7685**	**7702**	**7720**	**7737**	**7771**	**7805**	**7840**	**7853**	**7853**
	43,74	44,89	46,03	47,17	48,31	50,60	52,88	55,17	56,09	56,09
93	**7831**	**7848**	**7866**	**7883**	**7900**	**7935**	**7970**	**8004**	**8024**	**8024**
	44,37	45,53	46,69	47,84	48,99	51,31	53,61	55,93	57,32	57,32
94	**7995**	**8013**	**8030**	**8048**	**8065**	**8100**	**8135**	**8171**	**8198**	**8198**
	45,01	46,18	47,35	48,51	49,68	52,02	54,35	56,69	58,56	58,56
95	**8161**	**8179**	**8197**	**8215**	**8232**	**8268**	**8303**	**8338**	**8373**	**8373**
	45,64	46,83	48,00	49,18	50,36	52,72	55,08	57,45	59,81	59,81
96	**8329**	**8347**	**8365**	**8383**	**8401**	**8437**	**8472**	**8508**	**8544**	**8551**
	46,28	47,48	48,67	49,86	51,05	53,44	55,82	58,21	60,59	61,07
97	**8499**	**8517**	**8535**	**8553**	**8571**	**8607**	**8643**	**8680**	**8716**	**8730**
	46,92	48,13	49,33	50,54	51,74	54,15	56,56	58,98	61,38	62,35
98	**8670**	**8688**	**8707**	**8725**	**8743**	**8780**	**8816**	**8853**	**8889**	**8911**
	47,57	48,79	50,01	51,22	52,44	54,88	57,31	59,75	62,18	63,65
99	**8843**	**8861**	**8880**	**8898**	**8917**	**8954**	**8991**	**9027**	**9064**	**9093**
	48,21	49,45	50,68	51,91	53,13	55,60	58,05	60,52	62,97	64,95
100	**9018**	**9036**	**9055**	**9074**	**9092**	**9129**	**9167**	**9204**	**9241**	**9278**
	48,87	50,12	51,36	52,60	53,84	56,33	58,81	61,30	63,78	66,27

Rechts neben der Tafel: $10 \leqq \frac{l}{d}$, $\lambda < 50$, $F_e = 0{,}008\,F_b$

Unter der Tafel: $5 < \frac{l}{d} < 10$, $0{,}005\,F_b < F_e < 0{,}008\,F_b$

10. Biegung mit Druck im Zustand I

(für kleine Ausmitten).

Diese Gruppe umfaßt drei Arten von Tafeln. Die **Tafeln 109 bis 111** ermöglichen die Bemessung von symmetrisch bewehrten Rechteckquerschnitten auf eine sehr bequeme Weise. Sie sind für jede Betonspannung verwendbar und berücksichtigen Querschnittsdicken (d) von 0,21 bis 1,50 m mit einer Gesamtbewehrung in 5 Stufen von 0,5 bis 3,0%.

Als kleinste Ausmitten wurden jene aufgenommen, die man nicht mehr gut vernachlässigen kann. Die größte Ausmitte ist die $\frac{5}{3}$-fache Kernweite (k), entsprechend der Bestimmung, daß die größte Zugspannung im Beton $\frac{1}{4}$ der gleichzeitig auftretenden Druckspannung sein darf. Größere Ausmitten nennen wir „große Ausmitten", für welche die Tafelgruppe 11 (für den sog. „Zustand II") maßgebend ist. Die Grenze der „kleinen Ausmitten" ist für die verschiedenen Bewehrungsverhältnisse und Zuhöhen in Tafel 112 unter max $\frac{e}{d}$ enthalten. In den meisten Fällen ist sie rund $\frac{1}{3}$.

Die Bewehrung 0,5% ist nur zulässig, wenn die Schlankheit der Säule $\left(\frac{\text{Knicklänge}}{\text{kleinere Querschnittsabmessung}}\right)$ nicht über 5 ist. Ist sie zwischen 5 und 10, so bestimmt man die Abmessungen auf Grund von 0,5% Bewehrung und erhöht sie dann nach folgender Tabelle auf das zulässige Mindestmaß:

Schlankheit $\frac{l}{d}$ bzw. $\frac{l}{b}$	5,5	6,0	6,5	7,0	7,5	8,0	8,5	9,0	9,5
Gesamtbewehrung: $100 \cdot \frac{F_e + F_e'}{b \cdot d}$	0,53	0,56	0,59	0,62	0,65	0,68	0,71	0,74	0,77

Die so entstandene Überdimensionierung ist sehr gering, also praktisch bedeutungslos.

Es ist immer zu beachten, daß außermittig beanspruchte Säulen auch die Bedingungen für mittig beanspruchte, insbesondere die Knicksicherheit erfüllen müssen. (Bestimmungen A, § 27, 2c und § 29, 3b.)

Die Zugbewehrung muß die Zugspannungen auch ohne Mitwirkung des Betons aufnehmen können. Diese Bedingung ist bei Verwendung der Tafeln 109 bis 113 stets erfüllt.

Gang der Bemessung.

a) Gegeben:

P = die Druckkraft in kg,
e = die Ausmitte (Exzentrizität) in cm,
b = die Querschnittsbreite in cm,
σ_{bd} = die zulässige Betondruckspannung in kg/cm² und
das Bewehrungsverhältnis in %.

Gesucht:

$d =$ die Querschnittsdicke und

$F_e = F'_e =$ die Bewehrung.

Lösung: Rechne $\frac{P}{b \cdot \sigma_{bd}}$ aus und suche in der Spalte von e, auf das vorgesehene Bewehrungsverhältnis achtend, den nächsten Wert und lies d und $f_e = f'_e$ ab und rechne noch $F_e = F'_e = \frac{b}{100} \cdot f_e$. Kontrolliere die Säule mit mittiger Belastung. (Siehe Zahlenbeispiele 50 bis 57.)

b) Gegeben:

$P =$ die Druckkraft in kg,

$e =$ die Ausmitte in cm,

$b =$ die Querschnittsbreite in cm,

$d =$ die Querschnittsdicke in cm,

$\sigma_{bd} =$ die zulässige Betondruckspannung in kg/cm^2.

Gesucht:

$F_e = F'_e =$ die symmetrische Bewehrung.

Lösung: Rechne $\frac{P}{b \cdot \sigma_{bd}}$ und suche in der Spalte von e und in der Gruppe von d den nächsten Wert, lies $f_e = f'_e$ ab und rechne $F_e = F'_e = \frac{b}{100} \cdot f_e$. Ist kein passender Wert von $\frac{P}{b \cdot \sigma_{bd}}$ zu finden, so ist σ_{bd} oder d zu verändern. (Siehe Zahlenbeispiele 58 und 59.)

c) Es kann auch ein Wert der Formel $\frac{P}{b \cdot \sigma_{bd}}$ unbekannt sein. Man sucht dann den zu d, e und $F_e = F'_e$ gehörigen Tafelwert, nennen wir ihn α, und rechnet $b = \frac{P}{\alpha \cdot \sigma_{bd}}$, oder $\sigma_{bd} = \frac{P}{\alpha \cdot b}$ oder $P = \alpha \cdot b \cdot \sigma_{bd}$. Man kann auch gelegentlich die Gleichung $\frac{P}{b \cdot \sigma_{bd}} = \frac{W}{k + e}$ vorteilhaft benutzen. Die Werte W (Widerstandsmoment) und k (Kernweite) sind in den Tafeln enthalten. (Siehe Zahlenbeispiele 57 und 60.)

Ist nach den Tafeln 109 bis 111 eine starke Bewehrung nötig, so ist es mit Hilfe der **Tafel 112** möglich, die Bemessung wirtschaftlicher zu gestalten, indem man asymmetrische Bewehrung anordnet.

Gang der Bemessung.

Man ermittelt den Querschnitt mit Hilfe der Tafeln 109 bis 111, rechnet $\frac{e}{d}$ und $\varphi = \frac{h'}{d}$; man sucht dann in Tafel 112 bei Beachtung von φ und max $\frac{e}{d}$ die möglichst kleinste Gesamtbewehrung, berücksichtigend, daß die Druckbewehrung (β %) größer sein muß als bei symmetrischer Bewehrung. Alsdann rechnet man $\sigma_{bd} = \frac{P}{b \cdot d} \cdot \left(r + s \cdot \frac{e}{d}\right)$ aus. Ist dieser Wert größer als zulässig, so muß β bei evtl. noch möglicher Verminderung von α vergrößert werden. Ist max $\frac{e}{d}$ beachtet worden, so braucht σ_{bz} nicht berechnet zu werden, da dann $\sigma_{bz} < \frac{1}{4}\,\sigma_{bp}$ ist. (Siehe Zahlenbeispiel 61.)

Die **Tafel 113** dient zur Bestimmung der Spannungen oder der aufnehmbaren Kräfte bei symmetrisch bewehrten Quadratquerschnitten für Biegung mit Druck im Zustand I. Sie enthält die Querschnitte mit 20 bis 100 cm Seitenlänge und dieselben Bewehrungsverhältnisse wie die Tafeln 109 bis 111. Zur Bemessung von noch unbekannten Querschnitten benutzt man besser die Tafeln 109 bis 111.

Gang der Bemessung.

a) Die Querschnittsdicke ist unbekannt. Man rechnet $\frac{P}{\sigma_{bd}}$ und man sucht in den Tafeln 109 bis 111 bei Beachtung des beabsichtigten Bewehrungsverhältnisses in der Spalte von e jenen Tafelwert, der mit dem zugehörigen d-Wert multipliziert, einen $\frac{P}{\sigma_{bd}}$ möglichst nahe kommenden Wert ergibt. Dieser d-Wert ist die gesuchte Seitenlänge des Quadratquerschnittes. Als Nachweis kann man aus Tafel 113 rechnen:

$$\sigma_{bd} = \frac{P}{W}(k + e).$$

(σ_{bz} braucht nicht berechnet zu werden, wenn $e \leqq \frac{5}{3}\,k$.)

b) Die Querschnittsdicke ist bekannt. Aus Tafel 113 können berechnet werden:

1. die Spannungen nach den Formeln:

$$\sigma_{bd} = \frac{P}{W}\cdot(k + e)$$

und

$$\sigma_{bz} = \frac{P}{W}\cdot(k - e)$$

(siehe Anmerkung bei a).

2. Die Druckkraft nach der Formel:

$$P = \frac{W\cdot\sigma_{bd}}{k + e}.$$

3. Die Ausmitte (Exzentrizität) nach der Formel:

$$e = \frac{W\cdot\sigma_{bd}}{P} - k.$$

(Siehe Zahlenbeispiele 62 bis 65.)

Tafel 109

$d = 21$—30 cm

Symmetrisch bewehrte Rechteckquerschnitte

$F_e = F'_e = \frac{b}{100}\, f_e \left(= \frac{b}{100}\, f'_e\right)$ = Bewehrung in cm²; P = Druckkraft in kg;
e = Ausmitte (Exzentrizität) in cm $\leqq \frac{5}{3}\, k$ (sonst Berechnung nach Zustand II, s. Tafel 114 u. f.);
k = Kernweite des Verbundquerschnittes in cm;
d = Querschnittsabmessung in der Kraftebene in cm;
b = Querschnittsabmessung normal zur Kraftebene in cm;

$e = 2{,}5$—10 cm

					e ⟶	*2,5*	*3*	*3,5*	*4*	*4,5*	*5*	*6*	*7*	*8*	*9*	*10*
d	h'	$f_e = f'_e$ cm²	%	W	k	ideelle Querschnittsdicke $\frac{P}{b \cdot \sigma_{bd}}$ cm $\left(= \frac{W}{k+e}\right)$										
	3,5	5,25	0,25	*80,85*	*3,58*	13,29	12,28	11,42	10,66	10,00	9,42	8,44	—	—	—	—
	3,5	8,40	0,40	*85,25*	*3,62*	13,92	12,87	11,97	11,18	10,49	9,89	8,86	—	—	—	—
21	*3,5*	12,60	0,60	*91,15*	*3,68*	14,75	13,65	12,70	11,87	11,14	10,50	9,42	—	—	—	—
	4,0	21,00	1,00	*98,85*	*3,62*	16,15	14,93	13,88	12,97	12,17	11,47	10,27	—	—	—	—
	4,0	31,50	1,50	*111,50*	*3,66*	18,10	16,74	15,57	14,55	13,66	12,87	11,54	—	—	—	—
	3,5	5,50	0,25	*89,10*	*3,77*	14,22	13,17	12,26	11,47	10,78	10,16	9,12	—	—	—	—
	3,5	8,80	0,40	*94,20*	*3,82*	14,90	13,80	12,86	12,04	11,32	10,67	9,59	—	—	—	—
22	*3,5*	13,20	0,60	*100,90*	*3,89*	15,80	14,65	13,66	12,79	12,03	11,36	10,20	—	—	—	—
	4,0	22,00	1,00	*110,10*	*3,85*	17,34	16,07	14,98	14,02	13,18	12,44	11,18	—	—	—	—
	4,0	33,00	1,50	*124,75*	*3,91*	19,46	18,05	16,83	15,77	14,83	14,00	12,59	—	—	—	—
	3,5	5,75	0,25	*97,80*	*3,95*	15,15	14,06	13,12	12,29	11,56	10,92	9,82	—	—	—	—
	3,5	9,20	0,40	*103,50*	*4,02*	15,88	14,75	13,77	12,91	12,15	11,48	10,33	—	—	—	—
23	*3,5*	13,80	0,60	*111,20*	*4,10*	16,86	15,67	14,64	13,73	12,93	12,22	11,01	—	—	—	—
	4,0	23,00	1,00	*121,90*	*4,08*	18,54	17,23	16,09	15,09	14,21	13,43	12,10	—	—	—	—
	4,0	34,50	1,50	*138,80*	*4,16*	20,82	19,38	18,12	17,01	16,02	15,15	13,66	12,43	—	—	—
	3,5	6,00	0,25	*106,85*	*4,14*	16,09	14,96	13,98	13,21	12,36	11,69	10,54	9,59	—	—	—
	3,5	9,60	0,40	*113,35*	*4,22*	16,87	15,71	14,69	13,79	13,00	12,30	11,09	10,10	—	—	—
24	*3,5*	14,40	0,60	*122,00*	*4,31*	17,92	16,69	15,63	14,69	13,85	13,11	11,84	10,79	—	—	—
	4,0	24,00	1,00	*134,40*	*4,31*	19,74	18,39	17,21	16,18	15,26	14,44	13,04	11,89	—	—	—
	4,0	36,00	1,50	*153,60*	*4,41*	22,22	20,72	19,41	18,26	17,23	16,32	14,75	13,46	—	—	—
	3,5	6,25	0,25	*116,30*	*4,33*	17,04	15,87	14,86	13,97	13,17	12,47	11,26	10,27	—	—	—
	3,5	10,00	0,40	*123,60*	*4,41*	17,88	16,67	15,62	14,69	13,87	13,13	11,87	10,83	—	—	—
25	*3,5*	15,00	0,60	*133,35*	*4,52*	18,99	17,73	16,63	15,65	14,78	14,01	12,67	11,57	—	—	—
	4,0	25,00	1,00	*147,50*	*4,54*	20,96	19,57	18,35	17,28	16,32	15,46	14,00	12,78	—	—	—
	4,0	37,50	1,50	*169,45*	*4,67*	23,61	22,07	20,72	19,52	18,46	17,50	15,86	14,50	—	—	—
	3,5	6,50	0,25	*126,20*	*4,51*	17,99	16,79	15,75	14,82	14,00	13,26	12,00	10,96	—	—	—
	3,5	10,40	0,40	*134,35*	*4,61*	18,89	17,64	16,56	15,60	14,74	13,97	12,66	11,57	—	—	—
26	*3,5*	15,60	0,60	*145,15*	*4,72*	20,07	18,78	17,63	16,62	15,72	14,92	13,53	12,37	—	—	—
	4,0	26,00	1,00	*161,25*	*4,77*	22,18	20,75	19,50	18,39	17,39	16,50	14,97	13,70	12,63	—	—
	4,0	39,00	1,50	*185,55*	*4,92*	25,00	23,42	22,03	20,80	19,64	18,70	16,99	15,56	14,36	—	—
	3,5	6,75	0,25	*136,50*	*4,70*	18,95	17,72	16,64	15,68	14,83	14,07	12,75	11,66	—	—	—
	3,5	10,80	0,40	*145,50*	*4,81*	19,90	18,63	17,51	16,51	15,63	14,83	13,46	12,32	11,36	—	—
27	*3,5*	16,20	0,60	*157,50*	*4,94*	21,15	19,83	18,65	17,61	16,68	15,84	14,39	13,19	12,17	—	—
	4,0	27,00	1,00	*175,65*	*5,00*	23,41	21,94	20,65	19,51	18,48	17,56	15,96	14,63	13,51	—	—
	4,0	40,50	1,50	*202,70*	*5,18*	26,40	24,79	23,36	22,09	20,95	19,92	18,14	16,65	15,38	—	—
	3,5	7,00	0,25	*147,20*	*4,89*	19,92	18,66	17,54	16,56	15,68	14,88	13,52	12,38	11,42	—	—
	3,5	11,20	0,40	*157,15*	*5,01*	20,92	19,62	18,46	17,44	16,52	15,70	14,27	13,08	12,08	—	—
28	*3,5*	16,80	0,60	*170,35*	*5,16*	22,25	20,89	19,68	18,61	17,64	16,77	15,27	14,01	12,95	—	—
	4,0	28,00	1,00	*190,65*	*5,24*	24,64	23,14	21,82	20,64	19,58	18,62	16,97	15,58	14,40	—	—
	4,0	42,00	1,50	*220,65*	*5,44*	27,81	26,16	24,70	23,39	22,21	21,15	19,30	17,75	16,42	15,29	—
	3,5	7,25	0,25	*158,40*	*5,08*	20,89	19,60	18,46	17,44	16,53	15,71	14,29	13,11	12,11	—	—
	3,5	11,60	0,40	*169,30*	*5,21*	21,95	20,61	19,43	18,37	17,43	16,57	15,09	13,86	12,81	—	—
29	*3,5*	17,40	0,60	*183,75*	*5,37*	23,35	21,95	20,72	19,61	18,62	17,72	16,16	14,85	13,74	12,79	—
	4,0	29,00	1,00	*206,30*	*5,47*	25,88	24,35	22,99	21,78	20,69	19,70	17,98	16,54	15,31	14,26	—
	4,0	43,50	1,50	*239,40*	*5,69*	29,22	27,54	26,04	24,70	23,49	22,39	20,47	18,86	17,48	16,29	—
	3,5	7,50	0,25	*169,85*	*5,27*	21,87	20,55	19,37	18,33	17,39	16,54	15,07	13,85	12,80	11,90	—
	3,5	12,00	0,40	*181,75*	*5,41*	22,98	21,61	20,40	19,32	18,34	17,46	15,93	14,65	13,55	12,61	—
30	*3,5*	18,00	0,60	*197,60*	*5,58*	24,45	23,03	21,76	20,62	19,60	18,67	17,06	15,71	14,55	13,55	—
	4,0	30,00	1,00	*222,60*	*5,71*	27,12	25,56	24,18	22,93	21,81	20,79	19,01	17,52	16,24	15,13	—
	4,0	45,00	1,50	*258,90*	*5,95*	30,63	28,92	27,39	26,02	24,77	23,64	21,66	19,99	18,56	17,32	16,23

bei Biegung mit Druck im Zustande I

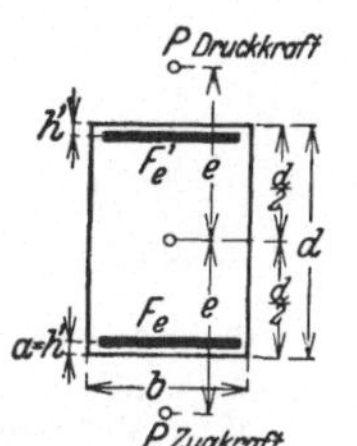

Tafel 109

$d = 31$—40 cm

W = Widerstandsmoment des Verbundquerschnittes in cm³ auf 1 cm Breite;
σ_{bd} = größte Betondruckspannung in kg/cm²;
$\sigma_{bz} = \sigma_{bd} \frac{k-e}{k+e}$ = kleinste Betondruckspannung (wenn positiv) bzw. größte Betonzugspannung (wenn negativ);
h' = Abstand des Schwerpunktes der Bewehrung vom nächsten Querschnittsrand.

$e = 3{,}5$—12 cm

e →						3,5	4	4,5	5	6	7	8	9	10	12
d	h'	$f_e = f_e'$ cm²	%	W	k	ideelle Querschnittsdicke $\frac{P}{b \cdot \sigma_{bd}}$ cm $\left(= \frac{W}{k+e}\right)$									
	3,5	7,75	0,25	181,75	5,45	20,30	19,23	18,26	17,39	15,87	14,59	13,51	12,58	—	—
	3,5	12,40	0,40	194,75	5,61	21,38	20,27	19,26	18,36	16,77	15,44	14,31	13,33	—	—
31	3,5	18,60	0,60	212,00	5,80	22,81	21,64	20,59	19,64	17,97	16,57	15,37	14,33	—	—
	4,0	31,00	1,00	239,50	5,94	25,36	24,09	22,93	21,89	20,05	18,51	17,18	16,03	15,02	—
	4,0	46,50	1,50	279,20	6,21	28,75	27,34	26,07	24,90	22,86	21,13	19,65	18,35	17,22	—
	3,5	8,00	0,25	194,10	5,64	21,23	20,13	19,14	18,24	16,67	15,35	14,23	13,26	—	—
	3,5	12,80	0,40	208,15	5,81	22,36	21,22	20,19	19,26	17,63	16,25	15,08	14,06	—	—
32	3,5	19,20	0,60	226,90	6,01	23,86	22,67	21,59	20,61	18,89	17,44	16,20	15,12	14,17	—
	4,0	32,00	1,00	257,05	6,18	26,56	25,25	24,07	22,99	21,11	19,51	18,13	16,94	15,89	—
	4,0	48,00	1,50	300,25	6,47	30,11	28,68	27,37	26,18	24,08	22,29	20,75	19,41	18,23	—
	3,5	8,25	0,25	206,85	5,83	22,17	21,04	20,02	19,10	17,48	16,12	14,96	13,95	—	—
	3,5	13,20	0,40	222,05	6,01	23,35	22,19	21,13	20,17	18,49	17,07	15,85	14,80	13,87	—
33	3,5	19,80	0,60	242,35	6,22	24,92	23,70	22,60	21,59	19,83	18,33	17,04	15,92	14,94	—
	4,0	33,00	1,00	275,25	6,42	27,76	26,43	25,22	24,11	22,17	20,52	19,09	17,85	16,77	—
	4,0	49,50	1,50	322,15	6,73	31,48	30,02	28,68	27,46	25,30	23,46	21,87	20,48	19,25	—
	3,5	8,50	0,25	220,05	6,02	23,11	21,96	20,91	19,97	18,30	16,90	15,69	14,65	13,73	—
	3,5	13,60	0,40	236,40	6,21	24,35	23,16	22,08	21,09	19,36	17,90	16,64	15,54	14,59	—
34	4,0	20,40	0,60	253,50	6,32	25,82	24,57	23,43	22,40	20,58	19,03	17,70	16,55	15,53	—
	4,0	34,00	1,90	294,05	6,65	28,96	27,60	26,37	25,24	23,24	21,54	20,07	18,79	17,66	—
	5,0	51,00	1,50	322,25	6,54	32,11	30,58	29,20	27,93	25,71	23,81	22,17	20,74	19,49	—
	3,5	8,75	0,25	233,55	6,21	24,06	22,88	21,81	20,84	19,13	17,68	16,44	15,36	14,41	—
	3,5	14,00	0,40	251,20	6,41	25,35	24,14	23,03	22,02	20,25	18,74	17,43	16,30	15,31	—
35	4,0	21,00	0,60	269,80	6,53	26,89	25,61	24,45	23,39	21,53	19,94	18,56	17,37	16,32	—
	4,0	35,00	1,00	313,50	6,89	30,17	28,79	27,52	26,37	24,32	22,57	21,05	19,73	18,56	—
	5,0	52,50	1,50	344,80	6,79	33,49	31,94	30,53	29,23	26,95	25,00	23,31	21,83	20,53	—
	3,5	9,00	0,25	247,55	6,40	25,01	23,81	22,72	21,72	19,97	18,48	17,19	16,08	15,10	—
	3,5	14,40	0,40	266,45	6,61	26,36	25,12	23,99	22,95	21,13	19,58	18,24	17,07	16,04	—
36	4,0	21,60	0,60	286,55	6,75	27,97	26,67	25,48	24,40	22,48	20,85	19,43	18,20	17,11	—
	4,0	36,00	1,00	333,60	7,13	31,39	29,98	28,69	27,51	25,41	23,82	22,25	20,68	19,48	17,44
	5,0	54,00	1,50	368,10	7,05	34,89	33,31	31,87	30,54	28,20	26,20	24,46	22,93	21,59	—
	3,5	9,25	0,25	261,90	6,59	25,97	24,74	23,63	22,61	20,81	19,28	17,96	16,81	15,79	—
	3,5	14,80	0,40	282,15	6,81	27,37	26,10	24,95	23,89	22,03	20,43	19,05	17,85	16,79	—
37	4,0	22,20	0,60	303,85	6,96	29,05	27,73	26,52	25,41	23,45	21,77	20,31	19,04	17,92	—
	4,0	37,00	1,00	354,30	7,37	32,61	31,17	29,86	28,65	26,51	24,66	23,06	21,65	20,40	18,30
	5,0	55,50	1,50	392,20	7,31	36,28	34,68	33,21	31,86	29,47	27,41	25,62	24,05	22,66	20,31
	3,5	9,50	0,25	276,70	6,77	26,93	25,68	24,54	23,50	21,66	20,09	18,73	17,54	16,50	—
	3,5	15,20	0,40	298,35	7,01	28,39	27,10	25,92	24,84	22,93	21,29	19,88	18,63	17,54	—
38	4,0	22,80	0,60	321,65	7,17	30,14	28,79	27,55	26,42	24,42	22,69	21,20	19,89	18,73	16,78
	4,0	38,00	1,00	375,65	7,60	33,83	32,37	31,04	29,80	27,61	25,72	24,07	22,62	21,34	19,16
	5,0	57,00	1,50	417,05	7,57	37,68	36,05	34,56	33,18	30,74	28,63	26,79	25,17	23,74	21,31
	3,5	9,75	0,25	291,90	6,96	27,90	26,63	25,47	24,40	22,52	20,91	19,51	18,29	17,21	—
	3,5	15,60	0,40	314,95	7,21	29,41	28,09	26,89	25,79	23,84	22,16	20,71	19,43	18,30	16,39
39	4,0	23,40	0,60	340,00	7,39	31,23	29,86	28,60	27,45	25,40	23,63	22,09	20,75	19,55	17,54
	4,0	39,00	1,00	397,65	7,84	35,06	33,58	32,22	30,96	28,73	26,79	25,10	23,61	22.29	20,04
	5,0	58,50	1,50	442,70	7,83	39,08	37,43	35,91	34,51	32,01	29,86	27,97	26,31	24,83	22,33
	3,5	10,00	0,25	307,50	7,15	28,87	27,58	26,39	25,31	23,38	21,73	20,30	19,04	17,93	16,06
	3,5	16,00	0,40	332,05	7,41	30,43	29,10	27,87	26,75	24,76	23,04	21,54	20,23	19,07	17,10
40	4,0	24,00	0,60	358,85	7,60	32,32	30,93	29,65	28,47	26,38	24,57	22,30	21,61	20,39	18,31
	4,0	40,00	1,00	420,25	8,08	36,29	34,78	33,40	32,12	29,84	27,87	26,13	24,60	23,24	20,93
	5,0	60,00	1,50	469,15	8,09	40,48	38,81	37,27	35,84	33,30	31,09	29,16	27,45	25,94	23,35

Tafel 110 — Symmetrisch bewehrte Rechteckquerschnitte

$d = 42$—60 cm

$e = 5$—20 cm

$F_e = F'_e = \frac{b}{100} f_e \left(= \frac{b}{100} f'_e\right)$ = Bewehrung in cm²; P = Druckkraft in kg;

e = Ausmitte (Exzentrizität) in cm $\leqq \frac{5}{3} k$ (sonst Berechnung nach Zustand II, s. Tafel 114 u.f.);

k = Kernweite des Verbundquerschnittes in cm;

d = Querschnittsabmessung in der Kraftebene in cm;

b = Querschnittsabmessung normal zur Kraftebene in cm;

					e ⟶	5	6	7	8	9	10	12	14	16	18	20
d	h'	$f_e = f'_e$ cm²	%	W	k	ideelle Querschnittsdicke $\frac{P}{b \cdot \sigma_{bd}}$ cm $\left(= \frac{W}{k+e}\right)$										
	3,5	10,50	0,25	339,95	7,53	27,13	25,13	23,40	21,89	20,57	19,39	17,41	—	—	—	—
	3,5	16,80	0,40	367,50	7,81	28,68	26,61	24,81	23,24	21,86	20,63	18,55	—	—	—	—
42	4,0	25,20	0,60	398,05	8,03	30,54	28,37	26,48	24,83	23,37	22,07	19,87	—	—	—	—
	4,0	42,00	1,00	467,40	8,56	34,47	32,10	30,04	28,22	26,62	25,18	22,73	20,72	—	—	—
	5,0	63,00	1,50	524,40	8,61	38,53	35,89	33,59	31,57	29,78	28,18	25,44	23,19	—	—	—
	3,5	11,00	0,25	374,00	7,91	28,98	26,89	25,09	23,51	22,12	20,89	18,79	—	—	—	—
	3,5	17,60	0,40	404,80	8,21	30,63	28,48	26,61	24,97	23,52	22,22	20,03	—	—	—	—
44	4,0	26,40	0,60	439,30	8,46	32,63	30,38	28,41	26,69	25,16	23,80	21,47	19,56	—	—	—
	4,0	44,00	1,00	517,05	9,04	36,83	34,38	32,24	30,34	28,66	27,16	24,58	22,44	—	—	—
	5,0	66,00	1,50	582,75	9,13	41,33	38,61	36,23	34,12	32,25	30,57	27,68	25,29	—	—	—
	3,5	11,50	0,25	409,70	8,29	30,84	28,68	26,80	25,16	23,70	22,41	20,20	—	—	—	—
	3,5	18,40	0,40	443,95	8,62	32,60	30,37	28,43	26,72	25,20	23,85	21,53	19,63	—	—	—
46	4,0	27,60	0,60	482,65	8,89	34,74	32,41	30,37	28,57	26,98	25,55	23,10	21,08	—	—	—
	4,0	46,00	1,00	569,25	9,52	39,21	36,68	34,46	32,49	30,74	29,16	26,45	24,20	22,31	—	—
	5,0	69,00	1,50	644,25	9,66	43,95	41,14	38,67	36,48	34,53	32,77	29,75	27,23	25,11	—	—
	3,5	12,00	0,25	447,05	8,66	32,72	30,49	28,54	26,83	25,31	23,95	21,63	19,72	—	—	—
	3,5	19,20	0,40	484,90	9,02	34,59	32,28	30,27	28,49	26,91	25,49	23,07	21,06	—	—	—
48	4,0	28,80	0,60	528,00	9,32	36,87	34,46	32,35	30,48	28,82	27,33	24,76	22,64	—	—	—
	4,0	48,00	1,00	624,00	10,00	41,60	39,00	36,71	34,67	32,84	31,20	28,36	26,00	24,00	—	—
	5,0	72,00	1,50	708,90	10,19	46,68	43,80	41,25	38,98	36,95	35,12	31,95	29,31	27,07	—	—
	3,5	12,50	0,25	486,00	9,04	34,61	32,31	30,30	28,52	26,94	25,52	23,10	21,09	—	—	—
	3,5	20,00	0,40	527,60	9,42	36,58	34,21	32,13	30,28	28,64	27,17	24,63	22,53	—	—	—
50	4,0	30,00	0,60	575,45	9,75	39,00	36,53	34,35	32,41	30,68	29,13	26,45	24,23	22,34	—	—
	4,0	50,00	1,00	681,25	10,48	44,01	41,34	38,97	36,86	34,97	33,26	30,30	27,83	25,73	—	—
	5,0	75,00	1,50	776,65	10,71	49,43	46,47	43,85	41,50	39,40	37,50	34,20	31,43	29,07	27,05	—
	3,5	13,00	0,25	526,60	9,42	36,52	34,15	32,07	30,23	28,59	27,12	24,58	22,48	—	—	—
	4,0	20,80	0,40	566,85	9,73	38,47	36,03	33,88	31,97	30,26	28,73	26,08	23,88	22,03	—	—
52	4,0	31,20	0,60	624,90	10,18	41,15	38,61	36,37	34,37	32,57	30,96	28,17	25,84	23,87	—	—
	5,0	52,00	1,00	715,25	10,58	45,91	43,14	40,68	38,49	36,53	34,75	31,68	29,10	26,91	—	—
	5,0	78,00	1,50	847,55	11,24	52,19	49,16	46,47	44,05	41,87	39,90	36,47	33,58	31,11	28,99	—
	3,5	13,50	0,25	568,85	9,80	38,44	36,00	33,86	31,96	30,26	28,73	26,09	23,90	22,05	—	—
	4,0	21,60	0,40	612,95	10,13	40,50	37,99	35,77	33,80	32,03	30,44	27,69	25,40	23,45	—	—
54	4,0	32,40	0,60	676,45	10,62	43,32	40,71	38,40	36,34	34,34	32,81	29,91	27,48	25,41	—	—
	5,0	54,00	1,00	776,40	11,06	48,34	45,51	42,99	40,73	38,70	36,87	33,67	30,98	28,69	26,72	—
	5,0	81,00	1,50	921,60	11,77	54,95	51,86	49,10	46,62	44,37	42,33	38,77	35,76	33,19	30,96	—
	3,5	14,00	0,25	612,70	10,18	40,37	37,87	35,67	33,71	31,95	30,37	27,63	25,34	23,41	—	—
	4,0	22,40	0,40	660,90	10,54	42,54	39,96	37,69	35,65	33,83	32,18	29,32	26,93	24,90	—	—
56	4,0	33,60	0,60	730,05	11,05	45,49	42,82	40,45	38,33	36,41	34,68	31,67	29,15	26,99	25,13	—
	5,0	56,00	1,00	840,05	11,54	50,79	47,90	45,31	42,99	40,90	39,00	35,69	32,89	30,50	28,44	—
	5,0	84,00	1,50	998,75	12,30	57,73	54,58	51,75	49,20	46,89	44,79	41,10	37,98	35,29	32,96	30,92
	3,5	14,50	0,25	658,20	10,56	42,31	39,75	37,49	35,47	33,66	32,02	29,18	26,80	24,78	—	—
	4,0	23,20	0,40	710,65	10,94	44,58	41,95	39,61	37,52	35,64	33,94	30,98	28,49	26,38	24,56	—
58	4,0	34,80	0,60	785,65	11,48	47,67	44,95	42,52	40,33	38,36	36,58	33,46	30,84	28,59	26,65	—
	5,0	58,00	1,00	906,25	12,02	53,25	50,29	47,65	45,27	43,12	41,16	37,73	34,83	32,34	30,19	28,30
	5,0	87,00	1,50	1079,05	12,83	60,52	57,30	54,41	51,80	49,43	47,26	43,45	40,22	37,43	35,00	32,87
	3,5	15,00	0,25	705,35	10,94	44,26	41,65	39,33	37,25	35,38	33,69	30,75	28,29	26,19	24,38	—
	4,0	24,00	0,40	762,24	11,34	46,64	43,95	41,56	39,41	37,47	35,71	32,65	30,08	27,88	25,98	—
60	4,0	36,00	0,60	843,35	11,91	49,87	47,08	44,59	42,35	40,33	38,49	35,27	32,55	30,22	28,19	26,43
	5,0	60,00	1,00	975,00	12,50	55,71	52,70	50,00	47,56	45,35	43,33	39,80	36,79	34,21	31,97	30,00
	5,0	90,00	1,50	1162,50	13,36	63,31	60,04	57,09	54,42	51,99	49,76	45,84	42,49	39,59	37,07	34,84

bei Biegung mit Druck im Zustande I

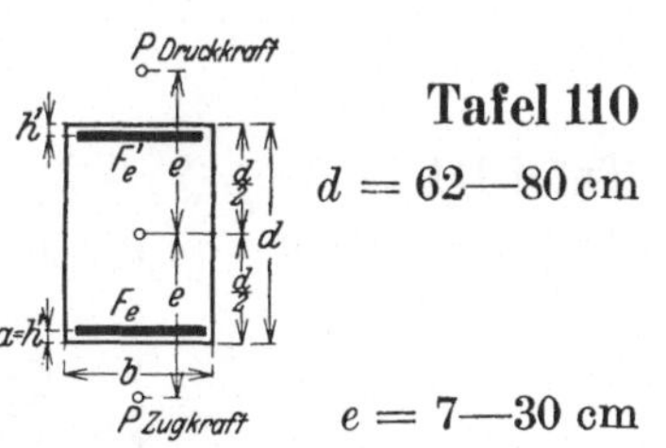

Tafel 110

$d = 62$—80 cm

$e = 7$—30 cm

W = Widerstandsmoment des Verbundquerschnittes in cm³ auf 1 cm Breite;
σ_{bd} = größte Betondruckspannung in kg/cm²;
$\sigma_{bz} = \sigma_{bd}\,\frac{k-e}{k+e}$ = kleinste Betondruckspannung (wenn positiv) bzw. größte Betonzugspannung (wenn negativ);
h' = Abstand des Schwerpunktes der Bewehrung vom nächsten Querschnittsrand.

d	h'	$f_e = f'_e$ cm²	%	W	k	e → 7	8	9	10	12	14	16	18	20	25	30
						ideelle Querschnittsdicke $\frac{P}{b\cdot\sigma_{bd}}$ cm $\left(=\frac{W}{k+e}\right)$										
62	3,5	15,50	0,25	754,10	11,31	41,18	39,04	37,12	35,38	32,35	29,79	27,61	25,72	—	—	—
	4,0	24,80	0,40	817,25	11,77	43,51	41,31	39,32	37,51	34,35	31,68	29,40	27,42	—	—	—
	4,0	37,20	0,60	903,15	12,34	46,69	44,39	42,31	40,42	37,10	34,28	31,86	29,76	27,92	—	—
	5,0	62,00	1,00	1046,25	12,98	52,36	49,87	47,60	45,53	41,88	38,78	36,10	33,77	31,72	—	—
	5,0	93,00	1,50	1249,05	13,89	59,78	57,05	54,56	52,28	48,24	44,78	41,78	39,16	36,85	—	—
64	3,5	16,00	0,25	804,50	11,69	43,04	40,85	38,88	37,09	33,95	31,31	29,05	27,09	—	—	—
	4,0	25,60	0,40	870,85	12,15	45,48	43,22	41,18	39,32	36,06	33,30	30,94	28,88	27,09	—	—
	4,0	38,40	0,60	964,90	12,78	48,79	46,44	44,31	42,36	38,94	36,04	33,53	31,35	29,44	—	—
	5,0	64,00	1,00	1120,05	13,46	54,74	52,19	49,86	47,74	43,99	40,79	38,02	35,60	33,47	—	—
	5,0	96,80	1,50	1338,75	14,43	62,48	59,70	57,15	54,81	50,66	47,10	44,00	41,29	38,89	—	—
66	3,5	16,50	0,25	856,55	12,07	44,91	42,67	40,65	38,81	35,58	32,85	30,51	28,48	26,71	—	—
	4,0	26,40	0,40	927,85	12,55	47,46	45,15	43,05	41,14	37,79	34,94	32,50	30,37	28,50	—	—
	4,0	39,60	0,60	1028,80	13,21	50,90	48,50	46,32	44,32	40,81	37,81	35,22	32,96	30,98	—	—
	5,0	66,00	1,00	1196,40	13,94	57,12	54,52	52,14	49,97	46,11	42,81	39,95	37,45	35,25	—	—
	5,0	99,00	1,50	1431,60	14,96	65,19	62,35	59,75	57,36	53,10	49,43	46,24	43,44	40,95	35,83	—
68	3,5	17,00	0,25	910,20	12,45	46,79	44,51	42,43	40,54	37,22	34,41	31,99	29,89	28,05	—	—
	4,0	27,20	0,40	986,70	12,96	49,44	47,08	44,94	42,98	39,54	36,60	34,08	31,87	29,94	—	—
	4,0	40,80	0,60	1094,70	13,64	53,03	50,58	48,35	46,30	42,69	39,60	36,92	34,59	32,54	—	—
	5,0	68,00	1,00	1275,25	14,43	59,34	56,70	54,29	52,07	48,14	44,76	41,82	39,25	36,97	—	—
	5,0	102,00	1,50	1527,55	15,47	67,91	65,02	62,37	59,92	55,56	51,79	48,51	45,61	43,04	37,72	—
70	3,5	17,50	0,25	965,50	12,83	48,69	46,35	44,23	42,29	38,88	35,99	33,49	31,32	29,41	—	—
	4,0	28,00	0,40	1047,35	13,36	51,44	49,03	46,84	44,84	41,30	38,28	35,67	33,40	31,40	—	—
	4,0	42,00	0,60	1162,65	14,08	55,17	52,67	50,38	48,29	44,59	41,41	38,66	36,25	34,12	—	—
	5,0	70,00	1,00	1356,65	14,91	61,92	59,22	56,74	54,47	50,42	46,93	43,89	41,23	38,86	33,90	—
	5,0	105,00	1,50	1626,65	16,03	70,64	67,70	65,00	62,50	58,04	54,17	50,79	47,81	45,15	39,65	—
72	3,5	18,00	0,25	1022,45	13,21	50,59	48,21	46,04	44,05	40,56	37,58	35,00	32,76	30,79	—	—
	4,0	28,80	0,40	1109,80	13,76	53,45	51,00	48,76	46,70	43,08	39,97	37,29	34,94	32,87	—	—
	4,0	43,20	0,60	1232,65	14,51	57,31	54,76	52,43	50,29	46,50	43,24	40,40	37,92	35,72	—	—
	5,0	72,00	1,00	1440,60	15,39	64,34	61,59	59,06	56,74	52,59	49,01	45,89	43,14	40,71	35,67	—
	5,0	108,00	1,50	1728,90	16,56	73,38	70,39	67,64	65,09	60,53	56,57	53,10	50,08	47,29	41,60	—
74	3,5	18,50	0,25	1081,00	13,59	52,50	50,07	47,86	45,83	42,24	39,18	36,53	34,22	32,18	—	—
	4,0	29,60	0,40	1174,05	14,17	55,47	52,97	50,68	48,58	44,87	41,68	38,92	36,50	34,36	—	—
	4,0	44,40	0,60	1304,75	14,94	59,46	56,87	54,50	51,51	48,43	45,08	42,17	39,61	37,34	32,67	—
	5,0	74,00	1,00	1527,05	15,87	66,76	63,96	61,39	59,02	54,78	51,12	47,91	45,08	42,57	37,36	—
	5,0	111,00	1,50	1834,25	17,09	76,13	73,09	70,29	67,70	63,04	58,99	55,42	52,27	49,45	43,57	—
76	3,5	19,00	0,25	1141,20	13,97	54,43	51,95	49,69	47,61	43,95	40,80	38,08	35,70	33,60	—	—
	4,0	30,40	0,40	1240,15	14,57	57,50	54,95	52,62	50,47	46,68	43,41	40,57	38,08	35,87	—	—
	4,0	45,60	0,60	1378,85	15,38	61,62	58,99	56,57	54,34	50,37	46,94	43,95	41,31	38,98	34,15	—
	5,0	76,00	1,00	1616,05	16,36	69,19	66,35	63,73	61,31	56,99	53,24	49,94	47,04	44,45	39,08	—
	5,0	114,00	1,50	1942,75	17,63	78,88	75,80	72,96	70,32	65,57	61,42	57,77	54,53	51,63	45,57	—
78	3,5	19,50	0,25	1203,05	14,35	56,35	53,83	51,53	49,41	45,66	42,44	39,64	37,19	35,03	—	—
	4,0	31,20	0,40	1308,05	14,97	59,53	56,94	54,56	52,38	48,49	45,15	42,23	39,67	37,40	32,72	—
	4,0	46,80	0,60	1455,00	15,81	63,79	61,11	58,65	56,38	52,32	48,81	45,74	43,04	40,63	35,65	—
	5,0	78,00	1,00	1707,60	16,84	71,63	68,74	66,08	63,62	59,21	55,37	52,00	49,01	46,35	40,81	—
	5,0	117,00	1,50	2054,40	18,16	81,64	78,52	75,63	72,94	68,11	63,87	60,13	56,81	53,83	47,59	42,65
80	3,5	20,00	0,25	1266,50	14,73	58,29	55,73	53,38	51,22	47,39	44,09	41,22	38,70	36,47	—	—
	4,0	32,00	0,40	1377,75	15,38	61,57	58,94	56,52	54,29	50,32	46,90	43,91	41,28	38,94	34,12	—
	4,0	48,00	0,60	1533,25	16,24	65,97	63,25	60,74	58,43	54,29	50,70	47,55	44,78	42,31	37,18	—
	5,0	80,00	1,00	1801,65	17,32	74,07	71,15	68,44	65,94	61,44	57,52	54,07	51,00	48,27	42,57	—
	5,0	120,00	1,50	2169,15	18,70	84,40	81,24	78,31	75,58	70,66	66,34	62,51	59,11	56,05	49,64	44,54

Tafel 111

$d = 82$—100 cm

Symmetrisch bewehrte Rechteckquerschnitte

$F_e = F'_e = \frac{b}{100} f_e \left(= \frac{b}{100} f'_e\right)$ = Bewehrung in cm²; P = Druckkraft in kg;

e = Ausmitte (Exzentrizität) in cm $\leqq \frac{3}{5} k$ (sonst Berechnung nach Zustand II, s. Tafel 114 u. f.);

k = Kernweite des Verbundquerschnittes in cm;

d = Querschnittsabmessung in der Kraftebene in cm;

b = Querschnittsabmessung normal zur Kraftebene in cm;

$e = 9$—40 cm

				e ⟶		9	10	12	14	16	18	20	25	30	35	40
d	h'	$f_e = f'_e$ cm²	%	W	k	ideelle Querschnittsdicke $\frac{P}{b \cdot \sigma_{bd}}$ cm $\left(= \frac{W}{k+e}\right)$										
	4,0	20,50	0,25	1326,00	15,04	55,15	52,95	49,03	45,66	42,72	40,13	37,84	33,12	—	—	—
	4,0	32,80	0,40	1449,25	15,78	58,48	56,22	52,17	48,66	45,60	42,90	40,50	35,54	—	—	—
82	4,0	49,20	0,60	1613,55	16,68	62,84	60,49	56,27	52,60	49,38	46,53	43,99	38,72	—	—	—
	5,0	82,00	1,00	1898,25	17,81	70,81	68,26	63,68	59,68	56,15	53,01	50,21	44,34	—	—	—
	5,0	123,00	1,50	2287,05	19,24	81,00	78,23	73,22	68,81	64,91	61,42	58,29	51,70	46,45	—	—
	4,0	21,00	0,25	1392,60	15,42	57,02	54,78	50,78	47,33	44,32	41,67	39,31	34,45	—	—	—
	4,0	33,60	0,40	1522,60	16,18	60,46	58,15	54,02	50,44	47,31	44,54	42,08	36,97	—	—	—
84	5,0	50,40	0,60	1668,85	16,84	64,95	62,56	58,26	54,51	51,22	48,30	45,70	40,27	—	—	—
	5,0	84,00	1,00	1997,40	18,30	73,19	70,60	65,94	61,86	58,25	55,04	52,16	46,14	41,36	—	—
	5,0	126,00	1,50	2408,10	19,77	83,70	80,89	75,80	71,31	67,32	63,76	60,55	53,79	48,38	—	—
	4,0	21,50	0,25	1460,85	15,80	58,90	56,62	52,55	49,02	45,94	43,22	40,80	35,80	—	—	—
	4,0	34,40	0,40	1597,75	16,59	62,44	60,09	55,89	52,23	49,03	46,19	43,67	38,42	—	—	—
86	5,0	51,60	0,60	1752,50	17,27	66,71	64,27	59,87	56,05	52,68	49,69	47,02	41,46	—	—	—
	5,0	86,00	1,00	2099,05	18,78	75,57	72,95	68,21	64,04	60,36	57,08	54,13	47,95	43,04	—	—
	5,0	129,00	1,50	2532,25	20,31	86,41	83,55	78,38	73,81	69,75	66,10	62,82	55,89	50,34	—	—
	4,0	22,00	0,25	1530,65	16,18	60,79	58,47	54,32	50,72	47,57	44,78	42,31	37,17	—	—	—
	4,0	35,20	0,40	1674,70	16,99	64,43	62,04	57,76	54,04	50,76	47,86	45,27	39,88	—	—	—
88	5,0	52,80	0,60	1838,25	17,70	68,84	66,36	61,89	57,98	54,54	51,49	48,76	43,05	—	—	—
	5,0	88,00	1,00	2203,25	19,26	77,97	75,30	70,48	66,25	62,49	59,13	56,12	49,78	44,73	—	—
	5,0	132,00	1,50	2659,55	20,84	89,12	86,23	80,98	76,33	72,19	68,47	65,12	58,01	52,31	47,63	—
	4,0	22,50	0,25	1602,15	16,56	62,68	60,32	56,10	52,43	49,21	46,36	43,82	38,55	—	—	—
	4,0	36,00	0,40	1753,45	17,40	66,43	64,01	59,65	55,85	52,51	49,54	46,89	41,36	—	—	—
90	5,0	54,00	0,60	1926,00	18,14	70,98	68,45	63,91	59,93	56,42	53,30	50,50	44,65	40,01	—	—
	5,0	90,00	1,00	2310,00	19,74	80,37	77,66	72,77	68,46	64,63	61,20	58,12	51,63	46,44	—	—
	5,0	135,00	1,50	2790,00	21,38	91,84	88,91	83,58	78,86	74,64	70,85	67,43	60,16	54,30	49,49	—
	4,0	23,00	0,25	1675,25	16,94	64,58	62,19	57,89	54,15	50,86	47,95	45,35	39,95	—	—	—
	4,0	36,80	0,40	1834,05	17,80	68,44	65,97	61,55	57,68	54,26	51,23	48,52	42,85	—	—	—
92	5,0	55,20	0,60	2015,85	18,57	73,12	70,56	65,94	61,89	58,31	55,12	52,27	46,27	41,50	—	—
	5,0	92,00	1,00	2419,25	20,23	82,77	80,03	75,07	70,68	66,78	63,29	60,14	53,49	48,17	—	—
	5,0	138,00	1,50	2923,55	21,92	94,57	91,60	86,20	81,40	77,11	73,24	69,75	62,32	56,31	51,37	—
	4,0	23,50	0,25	1750,00	17,32	66,49	64,06	59,69	55,88	52,52	49,55	46,89	41,35	—	—	—
	4,0	37,60	0,40	1916,45	18,20	70,45	67,95	63,45	59,51	56,03	52,94	50,16	44,36	39,76	—	—
94	5,0	56,40	0,60	2107,70	19,00	75,27	72,67	67,99	63,87	60,22	56,96	54,04	47,90	43,01	—	—
	5,0	94,00	1,00	2531,05	20,71	85,19	82,41	77,37	72,92	68,94	65,38	62,17	55,37	49,91	—	—
	5,0	141,00	1,50	3060,25	22,45	97,30	94,30	88,83	83,95	79,59	75,65	72,09	64,49	58,34	53,27	—
	4,0	24,00	0,25	1826,40	17,70	68,41	65,94	61,50	57,62	54,20	51,16	48,45	42,78	—	—	—
	4,0	38,40	0,40	2000,65	18,61	72,47	69,93	65,37	61,36	57,81	54,65	51,82	45,88	41,16	—	—
96	5,0	57,60	0,60	2201,65	19,44	77,43	74,80	70,04	65,85	62,13	58,81	55,83	49,55	44,54	—	—
	5,0	96,00	1,00	2645,40	21,20	87,60	84,80	79,69	75,16	71,12	67,49	64,21	57,26	51,67	47,07	—
	5,0	144,00	1,50	3200,10	22,99	100,04	97,00	91,46	86,51	82,08	78,07	74,44	66,68	60,39	55,18	—
	4,0	24,50	0,25	1904,40	18,08	70,33	67,83	63,32	59,37	55,89	52,79	50,01	44,21	39,61	—	—
	4,0	39,20	0,40	2086,70	19,01	74,49	71,93	67,29	63,21	59,60	56,38	53,49	47,41	42,58	—	—
98	5,0	58,80	0,60	2297,65	19,87	79,59	76,92	72,10	67,84	64,06	60,67	57,63	51,21	46,07	—	—
	5,0	98,00	1,00	2762,25	21,68	90,03	87,19	82,01	77,41	73,30	69,61	66,27	59,17	53,45	48,73	—
	5,0	147,00	1,50	3343,05	23,53	102,78	99,72	94,10	89,09	84,58	80,51	76,81	68,89	62,46	57,12	—
	4,0	25,00	0,25	1984,05	18,46	72,26	69,72	65,14	61,13	57,58	54,42	51,59	45,66	40,95	—	—
	4,0	40,00	0,40	2174,55	19,42	76,53	73,92	69,22	65,08	61,40	58,12	55,17	48,96	44,00	—	—
100	5,0	60,00	0,60	2395,65	20,30	81,76	79,06	74,16	69,84	65,99	62,55	59,44	52,88	47,63	—	—
	5,0	100,00	1,00	2881,65	22,17	92,46	89,59	84,34	79,68	75,50	71,74	68,34	61,10	55,24	50,41	—
	5,0	150,00	1,50	3489,15	24,06	105,53	102,43	96,75	91,67	87,09	82,95	79,19	71,12	64,54	59,08	54,46

bei Biegung mit Druck im Zustande I

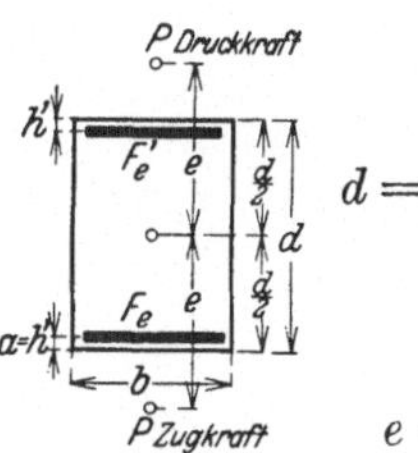

Tafel 111

$d = 105$—150 cm

W = Widerstandsmoment des Verbundquerschnittes in cm³ auf 1 cm Breite;
σ_{bd} = größte Betondruckspannung in kg/cm²;
$\sigma_{bz} = \sigma_{bd}\frac{k-e}{k+e}$ = kleinste Betondruckspannung (wenn positiv) bzw. größte Betonzugspannung (wenn negativ);
h' = Abstand des Schwerpunktes der Bewehrung vom nächsten Querschnittsrand.

$e = 12$—60 cm

e ⟶						12	14	16	18	20	25	30	35	40	45	50	60
d	h'	$f_e = f_e'$ cm²	%	W	k	ideelle Querschnittsdicke $\frac{P}{b \cdot \sigma_{bd}}$ cm $\left(= \frac{W}{k+e}\right)$											
105	4,0	26,25	0,25	2190,35	19,41	69,74	65,67	61,87	58,56	55,59	49,33	44,33	—	—	—	—	—
	4,0	42,00	0,40	2402,05	20,43	74,08	69,78	65,94	62,51	59,42	52,88	47,64	—	—	—	—	—
	5,0	63,00	0,60	2649,75	21,39	79,37	74,88	70,88	67,28	64,02	57,12	51,57	46,99	—	—	—	—
	5,0	105,00	1,00	3191,25	23,38	90,20	85,38	81,04	77,12	73,57	65,96	59,78	54,66	—	—	—	—
	5,0	157,50	1,50	3868,15	25,41	103,41	98,16	93,42	89,11	85,19	76,74	69,81	64,06	59,14	—	—	—
110	4,0	27,50	0,25	2406,80	20,35	74,39	70,06	66,21	62,75	59,64	53,07	47,80	—	—	—	—	—
	4,0	44,00	0,40	2640,90	21,44	78,98	74,53	70,54	66,97	63,73	56,87	51,34	46,79	—	—	—	—
	5,0	66,00	0,60	2916,65	22,47	84,61	79,97	75,82	72,07	68,68	61,44	55,59	50,75	—	—	—	—
	5,0	110,00	1,00	3516,65	24,59	96,10	91,12	86,63	82,57	78,86	70,91	64,42	59,01	54,44	—	—	—
	5,0	165,00	1,50	4266,65	26,75	110,11	104,70	99,80	95,34	91,27	82,45	75,18	69,10	63,92	59,47	—	—
115	4,0	28,75	0,25	2633,50	21,30	79,08	74,60	70,60	67,01	63,76	56,88	51,33	46,77	—	—	—	—
	4,0	46,00	0,40	2891,10	22,45	83,93	79,32	75,20	71,48	68,11	60,93	55,12	50,33	—	—	—	—
	5,0	69,00	0,60	3196,40	23,56	89,90	85,11	80,81	76,92	73,39	65,83	59,68	54,59	—	—	—	—
	5,0	115,00	1,00	3857,90	25,81	102,05	96,92	92,28	88,07	84,22	75,94	69,13	63,45	58,63	—	—	—
	5,0	172,50	1,50	4684,80	28,09	116,84	111,29	106,24	101,63	97,41	88,23	80,64	74,25	68,80	64,09	—	—
120	4,0	30,00	0,25	2870,40	22,25	83,80	79,18	75,04	71,31	67,94	60,75	54,93	50,14	—	—	—	—
	4,0	48,00	0,40	3152,65	23,46	88,91	84,17	79,90	76,05	72,55	65,06	58,98	53,93	—	—	—	—
	5,0	72,00	0,60	3489,00	24,64	95,22	90,30	85,85	81,82	78,16	70,29	63,85	58,50	53,98	—	—	—
	5,0	120,00	1,00	4215,00	27,02	108,02	102,76	97,98	93,63	89,64	81,03	73,92	67,96	62,89	58,53	—	—
	5,0	180,00	1,50	5122,50	29,44	123,61	117,92	112,73	107,98	103,61	94,10	86,18	79,49	73,77	68,81	—	—
125	4,0	31,25	0,25	3117,50	23,20	88,57	83,80	79,53	75,67	72,16	64,68	58,60	53,57	—	—	—	—
	4,0	50,00	0,40	3425,50	24,47	93,93	89,05	84,65	80,66	77,03	69,25	62,89	57,60	53,14	—	—	—
	5,0	75,00	0,60	3794,40	25,72	100,58	95,52	90,94	86,78	82,98	74,80	68,09	62,49	57,73	—	—	—
	5,0	125,00	1,00	4587,90	28,23	114,03	108,63	103,72	99,23	95,12	86,19	78,79	72,56	67,24	62,65	—	—
	5,0	187,50	1,50	5579,80	30,79	130,41	124,59	119,26	114,38	109,87	100,02	91,80	84,82	78,83	73,63	69,07	—
130	4,0	32,50	0,25	3374,80	24,15	93,36	88,46	84,06	80,07	76,44	68,67	62,32	57,06	52,61	—	—	—
	5,0	52,00	0,40	3709,70	25,48	98,73	93,70	89,16	85,04	81,29	73,20	66,58	61,06	56,38	—	—	—
	5,0	78,00	0,60	4112,65	26,81	105,97	100,78	96,07	91,78	87,86	79,38	72,39	66,54	61,56	57,27	—	—
	5,0	130,00	1,00	4976,65	29,45	120,07	114,54	109,50	104,89	100,64	91,40	83,71	77,22	71,66	66,85	—	—
	5,0	195,00	1,50	6056,65	32,13	137,24	131,29	125,84	120,82	116,18	106,01	97,48	90,22	83,97	78,52	73,74	—
135	4,0	33,75	0,25	3642,35	25,10	98,18	93,16	88,63	84,51	80,77	72,70	66,11	60,61	55,95	—	—	—
	5,0	54,00	0,40	4005,25	26,49	103,81	98,66	93,99	89,75	85,87	77,50	70,62	64,86	59,96	—	—	—
	5,0	81,00	0,60	4443,75	27,90	111,38	106,07	101,23	96,82	92,78	84,01	76,75	70,65	65,45	60,96	—	—
	5,0	135,00	1,00	5381,25	30,66	126,14	120,49	115,32	110,58	106,22	96,68	88,71	81,95	76,15	71,12	66,71	—
	5,0	202,50	1,50	6553,15	33,48	144,10	138,03	132,45	127,30	122,54	112,06	103,24	95,70	89,19	83,50	78,50	—
140	4,0	35,00	0,25	3920,05	26,05	103,03	97,89	93,23	89,00	85,13	76,79	69,94	64,21	59,35	—	—	—
	5,0	56,00	0,40	4312,10	37,50	108,92	103,65	98,86	94,50	90,50	81,85	74,71	68,71	63,61	59,21	—	—
	5,0	84,00	0,60	4787,70	28,98	116,83	111,39	106,44	101,91	97,75	88,69	81,17	74,83	69,41	64,71	—	—
	5,0	140,00	1,00	5801,70	31,88	132,22	126,46	121,18	116,32	111,83	102,00	93,76	86,75	80,72	75,47	70,86	—
	5,0	210,00	1,50	7069,20	34,82	150,97	144,79	139,09	133,83	128,94	118,17	109,05	101,24	94,48	88,56	83,34	—
145	4,0	36,25	0,25	4208,00	27,00	107,91	102,64	97,87	93,52	89,54	80,93	73,83	67,88	62,81	58,45	—	—
	5,0	58,00	0,40	4630,30	28,51	114,06	108,66	103,76	99,28	95,17	86,24	78,85	72,62	67,31	62,71	—	—
	5,0	87,00	0,60	5144,40	30,07	122,29	116,74	111,67	107,03	102,75	93,43	85,65	79,06	73,42	68,53	64,25	—
	5,0	145,00	1,00	6237,90	33,09	138,34	132,46	127,06	122,09	117,49	107,38	98,87	91,61	85,34	79,88	75,07	—
	5,0	217,50	1,50	7604,80	36,17	157,87	151,58	145,77	140,39	135,39	124,32	114,93	106,85	99,84	93,69	88,25	79,08
150	4,0	37,50	0,25	4506,15	27,95	112,81	107,43	102,54	98,08	93,99	85,11	77,77	71,59	66,32	61,77	—	—
	5,0	60,00	0,40	4959,85	29,52	119,21	113,71	108,69	104,10	99,88	90,68	83,04	76,58	71,06	66,28	—	—
	5,0	90,00	0,60	5514,00	31,15	127,78	122,12	116,94	112,18	107,80	98,20	90,17	83,35	77,50	72,41	67,95	—
	5,0	150,00	1,00	6690,00	34,31	144,47	138,49	132,98	127,90	123,19	112,80	104,03	96,53	90,03	84,36	79,35	—
	5,0	225,00	1,50	8160,00	37,52	164,79	158,39	152,47	146,98	141,87	130,52	120,86	112,52	105,27	98,89	93,24	83,68

Rechteckquerschnitte bei Biegung mit Druck

Größte Betondruckspannung in kg/cm²:

kleinste Betondruckspannung (wenn pos.)
bzw. größte Betonzugspannung (wenn neg.):

P = Druckkraft in kg;
e = Ausmitte (Exzentrizität) in cm;
d = Querschnittsabmessung in der Kraftebene in cm;
b = Querschnittsabmessung normal zur Kraftebene in cm;

$F_e = \frac{\alpha}{100} \cdot b \cdot d$ = Bewehrung in cm² an der Seite von σ_{bz};

		$\varphi = 0{,}03$							$\varphi = 0{,}05$						
β	$\alpha =$	**0,00**	**0,25**	**0,40**	**0,60**	**1,00**	**1,50**	**2,00**	**0,00**	**0,25**	**0,40**	**0,60**	**1,00**	**1,50**	**2,00**
0,00	max $\frac{e}{d}$	*0,167*	*0,294*	*0,304*	*0,316*	*0,348*	*0,387*	*0,430*	*0,167*	*0,291*	*0,300*	*0,312*	*0,337*	*0,370*	*0,405*
	r	1,000	1,060	1,090	1,123	1,176	1,225	1,261	1,000	1,056	1,085	1,117	1,168	1,216	1,251
	s	6,00	5,66	5,49	5,30	5,01	4,73	4,53	6,00	5,70	5,54	5,37	5,09	4,83	4,64
	t	1,000	0,874	0,812	0,741	0,630	0,528	0,453	1,000	0,877	0,816	0,746	0,634	0,530	0,453
	u	6,00	5,29	4,94	4,56	3,91	3,34	2,92	6,00	5,34	5,01	4,63	4,02	3,46	3,05
0,25	max $\frac{e}{d}$	*0,187*	*0,310*	*0,319*	*0,332*	*0,359*	*0,396*	*0,436*	*0,185*	*0,305*	*0,313*	*0,324*	*0,347*	*0,378*	*0,412*
	r	0,874	0,930	0,958	0,990	1,040	1,086	1,121	0,877	0,930	0,956	0,987	1,036	1,082	1,116
	s	5,29	5,00	4,86	4,70	4,45	4,22	4,04	5,34	5,08	4,94	4,79	4,55	4,33	4,17
	t	1,060	0,930	0,866	0,793	0,676	0,570	0,491	1,056	0,930	0,867	0,795	0,678	0,571	0,490
	u	5,66	5,00	4,68	4,31	3,72	3,18	2,78	5,70	5,08	4,77	4,41	3,84	3,31	2,91
0,30	max $\frac{e}{d}$	*0,191*	*0,312*	*0,321*	*0,335*	*0,361*	*0,396*	*0,436*	*0,189*	*0,308*	*0,316*	*0,327*	*0,349*	*0,380*	*0,412*
	r	0,852	0,908	0,935	0,967	1,017	1,062	1,096	0,856	0,908	0,935	0,965	1,013	1,058	1,092
	s	5,17	4,89	4,76	4,60	4,35	4,13	3,96	5,22	4,97	4,84	4,69	4,46	4,24	4,08
	t	1,070	0,940	0,875	0,802	0,685	0,577	0,498	1,066	0,939	0,876	0,803	0,686	0,578	0,497
	u	5,60	4,96	4,64	4,27	3,69	3,16	2,76	5,64	5,03	4,72	4,37	3,81	3,28	2,89
0,40	max $\frac{e}{d}$	*0,199*	*0,318*	*0,327*	*0,339*	*0,364*	*0,401*	*0,436*	*0,196*	*0,313*	*0,320*	*0,331*	*0,352*	*0,382*	*0,412*
	r	0,812	0,866	0,893	0,924	0,972	1,017	1,050	0,816	0,867	0,893	0,922	0,970	1,014	1,047
	s	4,94	4,68	4,55	4,40	4,17	3,96	3,80	5,01	4,77	4,65	4,51	4,28	4,08	3,92
	t	1,090	0,958	0,893	0,818	0,700	0,591	0,510	1,085	0,956	0,893	0,819	0,701	0,591	0,509
	u	5,49	4,86	4,55	4,19	3,63	3,10	2,72	5,54	4,94	4,65	4,30	3,75	3,23	2,85
0,50	max $\frac{e}{d}$	*0,205*	*0,323*	*0,331*	*0,344*	*0,367*	*0,401*	*0,437*	*0,202*	*0,317*	*0,325*	*0,335*	*0,356*	*0,384*	*0,414*
	r	0,775	0,828	0,854	0,888	0,932	0,975	1,008	0,779	0,829	0,854	0,883	0,930	0,973	1,006
	s	4,73	4,49	4,37	4,23	4,01	3,80	3,65	4,81	4,58	4,47	4,33	4,12	3,93	3,78
	t	1,107	0,975	0,909	0,830	0,713	0,603	0,521	1,101	0,973	0,908	0,834	0,715	0,604	0,520
	u	5,40	4,78	4,48	4,12	3,58	3,06	2,68	5,45	4,87	4,57	4,23	3,69	3,19	2,81
0,60	max $\frac{e}{d}$	*0,212*	*0,328*	*0,337*	*0,348*	*0,371*	*0,405*	*0,439*	*0,208*	*0,322*	*0,328*	*0,339*	*0,359*	*0,387*	*0,415*
	r	0,741	0,793	0,818	0,847	0,894	0,937	0,969	0,746	0,795	0,819	0,847	0,893	0,935	0,967
	s	4,56	4,31	4,19	4,06	3,85	3,66	3,51	4,63	4,41	4,30	4,17	3,97	3,78	3,64
	t	1,123	0,990	0,924	0,847	0,726	0,615	0,532	1,117	0,987	0,922	0,847	0,727	0,615	0,531
	u	5,30	4,70	4,40	4,06	3,52	3,01	2,64	5,37	4,79	4,51	4,17	3,64	3,14	2,77
0,75	max $\frac{e}{d}$	*0,221*	*0,334*	*0,342*	*0,353*	*0,376*	*0,407*	*0,441*	*0,217*	*0,327*	*0,334*	*0,344*	*0,363*	*0,389*	*0,417*
	r	0,695	0,745	0,770	0,798	0,843	0,885	0,916	0,700	0,747	0,771	0,798	0,842	0,884	0,915
	s	4,28	4,07	3,96	3,84	3,64	3,46	3,33	4,38	4,18	4,07	3,96	3,77	3,59	3,46
	t	1,145	1,011	0,944	0,867	0,744	0,631	0,546	1,138	1,007	0,942	0,866	0,744	6,031	0,545
	u	5,18	4,60	4,31	3,98	3,45	2,96	2,59	5,25	4,70	4,42	4,09	3,57	3,09	2,72
1,00	max $\frac{e}{d}$	*0,235*	*0,343*	*0,352*	*0,362*	*0,384*	*0,413*	*0,442*	*0,229*	*0,336*	*0,343*	*0,351*	*0,369*	*0,394*	*0,419*
	r	0,630	0,676	0,700	0,726	0,769	0,809	0,838	0,634	0,678	0,701	0,727	0,769	0,809	0,838
	s	3,91	3,72	3,63	3,52	3,34	3,18	3,06	4,02	3,84	3,75	3,64	3,47	3,31	3,19
	t	1,176	1,040	0,972	0,894	0,769	0,654	0,567	1,168	1,036	0,970	0,893	0,769	0,654	0,566
	u	5,01	4,45	4,17	3,85	3,34	2,87	2,52	5,09	4,55	4,28	3,97	3,47	3,00	2,65
1,25	max $\frac{e}{d}$	*0,248*	*0,352*	*0,359*	*0,369*	*0,389*	*0,416*	*0,444*	*0,241*	*0,343*	*0,350*	*0,358*	*0,375*	*0,397*	*0,422*
	r	0,575	0,619	0,641	0,669	0,707	0,745	0,773	0,578	0,620	0,642	0,667	0,707	0,745	0,773
	s	3,60	3,43	3,34	3,25	3,09	2,94	2,83	3,72	3,55	3,47	3,37	3,22	3,07	2,96
	t	1,203	1,065	0,996	0,914	0,791	0,673	0,585	1,194	1,061	0,994	0,916	0,790	0,673	0,584
	u	4,86	4,32	4,06	3,74	3,26	2,80	2,46	4,95	4,43	4,17	3,87	3,38	2,93	2,58
1,50	max $\frac{e}{d}$	*0,259*	*0,359*	*0,366*	*0,375*	*0,395*	*0,420*	*0,448*	*0,252*	*0,350*	*0,355*	*0,364*	*0,380*	*0,401*	*0,424*
	r	0,528	0,570	0,591	0,615	0,654	0,690	0,717	0,530	0,571	0,591	0,615	0,654	0,690	0,717
	s	3,34	3,18	3,10	3,01	2,87	2,74	2,64	3,46	3,31	3,23	3,14	3,00	2,87	2,76
	t	1,225	1,086	1,017	0,937	0,809	0,690	0,600	1,216	1,082	1,014	0,935	0,809	0,690	0,600
	u	4,73	4,22	3,96	3,66	3,18	2,74	2,40	4,83	4,33	4,08	3,78	3,31	2,87	2,53
1,75	max $\frac{e}{d}$	*0,269*	*0,366*	*0,373*	*0,381*	*0,399*	*0,424*	*0,448*	*0,261*	*0,356*	*0,360*	*0,368*	*0,383*	*0,404*	*0,426*
	r	0,488	0,528	0,548	0,571	0,608	0,642	0,668	0,489	0,528	0,547	0,570	0,607	0,642	0,668
	s	3,11	2,97	2,90	2,81	2,68	2,56	2,47	3,24	3,10	3,03	2,95	2,81	2,69	2,59
	t	1,244	1,105	1,035	0,954	0,825	0,704	0,613	1,235	1,100	1,031	0,952	0,824	0,704	0,613
	u	4,62	4,12	3,87	3,58	3,12	2,68	2,36	4,73	4,24	4,00	3,71	3,25	2,81	2,48
2,00	max $\frac{e}{d}$	*0,278*	*0,372*	*0,377*	*0,387*	*0,403*	*0,425*	*0,449*	*0,270*	*0,360*	*0,366*	*0,373*	*0,388*	*0,408*	*0,427*
	r	0,453	0,491	0,510	0,532	0,567	0,600	0,625	0,453	0,490	0,509	0,531	0,566	0,600	0,625
	s	2,92	2,78	2,72	2,64	2,52	2,40	2,32	3,05	2,91	2,85	2,77	2,65	2,53	2,44
	t	1,261	1,121	1,050	0,969	0,838	0,717	0,625	1,251	1,116	1,047	0,967	0,838	0,717	0,625
	u	4,53	4,04	3,80	3,51	3,06	2,64	2,32	4,64	4,17	3,92	3,64	3,19	2,76	2,44

im Zustand I. (Verschiedene Bewehrungen) Tafel 112

$\sigma_{bd} = \frac{P}{b \cdot d} \cdot \left(r + s \cdot \frac{e}{d}\right)$;

$\sigma_{bz} = \frac{P}{b \cdot d} \cdot \left(t - u \cdot \frac{e}{d}\right)$;

$F_e' = \frac{\beta}{100} \cdot b \cdot d$ = Bewehrung in cm² an der Seite von σ_{bd};

$k = \frac{t}{u} \cdot d$ = Kernweite; $\varphi = \frac{h'}{d}$;

h' = Abstand des Schwerpunktes der Bewehrung vom nächsten Querschnittsrand.

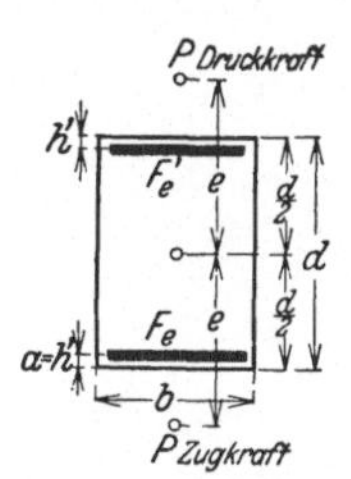

		φ = 0,08							φ = 0,12						
β	α =	0,00	0,25	0,40	0,60	1,00	1,50	2,00	0,00	0,25	0,40	0,60	1,00	1,50	2,00
0,00	max $\frac{e}{d}$	0,167	0,289	0,295	0,304	0,322	0,347	0,373	1,167	0,284	0,288	0,294	0,305	0,319	0,336
	r	1,000	1,051	1,077	1,107	1,155	1,201	1,236	1,000	1,044	1,066	1,092	1,136	1,178	1,211
	s	6,00	5,74	5,61	5,46	5,22	4,99	4,81	6,00	5,80	5,70	5,58	5,38	5,19	5,04
	t	1,000	0,882	0,822	0,753	0,640	0,534	0,454	1,000	0,888	0,831	0,763	0,651	0,543	0,459
	u	6,00	5,40	5,10	4,75	4,19	3,65	3,25	6,00	5,49	5,23	4,92	4,41	3,92	3,53
0,25	max $\frac{e}{d}$	0,183	0,299	0,306	0,314	0,331	0,353	0,377	0,180	0,292	0,296	0,301	0,311	0,326	0,339
	r	0,882	0,930	0,955	0,983	1,030	1,073	1,107	0,888	0,930	0,952	0,977	1,019	1,060	1,091
	s	5,40	5,18	5,06	4,93	4,71	4,51	4,35	5,49	5,31	5,22	5,11	4,92	4,75	4,61
	t	1,051	0,930	0,869	0,798	0,682	0,573	0,490	1,044	0,930	0,872	0,803	0,689	0,579	0,493
	u	5,74	5,18	4,89	4,56	4,02	3,51	3,12	5,80	5,31	5,06	4,76	4,26	3,78	3,41
0,30	max $\frac{e}{d}$	0,186	0,301	0,308	0,316	0,332	0,355	0,378	0,182	0,293	0,297	0,302	0,312	0,326	0,340
	r	0,861	0,909	0,933	0,962	1,007	1,051	1,084	0,869	0,910	0,931	0,957	0,998	1,039	1,070
	s	5,30	5,08	4,97	4,84	4,62	4,42	4,27	5,40	5,22	5,13	5,02	4,84	4,67	4,53
	t	1,060	0,939	0,877	0,806	0,690	0,580	0,497	1,051	0,938	0,879	0,810	0,695	0,585	0,499
	u	5,70	5,14	4,85	4,52	3,99	3,48	3,10	5,77	5,28	5,03	5,73	4,24	3,76	3,39
0,40	max $\frac{e}{d}$	0,192	0,305	0,311	0,319	0,336	0,358	0,379	0,187	0,296	0,299	0,305	0,314	0,327	0,341
	r	0,822	0,869	0,893	0,921	0,966	1,008	1,041	0,831	0,872	0,893	0,918	0,959	0,999	1,030
	s	5,10	4,89	4,78	4,66	4,46	4,27	4,12	5,23	5,06	4,97	4,86	4,69	4,52	4,39
	t	1,077	0,955	0,893	0,821	0,704	0,593	0,509	1,066	0,952	0,893	0,823	0,708	0,597	0,511
	u	5,61	5,06	4,78	4,46	3,93	3,43	3,06	5,70	5,22	4,97	4,67	4,19	3,72	3,35
0,50	max $\frac{e}{d}$	0,197	0,309	0,314	0,322	0,338	0,359	0,380	0,191	0,298	0,302	0,307	0,316	0,329	0,342
	r	0,786	0,832	0,855	0,883	0,927	0,969	1,001	0,796	0,836	0,857	0,881	0,922	0,961	0,992
	s	4,92	4,72	4,62	4,50	4,30	4,12	3,98	5,07	4,90	4,82	4,71	4,54	4,38	4,25
	t	1,092	0,970	0,907	0,835	0,717	0,605	0,520	1,080	0,965	0,906	0,836	0,720	0,608	0,521
	u	5,53	4,99	4,72	4,40	3,88	3,39	3,02	5,64	5,16	4,91	4,62	4,14	3,67	3,31
0,60	max $\frac{e}{d}$	0,203	0,312	0,318	0,325	0,341	0,361	0,382	0,196	0,300	0,304	0,309	0,318	0,330	0,343
	r	0,753	0,798	0,821	0,847	0,891	0,932	0,963	0,763	0,803	0,823	0,847	0,888	0,926	0,956
	s	4,75	4,56	4,46	4,34	4,16	3,98	3,85	4,92	4,76	4,67	4,57	4,41	4,25	4,13
	t	1,007	0,983	0,921	0,847	0,729	0,616	0,530	1,092	0,977	0,918	0,847	0,731	0,619	0,531
	u	5,46	4,93	4,66	4,34	3,83	3,35	2,98	5,58	5,11	4,86	4,57	4,10	3,64	3,28
0,75	max $\frac{e}{d}$	0,210	0,317	0,322	0,329	0,344	0,364	0,384	0,202	0,304	0,307	0,312	0,321	0,333	0,344
	r	0,707	0,751	0,773	0,779	0,841	0,882	0,912	0,718	0,757	0,777	0,800	0,840	0,878	0,907
	s	4,52	4,34	4,25	4,14	3,96	3,79	3,66	4,71	4,56	4,48	4,38	4,22	4,07	3,95
	t	1,127	1,002	0,939	0,865	0,745	0,631	0,545	1,110	0,994	0,934	0,864	0,747	0,633	0,545
	u	5,36	4,84	4,58	4,27	3,77	3,29	2,93	5,50	5,03	4,79	4,51	4,04	3,58	3,23
1,00	max $\frac{e}{d}$	0,221	0,324	0,328	0,335	0,349	0,367	0,388	0,211	0,309	0,312	0,316	0,324	0,336	0,348
	r	0,640	0,682	0,704	0,729	0,769	0,808	0,837	0,651	0,689	0,708	0,731	0,769	0,806	0,835
	s	4,19	4,02	3,93	3,83	3,67	3,52	3,40	4,41	4,26	4,19	4,10	3,95	3,80	3,69
	t	1,155	1,030	0,966	0,891	0,769	0,654	0,566	1,136	1.019	0,959	0,888	0,769	0,655	0,566
	u	5,22	4,71	4,46	4,16	3,67	3,21	2,85	5,38	4,92	4,69	4,41	3,95	3,50	3,15
1,25	max $\frac{e}{d}$	0,232	0,330	0,335	0,341	0,353	0,370	0,389	0,220	0,313	0,316	0,320	0,328	0,339	0,349
	r	0,583	0,624	0,644	0,668	0,707	0,745	0,773	0,593	0,630	0,649	0,671	0,708	0,744	0,772
	s	3,90	3,74	3,67	3,57	3,42	3,28	3,17	4,15	4,01	3,94	3,85	3,71	3,57	3,47
	t	1,180	1,053	0,989	0,913	0,790	0,673	0,584	1,159	1,041	0,980	0,908	0,789	0,673	0,583
	u	5,09	4,60	4,35	4,06	3,59	3,14	2,79	5,28	4,83	4,60	4,32	3,87	3,43	3,09
1,50	max $\frac{e}{d}$	0,241	0,335	0,339	0,346	0,357	0,375	0,392	0,227	0,317	0,320	0,324	0,332	0,341	0,352
	r	0,534	0,573	0,593	0,616	0,654	0,690	0,717	0,543	0,579	0,597	0,619	0,655	0,690	0,717
	s	3,65	3,51	3,43	3,35	3,21	3,07	2,97	3,92	3,78	3,72	3,64	3,50	3,37	3,27
	t	1,201	1,073	1,008	0,932	0,808	0,690	0,599	1,178	1,060	0,999	0,926	0,806	0,690	0,599
	u	4,99	4,51	4,27	3,98	3,52	3,07	2,73	5,19	4,75	4,52	4,25	3,80	3,37	3,03
1,75	max $\frac{e}{d}$	0,249	0,339	0,344	0,350	0,362	0,376	0,392	0,234	0,321	0,323	0,326	0,334	0,343	0,352
	r	0,492	0,529	0,548	0,571	0,607	0,642	0,668	0,499	0,533	0,551	0,572	0,608	0,642	0,668
	s	3,44	3,30	3,23	3,15	3,02	2,89	2,80	3,71	3,59	3,52	3,45	3,32	3,19	3,10
	t	1,219	1,091	1,025	0,949	0,823	0,704	0,613	1,196	1,077	1,015	0,942	0,821	0,704	0,613
	u	4,89	4,43	4,19	3,91	3,45	3,02	2,69	5,11	4,67	4,45	4.19	3,74	3,32	2,99
2,00	max $\frac{e}{d}$	0,257	0,344	0,348	0,353	0,364	0,379	0,395	0,240	0,323	0,326	0,329	0,336	0,345	0,354
	r	0,454	0,490	0,509	0,530	0,566	0,599	0,625	0,459	0,493	0,511	0,531	0,566	0,599	0,625
	s	3,25	3,12	3,06	2,98	2,85	2,73	2,64	3,53	3,41	3,35	3,28	3,15	3,03	2,94
	t	1,236	1,107	1,041	0,963	0,837	0,717	0,625	1,211	1,091	1,030	0,956	0,835	0,717	0,625
	u	4,81	4,35	4,12	3,85	3,40	2,97	2,64	5,04	4,61	4,39	4,13	3,69	3,27	2,94

Symmetrisch bewehrte Quadratquerschnitte

Größte Betondruckspannung in kg/cm²:

Kleinste Betondruckspannung (wenn positiv) bzw. größte Betonzugspannung (wenn negativ):

P = Druckkraft in kg;

e = Ausmitte (Exzentrizität) in cm $\leq \frac{5}{3}\,k$;

d = Seitenlänge des quadratischen Querschnitts in cm;

d	$F_e = F'_e =$ 0,25%	W	k	$F_e = F'_e =$ 0,40%	W	k	$F_e = F'_e =$ 0,60%	W	k	$F_e = F'_e =$ 1,00%	W	k	$F_e = F'_e =$ 1,50%	W	k
$h' = 3{,}5$ cm															
20	1,00	*1460*	*3,40*	1,60	*1535*	*3,43*	2,40	*1640*	*3,47*	4,00	*1840*	*3,54*	6,00	*2095*	*3,61*
21	1,10	*1700*	*3,58*	1,76	*1790*	*3,62*	2,65	*1915*	*3,68*	4,41	*2160*	*3,77*	6,62	*2470*	*3,86*
22	1,21	*1960*	*3,77*	1,94	*2070*	*3,82*	2,90	*2220*	*3,89*	4,84	*2515*	*4,00*	7,26	*2890*	*4,12*
23	1,32	*2250*	*3,95*	2,12	*2380*	*4,02*	3,17	*2560*	*4,10*	5,29	*2910*	*4,23*	7,94	*3350*	*4,37*
24	1,44	*2565*	*4,14*	2,30	*2720*	*4,22*	3,46	*2930*	*4,31*	5,76	*3345*	*4,47*	8,64	*3865*	*4,63*
25	1,56	*2910*	*4,33*	2,50	*3090*	*4,41*	3,75	*3335*	*4,52*	6,25	*3820*	*4,70*	9,38	*4425*	*4,83*
26	1,69	*3280*	*4,51*	2,70	*3495*	*4,61*	4,06	*3775*	*4,72*	6,76	*4340*	*4,94*	10,14	*5040*	*5,14*
27	1,82	*3685*	*4,70*	2,92	*3930*	*4,81*	4,37	*4255*	*4,94*	7,29	*4900*	*5,17*	10,94	*5710*	*5,40*
28	1,96	*4120*	*4,89*	3,14	*4400*	*5,01*	4,70	*4770*	*5,16*	7,84	*5510*	*5,41*	11,76	*6435*	*5,66*
29	2,10	*4595*	*5,08*	3,36	*4910*	*5,21*	5,05	*5330*	*5,37*	8,41	*6170*	*5,65*	12,62	*7225*	*5,92*
30	2,25	*5095*	*5,27*	3,60	*5450*	*5,41*	5,40	*5930*	*5,58*	9,00	*6880*	*5,88*	13,50	*8070*	*6,18*
31	2,40	*5635*	*5,45*	3,84	*6040*	*5,61*	5,77	*6570*	*5,80*	9,61	*7645*	*6,12*	14,42	*8985*	*6,45*
32	2,56	*6210*	*5,64*	4,10	*6660*	*5,81*	6,14	*7260*	*6,01*	10,24	*8460*	*6,36*	15,36	*9960*	*6,71*
33	2,72	*6825*	*5,83*	4,36	*7330*	*6,01*	6,53	*7995*	*6,22*	10,89	*9335*	*6,59*	16,34	*11010*	*6,97*
34	2,89	*7480*	*6,02*	4,62	*8040*	*6,21*	6,94	*8780*	*6,44*	11,56	*10270*	*6,83*	17,34	*12125*	*7,23*
35	3,06	*8175*	*6,21*	4,90	*8790*	*6,41*	7,35	*9615*	*6,65*	12,25	*11260*	*7,07*	18,38	*13320*	*7,50*
36	3,24	*8910*	*6,40*	5,18	*9590*	*6,61*	7,78	*10500*	*6,87*	12,96	*12315*	*7,31*	19,44	*14590*	*7,76*
37	3,42	*9690*	*6,59*	5,48	*10440*	*6,81*	8,21	*11440*	*7,08*	13,69	*13435*	*7,55*	20,54	*15935*	*8,03*
38	3,61	*10515*	*6,77*	5,78	*11335*	*7,01*	8,66	*12430*	*7,30*	14,44	*14625*	*7,79*	21,66	*17360*	*8,29*
39	3,80	*11385*	*6,96*	6,08	*12285*	*7,21*	9,13	*13480*	*7,51*	15,21	*15875*	*8,03*	22,82	*18870*	*8,56*
40	4,00	*12300*	*7,15*	6,40	*13280*	*7,41*	9,60	*14590*	*7,73*	16,00	*17200*	*8,27*	24,00	*20470*	*8,82*
41	4,20	*13265*	*7,34*	6,72	*14330*	*7,61*	10,09	*15755*	*7,94*	16,81	*18595*	*8,51*	25,22	*22150*	*9,09*
42	4,41	*14275*	*7,53*	7,06	*15435*	*7,81*	10,58	*17000*	*8,17*	17,64	*20065*	*8,75*	26,46	*23925*	*9,35*
43	4,62	*15340*	*7,72*	7,40	*16595*	*8,01*	11,09	*18265*	*8,37*	18,49	*21610*	*8,99*	27,74	*25790*	*9,62*
44	4,84	*16455*	*7,91*	7,74	*17810*	*8,21*	11,62	*19620*	*8,59*	19,36	*23235*	*9,23*	29,04	*27750*	*9,89*
45	5,06	*17625*	*8,10*	8,10	*19085*	*8,42*	12,15	*21035*	*8,80*	20,25	*24935*	*9,47*	30,38	*29810*	*10,15*
46	5,29	*18845*	*8,29*	8,46	*20420*	*8,62*	12,70	*22520*	*9,02*	21,16	*26720*	*9,71*	31,74	*31965*	*10,42*
47	5,52	*20125*	*8,47*	8,84	*21815*	*8,82*	13,25	*24070*	*9,23*	22,09	*28585*	*9,95*	33,14	*34225*	*10,68*
48	5,76	*21460*	*8,66*	9,22	*23275*	*9,02*	13,82	*25695*	*9,45*	23,04	*30535*	*10,19*	34,56	*36590*	*10,95*
49	6,00	*22850*	*8,85*	9,60	*24795*	*9,22*	14,41	*27390*	*9,67*	24,01	*32575*	*10,44*	36,02	*39055*	*11,22*
50	6,25	*24300*	*9,04*	10,00	*26380*	*9,42*	15,00	*29155*	*9,88*	25,00	*34700*	*10,68*	37,50	*41635*	*11,49*
51	6,50	*25810*	*9,23*	10,40	*28030*	*9,62*	15,61	*30995*	*10,10*	26,01	*36920*	*10,92*	39,02	*44325*	*11,75*
52	6,76	*27385*	*9,42*	10,82	*29755*	*9,82*	16,22	*32910*	*10,31*	27,04	*39230*	*11,16*	40,56	*47130*	*12,02*
53	7,02	*29020*	*9,61*	11,24	*31540*	*10,03*	16,85	*34905*	*10,53*	28,09	*41635*	*11,40*	42,14	*50045*	*12,29*
54	7,29	*30715*	*9,80*	11,66	*33400*	*10,23*	17,50	*36980*	*10,75*	29,16	*44135*	*11,64*	43,74	*53085*	*12,55*
55	7,56	*32480*	*9,99*	12,10	*35335*	*10,43*	18,15	*39135*	*10,96*	30,25	*46740*	*11,89*	45,38	*56240*	*12,82*
56	7,84	*34310*	*10,18*	12,54	*37340*	*10,63*	18,82	*41370*	*11,18*	31,36	*49440*	*12,13*	47,04	*59525*	*13,09*
57	8,12	*36210*	*10,37*	13,00	*39420*	*10,83*	19,94	*43690*	*11,40*	32,49	*52240*	*12,37*	48,74	*62930*	*13,36*
58	8,41	*38175*	*10,56*	13,46	*41570*	*11,03*	20,18	*46095*	*11,61*	33,64	*55150*	*12,61*	50,46	*66465*	*13,63*
59	8,70	*40215*	*10,75*	13,92	*43800*	*11,24*	20,89	*48590*	*11,83*	34,81	*58160*	*12,85*	52,22	*70125*	*13,89*
60	9,00	*42320*	*10,94*	14,40	*46115*	*11,44*	21,60	*51170*	*12,05*	36,00	*61280*	*13,09*	54,00	*73925*	*14,16*

bei Biegung mit Druck im Zustand I

$$\sigma_{bd} = \frac{P}{W}\left(k + e\right);$$

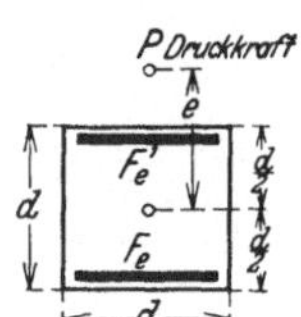

$$\sigma_{bz} = \frac{P}{W}\left(k - e\right);$$

$F_e = F_e'$ = Bewehrung in cm²;
W = Widerstandsmoment des Verbundquerschnitts in cm³;
k = Kernweite des Verbundquerschnitts in cm;
h' = Abstand des Schwerpunktes der Bewehrung vom nächsten Querschnittsrand.

d	$F_e = F_e' =$ 0,25%	W	k	$F_e = F_e' =$ 0,40%	W	k	$F_e = F_e' =$ 0,60%	W	k	$F_e = F_e' =$ 1,00%	W	k	$F_e = F_e' =$ 1,50%	W	k
							$h' = 4{,}0$ cm								
61	9,30	44 255	11,06	14,88	48 110	11,54	22,33	53 250	12,13	37,21	63 535	13,13	55,82	76 385	14,16
62	9,61	46 500	11,25	15,38	50 670	11,77	23,06	55 995	12,34	38,44	66 840	13,38	57,66	80 400	14,42
63	9,92	48 820	11,44	15,88	53 110	11,95	23,81	58 830	12,56	39,69	70 260	13,62	59,54	84 555	14,69
64	10,24	51 215	11,63	16,38	55 735	12,15	24,58	61 755	12,78	40,96	73 795	13,86	61,44	88 850	14,96
65	10,56	53 690	11,82	16,90	58 445	12,35	25,35	64 780	12,99	42,25	77 450	14,10	63,38	93 290	15,23
66	10,89	56 240	12,01	17,42	61 240	12,55	26,14	67 900	13,21	43,56	81 220	14,34	65,34	97 875	15,50
67	11,22	58 875	12,20	17,96	64 120	12,75	26,93	71 120	13,43	44,89	85 115	14,58	67,34	102 605	15,76
68	11,56	61 585	12,39	18,50	67 095	12,96	27,74	74 440	13,64	46,24	89 125	14,83	69,36	107 485	16,03
69	11,90	64 380	12,58	19,04	70 155	13,16	28,57	77 860	13,86	47,61	93 265	15,07	71,42	112 520	16,30
70	12,25	67 255	12,77	19,60	73 315	13,36	29,40	81 385	14,08	49,00	97 530	15,31	73,50	117 710	16,57
71	12,60	70 220	12,96	20,16	76 560	13,56	30,25	85 015	14,29	50,41	101 925	15,55	75,62	123 060	16,84
72	12,96	73 265	13,15	20,74	79 905	13,76	31,10	88 750	14,51	51,84	106 445	15,80	77,76	128 565	17,10
73	13,32	76 400	13,34	21,32	83 340	13,96	31,97	92 595	14,73	53,29	111 100	16,04	79,94	134 235	17,37
74	13,69	79 625	13,53	21,90	86 880	14,17	32,86	96 550	14,94	54,76	115 890	16,28	82,14	140 065	17,64
75	14,06	82 940	13,72	22,50	90 515	14,37	33,75	100 615	15,16	56,25	120 815	16,52	84,38	146 065	17,91
76	14,44	86 340	13,91	23,10	94 250	14,57	34,66	104 790	15,38	57,76	125 880	16,76	86,64	152 235	18,18
77	14,82	89 835	14,09	23,72	98 085	14,77	35,57	109 085	15,59	59,29	131 080	17,01	88,94	158 575	18,45
78	15,21	93 425	14,28	24,34	102 025	14,97	36,50	113 490	15,81	60,84	136 425	17,25	91,26	165 090	18,71
79	15,60	97 105	14,47	24,96	106 070	15,17	37,45	118 015	16,03	62,41	141 910	17,49	93,62	171 780	18,98
80	16,00	100 885	14,66	25,60	110 220	15,38	38,40	122 660	16,24	64,00	147 545	17,73	96,00	178 645	19,25
81	16,40	104 760	14,85	26,24	114 475	15,58	39,37	127 425	16,46	65,61	153 320	17,98	98,42	185 695	19,52
82	16,81	108 735	15,04	26,90	118 840	15,78	40,34	132 310	16,68	67,24	159 250	18,22	100,86	192 930	19,79
83	17,22	112 805	15,23	27,56	123 310	15,98	41,33	137 320	16,89	68,89	165 330	18,46	103,34	200 345	20,06
84	17,64	116 980	15,42	28,22	127 895	16,18	42,34	142 450	17,11	70,56	171 565	18,70	105,84	207 950	20,33
85	18,06	121 255	15,61	28,90	132 595	16,39	43,35	147 715	17,33	72,25	177 950	18,95	108,38	215 750	20,59
86	18,49	125 630	15,80	29,58	137 405	16,59	44,38	153 100	17,54	73,96	184 495	19,19	110,94	223 735	20,86
87	18,92	130 110	15,99	30,28	142 330	16,79	45,41	158 620	17,76	75,69	191 200	19,43	113,54	231 920	21,13
88	19,36	134 700	16,18	30,98	147 375	16,99	46,46	164 270	17,98	77,44	198 060	19,67	116,16	240 300	21,40
89	19,80	139 390	16,37	31,68	152 535	17,19	47,53	170 050	18,19	79,21	205 085	19,92	118,82	248 880	21,67
90	20,25	144 195	16,56	32,40	157 810	17,40	48,60	175 965	18,41	81,00	212 275	20,16	121,50	257 665	21,94
91	20,70	149 105	16,75	33,12	163 210	17,60	49,69	182 020	18,63	82,81	219 630	20,40	124,22	266 650	22,21
92	21,16	154 125	16,94	33,86	168 735	17,80	50,78	188 210	18,84	84,64	227 155	20,64	126,96	275 845	22,48
93	21,62	159 255	17,13	34,60	174 380	18,00	51,89	194 535	19,06	86,49	234 850	20,89	129,74	285 245	22,74
94	22,09	164 500	17,32	35,34	180 145	18,20	53,02	201 005	19,28	88,36	242 715	21,13	132,54	294 860	23,01
95	22,56	169 860	17,51	36,10	186 040	18,41	54,15	207 615	19,50	90,25	250 755	21,37	135,38	304 685	23,28
96	23,04	175 335	17,70	36,86	192 065	18,61	55,30	214 365	19,71	92,16	258 970	21,62	138,24	314 730	23,55
97	23,52	180 925	17,89	37,64	198 215	18,81	56,45	221 265	19,93	94,09	267 365	21,86	141,14	324 990	23,82
98	24,01	186 635	18,08	38,42	204 495	19,01	57,62	228 310	20,15	96,04	275 940	22,10	144,06	335 475	24,09
99	24,50	192 460	18,27	39,20	210 910	19,21	58,81	235 505	20,39	98,01	284 695	22,34	147,02	346 180	24,44
100	25,00	198 405	18,46	40,00	217 455	19,42	60,00	242 845	20,58	100,00	293 630	22,59	150,00	357 110	24,63

11. Biegung mit Längskraft im Zustand II.

Diese Gruppe umfaßt vier Arten von Tafeln.

Die Tafeln 114 und 115 sind die Haupttafeln für Biegung mit Druck. Durch eine feste Wahl des Prozentsatzes der Gesamtbewehrung wird die Bemessung zu einer eindeutig zu lösenden Aufgabe. Die Gesamtbewehrung kann 1, 1,5, 2 und 3% betragen. Die Zuhöhe $a = h'$ kann durch acht verschiedene Möglichkeiten genau berücksichtigt werden. Bei Biegung mit Druck ist im Zustand II zu rechnen, wenn im Beton Zugspannungen in bestimmter Höhe auftreten. Dies ist im allgemeinen der Fall, wenn $e > \frac{1}{3}d$ ist.

Diese Tafeln sind immer zu benutzen bei unbekannter Querschnittsdicke. (Siehe Gang der Bemessung unter Punkt 1a).) Aber auch bei bekannter Querschnittsdicke sind sie zur ersten Prüfung vorteilhaft zu verwenden. Ist in diesem Falle die Druckspannung σ_b wesentlich kleiner als zulässig, so ist die Druckbewehrung entbehrlich und man rechnet mit der

Tafel 116 für einfache Bewehrung weiter. Diese Tafel enthält die Querschnittsdicken von 0,10 bis 1,50 m mit passend gewählten Zuhöhen. Sie gilt auch für Biegung mit Zug. Sind die Querschnittsabmessungen gegeben und werden die Spannungen und die einfache Bewehrung gesucht, so kann eine der Spannungen frei gewählt werden. Bei Biegung mit Druck ist allgemein σ_b* frei zu wählen und bei Biegung mit Zug σ_e**. Wird in beiden Fällen die andere (mit Hilfe der Tafel errechnete) Spannung größer als zulässig, so rechnet man umgekehrt, also bei Biegung mit Druck mit σ_e und bei Biegung mit Zug mit σ_b. Die errechneten Spannungen σ_b bzw. σ_e werden dann kleiner als zulässig. Bei Biegung mit Zug ist es aber nicht wirtschaftlich, σ_e nicht auszunutzen, und man ordnet dann besser doppelte Bewehrung an. (Siehe Gang der Bemessung unter 1b) und 2b).) Ist bei Benutzung der Tafeln 114 und 115 die Eisenzugspannung größer als zulässig oder weicht bei gegebener Querschnittsdicke der errechnete Wert σ_b vom zulässigen Grenzwerte ab, so benutzt man noch die

Tafeln 117 bis 119. In diesen Fällen ändert man sinngemäß das Verhältnis von F_e' zu F_e und kontrolliert den berichtigten Querschnitt mit Hilfe der Tafeln 117 bis 119 nach. Die Tafel 117 enthält die Zugbewehrungen, die Tafeln 118 und 119 enthalten die entsprechenden Druckbewehrungen. Die Summe $F_e + F_e'$ wird bei Biegung mit Druck in einer ziemlich weiten Umgebung des Minimums vom Verhältnisse F_e' zu F_e nur wenig beeinflußt. So kann man durch eine richtige Verteilung der Bewehrung auf Zug- und Druckbewehrung die Spannungen be-

* (Hilfswert K_b). ** (Hilfswert K_e).

einflussen, ohne die Gesamtbewehrung vergrößern zu müssen. Die genannten Tafeln gelten sowohl für Biegung mit Druck, als auch für Biegung mit Zug. Bei Biegung mit Zug wird man die Bewehrungen stets für $r = \frac{\sigma_{e\,zul}}{\sigma_{b\,zul}}$ bestimmen.

Die Tafeln 120 bis 124 dienen zur Bemessung symmetrisch bewehrter Querschnitte, die stets dann in Frage kommen, wenn ein wechselndes Biegemoment auftreten kann. Bei Biegung mit Druck verwendet man sie vorteilhaft in Verbindung mit den Tafeln 114 und 115, bei Biegung mit Zug dagegen in Verbindung mit den Tafeln 91 und 92. Der linke besonders gekennzeichnete Teil dieser Tafeln gilt nicht bei Biegung mit Zug. Die Tafeln 120 bis 124 enthalten die Querschnittsdicken von $d = 0{,}11$ bis 1,50 m mit passend gewählten Zuhöhen. (Siehe Gang der Bemessung 1d) und 2d).) Es ist im allgemeinen nicht nötig zu interpolieren. Will man aber doch interpolieren, dann interpoliert man besser die Resultate als die Tafelwerte. (Siehe Gang der Bemessung 2d).)

Endlich sei noch bemerkt, daß nach A, § 27, 2c) der Bestimmungen die Sicherueit gegen Knicken nachzuweisen ist.

Gang der Bemessung.

1. Biegung mit Druck.

a) Die Querschnittsdicke d wird gesucht.

Die Querschnittsbreite b und der Bewehrungsprozentsatz μ werden angenommen und $\alpha = \frac{P}{b \cdot e \cdot \sigma_b}$ berechnet. Dann suchen wir in der Tafelgruppe des gewählten μ (Tafel 114 und 115) diejenige Spalte, in der die nächsten α-Werte stehen, bestimmen erst den ungefähren Wert von d mit Hilfe des im Kopfe dieser Spalte stehenden $\frac{d}{e}$-Wertes, wählen den hierzu passenden $\varphi = \frac{h'}{d}$-Wert und berichtigen evtl. durch eine auch nur grobe Interpolation den d-Wert. Dann ermittelt man $F_e = \frac{\beta}{100} \cdot b \cdot d$, ferner $F_e' = \frac{\mu - \beta}{100} \cdot b \cdot d$ und $\sigma_e = r \cdot \sigma_b$. (Siehe Zahlenbeispiele 66 bis 69.) Ist σ_e größer als zulässig, so muß eine stärkere Zugbewehrung oder eine größere Querschnittsdicke gewählt werden (siehe unter b)). Ist eine symmetrische Bewehrung erwünscht, so verfährt man wie unter c).

b) Die Querschnittsdicke d ist gegeben.

Wir rechnen $\frac{d}{e}$ aus, wählen einen passenden Wert $\varphi = \frac{h'}{d}$ und suchen in der Tafel 114 bzw. 115 für einen angenommenen μ-Wert die Zahl α. Alsdann rechnen wir $\sigma_b = \frac{P}{b \cdot e \cdot \alpha}$ und $\sigma_e = r \cdot \sigma_b$.

Ist hierbei:

$\sigma_b > \sigma_{b\,zul}$, $\sigma_e \lesseqqgtr \sigma_{e\,zul}$, so ist μ größer zu wählen. Über $\mu = 3\%$ sind die Tafeln 117 bis 119 zu benutzen. (Siehe Zahlenbeispiele 70 bis 73.)

$\sigma_b \leqq \sigma_{b\,zul}$, $\sigma_e > \sigma_{e\,zul}$, so benutzt man die Tafeln 117 bis 119 mit $r = \frac{\sigma_{e\,zul}}{\sigma_{b\,zul}}$.

Ist hierbei $F'_e < 0$, so ist keine Druckbewehrung nötig und man benutzt die Tafel 116 mit K_e. (Siehe Zahlenbeispiele 69, sowie 74 und 75.)

$\sigma_b \leqq \sigma_{b\,zul}$, $\sigma_e = \sigma_{e\,zul}$, so ist die Aufgabe gelöst. Ist σ_b sehr klein, so ist keine Druckbewehrung nötig und man benutzt die Tafel 116 mit K_b. (Siehe Zahlenbeispiele 76, sowie 79.)

$\sigma_b < \sigma_{b\,zul}$, $\sigma_e < \sigma_{e\,zul}$, so ist μ kleiner zu wählen. Unter $\mu = 1\%$ benutzt man die Tafeln 117 bis 119 mit $r = \frac{\sigma_{e\,zul}}{\sigma_{b\,zul}}$, wenn bei $\mu = 1\%$ der Wert $r \leqq \frac{\sigma_{e\,zul}}{\sigma_{b\,zul}}$ war; war dagegen $r > \frac{\sigma_{e\,zul}}{\sigma_{b\,zul}}$, so ist keine Druckbewehrung nötig und man benutzt die Tafel 116 mit K_e bzw. mit K_b. (Siehe Zahlenbeispiele 77 bis 81.)

Benutzung der Tafel 116. Mit Hilfe der Tafeln 114 und 115 oder 117 bis 119 hat man ermittelt, daß eine Druckbewehrung nicht nötig ist und hat festgestellt, ob nach K_e oder K_b zu rechnen ist. Man liest dann auf der linken Seite der Tafel die zum gegebenen d gehörigen Werte α und β ab und rechnet: $K_b = (\alpha + \beta \cdot e) \cdot \frac{P}{b \cdot \sigma_b}$ bzw. $K_e = (\alpha + \beta \cdot e) \cdot \frac{P}{b \cdot \sigma_e}$, sucht auf der rechten Tafelseite die zu K_b bzw. K_e gehörigen Werte γ und r und rechnet $\sigma_e = r \cdot \sigma_b$ bzw. $\sigma_b = \frac{\sigma_e}{r}$ und $F_e = \gamma \cdot b \cdot h - \frac{P}{\sigma_e}$ (die einzusetzende Nutzhöhe h steht neben dem jeweiligen d-Werte auf der linken Tafelseite). Wird bei Benutzung der Formel K_b $\sigma_e > \sigma_{e\,zul}$, so kann man die Formel K_e mit $\sigma_{e\,zul}$ benutzen. Ebenso, wenn bei Benutzung der Formel K_e $\sigma_b > \sigma_{b\,zul}$ wird, kann die Formel K_b mit $\sigma_{b\,zul}$ benutzt werden. (Siehe Zahlenbeispiele 74, 75, 79, 81, 89, 90 und 91.)

Benutzung der Tafeln 117 bis 119. Die Tafeln dienen zur Bemessung der Bewehrung bei gegebenen Querschnittsabmessungen, insbesondere in den Fällen, die oben angeführt sind. Das günstigste r wählt man nach Tafel 114 bzw. 115. Wenn $\sigma_{b\,zul}$ ausgenutzt werden soll, darf natürlich r nicht größer als $\frac{\sigma_{e\,zul}}{\sigma_{b\,zul}}$ sein. Man liest in der Spalte von r und in der Zeile des passend gewählten $\varphi = \frac{h'}{d}$-Wertes die Zahlen α, β und γ ab (in Tafel 117 ist α für alle φ-Werte gleich und steht oben in der ersten Zeile) und rechnet:

nach Tafel 117:

$$F_e = \left(-\alpha + \beta \cdot \frac{e}{d}\right) \frac{P}{100\sigma_b} + \gamma \cdot b \cdot d$$

und nach Tafel 118 bzw. 119:

$$F'_e = \left(\alpha + \beta \cdot \frac{e}{d}\right) \cdot \frac{P}{100\sigma_b} - \gamma \cdot b \cdot d\,.$$

(Siehe Zahlenbeispiele 69, 71, 73, 74, 78, 80 und 81.)

c) Die Querschnittsdicke und die symmetrische Bewehrung werden gesucht.

Man bestimmt den Querschnitt für asymmetrische Bewehrung wie unter a). Da bei symmetrischer Bewehrung der Prozentsatz der Zugbewehrung $\frac{\mu}{2}$ statt β sein soll, korrigieren wir den abgelesenen r-Wert durch Multiplikation mit $\frac{2 \cdot \beta}{\mu}$

und bestimmen $F_e = F'_e$ und σ_b mit diesem neuen (nur annähernden) r-Wert aus den Tafeln 120 bis 124. Wäre dieser korrigierte r-Wert größer als $\frac{\sigma_{e\,zul}}{\sigma_{b\,zul}}$, so ist er durch letzteren Wert zu ersetzen. (Es ist darauf zu achten, ob die Ausmitte e innerhalb der in diesen Tafeln angegebenen Grenzen bleibt bzw. das angegebene Minimum nicht unterschreitet.) Ist σ_b $\frac{\text{kleiner}}{\text{größer}}$ als zulässig, so wiederholen wir die Rechnung mit einem $\frac{\text{größeren}}{\text{kleineren}}$ r-Wert. (Siehe Zahlenbeispiele 82 bis 86.)

d) Die Querschnittsdicke ist gegeben, die symmetrische Bewehrung wird gesucht.

Wir bestimmen zuerst die asymmetrische Bewehrung und die zugehörigen Spannungen wie unter b), dann rechnen wir wie unter c) weiter. Oder wir bestimmen den richtigen r-Wert direkt aus den Tafeln 120 bis 124, indem wir durch einige Vergleichsrechnungen den r-Wert ermitteln, bei dem $\sigma_b = \sigma_{b\,zul}$ wird, der aber höchstens $\frac{\sigma_{e\,zul}}{\sigma_{b\,zul}}$ sein darf. Für diesen r-Wert berechnen wir dann die Bewehrung (siehe Zahlenbeispiele 87 u. 88).

2. Biegung mit Zug.

Vorbemerkung: Liegt der Angriffspunkt der Zugkraft zwischen den Bewehrungen, so treten im ganzen Querschnitt nur Zugspannungen auf, die ohne Mitwirkung des Betons von der Bewehrung aufzunehmen sind. Die Tafeln gelten für diesen Fall nicht. Sie haben nur Geltung, wenn die Ausmitte (Exzentrizität) der Kraft so groß ist, daß im Beton nennenswerte Druckspannungen auftreten.

a) Die Querschnittsdicke wird gesucht.

Hier gibt es viele Lösungen. Eine praktisch brauchbare Lösung ist die, wenn man zunächst die Längskraft nicht berücksichtigt und den Querschnitt wie für reine Biegung aus den Tafeln 3 bis 10 für das gegebene Biegemoment und für die zulässigen Spannungen ermittelt. Weiter verfährt man wie unter b). Auf diese Weise erhält man zwar die auftretende Betondruckspannung etwas kleiner als zulässig, aber das Bewehrungsverhältnis wird günstiger und der Querschnitt wird nicht zu sehr gedrückt. Wenn nötig, kann natürlich auch eine kleinere Querschnittsdicke gewählt werden und die weitere Rechnung wie unter b) für diesen Fall durchgeführt werden (siehe Zahlenbeispiele 89 und 90).

b) Die Querschnittsdicke ist gegeben.

Wir lesen auf der linken Seite der Tafel 116 die Werte von α und β ab und rechnen: $K_e = (-\alpha + \beta\cdot e)\,\frac{P}{b\cdot\sigma_e}$ und lesen auf der rechten Seite der Tafel die zugehörigen Werte r und γ ab und rechnen $\sigma_b = \frac{\sigma_e}{r}$. Ist σ_b kleiner als zulässig, so berechnen wir noch $F_e = \gamma\cdot b\cdot h + \frac{P}{\sigma_e}$. Ist jedoch σ_b größer als zulässig, so rechnen wir mit Hilfe der Tafel 117: $F_e = \left(\alpha + \beta\,\frac{e}{d}\right)\cdot\frac{P}{100\cdot\sigma_b} + \gamma\cdot b\cdot d$ und mit Hilfe der Tafel 118 bzw. 119: $F'_e = \left(-\alpha + \beta\,\frac{e}{d}\right)\frac{P}{100\cdot\sigma_b} - \gamma\cdot b\cdot d$ (siehe Zahlenbeispiele 91, sowie 89 und 90).

c) Die Querschnittsdicke und die symmetrische Bewehrung werden gesucht.

Wir bestimmen die Querschnittsdicke nur für das Biegemoment wie unter a), jedoch besser mit symmetrischer Bewehrung nach Tafel 91 bzw. 92. Weiter verfahren wir wie unter d) (siehe Zahlenbeispiele 92 bis 94).

d) Die Querschnittsdicke ist gegeben, die symmetrische Bewehrung wird gesucht.

Mit den zur gegebenen Querschnittsdicke gehörigen α- und β-Werten der Tafelgruppe 120 bis 124 rechnen wir für einige r-Werte $\sigma_b = (-\alpha + \beta \cdot e) \cdot \frac{P}{10000 \cdot b}$ aus und suchen jenes σ_b, für welches $r \cdot \sigma_b = \sigma_{e\,zul}$ ist. (Die Werte von $e_{\min}$ sind zu beachten.) Mit den zu diesem r-Wert (der natürlich nicht kleiner als $\frac{\sigma_{e\,zul}}{\sigma_{b\,zul}}$ sein darf, da sonst σ_b größer als zulässig wäre) gehörigen γ- und δ-Werten rechnen wir dann: $F_e = F'_e = \gamma \cdot b + \delta \cdot \frac{P}{100 \cdot \sigma_b}$. Da die Intervalle der Werte $r \cdot \sigma_b$ ziemlich groß sind, wird man eine genügend genaue Bewehrung oft nur durch Interpolation erreichen. Ist $\sigma_{e1} = r_1 \cdot \sigma_{b1}$ der dem $\sigma_{e\,zul}$ nächst kleinere Wert und $\sigma_{e2} = r_2 \cdot \sigma_{b2}$ der nächst größere und F_{e1} und F_{e2} die zugehörigen Bewehrungen, so wird die gesuchte Bewehrung:

$$F_e = F_{e2} + (F_{e1} - F_{e2}) \cdot \frac{\sigma_{e2} - \sigma_{e\,zul}}{\sigma_{e2} - \sigma_{e1}}.$$

(Siehe Zahlenbeispiel 95.)

Doppelt bewehrte Rechteckquerschnitte

bei gegebener Verhältniszahl μ der

$$\frac{P}{b \cdot e \cdot \sigma_b} = \alpha ;$$

P = Druckkraft in kg;
e = Ausmitte (Exzentrizität) in m;
d = Querschnittsabmessung in der Kraftebene (Dicke);
b = Querschnittsabmessung normal zur Kraftebene in m (Breite);
h' = Abstand des Schwerpunktes der Zug- bzw. Druckbewehrung vom entsprechenden Querschnittsrand;

φ	$d=$	2,75e	2,5e	2,25e	2e	1,75e	1,5e	1,4e	1,3e	1,2e	1,1e	1,0e	0,95e	0,9e
							$\mu = 1$							
0,03	α	**11762**	**9496**	**7600**	**5984**	**4596**	**3407**	**2984**	**2588**	**2221**	**1880**	**1567**	**1421**	**1282**
	β%	0,046	0,162	0,253	0,326	0,386	0,437	0,456	0,473	0,489	0,504	0,518	0,524	0,531
	r	*9,55*	*11,08*	*12,58*	*14,10*	*15,70*	*17,40*	*18,12*	*18,87*	*19,66*	*20,47*	*21,33*	*21,78*	*22,24*
0,04	α	**11524**	**9314**	**7458**	**5873**	**4510**	**3343**	**2926**	**2538**	**2177**	**1843**	**1536**	**1392**	**1256**
	β%	0,066	0,179	0,269	0,342	0,403	0,455	0,474	0,491	0,508	0,523	0,538	0,545	0,551
	r	*9,44*	*10,91*	*12,34*	*13,80*	*15,32*	*16,94*	*17,62*	*18,33*	*19,07*	*19,83*	*20,63*	*21,05*	*21,47*
0,05	α	**11293**	**9135**	**7318**	**5763**	**4426**	**3279**	**2871**	**2489**	**2134**	**1807**	**1505**	**1364**	**1230**
	β%	0,085	0,197	0,286	0,359	0,421	0,473	0,492	0,510	0,527	0,543	0,558	0,565	0,572
	r	*9,31*	*10,73*	*12,10*	*13,50*	*14,95*	*16,48*	*17,14*	*17,80*	*18,50*	*19,21*	*19,96*	*20,35*	*20,75*
0,06	α	**11067**	**8961**	**7182**	**5657**	**4343**	**3217**	**2816**	**2441**	**2093**	**1771**	**1475**	**1337**	**1205**
	β%	0,104	0,215	0,304	0,376	0,438	0,491	0,511	0,529	0,547	0,563	0,579	0,586	0,594
	r	*9,19*	*10,53*	*11,86*	*13,20*	*14,58*	*16,04*	*16,66*	*17,30*	*17,94*	*18,62*	*19,32*	*19,69*	*20,07*
0,07	α	**10849**	**8792**	**7048**	**5552**	**4263**	**3157**	**2763**	**2395**	**2053**	**1737**	**1446**	**1310**	**1181**
	β%	0,124	0,233	0,322	0,393	0,456	0,510	0,530	0,548	0,566	0,583	0,599	0,607	0,615
	r	*9,04*	*10,33*	*11,62*	*12,90*	*14,23*	*15,61*	*16,20*	*16,80*	*17,42*	*18,06*	*18,73*	*19,06*	*19,42*
0,08	α	**10637**	**8626**	**6918**	**5450**	**4184**	**3098**	**2711**	**2349**	**2013**	**1703**	**1418**	**1285**	**1158**
	β%	0,143	0,251	0,339	0,411	0,473	0,529	0,549	0,568	0,586	0,604	0,621	0,629	0,637
	r	*8,90*	*10,13*	*11,37*	*12,60*	*13,87*	*15,20*	*15,75*	*16,31*	*16,90*	*17,50*	*18,13*	*18,45*	*18,78*
0,10	α	**10229**	**8307**	**6667**	**5253**	**4032**	**2984**	**2610**	**2262**	**1938**	**1639**	**1364**	**1235**	**1113**
	β%	0,181	0,287	0,376	0,447	0,511	0,568	0,589	0,609	0,628	0,646	0,664	0,673	0,681
	r	*8,58*	*9,74*	*10,68*	*12,00*	*12,95*	*14,37*	*14,65*	*15,38*	*15,91*	*16,45*	*17,01*	*17,30*	*17,59*
0,12	α	**9844**	**8005**	**6428**	**5066**	**3888**	**2876**	**2515**	**2179**	**1866**	**1577**	**1312**	**1188**	**1071**
	β%	0,221	0,325	0,414	0,486	0,551	0,609	0,631	0,651	0,671	0,691	0,709	0,719	0,727
	r	*8,24*	*9,30*	*10,32*	*11,40*	*12,47*	*13,57*	*14,03*	*14,50*	*14,98*	*15,46*	*15,96*	*16,22*	*16,48*
							$\mu = 1{,}5$							
0,03	α	—	**11642**	**9291**	**7310**	**5617**	**4171**	**3655**	**3174**	**2726**	**2311**	**1929**	**1750**	**1579**
	β%	—	0,133	0,250	0,341	0,414	0,473	0,494	0,514	0,531	0,548	0,563	0,570	0,577
	r	—	*10,50*	*12,29*	*14,10*	*16,00*	*18,06*	*18,93*	*19,85*	*20,81*	*21,82*	*22,87*	*23,42*	*24,00*
0,04	α	**14151**	**11364**	**9077**	**7142**	**5488**	**4073**	**3568**	**3097**	**2659**	**2254**	**1880**	**1705**	**1539**
	β%	0,002	0,157	0,272	0,362	0,435	0,496	0,518	0,538	0,556	0,574	0,590	0,598	0,605
	r	*8,62*	*10,38*	*12,08*	*13,80*	*15,59*	*17,51*	*18,33*	*19,17*	*20,05*	*20,97*	*21,93*	*22,43*	*22,95*
0,05	α	**13790**	**11093**	**8867**	**6978**	**5361**	**3977**	**3484**	**3023**	**2595**	**2198**	**1833**	**1662**	**1500**
	β%	0,032	0,182	0,294	0,384	0,457	0,519	0,541	0,562	0,582	0,599	0,617	0,625	0,633
	r	*8,58*	*10,26*	*11,87*	*13,50*	*15,19*	*16,99*	*17,74*	*18,53*	*19,34*	*20,19*	*21,07*	*21,52*	*21,99*
0,06	α	**13440**	**10829**	**8662**	**6818**	**5237**	**3884**	**3401**	**2951**	**2532**	**2144**	**1787**	**1621**	**1462**
	β%	0,061	0,206	0,317	0,406	0,480	0,543	0,565	0,586	0,607	0,626	0,643	0,652	0,660
	r	*8,53*	*10,12*	*11,65*	*13,20*	*14,80*	*16,48*	*17,19*	*17,92*	*18,67*	*19,45*	*20,27*	*20,69*	*21,12*
0,07	α	**13102**	**10572**	**8461**	**6662**	**5116**	**3792**	**3321**	**2880**	**2470**	**2092**	**1743**	**1580**	**1425**
	β%	0,090	0,230	0,339	0,428	0,502	0,566	0,589	0,611	0,632	0,651	0,670	0,679	0,688
	r	*8,46*	*9,97*	*11,44*	*12,90*	*14,41*	*15,99*	*16,65*	*17,34*	*18,03*	*18,76*	*19,51*	*19,89*	*20,29*
0,08	α	**12775**	**10321**	**8266**	**6509**	**4998**	**3704**	**3242**	**2811**	**2411**	**2041**	**1700**	**1541**	**1389**
	β%	0,118	0,255	0,363	0,451	0,525	0,590	0,614	0,636	0,657	0,678	0,697	0,706	0,715
	r	*8,38*	*9,82*	*11,21*	*12,60*	*14,03*	*15,52*	*16,14*	*16,78*	*17,43*	*18,10*	*18,80*	*19,16*	*19,53*
0,10	α	**12151**	**9841**	**7888**	**6213**	**4770**	**3533**	**3091**	**2679**	**2297**	**1943**	**1618**	**1466**	**1321**
	β%	0,173	0,305	0,409	0,497	0,572	0,639	0,663	0,687	0,709	0,730	0,751	0,761	0,771
	r	*8,18*	*9,48*	*10,74*	*12,00*	*13,28*	*14,61*	*15,16*	*15,72*	*16,29*	*16,88*	*17,49*	*17,80*	*18,11*
0,12	α	**11565**	**9385**	**7530**	**5933**	**4554**	**3370**	**2948**	**2555**	**2189**	**1851**	**1540**	**1395**	**1257**
	β%	0,229	0,355	0,458	0,545	0,622	0,690	0,715	0,739	0,762	0,785	0,807	0,817	0,827
	r	*7,94*	*9,12*	*10,26*	*11,40*	*12,55*	*13,74*	*14,23*	*14,73*	*15,23*	*15,75*	*16,29*	*16,56*	*16,84*

Gesamtbewehrung zum Betonquerschnitt

$F_e + F'_e = \mu\%$ des Betonquerschnittes;

$\varphi = \frac{h'}{d}$;

σ_b = Betondruckspannung in kg/cm²;
$\sigma_e = r \cdot \sigma_b$ = Eisenzugspannung in kg/cm²;
F_e = Zugbewehrung = $\beta\%$ des Betonquerschnittes;
F'_e = Druckbewehrung = $(\mu - \beta)\%$ des Betonquerschnittes.

0,85e	0,8e	0,75e	0,7e	0,65e	0,6e	0,55e	0,5e	0,45e	0,4e	0,35e	0,3e	0,25e	0,2e	=d	φ
							$\mu = 1$								
1149	**1023**	**904,5**	**792,4**	**687,4**	**589,4**	**498,5**	**414,8**	**338,4**	**269,3**	**207,8**	**153,9**	**107,7**	**69,53**	α	
0,537	0,543	0,548	0,554	0,559	0,563	0,568	0,573	0,577	0,581	0,584	0,588	0,591	0,594	β%	**0,03**
22,70	*23,18*	*23,69*	*24,20*	*24,73*	*25,27*	*25,84*	*26,42*	*27,03*	*27,66*	*28,28*	*28,97*	*29,67*	*30,40*	r	
1125	**1002**	**885,5**	**775,6**	**672,7**	**576,6**	**487,6**	**405,6**	**330,8**	**263,2**	**203,0**	**150,3**	**105,2**	**67,87**	α	
0,558	0,564	0,570	0,576	0,582	0,587	0,592	0,597	0,602	0,606	0,611	0,615	0,619	0,623	β%	**0,04**
21,90	*22,35*	*22,82*	*23,29*	*23,77*	*24,27*	*24,78*	*25,36*	*25,86*	*26,54*	*27,01*	*27,62*	*28,24*	*28,89*	r	
1102	**981,3**	**867,0**	**759,3**	**658,4**	**564,3**	**477,1**	**396,8**	**323,5**	**257,3**	**198,4**	**146,9**	**102,8**	**66,28**	α	
0,579	0,586	0,592	0,598	0,604	0,610	0,616	0,621	0,627	0,632	0,637	0,641	0,646	0,650	β%	**0,05**
21,15	*21,57*	*21,99*	*22,43*	*22,88*	*23,34*	*23,81*	*24,30*	*24,79*	*25,31*	*25,84*	*26,39*	*26,95*	*27,54*	r	
1080	**961,3**	**849,2**	**743,5**	**644,6**	**552,4**	**466,9**	**388,2**	**316,4**	**251,7**	**194,0**	**143,5**	**100,4**	**64,75**	α	
0.601	0,608	0,614	0,621	0,627	0,633	0,640	0,646	0,651	0,657	0,662	0,667	0,672	0,677	β%	**0,06**
20,44	*20,82*	*21,22*	*21,63*	*22,04*	*22,47*	*22,90*	*23,35*	*23,81*	*24,29*	*24,77*	*25,26*	*25,79*	*26,31*	r	
1058	**941,8**	**831,8**	**728,3**	**631,2**	**540,8**	**457,0**	**379,9**	**309,6**	**246,2**	**189,7**	**140,4**	**98,15**	**63,28**	α	
0,622	0,630	0,637	0,643	0,650	0,657	0,663	0,670	0,676	0,681	0,687	0,693	0,699	0,704	β%	**0,07**
19,76	*20,12*	*20,49*	*20,87*	*21,27*	*21,65*	*22,05*	*22,47*	*22,90*	*23,33*	*23,77*	*24,24*	*24,71*	*25,20*	r	
1037	**922,9**	**815,0**	**713,4**	**618,2**	**529,6**	**447,5**	**371,9**	**303,0**	**240,9**	**185,6**	**137,3**	**95,98**	**61,86**	α	
0,644	0,652	0,659	0,666	0,673	0,681	0,687	0,694	0,700	0,707	0,713	0,719	0,725	0,731	β%	**0,08**
19,11	*19,45*	*19,80*	*20,15*	*20,50*	*20,91*	*21,25*	*21,63*	*22,04*	*22,44*	*22,85*	*23,28*	*23,71*	*24,16*	r	
996,5	**886,7**	**782,8**	**685,0**	**593,5**	**508,2**	**429,2**	**356,7**	**290,5**	**230,9**	**177,8**	**131,4**	**91,87**	**59,18**	α	
0,689	0,697	0,705	0,713	0,721	0,728	0,736	0,743	0,750	0,758	0,765	0,771	0,777	0,784	β%	**0,10**
17,89	*18,19*	*18,49*	*18,80*	*19,13*	*19,45*	*19,78*	*20,11*	*20,44*	*20,80*	*21,16*	*21,53*	*21,92*	*22,29*	r	
958,6	**852,6**	**752,5**	**658,3**	**570,2**	**488,2**	**412,2**	**342,4**	**278,8**	**221,5**	**170,5**	**126,0**	**88,04**	**56,70**	α	
0,736	0,745	0,753	0,762	0,770	0,778	0,786	0,794	0,802	0,809	0,817	0,824	0,832	0,839	β%	**0,12**
16,75	*17,02*	*17,29*	*17,57*	*17,85*	*18,13*	*18,43*	*18,73*	*19,03*	*19,34*	*19,65*	*19,98*	*20,30*	*20,64*	r	
							$\mu = 1{,}5$								
1417	**1263**	**1117**	**979,4**	**850,4**	**729,8**	**617,8**	**514,5**	**420,1**	**334,7**	**258,5**	**191,6**	**134,3**	**86,81**	α	
0,583	0,590	0,596	0,601	0,606	0,611	0,616	0,620	0,625	0,628	0,632	0,635	0,638	0,641	β%	**0,03**
24,58	*25,18*	*25,80*	*26,45*	*27,11*	*27,79*	*28,51*	*29,25*	*30,00*	*30,80*	*31,62*	*32,47*	*33,37*	*34,29*	r	
1380	**1230**	**1087**	**953,2**	**827,3**	**709,8**	**600,6**	**500,1**	**408,2**	**325,1**	**250,9**	**185,9**	**130,3**	**84,10**	α	
0,612	0,619	0,626	0,632	0,638	0,644	0,650	0,655	0,660	0,665	0,670	0,674	0,678	0,682	β%	**0,04**
23,47	*24,01*	*24,57*	*25,14*	*25,72*	*26,33*	*26,96*	*27,60*	*28,27*	*28,96*	*29,67*	*30,40*	*31,17*	*31,95*	r	
1345	**1198**	**1059**	**927,9**	**805,2**	**690,5**	**584,2**	**486,2**	**396,7**	**315,8**	**243,7**	**180,5**	**126,4**	**81,60**	α	
0,641	0,648	0,655	0,662	0,669	0,676	0,682	0,688	0,694	0,699	0,705	0,711	0,716	0,720	β%	**0,05**
22,47	*22,96*	*23,46*	*23,98*	*24,50*	*25,04*	*25,60*	*26,17*	*26,76*	*27,37*	*27,99*	*28,63*	*29,30*	*30,00*	r	
1310	**1167**	**1031**	**903,6**	**783,8**	**672,0**	**568,4**	**472,9**	**385,7**	**307,0**	**236,8**	**175,3**	**122,7**	**79,19**	α	
0,669	0,676	0,684	0,692	0,699	0,706	0,713	0,720	0,727	0,733	0,739	0,745	0,751	0,757	β%	**0,06**
21,55	*22,00*	*22,45*	*22,91*	*23,39*	*23,89*	*24,39*	*24,90*	*25,42*	*25,96*	*26,52*	*27,10*	*27,69*	*28,29*	r	
1277	**1137**	**1005**	**880,1**	**763,2**	**654,2**	**553,1**	**460,1**	**375,2**	**298,5**	**230,2**	**170,3**	**119,2**	**76,90**	α	
0,697	0,706	0,713	0,721	0,729	0,737	0,744	0,751	0,759	0,766	0,773	0,779	0,786	0,792	β%	**0,07**
20,69	*21,10*	*21,52*	*21,94*	*22,38*	*22,83*	*23,28*	*23,75*	*24,18*	*24,71*	*25,21*	*25,73*	*26,26*	*26,80*	r	
1245	**1108**	**979,0**	**857,3**	**743,3**	**637,0**	**538,5**	**447,6**	**365,0**	**290,3**	**223,8**	**165,6**	**115,8**	**74,70**	α	
0,724	0,733	0,742	0,750	0,758	0,767	0,775	0,783	0,790	0,798	0,805	0,812	0,819	0,826	β%	**0,08**
19,89	*20,27*	*20,65*	*21,05*	*21,45*	*21,86*	*22,27*	*22,69*	*23,13*	*23,58*	*24,03*	*24,50*	*24,98*	*25,47*	r	
1183	**1053**	**930,0**	**814,0**	**705,5**	**604,4**	**510,6**	**424,4**	**345,8**	**274,9**	**211,8**	**156,6**	**109,5**	**70,58**	α	
0,781	0,790	0,800	0,809	0,818	0,827	0,836	0,844	0,853	0,861	0,870	0,878	0,886	0,894	β%	**0,10**
18,43	*18,76*	*19,08*	*19,42*	*19,76*	*20,11*	*20,46*	*20,82*	*21,18*	*21,57*	*21,95*	*22,33*	*22,73*	*23,14*	r	
1126	**1001**	**891,0**	**773,6**	**670,2**	**573,9**	**484,7**	**402,7**	**328,0**	**260,6**	**200,7**	**148,4**	**103,7**	**66,78**	α	
0,838	0,848	0,858	0,868	0,878	0,887	0,897	0,907	0,916	0,925	0,934	0,943	0,952	0,961	β%	**0,12**
17,11	*17,39*	*17,68*	*17,98*	*18,27*	*18,57*	*18,87*	*19,18*	*19,50*	*19,82*	*20,14*	*20,47*	*20,81*	*21,16*	r	

Doppelt bewehrte Rechteckquerschnitte

bei gegebener Verhältniszahl μ der

$$\frac{P}{b \cdot e \cdot \sigma_b} = \alpha\,;$$

P = Druckkraft in kg;
e = Ausmitte (Exzentrizität) in m;
d = Querschnittsabmessung in der Kraftebene (Dicke);
b = Querschnittsabmessung normal zur Kraftebene in m (Breite);
h' = Abstand des Schwerpunktes der Zug- bzw. Druckbewehrung vom entsprechenden Querschnittsrand;

φ	$d=$	*2,75e*	*2,5e*	*2,25e*	*2e*	*1,75e*	*1,5e*	*1,4e*	*1,3e*	*1,2e*	*1,1e*	*1,0e*	*0,95e*	*0,9e*
							$\mu = 2$							
0,03	α	—	**13804**	**10984**	**8635**	**6639**	**4939**	**4329**	**3762**	**3234**	**2745**	**2293**	**2082**	**1880**
	β%	—	0,100	0,246	0,356	0,441	0,508	0,532	0,553	0,572	0,590	0,607	0,614	0,621
	r	—	*9,94*	*12,01*	*14,10*	*16,30*	*18,69*	*19,71*	*20,78*	*21,91*	*23,09*	*24,33*	*24,99*	*25,67*
0,04	α	—	**13428**	**10697**	**8412**	**6466**	**4805**	**4212**	**3659**	**3144**	**2667**	**2227**	**2021**	**1825**
	β%	—	0,132	0,274	0,382	0,467	0,537	0,561	0,583	0,604	0,623	0,641	0,650	0,658
	r	—	*9,88*	*11,84*	*13,80*	*15,85*	*18,04*	*18,97*	*19,95*	*20,96*	*22,03*	*23,14*	*23,71*	*24,30*
0,05	α	—	**13062**	**10416**	**8193**	**6297**	**4676**	**4098**	**3559**	**3057**	**2592**	**2163**	**1962**	**1771**
	β%	—	0,164	0,302	0,409	0,494	0,565	0,590	0,614	0,635	0,656	0,675	0,684	0,693
	r	—	*9,81*	*11,66*	*13,50*	*15,41*	*17,44*	*18,30*	*19,19*	*20,11*	*21,06*	*22,05*	*22,57*	*23,10*
0,06	α	**15854**	**12706**	**10142**	**7980**	**6132**	**4551**	**3988**	**3461**	**2972**	**2518**	**2101**	**1906**	**1719**
	β%	0,010	0,195	0,330	0,436	0,522	0,594	0,619	0,643	0,666	0,687	0,708	0,718	0,728
	r	*7,90*	*9,73*	*11,46*	*13,20*	*14,99*	*16,87*	*17,66*	*18,48*	*19,31*	*20,19*	*21,09*	*21,55*	*22,02*
0,07	α	**15387**	**12360**	**9874**	**7771**	**5970**	**4429**	**3880**	**3367**	**2889**	**2448**	**2041**	**1851**	**1670**
	β%	0,050	0,227	0,359	0,463	0,549	0,622	0,648	0,673	0,697	0,719	0,741	0,751	0,761
	r	*7,90*	*9,63*	*11,27*	*12,90*	*14,57*	*16,33*	*17,05*	*17,81*	*18,58*	*19,38*	*20,20*	*20,62*	*21,06*
0,08	α	**14938**	**12023**	**9613**	**7567**	**5813**	**4310**	**3775**	**3274**	**2809**	**2379**	**1983**	**1798**	**1621**
	β%	0,088	0,258	0,387	0,491	0,577	0,651	0,678	0,703	0,728	0,751	0,773	0,784	0,795
	r	*7,87*	*9,52*	*11,06*	*12,60*	*14,17*	*15,80*	*16,48*	*17,18*	*17,89*	*18,62*	*19,37*	*19,75*	*20,15*
0,10	α	**14087**	**11377**	**9109**	**7173**	**5508**	**4082**	**3573**	**3098**	**2656**	**2248**	**1872**	**1697**	**1530**
	β%	0,163	0,312	0,446	0,547	0,634	0,710	0,738	0,764	0,790	0,814	0,838	0,850	0,861
	r	*7,80*	*9,25*	*10,63*	*12,00*	*13,39*	*14,81*	*15,40*	*16,00*	*16,61*	*17,24*	*17,88*	*18,20*	*18,54*
0,12	α	**13294**	**10766**	**8631**	**6799**	**5220**	**3865**	**3381**	**2931**	**2512**	**2124**	**1768**	**1602**	**1444**
	β%	0,235	0,385	0,498	0,605	0,693	0,770	0,799	0,827	0,853	0,879	0,904	0,916	0,928
	r	*7,66*	*8,95*	*10,27*	*11,40*	*12,63*	*13,88*	*14,40*	*14,91*	*15,45*	*15,99*	*16,55*	*16,83*	*17,12*
							$\mu = 3$							
0,03	α	—	**18187**	**14376**	**11286**	**8686**	**6473**	**5684**	**4946**	**4258**	**3620**	**3030**	**2753**	**2488**
	β%	—	0,022	0,238	0,386	0,494	0,577	0,605	0,630	0,652	0,673	0,691	0,700	0,708
	r	—	*8,87*	*11,49*	*14,10*	*16,85*	*19,85*	*21,14*	*22,49*	*23,91*	*25,42*	*26,99*	*27,81*	*28,65*
0,04	α	—	**17600**	**13943**	**10951**	**8425**	**6273**	**5506**	**4788**	**4120**	**3499**	**2926**	**2658**	**2401**
	β%	—	0,073	0,278	0,422	0,531	0,617	0,646	0,673	0,698	0,721	0,743	0,753	0,762
	r	—	*8,95*	*11,38*	*13,80*	*16,64*	*19,01*	*20,15*	*21,35*	*22,58*	*23,87*	*25,21*	*25,91*	*26,63*
0,05	α	—	**17034**	**13520**	**10623**	**8171**	**6079**	**5332**	**4635**	**3985**	**3383**	**2827**	**2567**	**2318**
	β%	—	0,122	0,317	0,459	0,568	0,656	0,687	0,715	0,742	0,767	0,791	0,802	0,813
	r	—	*8,99*	*11,26*	*13,50*	*15,80*	*18,24*	*19,26*	*20,32*	*21,42*	*22,55*	*23,73*	*24,33*	*24,95*
0,06	α	—	**16486**	**13107**	**10303**	**7922**	**5889**	**5164**	**4486**	**3856**	**3271**	**2732**	**2479**	**2238**
	β%	—	0,170	0,357	0,496	0,605	0,695	0,727	0,757	0,785	0,812	0,837	0,850	0,862
	r	—	*9,01*	*11,12*	*13,20*	*15,32*	*17,54*	*18,46*	*19,42*	*20,39*	*21,40*	*22,44*	*22,96*	*23,51*
0,07	α	—	**15955**	**12704**	**9990**	**7679**	**5705**	**5000**	**4342**	**3730**	**3163**	**2640**	**2395**	**2162**
	β%	—	0,217	0,397	0,533	0,642	0,734	0,767	0,798	0,828	0,856	0,882	0,896	0,908
	r	—	*9,00*	*10,97*	*12,90*	*14,86*	*16,89*	*17,72*	*18,58*	*19,46*	*20,37*	*21,30*	*21,77*	*22,26*
0,08	α	**19343**	**15441**	**12311**	**9684**	**7442**	**5525**	**4841**	**4203**	**3609**	**3058**	**2551**	**2314**	**2088**
	β%	0,017	0,264	0,437	0,571	0,680	0,773	0,807	0,839	0,869	0,898	0,927	0,940	0,953
	r	*6,97*	*8,97*	*10,80*	*12,60*	*14,41*	*16,27*	*17,04*	*17,82*	*18,62*	*19,44*	*20,28*	*20,71*	*21,14*
0,10	α	**18002**	**14459**	**11533**	**9093**	**6985**	**5180**	**4536**	**3935**	**3376**	**2858**	**2383**	**2160**	**1948**
	β%	0,135	0,355	0,521	0,647	0,757	0,851	0,887	0,920	0,952	0,984	1,013	1,028	1,042
	r	*7,13*	*8,85*	*10,45*	*12,00*	*13,55*	*15,14*	*15,79*	*16,45*	*17,11*	*17,79*	*18,49*	*18,84*	*19,20*
0,12	α	**16775**	**13535**	**10835**	**8532**	**6552**	**4854**	**4248**	**3683**	**3158**	**2672**	**2225**	**2016**	**1818**
	β%	0,246	0,445	0,599	0,726	0,834	0,931	0,967	1,002	1,036	1,068	1,100	1,115	1,130
	r	*7,17*	*8,66*	*10,05*	*11,40*	*12,75*	*14,11*	*14,66*	*15,22*	*15,78*	*16,36*	*16,95*	*17,24*	*17,54*

bei Biegung mit Druck im Zustand II

Gesamtbewehrung zum Betonquerschnitt

$F_e + F'_e = \mu\%$ des Betonquerschnittes;

$\varphi = \frac{h'}{d}$;

σ_b = Betondruckspannung in kg/cm²;

$\sigma_e = r \cdot \sigma_b$ = Eisenzugspannung in kg/cm²;

F_e = Zugbewehrung = $\beta\%$ des Betonquerschnittes;

F'_e = Druckbewehrung = $(\mu - \beta)\%$ des Betonquerschnittes.

0,85e	*0,8e*	*0,75e*	*0,7e*	*0,65e*	*0,6e*	*0,55e*	*0,5e*	*0,45e*	*0,4e*	*0,35e*	*0,3e*	*0,25e*	*0,2e*	*=d*	φ
						$\mu = 2$									
1688	**1505**	**1332**	**1169**	**1016**	**872,2**	**738,9**	**615,9**	**503,3**	**401,3**	**310,2**	**230,2**	**161,5**	**104,4**	α	
0,628	0,635	0,641	0,647	0,652	0,657	0,662	0,667	0,671	0,676	0,679	0,683	0,686	0,689	β%	**0,03**
26,36	*27,06*	*27,81*	*28,56*	*29,36*	*30,17*	*31,02*	*31,86*	*32,78*	*33,71*	*34,69*	*35,70*	*36,74*	*37,81*	r	
1637	**1460**	**1291**	**1133**	**983,7**	**844,5**	**715,1**	**595,7**	**486,6**	**387,8**	**299,5**	**222,1**	**155,7**	**100,7**	α	
0,665	0,673	0,680	0,687	0,694	0,700	0,707	0,713	0,718	0,724	0,729	0,734	0,739	0,744	β%	**0,04**
24,91	*25,53*	*26,17*	*26,82*	*27,50*	*28,20*	*28,92*	*29,65*	*30,41*	*31,20*	*32,01*	*32,86*	*33,71*	*34,60*	r	
1589	**1416**	**1252**	**1098**	**953,3**	**818,0**	**692,4**	**576,6**	**470,7**	**374,9**	**289,5**	**214,5**	**150,3**	**97,12**	α	
0,702	0,710	0,718	0,726	0,733	0,741	0,748	0,755	0,762	0,768	0,774	0,781	0,787	0,793	β%	**0,05**
23,64	*24,19*	*24,76*	*25,33*	*25,92*	*26,53*	*27,16*	*27,81*	*28,46*	*29,13*	*29,84*	*30,56*	*31,28*	*32,05*	r	
1542	**1374**	**1215**	**1065**	**924,1**	**792,6**	**670,7**	**558,3**	**455,6**	**362,7**	**280,0**	**207,4**	**145,2**	**93,78**	α	
0,737	0,746	0,755	0,763	0,771	0,780	0,787	0,795	0,803	0,810	0,818	0,852	0,832	0,839	β%	**0,06**
22,50	*23,00*	*23,50*	*24,03*	*24,55*	*25,09*	*25,65*	*26,22*	*26,79*	*27,38*	*27,99*	*28,61*	*29,26*	*29,92*	r	
1497	**1333**	**1179**	**1033**	**896,0**	**768,3**	**649,9**	**540,8**	**441,1**	**351,1**	**270,9**	**200,6**	**140,4**	**90,62**	α	
0,771	0,781	0,790	0,799	0,808	0,817	0,826	0,834	0,843	0,851	0,859	0,867	0,875	0,882	β%	**0,07**
21,49	*21,93*	*22,39*	*22,86*	*23,32*	*23,81*	*24,31*	*24,81*	*25,33*	*25,85*	*26,39*	*26,94*	*27,50*	*28,10*	r	
1454	**1294**	**1144**	**1002**	**869,0**	**744,9**	**629,9**	**524,0**	**427,3**	**340,0**	**262,2**	**194,1**	**135,8**	**87,62**	α	
0,805	0,815	0,825	0,835	0,845	0,854	0,863	0,872	0,882	0,890	0,899	0,908	0,916	0,925	β%	**0,08**
20,55	*20,96*	*21,36*	*21,79*	*22,22*	*22,66*	*23,10*	*23,56*	*24,02*	*24,50*	*24,98*	*25,47*	*25,93*	*26,49*	r	
1370	**1220**	**1078**	**943,5**	**817,9**	**700,8**	**592,3**	**492,4**	**401,3**	**319,1**	**245,9**	**181,9**	**127,2**	**82,02**	α	
0,872	0,883	0,895	0,905	0,916	0,926	0,936	0,947	0,957	0,967	0,977	0,986	0,996	1,006	β%	**0,10**
18,88	*19,22*	*19,56*	*19,92*	*20,28*	*20,64*	*21,01*	*21,39*	*21,76*	*22,16*	*22,55*	*22,96*	*23,37*	*23,79*	r	
1293	**1151**	**1016**	**889,1**	**770,4**	**659,8**	**557,3**	**463,1**	**377,3**	**299,8**	**231,0**	**170,7**	**119,3**	**76,89**	α	
0,941	0,952	0,963	0,975	0,983	0,998	1,009	1,020	1,031	1,042	1,053	1,063	1,074	1,085	β%	**0,12**
17,39	*17,71*	*18,00*	*18,30*	*18,66*	*18,91*	*19,22*	*19,54*	*19,87*	*20,19*	*20,52*	*20,86*	*21,20*	*21,55*	r	
						$\mu = 3$									
2236	**1996**	**1769**	**1553**	**1351**	**1162**	**985,1**	**822,0**	**672,5**	**536,9**	**415,4**	**308,6**	**216,8**	**140,4**	α	
0,716	0,724	0,731	0,738	0,744	0,751	0,756	0,762	0,768	0,774	0,777	0,784	0,789	0,794	β%	**0,03**
29,52	*30,43*	*31,34*	*32,29*	*33,26*	*34,27*	*35,31*	*36,38*	*37,47*	*38,59*	*39,84*	*40,96*	*42,22*	*43,48*	r	
2157	**1924**	**1704**	**1496**	**1300**	**1117**	**946,9**	**789,6**	**645,5**	**514,9**	**398,1**	**295,5**	**207,4**	**134,2**	α	
0,772	0,781	0,790	0,798	0,807	0,815	0,823	0,831	0,838	0,845	0,853	0,860	0,867	0,874	β%	**0,04**
27,35	*28,11*	*28,88*	*29,66*	*30,45*	*31,29*	*32,12*	*33,00*	*33,90*	*34,81*	*35,74*	*36,71*	*37,69*	*38,71*	r	
2081	**1856**	**1643**	**1441**	**1252**	**1075**	**910,9**	**759,1**	**620,2**	**494,5**	**382,1**	**283,4**	**198,8**	**128,5**	α	
0,824	0,834	0,845	0,854	0,864	0,873	0,883	0,892	0,912	0,910	0,919	0,927	0,936	0,945	β%	**0,05**
25,58	*26,22*	*26,87*	*27,55*	*28,23*	*28,94*	*29,64*	*30,38*	*31,12*	*31,89*	*32,67*	*33,49*	*34,31*	*35,14*	r	
2009	**1791**	**1584**	**1389**	**1207**	**1036**	**876,9**	**730,1**	**596,5**	**476,4**	**367,1**	**272,1**	**190,7**	**123,2**	α	
0,874	0,885	0,896	0,907	0,918	0,928	0,939	0,948	0,960	0,969	0,979	0,989	0,999	1,009	β%	**0,06**
24,06	*24,63*	*25,19*	*25,79*	*26,37*	*26,99*	*27,60*	*28,24*	*28,87*	*29,54*	*30,21*	*30,90*	*31,60*	*32,32*	r	
1939	**1728**	**1528**	**1340**	**1163**	**998,0**	**844,6**	**703,2**	**574,0**	**457,1**	**352,9**	**261,5**	**183,2**	**118,3**	α	
0,921	0,933	0,945	0,957	0,969	0,980	0,992	1,003	1,014	1,025	1,036	1,047	1,058	1,069	β%	**0,07**
22,74	*23,25*	*23,75*	*24,27*	*24,79*	*25,33*	*25,87*	*26,43*	*26,99*	*27,57*	*28,15*	*28,74*	*29,36*	*29,97*	r	
1872	**1668**	**1475**	**1292**	**1122**	**961,9**	**813,8**	**677,3**	**552,6**	**439,9**	**339,4**	**251,4**	**176,0**	**113,6**	α	
0,967	0,980	0,993	1,005	1,018	1,030	1,043	1,055	1,067	1,078	1,090	1,102	1,114	1,126	β%	**0,08**
21,58	*22,03*	*22,48*	*22,94*	*23,41*	*23,88*	*24,36*	*24,85*	*25,35*	*25,86*	*26,38*	*26,91*	*27,44*	*27,98*	r	
1746	**1555**	**1374**	**1203**	**1043**	**894,2**	**756,0**	**628,8**	**512,6**	**407,8**	**314,4**	**232,6**	**162,8**	**105,0**	α	
1,057	1,071	1,085	1,099	1,113	1,126	1,140	1,153	1,167	1,180	1,193	1,206	1,219	1,232	β%	**0,10**
19,56	*19,93*	*20,29*	*20,67*	*21,05*	*21,44*	*21,82*	*22,22*	*22,61*	*23,03*	*23,44*	*23,86*	*24,29*	*24,73*	r	
1628	**1449**	**1290**	**1120**	**971,0**	**831,8**	**702,9**	**584,2**	**476,0**	**378,4**	**291,2**	**215,6**	**150,7**	**97,13**	α	
1,146	1,161	1,174	1,190	1,205	1,219	1,234	1,248	1,263	1,277	1,292	1,305	1,320	1,334	β%	**0,12**
17,84	*18,15*	*18,49*	*18,78*	*19,09*	*19,41*	*19,73*	*20,06*	*20,39*	*20,72*	*21,06*	*21,41*	*21,76*	*22,11*	r	

Einfach bewehrte Rechteckquerschnitte

Hilfswert: bei Biegung mit Druck: $K_e = (\alpha + \beta \cdot e) \cdot \frac{P}{b \cdot \sigma_e}$ bzw. $K_b = (\alpha + \beta \cdot e) \cdot \frac{P}{b \cdot \sigma_b}$;

bei Biegung mit Zug: $K_e = (-\alpha + \beta \cdot e) \cdot \frac{P}{b \cdot \sigma_e}$ bzw. $K_b = (-\alpha + \beta \cdot e) \cdot \frac{P}{b \cdot \sigma_b}$;

Betondruckspannung

P = Längskraft (Druck- oder Zugkraft) in kg;
e = Ausmitte (Exzentrizität) in m;
d = Querschnittsabmessung in der Kraftebene in m;
σ_e = Eisenzugspannung in kg|cm².

d	h	φ	α	β	d	h	φ	α	β	d	h	φ	α	β
0,10	0,080	*0,200*	46,88	1562	**0,45**	0,414	*0,080*	11,03	58,34	**0,80**	0,760	*0,050*	6,23	17,31
0,11	0,090	*0,180*	43,26	1229	**0,46**	0,426	*0,075*	10,80	55,23	**0,81**	0,774	*0,045*	6,16	16,71
0,12	0,101	*0,160*	40,16	984,2	**0,47**	0,435	*0,075*	10,57	52,90	**0,82**	0,783	*0,045*	6,09	16,31
0,13	0,109	*0,160*	37,07	838,6	**0,48**	0,444	*0,075*	10,35	50,73	**0,83**	0,793	*0,045*	6,01	15,91
0,14	0,120	*0,140*	34,77	689,8	**0,49**	0,453	*0,075*	10,09	48,67	**0,84**	0,802	*0,045*	5,94	15,54
0,15	0,129	*0,140*	32,45	600,9	**0,50**	0,462	*0,075*	9,93	46,75	**0,85**	0,812	*0,045*	5,87	15,17
0,16	0,141	*0,120*	30,67	504,4	**0,51**	0,474	*0,070*	9,75	44,45	**0,86**	0,821	*0,045*	5,80	14,82
0,17	0,150	*0,120*	28,86	446,8	**0,52**	0,484	*0,070*	9,56	42,76	**0,87**	0,831	*0,045*	5,73	14,48
0,18	0,160	*0,110*	27,35	389,6	**0,53**	0,493	*0,070*	9,38	41,16	**0,88**	0,840	*0,045*	5,67	14,16
0,19	0,169	*0,110*	25,91	349,7	**0,54**	0,502	*0,070*	9,21	39,65	**0,89**	0,850	*0,045*	5,60	13,84
0,20	0,180	*0,100*	24,69	308,6	**0,55**	0,512	*0,070*	9,04	38,22	**0,90**	0,860	*0,045*	5,54	13,54
0,21	0,189	*0,100*	23,52	279,9	**0,56**	0,524	*0,065*	8,88	36,48	**0,91**	0,869	*0,045*	5,48	13,24
0,22	0,200	*0,090*	22,50	249,5	**0,57**	0,533	*0,065*	8,73	35,20	**0,92**	0,879	*0,045*	5,42	12,95
0,23	0,209	*0,090*	21,53	228,3	**0,58**	0,542	*0,065*	8,58	34,00	**0,93**	0,888	*0,045*	5,36	12,68
0,24	0,218	*0,090*	20,63	209,6	**0,59**	0,552	*0,065*	8,43	32,85	**0,94**	0,898	*0,045*	5,31	12,41
0,25	0,220	*0,120*	19,63	206,6	**0,60**	0,561	*0,065*	8,29	31,77	**0,95**	0,907	*0,045*	5,25	12,15
0,26	0,229	*0,120*	18,87	191,0	**0,61**	0,573	*0,060*	8,16	30,41	**0,96**	0,917	*0,045*	5,20	11,90
0,27	0,238	*0,120*	18,17	177,1	**0,62**	0,583	*0,060*	8,03	29,44	**0,97**	0,926	*0,045*	5,14	11,65
0,28	0,246	*0,120*	17,52	164,7	**0,63**	0,592	*0,060*	7,90	28,51	**0,98**	0,936	*0,045*	5,09	11,42
0,29	0,255	*0,120*	16,92	153,5	**0,64**	0,602	*0,060*	7,78	27,63	**0,99**	0,945	*0,045*	5,04	11,19
0,30	0,267	*0,110*	16,41	140,3	**0,65**	0,611	*0,060*	7,66	26,79	**1,00**	0,955	*0,045*	4,99	10,96
0,31	0,276	*0,110*	15,75	131,4	**0,66**	0,624	*0,055*	7,55	25,71	**1,01**	0,970	*0,040*	4,94	10,64
0,32	0,285	*0,110*	15,39	123,3	**0,67**	0,633	*0,055*	7,44	24,94	**1,02**	0,979	*0,040*	4,89	10,43
0,33	0,294	*0,110*	14,92	115,9	**0,68**	0,643	*0,055*	7,30	24,22	**1,03**	0,989	*0,040*	4,84	10,23
0,34	0,306	*0,100*	14,52	106,8	**0,69**	0,652	*0,055*	7,22	23,52	**1,04**	0,998	*0,040*	4,80	10,03
0,35	0,315	*0,100*	14,11	100,8	**0,70**	0,662	*0,055*	7,12	22,85	**1,05**	1,008	*0,040*	4,75	9,84
0,36	0,324	*0,100*	13,72	95,26	**0,71**	0,674	*0,050*	7,02	21,98	**1,10**	1,056	*0,040*	4,54	8,97
0,37	0,333	*0,100*	13,35	90,18	**0,72**	0,684	*0,050*	6,92	21,37	**1,15**	1,104	*0,040*	4,34	8,20
0,38	0,346	*0,090*	13,03	83,63	**0,73**	0,694	*0,050*	6,83	20,79	**1,20**	1,152	*0,040*	4,16	7,54
0,39	0,355	*0,090*	12,70	79,39	**0,74**	0,703	*0,050*	6,74	20,23	**1,25**	1,206	*0,035*	3,99	6,87
0,40	0,364	*0,090*	12,38	75,47	**0,75**	0,712	*0,050*	6,65	19,70	**1,30**	1,254	*0,035*	3,84	6,35
0,41	0,373	*0,090*	12,08	71,84	**0,76**	0,722	*0,050*	6,56	19,18	**1,35**	1,303	*0,035*	3,70	5,89
0,42	0,386	*0,080*	11,81	66,98	**0,77**	0,732	*0,050*	6,48	18,69	**1,40**	1,351	*0,035*	3,57	5,48
0,43	0,396	*0,080*	11,54	63,90	**0,78**	0,741	*0,050*	6,39	18,21	**1,45**	1,399	*0,035*	3,44	5,11
0,44	0,405	*0,080*	11,28	61,03	**0,79**	0,750	*0,050*	6,31	17,75	**1,50**	1,448	*0,035*	3,33	4,77

bei Biegung mit Längskraft im Zustand II

Zugbewehrung in cm²: bei Biegung mit Druck: $F_e = \gamma \cdot b \cdot h - \frac{P}{\sigma_e}$;

bei Biegung mit Zug: $F_e = \gamma \cdot b \cdot h + \frac{P}{\sigma_e}$;

$\sigma_b = \frac{\sigma_e}{r}$;

b = Querschnittsabmessung normal zur Kraftebene in m;
h = Abstand des Schwerpunktes der Zugbewehrung vom Druckrand in m;
$\varphi = \frac{h'}{d}$.

r	*5,5*	*6,0*	*6,5*	*7,0*	*7,5*	*8,0*	*8,5*	*9,0*	*9,5*	*10,0*
K_e	**5029**	**4535**	**4119**	**3763**	**3457**	**3190**	**2956**	**2749**	**2565**	**2400**
K_b	**27660**	**27210**	**26775**	**26340**	**25930**	**25520**	**25125**	**24740**	**24370**	**24000**
γ	665,2	595,2	536,7	487,0	444,4	407,6	375,5	347,2	322,2	300,0
r	*10,5*	*11,0*	*11,5*	*12,0*	*12,5*	*13,0*	*13,5*	*14,0*	*14,5*	*15,0*
K_e	**2252**	**2118**	**1997**	**1886**	**1785**	**1692**	**1607**	**1529**	**1456**	**1389**
K_b	**23645**	**23300**	**22965**	**22630**	**22315**	**21995**	**21695**	**21405**	**21110**	**20835**
γ	280,1	262,2	246,1	231,5	218,2	206,0	194,9	184,7	175,3	166,7
r	*15,5*	*16,0*	*16,5*	*17,0*	*17,5*	*18,0*	*18,5*	*19,0*	*19,5*	*20,0*
K_e	**1326**	**1268**	**1214**	**1163**	**1116**	**1071**	**1030**	**990,2**	**953,3**	**918,4**
K_b	**20555**	**20290**	**20030**	**19770**	**19530**	**19280**	**19055**	**18815**	**18590**	**18370**
γ	158,6	151,2	144,3	137,9	131,9	126,3	121,0	116,1	111,5	107,1
r	*20,5*	*21,0*	*21,5*	*22,0*	*22,5*	*23,0*	*23,5*	*24,0*	*24,5*	*25,0*
K_e	**885,4**	**854,3**	**824,8**	**796,9**	**770,4**	**745,2**	**721,3**	**698,6**	**676,9**	**656,2**
K_b	**18150**	**17940**	**17735**	**17530**	**17335**	**17140**	**16950**	**16765**	**16585**	**16405**
γ	103,0	99,21	95,57	92,14	88,89	85,81	82,90	80,13	77,50	75,00
r	*25,5*	*26,0*	*26,5*	*27,0*	*27,5*	*28,0*	*28,5*	*29,0*	*29,5*	*30,0*
K_e	**636,6**	**617,8**	**599,8**	**582,6**	**566,2**	**550,5**	**535,4**	**521,0**	**507,1**	**493,8**
K_b	**16235**	**16065**	**15895**	**15730**	**15570**	**15415**	**15260**	**15110**	**14960**	**14815**
γ	72,62	70,36	68,20	66,14	64,17	62,29	60,50	58,78	57,13	55,56
r	*30,5*	*31,0*	*31,5*	*32,0*	*32,5*	*33,0*	*33,5*	*34,0*	*34,5*	*35,0*
K_e	**481,1**	**468,8**	**457,0**	**445,6**	**434,7**	**424,2**	**414,0**	**404,2**	**394,8**	**385,7**
K_b	**14675**	**14535**	**14395**	**14260**	**14128**	**14000**	**13870**	**13745**	**13620**	**13500**
γ	54,04	52,59	51,20	49,87	48,58	47,35	46,16	45,02	43,92	42,86
r	*35,5*	*36,0*	*36,5*	*37,0*	*37,5*	*38,0*	*38,5*	*39,0*	*39,5*	*40,0*
K_e	**376,9**	**368,4**	**360,3**	**352,3**	**344,7**	**337,3**	**330,1**	**323,2**	**316,4**	**309,9**
K_b	**13380**	**13260**	**13150**	**13035**	**12925**	**12815**	**12710**	**12605**	**12500**	**12395**
γ	41,84	40,85	39,90	38,98	38,10	37,24	36,41	35,61	34,84	34,09
r	*41,0*	*42,0*	*43,0*	*44,0*	*45,0*	*46,0*	*47,0*	*48,0*	*49,0*	*50,0*
K_e	**297,5**	**285,8**	**274,8**	**268,1**	**254,6**	**245,4**	**236,6**	**228,3**	**220,5**	**213,0**
K_b	**12200**	**12005**	**11815**	**11795**	**11455**	**11290**	**11120**	**10960**	**10805**	**10650**
γ	32,66	31,33	30,07	39,30	27,78	26,73	25,74	24,80	23,92	23,08
r	*51,0*	*52,0*	*53,0*	*54,0*	*55,0*	*56,0*	*57,0*	*58,0*	*59,0*	*60,0*
K_e	**205,9**	**199,2**	**192,8**	**186,7**	**180,9**	**175,3**	**170,0**	**165,0**	**160,2**	**155,6**
K_b	**10500**	**10360**	**10220**	**10080**	**9950**	**9817**	**9690**	**9570**	**9452**	**9336**
γ	22,28	21,53	20,81	20,13	19,48	18,86	18,27	17,71	17,18	16,67
r	*61,0*	*62,0*	*63,0*	*64,0*	*65,0*	*66,0*	*67,0*	*68,0*	*69,0*	*70,0*
K_e	**151,1**	**146,9**	**142,8**	**139,0**	**135,2**	**131,6**	**128,2**	**124,9**	**121,7**	**118,6**
K_b	**9217**	**9108**	**8996**	**8896**	**8788**	**8686**	**8589**	**8493**	**8397**	**8302**
γ	16,18	15,71	15,26	14,83	14,42	14,03	13,65	13,29	12,94	12,60
r	*71,0*	*72,0*	*73,0*	*74,0*	*75,0*	*76,0*	*77,0*	*78,0*	*79,0*	*80,0*
K_e	**115,7**	**112,8**	**110,1**	**107,5**	**104,9**	**102,5**	**100,1**	**97,83**	**95,62**	**94,90**
K_b	**8214**	**8122**	**8037**	**7955**	**7868**	**7790**	**7708**	**7631**	**7554**	**7481**
γ	12,28	11,97	11,68	11,39	11,11	10,84	10,59	10,34	10,10	9,87
r	*81,0*	*82,0*	*83,0*	*84,0*	*85,0*	*86,0*	*87,0*	*88,0*	*89,0*	*90,0*
K_e	**91,43**	**89,43**	**87,50**	**85,63**	**83,82**	**82,07**	**80,37**	**78,73**	**77,13**	**75,58**
K_b	**7406**	**7333**	**7263**	**7193**	**7125**	**7058**	**6992**	**6918**	**6865**	**6802**
γ	9,64	9,43	9,22	9,02	8,82	8,63	8,45	8,27	8,10	7,94
r	*91,0*	*92,0*	*93,0*	*94,0*	*95,0*	*96,0*	*97.0*	*98,0*	*99,0*	*100,0*
K_e	**74,08**	**72,63**	**71,21**	**69,84**	**68,51**	**67,21**	**65,95**	**64,73**	**63,54**	**62,38**
K_b	**6741**	**6682**	**6623**	**6565**	**6508**	**6452**	**6397**	**6344**	**6290**	**6238**
γ	7,78	7,62	7,47	7,32	7,18	7,04	6,90	6,77	6,64	6,52

Doppelt bewehrte Rechteckquerschnitte

Die Zugbewehrung in cm² ist: bei Biegung mit Druck:

bei Biegung mit Zug:

Druckbewehrung siehe Tafel 118 und 119

P = Längskraft (Druck- oder Zugkraft) in kg;
e = Ausmitte (Exzentrizität) in m;
d = Querschnittsabmessung in der Kraftebene in m;
b = Querschnittsabmessung normal zur Kraftebene in m;

Negative Vorzeichen beachten!

φ ↓	r =	6	7	8	9	10	11	12	13	14	15	16	18	20	22	24
	α	8,33	7,14	6,25	5,56	5,00	4,55	4,17	3,85	3,57	3,33	3,13	2,78	2,50	2,27	2,08
0,025	β	17,54	15,04	13,16	11,70	10,53	9,75	8,77	8,10	7,52	7,02	6,58	5,85	5,26	4,78	4,39
	γ	126,5	98,3	78,2	63,5	52,3	43,7	37,0	31,5	27,1	23,5	20,5	15,9	12,6	10,1	8,22
0,030	β	17,73	15,20	13,30	11,82	10,64	9,67	8,87	8,18	7,60	7,09	6,65	5,91	5,32	4,84	4,43
	γ	123,4	95,7	76,1	61,7	50,8	42,4	35,7	30,5	26,2	22,6	19,7	15,2	12,0	9,61	7,80
0,035	β	17,92	15,36	13,44	11,95	10,75	9,78	8,96	8,27	7,68	7,17	6,72	5,97	5,38	4,89	4,48
	γ	120,3	93,1	73,9	59,8	49,2	41,0	34,5	29,4	25,2	21,8	18,9	14,6	11,4	9,12	7,38
0,040	β	18,12	15,53	13,59	12,08	10,87	9,88	9,06	8,36	7,76	7,25	6,79	6,04	5,43	4,94	4,53
	γ	117,1	90,6	71,8	58,0	47,6	39,6	33,3	28,3	24,2	20,9	18,1	13,9	10,9	8,63	6,95
0,045	β	18,32	15,70	13,74	12,21	10,99	9,99	9,16	8,45	7,85	7,33	6,87	6,11	5,49	5,00	4,58
	γ	113,9	87,9	69,6	56,1	46,0	38,2	32,0	27,1	23,2	20,0	17,3	13,2	10,3	8,13	6,51
0,050	β	18,52	15,87	13,89	12,35	11,11	10,10	9,26	8,55	7,94	7,41	6,94	6,17	5,56	5,05	4,63
	γ	110,7	85,3	67,3	55,1	44,3	36,7	30,8	26,0	22,2	19,1	16,5	12,5	9,69	7,62	6,07
0,055	β	18,73	16,05	14,04	12,48	11,24	10,21	9,36	8,64	8,03	7,49	7,02	6,24	5,62	5,11	4,68
	γ	107,4	82,6	65,1	53,2	42,7	35,3	29,5	24,9	21,2	18,1	15,6	11,8	9,10	7,11	5,63
0,060	β	18,94	16,23	14,20	12,63	11,36	10,33	9,47	8,74	8,12	7,58	7,10	6,31	5,68	5,17	4,73
	γ	104,2	79,9	62,8	51,3	41,0	33,8	28,2	32,7	20,1	17,2	14,8	11,1	8,50	6,60	5,18
0,065	β	19,16	16,42	14,37	12,77	11,49	10,45	9,58	8,84	8,21	7,66	7,18	6,39	5,75	5,22	4,79
	γ	100,8	77,2	60,6	49,3	39,3	32,4	26,9	22,6	19,1	16,3	13,9	10,4	7,90	6,08	4,73
0,070	β	19,38	16,61	14,53	12,92	11,63	10,57	9,69	8,94	8,31	7,75	7,27	6,46	5,81	5,29	4,84
	γ	97,5	74,5	58,3	47,4	37,6	30,9	25,6	21,4	18,0	15,3	13,1	9,68	7,28	5,55	4,27
0,075	β	19,61	16,81	14,71	13,07	11,76	10,70	9,80	9,05	8,40	7,84	7,35	6,54	5,88	5,35	4,90
	γ	94,1	71,1	55,9	45,4	35,9	29,4	24,3	20,2	17,0	14,4	12,2	8,95	6,66	5,01	3,80
0,080	β	19,84	17,01	14,88	13,23	11,90	10,82	9,92	9,16	8,50	7,94	7,44	6,61	5,95	5,41	4,96
	γ	90,6	68,9	53,6	43,4	34,2	27,8	22,9	19,0	15,9	13,4	11,3	8,21	6,04	4,47	3,33
0,090	β	20,33	17,42	15,24	13,55	12,20	11,09	10,16	9,38	8,71	8,13	7,62	6,78	6,10	5,54	5,08
	γ	83,7	63,1	48,8	39,3	30,6	24,7	20,2	16,6	13,7	11,4	9,53	6,71	4,76	3,37	2,37
0,100	β	20,83	17,86	15,63	13,89	12,50	11,36	10,42	9,62	8,93	8,33	7,81	6,94	6,25	5,68	5,21
	γ	76,5	57,3	43,9	35,1	27,0	21,6	17,4	14,1	11,5	9,38	7,68	5,17	3,44	2,24	1,39
0,110	β	21,37	18,32	16,03	14,25	12,82	11,66	10,68	9,86	9,16	8,55	8,01	7,12	6,41	5,83	5,34
	γ	69,2	51,3	38,8	30,8	23,3	18,3	14,5	11,5	9,16	7,29	5,79	3,58	2,10	1,08	0,38
0,120	β	21,93	18,80	16,45	14,62	13,16	11,96	10,96	10,12	9,40	8,77	8,22	7,31	6,58	5,98	5,48
	γ	61,7	45,1	33,7	26,4	19,5	14,9	11,5	8,86	6,79	5,15	3,84	1,95	0,71	−0,12	−0,67
0,140	β	23,15	19,84	17,36	15,43	13,89	12,63	11,57	10,68	9,92	9,26	8,68	7,72	6,94	6,31	5,79
	γ	46,0	32,3	22,9	17,2	11,5	8,00	5,33	3,34	1,83	0,66	−0,22	−1,46	−2,19	−2,62	−2,85
0,160	β	24,51	21,01	18,38	16,34	14,71	13,37	12,25	11,31	10,50	9,80	9,19	8,17	7,35	6,68	6,13
	γ	29,4	18,6	11,4	7,47	2,97	0,50	−1,27	−2,55	−3,46	−4,12	−4,58	−5,10	−5,29	−5,29	−5,18
0,180	β	26,04	22,32	19,53	17,36	15,63	14,20	13,02	12,02	11,16	10,42	9,77	8,68	7,81	7,10	6,51
	γ	11,6	3,97	−0,91	−4,08	−6,15	−7,50	−8,35	−8,86	−9,14	−9,25	−9,25	−9,02	−8,63	−8,17	−7,69
0,200	β	27,78	23,81	20,83	18,52	16,67	15,15	13,89	12,82	11,90	11,11	10,42	9,26	8,33	7,58	6,94
	γ	−7,56	−11,8	−14,2	−14,3	−16,0	−16,1	−16,0	−15,7	−15,3	−14,8	−14,3	−13,3	−12,2	−11,3	−10,4

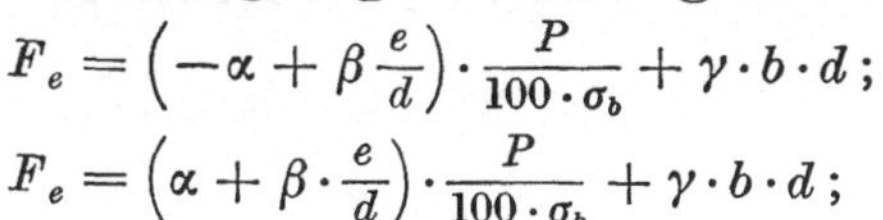

$$F_e = \left(-\alpha + \beta \frac{e}{d}\right) \cdot \frac{P}{100 \cdot \sigma_b} + \gamma \cdot b \cdot d\,;$$

$$F_e = \left(\alpha + \beta \cdot \frac{e}{d}\right) \cdot \frac{P}{100 \cdot \sigma_b} + \gamma \cdot b \cdot d\,;$$

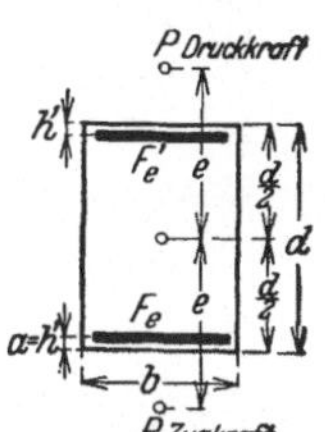

σ_b = Betondruckspannung in kg/cm²;

$r = \frac{\sigma_e}{\sigma_b}$;

$\varphi = \frac{h'}{d}$;

h' = Abstand des Schwerpunktes der Bewehrung vom nächsten Querschnittsrand.

26	28	30	32	34	36	38	40	45	50	55	60	65	70	75	= r	φ ↓
1,92	**1,79**	**1,67**	**1,56**	**1,47**	**1,39**	**1,32**	**1,25**	**1,11**	**1,00**	**0,91**	**0,83**	**0,77**	**0,71**	**0,67**	α	
4,05	3,76	3,51	3,29	3,10	2,92	2,77	2,63	2,34	2,11	1,91	1,75	1,62	1,50	1,40	β	**0,025**
6,78	5,65	4,75	4,03	3,44	2,96	2,56	2,23	1,60	1,18	0,89	0,68	0,53	0,42	0,33	γ	
4,09	3,80	3,55	3,32	3,13	2,96	2,80	2,66	2,36	2,13	1,93	1,77	1,64	1,52	1,42	β	**0,030**
6,41	5,32	4,46	3,77	3,20	2,74	2,36	2,05	1,46	1,06	0,79	0,60	0,46	0,35	0,27	γ	
4,14	3,84	3,58	3,36	3,16	2,99	2,83	2,69	2,39	2,15	1,96	1,79	1,65	1,54	1,44	β	**0,035**
6,04	4,99	4,16	3,50	2,97	2,53	2,17	1,87	1,31	0,94	0,69	0,51	0,38	0,29	0,22	γ	
4,18	3,88	3,62	3,40	3,20	3,02	2,86	2,72	2,42	2,17	1,98	1,81	1,67	1,55	1,45	β	**0,040**
5,66	4,66	3,87	3,23	2,72	2,31	1,97	1,68	1,16	0,82	0,58	0,42	0,30	0,22	0,16	γ	
4,23	3,92	3,66	3,43	3,23	3,05	2,89	2,75	2,44	2,20	2,00	1,83	1,69	1,57	1,47	β	**0,045**
5,28	4,32	3,56	2,96	2,48	2,09	1,76	1,50	1,01	0,69	0,48	0,33	0,22	0,15	0,09	γ	
4,27	3,97	3,70	3,47	3,27	3,09	2,92	2,78	2,47	2,22	2,02	1,85	1,71	1,59	1,48	β	**0,050**
4,89	3,98	3,26	2,69	2,23	1,86	1,56	1,31	0,86	0,56	0,37	0,24	0,14	0,08	0,03	γ	
4,32	4,01	3,75	3,51	3,30	3,12	2,96	2,81	2,50	2,25	2,04	1,87	1,73	1,61	1,50	β	**0,055**
4,51	3,63	2,95	2,41	1,98	1,63	1,35	1,12	0,70	0,43	0,26	0,14	0,06	0,01	−0,04	γ	
4,37	4,06	3,79	3,55	3,34	3,16	2,99	2,84	2,53	2,27	2,07	1,89	1,75	1,62	1,52	β	**0,060**
4,11	3,28	2,64	2,13	1,73	1,40	1,14	0,93	0,54	0,30	0,15	0,05	0,02	−0,06	−0,11	γ	
4,42	4,11	3,83	3,59	3,38	3,19	3,02	2,87	2,55	2,30	2,09	1,92	1,77	1,64	1,53	β	**0,065**
3,71	2,93	2,32	1,85	1,47	1,17	0,93	0,73	0,39	0,17	0,04	−0,05	−0,10	−0,14	−0,17	γ	
4,47	4,15	3,88	3,63	3,42	3,23	3,06	2,91	2,58	2,33	2,11	1,94	1,79	1,66	1,55	β	**0,070**
3,30	2,57	2,00	1,56	1,21	0,94	0,71	0,54	0,23	0,04	−0,08	−0,14	−0,19	−0,21	−0,23	γ	
4,52	4,20	3,92	3,68	3,46	3,27	3,10	2,94	2,61	2,35	2,14	1,96	1,81	1,68	1,57	β	**0,075**
2,90	2,21	1,68	1,27	0,95	0,70	0,50	0,34	0,06	−0,10	−0,19	−0,24	−0,27	−0,28	−0,30	γ	
4,58	4,25	3,97	3,72	3,50	3,31	3,13	2,98	2,65	2,38	2,16	1,98	1,83	1,70	1,59	β	**0,080**
2,48	1,84	1,35	0,98	0,68	0,46	0,28	0,27	−0,10	−0,23	−0,31	−0,34	−0,36	−0,36	−0,36	γ	
4,69	4,36	4,07	3,81	3,59	3,39	3,21	3,05	2,71	2,44	2,22	2,03	1,88	1,74	1,63	β	**0,090**
1,64	1,09	0,69	0,38	0,14	−0,04	−0,17	−0,28	−0,44	−0,51	−0,54	−0,54	−0,53	−0,51	−0,50	γ	
4,81	4,46	4,17	3,91	3,68	3,47	3,29	3,13	2,78	2,50	2,27	2,08	1,92	1,79	1,67	β	**0,100**
0,77	0,33	0,00	−0,24	−0,41	−0,54	−0,63	−0,70	−0,78	−0,80	−0,78	−0,75	−0,71	−0,67	−0,64	γ	
4,93	4,58	4,27	4,01	3,77	3,56	3,37	3,21	2,85	2,56	2,33	2,14	1,97	1,83	1,71	β	**0,110**
−0,12	−0,46	−0,70	−0,87	−0,99	−1,06	−1,11	−1,13	−1,14	−1,09	−1,03	−0,96	−0,90	−0,83	−0,78	γ	
5,06	4,70	4,39	4,11	3,87	3,65	3,46	3,29	2,92	2,63	2,36	2,19	2,02	1,88	1,75	β	**0,120**
−1,03	−1,28	−1,43	−1,52	−1,57	−1,60	−1,60	−1,58	−1,50	−1,40	−1,29	−1,18	−1,09	−1,00	−0,93	γ	
5,34	4,96	4,63	4,34	4,08	3,86	3,65	3,47	3,09	2,78	2,53	2,31	2,14	1,98	1,85	β	**0,140**
−2,95	−2,98	−2,95	−2,89	−2,81	−2,72	−2,62	−2,52	−2,27	−2,04	−1,83	−1,65	−1,49	−1,35	−1,24	γ	
5,66	5,25	4,90	4,60	4,33	4,08	3,87	3,68	3,27	2,94	2,67	2,45				β	**0,160**
−5,00	−4,80	−4,58	−4,35	−4,13	−3,92	−3,72	−3,52	−3,09	−2,72	−2,41	−2,14				γ	
6,01	5,58	5,21	4,88	4,60	4,34	4,11	3,91	3,47	3,13						β	**0,180**
−7,21	−6,76	−6,33	−5,93	−5,56	−5,21	−4,90	−4,61	−3,97	−3,46						γ	
6,41	5,95	5,56	5,21	4,90	4,63	4,39	4,17								β	**0,200**
−9,61	−8,89	−8,23	−7,64	−7,11	−6,62	−6,18	−5,79								γ	

Doppelt bewehrte Rechteckquerschnitte

Die Druckbewehrung in cm² ist: bei Biegung mit Druck:

bei Biegung mit Zug:

Zugbewehrung s. Tafel 117

P = Längskraft (Druck- oder Zugkraft) in kg;

e = Ausmitte (Exzentrizität) in m;

d = Querschnittsabmessung in der Kraftebene in m;

b = Querschnittsabmessung normal zur Kraftebene in m;

φ	$r =$	6	7	8	9	10	11	12	13	14	15	16	18	20	22	24
	α	3,46	3,46	3,47	3,48	3,48	3,49	3,49	3,50	3,51	3,51	3,52	3,53	3,54	3,56	3,57
0,025	β	7,28	7,29	7,30	7,32	7,33	7,34	7,36	7,37	7,38	7,40	7,41	7,44	7,46	7,49	7,52
	γ	188,3	182,6	177,2	172,1	167,2	162,6	158,3	154,2	150,2	146,5	142,9	136,3	130,3	124,8	119,8
	α	3,48	3,49	3,50	3,51	3,51	3,52	3,53	3,54	3,54	3,55	3,56	3,58	3,59	3,61	3,62
0,030	β	7,41	7,43	7,44	7,46	7,48	7,49	7,51	7,53	7,54	7,56	7,58	7,61	7,64	7,68	7,71
	γ	189,8	184,1	178,8	173,7	168,8	164,3	159,9	155,8	151,9	148,2	144,6	138,1	132,1	126,6	121,6
	α	3,51	3,52	3,53	3,54	3,55	3,56	3,57	3,58	3,58	3,59	3,60	3,62	3,64	3,66	3,68
0,035	β	7,55	7,57	7,59	7,61	7,63	7,65	7,67	7,69	7,71	7,73	7,75	7,79	7,83	7,87	7,91
	γ	191,4	185,7	180,4	175,3	170,5	166,0	161,4	157,5	153,6	149,9	146,4	139,9	133,9	128,5	123,6
	α	3,54	3,55	3,56	3,57	3,58	3,59	3,60	3,61	3,62	3,64	3,65	3,67	3,69	3,72	3,74
0,040	β	7,70	7,72	7,74	7,76	7,79	7,81	7,83	7,86	7,88	7,92	7,93	7,98	8,03	8,08	8,13
	γ	193,0	187,4	182,0	177,0	172,2	167,7	163,4	159,3	155,4	152,0	148,3	141,8	135,9	130,5	125,6
	α	3,57	3,58	3,59	3,60	3,62	3,63	3,64	3,65	3,67	3,68	3,69	3,72	3,74	3,77	3,80
0,045	β	7,84	7,87	7,90	7,92	7,95	7,98	8,00	8,03	8,06	8,09	8,12	8,17	8,23	8,29	8,35
	γ	194,6	189,1	183,8	178,8	174,0	169,5	165,2	161,2	157,3	153,7	150,2	143,7	137,9	132,5	127,6
	α	3,60	3,61	3,62	3,64	3,65	3,67	3,68	3,70	3,71	3,72	3,74	3,77	3,80	3,83	3,86
0,050	β	8,00	8,03	8,06	8,09	8,12	8,15	8,18	8,21	8,25	8,28	8,31	8,38	8,44	8,51	8,58
	γ	196,4	190,8	185,5	180,6	175,9	171,4	167,1	163,1	159,3	155,6	152,2	145,8	140,0	134,7	129,8
	α	3,63	3,64	3,66	3,68	3,69	3,71	3,72	3,74	3,76	3,77	3,79	3,82	3,86	3,89	3,93
0,055	β	8,16	8,19	8,22	8,26	8,30	8,33	8,37	8,40	8,44	8,48	8,51	8,59	8,67	8,75	8,83
	γ	198,2	192,7	187,4	182,5	177,8	173,3	169,1	165,1	161,3	157,7	154,3	147,9	142,2	136,9	132,1
	α	3,66	3,68	3,69	3,71	3,73	3,75	3,77	3,78	3,80	3,82	3,84	3,88	3,92	3,96	4,00
0,060	β	8,32	8,36	8,40	8,44	8,48	8,52	8,56	8,60	8,64	8,68	8,73	8,81	8,90	8,99	9,08
	γ	200,0	194,6	189,4	184,4	179,8	175,4	171,2	167,2	163,4	159,9	156,5	150,2	144,4	139,3	134,6
	α	3,69	3,71	3,73	3,75	3,77	3,79	3,81	3,83	3,85	3,87	3,89	3,94	3,98	4,02	4,07
0,065	β	8,49	8,53	8,58	8,62	8,67	8,71	8,76	8,80	8,85	8,90	8,95	9,05	9,15	9,25	9,35
	γ	201,9	196,5	191,4	186,5	181,8	177,5	173,3	169,4	165,6	162,1	158,7	152,5	146,9	141,7	137,1
	α	3,72	3,75	3,77	3,79	3,81	3,83	3,86	3,88	3,90	3,92	3,95	3,99	4,04	4,09	4,14
0,070	β	8,66	8,71	8,76	8,81	8,86	8,92	8,97	9,02	9,07	9,12	9,18	9,29	9,40	9,52	9,64
	γ	203,9	198,5	193,4	188,6	184,0	179,6	175,5	171,6	167,9	164,4	161,1	154,9	149,4	144,3	139,8

bei Biegung mit Längskraft im Zustand II Tafel 118

$$F_e' = \left(\alpha + \beta \cdot \frac{e}{d}\right) \frac{P}{100 \cdot \sigma_b} - \gamma \cdot b \cdot d\,;$$

$$F_e' = \left(-\alpha + \beta \cdot \frac{e}{d}\right) \frac{P}{100 \cdot \sigma_b} - \gamma \cdot b \cdot d\,;$$

σ_b = Betondruckspannung in kg/cm²;

$r = \frac{\sigma_e}{\sigma_b}$;

$\varphi = \frac{h'}{d}$;

h' = Abstand des Schwerpunktes der Bewehrung vom nächsten Querschnittsrand.

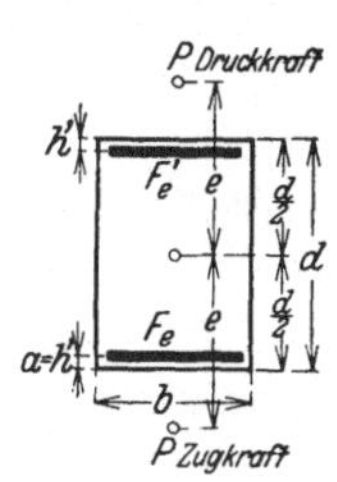

26	28	30	32	34	36	38	40	45	50	55	60	65	70	75	= r	φ
3,58	3,60	3,61	3,62	3,64	3,65	3,66	3,68	3,71	3,75	3,79	3,82	3,86	3,90	3,94	α	
7,55	7,57	7,60	7,63	7,66	7,69	7,72	7,74	7,82	7,89	7,97	8,05	8,13	8,21	8,29	β	**0,025**
115,2	111,0	107,1	103,4	100,1	96,94	94,01	91,28	85,17	79,93	75,39	71,42	67,92	64,82	62,05	γ	
3,64	3,66	3,67	3,69	3,71	3,72	3,74	3,76	3,80	3,85	3,90	3,94	3,99	4,04	4,09	α	
7,75	7,78	7,82	7,85	7,89	7,92	7,96	8,00	8,09	8,17	8,29	8,39	8,49	8,60	8,71	β	**0,030**
117,1	112,8	109,0	105,4	102,0	98,90	96,00	93,29	87,24	81,85	77,58	72,66	70,22	67,18	64,47	γ	
3,70	3,72	3,74	3,76	3,78	3,80	3,82	3,84	3,90	3,95	4,01	4,07	4,13	4,20	4,25	α	
7,96	8,00	8,04	8,09	8,13	8,18	8,22	8,27	8,38	8,50	8,63	8,76	8,89	9,02	9,14	β	**0,035**
119,0	114,8	111,0	107,4	104,1	101,0	98,13	95,45	89,47	84,36	79,94	76,10	72,74	69,78	66,99	γ	
3,76	3,78	3,81	3,83	3,86	3,88	3,91	3,93	4,00	4,07	4,14	4,21	4,28	4,36	4,44	α	
8,18	8,23	8,28	8,33	8,39	8,44	8,50	8,55	8,70	8,84	9,00	9,15	9,32	9,49	9,66	β	**0,040**
121,0	116,9	113,1	109,5	106,2	103,2	100,4	97,72	91,82	86,80	82,48	78,73	75,46	72,60	70,08	γ	
3,83	3,85	3,88	3,91	3,94	3,97	4,00	4,03	4,11	4,19	4,27	4,36	4,45	4,55	4,65	α	
8,41	8,47	8,53	8,60	8,66	8,72	8,79	8,86	9,03	9,20	9,39	9,58	9,78	9,99	10,21	β	**0,045**
123,2	119,1	115,3	111,8	108,5	105,5	102,7	100,1	94,34	89,42	85,21	81,58	78,44	75,70	73,31	γ	
3,89	3,92	3,96	3,99	4,02	4,06	4,09	4,13	4,22	4,32	4,42	4,52	4,63	4,75	4,87	α	
8,65	8,72	8,80	8,87	8,94	9,02	9,10	9,18	9,38	9,60	9,82	10,05	10,30	10,56	10,83	β	**0,050**
125,4	121,4	117,6	114,2	111,0	108,0	105,2	102,7	97,03	92,24	88,16	84,68	81,69	79,11	76,90	γ	
3,96	4,00	4,04	4,08	4,12	4,16	4,20	4,24	4,34	4,46	4,58	4,70	4,83	4,97	5,12	α	
8,91	8,99	9,08	9,16	9,25	9,34	9,43	9,52	9,76	10,02	10,28	10,56	10,86	11,18	11,51	β	**0,055**
127,8	123,8	120,1	116,7	113,5	110,6	107,9	105,4	99,91	95,28	91,37	88,06	85,26	82,89	80,80	γ	
4,04	4,08	4,12	4,17	4,21	4,26	4,30	4,35	4,48	4,61	4,75	4,90	5,05	5,22	5,40	α	
9,18	9,27	9,37	9,47	9,57	9,68	9,78	9,89	10,17	10,47	10,79	11,13	11,48	11,87	12,28	β	**0,060**
130,2	126,3	122,6	119,3	116,2	113,4	110,8	108,3	103,0	98,56	94,85	91,76	89,20	87,09	85,38	γ	
4,12	4,16	4,21	4,26	4,31	4,36	4,42	4,47	4,62	4,77	4,93	5,11	5,30	5,50	5,72	α	
9,46	9,57	9,68	9,80	9,91	10,03	10,16	10,28	10,61	10,97	11,34	11,74	12,18	12,64	13,15	β	**0,065**
132,8	129,0	125,4	122,1	119,1	116,4	113,8	111,4	106,3	102,1	98,65	95,84	93,57	91,79	90,45	γ	
4,20	4,25	4,30	4,36	4,42	4,48	4,54	4,60	4,77	4,95	5,14	5,34	5,57	5,81	6,08	α	
9,76	9,88	10,01	10,14	10,28	10,42	10,56	10,71	11,09	11,50	11,95	12,43	12,95	13,52	14,14	β	**0,070**
135,6	131,8	128,3	125,1	122,2	119,5	117,0	114,8	109,9	106,0	102,8	100,3	98,45	97,09	96,22	γ	

Doppelt bewehrte Rechteckquerschnitte

Die Druckbewehrung in cm² ist: bei Biegung mit Druck:

bei Biegung mit Zug:

Zugbewehrung s. Tafel 117

P = Längskraft (Druck- oder Zugkraft) in kg;

e = Ausmitte (Exzentrizität) in m;

d = Querschnittsabmessung in der Kraftebene in m;

b = Querschnittsabmessung normal zur Kraftebene in m;

φ	$r =$	6	7	8	9	10	11	12	13	14	15	16	18	20	22	24
0,075	α	3,76	3,78	3,81	3,83	3,85	3,88	3,90	3,93	3,95	3,98	4,00	4,06	4,11	4,17	4,22
	β	8,85	8,90	8,96	9,01	9,07	9,12	9,18	9,24	9,30	9,36	9,42	9,54	9,67	9,80	9,94
	γ	206,0	200,6	195,6	190,8	186,2	181,9	177,8	174,0	170,3	166,9	163,6	157,5	152,0	147,0	142,6
0,080	α	3,80	3,82	3,85	3,87	3,90	3,92	3,95	3,98	4,01	4,04	4,06	4,12	4,18	4,24	4,31
	β	9,04	9,10	9,16	9,22	9,28	9,34	9,41	9,47	9,54	9,61	9,68	9,81	9,96	10,10	10,26
	γ	208,1	202,8	197,8	193,0	188,5	184,3	180,2	176,4	172,8	169,4	166,2	160,2	154,8	149,9	145,5
0,090	α	3,87	3,90	3,93	3,96	3,99	4,02	4,06	4,09	4,12	4,16	4,19	4,26	4,33	4,41	4,49
	β	9,44	9,51	9,58	9,66	9,73	9,81	9,89	9,97	10,05	10,13	10,22	10,39	10,59	10,75	10,94
	γ	212,6	207,4	202,5	197,9	193,5	189,3	185,4	181,7	178,2	174,8	171,7	165,9	160,8	156,1	151,9
0,100	α	3,95	3,98	4,02	4,05	4,09	4,13	4,17	4,20	4,24	4,28	4,33	4,41	4,50	4,59	4,69
	β	9,87	9,96	10,04	10,14	10,23	10,32	10,42	10,51	10,61	10,71	10,82	11,03	11,25	11,48	11,72
	γ	217,5	212,4	207,6	203,1	198,8	194,8	191,0	187,4	184,0	180,8	177,8	172,3	167,4	163,0	159,1
0,110	α	4,03	4,07	4,11	4,16	4,20	4,24	4,29	4,33	4,38	4,43	4,48	4,58	4,68	4,80	4,91
	β	10,34	10,44	10,54	10,65	10,76	10,88	10,99	11,11	11,23	11,35	11,48	11,74	12,01	12,30	12,59
	γ	222,8	217,8	213,2	208,8	204,6	200,7	197,1	193,6	190,4	187,4	184,5	179,3	174,7	170,7	167,2
0,120	α	4,12	4,17	4,21	4,26	4,31	4,36	4,42	4,47	4,53	4,58	4,64	4,76	4,89	5,02	5,16
	β	10,84	10,96	11,09	11,22	11,35	11,49	11,62	11,77	11,91	12,06	12,21	12,53	12,86	13,22	13,59
	γ	228,4	223,7	219,2	215,0	210,0	207,2	203,8	200,5	197,4	194,6	191,9	187,1	183,0	179,4	176,4
0,140	α	4,32	4,38	4,44	4,51	4,57	4,64	4,71	4,79	4,86	4,94	5,02	5,19	5,38	5,57	5,78
	β	11,99	12,16	12,34	12,52	12,71	12,90	13,10	13,30	13,51	13,73	13,95	14,42	14,93	15,47	16,05
	γ	241,3	237,0	232,9	229,1	225,6	222,3	219,2	216,4	213,9	211,5	209,4	205,7	202,8	200,6	199,1
0,160	α	4,54	4,62	4,71	4,79	4,88	4,98	5,07	5,17	5,28	5,38	5,50	5,74	6,00	6,29	6,60
	β	13,37	13,60	13,85	14,10	14,36	14,64	14,92	15,21	15,52	15,84	16,17	16,88	17,65	18,49	19,42
	γ	256,7	252,9	249,4	243,2	246,2	240,6	238,3	236,2	234,4	232,8	231,5	229,6	228,7	228,8	229,8
0,180	α	4,81	4,92	5,02	5,14	5,26	5,38	5,51	5,64	5,79	5,94	6,10	6,45	6,83	7,27	7,76
	β	15,04	15,36	15,70	16,06	16,43	16,81	17,22	17,62	18,10	18,57	19,07	20,14	21,35	22,72	24,27
	γ	275,1	272,1	269,4	267,0	265,1	263,4	262,1	260,6	260,4	260,1	260,1	261,2	263,7	267,8	273,5
0,200	α	5,13	5,26	5,40	5,56	5,71	5,88	6,06	6,25	6,45	6,67	6,90	7,41	8,00	8,70	9,52
	β	17,09	17,54	18,02	18,52	19,05	19,61	20,20	20,83	21,50	22,22	22,99	24,69	26,67	28,98	31,75
	γ	297,7	295,8	294,3	293,2	292,6	292,4	292,6	293,4	294,6	296,3	298,5	304,7	313,5	325,2	340,6

$$F_e' = \left(\alpha + \beta \cdot \frac{e}{d}\right) \frac{P}{100 \cdot \sigma_b} - \gamma \cdot b \cdot d\,;$$

$$F_e' = \left(-\alpha + \beta \cdot \frac{e}{d}\right) \frac{P}{100 \cdot \sigma_b} - \gamma \cdot b \cdot d\,;$$

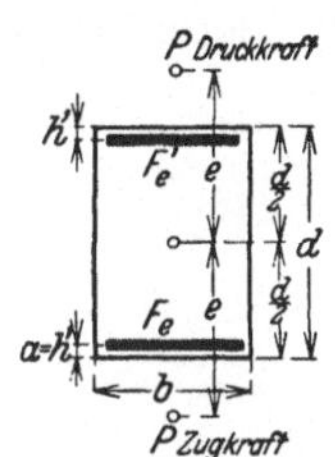

σ_b = Betondruckspannung in kg/cm²;

$r = \dfrac{\sigma_e}{\sigma_b}$;

$\varphi = \dfrac{h'}{d}$;

h' = Abstand des Schwerpunktes der Bewehrung vom nächsten Querschnittsrand.

26	28	30	32	34	36	38	40	45	50	55	60	65	70	75	= r	φ
4,28	4,34	4,40	4,47	4,53	4,60	4,67	4,74	4,93	5,14	5,36	5,61	5,87	6,17	6,49	α	
10,08	10,22	10,36	10,51	10,67	10,83	10,99	11,16	11,60	12,09	12,62	13,19	13,82	14,51	15,27	β	**0,075**
138,5	133,1	131,1	128,3	125,5	122,9	120,5	118,4	113,8	110,2	107,4	105,3	103,9	103,1	102,8	γ	
4,37	4,44	4,51	4,58	4,66	4,73	4,81	4,89	5,11	5,35	5,61	5,90	6,22	6,57	6,97	α	
10,41	10,57	10,74	10,91	11,08	11,27	11,46	11,65	12,17	12,74	13,36	14,04	14,80	15,65	16,59	β	**0,080**
141,5	137,9	134,6	131,7	129,0	126,5	124,3	122,2	118,0	114,8	112,5	110,9	110,1	110,0	110,5	γ	
4,57	4,65	4,74	4,83	4,92	5,02	5,12	5,23	5,52	5,83	6,19	6,59	7,05	7,58	8,20	α	
11,14	11,35	11,56	11,78	12,01	12,25	12,50	12,76	13,45	14,23	15,10	16,08	17,20	18,50	20,00	β	**0,090**
148,2	144,8	141,8	139,1	136,7	134,5	132,6	130,9	127,6	125,5	124,4	124,3	125,2	127,2	130,3	γ	
4,79	4,89	5,00	5,11	5,23	5,36	5,49	5,62	6,00	6,43	6,92	7,50	8,18	9,00	10,00	α	
11,97	12,23	12,50	12,78	13,08	13,39	13,72	14,06	15,00	16,07	17,31	18,75	20,45	22,50	25,00	β	**0,100**
155,7	152,7	150,0	147,7	145,6	143,9	142,4	141,2	139,2	138,6	139,5	141,8	145,6	151,4	159,4	γ	
5,03	5,16	5,30	5,44	5,59	5,75	5,92	6,10	6,59	7,18	7,88	8,73	9,78	11,12	12,90	α	
12,91	13,24	13,58	13,95	14,33	14,74	15,17	15,63	16,90	18,40	20,20	22,37	25,08	28,52	33,07	β	**0,110**
164,2	161,6	159,4	157,6	156,0	154,9	154,0	153,5	153,4	155,3	159,1	165,4	174,6	187,6	206,2	γ	
5,31	5,47	5,64	5,82	6,01	6,21	6,43	6,67	7,33	8,15	9,17	10,48	12,22	14,67	18,33	α	
13,98	14,40	14,84	15,32	15,82	16,35	16,93	17,54	19,30	21,44	24,12	27,57	32,16	38,60	48,25	β	**0,120**
173,9	171,9	170,3	169,1	168,4	168,0	168,0	168,4	171,2	176,8	183,6	199,3	218,9	248,2	294,0	γ	
6,01	6,25	6,52	6,80	7,12	7,46	7,85	8,27	9,56	11,32	13,87	17,92	25,29	43,00	123,3	α	
16,68	17,36	18,10	18,90	19,78	20,74	21,80	22,97	26,54	31,43	38,53	49,77	70,26	119,4	398,2	β	**0,140**
198,2	197,9	198,3	199,3	201,0	203,4	206,6	210,6	224,9	247,6	283,5	343,5	456,7	733,6	2318	γ	
6,95	7,34	7,78	8,27	8,82	9,46	10,19	11,05	14,00	19,09	30,00	70,00				α	
20,45	21,60	22,88	24,32	25,95	27,82	29,98	32,51	41,18	56,15	88,24	205,9				β	**0,160**
231,8	234,9	239,1	244,7	251,7	260,4	271,1	284,4	332,9	422,0	619,4	1356				γ	
8,33	8,99	9,76	10,68	11,78	13,14	14,86	17,08	27,33	68,33						α	
26,04	28,10	30,51	33,36	36,82	41,06	46,42	53,38	85,42	213,5						β	**0,180**
281,2	291,2	303,9	319,9	340,2	366,2	400,0	445,0	658,1	1529						γ	
10,53	11,76	13,33	15,38	18,18	22,22	28,57	40,00								α	
35,09	39,22	44,44	51,28	60,61	74,07	95,24	133,3								β	**0,200**
360,7	386,8	421,4	468,0	533,1	628,8	781,2	1058								γ	

Tafel 120

Symmetrisch bewehrte Rechteckquerschnitte bei

Die Betondruckspannung in kg/cm² ist: bei Biegung mit Druck: $\sigma_b = (\alpha + \beta \cdot e) \cdot \frac{P}{10000 \cdot b}$;

bei Biegung mit Zug: $\sigma_b = (-\alpha + \beta \cdot e) \cdot \frac{P}{10000 \cdot b}$;

Die Eisenzugspannung ist: $\sigma_e = r \cdot \sigma_b$;

e = Ausmitte (Exzentrizität) in m; man beachte die Grenzwerte.
Bedeutung der Schriftarten: es gelten die Ziffern
12345 bei Biegung mit Druck oder Biegung mit Zug;
12345 nur bei Biegung mit Druck;
12345 nur bei Biegung mit Zug.

Die e-Werte *links* der starken Linien sind die Größt- bzw. Kleinstwerte der Kleinstwerte, und zwar die oberen bei Biegung

d φ	r =	6	7	8	9	10	11	12	13	14	15	16	18	20	22	24
	e	0,131	0,191	0,324	r = 9,60		*0,418*	*0,253*	*0,186*	*0,148*	*0,125*	*0,109*	*0,089*	*0,076*	*0,067*	*0,061*
0,11		0,034	0,035	0,035	0,037		0,038	0,038	0,039	0,039	0,040	0,040	0,041	0,042	0,043	0,043
	α	41,67	39,71	38,17	36,36		**35,26**	**34,67**	**34,22**	**33,87**	**33,61**	**33,43**	**33,25**	**33,26**	**33,41**	**33,68**
0,180	β	−317,1	−208,3	−117,9	0		**84,28**	**136,8**	**184,4**	**228,1**	**268,6**	**306,4**	**375,7**	**438,7**	**497,1**	**551,9**
	γ	−73,38	−96,98	−150,7	$\varkappa$ = 406,9		**152,4**	**85,61**	**58,27**	**43,47**	**34,24**	**27,96**	**20,01**	**15,24**	**12,09**	**9,88**
	δ	−22,78	−31,54	−51,25	λ = 14,92		**58,57**	**34,17**	**24,12**	**18,64**	**15,18**	**12,81**	**9,76**	**7,88**	**6,61**	**5,69**
	e	0,139	0,191	0,290	0,555	r = 10,20		*0,416*	*0,277*	*0,212*	*0,173*	*0,148*	*0,117*	*0,099*	*0,087*	*0,078*
0,12		0,036	0,037	0,038	0,039	0,040		0,041	0,042	0,043	0,043	0,044	0,045	0,046	0,046	0,047
	α	37,51	36,12	35,02	34,14	33,33		**32,49**	**32,17**	**31,93**	**31,77**	**31,66**	**31,61**	**31,70**	**31,92**	**32,23**
0,160	β	−270,4	−189,4	−120,7	−61,54	0		**78,06**	**115,9**	**150,8**	**183.2**	**213,5**	**269,3**	**320,0**	**367,0**	**411,1**
	γ	−72,00	−90,20	−125,5	−220,5	$\varkappa$ = 360,4		**130,7**	**81,00**	**57,63**	**44,10**	**35,32**	**24,67**	**18,51**	**14,55**	**11,80**
	δ	−20,00	−26,25	−38,18	−70,00	λ = 14,42		**46,67**	**30,00**	**22,10**	**17,50**	**14,48**	**10,77**	**8,57**	**7,12**	**6,09**
	e	0,150	0,207	0,314	0,601	r = 10,20		*0,451*	*0,301*	*0,229*	*0,188*	*0,161*	*0,127*	*0,107*	*0,094*	*0,085*
0,13		0,039	0,040	0,041	0,042	0,043		0,045	0,046	0,046	0,047	0,047	0,048	0,049	0,050	0,051
	α	34,63	33,35	32,33	31,52	30,77		**29,99**	**29,69**	**29,48**	**29,32**	**29,23**	**29,18**	**29,27**	**29,47**	**29,75**
0,160	β	−230,4	−161,4	−102,9	−52,43	0		**66,52**	**98,79**	**128,5**	**156,1**	**181,9**	**229,4**	**272,6**	**312,7**	**350,3**
	γ	−78,00	−97,72	−136,0	−238,9	$\varkappa$ = 360,4		**141,6**	**87,75**	**62,43**	**47,78**	**38,26**	**26,73**	**20,06**	**15,76**	**12,78**
	δ	−20,00	−26,25	−38,18	−70,00	λ = 15,62		**46,67**	**30,00**	**22,10**	**17,50**	**14,48**	**10,77**	**8,57**	**7,12**	**6,09**
	e	0,159	0,210	0,298	0,484	r = 10,80		*0,816*	*0,462*	*0,329*	*0,259*	*0,216*	*0,166*	*0,138*	*0,120*	*0.107*
0,14		0,041	0,043	0,044	0,045	0,047		0,048	0,049	0,049	0,050	0,051	0,052	0,053	0,054	0,055
	α	31,44	30,57	29,86	29,30	28,57		**28,25**	**28,06**	**27,93**	**27,86**	**27,82**	**27,87**	**28,04**	**28,29**	**28,62**
0,140	β	−198,0	−145,5	−100,2	−60,55	0		**34,60**	**60,76**	**84,94**	**107,5**	**128,6**	**167,6**	**203,1**	**236,0**	**267,0**
	γ	−77,04	−92,89	−120,6	−179,8	$\varkappa$ = 321,5		**239,7**	**126,1**	**83,68**	**61,63**	**48,18**	**32,68**	**24,12**	**18,74**	**15,08**
	δ	−17,92	−22,63	−30,71	−47,78	λ = 15,00		**71,67**	**39,09**	**26,87**	**20,48**	**16,54**	**11,94**	**9,35**	**7,68**	**6,52**
	e	0,170	0,225	0,319	0,518	r = 10,80		*0,875*	*0,495*	*0,352*	*0,278*	*0,232*	*0,178*	*0,148*	*0,128*	*0,115*
0,15		0,044	0,046	0,047	0,048	0,050		0,051	0,052	0,053	0,054	0,054	0,055	0,057	0,058	0,058
	α	29,34	28,53	27,87	27,34	26,67		**26,37**	**26,19**	**26,07**	**26,00**	**25,97**	**26,01**	**26,17**	**26,41**	**26,71**
0,140	β	−172,5	−126,7	−87,27	−52,75	0		**30,14**	**52,93**	**73,99**	**93,62**	**112,0**	**146,0**	**176,9**	**205,6**	**232,6**
	γ	−82,54	−99,53	−129,2	−192,6	$\varkappa$ = 321,5		**256,8**	**135,1**	**89,66**	**66,04**	**51,62**	**35,02**	**25,84**	**20,08**	**16,16**
	δ	−17,92	−22,63	−30,71	−47,78	λ = 16,08		**71,67**	**39,09**	**26,87**	**20,48**	**16,54**	**11,94**	**9,35**	**7,68**	**6,52**
	e	0,180	0,231	0,313	0,462	0,825	r = 11,40		*0,809*	*0,515*	*0,385*	*0,311*	*0,231*	*0,188*	*0,161*	*0,143*
0,16		0,047	0,048	0,049	0,051	0,052	0,053		0,055	0,056	0,057	0,057	0,059	0,060	0,060	0,062
	α	26,82	26,30	25,87	25,52	25,26	25,00		**24,83**	**24,78**	**24,77**	**24,79**	**24,92**	**25,14**	**25,42**	**25,77**
0,120	β	−149,3	−113,8	−82,75	−55,24	−30,62	0		**30,71**	**48,08**	**64,33**	**79,62**	**107,9**	**133,7**	**157,6**	**180,2**
	γ	−81,95	−96,00	−118,8	−161,3	−265,5	$\varkappa$ = 288,6		**207,4**	**123,2**	**86,04**	**65,17**	**42,67**	**30,87**	**23,69**	**18,91**
	δ	−16,30	−20,00	−25,88	−36,67	−62,86	λ = 15,39		**55,00**	**33,85**	**24,44**	**19,13**	**13,33**	**10,23**	**8,30**	**6,98**
	e	0,191	0,245	0,332	0,491	0,877	r = 11,40		*0,859*	*0,548*	*0,409*	*0,331*	*0,245*	*0,200*	*0,171*	*0,152*
0,17		0,049	0,051	0,052	0,054	0,055	0,057		0,058	0,059	0,060	0,061	0,062	0,064	0,065	0,066
	α	25,25	24,75	24,34	24,02	23,78	23,53		**23,37**	**23,32**	**23,31**	**23,34**	**23,46**	**23,66**	**23,93**	**24,25**
0,120	β	−132,2	−100,8	−73,30	−48,93	−27,12	0		**27,20**	**42,59**	**56,99**	**70,53**	**95,55**	**118,4**	**139,6**	**159,6**
	γ	−87,07	−102,0	−126,3	−171,4	−282,1	$\varkappa$ = 288,6		**220,4**	**131,0**	**91,42**	**69,24**	**45,33**	**32,80**	**25,18**	**20,09**
	δ	−16,30	−20,00	−25,88	−36,67	−62,86	λ = 16,35		**55,00**	**33,85**	**24,44**	**19,13**	**13,33**	**10,23**	**8,30**	**6,98**
	e	0,202	0,256	0,340	0,487	0,805	r = 11,70		*1,18*	*0,690*	*0,498*	*0,395*	*0,287*	*0,231*	*0,197*	*0,174*
0,18		0,052	0,054	0,055	0,057	0,058	0,060		0,061	0,062	0,063	0,064	0,066	0,067	0,068	0,070
	α	23,52	23,15	22,85	22,60	22,42	22,22		**22,15**	**22,14**	**22,15**	**22,19**	**22,34**	**22,57**	**22,85**	**23,18**
0,110	β	−116,6	−90,33	−67,12	−46,44	−27,84	0		**18,78**	**32,06**	**44,50**	**56,22**	**77,91**	**97,75**	**116,2**	**133,5**
	γ	−89,33	−103,4	−125,6	−165,0	−251,6	$\varkappa$ = 273,9		**293,8**	**160,3**	**108,0**	**80,22**	**51,44**	**36,81**	**28,06**	**22,29**
	δ	−15,61	−18,94	−24,05	−32,96	−52,35	λ = 16,44		**68,46**	**38,70**	**26,97**	**20,70**	**14,13**	**10,72**	**8,64**	**7,24**
	e	0,213	0,271	0,359	0,514	0,850	r = 11,70		*1,24*	*0,729*	*0,525*	*0,417*	*0,303*	*0,244*	*0,208*	*0,183*
0,19		0,055	0,057	0,058	0,060	0,061	0,063		0,065	0,066	0,067	0,068	0,069	0,071	0,072	0,073
	α	22,29	21,93	21,64	21,42	21,24	21,05		**20,98**	**20,97**	**20,98**	**21,02**	**21,17**	**21,38**	**21,65**	**21,96**
0,110	β	−104,7	−81,07	−60,24	−41,68	−24,99	0		**16,86**	**28,78**	**38,94**	**50,46**	**69,92**	**87,73**	**104,3**	**119,8**
	γ	−94,30	−109,2	−132,6	−174,2	−265,6	$\varkappa$ = 273,9		**310,1**	**169,2**	**114,0**	**84,68**	**54,29**	**38,86**	**29,62**	**23,53**
	δ	−15,61	−18,94	−24,05	−32,96	−52,35	λ = 17,35		**68,46**	**38,70**	**26,97**	**20,70**	**14,13**	**10,72**	**8,64**	**7,24**
		← Nur Biegung mit Druck →							← Biegung mit Druck							

Biegung mit Längskraft im Zustand II

die Bewehrung in cm² ist: bei Biegung mit Druck: $F_e = F'_e = \gamma \cdot b - \delta \cdot \frac{P}{100 \cdot \sigma_b}$

oder $F_e = F'_e = b\,(\varkappa \cdot e - \lambda)$;

bei Biegung mit Zug: $F_e = F'_e = \gamma \cdot b + \delta \cdot \frac{P}{100 \cdot \sigma_b}$;

P = Längskraft (Druck- oder Zugkraft) in kg;
d = Querschnittsabmessung in der Kraftebene in m;
b = Querschnittsabmessung normal zur Kraftebene in m;
h' = Abstand des Schwerpunktes der Bewehrung vom nächsten Querschnittsrand;
$\varphi = \frac{h'}{d}$.

Ausmitte bei Biegung mit Druck; *rechts* der starken Linien sind alle e-Werte mit Zug, die unteren bei Biegung mit Druck.

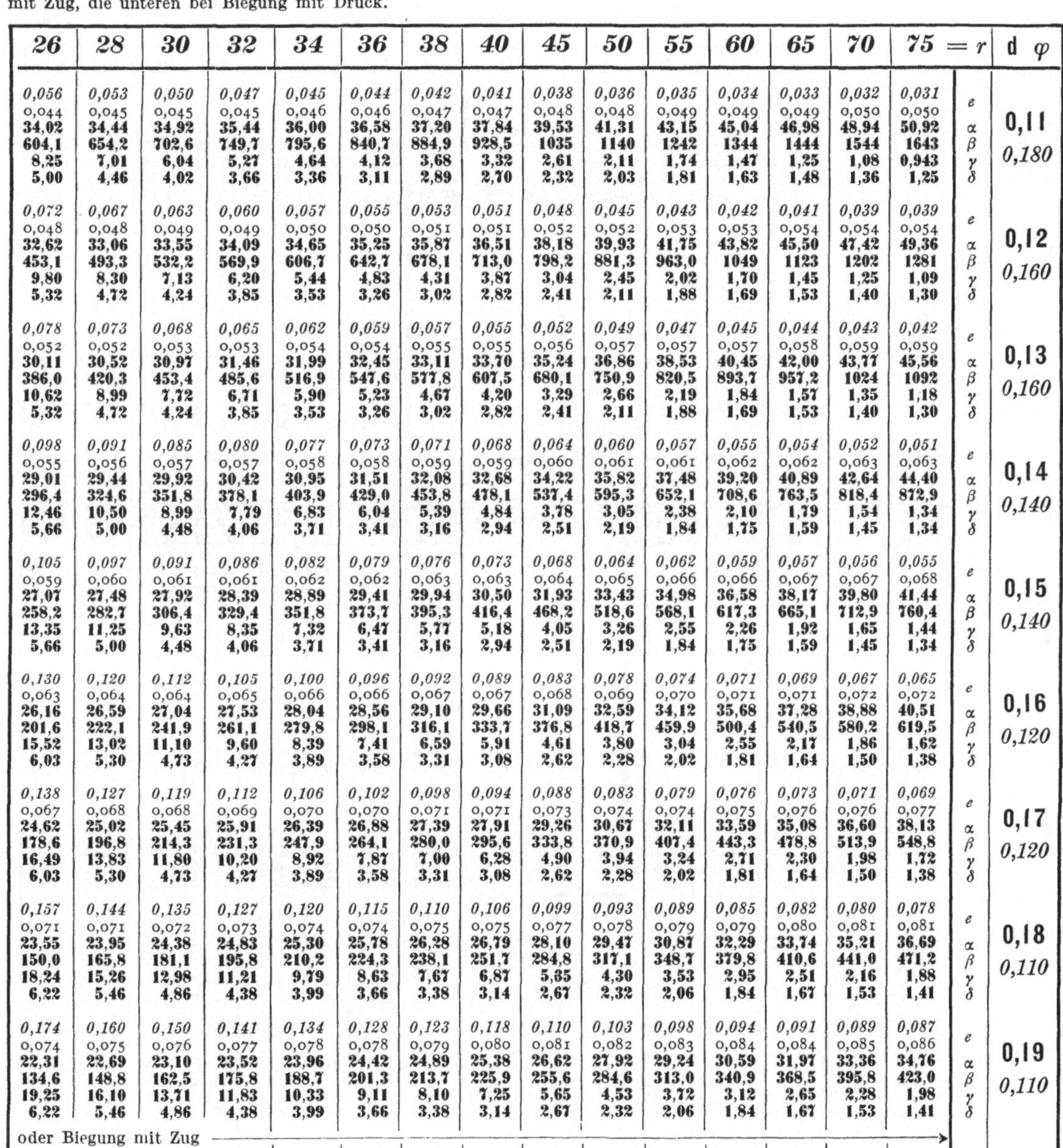

26	28	30	32	34	36	38	40	45	50	55	60	65	70	75 = r		d φ
0,056	*0,053*	*0,050*	*0,047*	*0,045*	*0,044*	*0,042*	*0,041*	*0,038*	*0,036*	*0,035*	*0,034*	*0,033*	*0,032*	*0,031*	e	
0,044	0,045	0,045	0,045	0,046	0,046	0,047	0,047	0,048	0,048	0,049	0,049	0,049	0,050	0,050		
34,02	**34,44**	**34,92**	**35,44**	**36,00**	**36,58**	**37,20**	**37,84**	**39,53**	**41,31**	**43,15**	**45,04**	**46,98**	**48,94**	**50,92**	α	**0,11**
604,1	**654,2**	**702,6**	**749,7**	**795,6**	**840,7**	**884,9**	**928,5**	**1035**	**1140**	**1242**	**1344**	**1444**	**1544**	**1643**	β	
8,25	**7,01**	**6,04**	**5,27**	**4,64**	**4,12**	**3,68**	**3,32**	**2,61**	**2,11**	**1,74**	**1,47**	**1,25**	**1,08**	**0,943**	γ	*0,180*
5,00	**4,46**	**4,02**	**3,66**	**3,36**	**3,11**	**2,89**	**2,70**	**2,32**	**2,03**	**1,81**	**1,63**	**1,48**	**1,36**	**1,25**	δ	
0,072	*0,067*	*0,063*	*0,060*	*0,057*	*0,055*	*0,053*	*0,051*	*0,048*	*0,045*	*0,043*	*0,042*	*0,041*	*0,039*	*0,039*	e	
0,048	0,048	0,049	0,049	0,050	0,050	0,051	0,051	0,052	0,052	0,053	0,053	0,054	0,054	0,054		
32,62	**33,06**	**33,55**	**34,09**	**34,65**	**35,25**	**35,87**	**36,51**	**38,18**	**39,93**	**41,75**	**43,82**	**45,50**	**47,42**	**49,36**	α	**0,12**
453,1	**493,3**	**532,2**	**569,9**	**606,7**	**642,7**	**678,1**	**713,0**	**798,2**	**881,3**	**963,0**	**1049**	**1123**	**1202**	**1281**	β	
9,80	**8,30**	**7,13**	**6,20**	**5,44**	**4,83**	**4,31**	**3,87**	**3,04**	**2,45**	**2,02**	**1,70**	**1,45**	**1,25**	**1,09**	γ	*0,160*
5,32	**4,72**	**4,24**	**3,85**	**3,53**	**3,26**	**3,02**	**2,82**	**2,41**	**2,11**	**1,88**	**1,69**	**1,53**	**1,40**	**1,30**	δ	
0,078	*0,073*	*0,068*	*0,065*	*0,062*	*0,059*	*0,057*	*0,055*	*0,052*	*0,049*	*0,047*	*0,045*	*0,044*	*0,043*	*0,042*	e	
0,052	0,052	0,053	0,053	0,054	0,054	0,055	0,055	0,056	0,057	0,057	0,057	0,058	0,059	0,059		
30,11	**30,52**	**30,97**	**31,46**	**31,99**	**32,45**	**33,11**	**33,70**	**35,24**	**36,86**	**38,53**	**40,45**	**42,00**	**43,77**	**45,56**	α	**0,13**
386,0	**420,3**	**453,4**	**485,6**	**516,9**	**547,6**	**577,8**	**607,5**	**680,1**	**750,9**	**820,5**	**893,7**	**957,2**	**1024**	**1092**	β	
10,62	**8,99**	**7,72**	**6,71**	**5,90**	**5,23**	**4,67**	**4,20**	**3,29**	**2,66**	**2,19**	**1,84**	**1,57**	**1,35**	**1,18**	γ	*0,160*
5,32	**4,72**	**4,24**	**3,85**	**3,53**	**3,26**	**3,02**	**2,82**	**2,41**	**2,11**	**1,88**	**1,69**	**1,53**	**1,40**	**1,30**	δ	
0,098	*0,091*	*0,085*	*0,080*	*0,077*	*0,073*	*0,071*	*0,068*	*0,064*	*0,060*	*0,057*	*0,055*	*0,054*	*0,052*	*0,051*	e	
0,055	0,056	0,057	0,057	0,058	0,058	0,059	0,059	0,060	0,061	0,061	0,062	0,062	0,063	0,063		
29,01	**29,44**	**29,92**	**30,42**	**30,95**	**31,51**	**32,08**	**32,68**	**34,22**	**35,82**	**37,48**	**39,20**	**40,89**	**42,64**	**44,40**	α	**0,14**
296,4	**324,6**	**351,8**	**378,1**	**403,9**	**429,0**	**453,8**	**478,1**	**537,4**	**595,3**	**652,1**	**708,6**	**763,5**	**818,4**	**872,9**	β	
12,46	**10,50**	**8,99**	**7,79**	**6,83**	**6,04**	**5,39**	**4,84**	**3,78**	**3,05**	**2,38**	**2,10**	**1,79**	**1,54**	**1,34**	γ	*0,140*
5,66	**5,00**	**4,48**	**4,06**	**3,71**	**3,41**	**3,16**	**2,94**	**2,51**	**2,19**	**1,84**	**1,75**	**1,59**	**1,45**	**1,34**	δ	
0,105	*0,097*	*0,091*	*0,086*	*0,082*	*0,079*	*0,076*	*0,073*	*0,068*	*0,064*	*0,062*	*0,059*	*0,057*	*0,056*	*0,055*	e	
0,059	0,060	0,061	0,061	0,062	0,062	0,063	0,063	0,064	0,065	0,066	0,066	0,067	0,067	0,068		
27,07	**27,48**	**27,92**	**28,39**	**28,89**	**29,41**	**29,94**	**30,50**	**31,93**	**33,43**	**34,98**	**36,58**	**38,17**	**39,80**	**41,44**	α	**0,15**
258,2	**282,7**	**306,4**	**329,4**	**351,8**	**373,7**	**395,3**	**416,4**	**468,2**	**518,6**	**568,1**	**617,3**	**665,1**	**712,9**	**760,4**	β	
13,35	**11,25**	**9,63**	**8,35**	**7,32**	**6,47**	**5,77**	**5,18**	**4,05**	**3,26**	**2,55**	**2,26**	**1,92**	**1,65**	**1,44**	γ	*0,140*
5,66	**5,00**	**4,48**	**4,06**	**3,71**	**3,41**	**3,16**	**2,94**	**2,51**	**2,19**	**1,84**	**1,75**	**1,59**	**1,45**	**1,34**	δ	
0,130	*0,120*	*0,112*	*0,105*	*0,100*	*0,096*	*0,092*	*0,089*	*0,083*	*0,078*	*0,074*	*0,071*	*0,069*	*0,067*	*0,065*	e	
0,063	0,064	0,064	0,065	0,066	0,066	0,067	0,067	0,068	0,069	0,070	0,071	0,071	0,072	0,072		
26,16	**26,59**	**27,04**	**27,53**	**28,04**	**28,56**	**29,10**	**29,66**	**31,09**	**32,59**	**34,12**	**35,68**	**37,28**	**38,88**	**40,51**	α	**0,16**
201,6	**222,1**	**241,9**	**261,1**	**279,8**	**298,1**	**316,1**	**333,7**	**376,8**	**418,7**	**459,9**	**500,4**	**540,5**	**580,2**	**619,5**	β	
15,52	**13,02**	**11,10**	**9,60**	**8,39**	**7,41**	**6,59**	**5,91**	**4,61**	**3,80**	**3,04**	**2,55**	**2,17**	**1,86**	**1,62**	γ	*0,120*
6,03	**5,30**	**4,73**	**4,27**	**3,89**	**3,58**	**3,31**	**3,08**	**2,62**	**2,28**	**2,02**	**1,81**	**1,64**	**1,50**	**1,38**	δ	
0,138	*0,127*	*0,119*	*0,112*	*0,106*	*0,102*	*0,098*	*0,094*	*0,088*	*0,083*	*0,079*	*0,076*	*0,073*	*0,071*	*0,069*	e	
0,067	0,068	0,068	0,069	0,070	0,070	0,071	0,071	0,073	0,074	0,074	0,075	0,076	0,076	0,077		
24,62	**25,02**	**25,45**	**25,91**	**26,39**	**26,88**	**27,39**	**27,91**	**29,26**	**30,67**	**32,11**	**33,59**	**35,08**	**36,60**	**38,13**	α	**0,17**
178,6	**196,8**	**214,3**	**231,3**	**247,9**	**264,1**	**280,0**	**295,6**	**333,8**	**370,9**	**407,4**	**443,3**	**478,8**	**513,9**	**548,8**	β	
16,49	**13,83**	**11,80**	**10,20**	**8,92**	**7,87**	**7,00**	**6,28**	**4,90**	**3,94**	**3,24**	**2,71**	**2,30**	**1,98**	**1,72**	γ	*0,120*
6,03	**5,30**	**4,73**	**4,27**	**3,89**	**3,58**	**3,31**	**3,08**	**2,62**	**2,28**	**2,02**	**1,81**	**1,64**	**1,50**	**1,38**	δ	
0,157	*0,144*	*0,135*	*0,127*	*0,120*	*0,115*	*0,110*	*0,106*	*0,099*	*0,093*	*0,089*	*0,085*	*0,082*	*0,080*	*0,078*	e	
0,071	0,071	0,072	0,073	0,074	0,074	0,075	0,075	0,077	0,078	0,079	0,079	0,080	0,081	0,081		
23,55	**23,95**	**24,38**	**24,83**	**25,30**	**25,78**	**26,28**	**26,79**	**28,10**	**29,47**	**30,87**	**32,29**	**33,74**	**35,21**	**36,69**	α	**0,18**
150,0	**165,8**	**181,1**	**195,8**	**210,2**	**224,3**	**238,1**	**251,7**	**284,8**	**317,1**	**348,7**	**379,8**	**410,6**	**441,0**	**471,2**	β	
18,24	**15,26**	**12,98**	**11,21**	**9,79**	**8,63**	**7,67**	**6,87**	**5,35**	**4,30**	**3,53**	**2,95**	**2,51**	**2,16**	**1,88**	γ	*0,110*
6,22	**5,46**	**4,86**	**4,38**	**3,99**	**3,66**	**3,38**	**3,14**	**2,67**	**2,32**	**2,06**	**1,84**	**1,67**	**1,53**	**1,41**	δ	
0,174	*0,160*	*0,150*	*0,141*	*0,134*	*0,128*	*0,123*	*0,118*	*0,110*	*0,103*	*0,098*	*0,094*	*0,091*	*0,089*	*0,087*	e	
0,074	0,075	0,076	0,077	0,078	0,078	0,079	0,080	0,081	0,082	0,083	0,084	0,084	0,085	0,086		
22,31	**22,69**	**23,10**	**23,52**	**23,96**	**24,42**	**24,89**	**25,38**	**26,62**	**27,92**	**29,24**	**30,59**	**31,97**	**33,36**	**34,76**	α	**0,19**
134,6	**148,8**	**162,5**	**175,8**	**188,7**	**201,3**	**213,7**	**225,9**	**255,6**	**284,6**	**313,0**	**340,9**	**368,5**	**395,8**	**423,0**	β	
19,25	**16,10**	**13,71**	**11,83**	**10,33**	**9,11**	**8,10**	**7,25**	**5,65**	**4,53**	**3,72**	**3,12**	**2,65**	**2,28**	**1,98**	γ	*0,110*
6,22	**5,46**	**4,86**	**4,38**	**3,99**	**3,66**	**3,38**	**3,14**	**2,67**	**2,32**	**2,06**	**1,84**	**1,67**	**1,53**	**1,41**	δ	

oder Biegung mit Zug →

Tafel 121 Symmetrisch bewehrte Rechteckquerschnitte bei

Die Betondruckspannung in kg/cm² ist: bei Biegung mit Druck: $\sigma_b = (\alpha + \beta \cdot e) \cdot \frac{P}{10000 \cdot b}$;

bei Biegung mit Zug: $\sigma_b = (-\alpha + \beta \cdot e) \cdot \frac{P}{10000 \cdot b}$;

Die Eisenzugspannung ist: $\sigma_e = r \cdot \sigma_b$;

e = Ausmitte (Exzentrizität) in m; man beachte die Grenzwerte.
Bedeutung der Schriftarten: es gelten die Ziffern
12345 bei Biegung mit Druck oder Biegung mit Zug;
12345 nur bei Biegung mit Druck;
12345 nur bei Biegung mit Zug.

Die e-Werte *links* der starken Linien sind die Größt- bzw. Kleinstwerte der Kleinstwerte, und zwar die oberen bei Biegung

d φ	r =	6	7	8	9	10	11	12	13	14	15	16	18	20	22	24
0,20	e	0,224	0,282	0,368	0,512	0,800	1,664		*1,79*	*0,928*	*0,640*	*0,496*	*0,352*	*0,280*	*0,237*	*0,208*
0,100		0,057	0,059	0,061	0,063	0,064	0,065	0,067	0,068	0,069	0,070	0,071	0,073	0,074	0,076	0,077
	α	20,88	20,62	20,41	20,25	20,13	20,05	20,00	**19,98**	**20,00**	**20,03**	**20,09**	**20,26**	**20,49**	**20,77**	**21,09**
	β	−93,23	−73,24	−55,47	−39,55	−25,16	−12,05	0	**11,15**	**21,55**	**31,30**	**40,50**	**57,55**	**73,18**	**87,71**	**101,4**
	γ	−96,43	−110,4	−132,1	−168,8	−243,0	−467,3	$\varkappa$ = 260,4	**433,9**	**209,5**	**135,0**	**97,98**	**61,36**	**43,39**	**32,84**	**25,96**
	δ	−15,00	−18,00	−22,50	−30,00	−45,00	−90,00	λ = 17,36	**90,00**	**45,00**	**30,00**	**22,50**	**15,00**	**11,25**	**9,00**	**7,50**
0,22	e	0,247	0,307	0,396	0,538	0,804	1,479	r = 12,30		*1,26*	*0,822*	*0,620*	*0,428*	*0,336*	*0,282*	*0,247*
0,090		0,062	0,065	0,067	0,068	0,070	0,072	0,073		0,076	0,077	0,078	0,080	0,081	0,083	0,084
	α	18,72	18,55	18,41	18,31	18,24	18,20	18,18		**18,22**	**18,28**	**18,34**	**18,53**	**18,77**	**19,04**	**19,35**
	β	−75,92	−60,42	−46,54	−34,04	−22,68	−12,30	0		**14,44**	**22,24**	**29,60**	**43,27**	**55,82**	**67,50**	**78,50**
	γ	−103,3	−117,2	−138,2	−172,5	−237,6	−404,2	$\varkappa$ = 247,9		**277,2**	**168,7**	**119,1**	**72,64**	**50,70**	**38,07**	**29,94**
	δ	−14,44	−17,17	−21,16	−27,58	−39,56	−70,00	λ = 18,18		**53,53**	**33,70**	**24,59**	**15,96**	**11,82**	**9,38**	**7,78**
0,24	e	0,269	0,335	0,432	0,587	0,877	1,614	r = 12,30		*1,38*	*0,897*	*0,676*	*0,467*	*0,367*	*0,308*	*0,269*
0,090		0,068	0,070	0,073	0,075	0,076	0,078	0,080		0,082	0,084	0,085	0,087	0,089	0,091	0,092
	α	17,16	17,00	16,88	16,78	16,72	16,68	16,67		**16,70**	**16,75**	**16,82**	**16,99**	**17,20**	**17,46**	**17,74**
	β	−63,80	−50,76	−39,10	−28,60	−19,06	−10,34	0		**12,14**	**18,69**	**24,88**	**36,36**	**46,90**	**56,72**	**65,96**
	γ	−112,7	−127,8	−150,7	−188,2	−259,2	−441,0	$\varkappa$ = 247,9		**302,3**	**184,0**	**130,0**	**79,24**	**55,31**	**41,53**	**32,67**
	δ	−14,44	−17,17	−21,16	−27,58	−39,56	−70,00	λ = 19,83		**53,53**	**33,70**	**24,59**	**15,96**	**11,82**	**9,38**	**7,78**
0,26	e	0,292	0,375	0,508	0,751	1,341		r = 11,40	*1,31*	*0,838*	*0,626*	*0,506*	*0,375*	*0,306*	*0,262*	*0,232*
0,120		0,076	0,078	0,080	0,082	0,084		0,087	0,089	0,091	0,092	0,093	0,095	0,097	0,099	0,101
	α	16,51	16,18	15,92	15,71	15,54		15,38	**15,28**	**15,25**	**15,24**	**15,26**	**15,34**	**15,47**	**15,65**	**15,86**
	β	−56,53	−43,10	−31,34	−20,92	−11,59		0	**11,63**	**18,21**	**24,36**	**30,15**	**40,85**	**50,62**	**59,70**	**68,23**
	γ	−133,2	−156,0	−193,1	−262,2	−431,4		$\varkappa$ = 288,6	**337,1**	**200,3**	**139,8**	**105,9**	**69,33**	**50,17**	**38,50**	**30,73**
	δ	−16,30	−20,00	−25,88	−36,67	−62,86		λ = 25,01	**55,00**	**33,85**	**24,44**	**19,13**	**13,33**	**10,23**	**8,30**	**6,98**
0,28	e	0,314	0,404	0,547	0,809	1,444		r = 11,40	*1,42*	*0,902*	*0,674*	*0,545*	*0,404*	*0,329*	*0,282*	*0,250*
0,120		0,081	0,084	0,086	0,089	0,091		0,093	0,096	0,098	0,099	0,100	0,103	0,105	0,107	0,108
	α	15,33	15,03	14,78	14,59	14,44		14,29	**14,19**	**14,16**	**14,16**	**14,17**	**14,24**	**14,36**	**14,53**	**14,72**
	β	−48,74	−37,16	−27,02	−18,04	−10,00		0	**10,03**	**15,70**	**21,01**	**26,00**	**35,22**	**43,65**	**51,47**	**58,83**
	γ	−143,4	−168,0	−208,0	−282,3	−464,6		$\varkappa$ = 288,6	**363,0**	**215,7**	**150,6**	**114,0**	**74,67**	**54,03**	**41,46**	**33,10**
	δ	−16,30	−20,00	−25,88	−36,67	−62,86		λ = 26,93	**55,00**	**33,85**	**24,44**	**19,13**	**13,33**	**10,23**	**8,30**	**6,98**
0,30	e	0,336	0,427	0,567	0,811	1,342		r = 11,70	*1,97*	*1,15*	*0,830*	*0,658*	*0,478*	*0,385*	*0,328*	*0,289*
0,110		0,086	0,089	0,092	0,094	0,097		0,100	0,102	0,104	0,106	0,107	0,110	0,112	0,114	0,116
	α	14,12	13,89	13,71	13,56	13,45		13,33	**13,29**	**13,28**	**13,29**	**13,32**	**13,41**	**13,54**	**13,71**	**13,91**
	β	−41,98	−32,52	−24,16	−16,72	−10,02		0	**6,76**	**11,54**	**16,02**	**20,24**	**28,05**	**35,19**	**41,83**	**48,07**
	γ	−148,9	−172,4	−209,4	−275,0	−419,3		$\varkappa$ = 273,9	**489,6**	**267,2**	**180,0**	**133,7**	**85,72**	**61,35**	**46,76**	**37,15**
	δ	−15,61	−18,94	−24,05	−32,96	−52,35		λ = 27,39	**68,46**	**38,70**	**26,97**	**20,70**	**14,13**	**10,72**	**8,64**	**7,24**
0,32	e	0,359	0,456	0,605	0,865	1,432		r = 11,70	*2,10*	*1,23*	*0,885*	*0,702*	*0,510*	*0,410*	*0,350*	*0,309*
0,110		0,092	0,095	0,098	0,101	0,103		0,107	0,109	0,111	0,113	0,114	0,117	0,119	0,122	0,124
	α	13,23	13,02	12,85	12,72	12,61		12,50	**12,46**	**12,45**	**12,46**	**12,48**	**12,57**	**12,70**	**12,86**	**13,04**
	β	−36,90	−28,58	−21,24	−14,69	−8,81		0	**5,94**	**10,14**	**14,08**	**17,79**	**24,65**	**30,93**	**36,76**	**42,25**
	γ	−158,8	−183,8	−223,4	−293,4	−447,3		$\varkappa$ = 273,9	**522,3**	**285,0**	**192,0**	**142,6**	**91,44**	**65,44**	**49,88**	**39,63**
	δ	−15,61	−18,94	−24,05	−32,96	−52,35		λ = 29,22	**68,46**	**38,70**	**26,97**	**20,70**	**14,13**	**10,72**	**8,64**	**7,24**
0,34	e	0,381	0,479	0,626	0,870	1,360	2,829		*3,05*	*1,58*	*1,08*	*0,843*	*0,598*	*0,476*	*0,403*	*0,354*
0,100		0,097	0,101	0,104	0,106	0,109	0,111	0,113	0,115	0,117	0,119	0,121	0,124	0,126	0,129	0,131
	α	12,28	12,13	12,01	11,91	11,84	11,79	11,76	**11,76**	**11,76**	**11,78**	**11,82**	**11,92**	**12,05**	**12,22**	**12,40**
	β	−32,26	−25,34	−19,19	−13,68	−8,71	−4,17	0	**3,86**	**7,46**	**10,83**	**14,01**	**19,91**	**25,32**	**30,35**	**35,08**
	γ	−163,9	−187,8	−224,5	−286,9	−413,1	−794,4	$\varkappa$ = 260,4	**737,7**	**356,1**	**229,5**	**166,6**	**104,3**	**73,77**	**55,82**	**44,14**
	δ	−15,00	−18,00	−22,50	−30,00	−45,00	−90,00	λ = 29,51	**90,00**	**45,00**	**30,00**	**22,50**	**15,00**	**11,25**	**9,00**	**7,50**
0,36	e	0,403	0,507	0,662	0,922	1,440	2,995		*3,23*	*1,67*	*1,15*	*0,893*	*0,634*	*0,504*	*0,426*	*0,374*
0,100		0,103	0,106	0,110	0,113	0,115	0,118	0,120	0,122	0,124	0,126	0,128	0,131	0,134	0,136	0,138
	α	11,60	11,46	11,34	11,25	11,18	11,14	11,10	**11,10**	**11,11**	**11,13**	**11,16**	**11,25**	**11,38**	**11,54**	**11,72**
	β	−28,77	−22,60	−17,12	−12,21	−7,76	−3,72	0	**3,44**	**6,65**	**9,66**	**12,50**	**17,76**	**22,58**	**27,07**	**31,29**
	γ	−173,6	−198,8	−237,7	−303,8	−437,4	−841,1	$\varkappa$ = 260,4	**781,1**	**377,1**	**243,0**	**176,4**	**110,4**	**78,11**	**59,11**	**46,73**
	δ	−15,00	−18,00	−22,50	−30,00	−45,00	−90,00	λ = 31,25	**90,00**	**45,00**	**30,00**	**22,50**	**15,00**	**11,25**	**9,00**	**7,50**
		← Nur Biegung mit Druck →							← Biegung mit Druck							

Biegung mit Längskraft im Zustand II

die Bewehrung in cm² ist: bei Biegung mit Druck: $F_e = F'_e = \gamma \cdot b - \delta \cdot \frac{P}{100 \cdot \sigma_b}$

oder $F_e = F'_e = b\,(\varkappa \cdot e - \lambda)$;

bei Biegung mit Zug: $F_e = F'_e = \gamma \cdot b + \delta \cdot \frac{P}{100 \cdot \sigma_b}$;

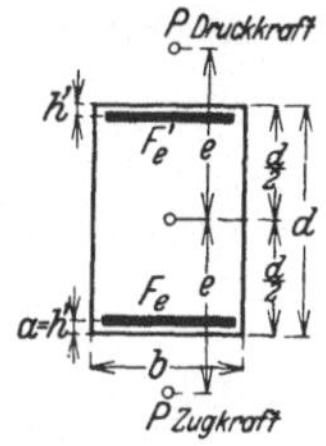

P = Längskraft (Druck- oder Zugkraft) in kg;
d = Querschnittsabmessung in der Kraftebene in m;
b = Querschnittsabmessung normal zur Kraftebene in m;
h' = Abstand des Schwerpunktes der Bewehrung vom nächsten Querschnittsrand;
$\varphi = \frac{h'}{d}$.

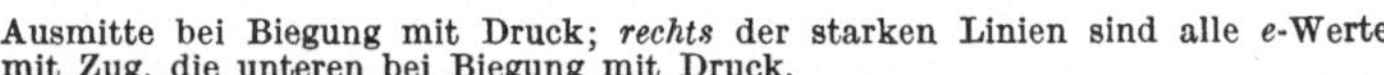

Ausmitte bei Biegung mit Druck; *rechts* der starken Linien sind alle e-Werte mit Zug, die unteren bei Biegung mit Druck.

26	28	30	32	34	36	38	40	45	50	55	60	65	70	75 = r		d φ
0,187	*0,172*	*0,160*	*0,150*	*0,143*	*0,136*	*0,130*	*0,126*	*0,116*	*0,109*	*0,104*	*0,100*	*0,097*	*0,094*	*0,091*	e	
0,078	0,079	0,080	0,081	0,082	0,082	0,083	0,084	0,085	0,086	0,087	0,088	0,089	0,089	0,090		
21,44	**21,84**	**22,22**	**22,64**	**23,08**	**23,53**	**23,99**	**24,46**	**25,68**	**26,94**	**28,24**	**29,55**	**30,88**	**32,23**	**33,60**	α	**0,20**
114,4	**126,9**	**138,9**	**150,5**	**161,9**	**173,0**	**183,9**	**194,6**	**220,7**	**246,1**	**271,0**	**295,5**	**319,7**	**343,7**	**367,4**	β	
21,17	**17,66**	**15,00**	**12,92**	**11,27**	**9,93**	**8,82**	**7,89**	**6,14**	**4,92**	**4,04**	**3,38**	**2,86**	**2,46**	**2,14**	γ	*0,100*
6,43	**5,62**	**5,00**	**4,50**	**4,09**	**3,75**	**3,46**	**3,21**	**2,73**	**2,37**	**2,09**	**1,88**	**1,70**	**1,55**	**1,43**	δ	
0,221	*0,203*	*0,188*	*0,176*	*0,167*	*0,159*	*0,153*	*0,147*	*0,136*	*0,128*	*0,121*	*0,116*	*0,112*	*0,109*	*0,106*	e	
0,086	0,087	0,088	0,089	0,090	0,090	0,091	0,092	0,093	0,095	0,096	0,097	0,098	0,098	0,099		
19,69	**20,05**	**20,43**	**20,83**	**21,24**	**21,66**	**22,10**	**22,54**	**23,68**	**24,85**	**26,06**	**27,28**	**28,52**	**29,77**	**31,04**	α	**0,22**
88,96	**98,99**	**108,7**	**118,0**	**127,2**	**136,1**	**144,9**	**153,5**	**174,5**	**194,9**	**214,9**	**234,6**	**254,0**	**273,2**	**292,3**	β	
24,32	**20,24**	**17,15**	**14,76**	**12,85**	**11,30**	**10,03**	**8,97**	**6,96**	**5,58**	**4,57**	**3,82**	**3,24**	**2,78**	**2,42**	γ	*0,090*
6,64	**5,80**	**5,14**	**4,62**	**4,19**	**3,84**	**3,54**	**3,28**	**2,78**	**2,41**	**2,13**	**1,91**	**1,73**	**1,58**	**1,45**	δ	
0,241	*0,221*	*0,205*	*0,193*	*0,182*	*0,174*	*0,166*	*0,160*	*0,148*	*0,139*	*0,132*	*0,127*	*0,122*	*0,119*	*0,116*	e	
0.093	0,095	0,096	0,097	0,098	0,099	0,099	0,100	0,102	0,103	0,104	0,105	0,106	0,107	0,108		
18,05	**18,38**	**18,73**	**19,10**	**19,47**	**19,86**	**20,26**	**20,66**	**21,70**	**22,78**	**23,88**	**25,00**	**26,14**	**27,29**	**28,45**	α	**0,24**
74,75	**83,18**	**91,31**	**99,19**	**106,9**	**114,4**	**121,7**	**129,0**	**146,6**	**163,8**	**180,6**	**197,1**	**213,4**	**228,7**	**245,6**	β	
26,54	**22,08**	**18,71**	**16,10**	**14,02**	**12,33**	**10,94**	**9,78**	**7,60**	**6,08**	**4,99**	**4,17**	**3,54**	**3,04**	**2,64**	γ	*0,090*
6,64	**5,80**	**5,14**	**4,62**	**4,19**	**3,84**	**3,54**	**3,28**	**2,78**	**2,41**	**2,13**	**1,91**	**1,73**	**1,58**	**1,45**	δ	
0,211	*0,195*	*0,182*	*0,171*	*0,163*	*0,156*	*0,150*	*0,144*	*0,134*	*0,126*	*0,121*	*0,116*	*0,112*	*0,109*	*0,106*	e	
0,102	0,103	0,105	0,106	0,107	0,108	0,108	0,109	0,111	0,112	0,114	0,115	0,116	0,117	0,117		
16,10	**16,36**	**16,64**	**16,94**	**17,25**	**17,58**	**17,91**	**18,25**	**19,13**	**20,05**	**21,00**	**21,96**	**22,94**	**23,93**	**24,93**	α	**0,26**
76,34	**84,12**	**91,61**	**98,89**	**106,0**	**112,9**	**119,7**	**126,4**	**142,7**	**158,6**	**174,2**	**189,5**	**204,7**	**219,7**	**234,6**	β	
25,23	**21,16**	**18,04**	**15,60**	**13,64**	**12,04**	**10,71**	**9,60**	**7,49**	**6,02**	**4,95**	**4,14**	**3,52**	**3,03**	**2,64**	γ	*0,120*
6,03	**5,30**	**4,73**	**4,27**	**3,89**	**3,58**	**3,31**	**3,08**	**2,62**	**2,28**	**2,02**	**1,81**	**1,64**	**1,50**	**1,38**	δ	
0,227	*0,209*	*0,196*	*0,184*	*0,175*	*0,168*	*0,161*	*0,156*	*0,144*	*0,136*	*0,130*	*0,125*	*0,121*	*0,117*	*0,114*	e	
0,110	0,111	0,113	0,114	0,115	0,116	0,117	0,118	0,120	0,121	0,122	0,124	0,125	0,126	0,126		
14,95	**15,19**	**15,45**	**15,73**	**16,02**	**16,32**	**16,63**	**16,95**	**17,77**	**18,62**	**19,50**	**20,39**	**21,30**	**22,22**	**23,15**	α	**0,28**
65,83	**72,53**	**78,99**	**85,26**	**91,37**	**97,35**	**103,2**	**109,0**	**123,0**	**136,7**	**150,2**	**163,4**	**176,5**	**189,4**	**202,3**	β	
27,17	**22,78**	**19,43**	**16,80**	**14,68**	**12,96**	**11,54**	**10,34**	**8,07**	**6,48**	**5,33**	**4,46**	**3,79**	**3,26**	**2,84**	γ	*0,120*
6,03	**5,30**	**4,73**	**4,27**	**3,89**	**3,58**	**3,31**	**3,08**	**2,62**	**2,28**	**2,02**	**1,81**	**1,64**	**1,50**	**1,38**	δ	
0,262	*0,241*	*0,224*	*0,201*	*0,211*	*0,192*	*0,184*	*0,177*	*0,164*	*0,155*	*0,148*	*0,142*	*0,137*	*0,133*	*0,130*	e	
0,117	0,119	0,120	0,122	0,123	0,124	0,125	0,126	0,128	0,130	0,131	0,132	0,133	0,134	0,135		
14,13	**14,37**	**14,63**	**14,90**	**15,18**	**15,47**	**15,77**	**16,07**	**16,86**	**17,68**	**18,52**	**19,38**	**20,24**	**21,12**	**22,01**	α	**0,30**
54,01	**59,70**	**65,18**	**70,51**	**75,69**	**80,76**	**85,73**	**90,62**	**102,5**	**114,2**	**125,5**	**136,7**	**147,8**	**158,8**	**169,6**	β	
30,40	**25,43**	**21,64**	**18,68**	**16,31**	**14,38**	**12,78**	**11,45**	**8,92**	**7,16**	**5,88**	**4,92**	**4,18**	**3,60**	**3,13**	γ	*0,110*
6,22	**5,46**	**4,86**	**4,38**	**3,99**	**3,66**	**3,38**	**3,14**	**2,67**	**2,32**	**2,06**	**1,84**	**1,67**	**1,53**	**1,41**	δ	
0,279	*0,257*	*0,239*	*0,225*	*0,214*	*0,204*	*0,196*	*0,189*	*0,175*	*0,165*	*0,157*	*0,151*	*0,146*	*0,142*	*0,138*	e	
0,125	0,127	0,128	0,130	0,131	0,132	0,133	0,134	0,136	0,138	0,140	0,141	0,142	0,143	0,144		
13,25	**13,47**	**13,71**	**13,97**	**14,23**	**14,50**	**14,78**	**15,07**	**15,81**	**16,58**	**17,36**	**18,16**	**18,98**	**19,80**	**20,64**	α	**0,32**
47,47	**52,47**	**57,29**	**61,97**	**66,52**	**70,98**	**75,35**	**79,65**	**90,13**	**100,3**	**110,3**	**120,2**	**129,9**	**139,5**	**149,1**	β	
32,42	**27,12**	**23,08**	**19,92**	**17,40**	**15,34**	**13,64**	**12,21**	**9,51**	**7,64**	**6,27**	**5,25**	**4,46**	**3,84**	**3,34**	γ	*0,110*
6,22	**5,46**	**4,86**	**4,38**	**3,99**	**3,66**	**3,38**	**3,14**	**2,67**	**2,32**	**2,06**	**1,84**	**1,67**	**1,53**	**1,41**	δ	
0,319	*0,292*	*0,272*	*0,256*	*0,242*	*0,231*	*0,222*	*0,214*	*0,198*	*0,186*	*0,177*	*0,170*	*0,164*	*0,159*	*0,155*	e	
0,133	0,134	0,136	0,137	0,139	0,140	0,141	0,142	0,145	0,147	0,148	0,150	0,151	0,152	0,153		
12,61	**12,84**	**13,07**	**13,32**	**13,58**	**13,84**	**14,11**	**14,39**	**15,11**	**15,85**	**16,61**	**17,38**	**18,17**	**18,96**	**19,76**	α	**0,34**
39,58	**43,90**	**48,06**	**52,09**	**56,02**	**59,86**	**63,63**	**67,34**	**76,37**	**85,16**	**93,77**	**102,2**	**110,6**	**118,9**	**128,9**	β	
35,98	**30,02**	**25,50**	**21,97**	**19,16**	**16,87**	**14,99**	**13,41**	**10,43**	**8,36**	**6,86**	**5,74**	**4,87**	**4,19**	**3,64**	γ	*0,100*
6,43	**5,62**	**5,00**	**4,50**	**4,09**	**3,75**	**3,46**	**3,21**	**2,73**	**2,37**	**2,09**	**1,88**	**1,70**	**1,55**	**1,43**	δ	
0,337	*0,310*	*0,288*	*0,271*	*0,257*	*0,245*	*0,235*	*0,226*	*0,209*	*0,197*	*0,188*	*0,180*	*0,174*	*0,169*	*0,165*	e	
0,141	0,142	0,144	0,146	0,147	0,148	0,149	0,151	0,153	0,155	0,157	0,158	0,160	0,161	0,162		
11,91	**12,12**	**12,34**	**12,58**	**12,82**	**13,07**	**13,33**	**13,59**	**14,27**	**14,97**	**15,69**	**16,42**	**17,16**	**17,91**	**18,66**	α	**0,36**
35,31	**39,16**	**42,87**	**46,47**	**49,97**	**53,40**	**56,76**	**60,06**	**68,12**	**75,96**	**83,64**	**91,21**	**98,68**	**106,1**	**113,4**	β	
38,10	**31,79**	**27,00**	**23,27**	**20,29**	**17,87**	**15,87**	**14,20**	**11,04**	**8,85**	**7,26**	**6,08**	**5,16**	**4,44**	**3,86**	γ	*0,100*
6,43	**5,62**	**5,00**	**4,50**	**4,09**	**3,75**	**3,46**	**3,21**	**2,73**	**2,37**	**2,09**	**1,88**	**1,70**	**1,55**	**1,43**	δ	

oder Biegung mit Zug →

Tafel 122 Symmetrisch bewehrte Rechteckquerschnitte bei

Die Betondruckspannung in kg/cm² ist: bei Biegung mit Druck: $\sigma_b = (\alpha + \beta \cdot e) \cdot \frac{P}{10000 \cdot b}$;

bei Biegung mit Zug: $\sigma_b = (-\alpha + \beta \cdot e) \cdot \frac{P}{10000 \cdot b}$;

Die Eisenzugspannung ist: $\sigma_e = r \cdot \sigma_b$;

e = Ausmitte (Exzentrizität) in m; man beachte die Grenzwerte.
Bedeutung der Schriftarten: es gelten die Ziffern
12345 bei Biegung mit Druck oder Biegung mit Zug;
12345 nur bei Biegung mit Druck;
12345 nur bei Biegung mit Zug.

Die e-Werte *links* der starken Linien sind die Größt- bzw. Kleinstwerte der Kleinstwerte, und zwar die oberen bei Biegung

d φ		r = 6	7	8	9	10	11	12	13	14	15	16	18	20	22	24
0,38	e	0,426	0,530	0,683	0,929	1,389	2,555		r = 12,30	*2,18*	*1,42*	*1,07*	*0,740*	*0,581*	*0,487*	*0,426*
0,090		0,108	0,111	0,115	0,118	0,121	0,124		0,127	0,130	0,132	0,134	0,138	0,141	0,143	0,146
	α	10,84	10,74	10,66	10,60	10,56	10,53		10,53	**10,55**	**10,58**	**10,62**	**10,73**	**10,86**	**11,02**	**11,20**
	β	−25,45	−20,25	−15,60	−11,41	−7,60	−4,12		0	**4,84**	**7,45**	**9,92**	**14,50**	**18,71**	**22,62**	**26,31**
	γ	−178,4	−202,4	−238,6	−298,0	−410,4	−698,2		ϰ = 247,9	**478,7**	**291,4**	**205,8**	**125,5**	**87,57**	**65,76**	**51,72**
	δ	−14,44	−17,17	−21,16	−27,58	−39,56	−70,00		λ = 31,40	**53,53**	**33,70**	**24,59**	**15,96**	**11,82**	**9,38**	**7,78**
0,40	e	0,448	0,558	0,719	0,978	1,462	2,690		r = 12,30	*2,29*	*1,49*	*1,13*	*0,779*	*0,611*	*0,513*	*0,448*
0,090		0,113	0,117	0,121	0,124	0,127	0,130		0,133	0,137	0,139	0,141	0,145	0,148	0,151	0,153
	α	10,30	10,20	10,13	10,07	10,03	10,01		10,00	**10,02**	**10,05**	**10,09**	**10,19**	**10,32**	**10,47**	**10,64**
	β	−22,97	−18,28	−14,08	−10,30	−6,86	−3,72		0	**4,37**	**6,73**	**8,96**	**13,09**	**16,88**	**20,42**	**23,74**
	γ	−187,8	−213,1	−251,2	−313,7	−432,0	−735,0		ϰ = 247,9	**503,9**	**306,7**	**216,6**	**132,1**	**92,18**	**69,22**	**54,44**
	δ	−14,44	−17,17	−21,16	−27,58	−39,56	−70,00		λ = 33,05	**53,53**	**33,70**	**24,59**	**15,96**	**11,82**	**9,38**	**7,78**
0,42	e	0,471	0,582	0,741	0,988	1,425	2,408		r = 12,60	*3,07*	*1,85*	*1,35*	*0,906*	*0,701*	*0,583*	*0,507*
0,080		0,118	0,122	0,126	0,130	0,133	0,136		0,140	0,143	0,146	0,148	0,152	0,155	0,158	0,161
	α	9,66	9,63	9,56	9,53	9,51	9,51		9,52	**9,56**	**9,60**	**9,64**	**9,76**	**9,89**	**10,05**	**10,22**
	β	−20,50	−16,50	−12,91	−9,65	−6,68	−3,95		0	**3,11**	**5,18**	**7,14**	**10,77**	**14,12**	**17,23**	**20,16**
	γ	−192,4	−216,4	−252,0	−308,6	−410,2	−640,9		ϰ = 236,2	**656,7**	**370,3**	**253,0**	**149,6**	**102,9**	**76,66**	**59,97**
	δ	−13,94	−16,43	−20,00	−25,56	−35,38	−57,50		λ = 33,07	**65,71**	**38,33**	**27,06**	**17,04**	**12,43**	**9,79**	**8,07**
0,44	e	0,494	0,610	0,776	1,035	1,493	2,523		r = 12,60	*3,22*	*1,94*	*1,42*	*0,949*	*0,734*	*0,611*	*0,531*
0,080		0,124	0,128	0,132	0,136	0,139	0,142		0,147	0,150	0,153	0,155	0,159	0,162	0,165	0,168
	α	9,23	9,17	9,13	9,10	9,08	9,08		9,09	**9,12**	**9,16**	**9,20**	**9,31**	**9,44**	**9,59**	**9,76**
	β	−18,68	−15,04	−11,76	−8,79	−6,08	−3,60		0	**2,84**	**4,72**	**6,50**	**9,82**	**12,86**	**15,70**	**18,37**
	γ	−201,5	−226,7	−264,0	−323,3	−429,7	−671,4		ϰ = 236,2	**688,0**	**387,9**	**265,0**	**156,7**	**107,8**	**80,31**	**62,82**
	δ	−13,94	−16,43	−20,00	−25,56	−35,38	57,50		λ = 34,64	**65,71**	**38,33**	**27,06**	**17,04**	**12,43**	**9,79**	**8,07**
0,46	e	0,517	0,636	0,805	1,064	1,511	2,469		r = 12,75	*3,86*	*2,22*	*1,59*	*1,04*	*0,802*	*0,665*	*0,576*
0,075		0,129	0,133	0,138	0,141	0,145	0,148		0,153	0,157	0,159	0,161	0,166	0,169	0,173	0,175
	α	8,76	8,72	8,69	8,67	8,66	8,67		8,70	**8,73**	**8,77**	**8,82**	**8,93**	**9,06**	**9,20**	**9,37**
	β	−16,95	−13,72	−10,80	− 8,16	−5,74	−3,51		0	**2,26**	**3,96**	**5,56**	**8,54**	**11,29**	**13,85**	**16,26**
	γ	−208,2	−233,4	−270,2	−328,0	−429,4	−648,8		ϰ = 230,7	**814,3**	**437,3**	**293,0**	**170,4**	**116,3**	**86,25**	**67,28**
	δ	−13,70	−16,09	−19,47	−24,67	−33,64	−52,86		λ = 35,37	**74,00**	**41,11**	**28,46**	**17,62**	**12,76**	**10,00**	**8,22**
0,48	e	0,539	0,663	0,840	1,110	1,576	2,576		r = 12,75	*4,02*	*2,31*	*1,65*	*1,09*	*0,837*	*0,694*	*0,601*
0,075		0,134	0,139	0,144	0,148	0,151	0,155		0,160	0,163	0,166	0,168	0,173	0,177	0,180	0,183
	α	8,40	8,36	8,33	8,31	8,30	8,31		8,33	**8,37**	**8,40**	**8,45**	**8,55**	**8,68**	**8,82**	**8,98**
	β	−15,56	−12,60	−9,92	−7,49	−5,27	3,22		0	**2,08**	**3,64**	**5,11**	**7,85**	**10,37**	**12,72**	**14,93**
	γ	−217,3	−243,5	−281,9	−342,2	−448,0	−677,0		ϰ = 230,7	**849,7**	**456,3**	**305,7**	**177,8**	**121,4**	**90,00**	**70,20**
	δ	−13,70	−16,09	−19,47	−24,67	33,64	52,86		λ = 36,91	**74,00**	**41,11**	**28,46**	**17,62**	**12,76**	**10,00**	**8,22**
0,50	e	0,562	0,691	0,875	1,156	1,642	2,684		r = 12,75	*4,19*	*2,41*	*1,72*	*1,14*	*0,872*	*0,722*	*0,626*
0,075		0,140	0,145	0,150	0,154	0,158	0,161		0,167	0,170	0,173	0,175	0,180	0,184	0,188	0,191
	α	8,06	8,02	8,00	7,98	7,97	7,97		8,00	**8,03**	**8,07**	**8,11**	**8,21**	**8,33**	**8,47**	**8,62**
	β	14,34	11,61	−9,14	−6,90	−4,85	−2,97		0	**1,92**	**3,35**	**4,71**	**7,23**	**9,56**	**11,72**	**13,76**
	γ	−226,4	−253,6	−293,7	−356,5	−466,7	−705,2		ϰ = 230,7	**885,1**	**475,3**	**318,5**	**185,2**	**126,4**	**93,75**	**73,13**
	δ	−13,70	−16,09	−19,47	−24,67	−33,64	−52,86		λ = 38,45	**74,00**	**41,11**	**28,46**	**17,62**	**12,76**	**10,00**	**8,22**
0,55	e	0,619	0,758	0,955	1,252	1,753	2,783	6,102	r = 12,90	*5,36*	*2,91*	*2,03*	*1,32*	*1,00*	*0,827*	*0,715*
0,070		0,153	0,159	0,164	0,168	0,173	0,177	0,180	0,183	0,187	0,190	0,193	0,198	0,202	0,206	0,209
	α	7,27	7,25	7,24	7,23	7,23	7,24	7,25	7,27	**7,30**	**7,34**	**7,38**	**7,48**	**7,59**	**7,72**	**7,86**
	β	−11,75	−9,56	−7,58	−5,78	−4,12	−2,60	−1,19	0	**1,36**	**2,53**	**3,63**	**5,68**	**7,57**	**9,34**	**11,00**
	γ	−246,2	−274,9	−316,6	−381,2	−492,1	−722,2	−1468	ϰ = 225,3	**1118**	**566,3**	**371,2**	**212,0**	**143,6**	**106,0**	**82,41**
	δ	−13,48	−15,76	−18,98	−23,85	−32,07	−48,95	−103,3	λ = 41,31	**84,55**	**44,28**	**30,00**	**18,24**	**13,10**	**10,22**	**8,38**
0,60	e	0,676	0,826	1,034	1,346	1,861	2,880	5,839	r = 13,05	*6,93*	*3,49*	*2,39*	*1,51*	*1,14*	*0,939*	*0,809*
0,065		0,166	0,173	0,178	0,183	0,188	0,192	0,196	0,200	0,203	0,207	0,210	0,215	0,220	0,224	0,228
	α	6,62	6,61	6,60	6,60	6,61	6,62	6,64	6,67	**6,70**	**6,73**	**6,77**	**6,87**	**6,98**	**7,10**	**7,23**
	β	−9,79	−8,00	−6,38	−4,91	−3,55	−2,30	−1,14	0	**1,02**	**1,93**	**2,84**	**4,54**	**6,10**	**7,56**	**8,94**
	γ	−265,7	−295,6	−338,7	−404,7	−515,9	−738,1	−1388	ϰ = 220,2	**1428**	**672,5**	**430,2**	**240,8**	**161,7**	**118,8**	**92,12**
	δ	−13,26	−15,45	−18,51	−23,09	−30,66	−45,61	−89,05	λ = 44,04	**98,42**	**47,95**	**31,70**	**18,89**	**13,45**	**10,45**	**8,54**
		← Nur Biegung mit Druck →								← Biegung mit						

Biegung mit Längskraft im Zustand II

Tafel 122

die Bewehrung in cm² ist: bei Biegung mit Druck: $F_e = F'_e = \gamma \cdot b - \delta \cdot \frac{P}{100 \cdot \sigma_b}$

oder: $F_e = F'_e = b\,(\varkappa \cdot e - \lambda)$;

bei Biegung mit Zug: $F_e = F'_e = \gamma \cdot b + \delta \cdot \frac{P}{100 \cdot \sigma_b}$;

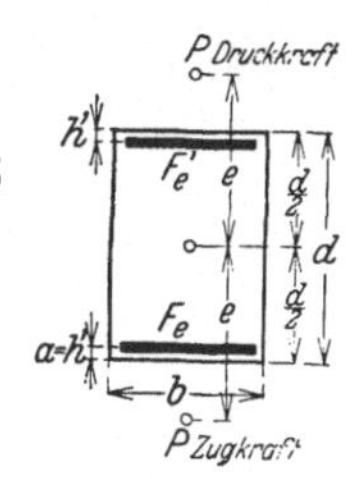

P = Längskraft (Druck- oder Zugkraft) in kg;
d = Querschnittsabmessung in der Kraftebene in m;
b = Querschnittsabmessung normal zur Kraftebene in m;
h' = Abstand des Schwerpunktes der Bewehrung vom nächsten Querschnittsrand;
$\varphi = \frac{h'}{d}$.

Ausmitte bei Biegung mit Druck; *rechts* der starken Linien sind alle e-Werte mit Zug, die unteren bei Biegung mit Druck.

26	28	30	32	34	36	38	40	45	50	55	60	65	70	75	= r	d φ
0,382	*0,350*	*0,325*	*0,305*	*0,288*	*0,275*	*0,263*	*0,254*	*0,234*	*0,220*	*0,209*	*0,201*	*0,194*	*0,188*	*0,183*	e	
0,148	0,150	0,152	0,153	0,155	0,156	0,157	0,159	0,161	0,163	0,165	0,167	0,168	0,170	0,171		
11,40	**11,61**	**11,83**	**12,06**	**12,30**	**12,54**	**12,79**	**13,05**	**13,71**	**14,39**	**15,08**	**15,79**	**16,51**	**17,24**	**17,97**	α	**0,38**
29,82	**33,18**	**36,42**	**39,57**	**42,63**	**45,62**	**48,56**	**51,44**	**58,48**	**65,32**	**72,02**	**78,62**	**85,13**	**91,58**	**97,98**	β	
42,02	**34,96**	**29,63**	**25,49**	**22,20**	**19,52**	**17,33**	**15,49**	**12,03**	**9,63**	**7,90**	**6,60**	**5,60**	**4,81**	**4,18**	γ	*0,090*
6,64	**5,80**	**5,14**	**4,62**	**4,19**	**3,84**	**3,54**	**3,28**	**2,78**	**2,41**	**2,13**	**1,91**	**1,73**	**1,58**	**1,45**	δ	
0,402	*0,368*	*0,342*	*0,321*	*0,304*	*0,289*	*0,277*	*0,267*	*0,247*	*0,232*	*0,220*	*0,211*	*0,204*	*0,198*	*0,193*	e	
0,156	0,158	0,160	0,162	0,163	0,164	0,166	0,167	0,170	0,172	0,174	0,176	0,177	0,179	0,180		
10,83	**11,03**	**11,24**	**11,46**	**11,68**	**11,92**	**12,15**	**12,40**	**13,02**	**13,67**	**14,33**	**15,00**	**15,68**	**16,37**	**17,07**	α	**0,40**
26,91	**29,94**	**32,87**	**35,71**	**38,47**	**41,18**	**43,82**	**46,43**	**52,78**	**58,95**	**65,00**	**70,96**	**76,83**	**82,65**	**88,43**	β	
44,23	**36,80**	**31,19**	**26,83**	**23,36**	**20,55**	**18,24**	**16,31**	**12,66**	**10,14**	**8,31**	**6,94**	**5,89**	**5,06**	**4,40**	γ	*0,090*
6,64	**5,80**	**5,14**	**4,62**	**4,19**	**3,84**	**3,54**	**3,28**	**2,78**	**2,41**	**2,13**	**1,91**	**1,73**	**1,58**	**1,45**	δ	
0,453	*0,414*	*0,383*	*0,359*	*0,339*	*0,323*	*0,309*	*0,297*	*0,274*	*0,258*	*0,245*	*0,234*	*0,226*	*0,219*	*0,214*	e	
0,163	0,165	0,167	0,169	0,171	0,172	0,174	0,175	0,178	0,180	0,182	0,184	0,186	0,187	0,189		
10,41	**10,61**	**10,81**	**11,03**	**11,25**	**11,48**	**11,71**	**11,95**	**12,56**	**13,19**	**13,84**	**14,49**	**15,15**	**15,82**	**16,50**	α	**0,42**
22,96	**25,64**	**28,22**	**30,72**	**33,16**	**35,55**	**37,88**	**40,18**	**45,78**	**51,23**	**56,56**	**61,81**	**66,99**	**72,12**	**77,21**	β	
48,53	**40,26**	**34,05**	**29,24**	**25,43**	**22,34**	**19,80**	**17,69**	**13,71**	**10,97**	**8,98**	**7,50**	**6,36**	**5,46**	**4,75**	γ	*0,080*
6,86	**5,97**	**5,29**	**4,74**	**4,30**	**3,93**	**3,62**	**3,36**	**2,84**	**2,46**	**2,17**	**1,94**	**1,76**	**1,60**	**1,47**	δ	
0,475	*0,433*	*0,401*	*0,376*	*0,355*	*0,338*	*0,324*	*0,312*	*0,287*	*0,270*	*0,256*	*0,246*	*0,237*	*0,230*	*0,224*	e	
0,171	0,173	0,175	0,177	0,179	0,180	0,182	0,183	0,186	0,189	0,191	0,193	0,195	0,196	0,198		
9,94	**10,12**	**10,32**	**10,53**	**10,74**	**10,96**	**11,18**	**11,41**	**11,99**	**12,59**	**13,21**	**13,83**	**14,47**	**15,10**	**15,75**	α	**0,44**
20,92	**23,36**	**25,71**	**27,99**	**30,22**	**32,39**	**34,52**	**36,61**	**41,72**	**46,68**	**51,54**	**56,32**	**61,04**	**65,71**	**70,36**	β	
50,84	**42,18**	**35,67**	**30,63**	**26,64**	**23,40**	**20,75**	**18,53**	**14,37**	**11,49**	**9,41**	**7,86**	**6,66**	**5,72**	**4,97**	γ	*0,080*
6,86	**5,97**	**5,29**	**4,74**	**4,30**	**3,93**	**3,62**	**3,36**	**2,84**	**2,46**	**2,17**	**1,94**	**1,76**	**1,60**	**1,47**	δ	
0,514	*0,469*	*0,433*	*0,406*	*0,383*	*0,365*	*0,349*	*0,335*	*0,309*	*0,290*	*0,275*	*0,264*	*0,254*	*0,247*	*0,240*	e	
0,178	0,181	0,183	0,185	0,187	0,188	0,190	0,191	0,195	0,197	0,200	0,202	0,203	0,205	0,206		
9,54	**9,73**	**9,92**	**10,16**	**10,33**	**10,54**	**10,75**	**10,97**	**11,54**	**12,12**	**12,72**	**13,32**	**13,93**	**14,55**	**15,17**	α	**0,46**
18,56	**20,76**	**22,88**	**25,04**	**26,95**	**28,91**	**30,83**	**32,72**	**37,33**	**41,80**	**46,19**	**50,50**	**54,75**	**58,97**	**63,15**	β	
54,34	**45,02**	**38,03**	**32,63**	**28,35**	**24,89**	**22,06**	**19,70**	**15,26**	**12,19**	**9,98**	**8,33**	**7,06**	**6,07**	**5,27**	γ	*0,075*
6,98	**6,06**	**5,36**	**4,80**	**4,35**	**3,93**	**3,66**	**3,39**	**2,87**	**2,48**	**2,19**	**1,96**	**1,77**	**1,62**	**1,48**	δ	
0,537	*0,489*	*0,452*	*0,423*	*0,400*	*0,380*	*0,364*	*0,350*	*0,323*	*0,303*	*0,287*	*0,275*	*0,265*	*0,257*	*0,251*	e	
0,186	0,188	0,191	0,193	0,195	0,197	0,198	0,200	0,203	0,206	0,208	0,210	0,212	0,214	0,215		
9,14	**9,32**	**9,51**	**9,74**	**9,90**	**10,10**	**10,31**	**10,52**	**11,06**	**11,62**	**12,19**	**12,76**	**13,35**	**13,94**	**14,54**	α	**0,48**
17,04	**19,06**	**21,02**	**22,99**	**24,75**	**26,55**	**28,32**	**30,05**	**34,28**	**38,39**	**42,42**	**46,38**	**50,29**	**54,16**	**57,99**	β	
56,70	**46,97**	**39,68**	**34,04**	**29,58**	**25,98**	**23,02**	**20,55**	**15,92**	**12,72**	**10,41**	**8,69**	**7,37**	**6,33**	**5,50**	γ	*0,075*
6,98	**6,06**	**5,36**	**4,80**	**4,35**	**3,98**	**3,66**	**3,39**	**2,87**	**2,48**	**2,19**	**1,96**	**1,77**	**1,62**	**1,48**	δ	
0,559	*0,509*	*0,471*	*0,441*	*0,417*	*0,396*	*0,379*	*0,365*	*0,336*	*0,315*	*0,299*	*0,287*	*0,277*	*0,268*	*0,261*	e	
0,194	0,196	0,199	0,201	0,203	0,205	0,206	0,208	0,212	0,214	0,217	0,219	0,221	0,223	0,224		
8,78	**8,95**	**9,13**	**9,34**	**9,50**	**9,69**	**9,89**	**10,10**	**10,62**	**11,15**	**11,70**	**12,25**	**12,82**	**13,38**	**13,96**	α	**0,50**
15,71	**17,57**	**19,37**	**21,19**	**22,81**	**24,47**	**26,10**	**27,69**	**31,59**	**35,38**	**39,09**	**42,74**	**46,34**	**49,91**	**53,45**	β	
59,06	**48,93**	**41,33**	**35,46**	**30,81**	**27,06**	**23,98**	**21,41**	**16,58**	**13,25**	**10,85**	**9,05**	**7,68**	**6,59**	**5,73**	γ	*0,075*
6,98	**6,06**	**5,36**	**4,80**	**4,35**	**3,98**	**3,66**	**3,39**	**2,87**	**2,48**	**2,19**	**1,96**	**1,77**	**1,62**	**1,48**	δ	
0,637	*0,579*	*0,535*	*0,500*	*0,472*	*0,449*	*0,429*	*0,413*	*0,380*	*0,356*	*0,338*	*0,324*	*0,312*	*0,303*	*0,295*	e	
0,213	0,216	0,218	0,221	0,223	0,225	0,227	0,229	0,232	0,236	0,239	0,241	0,243	0,245	0,247		
8,01	**8,17**	**8,33**	**8,50**	**8,68**	**8,86**	**9,04**	**9,23**	**9,71**	**10,22**	**10,70**	**11,21**	**11,73**	**12,25**	**12,77**	α	**0,55**
12,58	**14,10**	**15,57**	**16,99**	**18,37**	**19,73**	**21,05**	**22,36**	**25,53**	**28,69**	**31,64**	**34,62**	**37,55**	**40,46**	**43,34**	β	
66,42	**54,95**	**46,36**	**39,74**	**34,51**	**30,28**	**26,82**	**23,94**	**18,52**	**14,79**	**12,11**	**10,10**	**8,56**	**7,35**	**6,38**	γ	*0,070*
7,10	**6,16**	**5,44**	**4,87**	**4,41**	**4,03**	**3,70**	**3,43**	**2,90**	**2,51**	**2,21**	**1,97**	**1,78**	**1,63**	**1,50**	δ	
0,719	*0,653*	*0,603*	*0,563*	*0,531*	*0,505*	*0,482*	*0,463*	*0,426*	*0,399*	*0,379*	*0,363*	*0,350*	*0,339*	*0,330*	e	
0,232	0,235	0,238	0,240	0,243	0,245	0,247	0,249	0,253	0,257	0,260	0,263	0,265	0,267	0,269		
7,37	**7,52**	**7,67**	**7,83**	**7,99**	**8,16**	**8,33**	**8,50**	**8,95**	**9,40**	**9,87**	**0,34**	**10,82**	**11,30**	**11,78**	α	**0,60**
10,25	**11,51**	**12,72**	**13,90**	**15,05**	**16,17**	**17,27**	**18,35**	**20,98**	**23,54**	**26,04**	**28,50**	**30,94**	**33,34**	**35,73**	β	
74,09	**61,20**	**51,58**	**44,17**	**38,32**	**33,61**	**29,75**	**26,54**	**20,52**	**16,37**	**13,40**	**11,17**	**9,46**	**8,13**	**7,06**	γ	*0,065*
7,22	**6,25**	**5,52**	**4,93**	**4,46**	**4,07**	**3,75**	**3,47**	**2,93**	**2,53**	**2,23**	**1,99**	**1,80**	**1,64**	**1,51**	δ	
Druck oder Biegung mit Zug →																

Tafel 123

Symmetrisch bewehrte Rechteckquerschnitte bei

Die Betondruckspannung in kg/cm² ist: bei Biegung mit Druck: $\sigma_b = (\alpha + \beta \cdot e) \cdot \frac{P}{10000 \cdot b}$;

bei Biegung mit Zug: $\sigma_b = (-\alpha + \beta \cdot e) \cdot \frac{P}{10000 \cdot b}$;

Die Eisenzugspannung ist: $\sigma_e = r \cdot \sigma_b$;

e = Ausmitte (Exzentrizität) in m; man beachte die Grenzwerte.
Bedeutung der Schriftarten: es gelten die Ziffern
12345 bei Biegung mit Druck oder Biegung mit Zug;
12345 nur bei Biegung mit Druck;
12345 nur bei Biegung mit Zug.

Die e-Werte *links* der starken Linien sind die Größt- bzw. Kleinstwerte der Kleinstwerte, und zwar die oberen bei Biegung

d φ	r =	6	7	8	9	10	11	12	13 14	15	16	18	20	22	24
0,65	e	0,734	0,893	1,113	1,438	1,966	2,974	5,663	r = 13,20	*4,19*	*2,79*	*1,73*	*1,30*	*1,06*	*0,909*
		0,180	0,186	0,192	0,198	0,203	0,208	0,212	0,217	0,223	0,226	0,232	0,238	0,242	0,247
	α	6,07	6,06	6,07	6,07	6,08	6,10	6,12	6,15	**6,22**	**6,26**	**6,35**	**6,45**	**6,57**	**6,69**
0,060	β	− 8,26	− 6,79	− 5,45	− 4,22	− 3,09	− 2,05	− 1,08	0	**1,48**	**2,24**	**3,67**	**4,98**	**6,21**	**7,36**
	γ	−284,9	−315,8	−360,2	−427,3	−538,4	−753,1	− 1329	ϰ = 215,2	**797,7**	**496,3**	**271,9**	**181,0**	**132,3**	**102,3**
	δ	−13,06	−15,16	−18,08	−22,38	−29,38	−42,73	−78,33	λ = 46,63	**52,22**	**33,57**	**19,58**	**13,82**	**10,68**	**8,70**
0,70	e	0,792	0,960	1,192	1,530	2,069	3,067	5,545	r = 13,35	*5,04*	*3,24*	*1,97*	*1,46*	*1,19*	*1,02*
		0,193	0,200	0,206	0,212	0,218	0,223	0,228	0,233	0,240	0,243	0,250	0,256	0,261	0,265
	α	5,59	5,60	5,60	5,62	5,63	5,65	5,68	5,71	**5,77**	**5,81**	**5,90**	**6,00**	**6,11**	**6,23**
0,055	β	− 7,06	− 5,83	− 4,70	− 3,67	− 2,72	− 1,84	− 1,02	0	**1,14**	**1,79**	**3,00**	**4,11**	**5,16**	**6,14**
	γ	−303,7	−335,6	−381,0	−449,1	−559,8	−767,3	− 1286	ϰ = 210,4	**947,1**	**570,7**	**305,5**	**201,4**	**146,5**	**112,9**
	δ	−12,86	−14,88	−17,66	−21,72	−28,21	−40,21	−70,00	λ = 49,10	**57,27**	**35,66**	**20,32**	**14,21**	**10,92**	**8,87**
0,75	e	0,851	1,028	1,270	1,620	2,170	3,159	5,467	r = 13,50	*6,07*	*3,77*	*2,23*	*1,64*	*1,32*	*1,13*
		0,205	0,213	0,220	0,227	0,233	0,238	0,243	0,250	0,256	0,260	0,267	0,273	0,279	0,284
	α	5,18	5,19	5,21	5,22	5,24	5,26	5,29	5,33	**5,39**	**5,43**	**5,51**	**5,61**	**5,72**	**5,83**
0,050	β	− 6,09	− 5,05	− 4,10	− 3,22	− 2,42	− 1,66	−0,967	0	**0,887**	**1,44**	**2,48**	**3,43**	**4,32**	**5,17**
	γ	−322,3	−355,0	−401,3	−470,0	−580,2	−781,0	− 1253	ϰ = 205,8	**1128**	**655,0**	**341,8**	**223,1**	**161,4**	**124,0**
	δ	−12,67	−14,62	−17,27	−21,11	−27,14	−38,00	−63,33	λ = 51,44	**63,33**	**38,00**	**21,11**	**14,62**	**11,18**	**9,05**
0,80	e	0,907	1,097	1,355	1,728	2,314	3,370	5,832	r = 13,50	*6,48*	*4,02*	*2,38*	*1,74*	*1,41*	*1,20*
		0,219	0,227	0,235	0,242	0,248	0,254	0,259	0,267	0,273	0,277	0,285	0,291	0,297	0,303
	α	4,86	4,87	4,88	4,90	4,91	4,93	4,96	5,00	**5,05**	**5,09**	**5,17**	**5,26**	**5,36**	**5,47**
0,050	β	− 5,35	− 4,44	− 3,60	− 2,83	− 2,12	− 1,46	−0,850	0	**0,779**	**1,27**	**2,18**	**3,02**	**3,80**	**4,54**
	γ	−343,8	−378,7	−428,1	−501,4	−618,8	−833,1	− 1337	ϰ = 205,8	**1203**	**698,7**	**364,6**	**238,0**	**172,2**	**132,2**
	δ	−12,67	−14,62	−17,27	−21,11	−27,14	−38,00	−63,33	λ = 54,87	**63,33**	**38,00**	**21,11**	**14,62**	**11,18**	**9,05**
0,85	e	0,966	1,164	1,433	1,816	2,411	3,453	5,759	r = 13,65	*7,82*	*4,64*	*2,67*	*1,94*	*1,56*	*1,33*
		0,232	0,241	0,249	0,256	0,263	0,269	0,275	0,283	0,290	0,294	0,302	0,309	0,315	0,321
	α	4,54	4,55	4,57	4,59	4,61	4,63	4,66	4,71	**4,75**	**4,79**	**4,87**	**4,96**	**5,06**	**5,16**
0,045	β	− 4,70	− 3,91	− 3,19	− 2,53	− 1,91	− 1,34	−0,809	0	**0,608**	**1,03**	**1,82**	**2,56**	**3,24**	**3,89**
	γ	−361,9	−397,4	−447,4	−521,0	−637,2	−843,8	− 1305	ϰ = 201,3	**1436**	**798,1**	**405,0**	**261,6**	**188,2**	**144,0**
	δ	−12,48	−14,36	−16,90	−20,54	−26,16	−36,04	−57,88	λ = 57,02	**70,74**	**40,64**	**21,95**	**15,04**	**11,44**	**9,23**
0,90	e	1,023	1,233	1,517	1,923	2,552	3,656	6,098	r = 13,65	*8,28*	*4,92*	*2,83*	*2,05*	*1,65*	*1,40*
		0,245	0,254	0,263	0,271	0,278	0,285	0,291	0,300	0,307	0,311	0,320	0,327	0,334	0,340
	α	4,28	4,30	4,32	4,33	4,35	4,37	4,40	4,44	**4,49**	**4,52**	**4,60**	**4,68**	**4,77**	**4,87**
0,045	β	− 4,19	− 3,49	− 2,84	− 2,25	− 1,70	− 1,20	−0,721	0	**0,542**	**0,920**	**1,63**	**2,28**	**2,89**	**3,47**
	γ	−383,2	−420,8	−473,7	−551,6	−674,6	−893,5	− 1382	ϰ = 201,3	**1520**	**845,0**	**428,8**	**277,0**	**199,3**	**152,5**
	δ	−12,48	−14,36	−16,90	−20,54	−26,16	−36,04	−57,88	λ = 63,73	**70,74**	**40,64**	**21,95**	**15,04**	**11,44**	**9,23**
0,95	e	1,080	1,301	1,601	2,030	2,694	3,895	6,437	r = 13,65	*8,74*	*5,19*	*2,98*	*2,17*	*1,74*	*1,48*
		0,259	0,269	0,278	0,286	0,294	0,301	0,307	0,317	0,324	0,329	0,338	0,345	0,352	0,359
	α	4,06	4,07	4,09	4,10	4,12	4,14	4,17	4,21	**4,25**	**4,28**	**4,36**	**4,44**	**4,52**	**4,61**
0,045	β	− 3,76	− 3,13	−2,55	− 2,02	− 1,53	− 1,07	−0,647	0	**0,486**	**0,826**	**1,46**	**2,05**	**2,60**	**3,11**
	γ	−404,5	−444,2	−500,0	−582,3	−712,1	−943,1	− 1459	ϰ = 201,3	**1604**	**892,0**	**452,7**	**292,4**	**210,3**	**161,0**
	δ	−12,48	−14,36	−16,90	−20,54	−26,16	−36,04	−57,88	λ = 63,73	**70,74**	**40,64**	**21,95**	**15,04**	**11,44**	**9,23**
1,00	e	1,137	1,370	1,686	2,137	2,836	4,062	6,775	r = 13,65	*9,20*	*5,46*	*3,14*	*2,28*	*1,84*	*1,56*
		0,273	0,283	0,292	0,301	0,309	0,316	0,323	0,333	0,341	0,346	0,355	0,364	0,371	0,378
	α	3,86	3,87	3,88	3,90	3,92	3,94	3,96	4,00	**4,04**	**4,07**	**4,14**	**4,22**	**4,30**	**4,38**
0,045	β	− 3,39	− 2,83	− 2,30	− 1,82	− 1,38	−0,969	−0,584	0	**0,439**	**0,745**	**1,32**	**1,85**	**2,34**	**2,81**
	γ	−425,8	−467,5	−526,4	−612,9	−749,6	−992,8	− 1535	ϰ = 201,3	**1698**	**938,9**	**476,5**	**307,8**	**221,4**	**169,4**
	δ	−12,48	−14,36	−16,90	−20,54	−26,16	−36,04	−57,88	λ = 67,09	**70,74**	**40,64**	**21,95**	**15,04**	**11,44**	**9,23**
1,05	e	1,196	1,438	1,762	2,222	2,923	4,126	6,665	r = 13,80	*11,11*	*6,26*	*3,49*	*2,51*	*2,01*	*1,70*
		0,285	0,296	0,306	0,315	0,323	0,331	0,338	0,350	0,357	0,362	0,372	0,381	0,389	0,396
	α	3,65	3,66	3,68	3,70	3,72	3,74	3,76	3,81	**3,84**	**3,88**	**3,94**	**4,02**	**4,10**	**4,18**
0,040	β	− 3,05	− 2,55	− 2,09	− 1,66	− 1,27	−0,906	−0,565	0	**0,346**	**0,619**	**1,13**	**1,60**	**2,04**	**2,46**
	γ	−443,1	−485,1	−544,0	−630,0	−764,0	−996,9	− 1493	ϰ = 196,9	**2016**	**1064**	**523,6**	**334,4**	**239,2**	**182,4**
	δ	−12,31	−14,12	−16,55	−20,00	−25,26	−34,28	−53,33	λ = 68,92	**80,00**	**43,64**	**22,86**	**15,48**	**11,71**	**9,41**
		← Nur Biegung mit Druck →								← Biegung mit					

Biegung mit Längskraft im Zustand II — Tafel 123

die Bewehrung in cm² ist: bei Biegung mit Druck: $F_e = F_e' = \gamma \cdot b - \delta \cdot \frac{P}{100 \cdot \sigma_b}$

oder $F_e = F_e' = b\,(\varkappa \cdot e - \lambda)$;

bei Biegung mit Zug: $F_e = F_e' = \gamma \cdot b + \delta \cdot \frac{P}{100 \cdot \sigma_b}$;

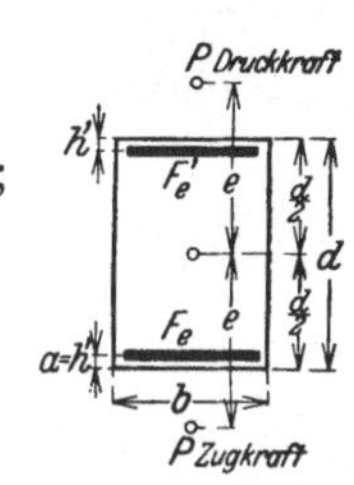

P = Längskraft (Druck- oder Zugkraft) in kg;
d = Querschnittsabmessung in der Kraftebene in m;
b = Querschnittsabmessung normal zur Kraftebene in m;
h' = Abstand des Schwerpunktes der Bewehrung vom nächsten Querschnittsrand;
$\varphi = \frac{h'}{d}$.

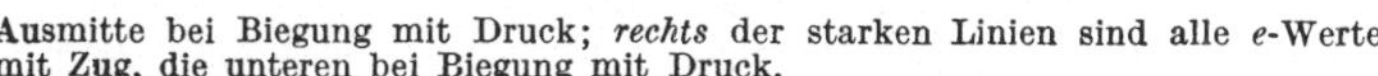

Ausmitte bei Biegung mit Druck; *rechts* der starken Linien sind alle e-Werte mit Zug, die unteren bei Biegung mit Druck.

26	28	30	32	34	36	38	40	45	50	55	60	65	70	75 = r		d φ
0,806	*0,731*	*0,674*	*0,629*	*0,593*	*0,563*	*0,538*	*0,517*	*0,475*	*0,445*	*0,421*	*0,403*	*0,389*	*0,377*	*0,367*	e	
0,251	0,254	0,257	0,260	0,263	0,265	0,267	0,270	0,274	0,278	0,281	0,284	0,287	0,289	0,291		
6,83	**6,96**	**7,11**	**7,26**	**7,41**	**7,57**	**7,72**	**7,89**	**8,30**	**8,73**	**9,16**	**9,60**	**10,04**	**10,49**	**10,95**	α	**0,65**
8,47	**9,52**	**10,54**	**11,53**	**12,50**	**13,44**	**14,36**	**15,27**	**17,48**	**19,63**	**21,73**	**23,80**	**25,84**	**27,86**	**29,87**	β	
82,08	**67,69**	**56,98**	**48,75**	**42,26**	**37,04**	**32,77**	**29,22**	**22,58**	**18,01**	**14,72**	**12,27**	**10,39**	**8,92**	**7,74**	γ	*0,060*
7,34	**6,35**	**5,60**	**5,00**	**4,52**	**4,12**	**3,79**	**3,51**	**2,96**	**2,55**	**2,25**	**2,01**	**1,81**	**1,65**	**1,52**	δ	
0,899	*0,814*	*0,749*	*0,699*	*0,658*	*0,624*	*0,596*	*0,571*	*0,526*	*0,492*	*0,466*	*0,446*	*0,429*	*0,416*	*0,405*	e	
0,269	0,273	0,277	0,280	0,283	0,285	0,288	0,290	0,295	0,299	0,303	0,306	0,309	0,311	0,313		
6,36	**6,49**	**6,62**	**6,76**	**6,91**	**7,06**	**7,21**	**7,36**	**7,75**	**8,14**	**8,55**	**8,96**	**9,38**	**9,80**	**10,22**	α	**0,70**
7,08	**7,97**	**8,84**	**9,68**	**10,50**	**11,30**	**12,09**	**12,87**	**14,74**	**16,57**	**18,36**	**20,11**	**21,85**	**23,56**	**25,27**	β	
90,40	**74,42**	**63,14**	**53,49**	**46,34**	**40,59**	**35,89**	**31,99**	**24,69**	**19,68**	**16,08**	**13,40**	**11,35**	**9,74**	**8,45**	γ	*0,055*
7,47	**6,45**	**5,73**	**5,07**	**4,58**	**4,17**	**3,83**	**3,55**	**2,98**	**2,58**	**2,27**	**2,02**	**1,83**	**1,67**	**1,53**	δ	
0,996	*0,901*	*0,828*	*0,772*	*0,726*	*0,688*	*0,657*	*0,630*	*0,579*	*0,541*	*0;512*	*0,490*	*0,472*	*0,457*	*0,443*	e	
0,288	0,292	0,296	0,299	0,302	0,305	0,308	0,310	0,316	0,320	0,324	0,328	0,331	0,333	0,335		
5,95	**6,08**	**6,20**	**6,34**	**6,47**	**6,61**	**6,75**	**6,90**	**7,26**	**7,64**	**8,02**	**8,41**	**8,80**	**9,20**	**9,59**	α	**0,75**
5,97	**6,74**	**7,49**	**8,21**	**8,92**	**9,60**	**10,28**	**10,94**	**12,56**	**14,12**	**15,66**	**17,17**	**18,66**	**20,13**	**21,63**	β	
99,05	**81,42**	**68,37**	**58,38**	**50,54**	**44,24**	**39,10**	**34,83**	**26,86**	**21,40**	**17,48**	**14,56**	**12,32**	**10,57**	**9,17**	γ	*0,050*
7,60	**6,55**	**5,76**	**5,14**	**4,63**	**4,22**	**3,88**	**3,58**	**3,02**	**2,60**	**2,29**	**2,04**	**1,84**	**1,68**	**1,54**	δ	
1,06	*0,961*	*0,884*	*0,823*	*0,774*	*0,734*	*0,701*	*0,672*	*0,617*	*0,577*	*0,547*	*0,523*	*0,503*	*0,487*	*0,473*	e	
0,307	0,312	0,316	0,319	0,322	0,326	0,328	0,331	0,337	0,342	0,346	0,349	0,353	0,355	0,358		
5,58	**5,70**	**5,82**	**5,94**	**6,07**	**6,20**	**6,33**	**6,47**	**6,81**	**7,16**	**7,52**	**7,89**	**8,25**	**8,62**	**8,99**	α	**0,80**
5,25	**5,93**	**6,58**	**7,22**	**7,84**	**8,44**	**9,03**	**9,62**	**11,04**	**12,42**	**13,76**	**15,09**	**16,40**	**17,70**	**19,01**	β	
105,6	**86,85**	**72,93**	**62,28**	**53,91**	**47,19**	**41,70**	**37,15**	**28,65**	**22,82**	**18,64**	**15,53**	**13,14**	**11,28**	**9,78**	γ	*0,050*
7,60	**6,55**	**5,76**	**5,14**	**4,63**	**4,22**	**3,88**	**3,58**	**3,02**	**2,60**	**2,29**	**2,04**	**1,84**	**1,68**	**1,54**	δ	
1,17	*1,05*	*0,969*	*0,901*	*0,847*	*0,803*	*0,766*	*0,735*	*0,674*	*0,629*	*0,596*	*0,569*	*0,548*	*0,531*	*0,516*	e	
0,326	0,331	0,335	0,339	0,342	0,345	0,348	0,351	0,357	0,363	0,367	0,371	0,374	0,377	0,380		
5,26	**5,38**	**5,49**	**5,61**	**5,73**	**5,86**	**5,98**	**6,11**	**6,44**	**6,77**	**7,11**	**7,46**	**7,81**	**8,16**	**8,52**	α	**0,85**
4,51	**5,10**	**5,67**	**6,22**	**6,76**	**7,29**	**7,81**	**8,32**	**9,56**	**10,76**	**11,94**	**13,10**	**14,24**	**15,37**	**15,50**	β	
114,8	**94,22**	**79,02**	**67,42**	**58,31**	**51,01**	**45,05**	**40,12**	**30,91**	**24,61**	**20,09**	**16,72**	**14,15**	**12,14**	**10,53**	γ	*0,045*
7,73	**6,66**	**5,84**	**5,20**	**4,69**	**4,27**	**3,92**	**3,62**	**3,05**	**2,63**	**2,31**	**2,06**	**1,86**	**1,69**	**1,56**	δ	
1,24	*1,12*	*1,03*	*0,954*	*0,897*	*0,850*	*0,811*	*0,778*	*0,713*	*0,666*	*0,631*	*0,603*	*0,581*	*0,562*	*0,547*	e	
0,345	0,350	0,355	0,359	0,362	0,366	0,369	0,372	0,378	0,384	0,389	0,393	0,396	0,399	0,402		
4,97	**5,08**	**5,19**	**5,30**	**5,41**	**5,53**	**5,65**	**5,77**	**6,08**	**6,40**	**6,72**	**7,04**	**7,38**	**7,71**	**8,04**	α	**0,90**
4,02	**4,55**	**5,06**	**5,55**	**6,03**	**6,50**	**6,97**	**7,42**	**8,53**	**9,60**	**10,65**	**11,68**	**12,70**	**13,71**	**14,71**	β	
121,6	**99,77**	**83,67**	**71,38**	**61,74**	**54,01**	**47,70**	**42,48**	**32,73**	**26,06**	**21,27**	**17,71**	**14,98**	**12,85**	**11,15**	γ	*0,045*
7,73	**6,66**	**5,84**	**5,20**	**4,69**	**4,27**	**3,92**	**3,62**	**3,05**	**2,63**	**2,31**	**2,06**	**1,86**	**1,69**	**1,56**	δ	
1,31	*1,18*	*1,08*	*1,01*	*0,947*	*0,898*	*0,856*	*0,821*	*0,753*	*0,703*	*0,666*	*0,636*	*0,613*	*0,593*	*0,577*	e	
0,364	0,370	0,374	0,379	0,382	0,386	0,389	0,393	0,399	0,405	0,410	0,415	0,418	0,422	0,425		
4,71	**4,81**	**4,91**	**5,02**	**5,13**	**5,24**	**5,35**	**5,47**	**5,76**	**6,06**	**6,36**	**6,68**	**6,99**	**7,30**	**7,62**	α	**0,95**
3,61	**4,08**	**4,54**	**4,98**	**5,42**	**5,84**	**6,25**	**6,66**	**7,65**	**8,62**	**9,56**	**10,49**	**11,40**	**12,31**	**13,20**	β	
128,3	**105,3**	**88,32**	**75,35**	**65,17**	**57,01**	**50,35**	**44,84**	**34,54**	**27,50**	**22,45**	**18,69**	**15,82**	**13,57**	**11,77**	γ	*0,045*
7,73	**6,66**	**5,84**	**5,20**	**4,69**	**4,27**	**3,92**	**3,62**	**3,05**	**2,63**	**2,31**	**2,06**	**1,86**	**1,69**	**1,56**	δ	
1,37	*1,24*	*1,14*	*1,06*	*0,997*	*0,945*	*0,901*	*0,864*	*0,792*	*0,740*	*0,701*	*0,670*	*0,645*	*0,625*	*0,607*	e	
0,384	0,389	0,394	0,398	0,403	0,406	0,410	0,413	0,420	0.427	0 432	0,436	0,440	0,444	0,447		
4,48	**4,57**	**4,67**	**4,87**	**4,87**	**4,98**	**5,09**	**5,20**	**5,47**	**5,76**	**6,05**	**6,34**	**6,64**	**6,94**	**7,24**	α	**1,00**
3,26	**3,68**	**4,10**	**4,50**	**4,89**	**5,27**	**5,64**	**6,01**	**6,91**	**7,78**	**8,63**	**9,46**	**10,29**	**11,11**	**11,92**	β	
135,1	**110,8**	**92,97**	**79,31**	**68,60**	**60,01**	**53,00**	**47,20**	**36,36**	**28,95**	**23,63**	**19,68**	**16,65**	**14,28**	**12,39**	γ	*0,045*
7,73	**6,66**	**5,84**	**5,20**	**4,69**	**4,27**	**3,92**	**3,62**	**3,05**	**2,63**	**2,31**	**2,06**	**1,86**	**1,69**	**1,56**	δ	
1,49	*1,35*	*1,23*	*1,15*	*1,08*	*1,02*	*0,973*	*0,933*	*0,855*	*0,798*	*0,755*	*0,721*	*0,694*	*0,672*	*0,653*	e	
0,402	0,408	0,413	0,418	0,422	0,426	0,430	0,433	0,441	0,448	0,453	0,458	0,462	0,466	0,469		
4,27	**4,36**	**4,46**	**4,56**	**4,66**	**4,76**	**4,86**	**4,97**	**5,23**	**5,51**	**5,79**	**6,07**	**6,35**	**6,65**	**6,93**	α	**1,05**
2,86	**3,24**	**3,61**	**3,97**	**4,32**	**4,66**	**5,00**	**5,32**	**6,13**	**6,90**	**7,66**	**8,41**	**9,15**	**9,88**	**10,60**	β	
145,1	**118,9**	**99,55**	**84,84**	**73,32**	**64,10**	**56,58**	**50,36**	**38,77**	**30,84**	**25,16**	**20,94**	**17,72**	**15,19**	**13,18**	γ	*0,040*
7,87	**6,76**	**5,92**	**5,27**	**4,75**	**4,32**	**3,97**	**3,66**	**3,08**	**2,65**	**2,33**	**2,08**	**1,88**	**1,71**	**1,57**	δ	
Druck oder Biegung mit Zug →																

Symmetrisch bewehrte Rechteckquerschnitte bei

Die Betondruckspannung in kg/cm² ist: bei Biegung mit Druck: $\sigma_b = (\alpha + \beta \cdot e) \cdot \frac{P}{10000 \cdot b}$;

bei Biegung mit Zug: $\sigma_b = (-\alpha + \beta \cdot e) \cdot \frac{P}{10000 \cdot b}$;

Die Eisenzugspannung ist: $\sigma_e = r \cdot \sigma_b$;

e = Ausmitte (Exzentrizität) in m; man beachte die Grenzwerte.
Bedeutung der Schriftarten: es gelten die Ziffern
12345 bei Biegung mit Druck oder Biegung mit Zug;
12345 nur bei Biegung mit Druck;
12345 nur bei Biegung mit Zug.

Die e-Werte *links* der starken Linien sind die Größt- bzw. Kleinstwerte der Kleinstwerte, und zwar die oberen bei Biegung

d φ		r = 6	7	8	9	10	11	12	13	14	15	16	18	20	22	24
1,10	e	1,253	1,506	1,846	2,328	3,063	4,323	6,983	r = 13,80		*11,64*	*6,56*	*3,66*	*2,63*	*2,10*	*1,78*
0,040		0,299	0,310	0,320	0,330	0,339	0,347	0,354	0,367		0,374	0,380	0,390	0,399	0,407	0,415
	α	3,48	3,50	3,51	3,53	3,55	3,57	3,59	3,64		**3,67**	**3,70**	**3,76**	**3,84**	**3,91**	**3,99**
	β	− 2,78	− 2,32	− 1,90	− 1,52	− 1,16	−0,826	−0,514	0		**0,315**	**0,564**	**1,03**	**1,46**	**1,86**	**2,24**
	γ	−464,2	−508,2	−570,0	−660,0	−800,3	− 1044	− 1564	ϰ = 196,9		**2112**	**1115**	**548,6**	**350,4**	**250,6**	**191,1**
	δ	−12,31	−14,12	−16,55	−20,00	−25,26	−34,28	−53,33	λ = 72,20		**80,00**	**43,64**	**22,86**	**15,48**	**11,71**	**9,41**
1,15	e	1,310	1,575	1,930	2,433	3,202	4,519	7,30	r = 13,80		*12,17*	*6,86*	*3,82*	*2,75*	*2,20*	*1,86*
0,040		0,312	0,324	0,335	0,345	0,354	0,363	0,371	0,383		0,391	0,397	0,408	0,417	0,426	0,434
	α	3,33	3,34	3,36	3,38	3,39	3,41	3,44	3,48		**3,51**	**3,54**	**3,60**	**3,67**	**3,74**	**3,82**
	β	− 2,54	− 2,12	− 1,74	− 1,39	− 1,06	−0,756	−0,471	0		**0,289**	**0,516**	**0,942**	**1,34**	**1,70**	**2,05**
	γ	−485,3	−531,3	−595,8	−690,0	−836,7	− 1092	− 1636	ϰ = 196,9		**2208**	**1166**	**573,5**	**366,3**	**262,0**	**199,8**
	δ	−12,31	−14,12	−16,55	−20,00	−25,26	−34,28	−53,33	λ = 75,48		**80,00**	**43,64**	**22,86**	**15,48**	**11,71**	**9,41**
1,20	e	1,367	1,643	2,014	2,539	3,341	4,716	7,618	r = 13,80		*12,70*	*7,16*	*3,99*	*2,87*	*2,29*	*1,94*
0,040		0,326	0,338	0,350	0,360	0,370	0,379	0,387	0,400		0,408	0,414	0,426	0,435	0,444	0,452
	α	3,19	3,21	3,22	3,24	3,25	3,27	3,29	3,33		**3,36**	**3,39**	**3,45**	**3,52**	**3,59**	**3,66**
	β	− 2,33	− 1,95	− 1,60	− 1,27	−0,974	−0,694	−0,432	0		**0,265**	**0,474**	**0,865**	**1,23**	**1,56**	**1,88**
	γ	−506,4	−554,4	−621,8	−720,0	−873,1	− 1193	− 1707	ϰ = 196,9		**2304**	**1216**	**598,4**	**382,2**	**273,4**	**208,5**
	δ	−12,31	−14,12	−16,55	−20,00	−25,26	−34,28	−53,33	λ = 78,76		**80,00**	**43,64**	**22,86**	**15,48**	**11,71**	**9,41**
1,25	e	1,428	1,711	2,090	2,621	3,421	4,764	7,485	15,932	r = 13,95	*15,44*	*8,17*	*4,40*	*3,13*	*2,48*	*2,10*
0,035		0,338	0,351	0,363	0,374	0,384	0,393	0,402	0,410	0,417	0,424	0,430	0,442	0,453	0,462	0,470
	α	3,04	3,06	3,08	3,09	3,11	3,13	3,15	3,18	3,20	**3,23**	**3,26**	**3,31**	**3,38**	**3,45**	**3,52**
	β	− 2,13	− 1,79	− 1,47	− 1,18	−0,910	−0,657	−0,421	−0,199	0	**0,209**	**0,398**	**0,753**	**1,08**	**1,39**	**1,68**
	γ	−527,5	−577,5	−647,7	−750,0	−909,5	− 1187	− 1778	− 3857	ϰ = 192,7	**2400**	**1267**	**623,4**	**398,2**	**284,8**	**217,2**
	δ	−12,14	−13,88	−16,22	−19,49	−24,43	−32,71	−49,49	−101,6	λ = 80,29	**91,90**	**47,07**	**23,83**	**15,95**	**11,99**	**9,60**
1,30	e	1,485	1,780	2,173	2,726	3,558	4,955	7,784	16,570	r = 13,95	*16,06*	*8,50*	*4,58*	*3,25*	*2,58*	*2,18*
0,035		0,351	0,365	0,377	0,389	0,399	0,409	0,418	0,426	0,433	0,441	0,448	0,460	0,471	0,481	0,489
	α	2,92	2,94	2,96	2,98	2,99	3,01	3,03	3,05	3,08	**3,10**	**3,13**	**3,19**	**3,25**	**3,32**	**3,38**
	β	− 1,97	− 1,65	− 1,36	− 1,09	−0,841	−0,608	−0,390	−0,184	0	**0,193**	**0,368**	**0,696**	**1,00**	**1,28**	**1,55**
	γ	−543,8	−593,8	−665,5	−764,2	−919,4	− 1184	− 1724	− 3413	ϰ = 192,7	**2882**	**1429**	**679,3**	**428,8**	**304,8**	**231,6**
	δ	−12,14	−13,88	−16,22	−19,49	−24,43	−32,71	−49,49	−101,6	λ = 83,50	**91,90**	**47,07**	**23,83**	**15,95**	**11,99**	**9,60**
1,35	e	1,542	1,848	2,257	2,831	3,695	5,145	8,083	17,207	r = 13,95	*16,68*	*8,83*	*4,76*	*3,38*	*2,68*	*2,27*
0,035		0,365	0,379	0,392	0,404	0,415	0,425	0,434	0,442	0,450	0,458	0,465	0,478	0,489	0,499	0,508
	α	2,82	2,83	2,85	2,86	2,88	2,90	2,92	2,94	2,96	**2,99**	**3,01**	**3,07**	**3,13**	**3,19**	**3,26**
	β	− 1,82	− 1,53	− 1,26	− 1,01	−0,780	−0,564	−0,361	−0,171	0	**0,179**	**0,341**	**0,645**	**0,927**	**1,19**	**1,44**
	γ	−564,8	−616,6	−689,0	−793,6	−954,8	− 1229	− 1791	− 3545	ϰ = 192,7	**2993**	**1484**	**705,5**	**445,3**	**316,6**	**240,6**
	δ	−12,14	−13,88	−16,22	−19,49	−24,43	−32,71	−49,49	−101,6	λ = 86,72	**91,90**	**47,07**	**23,83**	**15,95**	**11,99**	**9,60**
1,40	e	1,599	1,916	2,340	2,935	3,832	5,336	8,383	17,844	r = 13,95	*17,30*	*9,16*	*4,93*	*3,50*	*2,78*	*2,35*
0,035		0,378	0,393	0,406	0,419	0,430	0,440	0,450	0,459	0,467	0,475	0,482	0,495	0,507	0,517	0,527
	α	2,71	2,73	2,75	2,76	2,78	2,80	2,82	2,84	2,86	**2,88**	**2,91**	**2,96**	**3,02**	**3,08**	**3,14**
	β	− 1,70	− 1,42	− 1,17	−0,941	−0,725	−0,524	−0,336	−0,159	0	**0,167**	**0,317**	**0,600**	**0,862**	**1,11**	**1,34**
	γ	−585,7	−639,5	714,5	−823,0	−909,2	− 1275	− 1857	− 3676	ϰ = 192,7	**3104**	**1539**	**731,6**	**461,8**	**328,3**	**249,5**
	δ	−12,14	−13,88	−16,22	−19,49	−24,43	−32,71	−49,49	−101,6	λ = 89,93	**91,90**	**47,07**	**23,83**	**15,95**	**11,99**	**9,60**
1,45	e	1,656	1,985	2,424	3,040	3,969	5,527	8,682	18,482	r = 13,95	*17,92*	*9,48*	*5,11*	*3,63*	*2,88*	*2,43*
0,035		0,392	0,407	0,421	0,434	0,445	0,456	0,466	0,475	0,483	0,492	0,499	0,513	0,525	0,536	0,546
	α	2,62	2,64	2,65	2,67	2,68	2,70	2,72	2,74	2,76	**2,78**	**2,81**	**2,86**	**2,91**	**2,97**	**3,04**
	β	− 1,58	− 1,33	− 1,09	−0,877	−0,676	−0,489	−0,313	−0,148	0	**0,155**	**0,296**	**0,559**	**0,803**	**1,03**	**1,25**
	γ	−606,6	−662,3	−740,0	−852,4	− 1026	− 1320	− 1923	− 3807	ϰ = 192,7	**3215**	**1594**	**757,7**	**478,2**	**340,0**	**258,4**
	δ	−12,14	−13,88	−16,22	−19,49	−24,43	−32,71	−49,49	−101,6	λ = 93,14	**91,90**	**47,07**	**23,83**	**15,95**	**11,99**	**9,60**
1,50	e	1,713	2,053	2,507	3,145	4,106	5,717	8,982	19,119	r = 13,95	*18,53*	*9,81*	*5,29*	*3,75*	*2,98*	*2,52*
0,035		0,405	0,421	0,435	0,448	0,461	0,472	0,482	0,492	0,500	0,509	0,517	0,531	0,543	0,554	0,564
	α	2,53	2,55	2,56	2,58	2,59	2,61	2,63	2,65	2,67	**2,69**	**2,71**	**2,76**	**2,82**	**2,87**	**2,93**
	β	− 1,48	− 1,24	− 1,02	−0,820	−0,632	−0,457	−0,293	−0,139	0	**0,145**	**0,277**	**0,523**	**0,751**	**0,964**	**1,16**
	γ	−627,5	−685,2	−765,5	−881,8	− 1061	− 1366	− 1990	− 3938	ϰ = 192,7	**3326**	**1648**	**783,8**	**494,7**	**351,7**	**267,3**
	δ	−12,14	−13,88	−16,22	−19,49	−24,43	−32,71	−49,49	−101,6	λ = 96,35	**91,90**	**47,07**	**23,83**	**15,95**	**11,99**	**9,60**
		← Nur Biegung mit Druck →									← Biegung mit Druck					

Biegung mit Längskraft im Zustand II

die Bewehrung in cm² ist: bei Biegung mit Druck: $F_e = F_e' = \gamma \cdot b - \delta \cdot \frac{P}{100 \cdot \sigma_b}$

oder $F_e = F_e' = b\,(\varkappa \cdot e - \lambda)$;

bei Biegung mit Zug: $F_e = F_e' = \gamma \cdot b + \delta \cdot \frac{P}{100 \cdot \sigma_b}$;

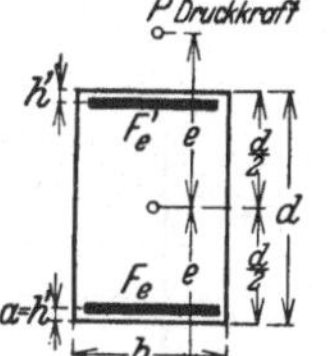

P = Längskraft (Druck- oder Zugkraft) in kg;
d = Querschnittsabmessung in der Kraftebene in m;
b = Querschnittsabmessung normal zur Kraftebene in m;
h' = Abstand des Schwerpunktes der Bewehrung vom nächsten Querschnittsrand;
$\varphi = \frac{h'}{d}$.

Ausmitte bei Biegung mit Druck; *rechts* der starken Linien sind alle e-Werte mit Zug, die unteren bei Biegung mit Druck.

26	28	30	32	34	36	38	40	45	50	55	60	65	70	75 = r		d φ
1,56	1,41	1,29	1,20	1,13	1,07	1,02	0,977	0,895	0,836	0,791	0,756	0,727	0,704	0,685	e	1,10
0,421	0,427	0,433	0,438	0,442	0,447	0,450	0,454	0,462	0,469	0,475	0,480	0,484	0,488	0,491		0,040
4,08	4,17	4,26	4,35	4,44	4,54	4,64	4,74	5,00	5,26	5,52	5,79	6,06	6,34	6,62	α	
2,61	2,96	3,29	3,62	3,94	4,25	4,55	4,85	5,58	6,29	6,98	7,66	8,34	9,00	9,66	β	
152,0	124,5	104,3	88,88	76,82	67,15	59,28	52,76	40,62	32,31	26,36	21,94	18,56	15,92	13,80	γ	
7,87	6,76	5,92	5,27	4,75	4,32	3,97	3,66	3,08	2,65	2,33	2,08	1,88	1,71	1,57	δ	
1,64	1,47	1,35	1,26	1,18	1,12	1,07	1,02	0,936	0,874	0,827	0,790	0,760	0,736	0,716	e	1,15
0,440	0,447	0,452	0,458	0,462	0,467	0,471	0,475	0,483	0,490	0,496	0,501	0,506	0,510	0,514		0,040
3,90	3,98	4,07	4,16	4,25	4,34	4,44	4,54	4,78	5,03	5,28	5,54	5,80	6,06	6,33	α	
2,38	2,70	3,01	3,31	3,60	3,89	4,16	4,44	5,11	5,76	6,39	7,01	7,63	8,24	8,84	β	
158,9	130,2	109,0	92,92	80,31	70,21	61,97	55,16	42,46	33,78	27,56	22,94	19,41	16,64	14,43	γ	
7,87	6,76	5,92	5,27	4,75	4,32	3,97	3,66	3,08	2,65	2,33	2,08	1,88	1,71	1,57	δ	
1,71	1,54	1,41	1,31	1,23	1,17	1,11	1,07	0,977	0,912	0,863	0,824	0,793	0,768	0,747	e	1,20
0,460	0,466	0,472	0,477	0,482	0,487	0,491	0,495	0,504	0,511	0,518	0,523	0,528	0,532	0,536		0,040
3,74	3,82	3,90	3,99	4,08	4,16	4,25	4,35	4,58	4,82	5,06	5,31	5,56	5,81	6,06	α	
2,19	2,48	2,77	3,04	3,31	3,57	3,82	4,08	4,69	5,28	5,87	6,44	7,01	7,56	8,12	β	
165,8	135,8	113,8	96,96	83,80	73,26	64,67	57,56	44,31	35,25	28,76	23,94	20,25	17,36	15,06	γ	
7,87	6,76	5,92	5,27	4,75	4,32	3,97	3,66	3,08	2,65	2,33	2,08	1,88	1,71	1,57	δ	
1,84	1,65	1,52	1,41	1,32	1,25	1,19	1,14	1,04	0,975	0,922	0,880	0,847	0,820	0,797	e	1,25
0,478	0,485	0,491	0,497	0,502	0,507	0,511	0,515	0,524	0,532	0,539	0,545	0,550	0,554	0,558		0,035
3,60	3,68	3,76	3,84	3,92	4,01	4,10	4,19	4,42	4,65	4,88	5,12	5,36	5,61	5,85	α	
1,96	2,22	2,48	2,73	2,97	3,21	3,44	3,67	4,23	4,77	5,30	5,82	6,33	6,84	7,34	β	
176,7	144,5	120,9	102,9	88,86	77,63	68,49	60,93	46,86	37,26	30,38	25,28	21,38	18,32	15,89	γ	
8,01	6,87	6,01	5,35	4,81	4,38	4,01	3,70	3,11	2,68	2,35	2,10	1,89	1,72	1,58	δ	
1,91	1,72	1,58	1,46	1,37	1,30	1,24	1,19	1,09	1,01	0,959	0,916	0,881	0,853	0,829	e	1,30
0,497	0,504	0,511	0,517	0,522	0,527	0,532	0,536	0,545	0,554	0,560	0,566	0,572	0,576	0,580		0,035
3,46	3,53	3,61	3,69	3,77	3,86	3,94	4,03	4,24	4,47	4,70	4,92	5,16	5,39	5,63	α	
1,81	2,05	2,29	2,52	2,75	2,97	3,18	3,39	3,91	4,41	4,90	5,38	5,85	6,32	6,79	β	
183,8	150,3	125,7	107,0	92,42	80,74	71,23	63,37	48,74	38,75	31,60	26,29	22,23	19,06	16,52	γ	
8,01	6,87	6,01	5,35	4,81	4,38	4,01	3,70	3,11	2,68	2,35	2,10	1,89	1,72	1,58	δ	
1,99	1,79	1,64	1,52	1,43	1,35	1,29	1,23	1,13	1,05	0,996	0,951	0,915	0,885	0,861	e	1,35
0,516	0,524	0,530	0,536	0,542	0,547	0,552	0,557	0,566	0,575	0,582	0,588	0,594	0,598	0,603		0,035
3,33	3,40	3,48	3,56	3,63	3,71	3,80	3,88	4,09	4,30	4,52	4,74	4,96	5,19	5,42	α	
1,68	1,90	2,12	2,34	2,55	2,75	2,95	3,15	3,62	4,09	4,54	4,99	5,43	5,86	6,30	β	
190,8	156,1	130,5	111,1	95,97	83,84	73,97	65.81	50,61	40,24	32,81	27,30	23,09	19,79	17,16	γ	
8,01	6,87	6,01	5,35	4,81	4,38	4,01	3,70	3,11	2,68	2,35	2,10	1,89	1,72	1,58	δ	
0,206	1,85	1,70	1,58	1,48	1,40	1,33	1,28	1,17	1,09	1,03	0,986	0,949	0,918	0,893	e	1,40
0,535	0,543	0,550	0,556	0,562	0,568	0,573	0,577	0,587	0,596	0,604	0,610	0,616	0,621	0,625		0,035
3,21	3,28	3,35	3,43	3,50	3,58	3,66	3,74	3,94	4,15	4,36	4,57	4,79	5,00	5,22	α	
1,56	1,77	1,98	2,17	2,37	2,56	2,74	2,92	3,37	3,80	4,22	4,64	5,05	5,45	5,85	β	
197,9	161,8	135,4	115,2	99,53	86,95	76,71	68,24	52,48	41,73	34,03	28,31	23,94	20,52	17,80	γ	
8,01	6,87	6,01	5,35	4,81	4,38	4,01	3,70	3,11	2,68	2,35	2,10	1,89	1,72	1,58	δ	
2,13	1,92	1,76	1,63	1,53	1,45	1,38	1,32	1,21	1,13	1,07	1,02	0,983	0,951	0,924	e	1,45
0,554	0,562	0,570	0,576	0,582	0,588	0,593	0,598	0,608	0,617	0,625	0,632	0,638	0,643	0,647		0,035
3,10	3,17	3,24	3,31	3,38	3,46	3,53	3,61	3,81	4,01	4,21	4,42	4,62	4,83	5,04	α	
1,45	1,65	1,84	2,03	2,21	2,38	2,56	2,73	3,14	3,54	3,94	4,32	4,70	5,08	5,46	β	
205,0	167,6	140,2	119,4	103,1	90,05	79,45	70,68	54,36	43,22	35,24	29,32	24,80	21,26	18,43	γ	
8,01	6,87	6,01	5,35	4,81	4,38	4,01	3,70	3,11	2,68	2,35	2,10	1,89	1,72	1,58	δ	
2,21	1,99	1,82	1,69	1,59	1,50	1,43	1,37	1,25	1,17	1,11	1,06	1,02	0,984	0,956	e	1,50
0,574	0,582	0,589	0,596	0,602	0,608	0,613	0,618	0,629	0,639	0,647	0,654	0,660	0,665	0,670		0,035
3,00	3,06	3,13	3,20	3,27	3,34	3,42	3,49	3,68	3,87	4,07	4,27	4,47	4,67	4,88	α	
1,36	1,54	1,72	1,89	2,06	2,23	2,39	2,55	2,94	3,31	3,68	4,04	4,40	4,75	5,10	β	
212,0	173,4	145,0	123,5	106,6	93,16	82,19	73,12	56,23	44,71	36,46	30,33	25,65	21,99	19,07	γ	
8,01	6,87	6,01	5,35	4,81	4,38	4,01	3,70	3,11	2,68	2,35	2,10	1,89	1,72	1,58	δ	

oder Biegung mit Zug →

Tafel 125

Tafel der Querschnitte

auf 1 m Platten-

Eisen-abstand cm	Eisendurchmesser in mm									
	6	7	8	9	10	11	12	13	14	15
6,0	4,71	6,41	8,38	10,60	13,09	15,84	18,85	22,12	25,66	29,45
6,1	4,63	6,31	8,24	10,43	12,88	15,58	18,54	21,76	25,24	28,97
6,2	4,56	6,21	8,11	10,26	12,67	15,33	18,24	21,40	24,83	28,50
6,3	4,49	6,11	7,98	10,10	12,47	15,08	17,95	21,07	24,43	28,05
6,4	4,42	6,01	7,85	9,94	12,27	14,85	17,67	20,74	24,05	27,61
6,5	4,35	5,92	7,73	9,79	12,08	14,62	17,40	20,42	23,68	27,19
6,6	4,28	5,83	7,62	9,64	11,90	14,40	17,14	20,11	23,32	26,78
6,7	4,22	5,74	7,50	9,49	11,72	14,18	16,88	19,81	22,98	26,38
6,8	4,16	5,66	7,39	9,36	11,55	13,98	16,63	19,52	22,64	25,99
6,9	4,10	5,58	7,29	9,22	11,38	13,77	16,39	19,24	22,31	25,61
7,0	4,04	5,50	7,18	9,09	11,22	13,58	16,16	18,96	21,99	25,25
7,1	3,98	5,42	7,08	8,96	11,06	13,39	15,93	18,70	21,68	24,89
7,2	3,93	5,35	6,98	8,84	10,91	13,20	15,71	18,43	21,38	24,54
7,3	3,87	5,27	6,89	8,71	10,76	13,02	15,49	18,18	21,09	24,41
7,4	3,82	5,20	6,79	8,60	10,61	12,84	15,28	17,94	20,80	23,88
7,5	3,77	5,13	6,70	8,48	10,47	12,67	15,19	17,70	20,52	23,56
7,6	3,72	5,06	6,61	8,37	10,33	12,50	14,88	17,46	20,26	23,25
7,7	3,67	5,00	6,53	8,26	10,20	12,34	14,69	17,24	19,99	22,95
7,8	3,63	4,93	6,44	8,16	10,06	12,18	14,50	17,02	19,74	22,66
7,9	3,58	4,87	6,36	8,05	9,94	12,03	14,32	16,80	19,49	22,37
8,0	3,53	4,81	6,28	7,95	9,82	11,88	14,14	16,59	19,24	22,09
8,1	3,49	4,75	6,21	7,85	9,70	11,73	13,96	16,39	19,01	21,82
8,2	3,45	4,69	6,13	7,76	9,58	11,59	13,79	16,19	18,77	21,55
8,3	3,41	4,64	6,06	7,66	9,46	11,45	13,63	15,99	18,55	21,29
8,4	3,37	4,58	5,98	7,57	9,35	11,31	13,46	15,80	18,33	21,04
8,5	3,33	4,53	5,91	7,48	9,24	11,18	13,31	15,62	18,11	20,79

breite in cm².

Eisen-abstand cm	Eisendurchmesser in mm									
	6	7	8	9	10	11	12	13	14	15
8,5	3,33	4,53	5,91	7,48	9,24	11,18	13,31	15,62	18,11	20,79
8,6	3,29	4,48	5,84	7,40	9,13	11,05	13,15	15,43	17,90	20,55
8,7	3,25	4,42	5,78	7,31	9,03	10,92	13,00	15,26	17,69	20,31
8,8	3,21	4,37	5,71	7,23	8,93	10,80	12,85	15,08	17,49	20,08
8,9	3,18	4,32	5,65	7,15	8,82	10,68	12,71	14,91	17,30	19,86
9,0	3,14	4,28	5,59	7,07	8,73	10,56	12,57	14,75	17,10	19,64
9,1	3,11	4,23	5,52	6,99	8,63	10,44	12,43	14,59	16,92	19,42
9,2	3,07	4,18	5,46	6,92	8,54	10,33	12,29	14,43	16,73	19,21
9,3	3,04	4,14	5,41	6,84	8,45	10,22	12,16	14,27	16,55	19,00
9,4	3,01	4,08	5,35	6,77	8,36	10,11	12,03	14,12	16,38	18,80
9,5	2,98	4,05	5,29	6,70	8,27	10,00	11,90	13,97	16,20	18,60
9,6	2,95	4,01	5,24	6,63	8,18	9,90	11,78	13,83	16,04	18,41
9,7	2,91	3,97	5,18	6,56	8,10	9,80	11,66	13,68	15,87	18,22
9,8	2,89	3,93	5,13	6,49	8,01	9,70	11,54	13,54	15,71	18,03
9,9	2,86	3,89	5,08	6,43	7,93	9,60	11,42	13,41	15,55	17,85
10,0	2,83	3,85	5,03	6,36	7,85	9,50	11,31	13,27	15,39	17,67
10,1	2,80	3,81	4,98	6,30	7,78	9,42	11,21	13,15	15,25	17,51
10,2	2,77	3,77	4,93	6,24	7,70	9,32	11,09	13,01	15,09	17,33
10,3	2,75	3,74	4,88	6,18	7,63	9,23	10,98	12,89	14,95	17,16
10,4	2,72	3,70	4,83	6,12	7,55	9,14	10,87	12,76	14,80	16,99
10,5	2,69	3,67	4,79	6,06	7,48	9,05	10,77	12,64	14,66	16,83
10,6	2,67	3,63	4,74	6,00	7,41	8,97	10,67	12,52	14,52	16,67
10,7	2,64	3,60	4,70	5,95	7,34	8,88	10,57	12,40	14,39	16,52
10,8	2,62	3,56	4,65	5,89	7,27	8,80	10,47	12,29	14,25	16,36
10,9	2,59	3,53	4,61	5,84	7,21	8,72	10,38	12,18	14,12	16,21
11,0	2,57	3,50	4,57	5,78	7,14	8,64	10,28	12,07	13,99	16,07

Tafel der Querschnitte

auf 1 m Platten-

Eisen-ab-stand cm	Eisendurchmesser in mm									
	6	7	8	9	10	11	12	13	14	15
11,0	2,57	3,50	4,57	5,78	7,14	8,64	10,28	12,07	13,99	16,07
11,1	2,55	3,47	4,53	5,73	7,08	8,56	10,19	11,96	13,87	15,92
11,2	2,52	3,44	4,49	5,68	7,01	8,49	10,10	11,85	13,75	15,78
11,3	2,50	3,41	4,45	5,63	6,95	8,41	10,01	11,75	13,62	15,64
11,4	2,48	3,38	4,41	5,58	6,89	8,34	9,92	11,64	13,50	15,50
11,5	2,46	3,35	4,37	5,53	6,83	8,26	9,84	11,54	13,39	15,37
11,6	2,44	3,32	4,33	5,48	6,77	8,19	9,75	11,44	13,27	15,24
11,7	2,42	3,29	4,30	5,44	6,71	8,12	9,67	11,34	13,16	15,10
11,8	2,40	3,26	4,26	5,39	6,66	8,05	9,59	11,25	13,05	14,98
11,9	2,38	3,23	4,22	5,35	6,60	7,99	9,50	11,15	12,94	14,85
12,0	2,36	3,21	4,19	5,30	6,54	7,92	9,42	11,06	12,83	14,73
12,1	2,34	3,18	4,15	5,26	6,49	7,85	9,35	10,97	12,72	14,60
12,2	2,32	3,15	4,12	5,21	6,44	7,79	9,27	10,88	12,62	14,49
12,3	2,30	3,13	4,09	5,17	6,39	7,73	9,20	10,79	12,52	14,37
12,4	2,28	3,10	4,05	5,13	6,33	7,66	9,12	10,70	12,42	14,25
12,5	2,26	3,08	4,02	5,09	6,28	7,60	9,05	10,62	12,32	14,14
12,6	2,24	3,05	3,99	5,05	6,23	7,54	8,98	10,53	12,22	14,03
12,7	2,23	3,03	3,96	5,01	6,18	7,48	8,91	10,45	12,12	13,91
12,8	2,21	3,01	3,93	4,97	6,14	7,42	8,84	10,37	12,03	13,81
12,9	2,19	2,98	3,90	4,93	6,09	7,37	8,77	10,29	11,93	13,70
13,0	2,17	2,96	3,87	4,89	6,04	7,31	8,70	10,21	11,84	13,59

breite in cm².

Eisen-ab-stand cm	Eisendurchmesser in mm									
	6	7	8	9	10	11	12	13	14	15
13,0	2,17	2,96	3,87	4,89	6,04	7,31	8,70	10,21	11,84	13,59
13,1	2,16	2,94	3,84	4,86	6,00	7,25	8,63	10,13	11,75	13,49
13,2	2,14	2,92	3,81	4,82	5,95	7,20	8,57	10,06	11,66	13,39
13,3	2,13	2,89	3,78	4,78	5,91	7,15	8,50	9,98	11,57	13,29
13,4	2,11	2,87	3,75	4,75	5,86	7,09	8,44	9,91	11,49	13,19
13,5	2,09	2,85	3,72	4,71	5,82	7,04	8,38	9,83	11,40	13,09
13,6	2,08	2,83	3,70	4,68	5,78	6,99	8,32	9,76	11,32	12,99
13,7	2,06	2,81	3,67	4,64	5,73	6,94	8,26	9,69	11,24	12,90
13,8	2,05	2,79	3,64	4,61	5,69	6,89	8,20	9,62	11,15	12,81
13,9	2,03	2,77	3,62	4,58	5,65	6,84	8,14	9,55	11,07	12,71
14,0	2,02	2,75	3,59	4,54	5,61	6,79	8,08	9,48	11,00	12,62
14,1	2,01	2,73	3,56	4,51	5,57	6,74	8,02	9,41	10,92	12,53
14,2	1,99	2,71	3,54	4,48	5,53	6,69	7,96	9,35	10,84	12,44
14,3	1,98	2,69	3,52	4,45	5,49	6,65	7,91	9,28	10,77	12,36
14,4	1,96	2,67	3,49	4,42	5,45	6,60	7,85	9,22	10,69	12,27
14,5	1,95	2,65	3,47	4,39	5,42	6,55	7,80	9,15	10,62	12,19
14,6	1,94	2,64	3,44	4,36	5,38	6,51	7,75	9,09	10,54	12,10
14,7	1,92	2,62	3,42	4,33	5,34	6,46	7,69	9,03	10,47	12,02
14,8	1,91	2,60	3,40	4,30	5,31	6,42	7,64	8,97	10,40	11,94
14,9	1,90	2,58	3,37	4,27	5,27	6,38	7,59	8,91	10,33	11,86
15,0	1,89	2,57	3,35	4,24	5,24	6,34	7,54	8,85	10,26	11,78

Tafel 127

Tafel der

Querschnitte in cm², Gewicht und

Die **fett** gedruckten Durchmesser

Durchmesser mm	Gewicht kg/m	Umfang cm	*1 St.*	*2 St.*	*3 St.*	*4 St.*	*5 St.*	*6 St.*	*7 St.*	*8 St.*	*9 St.*	*10 St.*
5	0,154	1,57	0,196	0,39	0,59	0,78	0,98	1,18	1,37	1,57	1,77	1,96
6	0,222	1,89	0,283	0,57	0,85	1,13	1,41	1,70	1,98	2,26	2,54	2,83
7	0,302	2,20	0,385	0,77	1,15	1,54	1,92	2,31	2,69	3,08	3,46	3,85
8	0,395	2,51	0,503	1,01	1,51	2,01	2,51	3,02	3,52	4,02	4,52	5,03
9	0,499	2,83	0,636	1,27	1,91	2,54	3,18	3,82	4,45	5,09	5,73	6,36
10	0,617	3,14	0,785	1,57	2,36	3,14	3,93	4,71	5,50	6,28	7,07	7,85
12	0,888	3,77	1,131	2,26	3,39	4,52	5,66	6,79	7,92	9,05	10,18	11,31
14	1,208	4,40	1,539	3,08	4,62	6,16	7,70	9,24	10,78	12,32	13,85	15,39
15	1,387	4,71	1,767	3,53	5,30	7,07	8,84	10,60	12,37	14,14	15,90	17,67
16	1,578	5,03	2,011	4,02	6,03	8,04	10,05	12,06	14,07	16,08	18,10	20,11
18	1,998	5,65	2,545	5,09	7,63	10,18	12,72	15,27	17,81	20,36	22,90	25,45
20	2,466	6,28	3,142	6,28	9,42	12,57	15,71	18,85	21,99	25,13	28,27	31,42
22	2,984	6,91	3,801	7,60	11,40	15,21	19,01	22,81	26,61	30,41	34,21	38,01
24	3,551	7,54	4,524	9,05	13,57	18,10	22,62	27,14	31,67	36,19	40,72	45,24
25	3,853	7,85	4,909	9,82	14,73	19,63	24,54	29,45	34,36	39,27	44,18	49,09
26	4,168	8,17	5,309	10,62	15,93	21,24	26,55	31,86	37,17	42,47	47,78	53,09
28	4,834	8,80	6,157	12,32	18,47	24,63	30,79	36,95	43,10	49,26	55,42	61,58
30	5,549	9,42	7,069	14,14	21,21	28,27	35,34	42,41	49,48	56,55	63,62	70,69
32	6,313	10,05	8,042	16,09	24,13	32,17	40,21	48,26	56,30	64,34	72,38	80,43
34	7,127	10,68	9,079	18,16	27,24	36,32	45,40	54,48	63,55	72,63	81,71	90,79
35	7,553	11,00	9,621	19,24	28,86	38,48	48,11	57,73	67,35	76,97	86,59	96,21
36	7,990	11,31	10,179	20,36	30,54	40,72	50,90	61,07	71,25	81,43	91,61	101,79
38	8,903	11,94	11,341	22,68	34,02	45,36	56,71	68,05	79,39	90,73	102,07	113,41
40	9,865	12,57	12,566	25,13	37,70	50,26	62,83	75,40	87,96	100,53	113,09	125,66

Umfang von 1—20 Stück Rundeisen.
entsprechen der DIN 488.

Durchmesser mm	11 St.	12 St.	13 St.	14 St.	15 St.	16 St.	17 St.	18 St.	19 St.	20 St.	Zuschlag für 2 Haken cm
5	2,16	2,36	2,55	2,75	2,94	3,14	3,34	3,53	3,73	3,92	12
6	3,11	3,39	3,68	3,96	4,24	4,52	4,81	5,09	5,37	5,65	14
7	4,23	4,62	5,00	5,39	5,77	6,16	6,54	6,93	7,31	7,70	15
8	5,53	6,03	6,53	7,04	7,54	8,04	8,55	9,05	9,55	10,05	16
9	7,00	7,63	8,27	8,91	9,54	10,18	10,81	11,45	12,09	12,72	17
10	8,64	9,42	10,21	11,00	11,78	12,57	13,35	14,14	14,92	15,71	18
12	12,44	13,57	14,70	15,83	16,97	18,10	19,23	20,36	21,49	22,62	20
14	16,93	18,47	20,01	21,55	23,09	24,63	26,17	27,71	29,25	30,79	22
15	19,44	21,21	22,97	24,74	26,51	28,28	30,04	31,81	33,58	35,34	23
16	22,12	24,13	26,14	28,15	30,16	32,17	34,18	36,19	38,20	40,21	24
18	27,19	30,54	33,08	35,63	38,17	40,72	43,26	45,80	48,35	50,89	26
20	34,56	37,70	40,84	43,98	47,12	50,27	53,41	56,55	59,69	62,83	28
22	41,81	45,62	49,42	53,22	57,02	60,82	64,62	68,42	72,22	76,03	30
24	49,76	54,29	58,81	63,33	67,86	72,38	76,91	81,43	85,95	90,48	32
25	54,00	58,90	63,81	68,72	73,63	78,54	83,45	88,36	93,27	98,17	33
26	58,40	63,71	69,02	74,33	79,64	84,95	90,26	95,57	100,88	106,19	34
28	67,73	73,89	80,05	86,21	92,36	98,52	104,68	110,84	116,99	123,15	36
30	77,75	84,82	91,89	98,96	106,03	113,10	120,17	127,23	134,30	141,37	38
32	88,47	96,51	104,55	112,60	120,64	128,68	136,72	144,77	152,81	160,85	40
34	99,87	108,95	118,03	127,11	136,19	145,27	154,35	163,43	172,50	181,58	42
35	105,83	115,45	125,07	134,70	144,32	153,94	163,56	173,18	182,80	192,42	43
36	111,97	122,15	132,33	142,51	152,69	162,86	173,04	183,22	193,40	203,58	44
38	124,75	136,09	147,43	158,77	170,12	181,46	192,80	204,14	215,48	226,82	46
40	138,23	150,79	163,36	175,92	188,49	201,06	213,62	226,19	238,75	251,32	48